中国建筑美学

AESTHETICS OF ANCIENT CHINESE ARCHITECTURE

侯幼彬　著

中国建筑工业出版社

图书在版编目（CIP）数据

中国建筑美学/侯幼彬著. —北京：中国建筑工业出版社，2009（2023.1 重印）
ISBN 978-7-112-10956-2

Ⅰ.中… Ⅱ.侯 Ⅲ.建筑美学-研究-中国 Ⅳ.TU-80

中国版本图书馆CIP数据核字（2009）第069662号

责任编辑：王莉慧 徐 冉
责任设计：赵明霞
责任校对：孟 楠 王雪竹

中国建筑美学
AESTHETICS OF ANCIENT CHINESE ARCHITECTURE
侯幼彬 著
*
中国建筑工业出版社出版、发行（北京西郊百万庄）
各地新华书店、建筑书店经销
北京嘉泰利德公司制版
北京中科印刷有限公司印刷
*
开本：880×1230毫米 1/16 印张：22 字数：696千字
2009年8月第一版 2023年1月第三次印刷
定价：86.00元
ISBN 978-7-112-10956-2
(32429)

前　言

研究中国建筑遗产，如同研究其他文化遗产一样，可以写“史”，也可以写“论”。

中国建筑史学起步较早，从1929年中国营造学社成立算起，至今已有60余年。梁思成先生、刘敦桢先生是中国建筑史学科的奠基人。经过两位先驱的开拓、建构和后继学者的扩展、深化，中国建筑史学在实物调研、遗址调研，文献研究、复原研究、“类型”研究、“做法”研究，通史、园林史、宅第史、技术史、城市史编写等诸方面，都取得显著的进展，可以说在“史”的研究上已达到较高的学术水平。

相形之下，对于中国建筑的“论”的研究则显得相对薄弱。当然，写史也需要史论结合，史和论是不能完全分家的。史中有论，论中有史，它们是相互交叉的。在中国建筑史学科建设的进程中，古建史料的收集、整理，古建遗址的考据、复原，古建实物的测绘、评析，既是“史”的研究的基础工作，也是“论”的研究的基础工作。从这个意义上说，中国建筑史学的进展，也为中国建筑论的研究准备了条件，提供了前提。在中国建筑史研究的同时，实际上蕴涵着、推动着中国建筑论的研究。梁思成先生对中国建筑宏观特点、形式特征的阐释；刘敦桢先生对苏州园林造园意匠、造园理论的阐释；傅熹年先生对中国建筑设计规律、设计方法的阐释；杨鸿勋先生对中国原始建筑形态和园林景象创作的阐释；王世仁先生对中国建筑美学精神、审美价值的阐释；《浙江民居》编写组对浙江民居空间处理、设计手法的阐释；周维权先生对颐和园造园意匠、景观特色的阐释；李允鉌先生对中国古典建筑设计意匠、设计原理的阐释；汉宝德先生对明清文人建筑思想的评价和阐释等等，都为中国建筑论的研究作出重要的贡献。但是，总的说来，中国建筑论的研究还处于较零散的状态，许多重要的理论课题尚未展开，系统的、整体性的研究还十分薄弱。

吴良镛先生对此十分关注。他在一篇纪念中国营造学社成立60周年的文章中语重心长地指出：

> 现在，传统文化面临着危机感……在西方建筑文化由于有了经济威力似乎显得光耀夺目的今天，如果不有意识地去研究、发展我国自己的传统文化，则我们的传统文化很有萎缩甚至断层的可能。特别是当少数发达国家文化被视为“中心”、具备强大的传播作用的形势下，东方文化的盟主地位不是可以自封的。来自各方面强烈的“挑战”是客观存在的。对此，中国学人必须有清醒的认识，还必须看到创造新时代的中国文化不能没有对传统文化的继续发现、继承和创新。这样，应对中国建筑研究提出更高的要求。如果说中国建筑研究经历了两代人的经营（按照中国传统概念以30年为一代）的话，那么，第一代的先驱者的主要贡献在于吸收外国科学方法、收集资料、建立体系；第二代人则表现为展拓了第一代人的成果，并向纵深发展。对于第三代人说来，就我个人来看，除了继续展拓以外，很重要的工作就是把对中国传统建筑的研究进一步上升到系统的理论高度……我们一定要提高对中国建筑的理论研究

的自觉性……我们应该自信，重视对中国建筑研究的深入可以促进理论上的创造与提高（吴良镛："发扬光大中国营造学社所开创的中国建筑研究事业"，《建筑学报》1990年第12期）。

的确，深化对中国建筑的理论研究，是我们这些从事中国建筑历史与理论研究的学人应有的自觉。这是一项庞大的理论工程。从中国建筑的体系整体、组群布局、单体构成到部件组合、细部装饰；从中国建筑所反映的哲学意识、伦理观念、文化心态、美学精神、审美意匠、建筑观念、设计思想到设计手法、设计规律、构成机制等等，各个层次、各个环节都有许多值得思索的课题。对于这些课题，我们从哲学、美学、文化学、民俗学、形态学、类型学、符号学、文化比较学等不同的学科视角去审视、研究，都可能形成不同的分支学科或研究方向。

从1978年开始，我在指导硕士研究生学位论文的选题中，试探性地选择了中国传统建筑形态构成和审美意匠的研究课题。指导十余名硕士生分别撰写了研究中国建筑单体、庭院、组群、屋顶、台基、装修以及北方宅第、寺庙园林、环境景观等课题的学位论文。这些论文都侧重于构成形态、构成机制、设计意匠、设计手法的分析。我自己也围绕着建筑美学理论写了一组专题论文，为进行中国建筑的美学分析作了一些理论准备。这样逐渐形成了从美学角度来考察中国建筑遗产的研究方向。1990年以"中国建筑美学研究"为题申请立项，获得了国家自然科学基金的资助。本书就是这项研究课题的主要成果。

本书名为《中国建筑美学》，实际上中国建筑美学的涉及面很广，这里只是尽力把握住主干，从四个方面展开论述：

一是综论中国古代建筑的主体——木构架体系。概述中国古代建筑为何以木构架建筑为主干，分析其历史渊源和发展推力。提出了"综合推力说"，论证了自然力、材料力与社会力、心理力的多因子合力作用和不同时期、不同类型建筑中，强因子的转移、变化。扼要论述了木构架建筑体系所呈现的若干重要的特性。

二是阐释中国建筑的构成形态和审美意匠。在单体建筑层次，探讨了中国建筑的"基本型"，揭示了官式建筑区分"正式"与"杂式"的深刻意义。从"下分"台基、"中分"屋身和"上分"屋顶，对单体建筑的三大组成部分展开了构成形态、构成机制和审美意匠、审美机制的分析。在建筑组群层次，阐述了庭院式布局的缘由、作用和潜能。将庭院单元从功能性质上区分为五种基本类型和十种交叉类型，分析了庭院单元的构成特点和组群总体的构成机制，并对庭院式组群的空间特色和审美意匠作了较细致的论析。

三是论述中国建筑所反映的理性精神。针对"理"的两种含义所构成的两种不同性质的"理性"，分别阐述了中国建筑的"伦理"理性精神和"物理"理性精神。前者主要分析在"礼"的制约下，中国建筑所呈现的突出礼制性建筑、强调建筑等级制和恪守"先王之制"，束缚创新意识的现象。后者主要论析中国建筑重视"以物为法"，在环境意识上强调因地制宜，在建筑构筑上注重因材致用，在设计意匠上体现因势利导的"贵因顺势"传统。

四是专论中国建筑的一个重要的、独特的美学问题——建筑意境。借鉴接受美学的理论，阐释了建筑意象和建筑意境的涵义。概述了建筑意境的三种构景方式和山水意象在中国建筑意境构成中的强因子作用。把建筑意境客体视为“召唤结构”，区分了意境构成中存在的“实境”与“虚境”和“实景”与“虚景”的两个层次的“虚实”，试图揭示出一直被认为颇为玄虚的建筑意境的生成机制。并从艺术接受的角度分析“鉴赏指引”的重要作用，论述中国建筑所呈现的“文学与建筑焊接”的独特现象，展述了中国建筑成功地运用“诗文指引”、“题名指引”、“题对指引”来拓宽意境蕴涵，触发接受者对意境的鉴赏敏感和领悟深度。

应该说，中国建筑美学还有许多问题需要纳入研究范围，本书只是朝着这个研究方向吃力地迈出第一步。殷切期望能够得到专家、学者和广大读者的批评、教正。

侯幼彬

1997 年 3 月

目　录

CONTENTS

第一章　中国古代建筑的主体——木构架体系

中国是世界文明古国之一。古代中国建筑和古代埃及建筑、古代西亚建筑、古代印度建筑、古代爱琴海建筑、古代美洲建筑，并列为世界古老建筑的六大组成。中国古代建筑的主体——木构架建筑体系，在汉代已经基本形成，到唐代已达到成熟阶段，在世界建筑史上，是一支历史悠久、体系独特、分布地域广阔、遗产十分丰富，并且延绵不断，一直持续发展，完整地经历了古代全过程的重要建筑体系。由于中国幅员辽阔，各地区的气温、湿度、雨量、地形和地表土层差别悬殊，地方性的建筑材料资源也大不相同，加上众多民族的不同生产特点和生活习俗的影响，使得中国古代建筑，除了占主体地位的木构架体系之外，还并存着干阑、井干、窑洞、土楼、碉房等多种其他建筑体系。而遍布于广大国土的木构架体系建筑自身，因为同样的原因，在基本构筑形态的共同性基础上，也带有地域性、民族性的许多差异。这样，中国古代建筑既存在着木构架体系与其他建筑体系之间并存、共处、相互渗透的“多元一体”现象，也存在着木构架体系内部统一的构筑形态与不同的地方特色熔于一炉的“多元一体”现象。在这种双重含义的“多元一体”中，木构架体系的主体地位显得分外突出，在很大程度上成为中国古代建筑的总代表，一直成为中国古代经久不衰的建筑正统。

为什么不是其他建筑体系，而是木构架体系成为中国古代建筑的主体？为什么木构架体系会持久地稳居建筑正统的地位而成为中国的古典建筑体系？作为华夏建筑文化主体的木构架体系究竟具有哪些特色？我们对中国建筑美学的探讨，就先从这个问题说起。

第一节　木构架建筑的历史渊源

一、原始建筑的两种主要构筑方式

木构架建筑的渊源可以追溯到中国新石器时代的原始建筑活动。古代文献对原始建筑的情况有一些零星的记载。《韩非子 · 五蠹》说：

> 上古之世，人民少而禽兽众，人民不胜禽兽虫蛇，有圣人作，构木为巢以避群害，而民悦之，使王天下，号之曰“有巢氏”。

《墨子 · 辞过》说：

> 子墨子曰：古之民未知为宫室，时就陵阜而居，穴而处，下润湿伤民，故圣王作为宫室。

文献表明原始建筑存在着“构木为巢”的“巢居”和“穴而处”的“穴居”两种主要构筑方式。对于这两种原始构筑方式，既有“下者为巢，上者为营窟”[①]的记载，即在地势低而潮湿的地区做巢居，在地势高而干燥的地区做穴居，反映出居住地段高低、干湿对于原始建筑方式的制约；也有“冬则居营窟，夏则居橧巢”[②]的记载，反映出不同季节的气温、气候对原始建筑方式的制约。

巢居和穴居究竟是什么样子呢？巢居难以长期遗存，很难通过考古发现其遗址。四川出土的青铜錞于上[③]，有一个显示悬空窝棚的象形文字（图 1-1-1），徐中舒说它“象依树构屋以居之形”[④]，杨鸿勋释为“巢居”的象形字。[⑤]它很像是在四棵树上架屋的“多树巢”，为我们留下了古人所说的“橧巢”的生动形象。甲

①孟子 · 滕文公

②礼记 · 礼运

③此件青铜錞于陈列于中国历史博物馆

④徐中舒．巴蜀文化初说．四川大学学报（社会科学），1959（2）

⑤杨鸿勋．中国早期建筑的发展．见：建筑历史与理论，第 1 辑．南京：江苏人民出版社，1980

①杨鸿勋．建筑考古学论文集．北京：文物出版社，1987．45 ~ 51 页

骨文中的“京”字（图 1–1–2），像架立桩柱提升居住面的建筑形象，是很明显的“干阑”象形字。显而易见，当原始人以人工立桩取代天然树干来架立棚屋时，巢居就演进为干阑建筑。这个进程在新石器时代的早期就已经出现。原始干阑建筑遗址现已有多处发掘，浙江吴兴钱漾山遗址，江苏丹阳香草河遗址，江苏吴江梅堰遗址等，都发现了新石器时代的干阑基址。特别是浙江余姚河姆渡遗址，发掘出距今 6900 多年的干阑构件遗存。这个遗址的第四文化层，发现了大量的圆桩、方桩、板桩以及梁、柱、地板之类的木构件。排桩显示至少有三栋以上干阑长屋。长屋不完全长度有 23 米，宽度约 7 米左右，室内面积达 160 平方米以上。这些长屋坐落在当时的沼泽边沿，地段泥泞，自然地采用干阑的构筑方式。据专家分析，干阑长屋为全木结构，桩木打入地下，埋深约 40 ~ 100 厘米。由厚木地板组成的居住面高出地面约 80 ~ 100 厘米。上部立柱安梁，屋顶为树皮屋面。①在石制、骨制、角制的原始工具条件下，这些木构件居然做出梁头榫、柱头榫、柱脚榫等各种榫卯，有的榫头还带有梢钉孔，厚木地板还做出企口（图 1–1–3）。这是目前所知中国木结构的最早遗物，它所展示的木构技术水平是惊人的。表明木结构在中国的发展历史是十分悠久的。

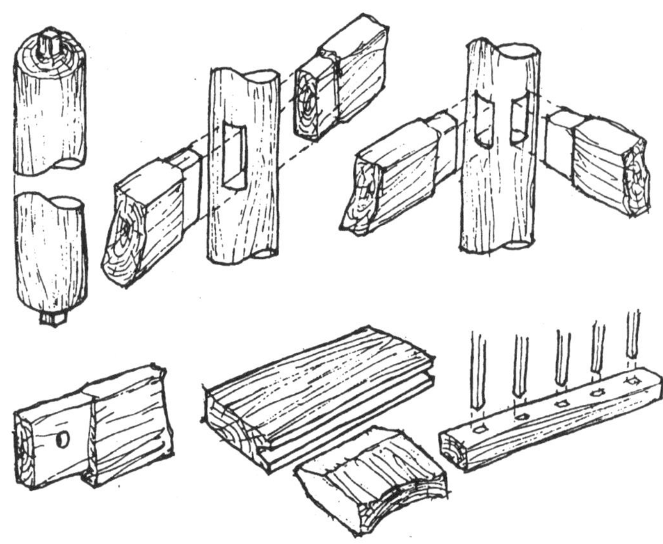

图 1–1–1 （左）四川出土的青铜錞于上的象形文字，显示出巢居的形象

图 1–1–2 （右）甲骨文中的“京”字，呈现干阑建筑形象

图 1–1–3 （下）河姆渡遗址干阑建筑的构件，做出梁头榫、柱头榫、柱脚榫等榫卯
引自杨鸿勋．建筑考古学论文集．北京：文物出版社，1987

穴居不同于巢居，房址容易遗存，遗址已有大量发现，特别是在黄河流域的黄土地带更为集中。河北武安磁山遗址、河南密县峨沟北岗遗址、甘肃秦安大地湾遗址、陕西宝鸡北首岭遗址、西安半坡遗址、临潼姜寨遗址、陕县庙底沟遗址、河南汤阴白营遗址、西安客省庄遗址、山西襄汾陶寺遗址等，都有新石器时代的穴居房址发现，有的还形成一定规模的聚落。从形态上说，穴居大体上可分为原始横穴、深袋穴和半穴居三种形式（图 1–1–4），遗址发掘以半穴居占绝大多数。这些半穴居的平面，早期为圆形、方形、长方形，到龙山文化时期，出现了像“吕”字形的双联型。半穴居的内部使用空间，下部是挖掘出来的“减法”空间，上部是构筑起来的“加法”空间。从半坡遗址来看，半穴居挖深约 80 ~ 100 厘米，面积约 10 余平方米至 30 平方米。穴壁和地面用草筋泥抹光平整，有的还经过烧烤。顶盖由若干中柱支承，架椽或架大叉手，成方锥形构架，椽木表面抹草筋泥面层。

显然，穴居是黄土地带最便利、最合理的原始构筑方式：

1．它就地取材，充分利用黄土地带得天独厚的深厚土层　这种黄土堆积层土质粒度级配

合理，质地均匀，具有良好的整体性、稳定性和适度的可塑性，直壁不易坍塌，非常适合于挖掘穴室空间。

2. 它很适合于黄土地带的气候特点 黄土地质的半干燥气候，空气湿度较小，雨量不大，地下水位较深，毛细蒸发不强，地表土层经常能保持较干燥的状态，是发展穴居的最佳条件。

3. 黄土层具有良好的蓄热、隔热性能 对黄河流域的寒冬，穴居能起到较好的御寒作用。

4. 黄土易于挖掘，运用简单的石器工具就可以施工，并且是通过挖掉土方来取得空间，耗费材料最省 穴居的顶盖部分，横穴不用木材，深袋穴和半穴居用不大的木料即可搭盖，技术难度也不大，可算是原始建筑中最经济、最简易的构筑方式。

研究中国文化的学者指出，黄河流域的文化具有“土”文化的特征，长江流域的文化具有“水”文化的特征。①从这个意义上，我们可以说，穴居、半穴居充分体现了“土”文化的建筑特色，巢居、干阑充分体现了“水”文化的建筑特色。虽然黄河流域也有巢居活动，长江流域也有穴居活动。但是，穴居的确是黄土地带最典型的建筑方式，干阑的确是沼泽地带最典型的建筑方式，它们在各自的自然环境中，的确具有突出的环境适应性和文化典型性。这两种充分体现地区性自然特点和文化特征的构筑方式，理所当然地具有很强的生命力。

这种生命力突出地表现在两个方面：一方面，它们可谓殊途同归，都朝向地面建筑发展，成为木构架建筑发展的主要渊源，汇入了中国古代建筑的主流（详见下文分析）；另一方面，它们又各自延续着有生命力的原始形态，半穴居形态在进入奴隶社会、封建社会后仍未被完全淘汰，以其所费财力、人力最省的特点，长期地充当社会最贫困阶层的栖身之所，近代北

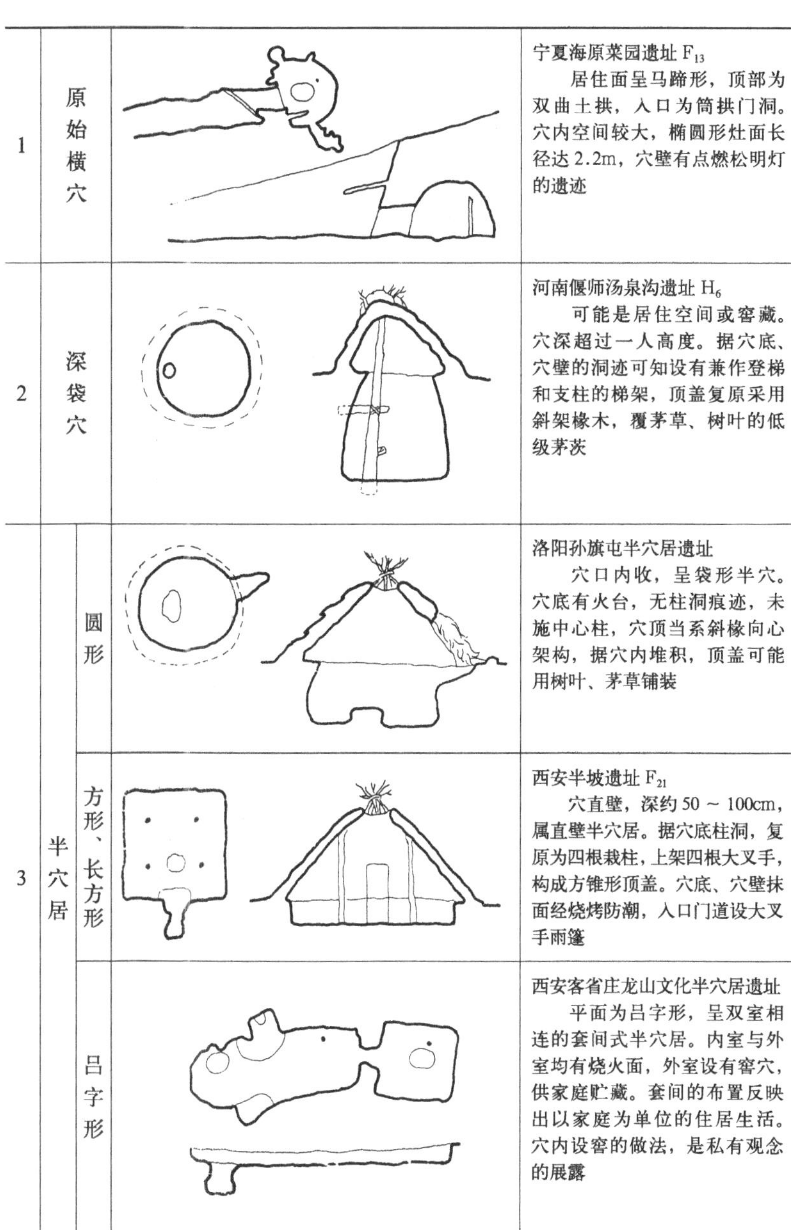

图 1-1-4 穴居的三种形态

方民间所谓的“马架子”，实质上仍是半穴居的基本形态。原始横穴也保持着基本原型，延承为窑洞式的民居，长期成为我国黄土地区农村的主要民居类型。干阑建筑也不间断地发展着，从云南晋宁石寨山发掘的青铜器和广州出土的明器上（图 1-1-5，图 1-1-6，图 1-1-7），都可以见到汉代干阑式建筑的形象。干阑不仅适宜于沼泽地带，而且扩展到适宜山地、坡地、潮湿多雨地区、洪水泛滥地区，成为我国傣族、

① 安作璋，王克奇．黄河文化与中华文明．文史哲，1992(4)

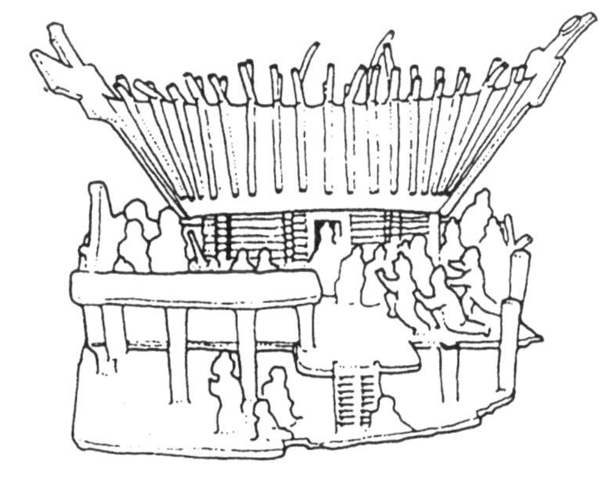

图 1–1–5　云南晋宁石寨山青铜器上显示的干阑建筑模型
引自刘敦桢．中国古代建筑史．第 2 版．北京：中国建筑工业出版社，1962

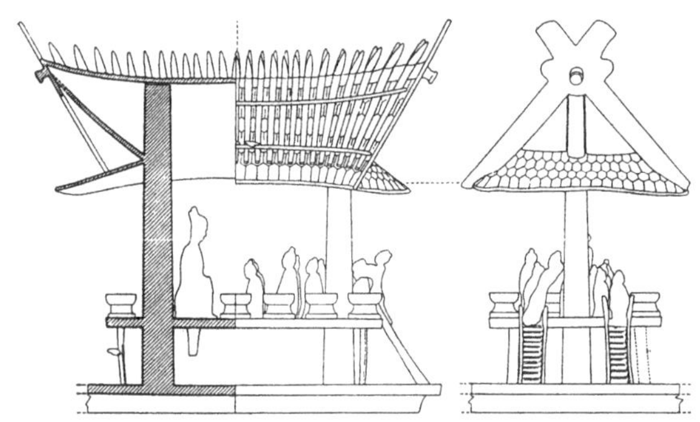

图 1–1–6　云南晋宁石寨山青铜器上干阑建筑形式的实测图
引自安志敏．“干兰”式建筑的考古研究．考古学报，1963（2）

图 1–1–7　广州金鸡岭出土的汉代明器
引自安志敏．“干兰”式建筑的考古研究．考古学报，1963（2）

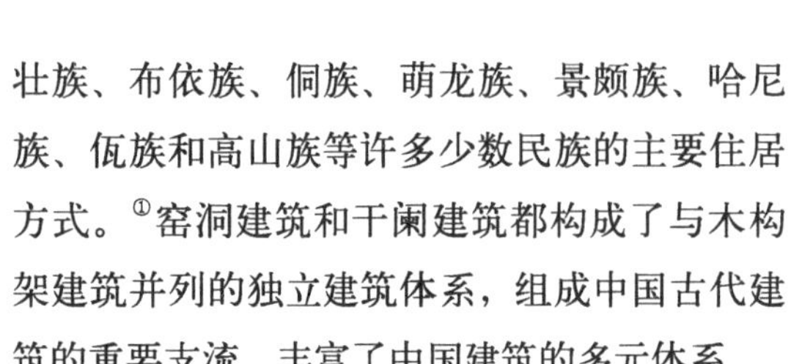

壮族、布依族、侗族、萌龙族、景颇族、哈尼族、佤族和高山族等许多少数民族的主要住居方式。[①]窑洞建筑和干阑建筑都构成了与木构架建筑并列的独立建筑体系，组成中国古代建筑的重要支流，丰富了中国建筑的多元体系。

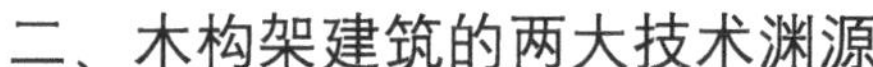

二、木构架建筑的两大技术渊源

杨鸿勋在“中国早期建筑的发展”一文中，通过翔实的考证，列出了“巢居发展序列”（图 1–1–8）和“穴居发展序列”（图 1–1–9），并指出：“沼泽地带源于巢居的建筑发展，是穿斗结构的主要渊源”，“黄土地带源于穴居的建筑发展，是土木混合结构的主要渊源”。[②]这是十分重要的梳理和概括，为我们清晰地点明了中国原始建筑的主要发展脉络和木构架建筑生成的主要技术渊源。在巢居发展序列中，我们从河姆渡文化的干阑木构件可以看出，原始干阑是一种全木构的建筑，居住面的提升和梁柱的架立都要求木构件之间良好地搭接，有力地推动了木构技术的进步、发展。河姆渡文化的凿卯制榫工艺，标志着约 7000 年前中国木结构所达到的惊人的技术水平。这种技术水平不是短时期的实践所能达到的，它表明在此之前，木作已有相当久远的实践历史，说明悠久的原始干阑建筑活动史带来了悠久的木作技术实践和经验积累。随着干阑建筑演进为地面建筑，就为地面建筑带来了木作技术的高起点，促进了极富生命力的穿斗结构的诞生和发展。

在穴居发展序列中，我们从深袋穴的复原图上可以看出，它一开始就呈现土与木的结合。“土”的穴身和“木”的顶盖组成了第一代土木混合的构成方式。在这个构成中，“土”的比重大于“木”的比重。随着居住面的提升，从深袋穴演进为半穴居，虽然仍保持第一代土木混合构成方式，但穴身的“土”的比重开始下降，穴顶的“木”的比重相对上升。穴顶可能敷有草筋泥面层，顶盖自身也呈现“土”与“木”结合。当演进到地面建筑时，土与木的结合方式起了变化，变成了木柱承重，“木骨泥墙”和“木椽泥顶”的土木结合，这可以说是第二代的土木混合构成方式。“木”的比重显著上升，已

①李先逵．西南地区干栏式民居形态特征与文脉机制．见：中国传统民居与文化，第二辑．北京：中国建筑工业出版社，1992．37 页

②杨鸿勋．中国早期建筑的发展．见：建筑历史与理论，第 1 辑．南京：江苏人民出版社，1980

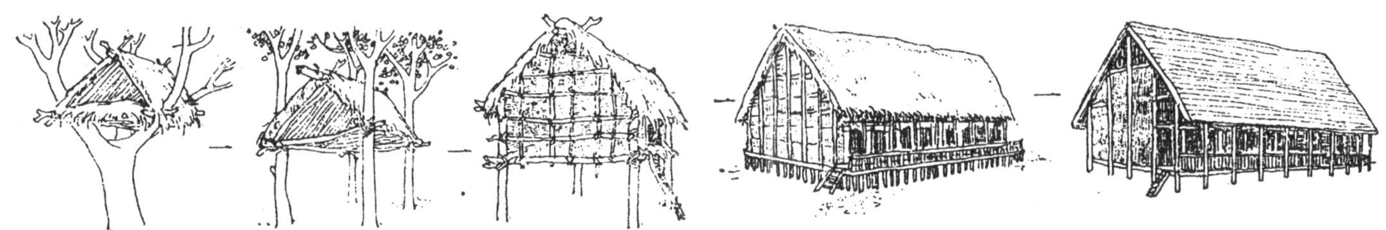

图 1–1–8　杨鸿勋列出的“巢居发展序列”
引自杨鸿勋．建筑考古学论文集．北京：文物出版社，1987

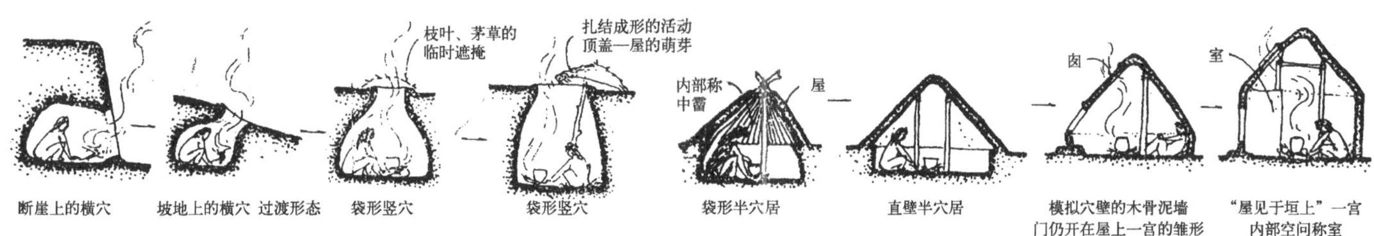

图 1–1–9　杨鸿勋列出的“穴居发展序列”
引自杨鸿勋．建筑考古学论文集．北京：文物出版社，1987

起到土木结合体中的骨干作用。正是这种土木构成形态的进步，成为后来第三代土木混合构成的先导。源自穴居发展序列的建筑，主要展现于黄土地带的中原大地，这里恰恰是华夏文明中心夏、商、周三代活动的核心地域。因此，穴居发展序列所积累的土木混合构筑方式就成为跨入文明门槛的夏商之际直系延承的建筑文化的一部分，自然地成了木构架建筑生成的主要技术渊源。而处于长江流域的巢居发展序列所积累的木构技术经验，通过文明初始期的文化交流，形成“水”文化建筑与“土”文化建筑的双向渗透，也为木构架建筑的孕育注入新的血液，成为木构架建筑生成的另一技术渊源。可以说，这一主一辅的两大构筑源流，为土木混合结构的木构架构筑方式准备了必要的技术条件，对木构架建筑的生成和木构架体系的形成起到了极为重要的、深远的作用。这主要表现在：

（1）推进了土木相结合的构筑方式，奠定了以土木为主要建筑材料的技术传统。

（2）积累了土加工的经验，从夯实柱洞到夯实居住面，萌芽了夯土技术；并开始采用原始的土墼和泥坯，萌芽了土坯技术。

（3）积累了木加工的经验，从搭构顶盖、构筑墙体、架立干阑中诞生了柱、梁、檩、椽等基本构件；从扎结到榫卯，推进了木构件的组接方式，孕育了“墙倒屋不塌”的构架胚胎。

（4）萌芽了木构架建筑体形的雏形。在原始地面建筑中，完成了墙体与屋顶的分化，形成了直立的墙体和倾斜的屋盖的基本构成形式，展露出后来木构架建筑基本体形的端倪。

（5）萌芽了木构架建筑空间组织的雏形。西安半坡遗址 F24 的柱网布置，已显现后世最流行的三开间标准间架的平面胚胎（图 1–1–10）；甘肃秦安大地湾遗址 F901 的房址布局，更清晰地显示了主室、后室和东西侧室的构成（图 1–1–11）。木构架建筑的“一明两暗”、“前堂后室”的布置格局，都可以在这里找到它的渊源。

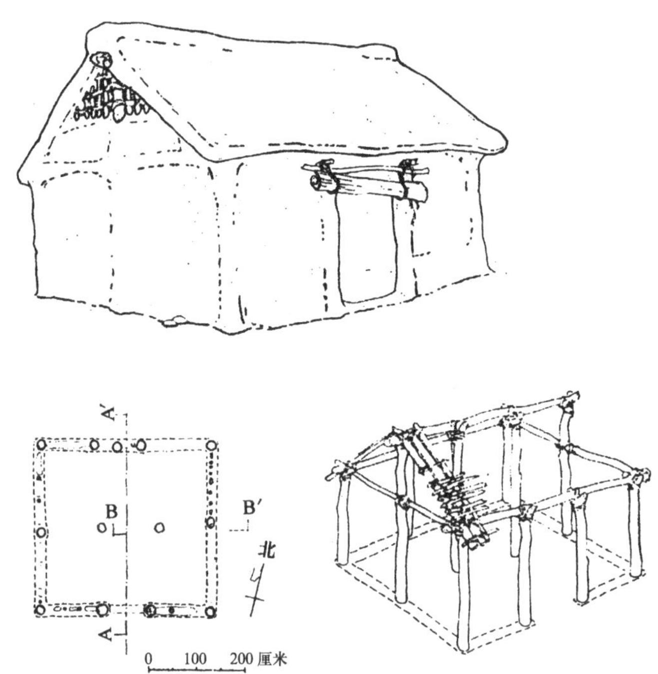

图 1–1–10 西安半坡遗址 F24 复原（杨鸿勋复原）
引自杨鸿勋．建筑考古学论文集．北京：文物出版社，1987

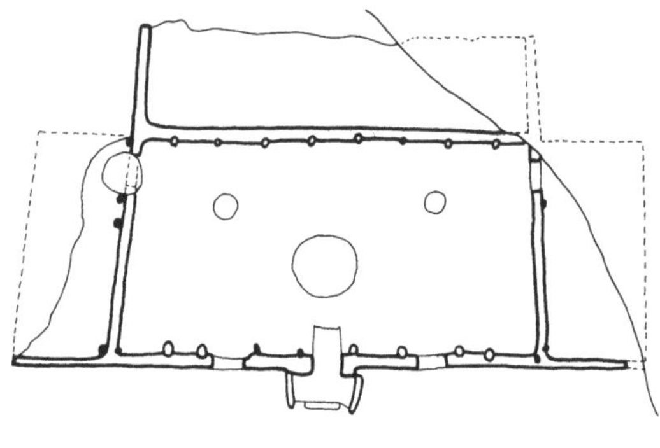

图 1–1–11 甘肃秦安大地湾遗址 F901 的房址布局
摹自甘肃省文物工作队．甘肃秦安大地湾 901 号房址发掘简报．文物，1986（2）

第二节 木构架建筑的发展推力

一、诸家学说

为什么中国古代建筑突出地以木构架体系为主体，而迥异于西方古代建筑以石结构为主体？历来有种种不同的说法。李允鉌在《华夏意匠》中作了专题论析，他提到几种看法：

一是刘致平的看法，认为“我国最早发祥的地区——中原等黄土地区，多木材而少佳石，所以石建筑甚少”。[①]

二是徐敬直的看法，他在英文本《中国建筑》一书中说：“因为人民的生计基本上依靠农业，经济水平很低，因此尽管木结构房屋很易燃烧，二十多个世纪来仍然极力保留作为普遍使用的建筑方法”。[②]

三是李约瑟的看法。李约瑟认为“肯定地不能说中国是没有石头适合建造类似欧洲和西亚那样子的巨大建筑物，而只不过是将它们用之于陵墓结构、华表和纪念碑（在这些石作中经常模仿典型的木作大样），并且用来修筑道路中的行人道、院子和小径”。[③]李约瑟把中国运用木构架的原因归结到中国早期缺乏大量奴隶劳动。他说：

> 也许对社会和经济条件加深一点认识会对事情弄得明白一些，因为据知中国各个时期似乎未有过与之平行的西方文化所采用的奴隶制度形式，西方当时可在同一时候派出数以千计的人去担负石工场的艰苦劳动。在中国文化上绝对没有类如亚述或者埃及的巨大的雕刻“模式”，它们反映出驱使大量的劳动力来运输巨大的石块作为建筑和雕刻之用。事实上似乎还没有过更甚于最早的万里长城的建筑者秦始皇帝的绝对统治，毫无疑问在古代或者中世纪的中国是可以动员很大的人力投入劳役，但是那时中国建筑的基本性格已经完成，成为了经已决定了的事实。总之，木结构形式和缺乏大量奴隶之间是多少会有一些相连的关系的。[④]

对于这三种看法，李允鉌不同意“多木少石”的就地取材说。他引杜牧《阿房宫赋》的“蜀山兀，阿房出”的名句，认为“阿房宫在陕西的咸阳，

①刘致平．中国建筑类型及结构．新1版．北京：中国建筑工业出版社，1987．2页

② Gin Djih Su. Chinese Architecture. past and comtemporary. Hong kong：1964．203 译文引自李允鉌．华夏意匠．再版．香港：广角镜出版社，1984．29页

③④ Joseph Needham. Science & Civilisation in China. Vol. 1V: 3 Cambridge Unive-rsitr Press, 1971．90 译文引自李允鉌．华夏意匠．再版．香港：广角镜出版社，1984．29～30页

建筑用的木材却是由四川千里迢迢地运去，说明了古代的重大建筑工程并不是一定坚持就地取材的原则”。[①]李允钰也不同意“中国经济水平低下”之说，认为：“古代中国的经济水平或者说生产力是否低于其他国家呢？相信没有人下过这样的结论。而且在建筑历史上，并不是只有经济力量强大的国家和地区才去发展石头建筑的”。[②]李允钰同样不同意“早期缺乏大量奴隶劳动”之说。认为中国的奴隶社会同样可以调动大量劳动力参加各种工程建设。李允钰提出了自己的看法，认为：“中国建筑发展木结构的体系主要的原因就是在技术上突破了木结构不足以构成重大建筑物要求的局限，在设计思想上确认这种建筑结构形式是最合理和最完善的形式”。[③]

对于这个问题，石宁、刘啸从地理环境影响的角度，作了深入的分析，他们侧重论述了三点：

（1）根据对半坡遗址埋藏层的孢粉分析，在半坡人生活时期，这一带以草原植被为主，有一些榆、栎、柿等乔木存在，但远谈不上茂密的森林。历史上的这些地区虽有一定的木材可用，但并不是很多。

（2）中原地区属于半干旱的黄土分布地区，在洛阳—郑州—开封一线，干燥度达 1.5 以上。正是由于气候的干燥，为采用土木作主要建筑材料提供了有利条件。欧洲的早期建筑，如古希腊早期建筑也是木结构的，但因属于地中海的湿润或半湿润地区，承重木柱的根部在雨水和潮湿空气的浸润下，很容易糟朽，而导致先用石柱取代木柱，最后发展到全面石构。

（3）中国人很早就掌握了夯土技术，利用黄土地区取之不尽的土材作夯土台基、夯土墙。夯土台基既避免了地下水经毛细作用蒸发到地表，又抬高了木构免受雨水浸害，有效地保证了土和木的耐久性能，克服了土和木的重大缺陷，因而在很长时期里阻碍了石材和砖的大量应用。[④]

以上诸家的说法，涉及到诸多的影响因素，究竟孰是孰非呢？这个问题不能笼统地、简单地评判。

这里有个方法学的问题。以撰写通俗历史著作著称的美国作家亨德里克·房龙（Hendrikran Loon），在他的名著《宽容》中提出了一个他自称为“解答许多历史问题的灵巧钥匙”的“绳圈”图解（图 1–2–1）。[⑤]他把绳子绕成圆圈，圈内各条线段代表不同的制约历史要素。当绳圈为圆形时，各要素的作用力相等。当某些要素成为强因子时，绳圈就被拉成椭圆形，其他要素的作用力就会不同程度地缩减。房龙的这个绳圈图解实质上是一种多因子制约的“合力说”。它表明历史问题是许多制约的要素、许多推力综合作用的结果。在不同的情况下，有不同的强因子，但都不是单因作用。这个绳圈图解对我们是个很好的启迪，我们有必要沿着这个“合力说”来分析木构架建筑形成和发展的原因。

二、综合推力说

追溯木构架建筑的成因，首先需要考察一下华夏文明初始期的建筑状况。

地域辽阔、民族众多的古代中国，文明的起源是多元的。大约以公元前 3500 年开始的铜

①②③李允钰．华夏意匠．再版．香港：广角镜出版社，1984．29 ~ 31 页

④石宁，刘啸．中国古建筑特色的形成与地理环境的关系．文物，1986(5)

⑤亨德里克·房龙．宽容．迮卫，靳翠微译．上海：三联书店，1985．108 ~ 109 页

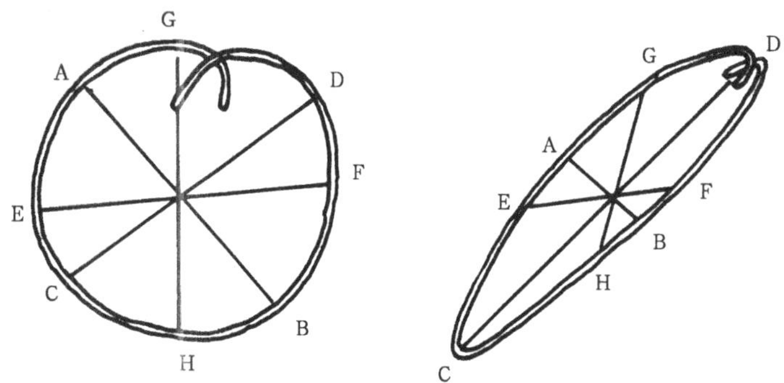

图 1–2–1 亨德里克·房龙提出的“绳圈”图解
引自亨德里克·房龙．宽容．迮卫，靳翠微译．上海：三联书店，1985

石并用时代为起点，我国的黄河流域、长江流域和辽河流域等都有文明曙光的闪现。其中最重要的，对后代影响最大、最直接的当然是中原地区文明中心的诞生。幸运的是，在这个华夏文明的中心地区，考古学家发掘到了河南偃师二里头一号、二号宫殿遗址，它所展示的正是我们所需要考察的刚刚迈入华夏文明门槛的夏商之际的大型建筑状况。

二里头一号宫殿遗址是一个接近方形而缺东北一角的大夯土台（图 1–2–2），东西长 108 米，南北长 101 米。四周廊庑环绕，组成尺度颇大的庭院，院内后部有一主体殿堂，遗址柱洞显示为面阔八间、进深三间的格局。南面廊庑中部显示有面阔八间的大门基址。①

二里头二号宫殿遗址也是整体带夯土台的一组庭院（图 1–2–3），遗址包括廊庑、大门、主体殿堂和大墓。全组呈长方形，东西长 58 米，南北长 72.8 米。夯土殿基上的柱洞和墙槽遗迹显示出殿堂为面阔九间、进深三间的周围廊，内部为木骨泥墙围隔成的三间堂室。东、西、北三面廊庑为夯土墙，南墙复廊中部明确地显示出三间门塾的遗迹。②

一、二号宫殿遗址都属于二里头三期，考古学家已认定是夏代晚期文化，是华夏文明初期的大型建筑遗址。我们在这里看到，在华夏文明初始的时代，作为当时最高档次的宫殿或宗庙的重大建筑，采用的是土木混合结构的“茅茨土阶”构筑方式，这里有夯土的庭院土台，夯土的殿堂台基；有木骨泥墙和夯筑的土墙；有排列整齐的承重木柱柱列；这里已经形成由屋顶、屋身和台基三部分组构的单体建筑构成形态；已经形成由廊庑围合的庭院构成形态；已经形成由大门和主体殿堂组构的门堂构成形态。这里的庭院空间已达到接近一万平方米的规模，主体殿堂已达到 300 平方米的尺度。虽然这时候可能还停留在“大叉手”的梁架，未形成更有机的构架，而从基本构筑方式到空间组织形式，都意味着进入文明初始期的华夏重大建筑，明确地选择了土木相结合的构筑方式，标志着木构架建筑进入了发生期，标志着木构架建筑“原生型”的初生，为后来木构架体系的形成和发展，迈出了奠基性的最初步伐。

是什么因素促使文明初始期的华夏重大建筑选择了土木相结合的“茅茨土阶”的构筑方式呢？显然是由于因袭原始建筑土木结合的技术传统。因为作为华夏文明中心的夏、商文明首先出现在黄土地带的中原地区，自然需要继

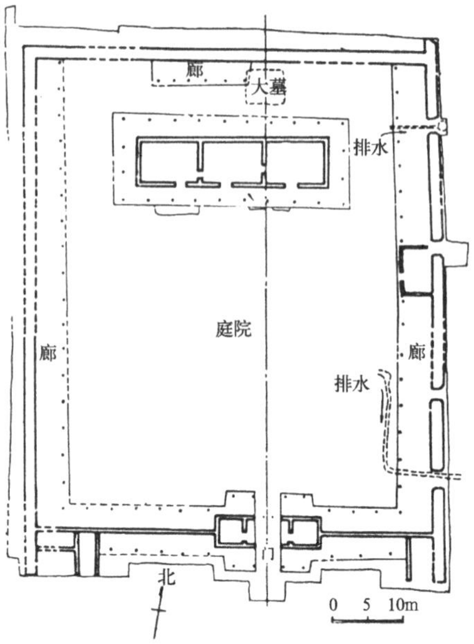

①中国科学院考古研究所二里头工作队．河南偃师二里头早商宫殿遗址发掘报告．考古，1974(4)

②中国社会科学院考古研究所二里头队．河南偃师二里头二号宫殿遗址．考古，1983(3)

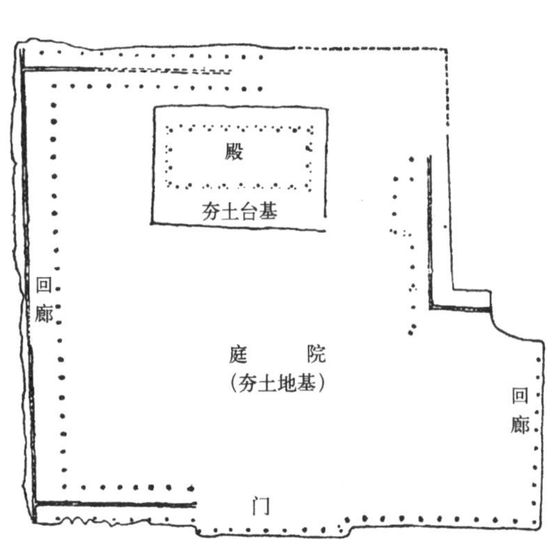

图 1–2–2　（左）河南偃师二里头一号宫殿遗址

图 1–2–3　（右）河南偃师二里头二号宫殿遗址
引自《中国建筑史》编写组．中国建筑史．新 1 版．北京：中国建筑工业出版社，1993

承黄土地区的原始建筑经验。这种继承是现实的，也是最合理的。因为土木结合的原始建筑，体现了就地取用土材、木材的现实性，体现了适合本地区半干燥气候的环境适应性，体现了以原始农业所用的砍伐、挖掘工具充当构筑工具的便利性。[①]这种继承综合体现了自然环境、材料资源、技术手段的先天合理性。当然，除了因袭，还有突破性的发展，即李允钰所说的"在技术上突破了木结构不足以构成重大建筑物要求的局限"，那就是中国的木构不是孤立的木构，而是产生于"土"文化中的木构，是土与木的结合。这种土与木的结合，没有停留在前面提到的第二代的土木构成方式，而是迈入了第三代的土木构成方式，即以"茅茨土阶"为标志的夯土与木构相结合的构成方式。萌芽于氏族社会晚期的夯土技术，随着氏族的解体和部落间掠夺战争的防御需要，在夯土筑城活动中迅速推进了夯土工艺。夯土技术的发展，为大型建筑提供了坚实的、大面积的土台、土阶和土墙，不仅解决了土与木至关重要的防潮、防水问题，而且为大尺度殿堂的营造提供了技术上的可行性。这种夯土工程，技术简易，不需要复杂的工具，只要具备夯具和大量的集中劳动就能实施。夏王朝恰恰具备集中大量奴隶劳动的条件。因此，木构与夯土相结合，自然成了当时最合理的构筑方式。二里头宫殿遗址的"茅茨土阶"做法充分体现了这一点。不仅如此，二里头宫殿遗址还表明，适应这种构筑特点的建筑空间的组织方式也已经摸索到，即在一个大夯土台上，通过周围廊庑的围合，组合成以殿堂为中心的庭院式布局（图 1–2–4）。这种布局以离散的方式大大扩展了建筑的组群规模，可以用不大的建筑单体组构成庞大的建筑组群，这就使得这种构筑方式在当时不仅是最合理的，而且是最优越的。这种情况可以纳入房龙的绳圈合力图解来考察。

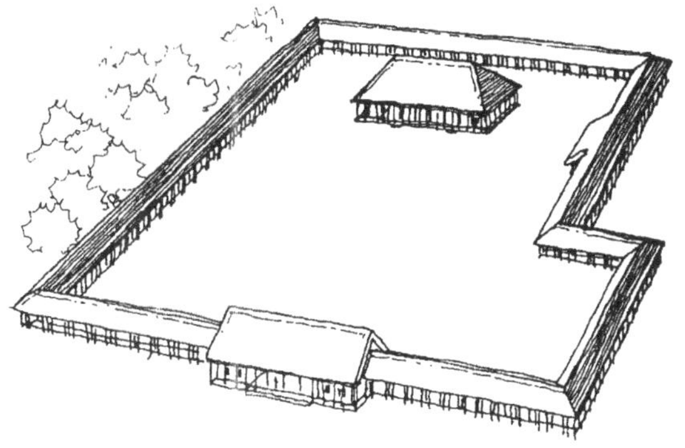

图 1–2–4　河南偃师二里头一号宫殿遗址复原（杨鸿勋复原）
引自杨鸿勋，宫殿考古通论．北京：紫禁城出版社，2001

诺伯格·舒尔茨曾经指出："建筑特征决定因素中尤为重要的是那种由真实的或虚设的构筑所表达的'力的作用'"。[②]借用舒尔茨的这个提法，我们可以把绳圈图形划分为纵横两个向度（图 1–2–5）。以纵向的 AB 线表示"实质力"的向度，它包括"自然力"和"结构力"两大因子。自然力涉及气候、土质、地形等自然环境因子；结构力涉及建筑材料资源、技术经验、劳动力条件等材料技术因子。以横向的 CD 线表示"虚设力"的向度，它包括"社会力"和"心理力"两大因子，主要涉及社会政治意识、价值观念、哲学思想、伦理道德、审美喜好、生活习俗、文化心理等社会人文因子。如上所述，文明初始期的华夏重大建筑之所以选择了土木相结合的"茅茨土阶"的构筑方式，主要是因袭了原始建筑土木结合的技术传统。这种因袭，意味着与自然环境因子相关的黄土地质要素，黄土地区的半干燥气候要素，与材料技术因子相关的取之不尽的土材资源要素，可就地采伐的乔木资源要素，长期积累的木构技术要素，突破性进展的夯土技术要素，奴隶制带来的大量奴隶集中劳动的因素等，都是综合推力中的重要因素。这样，实质力成了强因子，绳圈合力图形明显地呈纵长椭圆形（图 1–2–6）。

值得注意的是，这种构筑方式在夏商王国宫殿、宗庙等重大建筑上的持续运用，自然地就会逐渐发挥建筑文化核心的作用，它必然会

①据谭渊在《斧、锛是原始农业中的主要工具》（载《东南文化》第二辑）一文中论证，原始农业刀耕火种，需砍烧树木，故斧、锛也是重要的农具。由此可知，原始建筑加工土木的工具，实际上是利用了农业工具。这种构筑方式明显地具有工具运用上的优越条件。

②诺伯格·舒尔茨．含义、建筑和历史．薛求理译．新建筑，1986(2)

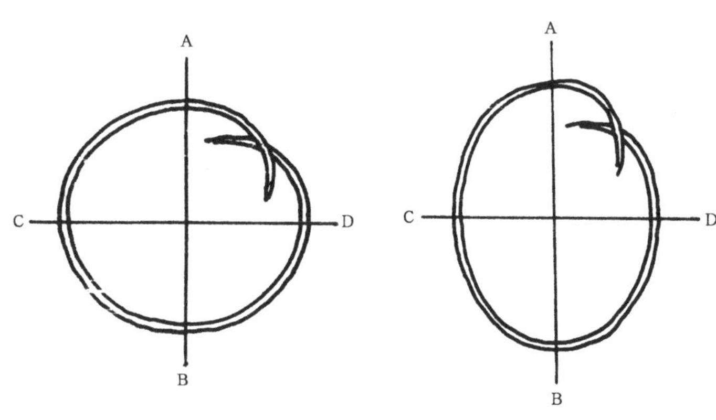

图 1–2–5 （上左）制约建筑形态的“绳圈”合力图形
AB——实质力向度，包括“自然力”、“结构力”因子
CD——虚设力向度，包括“社会力”、“心理力”因子

图 1–2–6 （上右）黄土地区的“茅茨土阶”建筑，绳圈合力中的“实质力”占主导地位

影响到方国的同类建筑活动。湖北黄陂县盘龙城的宫殿遗址就生动地表明了这一点。盘龙城址是商代中期的一个方国的统治者驻地。在城址的宫殿区内，已发现三座宫殿建筑排列在南北主轴线上。其中编号为 F_1 的遗址是一列四室、带周围廊柱的殿基。所在地段普遍垫土夯实，采用的夯土台基、木骨泥墙和周围柱列的做法，与二里头二号宫殿的做法基本一致。盘龙城远在长江岸边，营建技术却与黄河流域相同，可以明显地看出王国建筑文化对于方国建筑文化的显著影响。这里已经呈现出建筑文化核心的辐射作用。在绳圈合力图解中，已明显地削弱地方性材料资源、地区性气候特点的地域因子作用，而加大了政治性因子和文化传播因子的作用力（图 1–2–7）。

随着周礼的制定和《仪礼》、《周礼》、《礼记》的成书，建筑制度被纳入“礼”的规范，成为礼的仪度化的重要表现，起着等级名分、社会地位、宗法特权的物态标志作用。华夏文明中心的夏、商、周三代的城市制度和建筑的布局、形制都被赋予“圣王之制”的经典意义，这就从“礼”的角度强调了建筑的正统观念和等级观念。

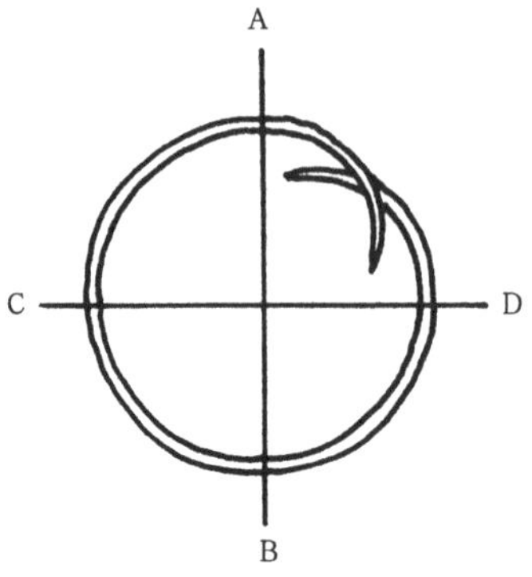

这样，在制约木构架体系形成和发展的社会人文因子中增添了“礼”的重要因素。这个重要因素究竟占多大分量，不能笼统地一概而论。因为在封建社会中，建筑明显地分为两大部类：一个部类是“官工建筑”，它包括宫殿、坛庙、陵墓、苑囿、王府、衙署、权贵第宅等建筑类型，是面向社会上层的高档次建筑，大部分属于工官系统控制的建筑活动，后期也称为“官式建筑”，它们是封建社会建筑中的上位文化；另一部类是“民间建筑”，它包括遍布城乡各地的平民宅舍、店肆、作坊等建筑类型，是面向社会下层的低档次建筑，通常是由民间工匠营建或住户自行建造的，它们是封建社会建筑中的下位文化。应该指出的是，“礼”的制约对这两大部类建筑来说，分量是大不相同的。

对于上位建筑文化的“官工建筑”，一方面，由“茅茨土阶”继续演进的木构架建筑，在古代生产力条件下，是很优越的建筑方式，它在创造大型殿堂空间，组构大型建筑组群，适应不同地区气候，满足多种使用功能，表现多样艺术特色和吸收、融化其他体系建筑技艺等方面，都具有很大的潜力；另一方面，这种具有很大发展潜力的建筑方式又罩上了“圣王之制”的灵光，自然成了上位文化的“官工建筑”、“官式建筑”历久不衰的正统。在这里，木构架建筑自身的发展潜力和因袭正统规制的传统惰力上升为突出的强因子，而地域性的自然环境条件、材料资源条件等制约因素则下降为弱因子。营造北京宫殿，明代所用楠木都是从川、广、闽、浙远道采运的，清代所用松木都是从关外采运的，都不是就地取材。这里的绳圈合力明显地

图 1–2–7 方国建筑受王国建筑文化的核心辐射作用，加大了“虚设力”作用。绳圈合力图形从纵长椭圆拉向圆形

呈横长椭圆形（图 1–2–8）。地方性材料资源的现实性很大程度上为国土范围内征调建筑材料的可能性所取代。木构架体系自身的适应性、灵活性使它有可能广泛适用于不同的地域。建筑形制的等级标志意义和文化正统意义促使木构架建筑形成高度的程式化。正统的形制规范要求大大超越了地域性自然环境的特殊要求，使得广大的汉族地区上位文化的官工建筑普遍地、严格地统一于木构架体系的程式化的基本形制，地域性的制约因子大多只显现为统一规制下的若干局部性的地方特色。

对于下位建筑文化的民间建筑，情况就大不相同。民间建筑突出强调效益，要求以便捷、经济的方式解决基本的住居功能。因此，制约民间建筑的绳圈合力截然不同于制约官工建筑的绳圈合力。木构架建筑之所以在民间建筑中也能广泛分布，主要是由于它具备了在当时生产力条件下的技术经济上的合理性和技术体系上灵活调节的适应性。承重结构与围护结构明确分工的木构架体系，承重构件可以结合地区特点形成多样的民间木构架形式。围护构件不拘一格，可以用当地价廉易取的墙体材料，可发挥就地取材的长处。灵活的民间木构架也便于适应不同地形、地段和不同建筑空间的需要。这些使木构架体系突破了地区性的局限而得以广泛分布，从而形成富有乡土特色的民间木构架建筑的多元形态。“礼”的规范的制约作用，正统建筑核心文化的辐射作用，对民间木构架建筑当然也有不同程度的影响，但只是合力中的弱因子。这里的绳圈合力图形显然呈纵长椭圆形（图 1–2–9）。

综上所述，木构架体系之所以成为中国古代建筑的主体，不是单因决定的，它是多因子合力作用的结果。这种合力作用对于木构架建筑发生期和木构架体系形成期、发展期，其制约的强因子是不相同的，对于官工建筑突出发展木构架体系和民间建筑广泛运用木构架体系，其制约的强因子也是不相同的。一部中国古代建筑史，是在复杂的、不断变化着的绳圈合力推动下演变发展的。

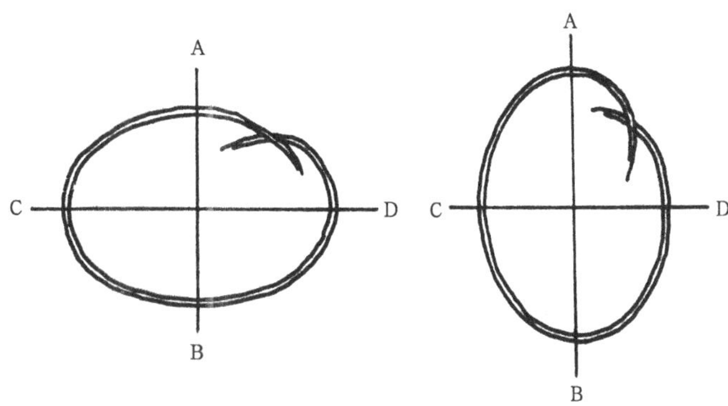

图 1–2–8 （上左）上位文化的“官工建筑”，正统规制的惰性力上升为强因子，绳圈合力图呈横长椭圆形

图 1–2–9 （上右）下位文化的民间建筑，强调因地制宜，因材致用，“礼”的制约作用相对削弱，绳圈合力图呈纵长椭圆形

第三节 木构架建筑体系的若干特性

一、自然适应性和社会适应性

建筑是人类用以适应环境的一种重要手段。人生活在自然和社会的双重环境中，因此人对建筑的适应性要求，包括对自然环境的适应和社会环境的适应。在古代，木构架建筑体系在这两方面都具有明显的优越性。

从前面的分析可以看到，在木构架建筑的发生期，作为“原生型”的“茅茨土阶”，是黄土地区原始建筑的直系延承。这种延承意味着适应中原地区的气候特点，地质、地形特点，地方性材料资源特点，具有先天的自然适应性，呈现着鲜明的地域性的“土”文化特征。由于中国国土领域辽阔，地形、地貌繁复，气候类型多样，自然条件千差万别，作为全国性的主体建筑体系，当然不能仅限于局部地域的适应性，而必须具备超地区的广泛适应性。这一点土木混合结构的木构架建筑有很大的潜力，有相当灵活的调节机制，能够在统一的构筑体系中，针对不同地区的自然条件，进行灵活的调适。这主要表现在：

（1）木构架体系建筑的承重结构与围护结构分离，“墙倒屋不塌”，墙体可有可无、可厚可薄，庭院可大可小、可宽可窄，单体殿屋可严密围隔，也可充分敞开，能够灵活适应不同地区的气候需要。

（2）作为木构架体系主要用材的土和木，资源分布相当广泛。可供建筑使用的木材树种较多，我国大部分地区都有木材资源。土资源也不仅限于黄土地区，我国黏性土分布很广，东北地区的栗色土、黑色土，云、贵、赣、湘的红色土等，都可以作为建筑材料。由于墙体不承重，占民间建筑用材很大比重的墙体材料可以不拘一格，可用版筑、土坯，可用竹编、砖构，可用毛石、片石，可用“拉哈”、“垡子”，能够适应大部分地区的就地取材要求。

（3）木构架结构组合方便，特别是穿斗式更为灵便，既便于展延面阔进深，也便于构筑楼层；既可以凹凸进退，也可以高低错落，可以灵活地适应平原、坡地、依山、傍水等不同的地形、地段。这些，使得木构架建筑远远优于窑洞、干阑、井干等受地域性严格制约的其他建筑体系，而得以广泛分布于中华大地。

在社会适应性方面，木构架体系也与中国封建社会的经济结构、政治结构、家族结构、意识形态结构、文化心理结构等十分合拍。以土木为主要建筑材料的构筑方式，很切合小农经济为主体的社会经济结构。这种筑屋建房可采取农家“自给自足”加少量村民协作的方式来进行。土材资源可就地挖取，夯土版筑只需简单协作的劳动，土坯制作可以自家逐渐积累，木材也有可能通过长期储备。“在陕西西安附近的农民简直就称他们种的树为柱梁或椽子，用作梁柱的树约二十年左右，用作椽子的树约五年左右便可自然成材……除了瓦须约定几家合作烧制外，农民可以独立积累起全部建筑材料”。[①]这样的构筑方式反映了极浓厚的、自然经济的、农业文化的特色。木构架体系的庭院式布局形式，也充分适应了封建时代的伦理型社会结构。封闭的三合院、四合院第宅，既适应小家庭必要的多栋分居，又适应大家庭追求的合院聚居，以其主从有序、内外有别的空间布局，满足了在父权、族权支配下的一个独立的血缘单位、祭祀单位、经济单位的住居功能。基于伦理型的“家国同构”，宫殿、宗庙、衙署、祠堂，以至于寺庙、道观等等的建筑布局，与第宅布局也呈现明显的“同构”现象。它们实质上都是庭院式第宅的放大。木构架建筑虽然单体殿屋尺度有限，而通过庭院自身的放大和院与院的聚合，可以铺展出庞大的建筑组群，有效地适应封建时代社会生活各个领域的功能需要。不仅如此，庭院式布局的封闭性结构与汉民族的文化心理结构也是契合的。“农耕经济是一种和平自守的经济，由此派生的民族心理也是防守型的”。[②]在疆域上设万里长城，在城防上设围廊型城池，在建筑组群中采用高墙深院的庭院式封闭格局，都可以说是防守型的文化心理的物质表征。

二、正统性、持续性和高度成熟性

木构架建筑的发生期、发育期是在黄河中下游的中原大地展开的。这个地区既是我国原始农耕文化的摇篮，又是夏商文明的发祥地。“农业的定居生活使聚族而居成为一种传统，社会生活中的宗法关系表现得非常典型，在此基础上产生的礼乐制度及其理论化的产物即儒学的出现，造成了一种占支配地位的观念形态。这种观念形态随着政治上的不断强化，成为一种不可替代的正统思想”。[③]诞生于中原大地的建筑文化也是如此。一方面，由于土木相结合的

①中国科学院自然科学史研究所．中国古代建筑技术史．北京：科学出版社，1985.57页

②冯天瑜，何晓明，周积明．中华文化史．上海：上海人民出版社，1990.120页

③安作璋，王克奇．黄河文化与中华文明．文史哲，1992(4)

构筑方式具有广泛的自然适应性和社会适应性，处于当时建筑发展的领先地位，自身蕴涵着显著的优越性和强大的生命力；另一方面，作为夏、商、周三代重大建筑所选择和沿用的建筑方式，成为“圣王之制”的建筑标记，成了礼的典章制度所认定的建筑标本。这样，木构架建筑随着“礼”的制定和强化，就一直处于建筑文化的正统地位。这对木构架建筑体系的发展产生了一系列深远的影响。一是使木构架建筑稳居建筑活动的主导地位，获得了突出的发展；二是使建筑活动，特别是上位建筑严格受到等级名分和尊经法古的制约，建筑形制成了标示名分等级和表征礼制正统的物态化标志；三是加强了建筑的传承性，使木构架建筑不得不在严格因袭历史形制和正统规范的制约下演进。这些情况大大强化了木构架建筑体系发展的持续性。我们可以看到，木构架建筑在中原大地迈入文明门槛之时，就进入了它的发生期。它从夏商之际的原生型“茅茨土阶”起步；到西周，由于瓦的发明和应用，演进为“瓦屋土阶”；到春秋战国时代，处于发育期的木构架建筑，在列国诸侯“竞相高以奢丽”[①]，“高宫室，大苑囿，以明得意”[②]的背景下，盛行起“高台建筑”。高台建筑是在阶梯形大夯土台上层层建屋，通过庞大夯土阶台的联结，把依附于台体的、尺度不大的单体木构聚合成高高层叠的、巨大体量的台榭。这种构筑方式，是在木结构自身未能组构大体量工程的技术局限下，巧妙地通过夯土阶台来聚合成庞大的建筑体量。这种土木结合已不同于“茅茨土阶”、“瓦屋土阶”的第三代土木构成方式，可称为第四代的土木构成方式。但是这种构成方式，建筑外观体形虽然庞大，而建筑内部空间却不多，而且巨大的阶台需要耗费繁重的夯土劳动量，因此，随着奴隶制集中劳动的消失和木结构技术的进步，高台建筑在盛极一时之后，就匆匆趋于淘汰。木构架建筑仍然沿着第三代土木构成方式进展。到东汉时期，已明确形成抬梁式和穿斗式两种基本构架形式，斗栱的探索和运用十分活跃，多层楼阁建造十分频繁，屋顶形式也已形成庑殿、悬山、攒尖和两叠式歇山顶，木构架建筑体系已基本形成。到唐代，从初唐大明宫含元殿遗址所显示的雄浑、谙练的殿基布局，敦煌壁画经变图所反映的初、盛唐寺院布局错落有致的盛大场面，和晚唐佛光寺大殿所展现的规范的殿堂型构架做法，完整的内外槽空间处理，雄健的殿堂形体与精到的细部手法，表明木构架建筑达到了体系的成熟期。从这以后，进入成熟期的木构架体系，在漫长的中国封建社会内部又经历了长达1000余年的持续发展，直到19世纪中叶封建社会的终结，始终未曾中断。在这个漫长的发展历程中，封建王朝政权的更迭，包括像辽、金、元、清少数民族王朝的统治，都没有切断和偏移木构架体系运行的正统轨道。从明代开始的砖产量的大幅度上升，砖墙的广泛运用，大型建筑从土木结合的构筑体系转向了砖木结合的构筑体系，木构架体系的基本结构、做法、造型、布局也仍然沿袭正统的形制、规范运行。木构架建筑体系这种超长期的持续发展，使它成为世界古老建筑体系中罕见的、不间断地走完古代全过程的建筑体系。这样的超长期持续发展，自然带来了木构架体系后期发展的迟缓性和高度成熟性。民间建筑和官式建筑都呈现高度的程式化。特别是官式建筑的程式化达到极严密的程度。单体建筑的各部分做法、形制，都经过长期实践的千锤百炼而凝聚成固定的程式，这一方面表现出建筑形式达到炉火纯青的典范化水平，运用程式化的建筑单体来组合程式化和非程式化的建筑组群取得很大进展，特别是依山傍水地段的民居聚落分布和皇家园林、私家园林、寺庙园林的规划布局都达到很高的境界；另一方面也表现出官式

①张衡．东京赋

②史记·苏秦列传

建筑形式的一成不变，不适应功能、技术的进化，失去创造性和个性的活力，从程式化走向僵化，显现出老态龙钟的体系衰老症。相对于文艺复兴之后勃勃发展的西方建筑，中国木构架建筑的晚期发展，已呈现巨大的时间差，沦为落后于世界建筑潮流的衰落体系。

三、包容性和独特性

作为中国古代建筑的主体，木构架体系具有明显的包容性。这可以从三方面来看：

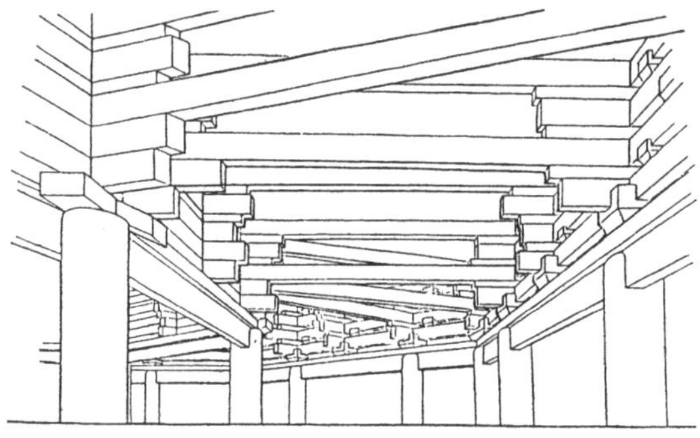

图 1–3–1 井干式融入木构架——应县木塔平座层中的井干构成
引自张十庆．从井干结构看铺作层的形成与演变．华中建筑，1991（2）

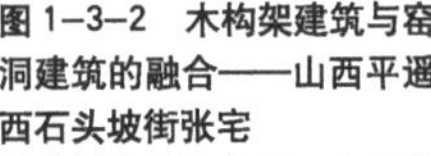

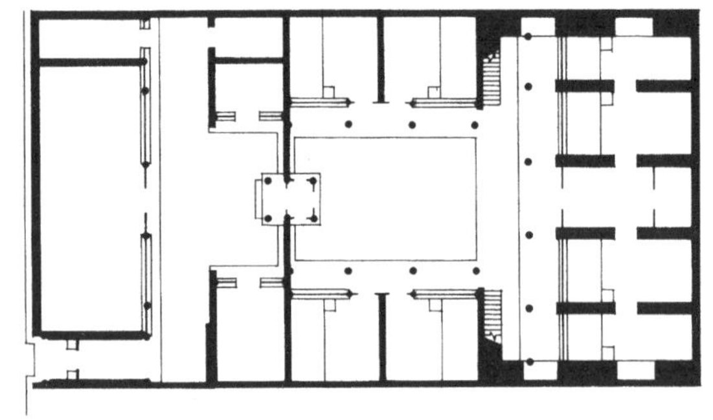

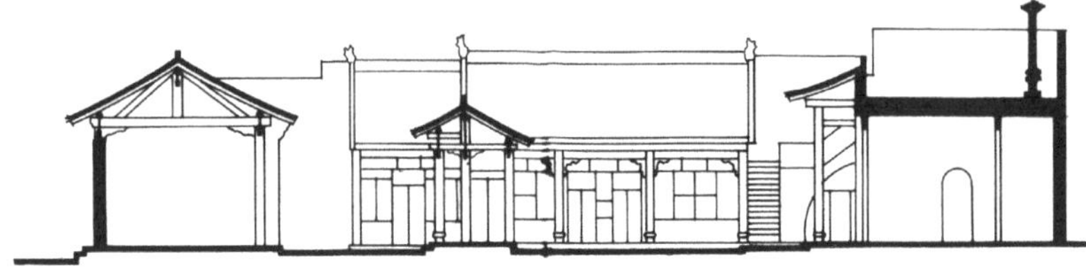

图 1–3–2 木构架建筑与窑洞建筑的融合——山西平遥西石头坡街张宅
摹自刘致平．内蒙、山西等处古建筑调查纪略（上）．见：建筑理论及历史研究室．建筑历史研究，第 1 辑．北京：中国建筑科学研究院建筑情报研究所，1982

1．木构架建筑体系的形成和发展，带有很强的综合性 前面已经提到，从历史渊源来说，木构架建筑自身存在两方面的技术源流，既有源自穴居发展序列的“土”文化的建筑基因，又有源自巢居发展序列的“水”文化的建筑血统。在木构架建筑的发育期，春秋战国诸侯的兼并战争，促使民族的迁移和聚合，推进了华夷之间建筑文化的双向交流。秦统一六国，中华文化共同体基本形成。在建筑活动上，“秦每破诸侯，写放其宫室，作之咸阳北阪上，殿屋复道，周阁相属”。[①]这种把六国宫室按原样重建于咸阳北阪的做法，是对各地区巧匠、良材的一次大聚合，是对活跃于六国的“高台榭，美宫室”的建筑经验的一次大交流。魏晋南北朝时期，北方游牧民族入主中原，在农业型的“华”文化与游牧型的“胡”文化的碰撞中，木构架体系在保持正统地位的同时，也吸收了若干“胡”文化的因子。其中最明显的就是东汉末年传入的胡床进一步向民间普及，并新输入了椅、凳等各种形式的高坐具。这些新家具推动了汉民族起居生活习惯的改变，开始向垂足坐过渡，成为唐以后变革席地坐的前奏，对于木构架建筑体系室内空间的发展起到了重要作用。在木构架体系发展过程中，井干结构的融入也具有重要意义。根据文献记载，汉代已经有将井干做法融入大木构架的迹象，后来演进为楼阁建筑平座层中的井干壁体（图 1–3–1）和殿堂型构架铺作层中的扶壁[②]，对木构架整体性的加强曾经起过关键作用。在许多地区的民间建筑中，常常呈现木构架体系与当地其他建筑体系的交融现象。山西平遥一带的三合院、四合院住宅，常有以砖砌窑洞式的正房与木构架的厢房、倒座组合在一起的做法（图 1–3–2）。徽州传统民居的“一厅两厢式厅井楼居”组合单元，据单德启的研究分析，它的空间构成模式具有中原汉族“地床院落式”木构架建筑和当

①史记 · 秦始皇本纪

②参见张十庆．从井干结构看铺作层的形成与演变．华中建筑，1991（2）

地古越"高床楼居式"干阑建筑综合交融的特征，它的结构构造模式，也具有北方抬梁式构架与干阑建筑的穿斗式做法混合运用的特点。[①]这些都表现出处于正统地位的木构架建筑体系蕴涵着很强的文化凝聚力和辐射力。

2．对待外来建筑文化，木构架体系表现出很强的同化力 古代中国所接触的外来建筑文化，主要是通过外来宗教传入的。这方面，木构架建筑体系表现出很强的同化力，总是把外来建筑文化融化在本体系之中。

佛教建筑的中国化可以说是最典型的现象。佛教于两汉之际传入中国，逐渐形成了两种形式的寺院布局。一种是像东汉末年笮融在徐州建的浮屠祠那样，"上累金盘，下为重楼，又堂阁周回，可容三千许人"。[②]参照有关北魏永宁寺的记述，可知这是一种以塔为中心，四周用堂阁、庑廊环绕的方形庭院的布局。另一种是像洛阳建中寺那样"以前厅为佛殿，后堂为讲室"[③]的宫室第宅型的布局。这两种布局都是中国化的，都源于木构架建筑已有的布局形式。中心塔院型佛寺显然是以明堂、辟雍等礼制建筑的十字轴对称布局形态来适应绕塔礼拜的佛教功能的产物；宫室第宅型佛寺则是通过"舍宅为寺"，衍生出以佛殿为主体的纵深组合的院落式布局。这两种寺院布局中，宫室第宅型是木构架最基本、最普遍的组群布局形式，自然也成了后来中国寺院布局的主流。塔的中国化更是大家熟知的。作为外来的佛教建筑，塔没有照搬印度" 堵波"的原型。除了喇嘛塔保持着较浓厚的 堵波形态，呈现出罕见的"返祖"现象外，其他类型的塔，都是或浓或淡地中国化的。在楼阁式塔、亭阁式塔的三部分构成中，塔身采用的是中国的重楼或亭阁；地宫因袭的是中国陵墓地宫、墓穴的处理方式；只有塔刹部分是将 堵波原型缩小成为象征性的塔顶标志物。这些中国化的塔，先是木构的，后来衍生的砖石结构的塔，其外观也是仿木的，充分显现出木构架建筑体系对外来建筑文化极强的同化力。这种同化力对宗教意识很强的伊斯兰教建筑也同样起作用。从元朝起，除了新疆各地的礼拜寺保持伊斯兰建筑形式外，分布到内地的清真寺则普遍采用中国传统木构架体系的院落式布局。西安化觉巷清真寺、北京牛街清真寺等都是这种形制。我们从这类清真寺多重院落的平面组合，从礼拜殿、邦克楼、碑亭等的木构架的构筑做法，从礼拜殿采用的"勾连塔"屋顶等等，都能感受到这种同化力的惊人力度。

3．在建筑思想上，木构架体系蕴涵着多元的哲学、美学意识 木构架体系在建筑思想上也同样表现出值得注意的包容性。它虽然处于建筑文化的正统地位，而渗透在木构架建筑活动中的哲学、美学意识却不仅仅是单一的儒家思想，也包含有相当分量的道家思想，呈现着儒道互补的状态。儒家注重人伦关系、行为规范，崇尚等级名分、奉天法古，讲求礼乐教化、兼济天下；道家注重天人和谐，因天循道，崇尚虚静恬淡、隐逸清高，讲求清静无为、独善其身。这两种对立而又互补的思想意识，深刻地制约着文人士大夫的价值观念、处世哲学、审美趣味、生活行为和起居方式，不仅对士大夫阶层的建筑活动，而且对整个官式建筑活动都有重要的影响。木构架建筑体系在类型上、布局上、形制上、设计意匠上都渗透着这种互补的意识。既有崇尚伦理意识的宫殿型建筑，也有渗透玄学意识的园林型建筑；既有森严、凝重的对称式布局，也有灵巧、活变的自由式组合；既有堂而皇之的富丽格调，也有天趣盎然的淡雅风韵；呈现出多样的建筑性格和美学口味。

值得注意的是，上面所说的木构架建筑的综合性、融化性、包容性，并没有削弱它的体系独特性。中国木构架建筑文化是世界原生型

①参见单德启．冲突与转化——文化变迁、文化圈与徽州传统民居试析．建筑学报，1991（1）

②后汉书·陶谦传

③杨衒之．洛阳伽蓝记卷一

建筑文化之一。由于中国位于东亚大陆，远离世界其他文明中心。浩瀚的海洋，险峻的高原，茫茫的沙漠和戈壁，使中华文明在地理环境上与外部世界形成相对隔绝的状态。农耕文明和足够回旋的辽阔国土，也使中国文化缺乏外向交流的动力。中国建筑的早期发展保持着很大的独立性，木构架建筑的发生期、发育期大体上是在与外来建筑文明没有联系的情况下度过的。到东汉时期，随着佛教的传入而带来异质建筑文化时，中国的木构架建筑体系已经形成，正统地位早已确定。外来建筑文化没有冲淡中国建筑的特色，只是融化在中国建筑的特色之中。这种情况一直保持到 19 世纪中叶，使得中国建筑体系既是高度成熟的、延绵不断的，也是多元一体的、独树一帜的。

以上简略叙述了木构架建筑体系的若干特性。显然，这些特性紧密关联着中国建筑的构成形态和审美特征。木构架体系是多元一体的中国建筑体系的主干，下面主要围绕着木构架体系来考察中国建筑的一系列美学问题。

第二章　单体建筑形态及其审美意匠

第一节　单体建筑的基本形态

中国木构架建筑体系，从唐宋到明清，经历了从程式化到高度程式化的演进，形成了一整套极为严密的定型形制。全部官式建筑都是程式化的。民间建筑大部分也是定型的，或是在定型的基础上随宜活变的。这种高度程式化的建筑体系，首先体现在单体建筑的定型化。特别是明清宫式建筑的单体，表现得最为典型，最为严密。下面主要以明清宫式建筑为主，考察一下木构架体系单体建筑的定型形态。

一、平、立、剖面构成

木构架体系单体建筑的形态，可以分解为平面构成、剖面构成和立面构成。其构成特点是大家熟知的，通常概括为以下几点：

1. 单体建筑平面以“间”为单元，由一间或若干间组成　“间”有两个概念：一是指四柱之间的空间；二是指两缝梁架之间的空间（图2–1–1）。常用的是后一种概念的“间”。单体建筑平面的大小规模，在面阔方面取决于开间的数量，在进深方向取决于间的架数。官式建筑的开间取阳数，可选用1，3，5，7，9开间，以9开间为最高规格。间的架数用檩子的数量来衡量，以每一檩为一“架”，以檩与檩之间的水平距离为一“步架”。在带正脊的建筑中檩子也呈单数，可选用3，5，7，9架，最大可达11架。当屋顶为卷棚或前后檐不等高时，檩子则呈双数。在平面构成中，除了身内的间，还可以附加不同的“出廊”。出廊分“前出廊”、“前后廊”和“周围廊”三种（图2–1–2）。不同数量的开间、不同数量的檩架和不同方式的出廊，组构成不同大小规模和不同等级规格的单体平面。

2. 单体建筑的剖面，受制于檩子的数量、出廊的方式、举架的高低和梁架的组成　檩子越多，进深就越大，举架也越高。根据不同的架数和不同的出廊方式，可以组构出种种不同的梁架形式。图2–1–3是官式建筑梁架的常规形式。不同地区的木构架建筑，剖面做法不尽

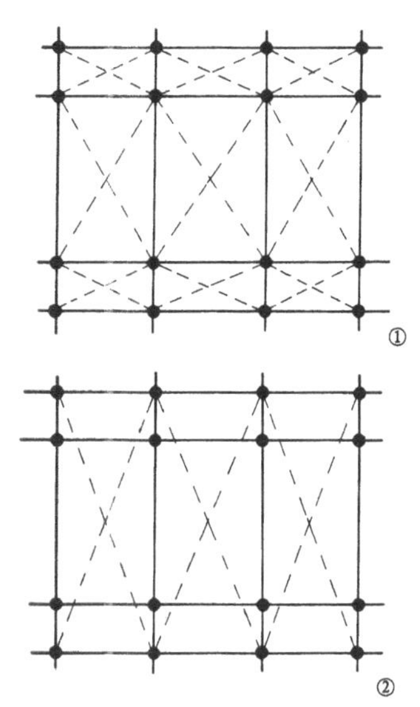

图2–1–1“间”的两种概念
①四柱之间的空间，称为一“间”
②两缝梁架之间的空间，称为一“间”

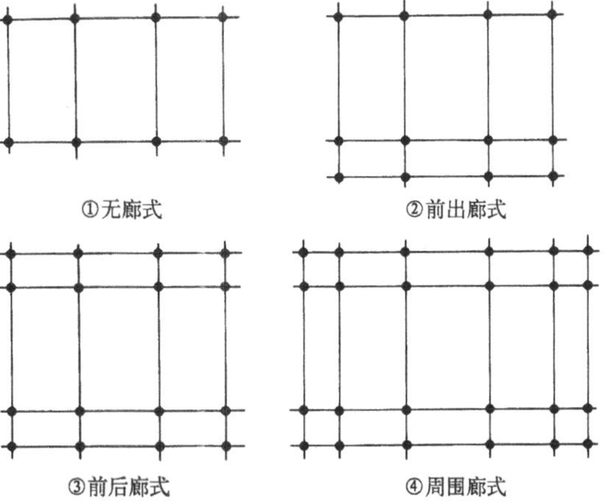

图2–1–2　出廊的几种形式

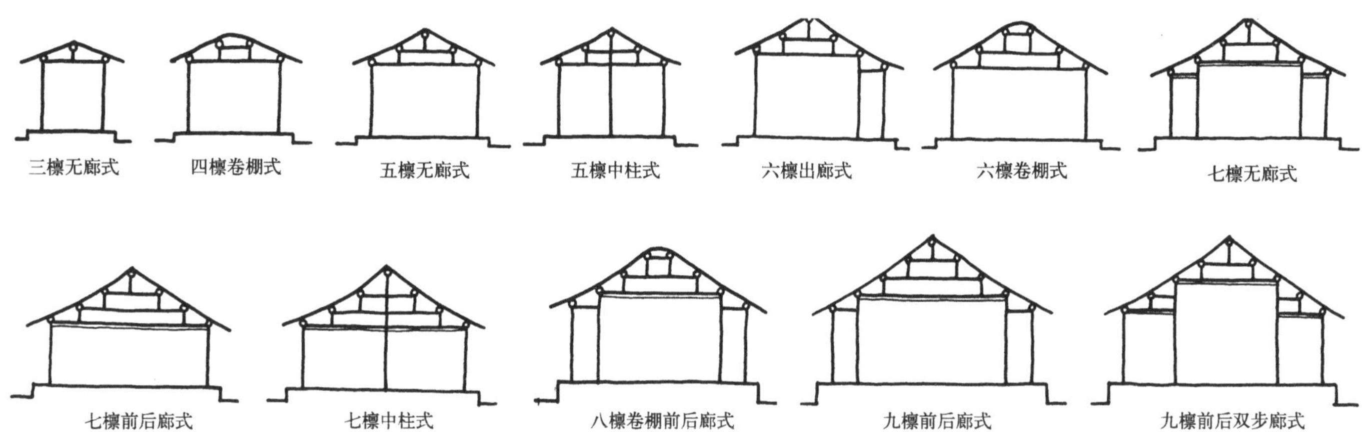

图 2–1–3 抬梁式构架的常见梁架形式

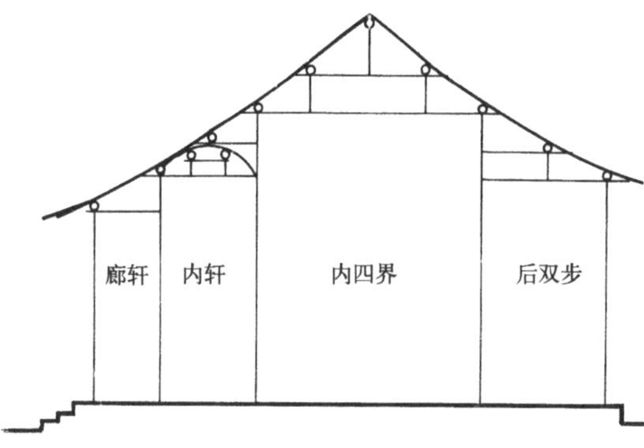

图 2–1–4 江南地区的厅堂帖式图

引自姚承祖原著，张至刚增编，刘敦桢校阅．营造法原．第 2 版．北京：中国建筑工业出版社，1986

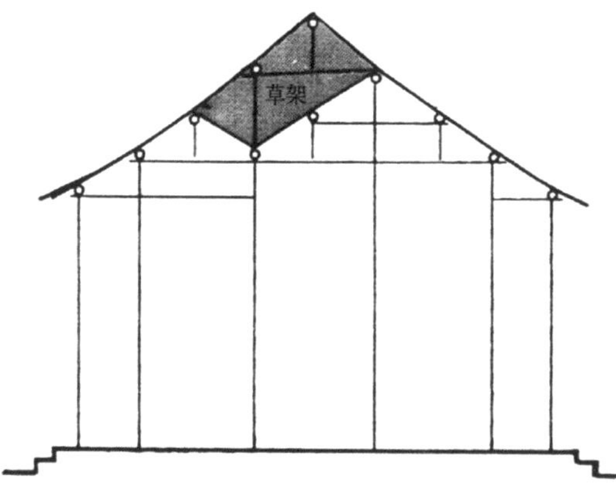

图 2–1–5 江南地区带“草架”的厅堂帖式

引自姚承祖原著，张至刚增编，刘敦桢校阅．营造法原．第 2 版．北京：中国建筑工业出版社，1986

相同。江南地区的传统建筑，厅堂的进深常分成三部，前部为“轩”，中部为“内四界”，后部为“后双步”。轩有时还分解为“廊轩”和“内轩”（图 2–1–4）。这类厅堂的帖式（梁架）常常带有“草架”（图 2–1–5），剖面的构成不拘一格，较为灵活。

3. 单体建筑的立面，区分为“三分”（图 2–1–6）北宋著名匠师喻皓在他所著的《木经》中说：“凡屋有三分，自梁以上为上分，地以上为中分，阶为下分”。[①]这是对整栋房屋的水平层划分。这个三分法，反映在立面上，可以说“上分”就是屋顶；“中分”就是屋身，包括墙柱和外檐装修；“下分”就是台基；它们构成了单体建筑立面的三大组成部分，清代匠作称之为“三停”。显然，这种三分式的立面构成，是以土木为主要建筑材料，以木构架为主要承重结构的构筑方式所决定的。高高升起的台基，起到了抬高木构和土墙，防止地下水和雨水对土木构件浸害的作用。屋面凹曲、出檐深远的大屋顶，起到了排泄雨水，防护屋身木构、土墙和夯土台基的作用。台基和屋顶都基于实用的需要而被突出强调成了建筑形象的重要组成。尤其是屋顶，以其独特的做法和形象，成为中国建筑最富表现力的部件。官式建筑的台基、屋顶都是高度程式化的。台基分须弥座和普通台基两大等次。屋顶形成硬山、悬山、歇山、庑殿、

① 《木经》原书已佚。这段引文引自宋沈括《梦溪笔谈》卷十八

攒尖五种基本类别，硬山、悬山、歇山可以做成“卷棚”，歇山、庑殿、攒尖可以做成“重檐”。这些有限的定型形制，加上它们的某些变体和组合体，适应了不同功能性质、不同平面形式、不同大小规模、不同等级规格和不同审美格调的建筑需要。各地区民间建筑的立面构成，基本上也保持着这种三分式。但是台基一般未予强调，“下分”在立面构成中多不显著。而屋顶的变化则远较官式建筑丰富、灵活，是民居建筑生动活泼形象的重要构成因素。

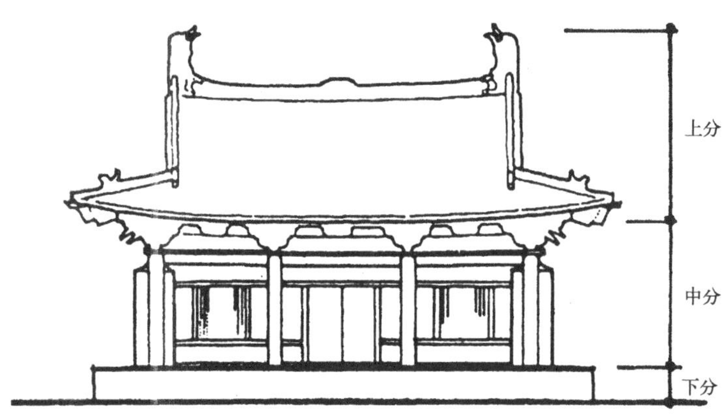

图 2–1–6 “屋有三分”示意图

4. 在官式建筑的构筑形制上，区分为大木大式建筑和大木小式建筑（图 2–1–7）大式建筑主要用于坛庙、宫殿、苑囿、陵墓、城楼、府第、衙署和官修寺庙等组群的主要、次要殿屋，属于高等级建筑；小式建筑主要用于民宅、店肆等民间建筑和重要组群中的辅助用房，属于低等次建筑。大小式建筑在建筑规模、建筑形式、部件形制、用材规格、做工精粗、油饰彩绘等方面都有明确区别，形成鲜明的等差关系，用以体现建筑的等级制度。其主要的区分标志是：

（1）间架：大式建筑开间可到 9 间，特例用到 11 间；通进深可到 11 架，特例用到 13 架；小式建筑开间只能做到 3 ~ 5 间，通进深不多于 7 架，一般以 3、4、5 架居多。

（2）出廊：大式建筑可用各种出廊方式，包括前出廊、前后廊、周围廊；小式建筑最多只能用到前后廊，不许做周围廊。

（3）屋顶：大式建筑可以用各种屋顶形式和琉璃瓦件；小式建筑只能用硬山、悬山及其卷棚做法，不许用庑殿、歇山，不许做重檐，不许用筒瓦和琉璃瓦件。

（4）大木构件：大式建筑可以用斗栱，也可以不用；小式建筑不许用斗栱。在梁架构件中，大式建筑增添了飞椽、随梁枋、角背、扶脊木等构件，小式建筑不许用（图 2–1–8）。官式建筑就是通过这种大小式的区分，粗分为

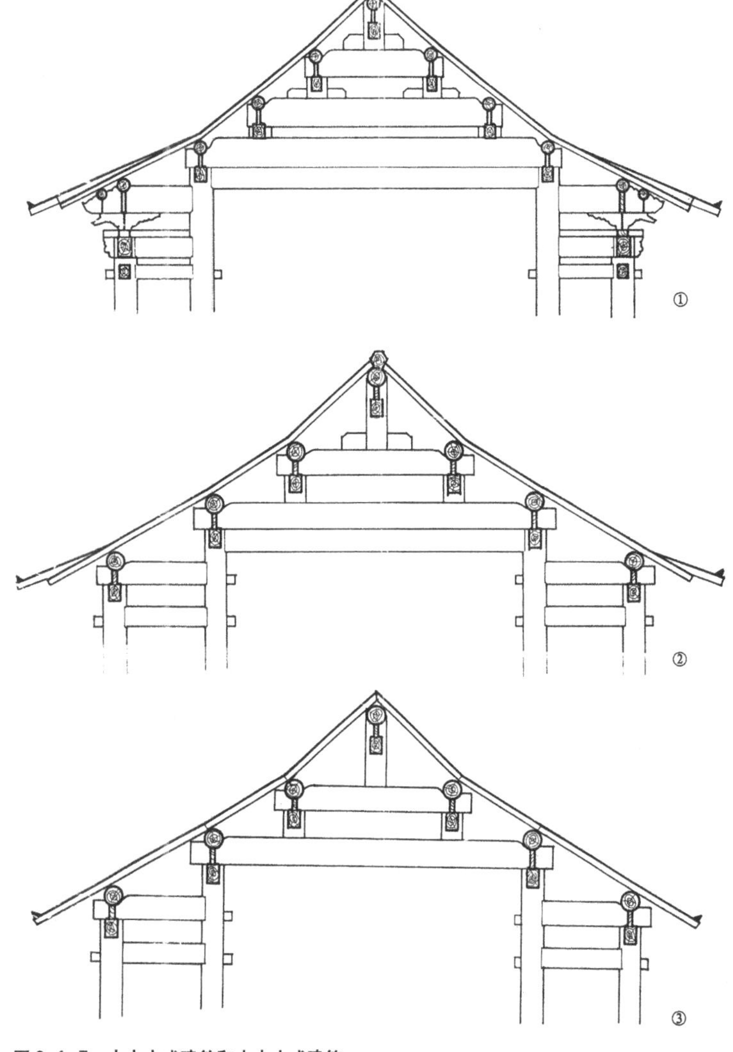

图 2–1–7 大木大式建筑和大木小式建筑
①带斗栱的大木大式
②不带斗栱的大木大式
③大木小式

两大等次，然后在大小式建筑中，再进一步细分出不同的高低等差，建立起一整套严密的建筑等级形制。

围绕单体建筑的这些基本特点，有很多问题值得展开研究，下面先从单体建筑的“基本型”说起。

二、基本型：一明两暗

所谓基本型，指的是单体建筑中数量最多、运用得最为广泛的一种基本形式。木构架建筑体系中，显然存在着这种“基本型”。这种基本型是什么样的呢？西汉晁错在《募民实塞疏》中有一段话很值得注意。他说：

> 臣闻古之徙远方以实广虚也，相其阴阳之和，尝其水泉之味，审其土地之宜，观其草木之饶，然后营邑立城，制里割宅，通田作之道，正阡陌之界，先为筑室，家有一堂二内，门户之闭，置器物焉，民至有所居，作有所用，此民所以轻去故乡而劝之新邑也。[①]

这段话表明，早在西汉人所说的“古”时已经普遍以“一堂二内”作为平民住居的通用形式，这应该是当时的“基本型”。但是，对于这种“一堂二内”的平面究竟是什么样子，后人的诠释颇有分歧。《汉书》张晏注曰：“二内，二房也”。《说文》释房曰：“房，室在旁也”。段玉裁注曰：“凡堂之内，中为正室，左右为房，所谓东西房也”。这种看法，是把“二内”视为室两旁的东西房。而“室”的位置，根据《仪礼》所述的士大夫住宅，应在“堂”的后面（图2-1-9），这样“一堂二内”就成了“前堂后内”的格局。刘致平在《中国居住建筑简史》中采用了此说。书中画的“一堂二内”式的住宅示意图[②]（图2-1-10），是一种正方形的双开间平面，“一堂”在前，“二内”在后，堂的面积等于“二内”之和。而《释名》则曰：“房，旁

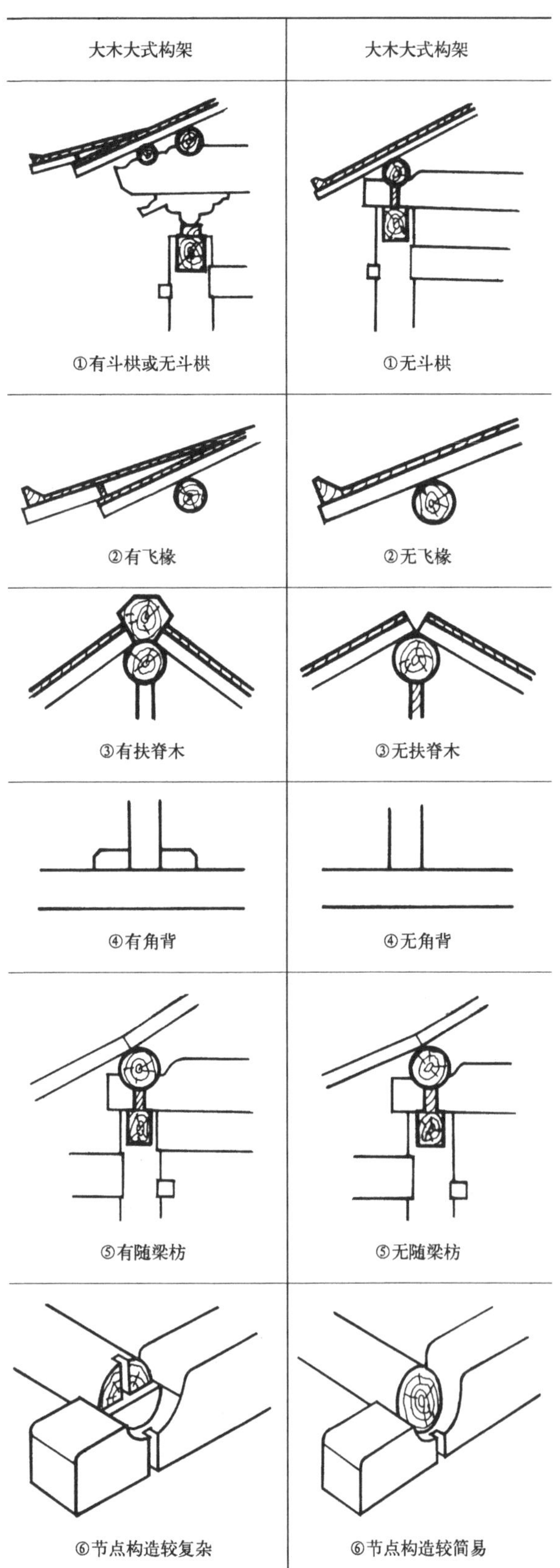

图 2-1-8　大木大式和大木小式构架的若干区别

①班固．汉书·晁错传

②参见刘致平著，王其明增补．中国居住建筑简史．北京：中国建筑工业出版社，1990.217 页

也，在堂两旁也”。按这个说法，“二房”就不在“室”的两旁，而是在“堂”的两旁，“一堂二内”就成了三开间的格局。清代李斗也持这种看法。他说：

> 正寝曰堂，堂奥为室，古称一房二内，即今住房两房一堂屋是也。今之堂屋，古谓之房，今之房，古谓之内。①

李斗所说的“一房二内”,应是“一堂二内”。按他的理解，其形式就是“两房一堂屋”，也就是北方通称的“一明两暗”（图 2–1–11）。

这两种诠释，究竟孰是孰非呢？这个问题不能仅仅依据古人对于“堂”、“室”、“房”、“内”的文字诠释来判断，而应该更多地联系到建筑史实的考察和建筑形态的分析来推论。

从目前所掌握的建筑史料来看，“一明两暗”式的三开间平面，可以说是源远流长，久盛不衰，运用得极为广泛的。早在仰韶文化时期，半坡遗址的 F24 已初具规整的柱网（见图 1–1–10），呈现面阔三开间的雏形。到木构架体系的形成期，我们从西汉出土铜屋和东汉明器、画像砖上，都能频频看到三开间单体建筑的形象（图 2–1–12，图 2–1–13）。洛阳北魏宁懋墓出土的石室，是自身呈横长方形、带悬山顶的三开间建筑（图 2–1–14）。石室内外壁面雕刻的画像，也生动地反映了三开间房屋普遍使用的景象。在一幅幅表现宅院的画像中，既有面阔三间的正房，也有面阔三间的厢房（图 2–1–15），表明以三开间的正房、厢房组构庭院式的宅院，在北魏已很盛行。河北定兴北齐义慈惠石柱上耸立的小石殿，选用的也是三开间的形象（图 2–1–16），有力地显示出三开间形式的典型性。更为重要的是，历代的典章制度对于建筑的间架都有严格的等级限定，三开间是使用面最广的法定形制。《唐六典》明文规定：

> 三品以上堂舍，不得过五间九架，厅厦两头，门屋不得过三间五架；五

①李斗．扬州画舫录·工段营造录．扬州：江苏广陵古籍刻印社，1984.398 页

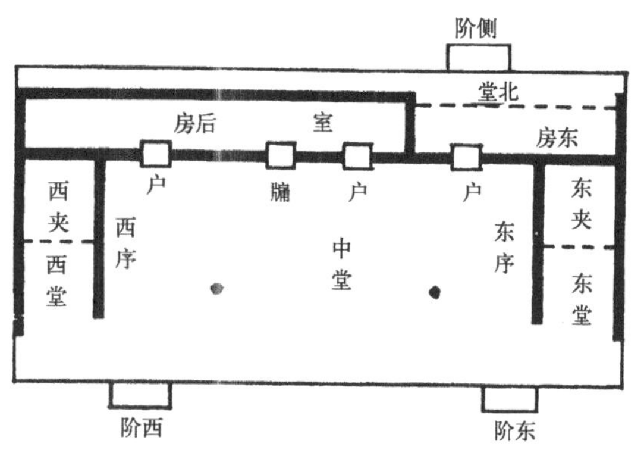

图 2–1–9 （清）张惠言《仪礼图》中的士大夫住宅
（图内文字横排者，均自右向左读）

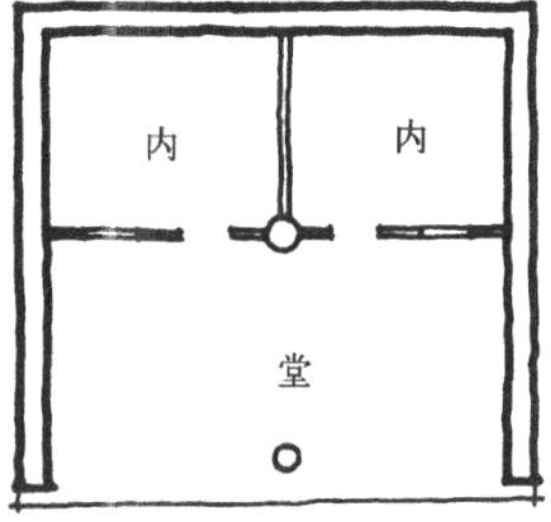

图 2–1–10 刘致平阐释的“一堂二内”示意图
引自刘致平著，王其明增补．中国居住建筑简史．北京：中国建筑工业出版社，1990

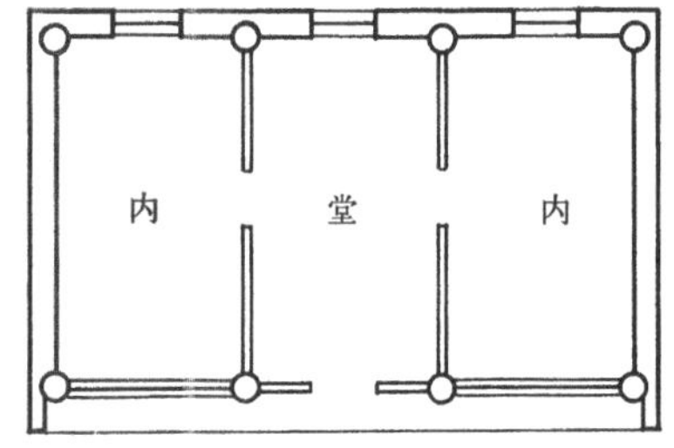

图 2–1–11 “一明两暗”式的“一堂二内”

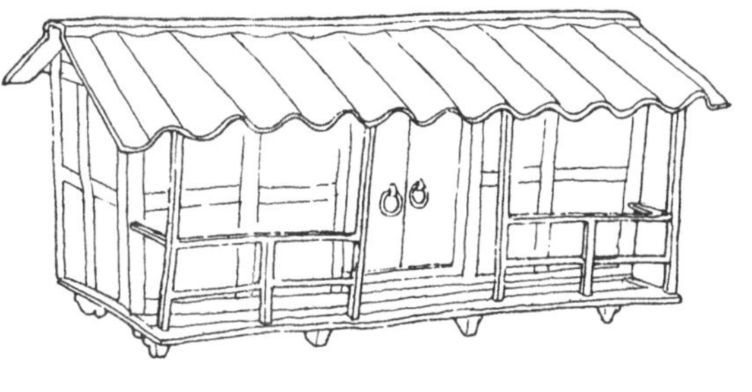

图 2–1–12 广西合浦西汉木椁墓出土的铜屋

图 2–1–13 成都出土东汉庭院画像砖上的三开间正房
引自刘敦桢．中国古代建筑史．第 2 版．北京：中国建筑工业出版社，1984

① 古今图书集成·考工典·宫室总部汇考

② 古今图书集成·考工典·第宅部汇考

图 2–1–14　洛阳北魏宁懋墓出土的石室，呈三开间的形式
引自刘敦桢．中国古代建筑史．第2版．北京：中国建筑工业出版社，1984

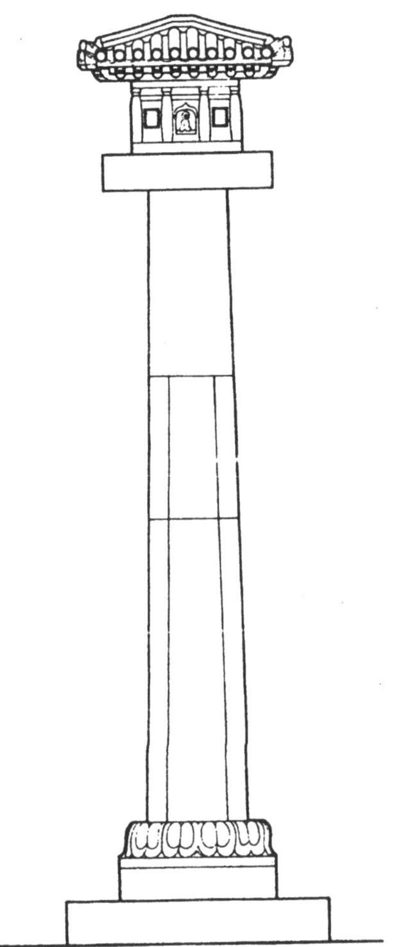

图 2–1–16　河北定兴北齐义慈惠石柱，柱顶小石房为三开间小殿
引自刘敦桢．中国古代建筑史．第2版．北京：中国建筑工业出版社，1984

图 2–1–15　洛阳北魏宁懋石室壁画上显示的三开间房屋
引自郭建邦．北魏宁懋石室的建筑艺术．古建园林技术，1992（1）

> 品以上堂舍，不得过五间七架……六品、七品以下堂舍，不得过三间五架，门屋不得过一间两架……庶人所造房舍，不得过三间四架，门屋一间两架，仍不得辄施装饰。①

这种限定使得六品、七品以下官员和广大庶民的堂舍，都只能用到三间。只有五品以上的堂舍才能够超过三间。这样三开间的房舍自然占据全部宅舍数量的绝大多数。这种情况一直持续到明清。《明会典》规定：

> 六品至九品，厅堂三间七架……庶民所居房舍不过三间五架，不许用斗栱及彩色妆饰。②

这说明，从六品到庶人，堂舍仍然只能用到三间，只是架数较唐制放宽一等。

实际上，这种三开间的房屋，不仅广泛用于低品位官员和庶民的堂舍，而且也普遍用于王府和高品位第宅的门屋以及厨房、库房等。宫殿、坛庙、陵寝、苑囿、衙署、寺观等组群中的次要建筑和辅助建筑也不乏三开间的单体。其运用之广、数量之多是极为突出的。

而双开间的“前堂后内”式平面，实际上很少流传。相形之下，显然三开间的“一明两暗”式，在数量上、普及面上都占据突出的优势。

从建筑形态上分析，也很容易看出，三开间的“一明两暗”式具有一系列的长处：

1. 提供适宜的使用面积　一般的三开间房舍，每间面阔 3.2 米左右，进深 4.0 ~ 6.4 米左右，三间共折合面积大约 40 ~ 60 平方米，作为起居用房，无论是单独使用，还是组合于庭院中使用，空间大小都是较为适宜的。

2. 满足必要的分室要求　这样的三开间房舍，有一间堂屋，两间内室，分室合理，很适合一般大家庭中的小家庭或单独的五口之家的起居需要。

3. 具有良好的空间组织　“一明两暗”的三间组合，堂屋居中，处于轴线位置，内室分处两侧，有良好的私密性。室内空间完整，间架分明，分合合理，主从关系明确。

4. 获取良好的日照、通风　三开间的格局，堂屋和内室都可以在前后檐自由开窗，可取得良好的日照条件，也便于组织穿堂风。

5. 可用规整的梁架结构　这种规则的三开间平面，为采用规整统一的梁架提供了便利条件，有利于整体构件的统一。在进深方向，还可以方便地选择不同的架数，采用 4 架、5 架、6 架、7 架等不同深度，对面积的控制具有较灵活的弹性。

6. 有利组群的整体布局　三开间的建筑单体，平面呈矩形，立面上明显地区分出前后檐的主立面和两山的次立面。这种规整的、主次分明的体型，既适合于单栋的独立布局，也适合于庭院式的组合布局。在庭院组构中，既可以用于轴线上作为正房，也适合用于旁侧作为厢房。居中的堂屋，可以敞开或前后设门，便于前后院之间的穿行交通和室内外空间的有机组织。

相形之下，双开间的“前堂后内”平面则有许多局限性。两个尺度不大的正方形内室，使用上不尽合理；它们位处堂屋之后，日照、通风都很不利；整栋的方形体量，导致立面主次不分明；过大的通进深，也不适宜于作为庭院组合中的厢房；堂屋后方被内室堵住，不能前后穿行，也使之难以用于庭院组合的轴线部位。从这些局限来看，这种平面形式显然是缺乏生命力的，不大可能广为流行。因此，西汉和西汉以前所通行的“一堂二内”建筑形式，按理说不会是这种“前堂后内”式的。我们从建筑史实的考察和建筑形态的分析，都可以断定三开间的“一明两暗”形式具有很强的生命力，是中国木构架建筑体系长期延续的“基本型”。西汉和西汉以前所通行的“一堂二内”，很可能已是这种“一明两暗”的形式。以上的分析主要目的不在于论证“一堂二内”属于哪种形式，而在于从两种形式的比较分析中，加深对“基本型”的认识，从中理解到以三开间的“一明两暗”为木构架建筑的“基本型”，是十分明智的、理性的选择。

三、“正式”和“杂式”

明确了木构架建筑体系的“基本型”，我们有必要进一步考察官式建筑的“正式”和“杂式”。

所谓“正式”、“杂式”，是古建筑行业对官式建筑的一种习惯区分，文物保护科研所主编的《中国古建筑修缮技术》一书中对此有明确的阐述：

在古建筑中，平面投影为长方形，屋顶为硬山、悬山、庑殿或歇山做法的砖木结构的建筑叫“正式建筑”。其他形式的建筑统称为“杂式建筑”。[①]

① 文化部文物保护科研所．中国古建筑修缮技术．北京：中国建筑工业出版社，1983.226～227页

把官式建筑区分为正式和杂式，是很有意义的。可惜长期以来我们对这样的区分没有引起应有的重视。从形态学的角度来审视，正式建筑与杂式建筑有以下四方面不同的特点很值得注意：

（一）规范性与变通性

正式建筑强调规范性，平面形式一概为规整的长方形；屋顶严格采用标准的定型形制，只用硬山、悬山、歇山、庑殿四种基本形式。而杂式建筑的平面形式则是多种多样、灵活变通的，常见的有正方形、六角形、八角形、圆形、曲尺形、工字形、十字形、凹字形、凸字形、扇面形、套方形、套环形、双六角形、万字形等等；屋顶相应地也是灵活多变的，除了各种形式的攒尖顶外，还采用了各种基本型屋顶的变体和组合体，形成丰富多彩的屋顶群体（图2-1-17）。正式建筑显现出规整、端庄、纯正的品格，杂式建筑表现出灵活、自由、随宜的品格。正式建筑强调正统性，等级制的展现很严密、很规范，明晰地显示着间架状况和出廊方式。屋顶的等级序列也非常明确，由高到低依次为重檐庑殿、重檐歇山、单檐庑殿、单檐歇山、卷棚歇山、悬山、卷棚悬山、硬山、卷棚硬山九个等次。杂式建筑则不拘泥于一本正经的正统规制，等级的展示较为模糊。对于六角形、八角形、圆形、曲尺形、套方形之类的平面，间架的等次已经没有意义。对于攒尖顶、变体屋顶、组合屋顶来说，等级的高低也很不明确。明显地表现出杂式建筑在等级标示方面的放松、淡化。在工程做法上，正式建筑也是严格地遵循木构架的技术体系，而杂式建筑除了运用木结构，也可以是砖结构、石结构的。两者之间在规范性、正统性与变通性、随宜性上的差别是十分明显的。

（二）通用性与专用性

从建筑功能上说，正式建筑的长方形空间具有突出的实用性。这种规整的空间最便于“间”的分隔，能最大限度地保持各“间”的完整，

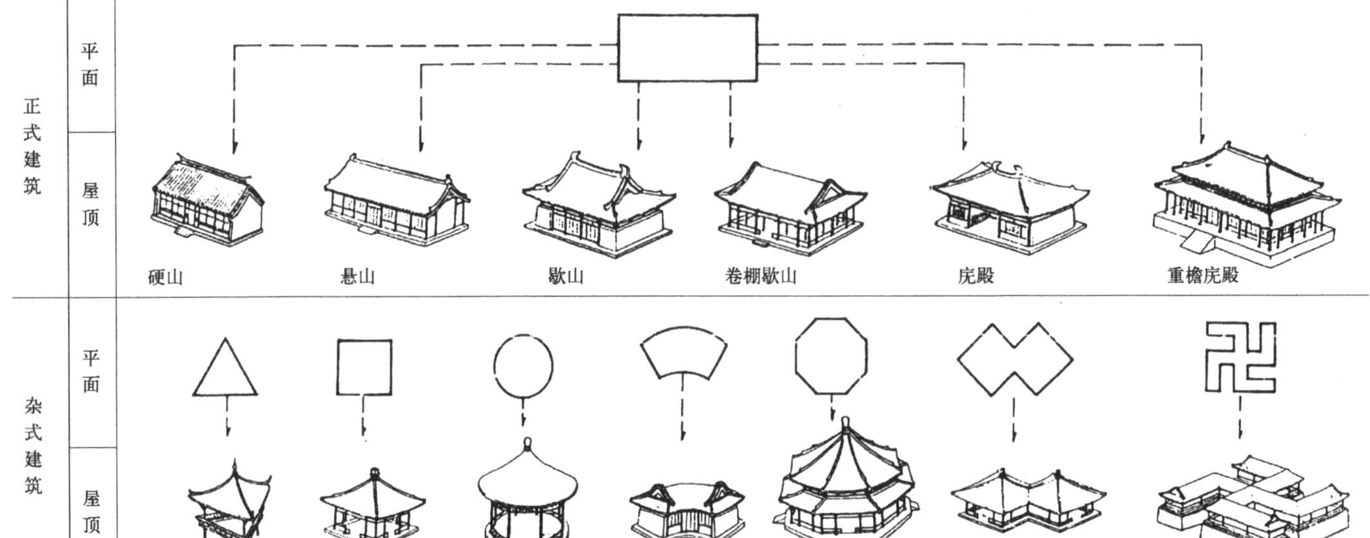

图 2-1-17 正式建筑与杂式建筑的平面形式和屋顶形式

加上空间观感上的庄重、大方，因此，正式建筑既适用于日常起居的生活空间，也适用于进行政务、祭祀、宗教、会客等活动的仪礼空间，它的适应性很强，建筑形态具有显著的通用性。中国建筑的各个类型，无论是宫殿、宗庙、陵寝、寺观中的主殿、配殿、寝殿、门殿；衙署、府第、宅舍中的正厅、前厅、正房、厢房；帝王苑囿、私家园林中的殿、阁、厅、堂、轩、馆、斋、室；以至各类型建筑中的大量辅助性建筑等，绝大多数用的都是正式建筑，充分表现出正式建筑的形制对不同功能类型的广泛适应性，使得它成为官式建筑中运用得最多，数量上占绝对优势的建筑形态。而杂式建筑则在游乐性、观赏性方面较为突出。除了正方形、工字形、圆形平面有时用作宫殿、坛庙、衙署的殿堂外，绝大部分都用作亭、榭等景观建筑和各种类别的塔，表现出较为确定的专用性。这类杂式建筑体型复杂多变，空间各具特色，功能个性显著，外观活泼多姿，以品种的纷繁多样取胜。

（三）弹性和硬性

从形态构成上看，正式建筑与杂式建筑也是大相径庭的。正式建筑的平面形态只是千篇一律的长方形，是极为单一的。但是这种单一的平面形态自身具有很大的弹性，在面阔和进深两个方向都有灵活的调节机制。在面阔方向，可以相对固定架数而灵活地调节不同的开间；在进深方向，可以相对固定开间数而灵活地调节不同的架数。不同开间与不同架数的匹配，再加上不同的出廊方式，就可以组构出大小不等、比例不同的长方形平面系列，足可以满足小自3间3架小屋，大到9间11架大殿的不同规格需要。在建筑外观上，正式建筑通过屋顶的调节也具有明显的弹性。它规定了硬山、悬山、歇山、庑殿四种基本形制，对硬山、悬山、歇山又增加了卷棚的派生型，对庑殿、歇山也增加了重檐的组合型，这样形成了从重檐庑殿到卷棚硬山的九种形制，以适应正式建筑的不同需要。正是这种具有健全调节机制的弹性形态，赋予了正式建筑广泛的适应性和通用性。杂式建筑的形态构成则呈现相对固结的硬性。正方形、六角形、八角形、圆形、扇面形、套方形等等平面形式，都只能按原形同步涨缩，不能固定进深而调节面阔，或固定面阔而调节进深。这些平面形态的屋顶形式也是相对固结的，几种攒尖顶在水平方向都没有变动的余地，只能在垂直方向通过重檐、三重檐进行组合性的调节。正是由于杂式建筑的大多数品种自身的调节幅度很有限，因而导致以多样的品种来适应不同的需要。

（四）组合性与独立性

从组群构成的角度来审视，正式建筑和杂式建筑是大不相同的。前面分析基本型与组群布局的关系时，已经涉及到这一点。正式建筑的长方形平面形态，自然地形成以前檐为主立面，以两山为侧立面的规整体型，对于庭院式组群来说，具有良好的组合性。它既适合于用作庭院主轴线部位的正殿、正房，也适合于用作庭院两侧的配殿、配房。作为正殿、正房，它的前后檐分别构成了前后院的内界面，作为配殿、配房，它的前后檐分别构成了庭院的内外界面。这些殿屋的两山，也便于与回廊、院墙或其他余屋连接。可以说，正式建筑的长方形系列，对于庭院空间的组织是十分有利的，最为妥帖的。这也是导致庭院式组群绝大多数都由正式建筑来组构的一个重要原因。而杂式建筑，由于自身的体型，则显现出较强的独立性。正方形、六角形、八角形、圆形的平面，对应地采用四角、六角、八角和圆的攒尖顶，它们所构成的建筑形体，各向立面大体上都是相同的，立面上主次不分明，带有很强的全方位性。这样的建筑体型，在庭院构成中，只适合于像祈年殿那样坐落在庭院之中，不适合于坐落在

①刘敦桢．大壮室笔记．见：刘敦桢文集一．北京：中国建筑工业出版社，1982.150页

庭院的周边，难以用它来围合庭院。因此，杂式建筑在庭院空间组织中用得很少，而主要用在与自然环境结合的散点布局。杂式建筑体型的全方位性，有利于照顾四面八方投来的视线，作为景观建筑可以充分发挥它的造型的优势。

正式建筑与杂式建筑的这个区别，还带来了两类建筑在审美上的不同侧重。正式建筑很大程度上要作为组织庭院空间的界面而参与庭院空间美的创造；杂式建筑则主要以自身的造型而表现其形体美。正式建筑由于围合庭院而使其立面和装修都带有浓厚的内向性特征，杂式建筑则有相当一部分处于自然环境中，立面处理相应地带有外向性的特色。这些不在这里详述，后面讨论屋顶和屋身形态时再作分析。

以上从四个方面讨论了正式建筑与杂式建筑的不同特征，不难看出，正式建筑是官式建筑的主体。三开间"一明两暗"的基本型就是它的最典型形态。正式建筑的庞大系列都可以视为这个基本型所派生的，都保持着基本型的规整的长方形平面形态。正式建筑虽然平面形态单一，但是具有突出的规范性、通用性、弹性和组合性，在木构架体系中是一种极富生命力的形态。因而处于官式建筑中的主流地位。杂式建筑是正式建筑有力的补充。它以不拘一格、多样丰富的体型，大大丰富了官式建筑的空间形态和外观形体。木构架单体建筑的这种宏观的程式构成和互补机制，充分显示了它的体系合理性和高度成熟性。

第二节　单体建筑的"下分"——台基

一、台基的原始功能和派生功能

在木构架建筑中，台基是很有特色的组成部分，它具有多方面的功能：

（一）防水避潮

前面已经提到，中国建筑之所以能够突出地发展木构架，一个重要的技术关键就是成功地把木构和夯土结合起来。从这个意义上说，早期的土阶起了极其重要的作用。它实际上是满堂基础的露明部分（图 2–2–1），不仅为承重木柱提供了坚实的土基，而且通过土的夯实阻止了地下水的毛细蒸发作用，通过阶的提升排除了地面雨水对木构和版筑墙基部的浸蚀，有效地保证了土木结构的工程寿命。同时，古人的席地而坐也迫切地需要提升地面标高以避湿润。这两方面的防水避潮要求，是促使中国建筑把基础露明到地面而形成台基的主要原因。只是夯土台基的防潮对于席地坐来说还不够理想，因而推动古人在夯土底层上再加一层架空的木地面层，形成了"平座式"的台基做法。这种平座式台基曾经是古代很讲究的台基。后来随着胡床、交床的盛行，席地坐演进为垂足坐，平座式台基也相应地消失。刘敦桢在论述台基的这个转变时指出："愚意阶制之变迁，与席坐之兴废互为因果，其时期虽难确定，当在六朝、隋、唐之间焉"。①这说明，工程的和席坐的双重防水避潮是台基的原始基本功能，也是影响阶制变迁的重要制约因素。

（二）稳固屋基

台基发展到后期，不用满堂夯土的做法。殿屋基础改为柱顶石下部用砖砌的磉墩来取代。磉墩之间随面阔和进深砌出一道道的"拦土"墙，拦土墙格内填土，上面墁砖，四周包砌砖石，就成了台基。这种台基已经不是露明的基础，而是磉墩式基础的防护层和升高的殿屋地面层（图 2–2–2）。由于磉墩式基础既是浅基，又是散点，台基所起的防护作用、稳定作用还是很重要的，是稳固屋基的一项重要技术措施。

（三）调适构图

基于技术性功能的需要所形成的台基，很

自然地充当了建筑艺术表现的重要手段。台基成了建筑物立面构成的三个组成之一，特别是在一些重要的殿堂中，台基所起的造型作用十分显著。它为殿屋立面提供了宽舒的、很有分量的基座，避免了庞大的屋顶可能带来的头重脚轻的不平衡构图，大大增强了殿屋造型的稳定感。砖石构筑的台基也为殿屋造型突出了材质和色彩的对比，汉白玉、青白玉等石料砌造的台基，被人称为“玉阶”。大片的白玉阶基，与红柱、黄瓦相辉映，在蓝天衬托下，组成了极为纯净的、强烈的、独特的色彩构成（图2–2–3）。一些高等级的须弥座和石栏杆，更为殿屋添增了优美动人的剪影。可以说台基在形体、材质、色彩的构成上都具有显要的调适功能。

（四）扩大体量

中国建筑很擅长运用台基来扩大殿堂的体量。木构架建筑由于自身结构的限制，单体建筑的三大组成中，屋身的间架和屋顶的悬挑都不能采用过大的尺度，而台基则有很大的展扩余地。提升台基的高度，放大台基的体量，能够有效地强化殿堂的高崇感、宽阔感。唐大明宫含元殿，利用龙首岗的地形高差，把殿基建立在大墩台上。从遗址可以看出，两层阶基连同大墩台组成特大型的、高十余米的三重台基，台前伸出三道长长的龙尾道，不难想像如此隆

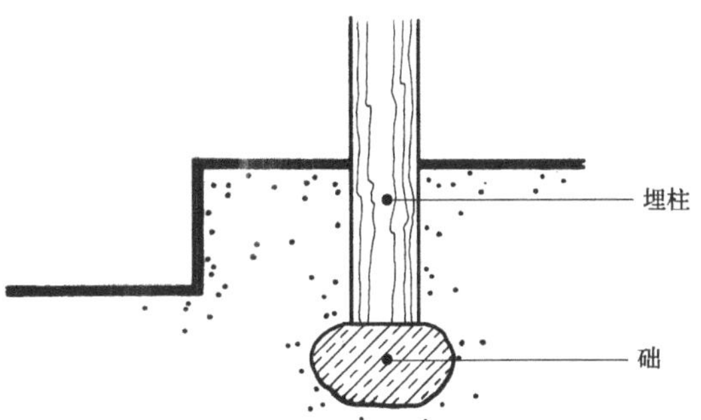

图 2–2–1 早期台基：夯土基础的露明部分

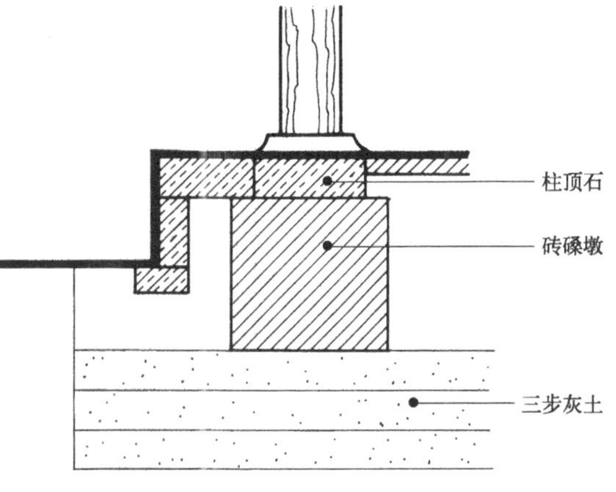

图 2–2–2 后期台基：磉墩式基础的防护层

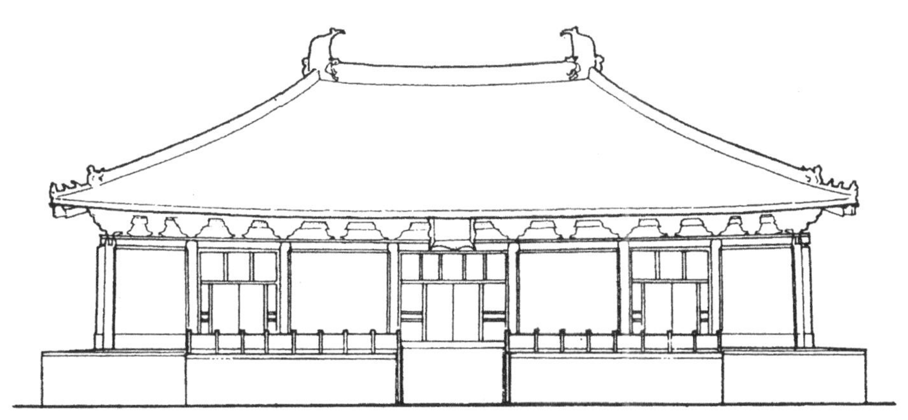

图 2–2–3 山西大同善化寺大雄宝殿立面，台基增强了殿屋造型的稳定感

引自梁思成全集第七卷．北京：中国建筑工业出版社，2001

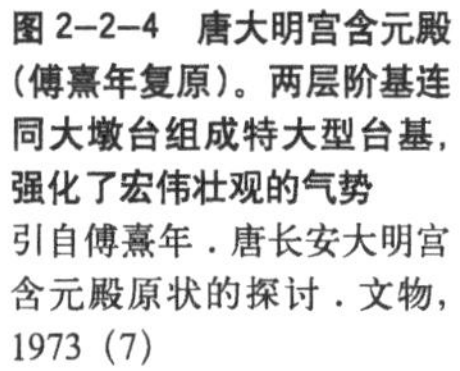

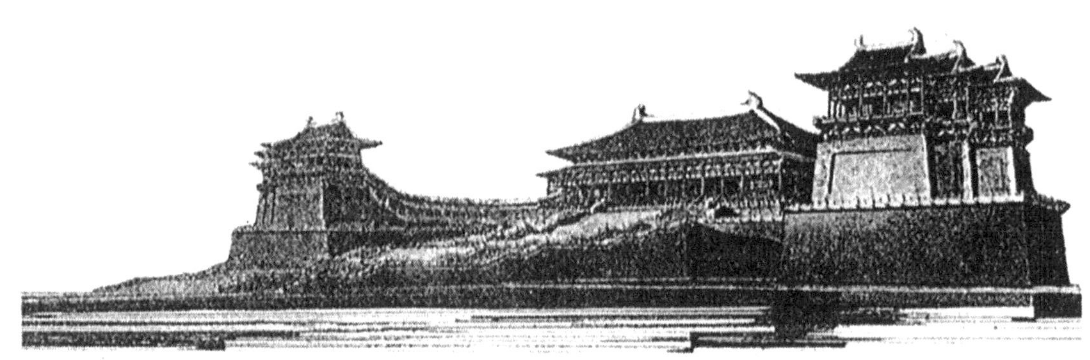

图 2-2-4　唐大明宫含元殿（傅熹年复原）。两层阶基连同大墩台组成特大型台基，强化了宏伟壮观的气势
引自傅熹年．唐长安大明宫含元殿原状的探讨．文物，1973（7）

重的基座必然大大强化含元殿宏伟壮观的气概（图 2-2-4）。大家熟知的北京故宫三大殿和北京天坛祈年殿的三重台基，也都是以放大的阶基来壮大建筑的整体形象，以突出其宏大、庄重、高崇的气势。台基调节建筑体量的潜能，在中国建筑的重大工程中可以说是发挥得淋漓尽致。

（五）调度空间

在建筑组群构成中，台基还能起到组织空间、调度空间和突出空间重点的作用。这主要体现在运用月台和多重台基。月台多用于建筑组群轴线上的主体建筑和重要门殿的台基前方，成为台基向前的延伸部分，月台上点缀着陈设和小品，既扩大了主建筑的整体形象，也为主建筑前方组织了富有表现力的"次空间"，密切了主建筑与庭院的联系。月台自身也成了庭院空间的核心。多重台基在这方面的作用更为显著。在尺度巨大的太和殿庭院中，作为主体建筑的太和殿，自身体量与庭院相比还不够分量，正是通过层层扩展的三重台基，壮大了太和殿的整体形象，取得了主殿与庭院的协调，有效地强化了庭院的核心空间，突出了空间重点和空间高潮，大大强化了太和殿主体建筑和主体庭院的隆重感。

（六）标志等级

台基的重要技术功能和审美功能，使得它很早就被选择作为建筑上的重要等级标志。历代对台基的高度都有明确规定。《考工记》记述"殷人……堂崇三尺"，"周人明堂……堂崇一筵（九尺）"[①]；《礼记·礼器》在提到"以高为贵"时，列出了"天子之堂九尺，诸侯七尺，大夫五尺，士三尺"的台基高度规制。一直到清代，《大清会典事例》仍然延续着对台基高度的严格等级限定："公侯以下，三品以上房屋台基高二尺；四品以下至庶民房屋台基高一尺"。台基的高低自然地关联到台阶踏跺的级数，即"阶级"的多少，"阶级"一词后来衍生为表明人的阶级身份的专用名词，可见台基的等级标示作用是极为显著的。不仅如此，在同一建筑组群中的主次建筑之间，台基的高度也有明显的差别。通过对台基等级的控制，也有助于区分建筑之间的主从关系，从而加强组群自身的整体协调性。

（七）独立建坛

台基除了上述多方面的功能外、在一些特定的场合，还可以与屋身、屋顶分离而独立构成单体建筑。祭祀建筑中的祭坛就属这类。在北京天坛中，三重同心圆的汉白玉台基，组成了"圜丘"的主体。坛面上没有屋身、屋顶，只有周围方、圆两圈矮墙环绕，就组构了极为开阔、纯净的建筑空间，既适用于祭天的仪典（图 2-2-5），也造就了浓郁的崇天境界，充分显示出台基独立组构建筑的潜能。

①考工记·匠人营国

二、台基形态与构成机制

（一）台基的基本构成

明清宫式建筑的台基已是高度程式化的。从构成形态上看，台基可以分为四个组成部分：一是台明；二是台阶；三是栏杆；四是月台（图2-2-6）。

1. 台明 台明即台基的基座，是台基的主体构成。台明从样式上分为平台式和须弥座两个大类。平台式自身根据包砌材料的不同，可分为两种：一种是台帮部分用细砖干摆或糙砌做法，镶边抱角用石活或仍用砖作，称为“砖砌台明”；另一种是整个台明，包括台帮全用石活，称为“满装石座”（图2-2-7）。砖砌台明为一般房座所通用，最为普及，属于低等次台基。满装石座是考究的做法，主要用于重要组群的一般殿座，属于中等次台基。而须弥座则是很隆重的做法，主要用于重要组群的重要殿座，属于高等次台基。这样，根据台明的形式和做法，就形成了高、中、低三等次，以适应不同等级殿屋的需要。

2. 台阶 台阶是上下台基的踏道，通常有垂带踏跺、如意踏跺和礓礤三种类别。垂带踏跺又分为带“御路”（也称“陛石”）和不带“御路”的两式（图2-2-8）。御路踏跺等次高于非御路踏跺，垂带踏跺等次高于如意踏跺，这样踏跺从形式上也粗分为高、中、低三个等次。在高等次的御路踏跺中，还可以通过御路石“雕做”与“素做”和雕饰题材的不同进一步分等。踏跺的位置也很有讲究，不同位置的踏跺有不同的名称。位于前后檐正中的，称为“正面踏跺”；位于正面踏跺两旁的，称为“垂手踏跺”；位于两山侧面的，称为“抄手踏跺”（图2-2-9）。每个台基所布置的台阶数量，即“出陛”的多少也成了台基的重要调节因子。历史上曾经盛行“两阶制”，在殿座前檐并列东西两阶，分别

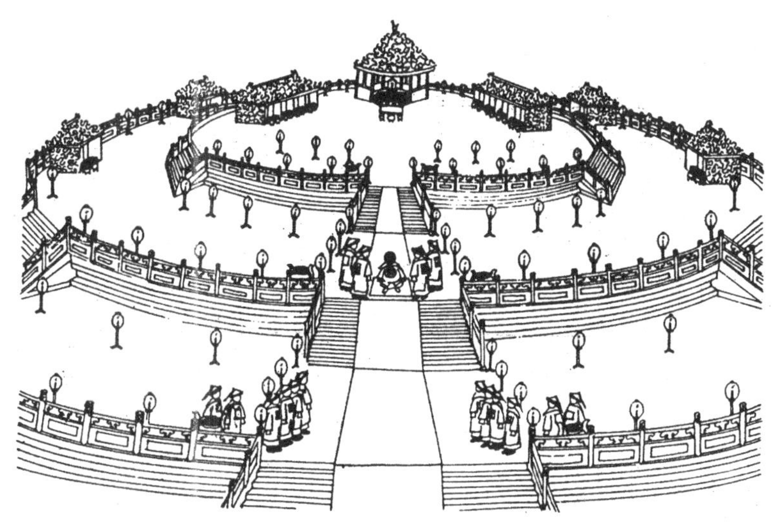

图2-2-5 北京天坛圜丘的祭天仪式，台基独立构成祭坛建筑
引自王成用．天坛．北京：北京旅游出版社，1987

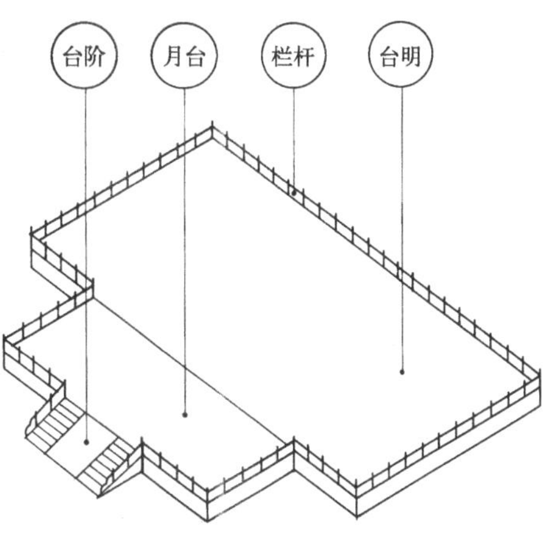

图2-2-6 台基的基本构成

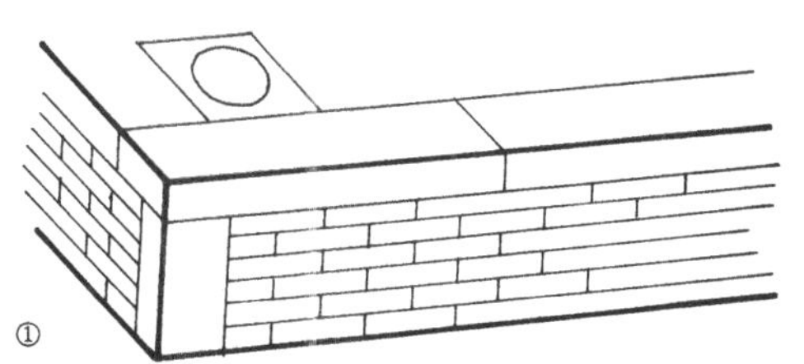

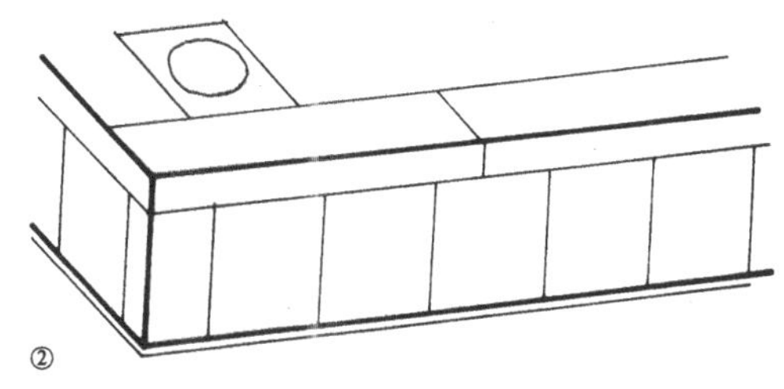

图2-2-7 平台式台明的两种做法
①砖砌台明 ②满装石座

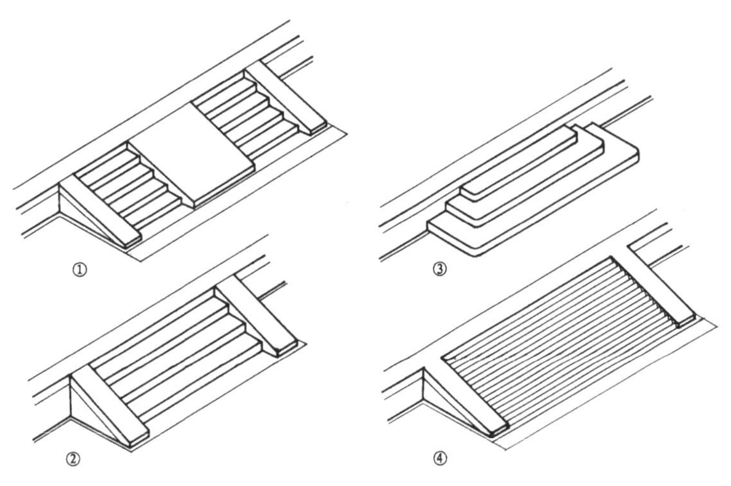

图 2-2-8 台阶的制式
①御路踏跺 ②垂带踏跺
③如意踏跺 ④礓礤

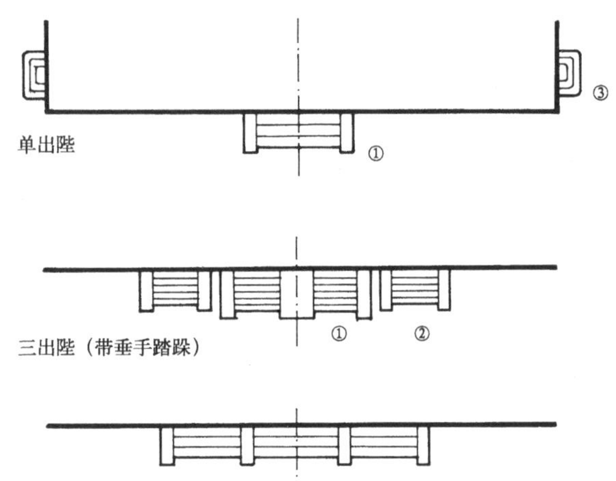

图 2-2-9 台阶的分位和出陛
①正面踏跺
②垂手踏跺
③抄手踏跺

供主人和宾客使用。这种两阶制宋以后已淘汰。明清出陛数量定型为"单阶"和"三阶"两式。单阶只用正中一组"正阶踏跺"，三阶则采用并列的三组台阶，即一组正阶踏跺和两组垂手踏跺。其构成又分两式：一是三阶连在一起，正阶与垂手取同一坡度，称为"连三踏跺"；二是三阶断开，正阶坡度较缓，进深较长，称为"带垂手踏跺"。这样，台阶从出陛的数量和布置的方式也组合成多种等次和格式，可供调节。

3. 石栏杆 石栏杆有防护安全、分隔空间、装饰台基、丰富剪影等作用，主要用于尺度较高、体制较尊的殿、门基座，也用于石桥、湖岸、墩台等需要围护和美化的地方。石栏杆的构成形式，梁思成把它分为三种：一是"用望柱及栏板者"；二是"用长石条而不用栏板者"；三是"只用栏板而不用望柱者"。[①]刘致平把它分为六种（图 2-2-10）：一是"寻杖栏杆"；二是"栏板式栏杆"；三是"棂子式栏杆"；四是"罗汉栏板"；五是"石坐凳栏杆"；六是"木石栏杆"。[②]可以说石栏杆的构成形态是多种多样的。但是，清官式做法则突出地以一种定型的"寻杖栏杆"为通用形制，在殿座、门座中运用得极为普遍、划一，只有少数性格独特的殿屋台阁采用了其他变体。这种标准形制的寻杖栏杆，主要与石须弥座配伍，称为"石活全件"，是很高的体制。

在栏杆的构成上，标准型的清式寻杖栏杆，整块栏板凿出寻杖、净瓶、面枋、素边；望柱做出柱头、柱身；地栿部位有带螭头和不带螭头的，以带螭头为高贵。占栏杆主要面积的柱身和面枋都采取简洁的处理：柱身只是落两层"盘子"；面枋也只是浅浅地刻出"盘子"，称为"合子"，极讲究的才在"合子"中雕刻，做"合子心"。整个石栏杆的雕饰重点集中到柱头上，石栏杆的等次调节也主要由柱头的雕饰来体现。官式做法的望柱头有云龙头、云凤头、风云头、石榴头、莲瓣头、莲花头、狮子头、二十四气头等等，可以根据实际需要灵活调节。

4. 月台 月台也称"露台"、"平台"，可视为台明的延伸和扩展，做法与台明相同，形制上区分为"正座月台"和"包台基月台"（图 2-2-11）。正座月台位于房身基座前方，适合位于庭院中心居主体地位的殿屋使用。这些殿屋自身体量较大，月台只需在台基前方延伸，即可取得尺度合宜的台面。包台基月台是把基座前半部正侧面全包合的月台，主要用于门屋、门殿之类的建筑，因为门两侧都有院墙，月台向后延伸到墙即止。这种宽舒的包台基月台，

①梁思成文集二．北京：中国建筑工业出版社，1984.246 页

②刘致平．中国建筑类型及结构．新 1 版．北京：中国建筑工业出版社，1987.72 页

可以有效地壮大体量并不很大的门屋、门殿的气势。在沈阳清福陵、清昭陵组群中，位处城堡式“方城”内的隆恩殿，都采用了尺度巨大的“大月台”(图 2-2-12)。这种大月台，既非正座月台，也非包台基月台，而是把基座整

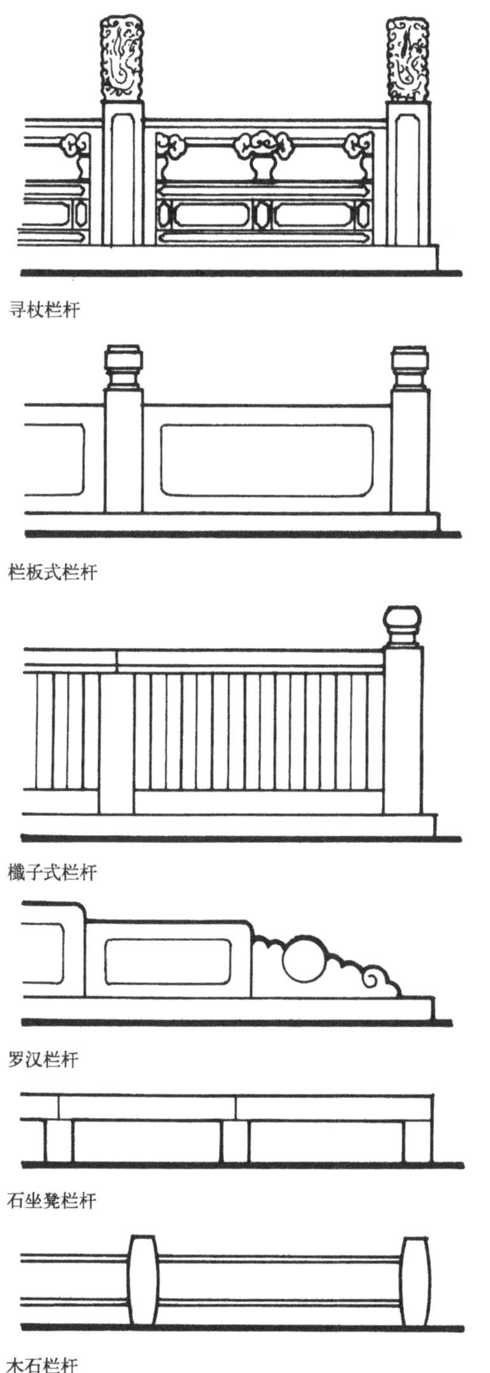

图 2-2-10 石栏杆的类别

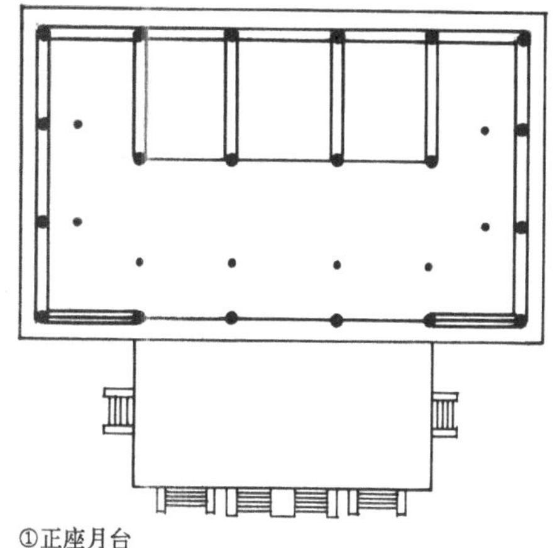

①正座月台

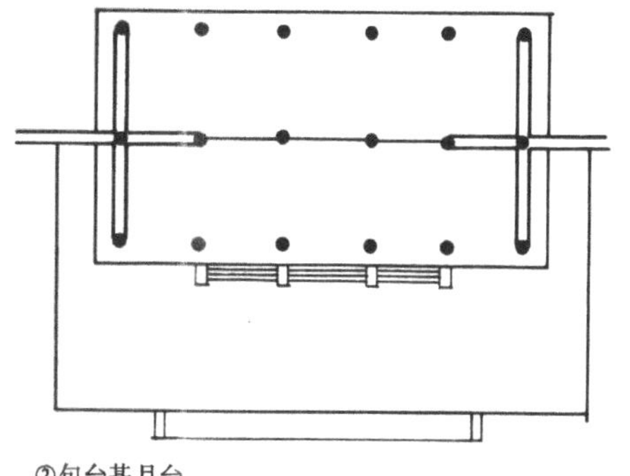

②包台基月台

图 2-2-11 月台的两种形式

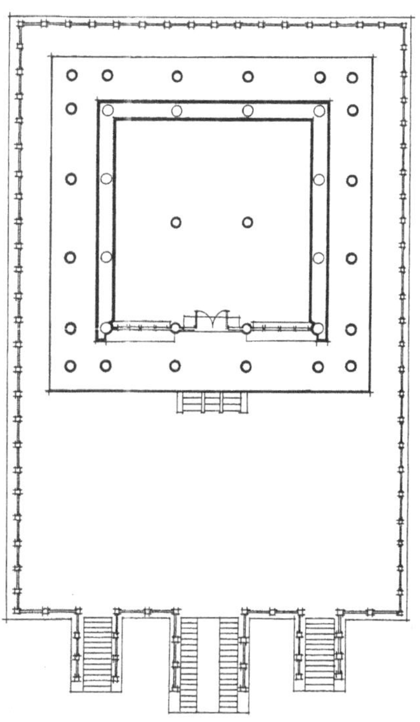

图 2-2-12 沈阳清昭陵隆恩殿大月台平面

①②梁思成．营造算例．见：梁思成．清式营造则例．新1版．北京：中国建筑工业出版社，1981.172页

个置于月台之上，实质上大月台成了下层台基，这当然算不得规范的月台形制。

关于月台的高度，《营造算例》有明确规定：正座月台“露明高，按房身下台基露明高，除一踩高五寸余即是”。[①]包台基月台“高按门台基露明高折半。再地势叠落，临时酌定”。[②]就是说，正座月台比房身下台基低五寸，即一个踏级。这是很合理的规定。月台只低下一级，既便于台明排水，又尽可能保证月台与台明的一体感。包台基月台则降低较多，为门台基高的一半。这是针对包台基月台三面包合的格局，有意地强调门台基与月台的层叠效果。

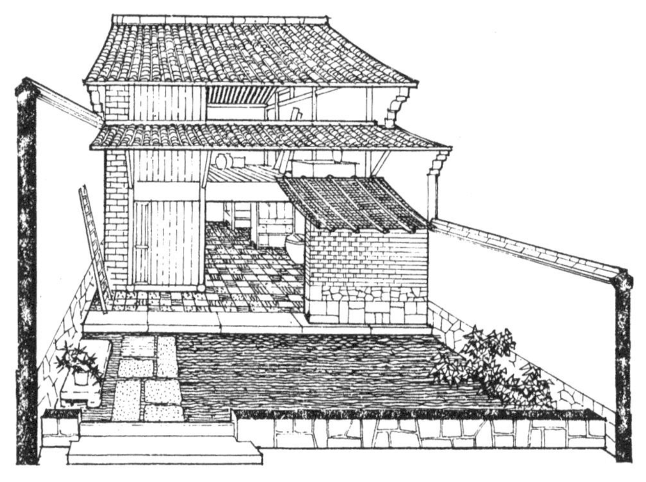

图 2–2–13　浙江东阳卢宅镇某宅，采用民居中常见的低台基
引自中国建筑技术发展中心建筑历史研究所．浙江民居．北京：中国建筑工业出版社，1984

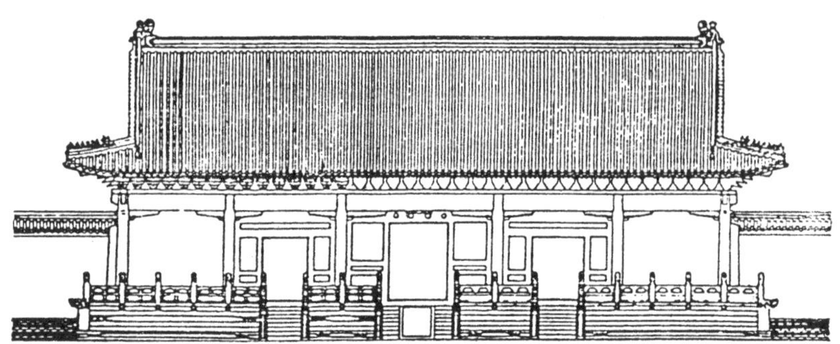

图 2–2–14　单台组合体中的最高体制——明长陵祾恩门台基
引自曾力．明十三陵帝陵建筑制度研究：[硕士学位论文]．天津：天津大学建筑工程系，1990

月台形式与台明相同，也分平台式和须弥座式两类，做法也与台明完全一致，也有砖砌月台和满装石座两种。

月台、台阶、石栏杆都是台基的附件，但并非台基所必有的，只有高体制的台基才用月台和勾阑，当台明很低矮时，则连台阶也可不用。

（二）台基的组合方式

多种多样的台基，就是运用以上四方面的构成因子进行排列组合，以形成丰富的台基系列。其组合方式大体上可以分为三类：

1．单台组合体　单台组合体就是由单一的基座与台阶、石栏的组合，既没有延伸出月台，也没有层叠多重的台基。它利用台明自身的三个等次，灵活地安排不同出陛数量、不同踏跺形制的台阶，以及石栏、陛石等等，形成不同的单台组合体。其中最简易的单台组合体当属单一的低矮砖砌台明，它用的是最低等次的台明，只高出地面一级，既无石栏，也不需台阶，是台基中的最低体制（图 2–2–13）。最复杂的单台组合体当属北京故宫乾清门和明长陵祾恩门那样的台基（图 2–2–14），它是须弥座的台明，带石栏杆的“石活全件”，再加上三出陛的、带“御路”的、带垂手的踏跺组合，组成了单台组合体中的最高体制。

2．月台组合体　月台组合体是在单台组合体中增加了月台的组合。此时月台的形制与基座的形制完全一致。基座如用须弥座，月台也用须弥座；基座如带石栏，月台也带石栏。台阶则设于月台的正侧面，也同样通过出陛数量和踏跺形制来调节。

这种组合体在等级较高的建筑组群中用得很普遍。明十三陵和清东陵、清西陵中，除明长陵外，各陵隆恩门采用包台基月台，各陵隆恩殿采用正座月台的做法，几乎成了定制（图 2–2–15）。在寺庙组群中，月台也用得很广泛。北京护国寺前后院轴线上的四座主要殿阁——

延寿殿、崇寿殿、千佛阁、护法殿都采用了正座月台（图2-2-16）。这些月台组合体的恰当调度，对于提高殿座规格，壮大门殿形象，突出殿阁主体，强化轴线分量，完善庭院空间都起到了显著的作用。

3. 重台组合体 重台组合体指的是重叠台基的做法。这是高等级的台基形制。最晚在公元5世纪就已经出现这样的台基组合。敦煌壁画中可以看到北魏、北周和唐代等时期用于塔座和殿座的重台台基，有重叠两层的，也有重叠三层的（图2-2-17）。明清的著名建筑组群中，曲阜孔庙大成殿和大成寝殿用的是两重组合体（图2-2-18）。北京故宫三大殿、北京太庙正殿（图2-2-19）、北京天坛祈年殿和明长陵祾恩殿用的都是三重组合体。天坛圜丘和社稷坛的坛身也是三重组合体。显然三重组合体属于台基中的最高体制，只用于皇家最隆重的主体建筑。

这种重台组合，多数是连同月台一起重叠的。只有像祈年殿、圜丘、社稷坛等圆形、正方形的重台，才不带月台。重台的构成，基本上都是须弥座带石栏的“石活全件”做法，北京社稷坛用的是平台式基座的重叠，并且不带石栏，属个别的例外情况。

北京故宫三大殿的三重汉白玉台基，是重台组合体的最突出实例。三台总高，边缘达7.12米，台心达8.12米。总面积达25000平方米。三台共用望柱1453根，螭头1142只。[①]三台的殿前部分称为“丹陛”，“上下露台列鼎十有八，铜龟、铜鹤各二，日晷、嘉量各一”。[②]这些礼器的陈设，把丹陛烘托得更为隆重、神圣。这组庞大、豪华的重台，大大扩展了太和殿的整体体量，提高了三大殿的整体标高，密切了三大殿的整体组合，强化了太和殿的巍峨形象，把太和殿的至高无上的独尊气概和庭院空间的宏伟壮丽气势推到了最高潮。

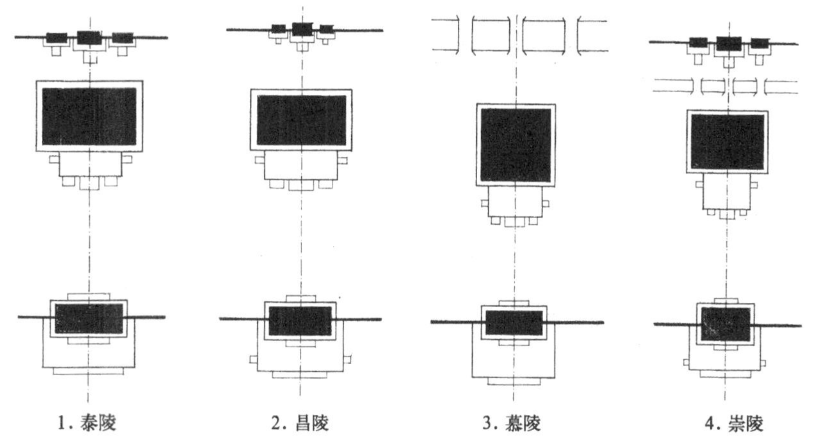

图2-2-15 清西陵的月台形制

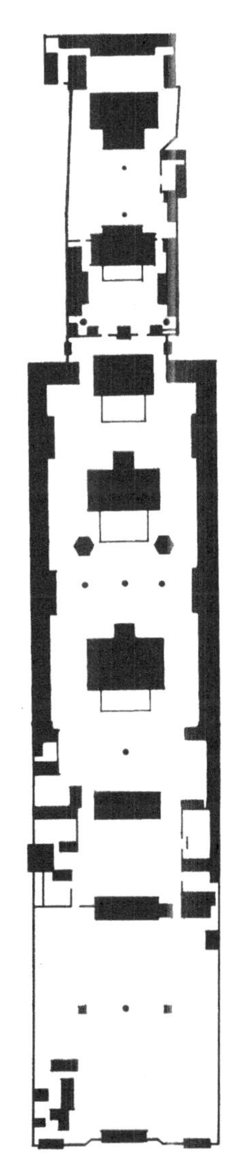

图2-2-16 北京护国寺总平面

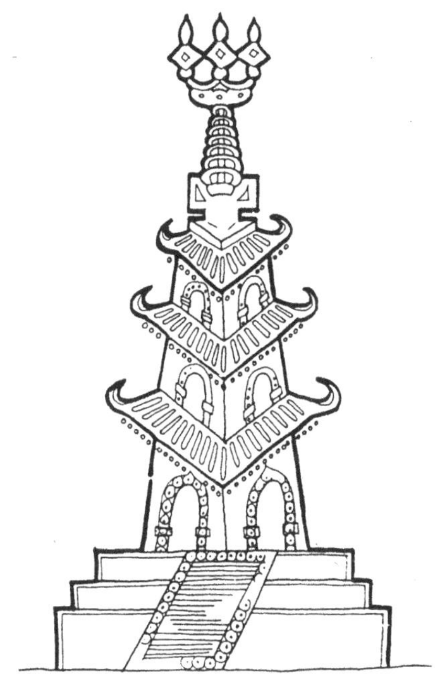

图2-2-17 敦煌北魏第254窟壁画，塔座重叠三层台基

引自萧默．敦煌建筑研究．北京：文物出版社，1989

①参见单士元．故宫札记．北京：紫禁城出版社，1990.228页

②章乃炜，王蔼人．清宫述闻．北京：紫禁城出版社，1990.150页

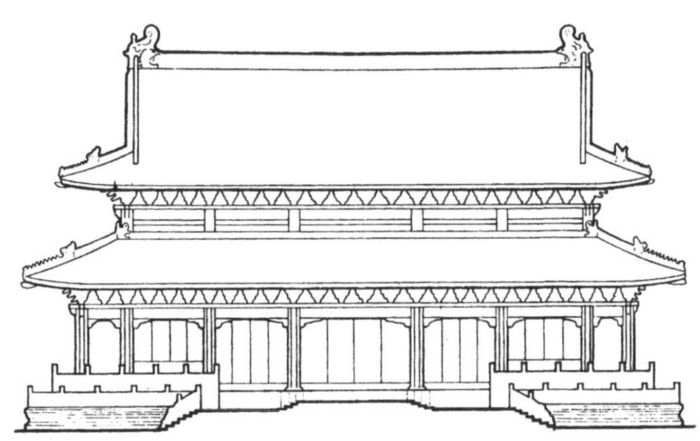

图 2–2–18　曲阜孔庙大成寝殿，重叠两层台基

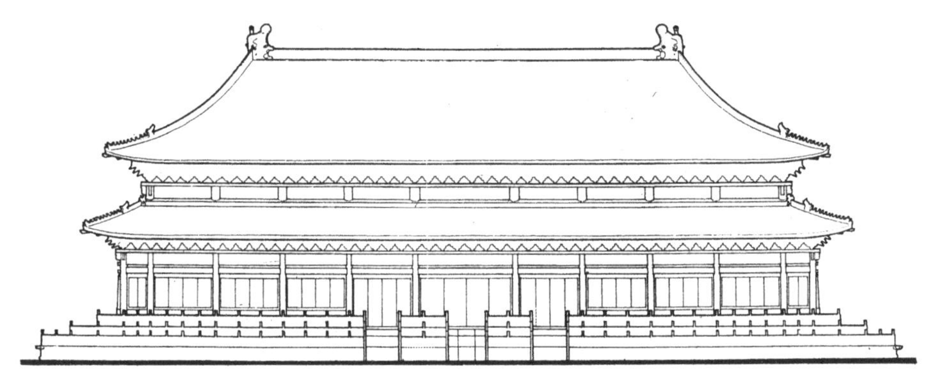

图 2–2–19　北京太庙正殿，重叠三层台基
引自梁思成．营造法式注释卷上．北京：中国建筑工业出版社，1983

（三）台基的程式化特点

台基的这种程式化构成，有以下三点很值得注意：

1．台基形态的高度理性化　官式建筑的定型台基形式，充分体现了台基使用功能的需要和构筑技术的特点，呈现出实用功能、构筑逻辑和审美规范的和谐统一，显现出高度理性化的设计意匠。

作为台基的主体，台明的平台形式是由防水避潮、防护基础的实用功能、技术措施所决定的。台明的长宽尺度遵循“下檐出”小于“上檐出”的规定，留出必要的“回水”，以保证屋面滴水不至于溅落到台基面上（图 2–2–20）。台基的附件，台阶和石栏杆都是基于实用的需要而设置的。在台基的形象构成中，绝大部分都用的是实用功能和技术设施所必需的构件，除了极个别的构件，如陛石之类外，几乎没有外加非功能的构件。这种程式化、规范化形制的确定，是对台基工程长期实践经验的总结和提炼，充满着理性化的原则。高等级的台基，须弥座的叠涩造型和精美雕饰也是对基座台帮石活的美化处理，台基的重叠和放大，则是实用基础上的夸张和强化，这里交织的是以理性为主导的有节制的浪漫意识。台基的等级标志作用，运用的都是实用性所提供的现成载体，主要从基座高度、基座层数、基座样式、月台大小、台阶类别、出陛数量、踏跺级数、陛石雕饰、望柱雕饰等等来标示，没有为标志等级外加专用的分件。

这种程式化形制的确定，在细部处理上同样体现着细微精密的理性推敲。台阶踏道坡度的确定可以说是这方面的典型事例。宋代喻皓在《木经》中写道：

> 阶级有峻、平、慢三等，宫中则以御辇为法；凡自下而登，前竿垂尽臂，后竿展尽臂为峻道……前竿平肘，后竿平肩，为慢道；前竿垂手，后竿平肩，为平道。[①]（图 2–2–21）

这种以保持轿身水平的前后竿举垂来确定宫殿踏道坡度的方法，是很科学的设计依据，很符合现代“人体工程学”的原理。对于一般人来说，上下台阶不是坐轿，而是步行，第宅之类的踏道坡度则应考虑登级的合理舒适度。宋《营造法式》规定：“造踏道之制……每阶高一尺作二踏；每踏厚五寸，广一尺”。[②]这个 1 : 2 的坡度，用于高等级的殿座，坡度显得偏于陡峻。清代对此作了改进。清《工程做法则例》规定：“凡踏跺石……宽以一尺至一尺五寸，厚以三寸至四寸，须临期按台基之高分级数酌定。”[③]实际运用中，大、小式采用了不同的坡度。踏跺石按大、小式做法，断面宽高分两种尺寸：大式宽 1 ~ 1.5 尺（0.32 ~ 0.48 米），高 0.3 ~ 0.4 尺（0.10 ~ 0.13 米）；小式宽 0.85 ~ 1 尺（0.27 ~ 0.32 米），高 0.4 ~ 0.5 尺（0.13 ~ 0.16 米）。[④]踏跺坡度的这种细腻规定，反映出建筑经验的积累与程式化推敲的细密（图 2–2–22）。这种适合于实用的踏跺坡度，在观感上也正是最适宜的比例权衡，自然成了形式美的规范尺度。

其他许多细枝末节也是如此。如垂带踏跺中的垂带石，是设在踏跺石两端的斜置石块，它的端部如果完全呈尖端，则极易受冲撞而破损。程式化做法都是给垂带石端部保留一定的厚度，使其不易破损，或是进一步与土衬石联做，

①沈括．梦溪笔谈卷十八

②李诫．营造法式·卷三石作制度

③清工部．工程做法则例卷四十二

④参见清工部．工程做法则例卷四十五，卷四十二

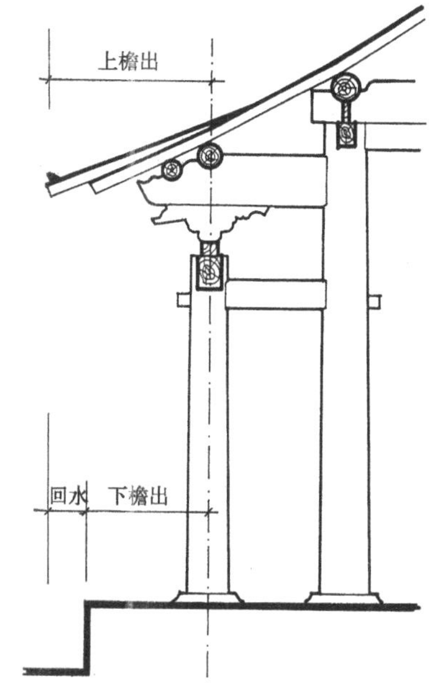

图 2–2–20　台基的“下檐出”小于屋顶的“上檐出”

图 2–2–21《木经》记述的“阶级有峻、平、慢三等”
上：峻道　中：平道
下：慢道
引自清华大学《梦溪笔谈》注释组．《梦溪笔谈》选注．1975

可以更为结实、牢固（图 2–2–23）。这种构造上的合理做法，实际上也带来细部造型的完善，从最细小的详部显示出台基的形式美的推敲上达到极精细的程度。.

2. 台基构成的充分简约化 从台基的基本形态可以看出，台基的构成是十分简约的。在品类上，明清台基总共只分为两类：一类是普通的平台式台基，另一类是高等级的须弥座台基。唐代曾经盛行过一种隔身版柱式的台基，从敦煌壁画中可以看到它的形象（图 2–2–24），基座呈上下枋并有间柱，其形态介乎平台式的普通台基和叠涩式的须弥座台基之间。但到明清时已被淘汰，只筛选出平台式和须弥座两种定制。木构架建筑品类纷繁，各类型殿屋千差万别，而台基的类别却精简到只有这两种基本形制，可以说是简约化到了极点。台基的附件，也只有台阶、石栏和月台三大构件。其中的台阶经过严格筛选，也只定型为垂带踏跺、如意踏跺和礓磜三种类别。垂带踏跺形式较为庄重，主要用于台基的主要部位，等级较高；如意踏跺形式较为轻快，主要用于台基的次要部位，等级较低。礓磜则是便于辇车升降。台阶形式的简约化程度也是极为明显的。

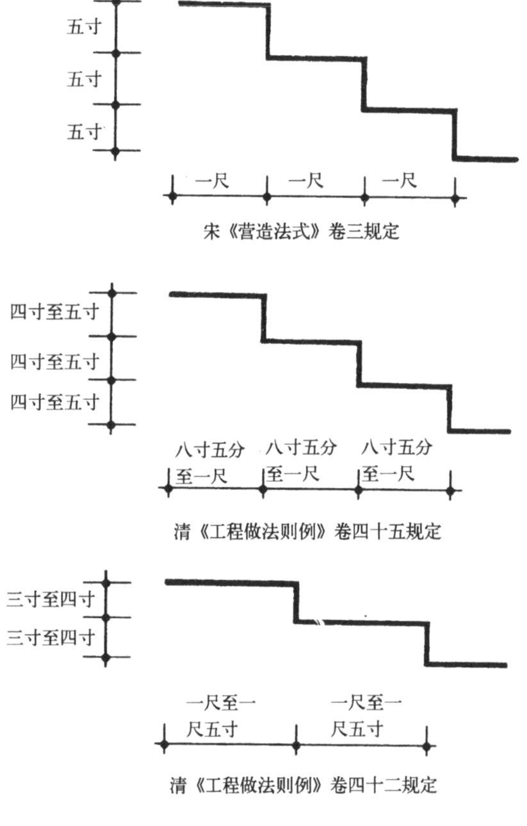

图 2–2–22 宋《营造法式》和清《工程做法则例》对踏跺尺寸的规定（宋三司布帛尺折合 0.317 米，清营造尺折合 0.32 米）

为什么台基在品类上和构成上都显示出充分的简约化呢？这反映了古代匠师设计意匠上的“配角意识”。在单体建筑的上、中、下“三分”中，匠师们清醒地意识到，作为“下分”的台基只是整幢建筑组成中的“配角”，它是名副其实的建筑基座，而不是充当主角的建筑主体。因此，在台基程式化定制中，可以看得出是恰如其分地把握住台基的“配角”地位，对台基处理定下了简约化的基调。

我们可以看到，绝大多数建筑用的都是素平的普通台基。这种台明自身形式单纯，简朴无华，高度也有限，配上级数不多的台阶，整个台基构成了简洁朴实、很不显眼的“下分”，对一般性建筑来说，是恰到好处的。对于一些重要的殿座，则选用较为华美的须弥座台基，并采取延伸月台，环砌勾阑，调度台阶等方式来调适，也能妥帖地适应不同场合对台基配角表现力的需要。即使是极少数特别尊贵的建筑，采用了两重阶、三重阶的做法，也仍然是个隆重的配角，并没有喧宾夺主。台基的这种简约化形制有效地保证了殿屋形象的整体协调性。

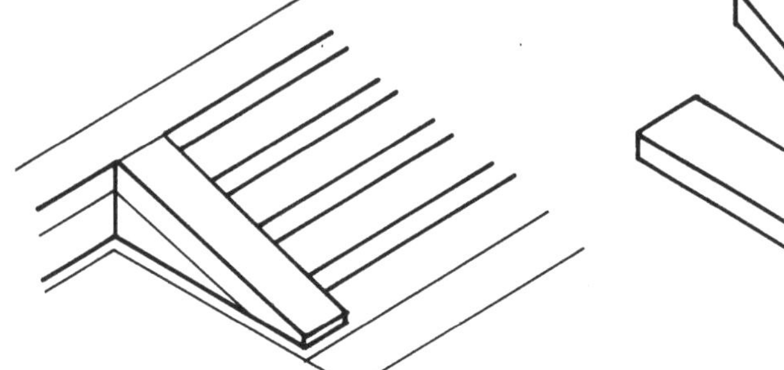

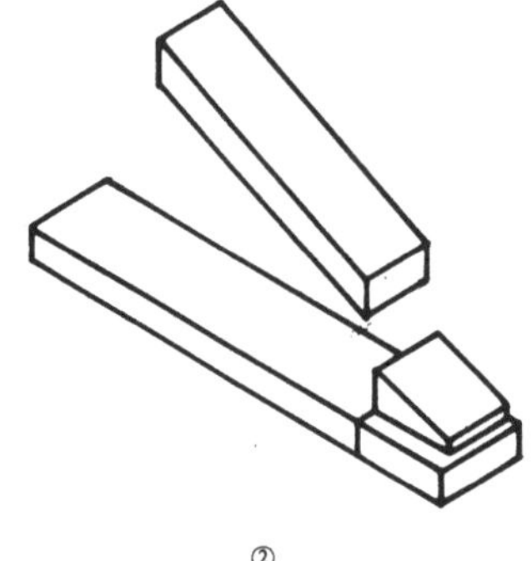

图 2–2–23 垂带石端部的处理
①端部保留一定厚度
②端部与土衬石联做

3. 台基整体的全盘程式化 明清宫式建筑的台基形制，程式化的定型已达到极细微的程度。例如普通台基的做法，其周边包砌的石活，每一块石头几乎都已定型，都有专门的名称。它包括土衬石、陡板石、角柱石、阶条石四个类别（图2–2–25）。其中的角柱石，俗称“埋头”，根据其所在位置的不同，又区分为“出角埋头”（位于基座阳角转角处）和“入角埋头”（位于基座阴角转角处）。出角埋头再按不同做法细分为单埋头、厢埋头和混沌埋头（图2–2–26）。阶条石也是个总称，按其所处位置的不同，又细分为好头（位于前后檐两端）、坐中落心（位于前后檐正中）、落心（位于好头与坐中落心之间）和两山条石（位于山墙侧面）等几种。好头石通常是条状的，讲究的呈曲尺形，称为联办好头（图2–2–27）。这些极为细微的程式，反映出对台明石活审美上的极细腻的推敲。单埋头总是以宽面朝前后檐，以窄面朝山墙面，保证主立面石缝划分的良好效果。混沌埋头正侧面都是宽面，是很考究的做法。同样，好头石也是以长面朝前后檐，以顶面朝山墙面，联办好头则保证正侧面均为长面，是用于宫殿建筑的考究做法。

官式做法的清式须弥座也是全盘定型的。它的基本形制分为六层，包括上枋、上枭、束腰、下枭、下枋、圭角，各层石件的比例都是确定的。表面的雕饰也完全是程式化的。束腰部分凿玛瑙柱子、椀花结带，上下枋雕番草、串枝宝相花，上下枭落方色条，剔凿莲瓣巴达马，圭角做奶子、唇子，剔雕素线卷云，落特腮。须弥座的每一个最微小的细部和雕饰都有特定的名称（图2–2–28）。

这种现象很值得注意，这是形态构成中的“可命名性”现象。整个台基的构成，大到部件、构件，小到分件、线脚、雕饰，全都有明确的专用名称，就连台基周围最不起眼的散水，

图2–2–24 敦煌晚唐第141窟壁画上的隔身版柱式台基形象
引自萧默．敦煌建筑研究．北京：文物出版社，1989

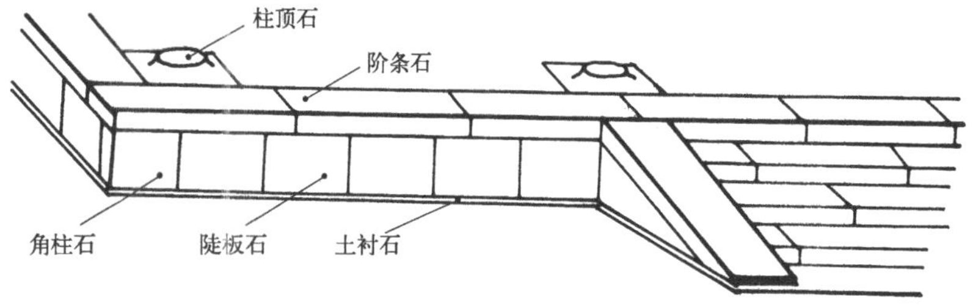

图2–2–25 平台式台明的石件名称

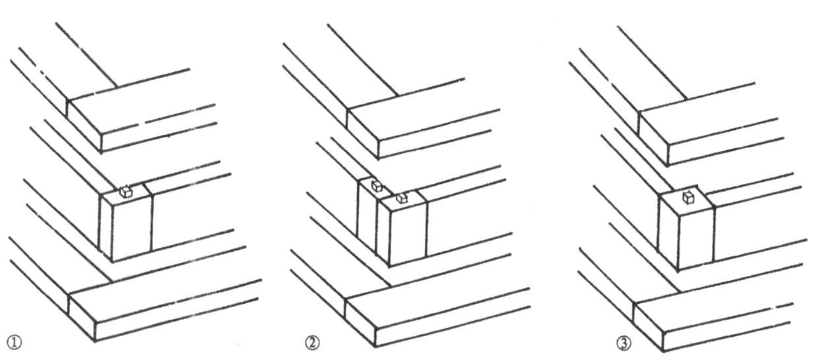

图2–2–26“埋头”（角柱石）的几种做法
①单埋头 ②厢埋头 ③如意埋头（混沌埋头）

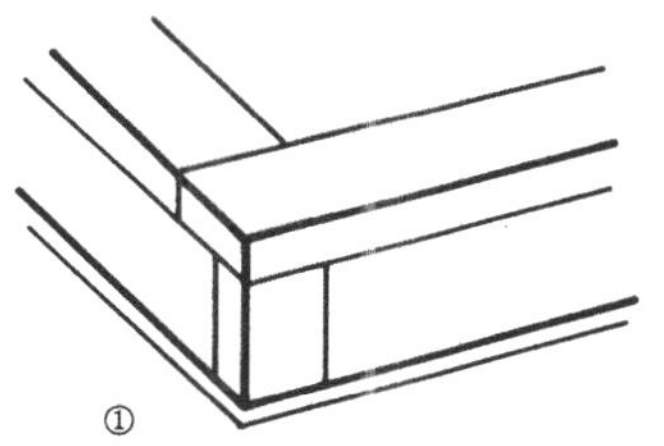

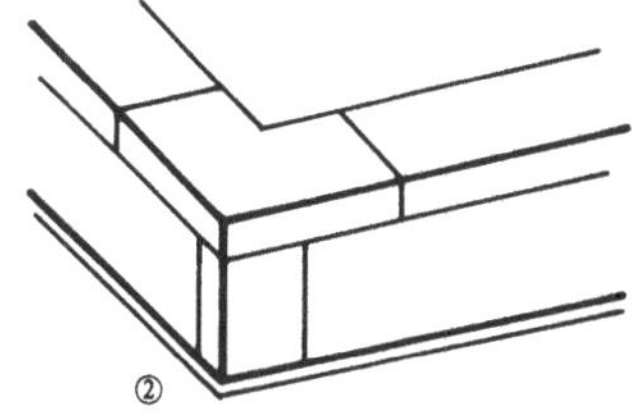

图2–2–27 好头石的两种做法
①条状好头石 ②联办好头石

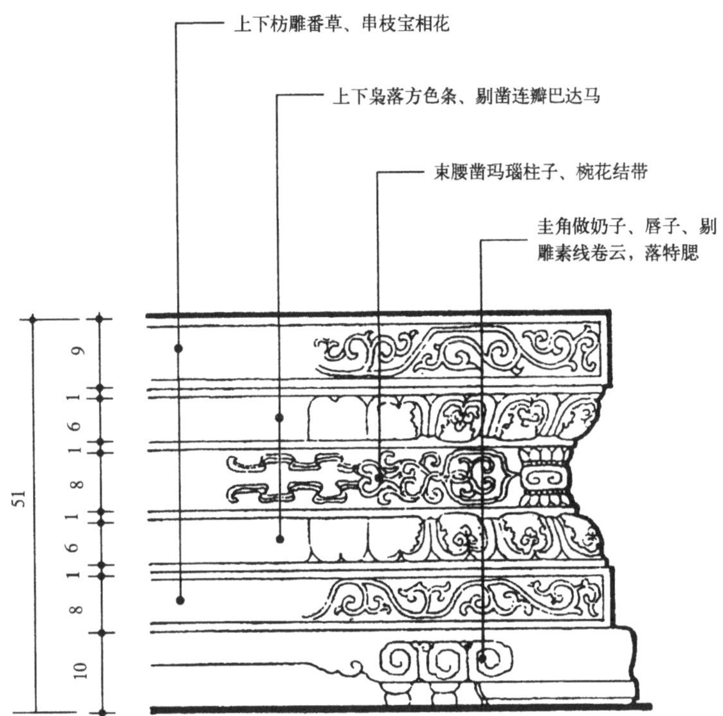

图 2-2-28　清式须弥座的构成

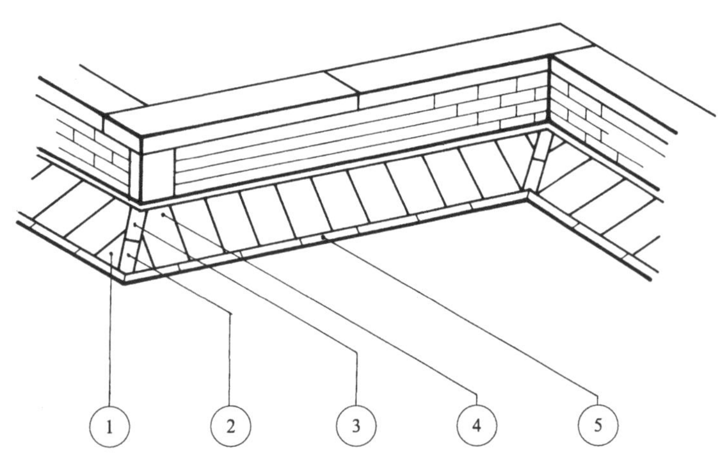

图 2-2-29　散水的定型做法
①虎头找　②宝剑头　③燕尾
④大岔　⑤条砖芽子

在转角做法中所用的几块特殊形状的砖块，也有“虎头找”、“宝剑头”等命名（图 2-2-29）。这种“可命名性”是程式化的一种特性。命名与定型是同步的，命名的层次越细，表明定型的程度越高。拿石栏杆来说，是石质栏杆的通称，如果命名到此为止，则石栏杆自身的式样并未定型，可以灵活设计。而程式化的石栏杆类别中，列有寻杖栏杆、罗汉栏板等命名；寻杖栏杆的构成中，列有望柱、栏板、地袱、抱鼓石的命名；柱头的类别中，列有龙凤头、风云头、莲瓣头、石榴头、狮子头、二十四气头等命名；而二十四气头的构成中，又列有荷叶、连珠、八达马、气头等命名。这种一层层细化的命名，就把定型具体化到最细微的末节，表明台基的程式化达到最精细的程度。

三、程式演进与台基石权衡的完善

在历史发展中，台基经历了程式化形制的演进，台阶、石栏杆、须弥座的形式也历经不断的推敲、锤炼，达到了形式美上的完善境地。下面列举三个突出的事例。

（一）两阶制的“一元化”

两阶制曾经在历史上盛行过很长时间，《仪礼》中有许多关于东阶、西阶的论述。《礼记·曲礼》说：

> 主人入门而右，客人入门而左。主人就东阶，客就西阶。客若降等，则就主人之阶。主人固辞，然后客复就西阶。

这表明，设东西阶是礼的规定。东阶，又称阼阶，是主人所就之阶，“东道主”一词即源于此。西阶，又称宾阶，是客人所就之阶。以西阶为尊，表示对客人的尊重。汉承周制，堂殿仍有东、西阶。《汉书·盖宽饶传》：

> 平恩侯许伯入第，丞相御史将军中二千石皆贺，宽饶不行，许伯请之，

乃往，从西阶上，东乡特坐。

看来东西阶的礼节，在汉代还像《礼记》所述的那样认真地执行。这种两阶制一直延续到唐、宋。唐大雁塔门楣石刻上的佛殿有两阶的具体形象（图2-2-30）。唐大明宫麟德殿遗址，河南济源济渎庙渊德殿故基（可能建于宋初），也有东、西阶的遗迹、遗存（图2-2-31）。

这种东、西阶的布置，适应了礼仪的需要，但对建筑艺术来说，却存在着问题。殿堂建筑很注意主轴线，讲究中心突出。东西阶分列左右，当心间无阶，中央部位空着，呈二元化的构图，没有突出中心，不能不说是殿堂建筑轴线处理上的败笔。

两阶制的这个弊病，通过御路台阶的创造，得到了圆满的解决。御路台阶由中心御路石与两侧踏跺石组成，整个台阶布置在殿堂当心间前，既提供了正中部位的整组台阶，又保持了东西阶的踏跺。御路石可以是光素的，也可以做丰富的雕饰，成为殿座主轴线上引人注目的装饰重点。这种做法在北宋登封少林寺初祖庵的台阶中已有实例（图2-2-32）。据敦煌壁画画面的显示，“可以把御路式台阶的正式出现提早到初唐”。[①]敦煌壁画显示，唐代的御路台阶，简单的只是中部加一条垂带（图2-2-33），复

①萧默．敦煌建筑研究．北京：文物出版社，1989.212页

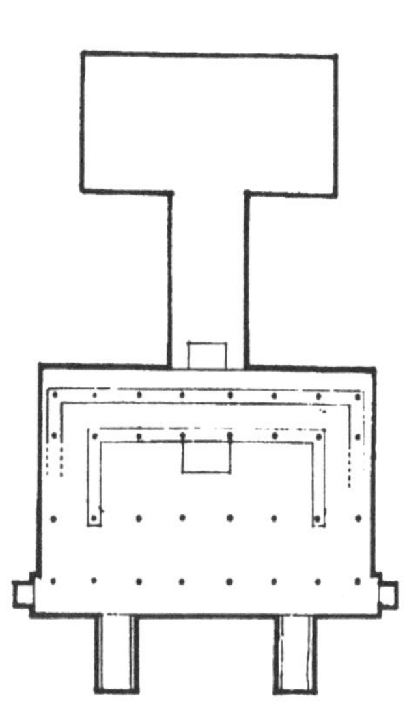

图2-2-30 （上左）西安大雁塔门楣石刻，显示唐代佛殿的两阶形象
引自刘敦桢．中国古代建筑史．第2版．北京：中国建筑工业出版社，1984

图2-2-31 （上右）河南济源济渎庙渊德殿遗址，显示宋初两阶的遗迹
引自梁思成．营造法式注释卷上．北京：中国建筑工业出版社，1983

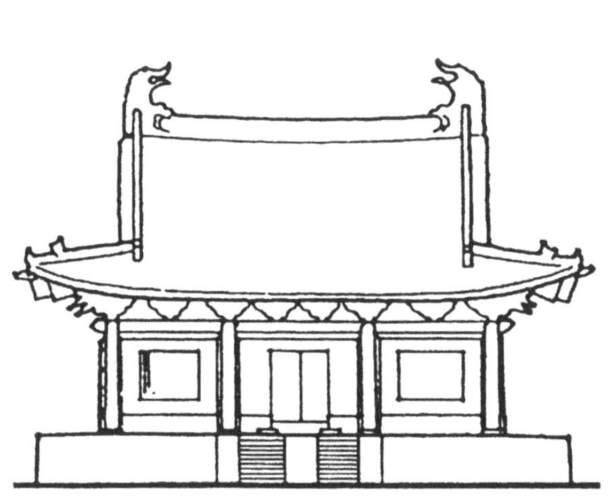

图2-2-32 （下左）河南登封少林寺初祖庵。北宋建筑采用御路石的实例
引自梁思成．营造法式注释卷上．北京：中国建筑工业出版社，1983

图2-2-33 （下右）敦煌盛唐第23窟壁画，御路呈光素的垂带
引自萧默．敦煌建筑研究．北京：文物出版社，1989

图 2–2–34 （上）敦煌中唐第 231 窟壁画，御路做丰美的雕饰
引自萧默．敦煌建筑研究．北京：文物出版社，1989

图 2–2–35 （右）北京故宫保和殿后阶御路石
引自建筑科学研究院建筑理论及历史研究室．北京古建筑．北京：文物出版社，1959

杂的则已用很宽大的御路石，并做丰美的雕饰（图 2–2–34）。

这种御路台阶，在明清宫殿、寺庙中用得很普遍。寺庙的御路石多刻宝相花图案，帝王宫殿、坛庙、陵墓的御路石多刻云龙或龙凤图案（图 2–2–35）。这种御路台阶的程式演进，使两阶制的二元构图融合成一元化的突出中心的重点构图，在不改变东西阶的前提下，不仅轻而易举地克服了两阶制的缺陷，而且由于御路石的出现，锦上添花地大大增强了台阶的艺术表现力，使台阶的形式美表现达到圆满的完善。研究中国科学技术史的英国学者李约瑟对此给予了很高的评价，盛赞“御路”是“一条布满浮雕的精神上的道路”。[①] 从两阶演进到御路台阶，显示了台阶程式逐步典范化和形式美构图逐步成熟化的历程。

（二）石权衡的演进、成熟

在台基的程式化演进中，宋式石栏杆和清式石栏杆，宋式须弥座和清式须弥座，在定型格式上都有明显的不同。从审美意匠的角度看，这种形式差异是很值得注意的。

先看宋式勾阑与清式勾阑的区别：

1. 分件构成上的区别 宋式重台勾阑和单勾阑，看上去都分解成许多零散的小分件，以较简单的单勾阑来说，就包括望柱、寻杖、云栱、撮项、盆唇、蜀柱、万字版、地栿、螭子石等（图 2–2–36）。按《营造法式》的叙述，似乎这些小分件是榫卯结合的。梁思成指出：

> 这样的构造，在石作中是不合理的，从五代末宋初的南京栖霞寺舍利塔和南宋绍兴八字桥的勾阑看，整段的勾阑是由一块整石版雕成的，推想实际上也只能这样做。[②]

不论做法上是分件组装的，还是整石雕作的，宋式勾阑从形式上确是显现出小分件组合体的形态构成特征。而清式勾阑则简化到只有三个分件——望柱、栏板、地栿（图 2–2–37）。虽然栏板部分看上去也有寻杖、荷叶净瓶和面枋之分，但是栏板两旁留有“素边”，明确显示出栏板自身是由整块石版雕出这些分件的（图 2–2–38）。

2. 体量权衡上的区别 宋式勾阑的望柱间距很大，寻杖因而做得很细长，云栱和撮项较高较瘦，寻杖与盆唇间的空当显得很通透。万

① Joseph Needham.Science & Civilisation in China.Vol. 1V;3 Cambridge Universety Press，1971.64

②梁思成．营造法式注释卷上．北京：中国建筑工业出版社，1983.71 页

字板很薄，有时还是镂空的。望柱直接落于阶基上，横断面取八角形，柱头部分所占高度比较小，这些都突出了柱身的瘦高、修长。而清式勾阑则每隔一块栏板，即设一望柱，望柱间距大为缩短。栏板自身构件完整，寻杖短粗，荷叶净瓶都趋向肥硕，寻杖与面枋之间的空当缩小，面枋成为实心的厚板，表面只刻出浅浅的盘子。地栿取通长做法，望柱立于地栿上，减少了望柱的高宽比。柱身与柱头之间，也加大柱头的高度比。柱身横断面用方形，面饰只做简洁的双重海棠地。整个望柱显得粗壮、短硕。

3. 格调韵味上的区别 宋式勾阑整体显得纤细秀气、轻快、苗条、虚灵、潇洒；而清式勾阑整体显得肥硕、厚实、稳定、庄重、强壮有力。

宋式须弥座与清式须弥座也存在着类似的区别：在层次构成上，宋式分层多，按《营造法式》卷十五砖作制度，须弥座分为方涩、罨涩、壶门柱子、仰莲、束腰、合莲、罨牙、牙脚、混肚等九层。按《营造法式》卷二十九“阶基叠涩坐角柱”的图样，须弥座还有多达12层的做法（图2–2–39）。而清式须弥座则定型为上枋、上枭、束腰、下枭、下枋、圭角等6层，层次较宋式简洁得多。在体量权衡上，宋式须

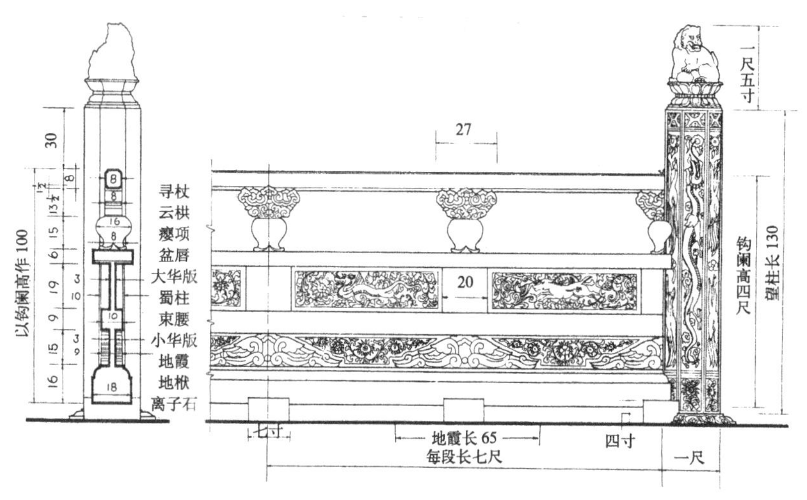

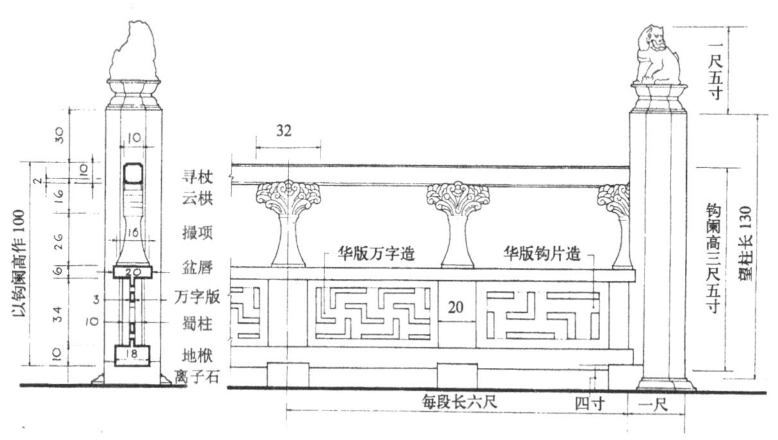

图2–2–36 宋式勾阑

引自梁思成．营造法式注释卷上．北京：中国建筑工业出版社，1983

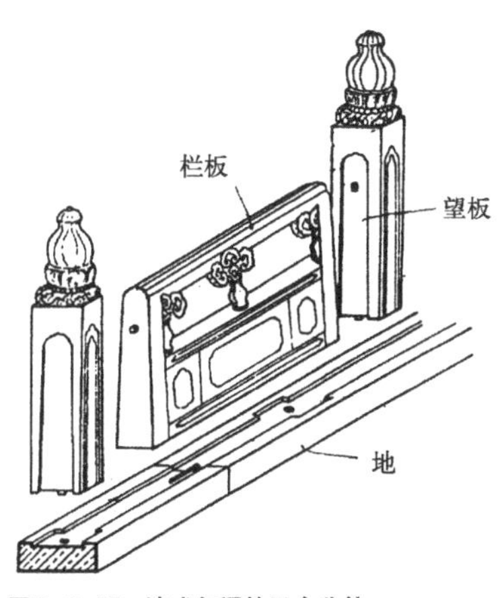

图2–2–37 清式勾阑的三个分件

引自刘大可．明清官式石作技术．古建园林技术，1990（2），1989（4）

图2–2–38 清式勾阑

图2–2–39 宋《营造法式》所述须弥座做法，达12层之多

引自梁思成．营造法式注释卷上．北京：中国建筑工业出版社，1983

①③梁思成文集二．北京：中国建筑工业出版社，1984.246，244 页

②参看杨鸿勋．建筑考古学论文集．北京：文物出版社，1987.248 页

弥座明显地以壶门柱子层为主体，在此层雕饰壶门、柱子。其他各层厚度较小，雕琢的仰莲、合莲等纹饰都很纤细，整个柱身主次分明。但仰莲层、罨牙层、混肚层的线脚顶面都呈水平面，很容易存积雨水，冬季雨水浸入水平石缝，结冰膨胀，会导致石块胀裂，是不合理的线脚。而清式须弥座束腰不高，没有明显的主体，各层厚度相差不大，上下枭雕饰的莲瓣八达马都很硕壮。各层外露部分已消除水平顶面，线脚形式推敲合理。在格调韵味上，宋式须弥座与宋式勾阑一样，显得秀挺、精细、洒脱。而清式须弥座则与清式勾阑一致，显得敦实、粗壮、庄重（图 2-2-40）。

为什么宋式勾阑、须弥座与清式勾阑、须弥座会有这一系列的区别呢？梁思成在比较宋清两式勾阑时，对此作了十分精辟的论析：

> 这古今两式之变迁，一言以蔽之，就是仿木的石栏杆，渐渐地脱离了木的权衡及结构法，而趋就石质所需要的权衡结构。[①]

这的确是一语中的，道出了石栏杆形制演进的缘由和规律。栏杆古作“阑干”，横木为阑，纵木为干，从字义可知，最初的阑干当是木质的。后来用于露天部位的阑干，因木料不宜长期日晒雨淋，而逐渐改为石质。在变改材质的过程中，曾经有过木石并用的过渡做法。敦煌唐、五代壁画中常见到一种栏杆画法，寻杖、盆唇、勾片、地栿均是着色的，唯独转角的望柱是白色的，这很可能表示的是石望柱，那就是一种木石并用的栏杆（图 2-2-41）。唐大明宫麟德殿遗址，出土了完整的石刻螭首和少量石望柱残段。但是却没有出土石寻杖、石栏板等残迹。按理说，寻杖、华版比螭首、望柱更细长、单薄，应当更易损坏而保留在废墟中，何以出土中反而见不到。杨鸿勋根据这个反常现象，推断麟德殿的栏杆很可能就是敦煌壁画所示的那种由石质的望柱、螭首与木质的寻杖、盆唇、勾片、地栿相结合的栏杆。[②]这些都说明石栏杆是由木栏杆脱胎出来的，逐渐演进的。正如梁思成所说：“不惟完全模仿木栏杆的形式，而且完全模仿木质的权衡（Proportion）。”[③]宋式勾阑还处于仿木的显著期，零散的分件，细长的寻杖，镂空的勾片，单薄的体量，虚灵、纤秀的韵味，都是木勾阑的做法特征和材质权衡。而清式勾阑则是从仿木走向石材质的。既延续了宋式勾栏的基本文脉，仍然保留着望柱、寻杖、云栱、撮项等的基本样式，却完善了石质的合理构造，并显现厚实、庄重的石质权衡。这是程式化演进中对于材质结构和材质权衡的悉心经营、精心推敲的出色成果，是台基形式美构图的成熟体现。这里面蕴含着看上去不起眼，而实际上却是极出色的设计匠心。如清式勾阑栏板两侧

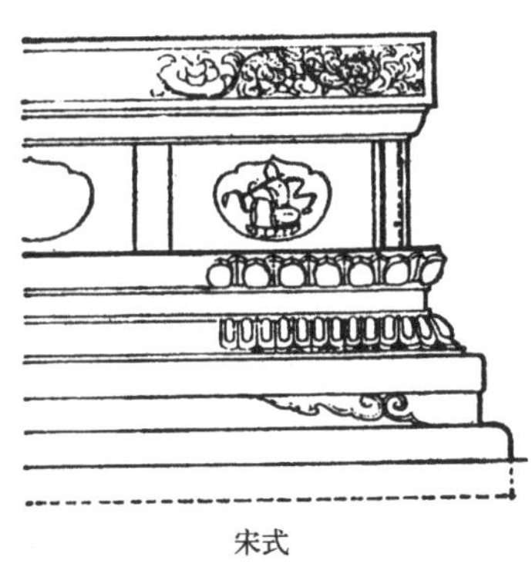

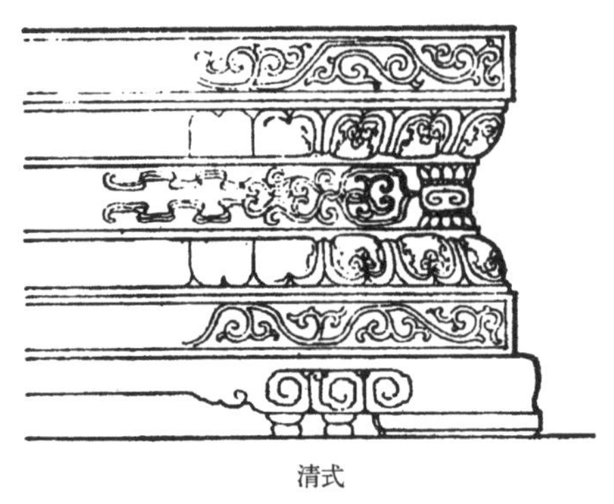

图 2-2-40（下左）宋式须弥座与清式须弥座
引自梁思成文集二．北京：中国建筑工业出版社，1984

图 2-2-41（下右）敦煌五代第 98 窟壁画，勾阑的转角望柱呈白色，显示出石质望柱的迹象
引自萧默．敦煌建筑研究．北京：文物出版社，1989

留出的“素边”，这是使众多小分件融合成一个整版的边框，用得是那么妥帖、自然，通过它完成了栏板石质结构与石质造型的统一。这个细微的匠心曾经受到建筑泰斗杨廷宝的重视，他曾画图示意提醒注意清式栏杆中的这根直线条（图 2-2-42）。①

须弥座的演进也同样意味着从仿木到石权衡的完善。因为须弥座最初也是木质的，主要用作寺庙的佛座。后来须弥座用于台基，改成砖作、石作，自然也经历了仿木的过程。宋式须弥座正处在仿木的显著期，多而密的层次，细腻、纤巧的雕饰，以及秀挺、洒脱的韵味，都源自木须弥座的形式特征。几根易于积水的线脚，也是木须弥座原有的，当时用于殿内，不存在淋雨问题。移到室外用时，还没来得及改进。而清式须弥座则已经取得了石构造的合理和石权衡的完善。层次简化，雕饰粗硕，整体反映出石基座的敦实、庄重。这也是台基形式美构图的成熟表现，与石栏杆可以说是异曲同工的，同步演进的。

从石栏杆和须弥座的这种程式化的演变，可以看出程式的演进对于形式美规范化进展具有积极的意义。官式建筑的高度程式化对于保证建筑艺术质量的规范水准是很起作用的。建筑历史实例表明，许多程式化不充分的或是程式化走样的做法，较之严格程式化的做法，往往显出一些拙劣的败笔。我们只要拿标准型的清式须弥座与关外清初福陵隆恩殿大月台的须弥座作比较，就能明显看出两者的优劣（图 2-2-43）。

标准型的清式须弥座，在比例上是经过很成熟的推敲的。其总高为51份，其中束腰高8份，加上下皮条线共高10份，与圭角高度相等；上枭、下枭各高6份，各加1份皮条线，各为7份，也是相等；上枋高9份，下枋高8份，基本相等而上枋略高一点点。这样，须弥座的六层高度分成了三组，保持了中心部位的束腰和基座的圭角略高，上下枭上下对等，上下枋上下对

①参看齐康．到处留心皆学问．见：建筑师，第4辑．北京：中国建筑工业出版社，1980.139页

图 2-2-42 （左）杨廷宝先生画的草图，提醒注意清式勾阑“素边”
引自齐康．到处留心皆学问．见：建筑师，第4辑．北京：中国建筑工业出版社，1980

图 2-2-43 （下）沈阳清福陵隆恩殿月台须弥座

①梁思成文集二．北京：中国建筑工业出版社，1984.228页

等而略为突出上枋。这种比例推敲可以说是极严密、极细腻的。须弥座的雕饰也合理地形成四种基本格式：一是全部光素的；二是只在束腰雕饰的；三是在束腰和上枋雕饰的；四是全部雕饰的，其中圭角层只点缀素线卷云和奶子、唇子，没有满面通饰，显出底座应有的力度（图2-2-44）。这些都是恰到好处的。而清福陵大月台须弥座，用的是走样的程式，出现了一系列问题：①须弥座高1.9米，本身尺度很大，而只分成五层，未做圭角层，直接以下枋着地。整个须弥座缺少一层富有弹力的、拓宽的底座，削弱了稳定、轩昂、舒放的气势。②束腰过高，整体比例失当。③在束腰上刻饰的玛瑙柱子和菱形卷草，尺度过大，一组卷草竟达到2.75米×0.77米的巨大尺寸。这种细部雕饰的图案比整间栏杆还大得多，导致细部装饰与须弥座自身、与其他细部纹饰，均不相称，装饰尺度严重失控。与标准型清式须弥座相比较，可以加深我们对于严格程式化在形式美构图上的完美性、规范性的认识。

当然，石栏杆和须弥座的审美并非只涉及材质的权衡结构问题，也还有时代美学意识、艺术时尚等的影响制约。宋清两式勾阑、须弥座的不同韵味，也有这方面的因素。我们也应看到，清式形制的演进，在推进形式美规范化的同时，也带来过于刻板的程式，难免表现出梁思成所说的“手艺圆熟精细而不能脱去匠人规矩”的负面现象。[①]

（三）抱鼓石的创意

在石栏杆的程式化构成中，还有一个特殊的分件——抱鼓石，它看上去很不显眼，从形式美的设计意匠上，却很值得玩味。

抱鼓石位于石栏杆的端部，它的作用很明确，一是顶住最末一根望柱，以保持栏杆的持久稳定；二是以优美的形象，作为栏杆队列的尽端造型处理。在敦煌壁画的唐、五代栏杆中，垂带栏杆都是以望柱收束，还没有见到抱鼓石。《营造法式》的造勾阑之制，也没提到抱鼓石的分件。限于史料的欠缺，现在对抱鼓石的演进过程还不清楚。但清式标准型石栏杆所用的抱鼓石，已是完全定型的，而且处理得很成熟，与清式勾阑自身在形式美的规范水准上是同步的。

标准型抱鼓石的构成很简单，它本身呈钝角三边形。斜边轮廓由一组曲线组成。曲线中部含一圆形的“鼓镜”，鼓面常做云头素线，鼓镜上下各用两段卷瓣曲线，下部端头以麻叶头或角背头结束。整块抱鼓石安置在地栿上，地栿端部也以小卷头结束。多数抱鼓石不另做饰纹，颇为简洁，少数也有海漫刻饰的（图2-2-45）。这种抱鼓石的形式是大有匠心的。因为抱鼓石有时用在垂带栏杆的端部，有时用在桥座栏杆的端部，总是处在斜放的地栿上。而这个斜放地栿的坡度需随台阶和桥身的坡度而定，是变化无定的。这样，抱鼓石所处的望柱与地栿的夹角，也是个角度可大可小的钝角。

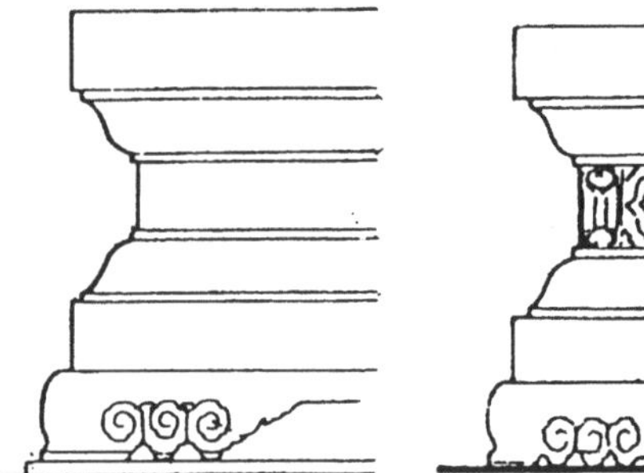
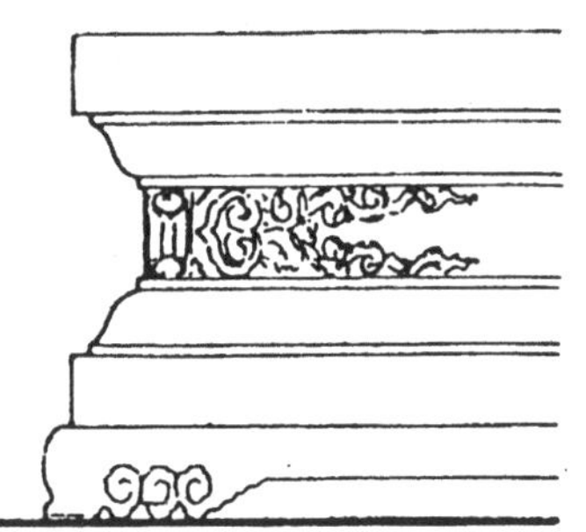

图2-2-44 清式须弥座的雕饰分布格式
引自刘大可．明清官式石作技术．古建园林技术，1990（2），1989（4）

这就要求抱鼓石的程式化造型必须能充分适合这个别扭的角度，而且能灵活适应不同角度的变化（图 2–2–46）。抱鼓石设计的妙处，就在于运用一个圆形的鼓镜作为主体装饰，这个圆形对于不同角度的钝角都是适应的。鼓镜上下的两段卷瓣曲线，又是可以任意调节坡度的，加上端部麻叶头的结束，组成了既有灵活调节机能，又是非常优美、流畅的抱鼓石轮廓线。从这一点来说，抱鼓石确是匠心独运的。我们从官式做法的这个极微小的定型细节，不难看出整个木构架建筑体系的高度成熟性达到何等的精密度、纯熟度。

图 2–2–45　抱鼓石的构成和做法
引自中国科学院自然科学史研究所．中国古代建筑技术史．北京：科学出版社，1985

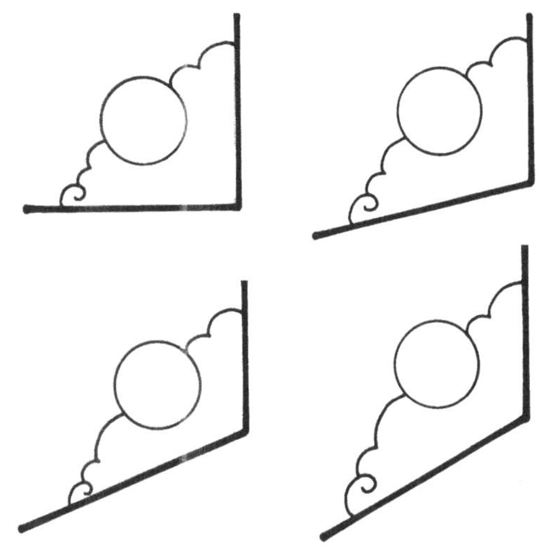

图 2–2–46　抱鼓石的形象妥帖地适应了长身栏杆、垂带栏杆和桥梁栏杆等不同坡度的“夹角”

第三节　单体建筑的“中分”——屋身

一、屋身立面与内里空间

按《木经》的说法，“自梁以上为上分，地以上为中分，阶为下分”。“中分”应该是阶以上、梁以下的部分。这个部分习惯上称之为“屋身”。这里的屋身应该包括两个方面：一是屋身立面，指前后檐从柱础到檐檩的立面和两侧的山墙立面；二是内里空间，清工部《工程做法》称室内为“内里”，指殿屋的身内空间和廊内空间。

一般说来，屋身是建筑的主体部分，内里是人在室内的活动空间。人们建造房屋，主要目的就是为了取得内里空间。屋身立面和内里空间的构成形态，在“正式”建筑和“杂式”建筑中有所不同，这里先分析正式建筑的屋身构成，有关杂式建筑屋身的不同构成，留在后面补述。

（一）屋身立面构成

屋身立面分为前檐立面、后檐立面和两山立面。按照殿屋在庭院中所处的不同位置，来确定不同立面的主次。前檐立面是正立面，不论殿屋处于轴线的正位或侧位，都是该殿屋的主要立面。后檐立面是背立面，当殿屋处在轴线正位时，后檐档次一般低于前檐，高于两山，属次要立面；当殿屋背向主庭院时，后檐则与前檐同等重要，常常按前檐立面的同等规格处理，形成前后檐基本相同的格局；当殿屋处于轴线末端或侧位时，后檐立面处于狭窄角落，则降为最次要立面。有时干脆与院墙合一，成为院落的外立面构成。两山立面属于侧立面，通常是最次要的，但是当殿屋处于庭院当中时，两山立面的重要性也上升，明显地提高处理规格。

清式台基构成简表

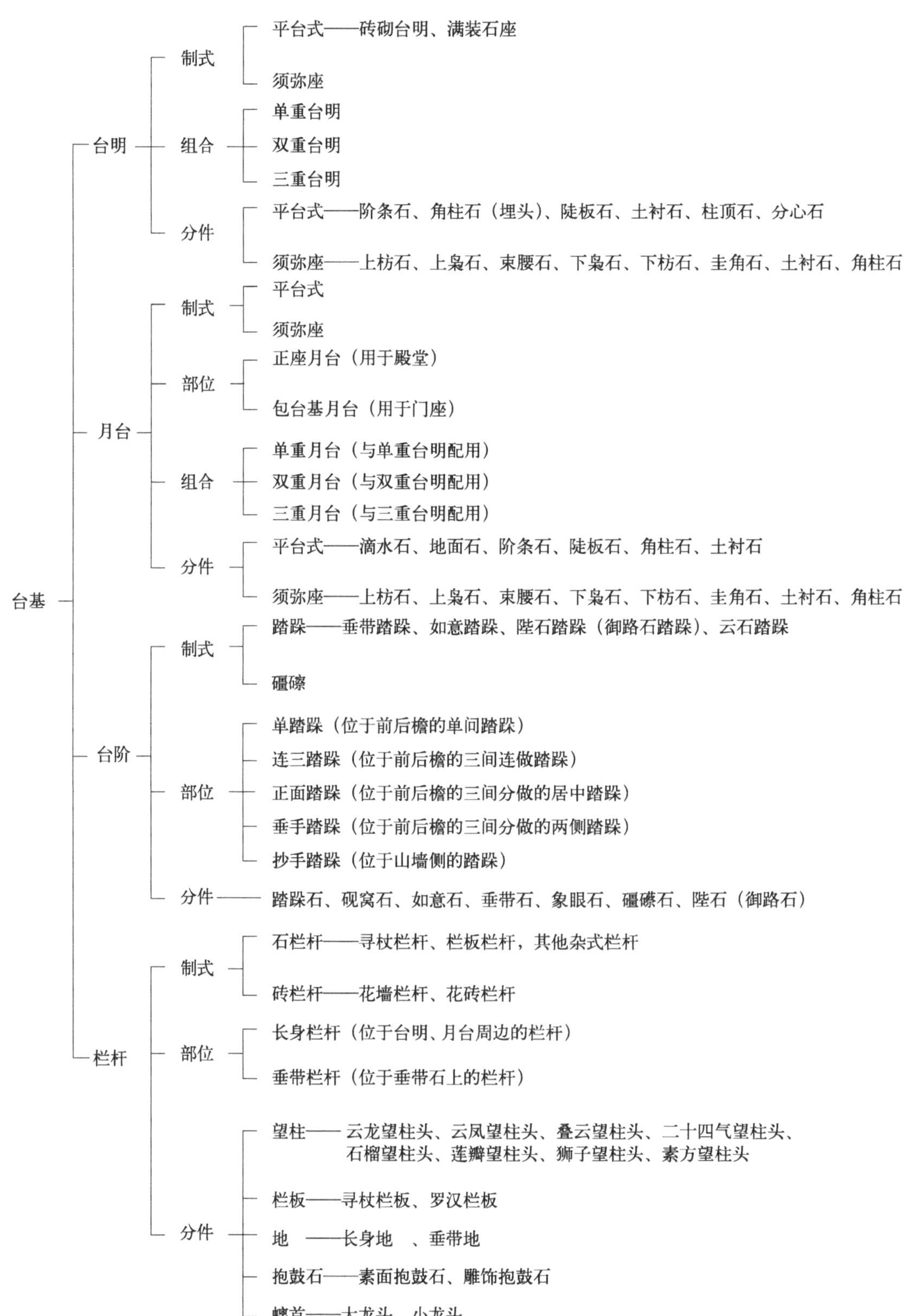
台基
台明
制式
平台式——砖砌台明、满装石座
须弥座
组合
单重台明
双重台明
三重台明
分件
平台式——阶条石、角柱石（埋头）、陡板石、土衬石、柱顶石、分心石
须弥座——上枋石、上枭石、束腰石、下枭石、下枋石、圭角石、土衬石、角柱石
月台
制式
平台式
须弥座
部位
正座月台（用于殿堂）
包台基月台（用于门座）
组合
单重月台（与单重台明配用）
双重月台（与双重台明配用）
三重月台（与三重台明配用）
分件
平台式——滴水石、地面石、阶条石、陡板石、角柱石、土衬石
须弥座——上枋石、上枭石、束腰石、下枭石、下枋石、圭角石、土衬石、角柱石
台阶
制式
踏跺——垂带踏跺、如意踏跺、陛石踏跺（御路石踏跺）、云石踏跺
礓䃰
部位
单踏跺（位于前后檐的单间踏跺）
连三踏跺（位于前后檐的三间连做踏跺）
正面踏跺（位于前后檐的三间分做的居中踏跺）
垂手踏跺（位于前后檐的三间分做的两侧踏跺）
抄手踏跺（位于山墙侧的踏跺）
分件——踏跺石、砚窝石、如意石、垂带石、象眼石、礓䃰石、陛石（御路石）
栏杆
制式
石栏杆——寻杖栏杆、栏板栏杆，其他杂式栏杆
砖栏杆——花墙栏杆、花砖栏杆
部位
长身栏杆（位于台明、月台周边的栏杆）
垂带栏杆（位于垂带石上的栏杆）
分件
望柱——云龙望柱头、云凤望柱头、叠云望柱头、二十四气望柱头、石榴望柱头、莲瓣望柱头、狮子望柱头、素方望柱头
栏板——寻杖栏板、罗汉栏板
地——长身地、垂带地
抱鼓石——素面抱鼓石、雕饰抱鼓石
螭首——大龙头、小龙头

屋身立面的构成因子，可以分解为结构构成、围护构成和装饰构成。

1. 结构构成因子 “墙倒屋不塌”的木构架体系，只靠构架承重而墙体不承重。因此，屋身立面的结构构成就是由展现于屋身立面上的大木构件组成，主要是柱列、檐枋、斗栱和雀替（图 2–3–1）。柱列和檐枋构成屋身立面的基本框架，它取决于殿屋的开间、进深和出廊形式。开间的多少是调节屋身规模的最主要因素，清代小式大木开间只能做到三至五间，大式大木开间可以做到九间。各间的面阔有两种组合方式：一是递减变化，明间最宽，次、梢、尽间递减。这种形式早在唐代已经出现，到明清成为最通行的做法。二是明间最宽，其余各间相等，廊间最小。北京故宫太和殿即属这种方式。柱列在前后檐立面上，当采用“檐里装修”时，显现为檐柱柱列的单一层次；当采用“金里装修”时，显现为檐柱柱列和金柱柱列两个层次。在门屋门殿中，还有“脊步装修”的做法，内外空间完全通畅。檐枋是联系柱列的构件，当有斗栱时，称为额枋；当无斗栱时，称为檩枋。额枋又有单额与重额做法，这样就形成重额、单额和檩枋三个等次，供调节选用（图 2–3–2）。斗栱只用在大式建筑中的重要殿屋，成为表征屋身等级和美化屋身立面的重要手段。由于它是等级标志的敏感构件，所以等次分得很细。清式用于檐部的斗栱，有不出踩的“一斗二升交麻叶”和“一斗三升”，有三踩的“斗口单昂”，有五踩的“斗口重昂”和“单翘单昂”，有七踩的“单翘重昂”，有九踩的“重翘重昂”和“单翘三昂”等等，可根据殿屋的不同等次灵活调节使用。雀替用于檐柱与额枋的交接处，原是两个雀替连做，从柱内伸出，承托住额枋，可以起到增大节点受剪断面及拉结额枋的作用。后来雀替改为分做，倒挂于额枋角部，已无结构机能和构造作用，成为单纯的装饰构件（图 2–3–3）。雀替的长度定为该间面阔的四分之一，各开间的雀替取相同的高度，而长度随面阔递减。由于廊间过窄，以四分之一廊深作为廊间雀替长度，比例不当，多改用骑马雀替。这种处理很巧妙，形成屋身立面上雀替构图的变化和收束，反映出定型程式的精微和成熟（图 2–3–4）。

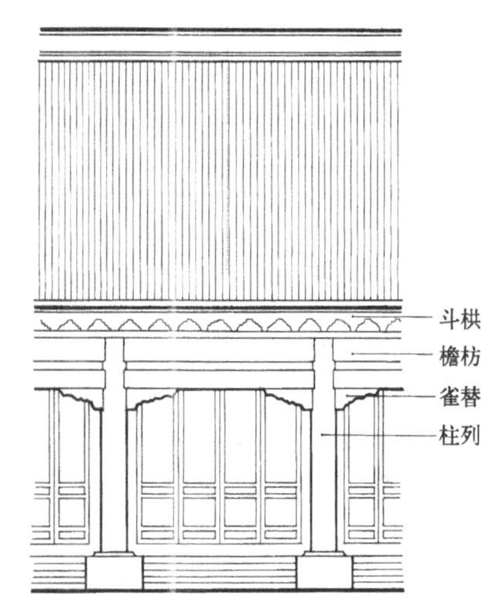

图 2–3–1 屋身立面的大木钩件

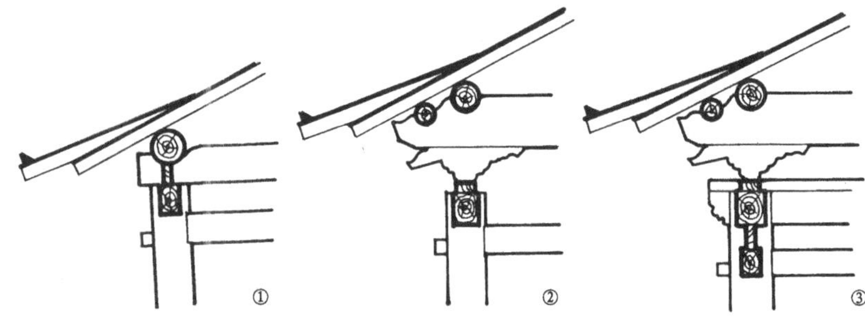

图 2–3–2 檐枋的三种做法
①檩枋
②单额枋
③重额枋

图 2–3–3 雀替的连做(上)和单做（下）
引自马炳坚．中国古建筑木作营造技术．北京：科学出版社，1991

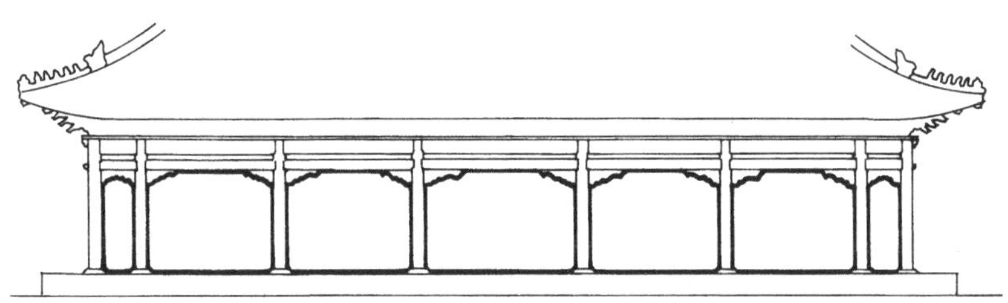
图 2-3-4　不同开间的雀替选用不同的长度，廊间采用“骑马雀替”

图 2-3-5　殿屋屋身的围护构成

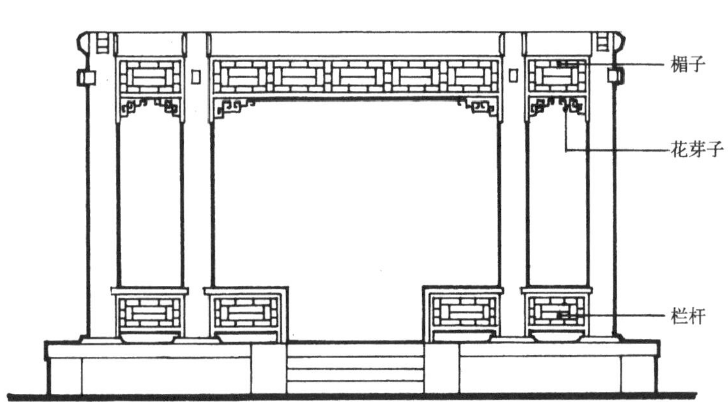

图 2-3-6　亭廊屋身的围护构成

2. 围护构成因子　主要有墙体因子和外檐装修因子。墙体分山墙、檐墙、槛墙、廊心墙等。外檐装修分隔扇、槛窗、栏杆、楣子、挂落等（图 2-3-5，图 2-3-6）。山墙因屋顶不同而有多种做法，分硬山山墙、悬山山墙和歇山、庑殿山墙。硬山山墙最为复杂，由下碱、上身和山尖三部分组成，两端檐柱以外部分还做出“墀头”。墀头由下碱、上身和盘头组成(图 2-3-7)。南方民间建筑的硬山山墙常常伸出屋面，做成各式富有表现力的马头墙、封火墙（图 2-3-8）。悬山山墙也有五花山墙、封顶山墙等区分。檐墙主要用于后檐，有时前檐也用。墙身也分下碱、上身，墙头有“老檐出”和“封护檐”两种做法。槛墙是槛窗、支摘窗下部的墙体，主要用于前檐，用干摆（磨砖对缝）或丝缝砌造。墙面也可以做“海棠池”，宫殿建筑的槛墙还常用

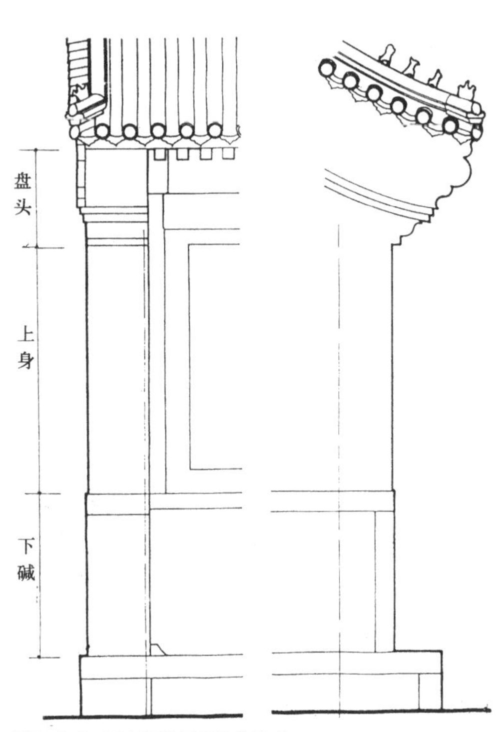

图 2-3-7　硬山墀头的三部分构成

琉璃砖砌造，以琉璃贴面砖组成龟背锦、万字锦、回文锦等纹饰。廊心墙用于山墙里皮檐柱与金柱之间，通常对这一段墙体的装饰十分重视，做法很讲究，是檐廊墙体的重点装饰部位（图2–3–9）。

外檐装修在屋身立面上起着很重要的作用。有关装修的作用和构成将在本节第二段详述。值得注意的是，木装修在屋身立面上所占比例与立面的主次有关。主立面大多以木装修占主要分量，而山墙面常常是整片实墙，不带木装修。

3.装饰构成因子　主要包括敷色、彩绘、雕饰、立匾等。敷色包括砖砌体的抹灰、刷浆和木构件的油饰，用色很是谨慎，工艺也很细腻。“油作各色做法多达四五十种，仅朱红色部分即有八种细目。”[①]彩绘是屋身装饰的重点，主要集中于檐枋、斗栱和椽木。特别是檐枋彩画，等级限制很严。清官式做法定型为和玺、旋子和苏式三大类别（图2–3–10，图2–3–11，2–3–12）。其中，旋子彩画使用面很广，根据用金多少、图案内容和颜色层次，又细分为金琢墨石碾玉、烟琢墨石碾玉、金线大点金、墨线大点金、金线小点金、墨线小点金和雅乌墨等七种。雕饰包括石雕、砖雕、木雕，都是对已有构件的适当美化。石雕集中于墙身的石活部位。砖雕集中于硬山墀头和墙门部位。木雕散布于斗栱、雀替、梁头、裙板等部位。这些彩绘和雕饰丰富了屋身立面的细腻处理。匾额、对联是中国古典建筑独特的艺术构件。它在建筑中很难归入哪类构件。有的专家把它列在木装修中。[②]可是木装修自身都具有围护功能，而匾额、对联却无，因此这里没有把它列入围护构成，而归到装饰构成中。匾联通过命名、点题、咏颂，把文字和诗组织到建筑艺术中，大大深化了建筑的语义内涵和意境韵味，匾联的书法美、工艺美也大大丰富了屋身立面的装饰效果。

（二）内里空间构成

殿屋内里空间是由构架柱网和外檐墙体、外檐装修所限定的。它涉及面阔间数、进深架数和出檐形式。在平面组合中，出廊是重要的调节因子，不仅构架上有周围廊、前后廊、前出廊和无廊的区别，而且通过装修和墙体的定位，形成明廊和内廊的不同做法。在带廊的构架中，当采用“金里装修”时，即为明廊；当

①中国科学院自然科学史研究所．中国古代建筑技术史．北京：科学出版社，1985.577页

②参看刘致平．中国建筑类型与结构．北京：中国建筑工业出版社，1987.84页

图2–3–8　福建建瓯伍石村冯宅马头墙
引自高钤明等．福建民居．北京：中国建筑工业出版社，1987

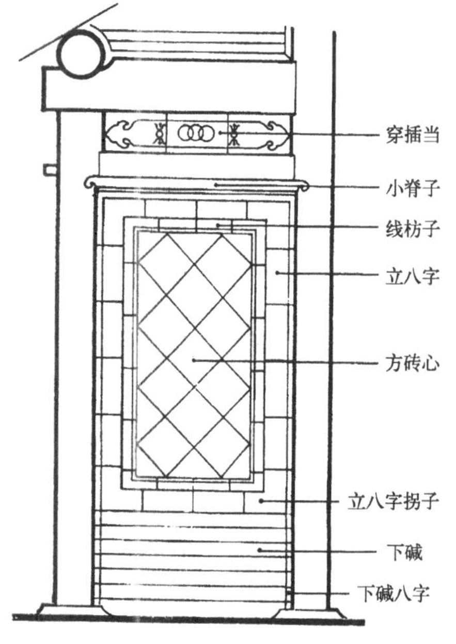

图2–3–9　廊心墙的构成

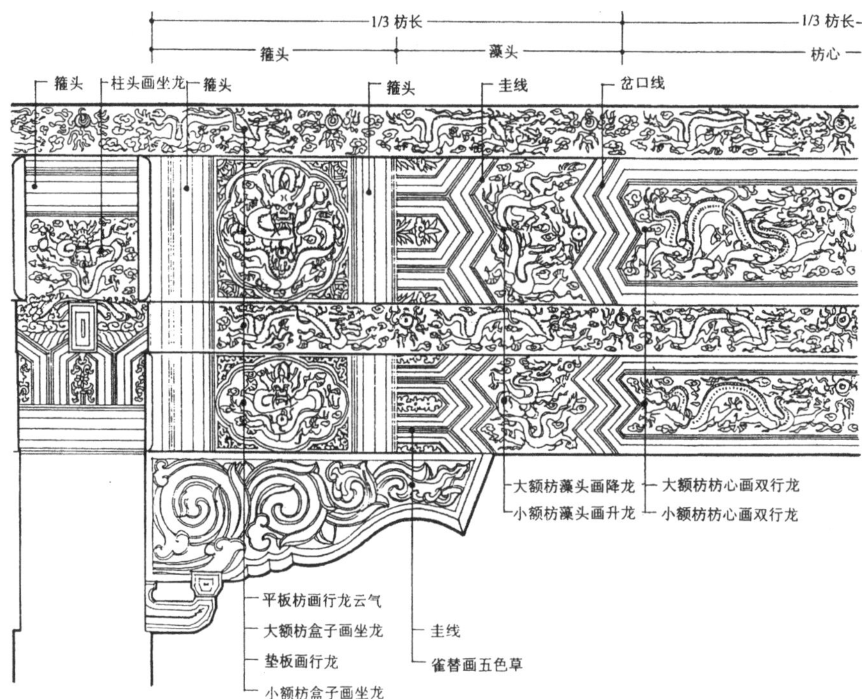

图 2–3–10　清式和玺彩画
引自故宫博物院古建管理部．紫禁城宫殿建筑装饰·内檐装修图典．北京：紫禁城出版社，1995

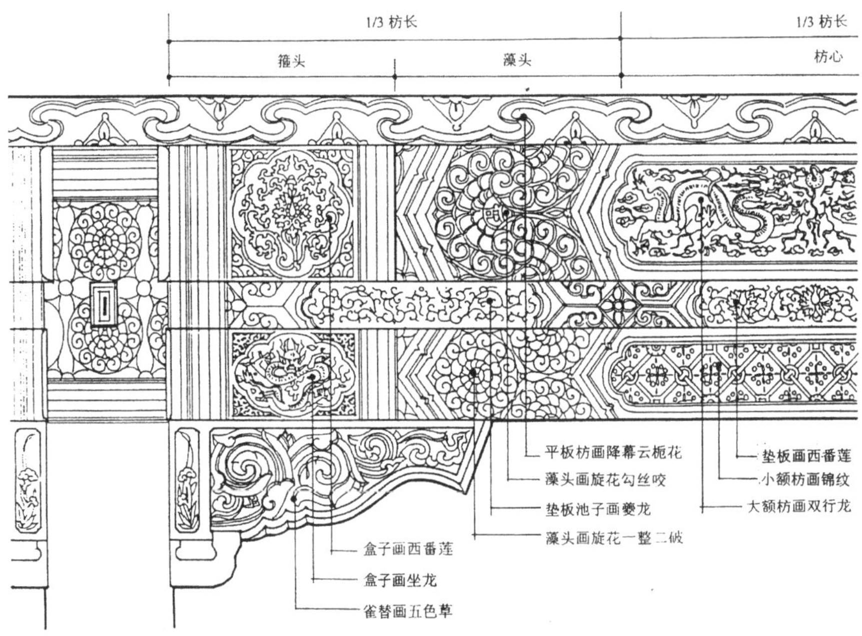

图 2–3–11　清式旋子彩画
引自故宫博物院古建管理部．紫禁城宫殿建筑装饰·内檐装修图典．北京：紫禁城出版社，1995

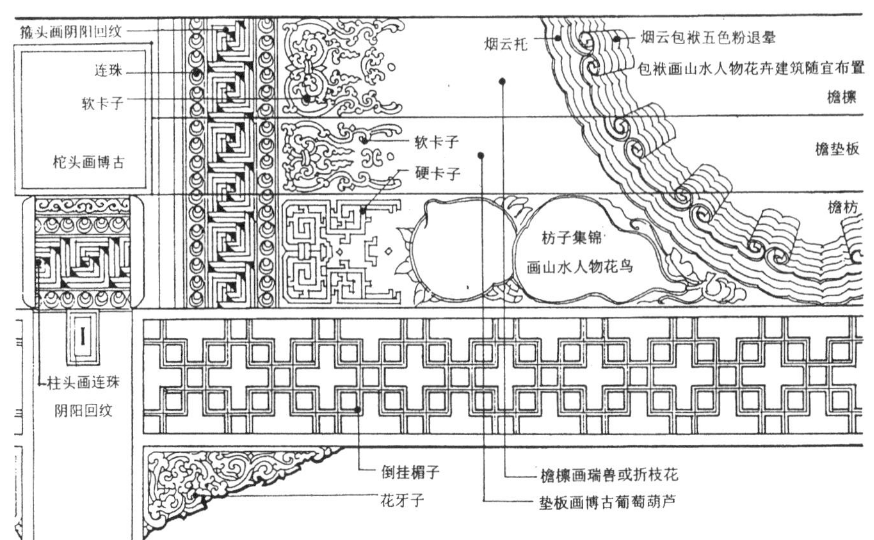

图 2–3–12　清式苏式彩画
引自故宫博物院古建管理部．紫禁城宫殿建筑装饰·内檐装修图典．北京：紫禁城出版社，1995

清式屋身构成简表

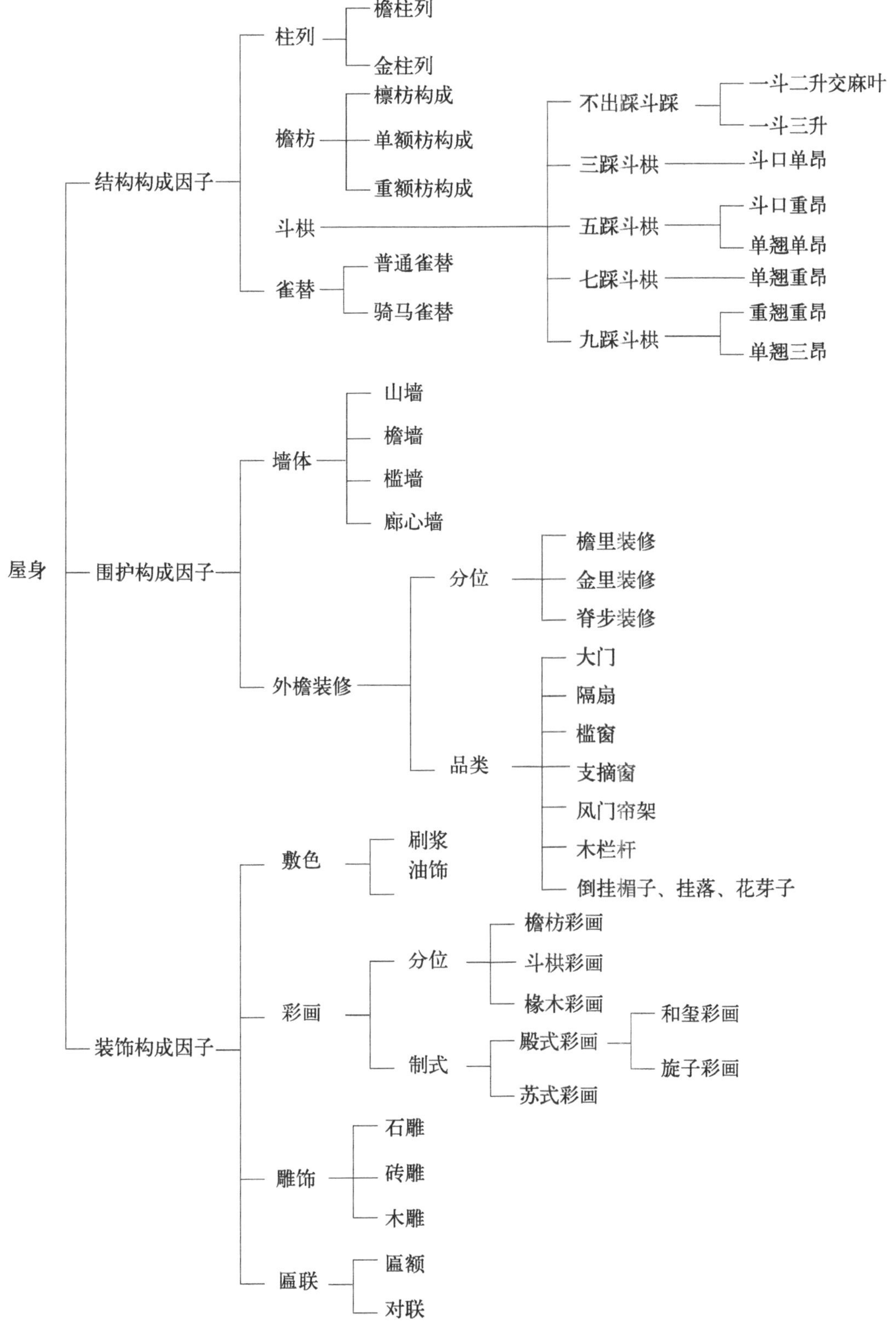
屋身
结构构成因子
柱列
檐柱列
金柱列
檐枋
檩枋构成
单额枋构成
重额枋构成
斗栱
不出踩斗踩
一斗二升交麻叶
一斗三升
三踩斗栱
斗口单昂
五踩斗栱
斗口重昂
单翘单昂
七踩斗栱
单翘重昂
九踩斗栱
重翘重昂
单翘三昂
雀替
普通雀替
骑马雀替
围护构成因子
墙体
山墙
檐墙
槛墙
廊心墙
外檐装修
分位
檐里装修
金里装修
脊步装修
品类
大门
隔扇
槛窗
支摘窗
风门帘架
木栏杆
倒挂楣子、挂落、花芽子
装饰构成因子
敷色
刷浆
油饰
彩画
分位
檐枋彩画
斗栱彩画
椽木彩画
制式
殿式彩画
和玺彩画
旋子彩画
苏式彩画
雕饰
石雕
砖雕
木雕
匾联
匾额
对联

采用“檐里装修”时，即为内廊。周围廊的两山明廊也可以像太和殿那样，把山墙外移而改做内廊，成为面阔方向的尽端“小间”。廊的深度通常为一步架，也可以调节为深两步架的“双步廊”和深三步架的“三步廊”。这样，根据进深的架数和出廊的架数，就可以调节出多种多样的檩架分配形式。由这些构架组合成不同规模的、相当简约的空间框架。

殿屋的内里空间组织，可以分解为围合构成因子和陈设构成因子两大类别。

1. 围合构成因子 围合构成应该包括外檐柱列、外檐装修和外檐墙体的内界面，殿屋内里临墙一面常装护墙板，板面涂油漆或裱糊，它们都参与室内的界面构成、色彩构成和质地构成。因外檐构件已列入屋身立面构成，这里不再纳入。这样，内里空间的围合因子，主要讨论内檐的构件组成：一是隔断因子，二是顶隔因子，三是地面因子。

隔断因子按照其通透程度，分为：①硬性隔断：即完全固定的、不能开启的，视线、光线受阻的隔断。内檐装修中的“板壁”、“屏壁”、“屏门”属于此类（图 2-3-13）。用砖材砌筑的室内“扇面墙”、“夹山墙”也可以视为非木质的硬隔断。这种隔断的隔绝性最高。②中性隔断：是一种实中带虚的隔断，以“碧纱橱”为代表（图 2-3-14）。碧纱橱实质上就是把外檐隔扇移用于内里，一樘数扇形成一道隔断，只是尺度较外檐隔扇小巧，做工更精细。这种碧纱橱可以开启，花心部分可以透过光线，具有一定的通透度。③软性隔断：是一种通透度较大的隔断，它包括各种罩和隔架（图 2-3-15）。罩除炕罩、床罩外，一般都用于室内的间架分缝，以漏空花格使明、次、梢间既有分隔，又有联系，空间上隔而不阻，视线上隔而不断，起到了分隔空间、丰富层次和装饰美化的作用。按照罩的不同通透度，有几腿罩、花罩、落地花罩、栏杆罩、落地罩、圆光罩等不同格式。隔架兼有隔断和家具的双重功能，最典型的是“博古架”，既是陈列架，又起隔断作用，是古代的“家具壁”。善于运用软性隔断是中国古典建筑内里空间设计意匠的一份独特的遗产。

在一些体量高大的殿宇内里空间，还采用一种称为“仙楼”或“阁楼”的隔断做法（图 2-3-16）。通常分为上下两层，下层分隔出大

图 2-3-13 （下左）北京故宫禊赏亭屏门，绘有黑漆描金云龙

图 2-3-14 （下右）北京故宫同道堂，用六扇格扇组成的碧纱橱

引自故宫博物院古建管理部．紫禁城宫殿建筑装饰·内檐装修图典．北京：紫禁城出版社，1995

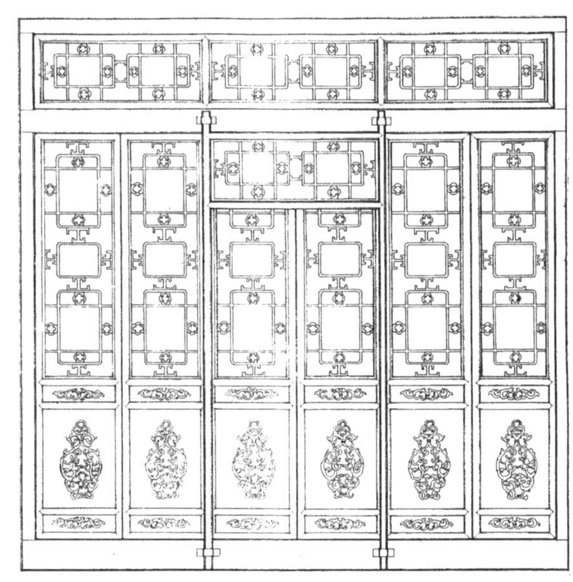

小不等的隐蔽空间，上层较为开敞。这类仙楼装修形式多样，设有栏杆、倒挂楣子、挂檐板、落地罩、花窗等，制作相当精美。仙楼的运用，使庞大的殿宇空间转化为宜人尺度的室内空间，是古代殿屋处理室内大空间的一种考究方式(图2–3–17)。

顶隔因子有两种情况,一种是“露明”做法，另一种是天花做法。露明做法宋代称为“彻上明造”，即不带顶棚，将“上架”的梁、枋、檩、椽都暴露于室内，这样就把屋顶层的内部空间并入内里空间，使室内大为高敞，“上架”的构件自然也成了内里空间的分隔手段和装饰手段，这种做法大多用于寺庙佛殿、陵寝祭殿和宫殿组群中的门殿，便于取得高爽、深幽、神秘的空间气氛（图 2–3–18)。天花做法广泛用于宫殿、宅第等各类殿屋，有保暖、防尘、调节室内空间高度和装饰美化室内环境的作用。天花可粗分为三类：一是软性天花，一般住宅的简易做法是以秫秸札架，然后糊纸，属于纸糊顶棚；府第、宫殿的讲究做法，用木顶格、贴梁组成骨架，下面裱糊，称为“海墁天花”。这种天花表面平整，色调淡雅，显得明亮、亲切。二是硬性天花，由天花梁枋、支条组成井字形框架，上钉天花板，称为“井口天花”。板上可绘制团龙、翔凤、团鹤、花卉等图案，有的还做精美的雕饰（图 2–3–19)。这种井口天花适合用于较为高大的空间，显得隆重、端庄。三是藻井，是天花的重点部位处理，多用在宫殿、坛庙、寺庙大殿的帝王宝座、神像佛龛的顶部(图2–3–20)，如同穹然高起的华丽伞盖，渲染出中心部位的庄严、神圣，以突出空间的构图中心和意象氛围。清代藻井做法趋于华丽，结合其采用趴梁、抹角梁的构造特点，多呈上、中、下三层。下层为方井，中层为八角井，上层为圆井。各层周圈饰以密密麻麻的斗栱或云龙雕饰（图 2–3–21)。藻井属于天花中最高等级，

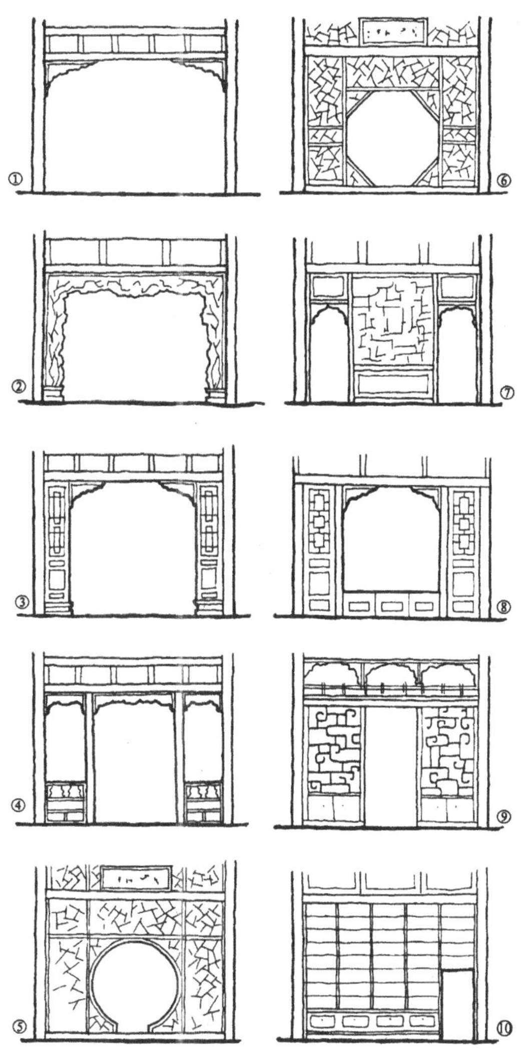

图 2–3–15　罩与隔架
①几腿罩　②落地花罩
③落地罩　④栏杆罩
⑤圆光罩　⑥八角罩
⑦太师壁　⑧炕罩
⑨多宝格（博古架）
⑩书架

图 2–3–16　仙楼的形态与构成
引自故宫博物院古建管理部．紫禁城宫殿建筑装饰·内檐装修图典．北京：紫禁城出版社，1995

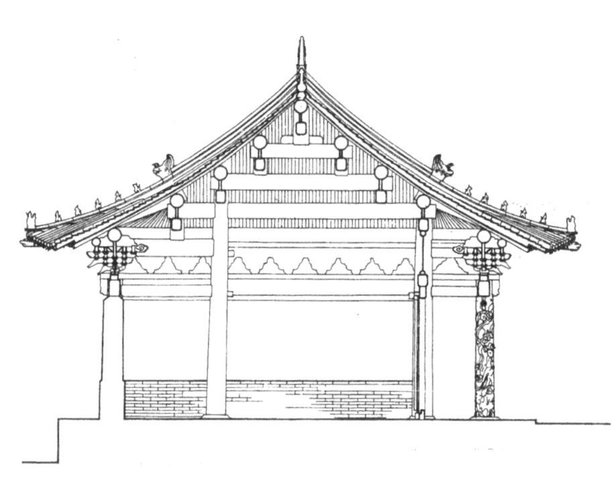

图 2–3–17（上左）北京故宫乐寿堂仙楼
引自故宫博物院古建管理部．紫禁城宫殿建筑装饰·内檐装修图典．北京：紫禁城出版社，1995

图 2–3–18（上右）曲阜孔庙崇圣祠内里空间
引自南京工学院建筑系、曲阜文物管理委员会．曲阜孔庙建筑．北京：中国建筑工业出版社，1987

图 2–3–19（下左）北京故宫景福宫抱厦的井口天花
引自故宫博物院古建管理部．紫禁城宫殿建筑装饰·内檐装修图典．北京：紫禁城出版社，1995

图 2–3–20（下右）寺庙殿阁中的藻井
引自刘敦桢．中国古代建筑史．第 2 版．北京：中国建筑工业出版社，1984

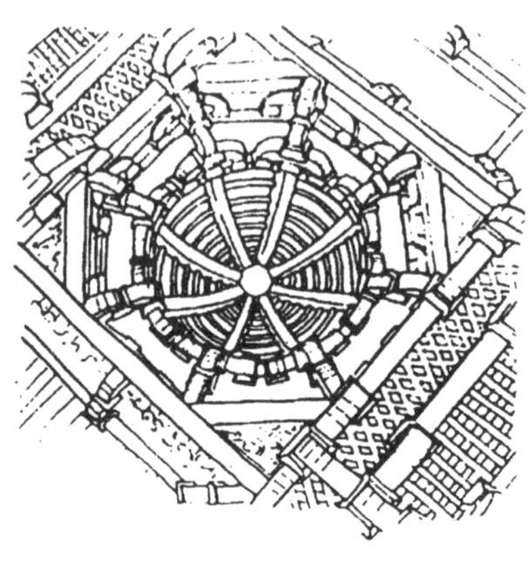

唐制“凡王公以下屋舍，不得施重栱藻井”[①]。历来都把它列为内檐装修中的最尊贵体制。

在南方建筑中，厅堂的天花还常常做成各种弧形的卷棚顶隔，称为“轩”，根据其卷棚形式，有船篷轩、鹤颈轩、菱角轩、海棠轩、弓形轩、茶壶档轩、一枝香轩等样式（图2-3-22）。这种轩形天花显得高爽、精致，是一种很典雅的天花做法。

室内构成中的地面因子较为简单，北方通常用的都是砖铺地，根据砖的材质和铺砌工艺，分为条砖糙墁、方砖糙墁、方砖细墁和金砖墁地四个等次。值得注意的是在一些特殊的场合，地面中心部位还突起“地台”，如寺庙大雄宝殿中突起的佛坛和宫殿建筑中突起的宝座“地平”等。我们从北京故宫交泰殿、养心殿能看到一种低平的“地平”（图2-3-23），在北京故宫太和殿和沈阳故宫崇政殿可以看到一种提得很高的“地平”（图2-3-24）。清代文献记载说：养心殿“中三楹为当阳正座，中设黼扆地平”[②]。“黼扆”指的是屏风，“地平”指的就是高起的地台。这种正座地平与正座屏风常常是配合使用的，能起到放大宝座形象，协调空间尺度，突出核心领域，强化尊严气氛等作用。

2. 陈设构成因子 内里空间的陈设构成相当丰富，包含着数量繁多的庞杂门类。古人把家具也归在陈设之中。据清同治二年“养心殿寝宫陈设档”记载，当时这五间房内的陈设品共有724件之多，这里面就包括有家具。庞杂的陈设难以精确分类，这里大体上把它区分为家具因子、帷帘因子、字画因子和灯具器玩因子四个大类。

家具自身是个庞大系统，可粗分为六类：一是床类，包括床、炕和以坐为主、兼可卧憩的榻；二是桌类，包括各种形式的桌、几、案；三是椅类，包括形式繁多的椅、凳、墩以及宝座；四是柜类，包括衣柜、屉柜、药橱、书格、食

图2-3-21 （上）北京故宫太和殿藻井
引自故宫博物院古建管理部．紫禁城宫殿建筑装饰·内檐装修图典．北京：紫禁城出版社，1995

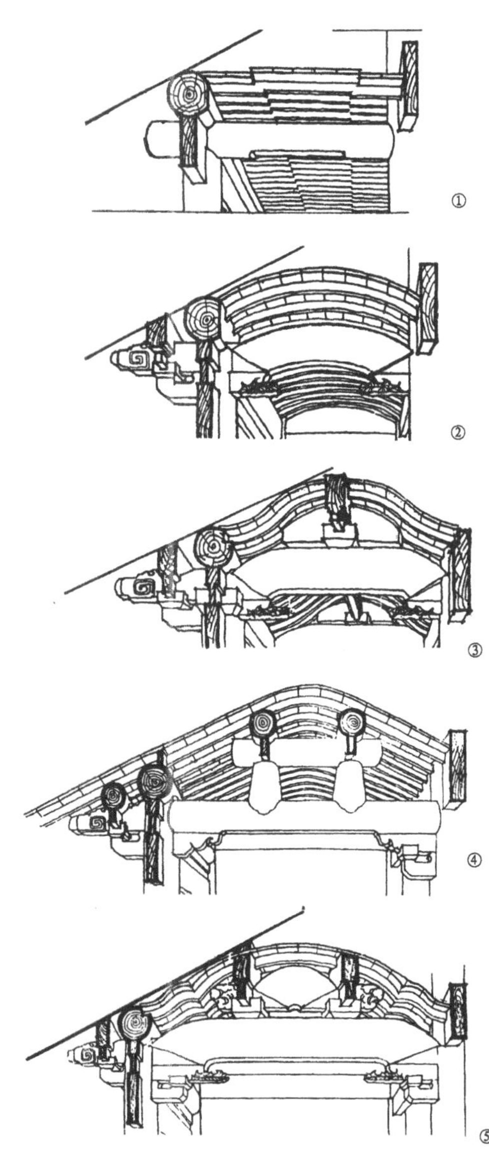

图2-3-22 厅堂用“轩”的几种形式
①茶壶档轩 ②弓形轩
③一枝香轩 ④船篷轩
⑤菱角轩
引自徐民苏等．苏州民居．北京：中国建筑工业出版社，1991

①稽古定制·唐制

②清嘉庆养心殿联句注．见：清宫述闻，初、续编合编本．北京：紫禁城出版社，1990.792页

格等；五是架类，包括衣架、镜架、面架、烛架、灯挂等；六是屏类，包括插座屏、围合屏、折叠屏等。

图 2–3–23　北京故宫交泰殿内景，宝座下部设有低矮的"地平"（马兵绘）

图 2–3–24　北京故宫太和殿内景，宝座下部设有尺度很高的"地平"
引自张家骥．太和殿的空间艺术．见：建筑师，第2辑．北京：中国建筑工业出版社，1980

家具形式与人的坐式关系密切。我国古代盛行席地坐，与之相适应的是一整套"矮足"家具（图 2–3–25，图 2–3–26）。大约到五代前后，已完成从席地坐向垂足坐的转变。相应地形成了一整套"高足"家具（图 2–3–27，图 2–3–28）。这种转变在南方是彻底的，完全废除了席地坐和矮足家具。在北方，由于普遍采用火炕取暖，日常多在炕上进餐、休憩、会客和操作针线活，同样的活动有的也在榻上进行。因而需要一套炕上、榻上家具，包括炕桌、炕几、榻桌、榻几等。这些都是"矮足"家具，因为人在炕上、榻上仍然是席地坐的坐姿。这样，北方殿屋中的家具实际上是高足、低足两种体系的并存局面（图 2–3–29）。

在庞大的家具门类中，从室内空间组织的

图 2–3–25　辽阳汉墓壁画，显示带屏风的榻和案等矮足家具
引自刘敦桢．中国古代建筑史．第 2 版．北京：中国建筑工业出版社，1984

图 2–3–26　洛阳东汉墓室壁画《夫妇宴饮图》，可见矮足的榻和案
引自阮长江．中国历代家具图录大全．南京：江苏美术出版社，1992

角度来看，屏风是特别值得注意的，它是中国家具的独特品种。至晚在周代后期就已出现，古文献称为“依”、“扆”、“斧依”、“黼扆”。最初可能设于中堂后墙部位，具有屏挡风寒的实用功能，后来演变成为室内空间构成的活跃因子。它具有多方面的作用。屏风与屏板一样，常常位于正座后方，对整组家具起着统辖作用，以屏风为定位中心，对称地展开坐椅的尊卑位序排列；屏风也可以设在入口或其他部位，有助于增强室内空间的私密度和层次感；由于屏风易于搬移，也大大增添了室内空间组织的灵活性和可变性。在宫殿建筑中，正座屏风还常常与正座地平、正座藻井相配合，组构出以宝座为中心的核心空间，强调出正座区域的神圣氛围，并对殿堂尺度与宝座尺度的悬殊对比起到协调尺度的中介转换作用。

运用纺织品作为内里空间的软质隔断，也是中国建筑的久远传统。《周礼·天官》已有幕人“掌帷、幕、幄、帟、绶”的记载。帷、幕、幄都是围合空间的帐幕，帟是用作承尘的平幕，绶是系帷幕的丝带。纺织品在室内的运用，到后期包括各种帷幔、佛帐、床帐、门帘、窗帘、桌帘等诸多品类。这些纺织品，制作材料多样，装饰性很强，而且可以收卷、可以放下，灵活易变，成为调节室内氛围的有效手段。

大量地运用字画因子可以说是中国古典建筑室内构成的一大特色。它包括匾额、对联、挂屏、条幅、横批等（图 2–3–30）。屏风、屏壁等部位也常常有字画漆饰（图 2–3–31）。宫殿室内隔扇的灯笼框内还常有小幅的“臣工字画”。通过这些形式把文学、绘画和书法的艺术综合入建筑的室内艺术构成，可以起到为室内命名点题、装饰点缀、增强文化气息和深化艺术意蕴等作用。

室内陈设中还包括一批实用品和玩赏品，如茶具、灯烛、笔砚、座钟、炉瓶、古董、盆花、

图 2–3–27　五代顾闳中《韩熙载夜宴图卷》（宋摹本）已有靠背椅等高足家具
引自阮长江．中国历代家具图录大全．南京：江苏美术出版社，1992

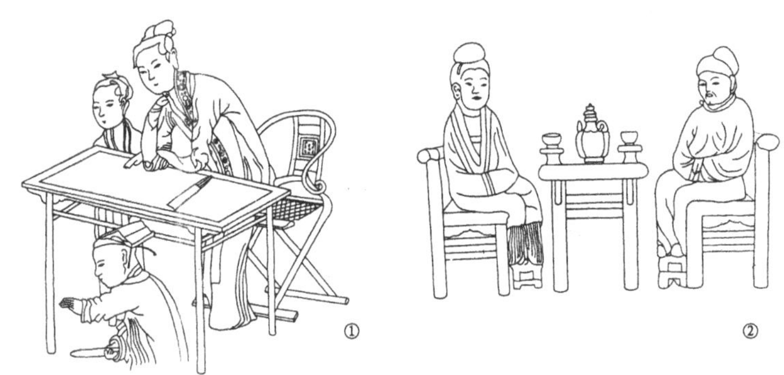

图 2–3–28　宋代的高足家具
①宋画《蕉荫击球图》中的长桌、交椅　②禹县白沙宋墓壁画中的桌、椅
引自刘敦桢．中国古代建筑史．第 2 版．北京：中国建筑工业出版社，1984

图 2–3–29　清代北方殿屋中，地上用高足家具，炕上用低足家具
引自刘敦桢．中国古代建筑史．第 2 版．北京：中国建筑工业出版社，1984

图 2–3–30 （上）北京故宫钦安殿内的匾额

图 2–3–31 （下）北京故宫交泰殿，屏壁上书写着大幅铭文

引自故宫博物院古建管理部．紫禁城宫殿建筑装饰·内檐装修图典．北京：紫禁城出版社，1995

图 2–3–32 砖构建筑立面——沈阳清福陵西红门

盆景等等，它们构成了庞杂的器玩因子，意味着工艺美术在建筑室内中的综合。这些富有民族特色的工艺品大大浓郁了室内环境的民族韵味。

内里空间的陈设因子远不止这些。不同功能性质的殿屋，如寺庙中的大殿、配殿、天王殿、钟鼓楼、藏经阁等等，都有自己独特的“陈列品”，它们也是“陈设”因子。正是不同特色的陈设因子，区分了内里空间的不同性质。这些陈设因子与内檐装修一起，把程式化的、定型的通用内里空间，转化成具有特定功能、特定性格的专用空间，对内里空间的功能个性和艺术个性的塑造都起到重要的作用。

上面列出的屋身构成，仅限于“正式”屋身，是屋身的标准形态。而各式各样的“杂式”屋身，则另有许多不同特点。

一是楼房。在《营造算例》中，把“楼房”列为“大木杂式做法”。这是屋身在高度上的变化，立面构成中增加了腰檐、平座、滴珠板等因子，内里空间增加了楼梯、楼井等构成因子。

二是平面变化。突破“正式”屋身的长方形平面，出现几种变体：第一种是伸出抱厦，有的出前檐抱厦，有的出四向抱厦；第二种是单体建筑自身呈正方形、六角形、八角形、圆形、扇面形等形态；第三种是单体建筑呈组合体形态，如曲尺形、凹字形、工字形、万字形等等。这些平面的变化，自然带来屋身体量的重大变化。

三是小品建筑。垂花门、游廊、牌楼之类，在《营造算例》中也属于“大木杂式做法”之列。这类小品建筑自然带来特殊的屋身构成。

四是砖构建筑。陵墓建筑中的陵门、碑亭，寺庙建筑中的山门、钟鼓楼等，常常采用砖构建筑。这也属于杂式建筑的一种，其屋身构成当然与“正式”屋身迥异。屋身立面主要由墙面、墙身石活和券门、券窗组成。立面装饰重点转移到石券的券脸雕饰。有的砖构建筑还在墙面、券面、檐枋、斗栱等部位采用琉璃砖饰面，形成华丽的屋身立面（图 2–3–32）。

五是特殊功能建筑。如店铺之类，作为商业建筑，是沿街排列的，屋身主要突出的是正立面。从北京传统店面来看，主要形成三种立

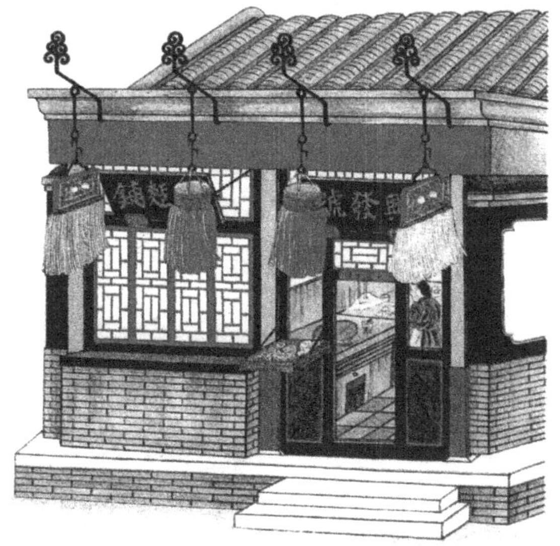

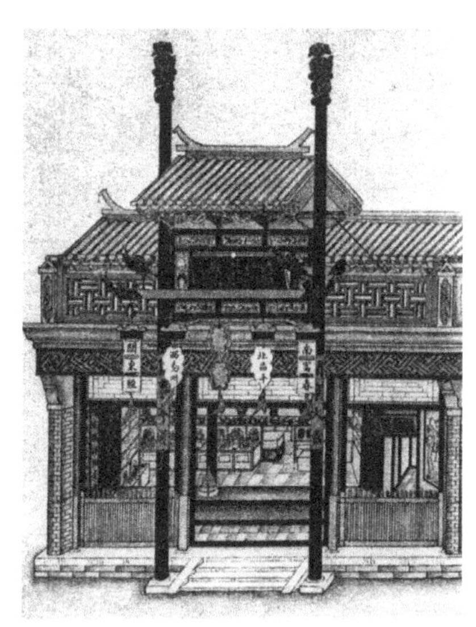

图 2-3-33 （左上）北京传统店面形式之一：拍子式
引自林岩等．老北京店铺的招幌．北京：博文书社，1987

图 2-3-34 （左中）北京传统店面形式之二：重楼式
引自梁思成文集二．北京：中国建筑工业出版社，1984

图 2-3-35 （左下）北京传统店面形式之三：牌楼式
引自林岩等．老北京店铺的招幌．北京：博文书社，1987

图 2-3-36 （右上）北京传统店面悬挂的幌子
引自林岩等．老北京店铺的招幌．北京：博文书社，1987

面形式：拍子式（图 2-3-33）、重楼式（图 2-3-34）和牌楼式（图 2-3-35）。再加上标示商品、招揽顾客的广告需要，店铺立面上都普遍悬挂招牌和幌子（图 2-3-36）。这些招牌形式多样，包括标示经营类别、店主姓氏的店号招牌和宣传名牌货种、优质店风的广告招牌。幌子的形象更为丰富，包括各种形式的形象幌、标志幌和文字幌。这些招幌成了店铺立面极富特征的独特构成因子。

不难看出，从“正式”屋身到“杂式”屋身，从屋身立面到内里空间，中国建筑的“中分”构成因子是一个很庞杂的系统，上面只是把这些因子作一下分门别类的梳理，不可能对每一类因子进行深入细致的分析。下面仅就屋身立面构成中的外檐装修因子和内里空间构成中的内檐装修因子作一下重点分析。

二、外檐装修与内檐装修

（一）装修的多元功能

外檐装修用于室内外的空间分隔、围护，内檐装修用于内里空间自身的分隔、围护，它们都有多方面的功能作用：

1. 流通与防护的双向功能　在中国木构架

内里空间构成简表

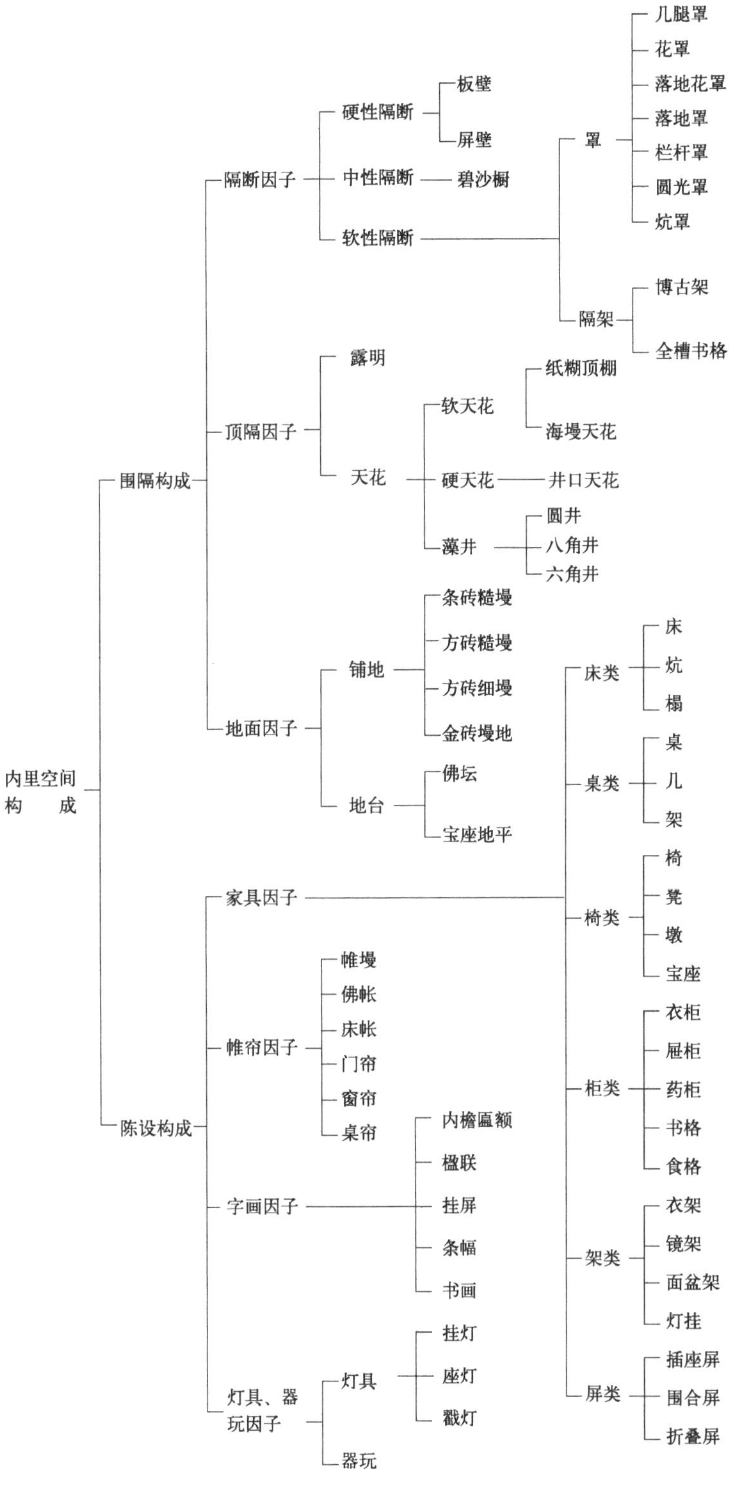

建筑体系中，墙体和装修都属于围护构件。但是墙体的围护和装修的围护有一个根本的不同点，就是墙体是纯防护性的单一围护，而装修，除了天花、护墙板等少数品类外，大部分都属于流通与防护相结合的、具有双向功能的围护。

《释名》说："门，扪也，为扪幕障卫也；户，护也，所以谨护闭塞也。""窗，聪也，于内窥外为聪明也"。这些都只道出了门窗的单向功能，没有准确地说明门窗等装修的双向功能实质。实际上，门具有人流、物流、采光、通风的流通功能，也具有禁闭、防卫、挡风、防寒、隔声的防护功能。窗具有采光、通风、视线外窥、景物内透的流通功能，也具有阻寒温、避曝晒、隔噪声、挡虫鸟、保私密的防护功能。用于室内的各种罩、屏壁、碧纱橱等，也存在着人流的、气流的、声波的和视线的、光线的隔与透的问题。即使是木栏杆，也不同于砖砌的矮墙，它在起防护作用的同时，还让视线穿越。可以说装修的功能性是很独特的，处理好人流、物流、气流、光线、视线的"隔"与"透"，是装修功能设计的关键所在。

2. 内里空间组织的基本手段 前面已经提到，装修是内里空间组织的重要构成因子。通过屏壁、太师壁、花罩、炕罩、碧纱橱、博古架以及天花、藻井等等，可以组构室内的模糊空间、灵活空间、私密空间、核心空间和多层次空间，对于内里空间不同方式的围合，不同领域的划分，不同程度的透隔和不同尺度的调适，都起到极为重要的作用。

3. 室内外装饰的重要构成 装修属于小木作，不同于大木结构构件，完全摆脱了力的传递，绝大部分的装修都可以做得轻灵、通透，不论是外檐装修或内檐装修，都具有很强的装饰性。装修的棂格、线条、纹样、雕饰、色彩、材质、饰件，大大丰富了建筑立面和内里空间的形、色、质构成。装修的轻盈、玲珑、通透，与大片的屋面、厚重的墙体、规则的柱列、坚实的台基形成了虚实、刚柔、轻重、线面、粗细等一系列形式美构图的生动对比。装修的通透、开启、移动、转换也促成了殿屋空间的流通、渗透、交融、活变，增添了中国建筑空间的虚涵韵味。

4. 功能性格的点染因子　高度程式化的木构架建筑，屋顶、台基和间架结构都是定型的，殿屋之间的区别主要是形制的区别，而建筑功能性格区别则表现得较微弱。装修虽然也是程式化的定型构件，但是它较为敏感地反映出不同功能建筑所要求的不同围护特点，因而具有较鲜明的功能性格。例如支摘窗显现出居住性房舍的品格，槛窗显现出礼仪性殿座的品格。可以说单体建筑的功能性格很大程度上是通过装修来展现的。当某一殿屋需要变换用途时，也主要是通过装修的变换来适应的。

5. 文化内涵的信息载体　装修还是中国建筑标志等级语义和表征习俗语义的重要载体。门、窗、隔断、天花、藻井的品类、制式、色彩、棂格、纹样、雕饰以至于门簪个数、门钉路数、门环材质等等，都涉及等第的限定。分布在裙板、绦环板、屏壁、罩心、天花、藻井等部位的雕饰、彩绘，常常通过象征的手法，融入丰富的、带有习俗性的文化内涵，寄寓着追求吉祥、如意、福寿、嘉庆、富庶、平安等语义。

正是由于装修具有上述的多方面功能，使得它在单体建筑构成中占据很重要的地位，受到分外的重视。通常装修木作都采用优质的木材和精细的工艺，特别是高品位殿屋的内檐装修，一般不上油漆，好用木本色打蜡出亮，用料更为讲究，常选用花梨、紫檀、红木、金丝楠木、桂木、黄杨等名贵材质。这些装修工艺极精，自身也融于建筑中，成为精美的工艺品。

（二）装修的形态构成

装修的门类繁多，形式各异，从形态构成的角度，难以笼统地概括。由于门和窗在形态上较为接近，构成上有许多共同点，这里主要围绕外檐装修的门窗来考察它的程式化格式的构成。

门窗的构成，可以分解为三个层次来分析：

1. 第一层次：整体构成　一樘完整的门或窗，包含着三方面的构成因子（图 2–3–37、图 2–3–38）：

（1）固定的框槛。指门窗中固定不动的框架，包括槛和框两个分件。槛是水平横向的构件，根据其上下位置的不同，分为上槛、中槛、下槛。上槛又称替桩，位于檐枋、金枋或脊枋之下，是门窗的上沿边框。下槛，在门中贴于地面，称为门槛；在槛窗中落于槛墙榻板之上，称为风槛。中槛位于上下槛之间，也称挂空槛。框是垂直的竖向构件，紧贴于柱旁的框，称抱

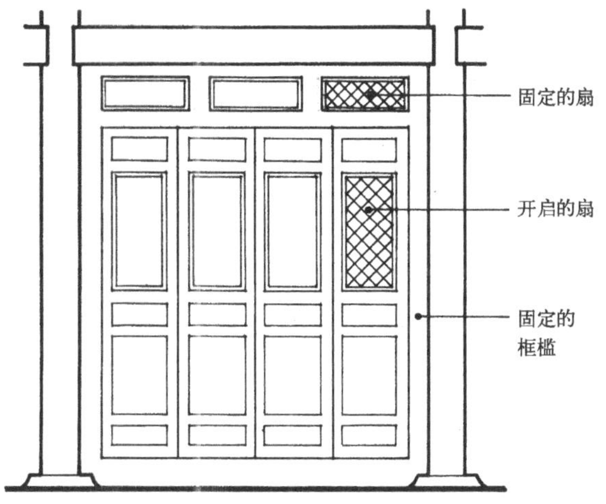

图 2–3–37　隔扇的整樘构成

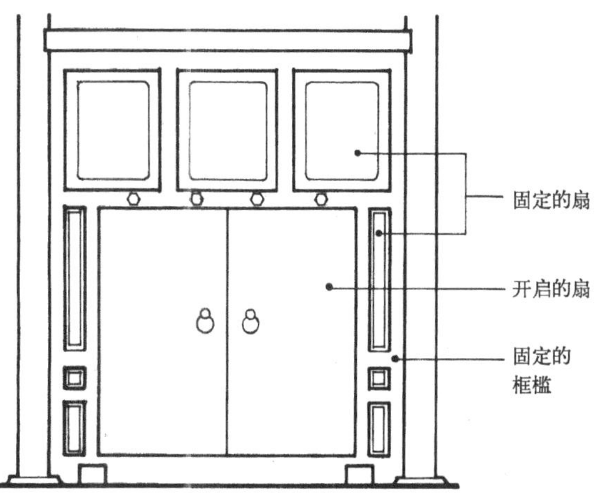

图 2–3–38　大门的整樘构成

框，是整樘门窗的两侧边框。位于抱框之间的称间框，或称立框，如间框位于门边，则称门框。这样，由上、中、下槛和抱框、间框组成了整个柱间的槛框体系，成为门扇、窗扇的依附框架。

（2）开启的扇。包括开启的门扇、窗扇。有板扇和格扇（也称隔扇）两种制式。板扇是以实心木板组合的门扇，主要用于组群和庭院的大门，由门板、穿带、边框等组成，配有门钹、门环、门钉、包叶等配件。格扇，也称隔扇，用于外檐门窗或内里碧纱橱，是由小尺度的木板、木枋、木棂组构的，包括抹头、边挺、仔边、格心、裙板、绦环板等分件及看叶、拐角叶等配件。

（3）固定的扇。一樘门窗中，除了开启的扇，还有固定的扇。它包括格扇、槛窗中不开启的余塞扇，大门门框与抱框之间的余塞板，上槛与中槛之间的走马板，门窗中槛上方的横披扇等。这种固定的扇，与板扇配伍的，是实心扇；与格扇配伍的，则是带格心的扇。

除以上三类主要构成因子外，门窗还有一些辅助性的零件，如帘架、连楹、门簪、门枕之类，不另细列。整樘门窗，主要就是由这三大件——槛框、开启扇和固定扇组成。这三大件中，框是构架，扇是主体。在扇中，又以开启扇为主。不同的门窗制式，主要决定于不同的门窗扇式。

2. 第二层次：扇的构成 扇是门窗构成的主体，有必要对扇自身的构成作进一步的分解。

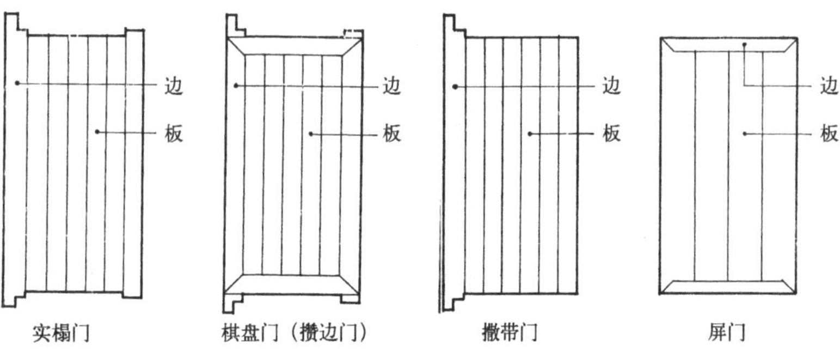

图 2–3–39 扇的构成之一：板、边构成

门窗扇的构成有三项因子，一是实心的板，二是由棂条组成的格心，三是构成门窗扇骨架的边框，它包括竖向的边挺和横向的抹头。各式各样的开启扇和固定扇，都是由这三项因子中的两项或三项组成的。其构成方式有：

（1）板、边构成。由板和边框两个因子构成，它的构成品有两类：一是板门，二是屏门。依做法的不同，板门又分为实榻门、棋盘门、撒带门三种制式（图 2–3–39）。其中实榻门形制最高，体量最大，防卫性最强，主要用于城门、宫门、庙门等。这种门似乎是单一用厚板拼装的，其实也是由门板和带门轴的边框组成的板边构成，只是由于门板厚度与边框相同，使板框混为一体。实榻门尺度高大，厚重、敦实，配上门钉、铺首、包叶等饰件，显得十分威严、气派。屏门类似屏风，用于遮挡视线，分隔空间，平时不开启，属于固定扇，必要时也可开启，成为开启扇。多设在垂花门的后檐柱或院内隔墙的随墙门上。一般多为四扇一组，门扇体量较小，门板较薄，由上下边的“拍抹头”和穿带联结。板面光洁，涂刷绿色油饰，常常书刻“吉祥如意”、“四季平安”等吉辞，形象典雅、清新。

用于大门的走马板、余塞板等也属于板边构成，但是这里的框，已不是扇的边框，而是被槛框所取代。因此，走马板、余塞板的构成既有整樘的构成因子，也有扇的构成因子，成为介乎两个层次之间的模糊交叉构成，我们可以把它视为特殊的“固定扇”，特殊的“板边构成”。

（2）板、棂、边构成。这是门窗扇构成中运用得最普遍的一种。形式繁多的格扇门和槛窗都属于这种构成（图 2–3–40）。由于增加了“棂格”这一通透而富于变化的因子，使得这类门窗形态呈现出玲珑剔透、丰富多彩的面貌。这类构成品通称格扇，分门格扇和槛窗格扇两种制式。

门格扇是一种长格扇，由格心、绦环板、

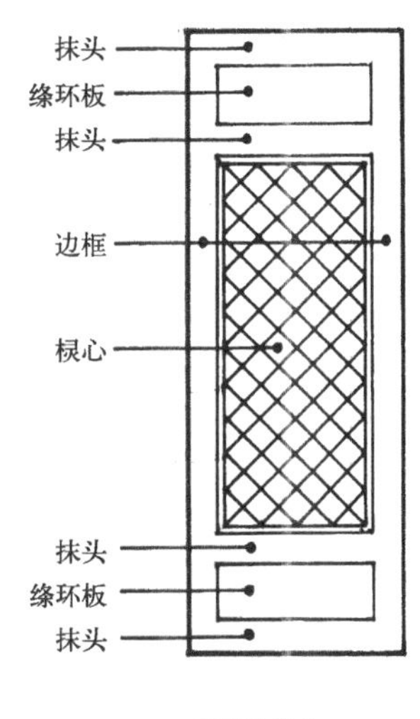

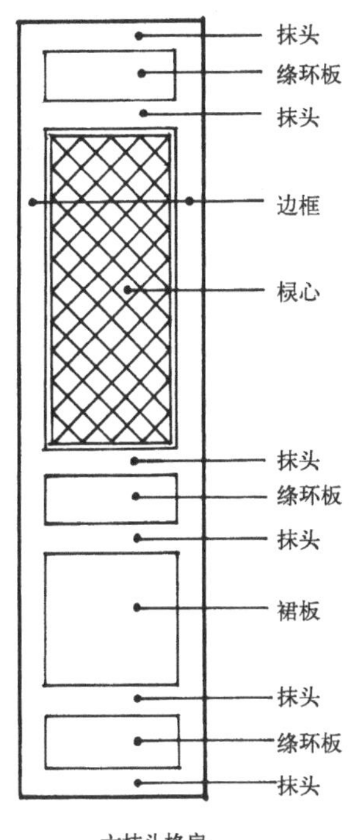

图 2–3–40　扇的构成之二：板、棂、边构成

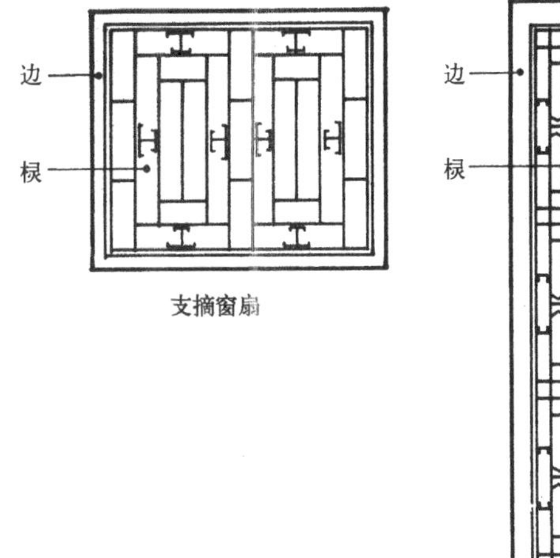

图 2–3–41　扇的构成之三：棂、边构成

裙板三因子加上边框、抹头组成。通常按抹头的多少区分为三抹、四抹、五抹、六抹四种。三抹格扇仅有三道抹头，无绦环板。四抹、五抹、六抹格扇分别有四、五、六道抹头，相应地有一、二、三块绦环板。以此调节门格扇的不同高低。

槛窗格扇是一种短格扇，由格心、绦环板加上边挺、抹头组成。它与门格扇的区别就在于没有“裙板”这个因子。槛窗格扇分为三抹、四抹两种，分别有一块和两块绦环板。在外檐门窗组合中，门格扇与槛窗格扇多同时配伍使用，它们的统一构成形态，有效地保证了屋身立面上格扇门与槛窗的整齐协调。

（3）棂、边构成。这种扇仅由棂格和边抹构成，没有加入板的因子，通透性增强，防护性削弱，只用于窗扇而不作门扇（图 2–3–41）。其构成品有支摘窗、落地窗、横披窗和直棂窗等制式。支摘窗用作民居、宅第的居室窗，安装于前檐里或金里，分上下两段，上为支窗，下为摘窗。通过白天的支、摘和夜晚的装、落，可以灵便地适应纳阳、遮阳、采光、通风、保温、隔视等功能。落地窗的窗扇称“落地明”，实质上是一种无绦环板、裙板的二抹格扇，显得特别空灵、轻快，多见于江南园林建筑。横披窗扇用于格扇门、槛窗的中槛上方，是棂边构成的一种固定窗扇。直棂窗出现得很早，是宋以前殿屋的主要窗式，仅由直棂竖直排列，加边框组成。由于方形断面的直棂遮挡光线过多，派生出沿对角线斜破的破棂子。直棂窗到后期仅用于等次低的杂用建筑。

看起来五花八门、千变万化的门窗扇，就其构成来说，实际上只有以上三种构成方式，每种构成方式也只有二三种制式，这种程式化的构成系列是相当简约的。以简约的构成系列而能取得极丰富的门窗形象，其奥妙在于存在着第三层次的构成——门窗格心中的棂格构成。

3. 第三层次：格心构成　板、棂、边构成和棂、边构成中，都有“格心”这一最富变化的因子。格心由棂条组成，它的功用在于为门窗的糊纸裱绢提供支点。纸和绢都需要密集的支点，因而形成统一的密棂式格心。清代中叶以后开始使用玻璃，格心才出现一些带大片空格的疏棂做法。

格心的构成方式可区分为三种：一是平棂构成，即由直木棂条构成格心；二是曲棂构成，

①张家骥．中国造园史．哈尔滨：黑龙江人民出版社，1986.128 页

即由曲线形棂条组成格心，或是直棂与曲棂的混合构成格心；三是菱花构成，即由花瓣棂条构成格心。其中，曲棂需将棂条加工成曲线形，不适合木的本性，一般用得很少。这里只谈平棂构成和菱花构成（图 2–3–42）。

(1)平棂构成。是格心用得最广的构成方式。它的样式极其丰富，虽是千变万化，仍然有它的组合规律，可以归纳出以下五种主要的构成方式：

①间隔构成：由若干根同一规格的棂条等距离间隔排列而成，具体表现为直棂、破子棂和板棂三类。棂条间互不搭接，构成最为简单，形象规整、单一、朴实。

②网格构成：由纵横棂条交搭组成，分正搭正交方眼、正搭斜交方眼以及码三箭等式。两种正搭方眼，不论正交、斜交，都呈现出匀质的、无偏倚、无方向的格式。"码三箭"在《园冶》图式中，属于"柳条式"的一种，只要变动其中的横棂根数和分位，就可变换出多种多样的柳条式。在柳条式的基础上，适当切断横棂和直棂，可以组成许多变式，《园冶》称之为"柳条变井字式"，"井字变杂花式"。这类网格构成，形象规则、匀称、质朴、大方。

③框格构成：以长短不一的棂条纵横搭接或斜向穿插，组成不同形式的框格，最常见的有步步锦、龟背锦和灯笼框等式。步步锦采用纵横交替逐层内推的方式，是"柳条变井字式"的进一步发展；龟背锦在方格网中插入少许斜棂，突破了纯纵横的正交，仍保持网格的匀称；灯笼框则在格心中套入较疏空的内框，通过横棂和工字、套环、方胜、卧蚕等饰件联结，明显地形成灯框的构图中心，取得较疏朗的效果，并增添了装饰性。

④连续构成：由棂条组成双向连续图案，常见的有"拐子纹"和"冰裂纹"。拐子纹以棂条按曲尺形连续不断地组构，可做成万字拐、回字拐、亚字拐等。冰裂纹则是以三边放射、四边放射、五边放射的方式连续组构，看上去杂乱无章，实际上是错综有致。

⑤沿边构成：随着玻璃在门窗上的运用，为摆脱密棂提供了条件，因而出现了保持大面积空格，只在周边做一些沿边棂格的构成方式，以井字格为最常见。这种构成多用于北方的支摘窗和南方的园林建筑，很是空灵、疏朗。

(2) 菱花构成。是高体制的格心构成，主要用于宫殿、坛庙、陵墓、寺庙等组群的重要殿座，作为格扇门和槛窗的格心。菱花分双交四椀和三交六椀两类，双交四椀又有正交、斜交之分。菱花格心看上去很复杂，实际上只是支条搜出花瓣，支条自身的组合仍然是很简单的网格构成。这种格心在规则、匀称中交织着华、丰美，显现出富丽堂皇的品格，对于渲染大殿的华丽性格是很起作用的。

在门窗扇详部构成中，除了格心，还有裙板、绦环板等部位，也有雕饰上的变化。特别是门的裙板雕饰，也很起作用。张家骥曾经对裙板的如意纹进行排比，列出它的变化规律（图 2–3–43）。[①]可以看出同是裙板的如意纹，在不同性质的建筑中，有的秀丽，有的端庄，有的

图 2–3–42　格心构成示意

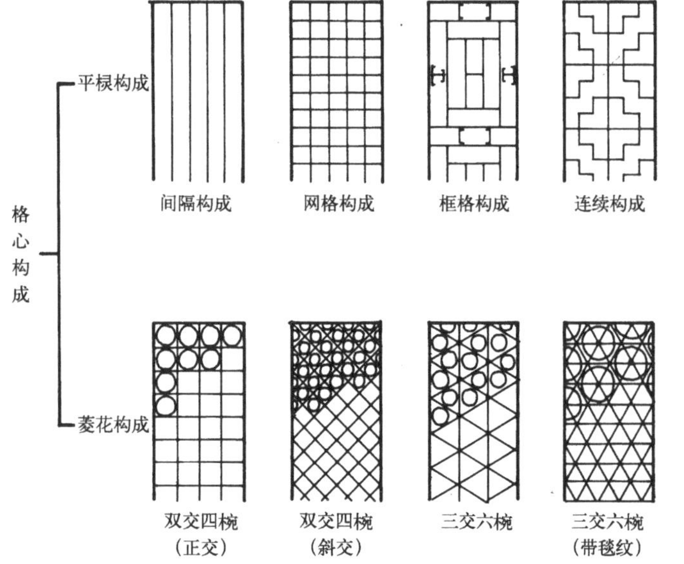

古朴,有的华美,准确地显现出各自的装饰性格。这些第三层次的构成,大大丰富了门窗定型系列的多样品种。

（三）装修的审美机制

在小木作的生产工艺条件下,传统建筑装修所形成的品类和系列,应该说是十分出色的。我们从前面所述的装修形态构成中不难看出,无论是装修的整体构成、组合方式、比例尺度,还是装修的材质肌理、密棂格式、细部饰件,都是与装修的围护功能、材料色质、制作工艺紧密结合的。在官式建筑中,内外檐装修与木构架建筑的屋身立面和内里空间都达到十分融洽的协调,装修自身也取得实用功能、木作工艺和装饰美化的高度统一。这里所表现的审美意匠是高品位的,既蕴涵着高度的理性创作精神,也交织着适度的浪漫意识。在民间建筑中,对于宅第、园林的木装修也极为关注,设计、制作都很精心。计成认为“凡造作难于装修”[①],充分意识到装修的设计难度。李渔指出,“吾观今世之人,能变古法为今制者,其惟窗栏二事乎”[②],把装修视为建筑中最容易体现创新格调的敏感点。他们两人都十分强调装修设计的合理、简雅。计成要求园林装修要做到“曲折有条,端方非额。如端方中须寻曲折,到曲折处还定端方,相间得宜,错综为妙”。[③]主张门窗格心要“疏而减文”,栏杆样式要“减便为雅”。李渔则对宅舍装修提出“制体宜坚”的命题,他论证说：

> 窗棂以明透为先,栏杆以玲珑为主,然此皆属第二义;具首重者,止在一字之坚,坚而后论工拙。尝有穷工极巧以求尽善,乃不逾时而失头堕趾,反类画虎未成者,计其新而不计其旧也。总其大纲,则有二语:宜简不宜繁,宜自然不宜雕斫。凡事物之理,简斯可继,繁则难久,顺其性者必坚,戕其体者易坏。木之为器,凡合笋使就者,皆顺其性以为之者也;雕刻使成者,皆戕其体而为之者也;一涉雕镂,则腐朽可立待矣。[④]

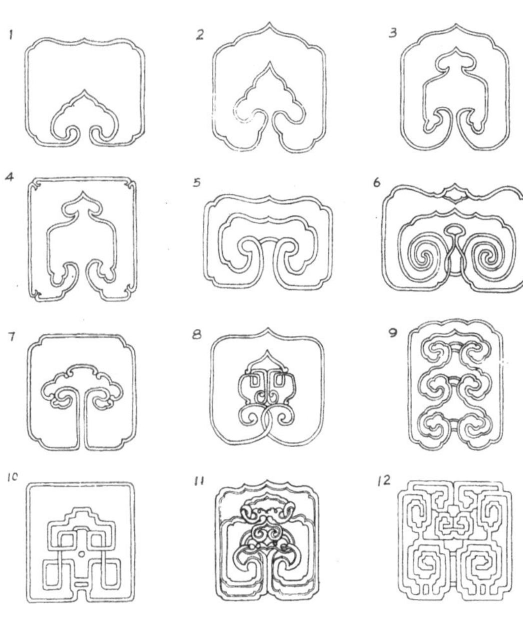

图 2-3-43 张家骥归纳的裙板如意纹的变化
引自张家骥.中国造园史.哈尔滨:黑龙江人民出版社,1986

前人的这些见解是很精辟的,传统建筑装修的确体现着很明确的“顺其性以为之”的设计意匠。这里的“顺其性”,包括顺材质之性,顺工艺之性,也包括顺功能之性,它所蕴涵的审美机制是很值得我们注意的。下面抽取四例,扼要展述：

1.格扇的尺度调节机制 前面已提到,门窗格扇由边、棂、板构成,分格心、绦板、裙板等几个组成部分,并形成从三抹头到六抹头的长短格扇系列。这种格扇的构成形式适应了格扇门、槛窗的功能要求,也取得良好的比例权衡和虚实关系,具有很强的装饰性。实际上格扇之所以选择这样的定型格式,还跟它在尺度上的灵活调节息息相关。多开间的木构架殿屋,明、次、梢、尽各间的面阔宽窄不一,因此,格扇的形式不论是用作格扇门还是槛窗,都必须充分适应开间的宽窄变化。瘦长条形的格扇形式,很自然地在宽度上获得了“显调”和“微调”的双重灵活性（图 2-3-44）。当开间宽窄

①③计成.园冶·卷一装折

②④李渔.闲情偶寄·居室部

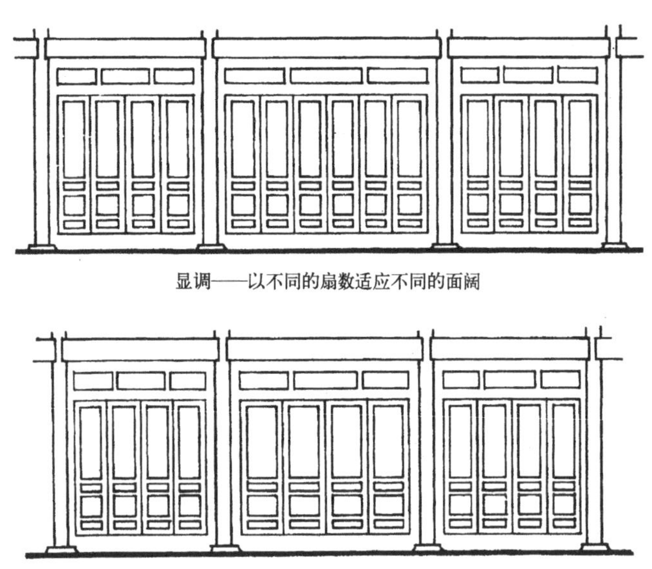

显调——以不同的扇数适应不同的面阔

微调——以不同的格扇宽度适应不同的面阔

图 2–3–44　格扇宽度的“显调”和“微调”

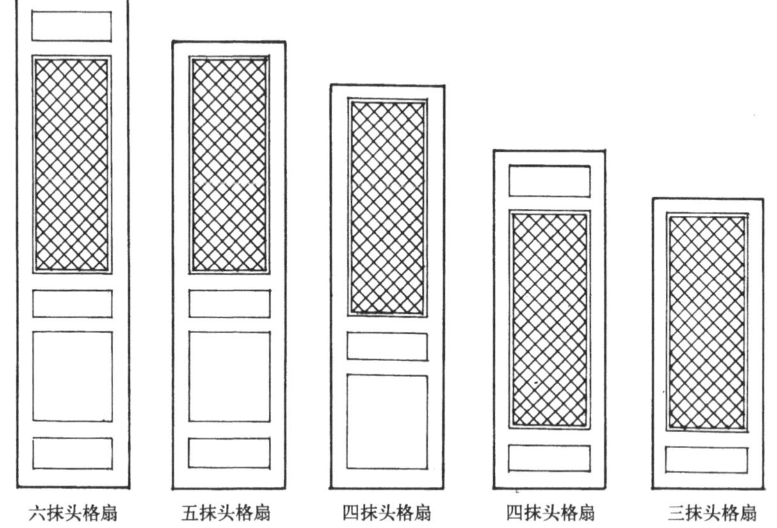

图 2–3–45　格扇高度的调节

差别悬殊时，格扇可以采用“显调”，即以不同的扇数来调节，如明间用 6 扇，次间、梢间用 4 扇，尽间用 2 扇等等。当开间宽窄差别不很大时，则采用“微调”，即改变格扇自身的宽度来调节。格扇的构成很便于调节宽度，其“微调”的潜力很大。北京故宫太和殿和北京太庙正殿，明间与次、梢间的宽窄都是通过“微调”处理的，只是在尽间采用了“显调”方式。在高度上，格扇也面临着高低调节问题。清《工程做法则例》规定：“凡檐里安装槅扇，法以飞檐椽头下皮与槅扇挂定空槛上皮相齐……凡金里安装槅扇，法以廊内之穿插枋与槅扇挂空槛下皮相齐”。[①]不同等第的殿屋，构架高度不同，檐部标高和穿插枋标高不同，所需格扇高度自然也不同。为此，格扇构成上采取了抹头调节法，从三抹头一直到六抹头，形成五种不同高低的长格扇和短格扇，通过调度绦环板的数量来调整格扇自身的比例，取得了高度上的灵活调节机制（图 2–3–45）。这种构成，也便于格扇门与槛窗在水平方向上对齐，有助于门窗立面的整体协调，充分表现出格扇构图上的比例权衡与整体组装上的尺度调节的完美统一。

2．罩的空间隔透机制　在内檐装修中，罩是一种很独特的隔断构件，它的形式多样，除炕罩外，大体上定型为几腿罩、栏杆罩、落地罩、花罩、落地花罩等几种样式。罩主要用于室内的间架分缝部位，有时也用作进深隔断，在南方还常用于敞口厅中。值得我们注意的是，为什么罩会定型为这几种样式呢？这是因为罩是一种“亦隔亦透”的模糊隔断，隔与透的双重功能是罩的主要特性。它既划分空间、分隔空间，又联系空间、延续空间。不同殿屋的内里空间，要求有不同程度的隔透度，因此就需要有不同隔透度的罩。可以看出，从几腿罩、花罩、栏杆罩、落地罩到不同形式的其他的罩，形成了通透度由大到小，围隔度由小到大的系列（图 2–3–46）。这是非常典型的隔透度递变系列。罩的样式恰到好处地体现了这一点，取得了空间隔透调节与罩身形式美化的有机统一，大大丰富了室内空间层次和装饰韵味，罩本身也成了传统建筑室内设计中具有浓郁民族特色的、富有生命力的构图因子。

①清工部．工程做法则例卷四十一

图 2–3–46 传统建筑室内空间分隔的不同隔透度

3. 门的形象放大机制 庭院式布局的宅第建筑，非常强调大门的门第气势，对大门设计提出了很高的审美要求。如何在大门的实用基础上创造出宏大的门面气势，是外檐装修的一项重任。我们从程式化的大门形式中，可以看到这方面的成功做法。

工匠俗语说："门宽二尺八，死活一齐搭"。大门的门口尺度，是以婚丧嫁娶所需通过的轿舆、棺木的尺度为依据，按门光尺的吉门，选定具体的门口尺度。通常这个尺度并不很大，虽然一般都超过实用所需尺寸，但是超过得不很多，可以说是大门的"实用功能尺度"。由于门口的尺度不很大，相应的门扇大小厚薄也较为适度，有利于日常出入的开关操作。这是合理的实用设计。但是如果只停留在这个实用的门口尺度，大门的观感尺度则远远不够。因此，大门的定式做法中，普遍都运用了"形象放大"机制，把大门扩大到充满整个开间（图 2–3–47）。这样，抱框和上下槛就成了门的外轮廓，构成大门的"精神功能尺度"，大大扩展了门的形象。装于抱框与门框之间的余塞板和装于上槛与中槛之间的走马板，都有很大的伸缩性，为门的放大提供了灵活的调节余地。应该说大门的形象通过这种方式放大是妥帖的，处理手法是很高超的。

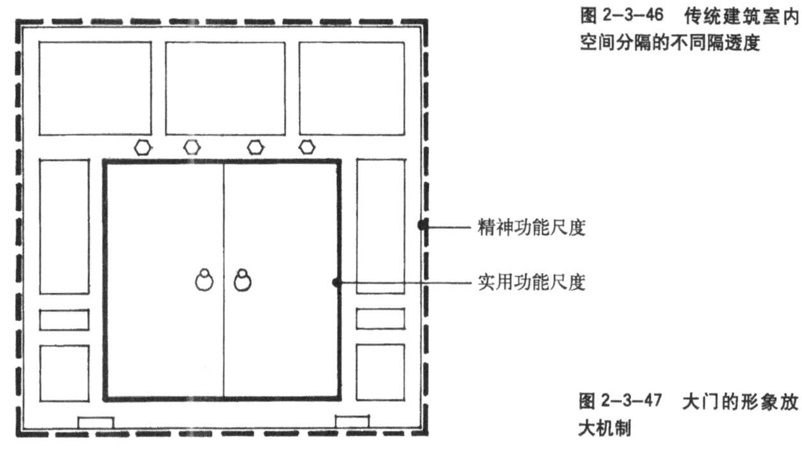

图 2–3–47 大门的形象放大机制

图 2–3–48 山西大同善化寺三圣殿正立面，门的形象放大处理
引自梁思成．营造法式注释卷上．北京：中国建筑工业出版社，1983

这种放大门面形象的手法，不仅仅用于大门中，辽金时代寺庙殿身的版门早已采用这种做法。大同善化寺的山门、三圣殿、普贤阁和大雄宝殿，用的都是这种放大形象的门（图 2–3–48）。明清时期的殿身版门普遍为格扇门所取代。严格地说，格扇门的处理也同样带有形象放大机制。在屋身立面上，每一开间通常用四扇格扇，平时只有当中的一对格扇充当格扇门的开启扇，其他格扇则视为"固定扇"，这

①②计成．园冶·卷一装折．

种“固定扇”与横披一起，如同余塞板和走马板似的，起陪衬和放大作用（图2-3-49）。这些充满开间的格扇门、横披和槛窗统成一体，在殿身立面上，构成大片的、虚透的、匀称的木质肌理，不仅显示出殿身门窗的宽大、气派，也充分发挥了外檐装修的装饰美。

4. 格心的密棂构成机制 格扇门、槛窗、横披、支摘窗、落地明等都需要用棂条组成格心。这是装修构成中最富于变化的部分。古人制作格心很注重它的透光性能和支点匀度。《园冶》说：

> 古之床槅，棂版分位定于四、六者，观之不亮。依时制，或棂之七、八，版之二、三之间。谅槅之大小，约桌几之平高，再高四、五寸为最也。①

这里提到园林建筑长格扇的格心，如占扇高十分之四、六，还感到不亮，应该增高到十分之七、八。并认为格心底边最好与桌几面拉平，最多也只能超过桌面四、五寸。这些都反映出对格心采光的充分重视。格心既要满足采光要求，又要足够密集的均匀支点，以便于糊纸裱绢，这是一大矛盾。清官式建筑的定型做法是，一般格扇的格心棂条定为“六八分”，即看面六分，进深八分，断面约为2厘米×2.6厘米。而棂条与空档的比例，大多用“一棂三空”，即空档为棂条看面的3倍，约6厘米。这样，网格构成自然是一种细木组合的密棂图式。它的构成形式，前面已经提到，有间隔构成、网格构成、框格构成、连续构成、沿边构成、菱花构成等式。值得注意的是，这些构成形式之间存在着一定的内在联系。《园冶》提到：

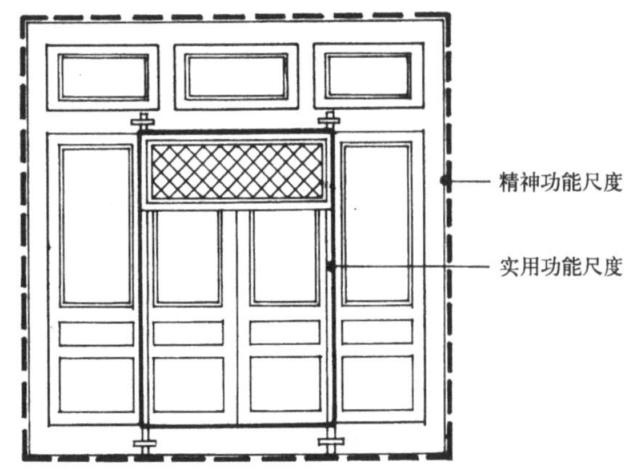

图2-3-49 格扇门的形象放大现象

> 古之床槅，多于方眼而菱花者，后人减为柳条槅，俗呼“不了窗”也。兹式从雅，予将斯增减数式，内有花纹各异，亦遵雅致，故不脱柳条式。②

计成指出柳条式是从方格式简减而来的。而他自己又在柳条式的基础上，进行增减，衍生出“柳条变人字式”、“柳条变六方式”、“柳条变井字式”、“井字变杂花式”等多种形式（图2-3-50）。我们顺着计成的这个思路推论，不难看出格心的棂条构成图式，的确存在着通过增减而衍生的现象，大体上可以列出如图2-3-51所示的构成脉络：

对于窗栏的格心构成，李渔曾一再强调“务使头头有笋、眼眼着撒”。格心构成脉络图中，直棂式、方格式、柳条式、柳条变井字、柳条变人字，以至步步锦、龟背锦，都是符合“头头有笋，眼眼着撒”的。这些图式都没有悬空的交结点，棂条的联结是相当紧实的。其中，步步锦的构成堪称一绝。它只用横棂、竖棂直角相交，以极其简练的手法，组合出既十分规则，又很有变化；既是匀称的，又是不单调的构图。长空档内还适当填入“卧蚕”、“工字”等垫木，既加强了长棂的稳定，又增添了装饰性、趣味性。整个格心，既不粗略，也不繁杂，雅致大方，恰到好处。可以说是构图和构造上达到了高度的融洽、和谐。因此步步锦运用得非常广泛，不仅常用于门窗格心，也常用作倒挂楣子和坐凳栏杆的格心。

灯笼框也是值得注意的形式，它在格心构成上出现了两点突破：一是对“头头有笋，眼眼着撒”的突破，出现了悬空的拐角结点；二

①计成．园冶·卷一装折．

是对均匀支点的突破，格心中部为了裱糊带字画的纸、绢，而出现了大片空档，为摆脱密棂模式迈出了一大步。后来随着玻璃的使用，灯笼框更显示出优势，并进一步推出沿边式的构成。亚字拐格心的连续构成也很有趣，亚字拐与万字拐、回字拐一样，都在保持均匀支点的同时，采用了大量的悬空拐角结点，与“眼眼着撒”大唱对台戏。而冰裂纹的连续构成却在极自由的组合中，做到了“眼眼着撒”，把构图的自由、洒脱与构造的坚实、耐久结合得很完美。这种连续构成的图式，还有一个很大的特点，就是它可以随遇而安，不需要整齐的边界，能灵活适应各种不规则的画面。在圆光罩、八角罩的构成中，我们可以看到拐子纹、冰裂纹在不规则画面中所显现的适应性，这是非连续构成的图式难以达到的。对于冰裂纹，计成在《园冶》中还有一点重要的提示。他说：“其文致减雅，信画如意，可以上疏下密之妙”(图2–3–52)。①的确，冰裂纹很简洁、雅致，看上去很自由随意，实际上也是有规律的。计成指出它妙在“上疏下密”，真是一语中的。因为这样的冰裂纹更显得自然有机。如果都做成同样疏密，就显得呆板了。由此可以看出古代造园家对装修细部推敲之缜密。

当然，传统建筑装修并非都是完美的。皇家园林和宫殿中的一些晚清的内檐装修，常常掺杂着过于繁琐的雕镂，这是受到诸如“同光体”(同治光绪风格）之类的美学口味的制约。民间建筑中的装修也有趋向繁缛的一面。由于玻璃使用得很晚，再加上小木作工艺的局限，内外檐装修普遍地都显得精细有余而疏朗不足，这些都是它的历史局限性。

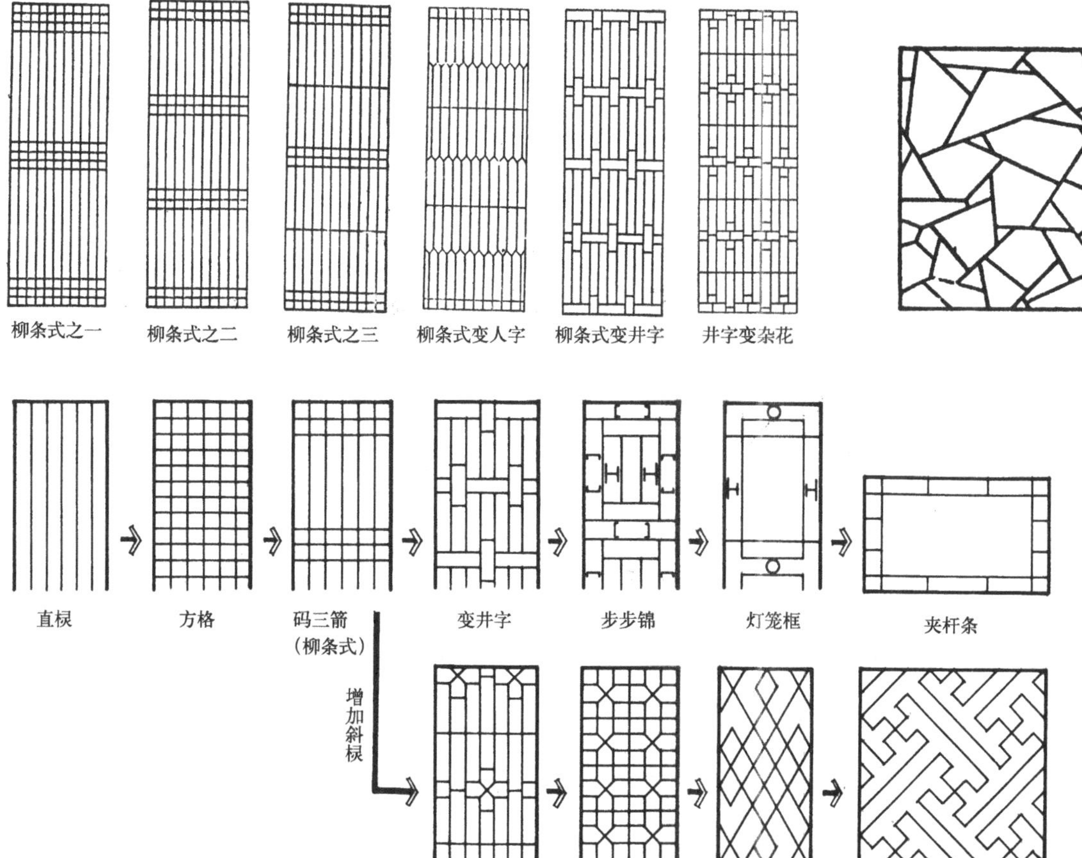

图 2–3–50 （上左）《园冶》书中列举的柳条式及其变式
引自计成．园冶

图 2–3–51 （下）格心平棂构成形式的增减衍化

图 2–3–52 （上右）《园冶》所列的冰裂纹格心，旁注“可以上疏下密之妙”
引自计成．园冶

第四节　单体建筑的“上分”——屋顶

屋顶是中国木构架单体建筑三大构成中最触目的部分。中国建筑屋顶的独特做法和独特形象，曾被日本学者称为“盖世无比的奇异现象”。①官式建筑的屋顶是高度程式化的，屋顶形制规定得很严格，形成一整套严密的屋顶系列。民间建筑的屋顶，有的用于规则的定型建筑，也是程式化的。有的用于依山傍水的不规则建筑，随着平面的变化，构架的起落，披屋的穿插和墙体的出入，屋顶和披檐高低错落、纵横交结，则是极其灵便、活变的。不论是官式建筑还是民间建筑，屋顶在建筑外观中都占据重要的分量，具有突出的艺术表现力。这里，从形态构成的角度，主要分析官式建筑的屋顶形态。

① 伊东忠太．中国建筑史．陈清泉译．转引自李允鉌．华夏意匠．再版．香港：广角镜出版社，1984.221页

一、屋顶的单体形态

官式建筑屋顶定型为硬山、悬山、歇山、庑殿和攒尖五种基本型，看上去形态各异，实际上是很严密的程式化系列，我们可以从它的构成要素和构成方式上展开分析。

（一）脊、庑要素

“脊”和“庑”是中国建筑屋顶构成的两大要素（图 2-4-1）。庑是屋顶的覆盖主体，也就是通常所说的“屋面”。庑自身的构成，有三点很值得注意：

1. 庑呈面的形态　通常以凹曲面为主要特征，这是中国建筑屋面的一大特色。

2. 庑面基本上由瓦垄组成　它的底层为椽条、望板、苫背，面层由宽瓦成垄。瓦的材质、色彩不同，用瓦、宽瓦的方式不同，庑面的品类就大不相同。按瓦的材质分，有琉璃瓦和布瓦两大类，民间还有木板瓦、石板瓦和草顶、灰背顶等做法。按瓦的色彩分，有布瓦的青灰色和琉璃瓦的黄、绿、蓝、黑等色。按宽瓦的方式分，有筒瓦屋面、仰瓦灰梗屋面、干槎瓦屋面、棋盘心屋面等做法（图 2-4-2）。按用瓦情况分，有满铺和剪边两种铺法。剪边是用不同色彩或不同材质的瓦镶边，如绿琉璃瓦屋面，黄琉璃瓦剪边；布瓦屋面，琉璃瓦剪边等。这些，形成了庑面的不同质量等次和多样的肌理、色质。

3. 庑的结束有三种情况　一是庑的中断；二是庑与庑相交；三是庑与墙相交（图 2-4-3）。

图 2-4-1　（上）屋顶构成的两大要素——“脊”与“庑”

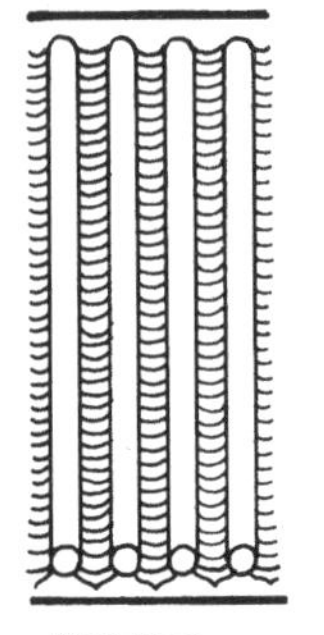
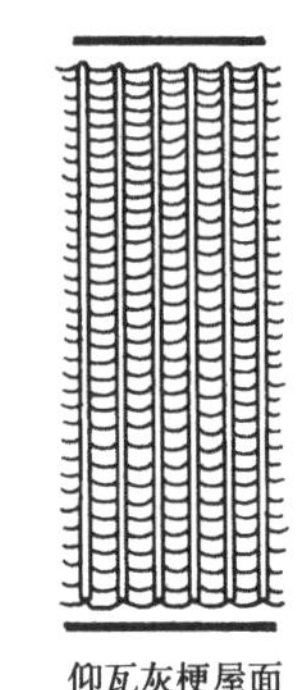
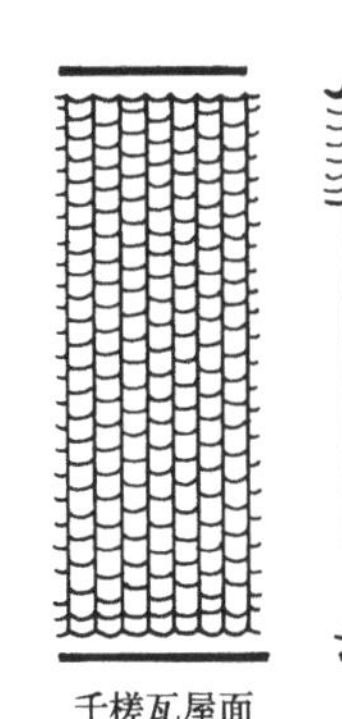
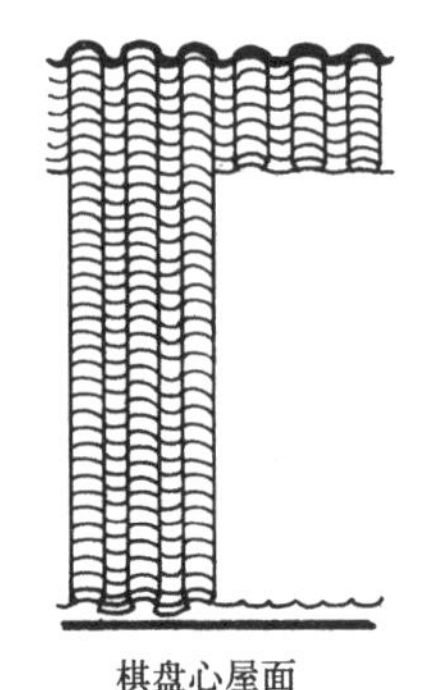

图 2-4-2　（下左）屋顶宽瓦的不同形式

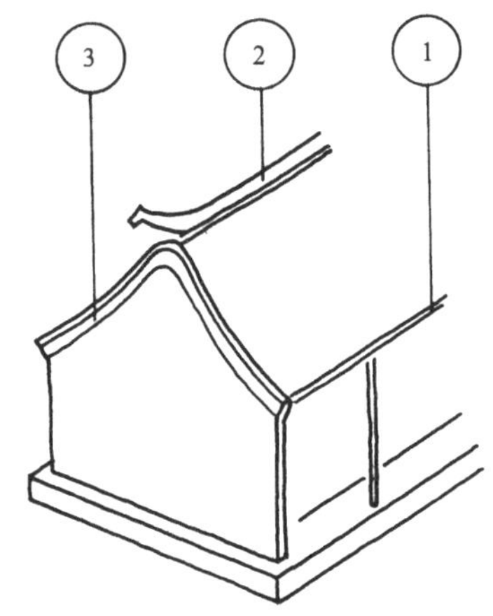

图 2-4-3　（下右）庑的三种结束形式
①庑的中断
②庑与庑相交
③庑与墙相交

庑用两种方式中断：一种是以“檐口”结束，通常由檐椽、飞椽、连檐、勾头、滴水等组成，用作前后檐檐口和撒头檐口。另一种是把庑的山面边沿做成垂脊，如硬山、悬山、歇山的排山脊。在低档次的合瓦屋面、仰瓦灰梗屋面中，山面也可以用简易的“梢垄”取代垂脊。

庑与庑相交也有两种情况，一种是阳角相交，构成“脊”，这是屋顶的另一构成要素。另一种是阴角相交，构成“沟”。沟容易漏水，是屋顶的不利环节。单体建筑屋顶的基本型中，避免了庑的阴角相交，因此没出现“沟”。只是在屋顶的组合体中，才出现斜向的或水平的沟。

庑与墙相交，通过处理常常形成一种特殊的脊，如歇山中的博脊，重檐中的围脊等。庑与墙的交结也可以直接交搭而不做脊。南方建筑中披檐与墙身的交结多是不出脊的。

从庑的这种情况，不难看出，脊是由于对庑的交结线和边沿线的特殊处理而产生的。一种是庑与庑的阳角相交，通过处理其交结线而产生出正脊、垂脊、戗脊、角脊等；一种是庑与墙的相交，通过处理其交结线而产生出博脊、围脊等；再一种是庑在山面上的结束，通过处理其边沿线而产生排山脊、梢垄等。

脊呈线的形态，是确定屋顶形象的主要框线，也是屋顶的构造难点和装饰重点。根据脊的不同位置、不同材质、不同做法、不同样式、不同等次，脊有很多类别。脊的命名主要由位置和做法来区分，按其所处的不同位置分为正脊、垂脊、戗脊、博脊、围脊、角脊等。按其不同的做法分为大脊、过垄脊、清水脊、皮条脊、扁担脊、片瓦脊、铃铛排水脊、披水排山脊等。脊本身又由脊身和脊兽组成，是屋顶的重点装饰部位。在等级形制上，把带吻兽或不带吻兽的琉璃屋脊和带吻兽的黑活屋脊都列为大式做法，而不带吻兽的黑活屋脊则属于小式做法。除大式、小式外，还派生出“大式小作”(即具有大式屋脊的基本特征，但脊件作必要的简化）和“小式大作”(即具有小式屋脊的基本特征,但脊件带有若干大式特点)两种中介形式，形成了屋脊的多样形式和多阶等次。

（二）脊、庑构成与屋顶的基本型

脊和庑的组合，就组成各种形式的屋顶。官式建筑的五种基本型屋顶，都可以用脊庑要素的构成来描述。

1. 庑殿顶 由四庑、五脊组成。五脊中的正脊和四根垂脊，都是庑与庑的交线（图2-4-4）。

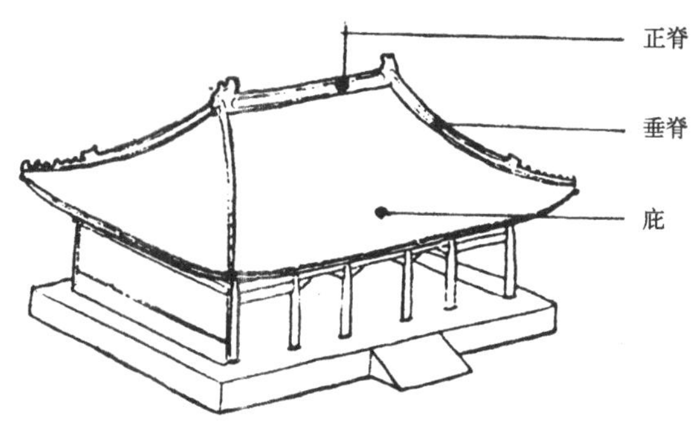

图 2-4-4 庑殿顶的脊、庑构成

2. 歇山顶 由四庑、九脊组成。九脊包括一根正脊，四根垂脊，四根戗脊（图 2-4-5)。其中正脊和戗脊，是庑与庑的交线，四根垂脊则是庑在山面的边沿线。实际上官式建筑中的歇山顶除这九根脊外，还有两根由撒头与小红山交接而形成的博脊。严格说，这样的歇山顶共有十一根脊。

图 2-4-5 歇山顶的脊、庑构成

3. 悬山顶 由二庇、五脊组成(图2–4–6)。正脊是前后庇的交线，四根垂脊是庇在山面的边沿线处理而成的。悬山顶以四根垂脊悬挑于山墙之外为特征。

4. 硬山顶 与悬山顶一样由二庇、五脊组成（图2–4–7)。正脊是前后庇的交线，四根垂脊也是庇在山面的边沿线处理而成的，但不同于悬山，不是悬挑于山墙之外，而是落于山墙之上，既是庇的边沿线，也可视为庇与山墙的交接线。

5. 攒尖顶 由庇和垂脊组成（图2–4–8)。根据平面的四边、六边、八边，相应地有四、六、八面庇和四、六、八根垂脊。当平面为圆形时，则形成整个圆锥形的庇而无垂脊。攒尖顶以脊庇攒于一点为特征，它没有正脊而代之以“宝顶”,这种宝顶被视为特殊形态的、点状的“脊”,俗称“绝脊”。

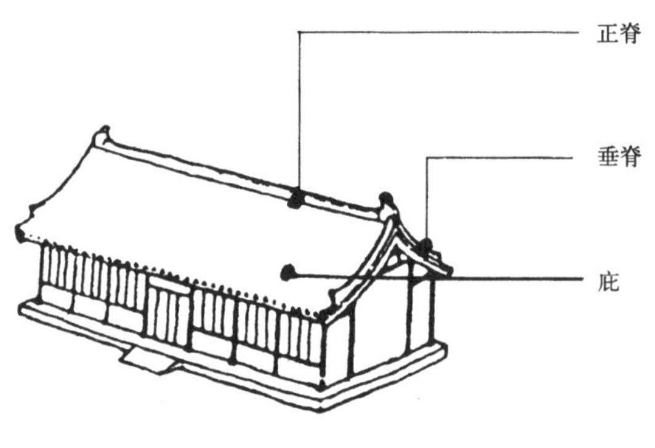

图2–4–6 悬山顶的脊、庇构成

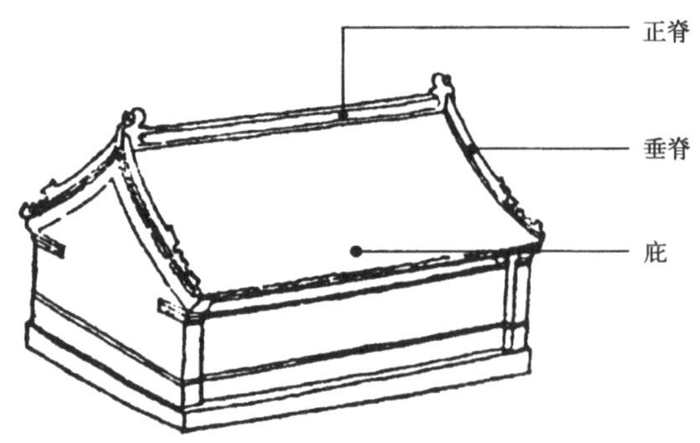

图2–4–7 硬山顶的脊、庇构成

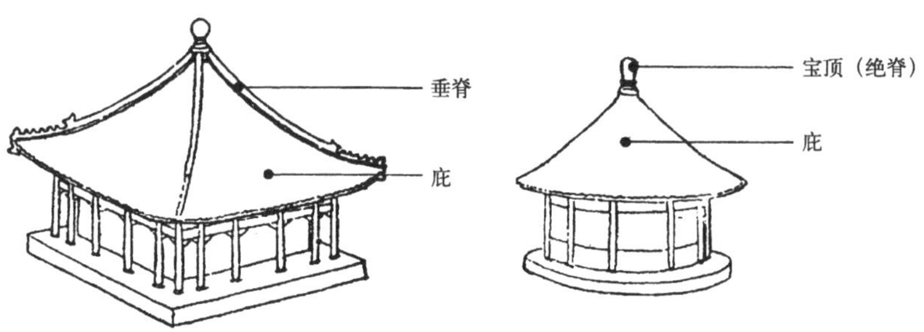

图2–4–8 （下）攒尖顶的脊、庇构成

官式建筑屋顶就是以这五种形式为基本型而加以变化、衍生的。对于这五种基本型屋顶的内在联系和构成机制，仅仅分析它的脊庇构成是不够的，还应该进一步考察它的中介构成——“人字庇母体”和“端部”构成。

（三）脊庇的中介构成：“人字庇母体”和“端部”

如果把五种基本型屋顶中的前四种抽出来作一分析，可以看出，庑殿、歇山、悬山、硬山四种屋顶都可以分解出中间的“母体”和两头的“端部”(图2–4–9)。这个母体就是前后檐两坡庇面与正脊结合构成的“人字庇”。四种屋顶的人字庇母体都是一样的,四种屋顶的“端部”结束形式则有所不同。硬山的“端部”是落于山墙之上的垂脊。悬山的“端部”是悬挑于山墙之外的垂脊。歇山的“端部”是由垂脊、戗脊、博脊和翼角庇面、撒头庇面构成的。庑殿的“端部”是由垂脊、翼角庇面、撒头庇面构成的。屋顶的这种“人字庇母体——端部”构成有以下几点值得注意：

(1) 四种基本型屋顶的母体都是相同的“人字庇”,其差别只在于“端部”的结束形式不同。

(2) 人字庇母体自身具有灵活的调节机制，在进深方向可以增减檩子的架数，在面阔方向可以增减开间的数量，都不改变“人字庇”的基本形式（图2–4–10)。

(3) 四种“端部”形式在进深方向也可以灵活调节，增减檩子架数并不改变“端部”的基本形态。在面阔方向，“端部”是相对固定的,仅有微小的伸缩余地。庑殿通过“推山”可以延长正脊,相应地缩短端部;歇山通过“收

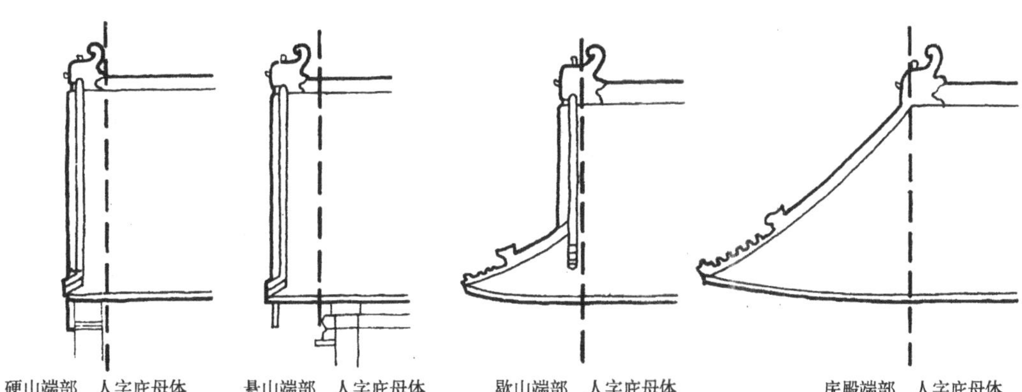

图 2-4-9 四种基本型屋顶的"人字庇母体"和"端部"

山"，可以加长撒头，相应地缩短正脊。

（4）当庑殿的人字庇母体在面阔方向缩短为零时，即消失了母体而由两头端部直接联结，这就形成了四角攒尖顶（图 2-4-11）。由此可见，攒尖顶实质上是一种不带人字庇母体的，直接由端部对接的屋顶。由于它不带人字庇母体，因而没有正脊，故形成"攒尖"。只是攒尖顶建筑平面除正方形外，还有六角形、八角形、圆形等，因而派生出多种形式的攒尖顶。

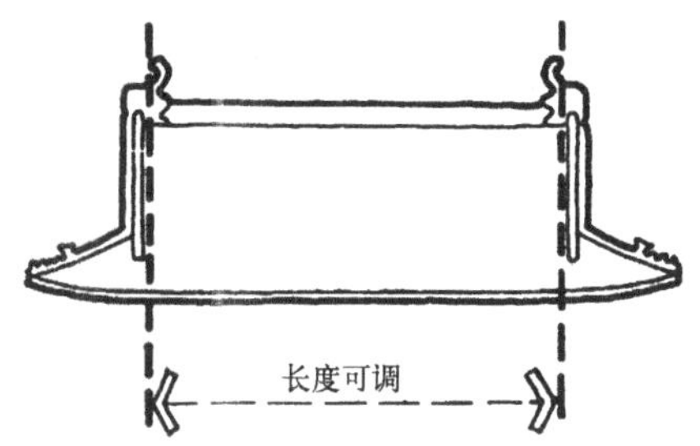

图 2-4-10 人字庇母体的长度可随宜调节

（四）脊、庇活变与屋顶的派生型

显然，程式化的屋顶仅有五种基本型是远远不够的，它可以通过脊和庇的变化，在基本型的基础上衍生出若干屋顶的派生型。这些派生型屋顶，一部分用在官式建筑中，大部分出现在地方建筑中。其派生方式是：

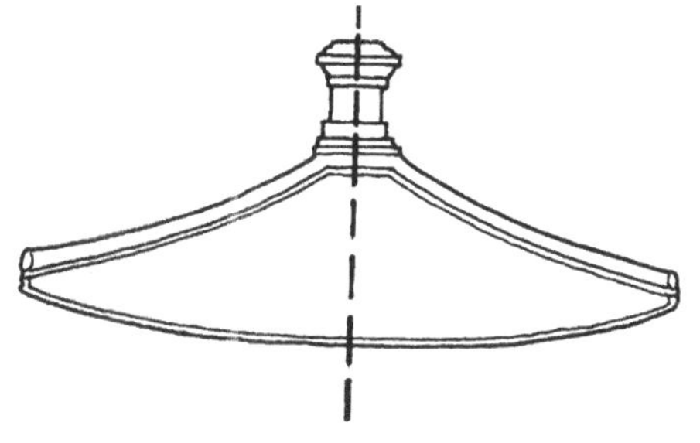

图 2-4-11 庑殿的人字庇母体缩短为零时，即成为四角攒尖顶

1. 脊变

（1）正脊隐匿 这是用得非常普遍的派生型。把起脊屋顶的正脊隐匿，就成了卷棚顶。这样衍生出三种重要的屋顶形式——卷棚硬山、卷棚悬山、卷棚歇山（图 2-4-12）。卷棚顶看上去没有正脊，实质上仍然有隐匿的脊，这种脊在筒瓦屋面上用过垄脊的做法，在合瓦屋面上用鞍子脊的做法，都与瓦屋面统成一体，外观上看不出脊的存在。卷棚顶不像起脊顶那么庄重，显得较为轻快、柔和。

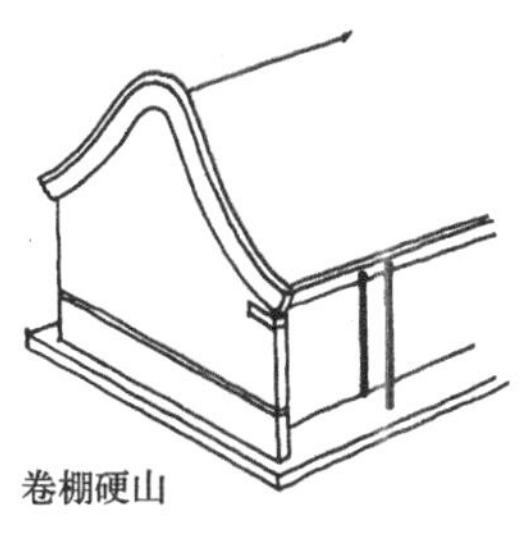

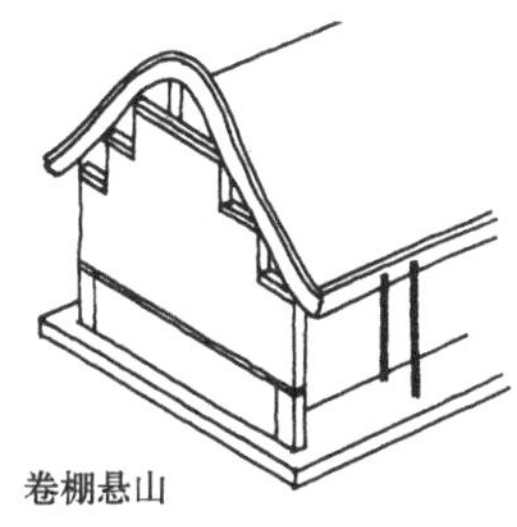

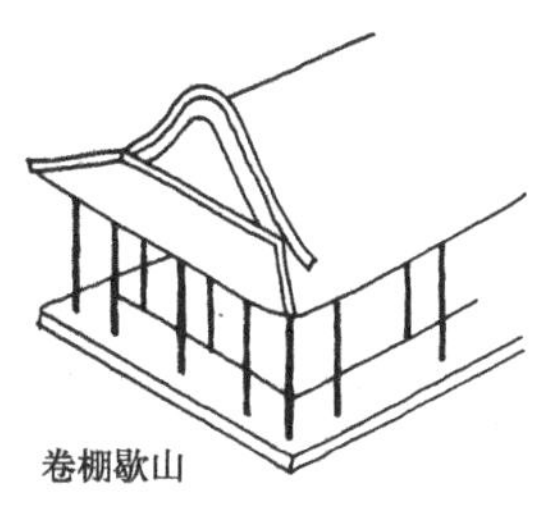

图 2-4-12 正脊隐匿，派出生三种卷棚顶

(2) 增脊 在福建、台湾等民间建筑中，当屋顶的人字庇长度过大时，常常采用在母体中部适当增添垂脊的做法，起加固屋面和突出造型的作用。如福建龙岩新邱厝，五开间的正房，悬山顶拉得很长，特地在三开间的部位增添一对垂脊，以突出面对庭院的正房屋顶效果。前部五开间倒座的歇山顶也拉得很长，同样也在中部增添一对垂脊，再在大门上垫起歇山顶，形成门面屋顶的丰富组合（图 2–4–13）。图 2–4–14 的福建某寺，庙门和大殿顶层的屋顶也做了这种增脊处理。

(3) 脊夸张 在浙、赣、闽、皖、湘、黔等地区的民间建筑中，马头墙用得很广泛。这种马头墙，也称封火墙，是硬山屋顶在山墙顶部的一种夸张处理（图 2–4–15）。这个部位原本是硬山顶的垂脊分位。由于防火隔断的需要，而将山墙上升高出屋面，这样垂脊就消失了，而转化为马头墙的墙头脊。可以说这是一种特殊的脊变。马头墙的墙头是个自由端，不受其他构件牵制，可以轻易地随屋面斜坡跌落，做成各种折线、曲线轮廓。各地区的马头墙形式多样，极富变化，墙头脊饰富有动感，装饰性很强。高高升腾的马头墙，构成屋顶最突出的轮廓，起到了美化屋顶和浓化地方特色的显著作用。

2. 庇变

(1) 单庇 单庇可以看作是人字庇的一半。陕西、山西的一些合院式民居，为收贮屋面水，常用一面坡的单庇屋面，这是一种常见的庇变（图 2–4–16）。南方建筑常常从主体屋身延伸出“披屋”、檐廊或突出墙体，这类“披屋”、檐廊和墙体的屋面，通称“披檐”，也属于“单庇”之列。披檐的灵活穿插使南方建筑更显得错落有致。

(2) 不等庇 基本型屋面的檐口通常是整齐划一的，而且前后檐口是对称的。不等庇是对于这种定型规整庇的活变。民间建筑常常增加后檐檩架而拖长后庇，形成前后檐的不等庇，

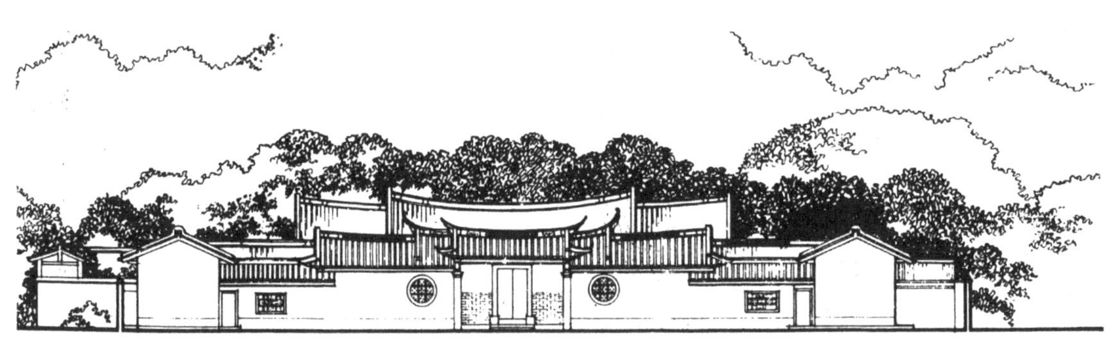

图 2–4–13 （上）福建龙岩民居中的增脊现象
引自高轸明等．福建民居．北京：中国建筑工业出版社，1987

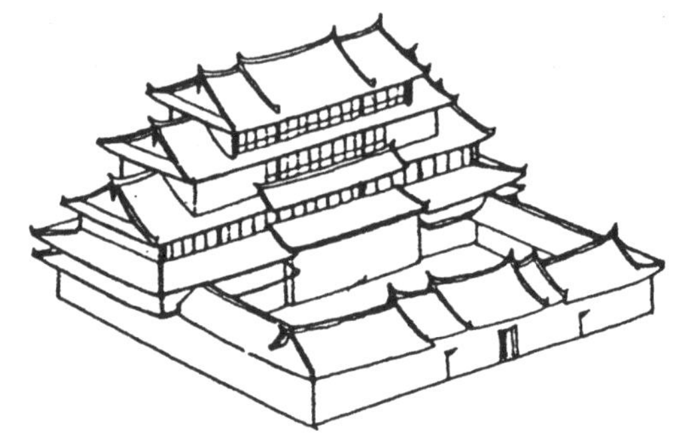

图 2–4–14 （下左）福建某寺的屋顶增脊
引自刘敦桢．中国古代建筑史．第 2 版．北京：中国建筑工业出版社，1984

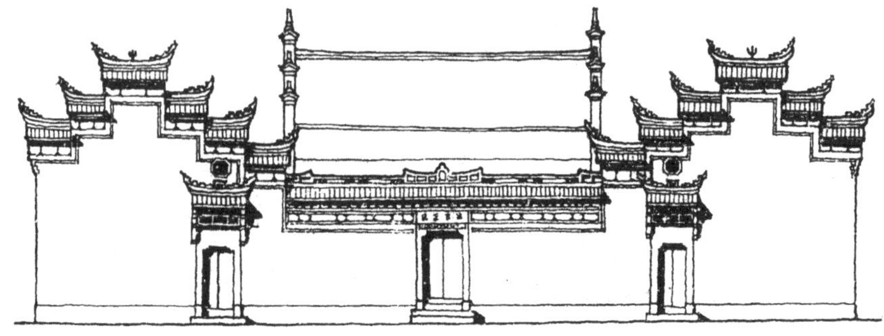

图 2–4–15 （下右）封火墙可视为硬山的夸张处理。图为浙江东阳十三间头住叶宅
引自中国建筑技术发展中心建筑历史研究所．浙江民居．北京：中国建筑工业出版社，1984

也常常突出局部平面，形成同一庇面参差不齐的不等庇（图 2–4–17）。这种不等庇给屋顶带来了灵活的调节变化。

(3) 围合庇 屋顶中有一种“盝顶”的做法，很像是庑殿顶截去了上部，形成了“围合庇”(图2–4–18)。这种屋顶具有庑殿顶的类似形象，可以在扩大进深的情况下不增加举高。像盝顶这样以围合庇构成的独立屋顶并不多，但以围合庇作为重檐屋顶的下檐则用得很广，是屋顶组合形态的重要构成因子。

(4) 缀庇 使庇中断作少许跌落，显示出两层屋面，看上去很像重檐的效果(图2–4–19)。汉代陶屋上已有这种缀庇的现象。日本还留有缀庇的屋顶，称之为“缀屋顶”。中国古代后期建筑中已很罕见。

(5) 凹凸庇 庇面的标准形态是凹曲面，偶尔也有庇变为凹凸面的，如盔顶就是由于攒尖顶改用凹凸庇而形成的（图 2–4–20）。成都青羊宫八卦亭顶、四川云阳张飞庙杜鹃亭顶都属于这种屋顶。

(6) 扭曲庇 用于扇面殿的扇面形屋顶，就是扭曲庇的一种。这与凹凸庇一样很少采用（图 2–4–21）。

这些脊变、庇变所形成的派生型，单坡、庇檐、不等庇和各种带马头墙的屋顶，在地方建筑中用得很广泛，对活跃地方建筑形象起很大作用。但是对于官式建筑来说，只有卷棚得到较普遍的运用，其他都用得很少。官式建筑的进一步变化还得通过屋顶的组合来实现。

二、屋顶的组合形态

组合型屋顶已有很长远的历史。从画像石、画像砖和陶屋明器可以看出汉代屋顶的组合已很丰富。宋、金时期达到组合型屋顶发展的鼎盛期。正定隆兴寺摩尼殿是宋代“重檐歇山四出抱厦”的现存实例，宋画滕王阁、黄鹤楼展

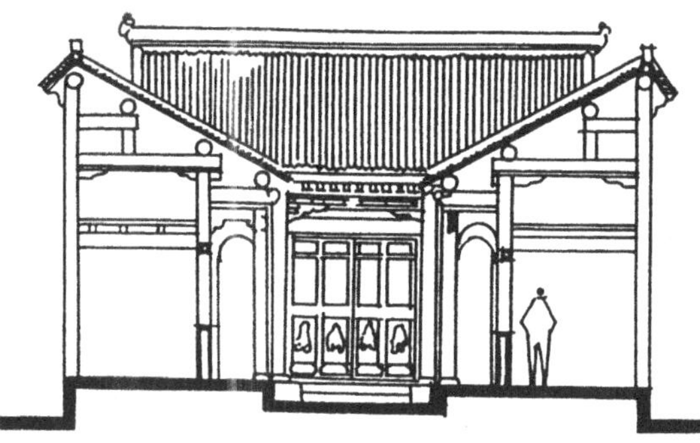

图 2–4–16 单庇——陕西韩城民居的一面坡屋顶
引自张壁田等．陕西民居．北京：中国建筑工业出版社，1993

图 2–4–17 浙江民居中的披檐和不等庇
引自中国建筑技术发展中心建筑历史研究所．浙江民居．北京：中国建筑工业出版社，1984

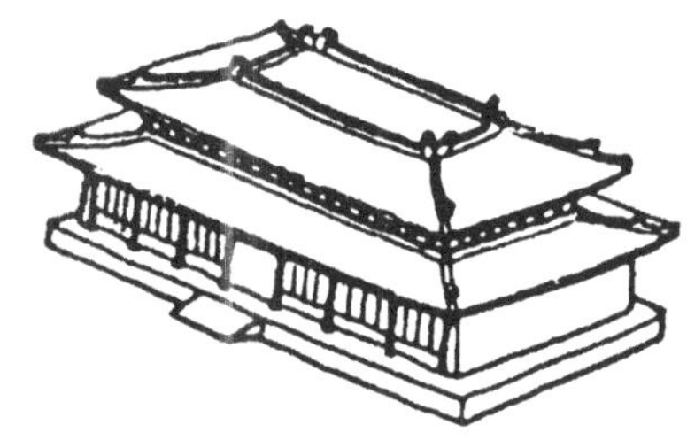

图 2–4–18 重檐盝顶，上下檐都属于“围合庇”
引自刘敦桢．中国古代建筑史．第 2 版．北京：中国建筑工业出版社，1984

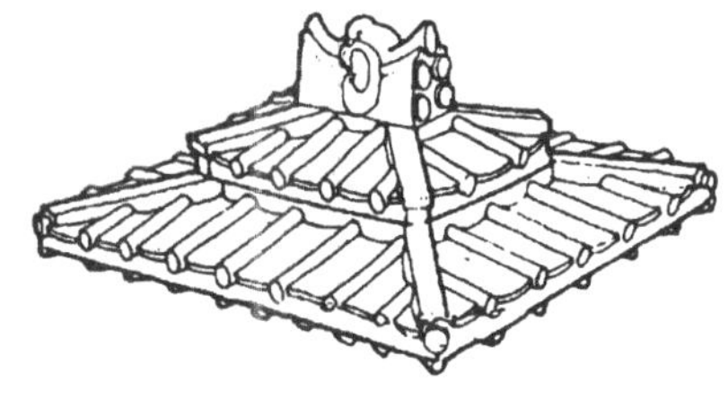

图 2–4–19 “缀庇”的形象——四川雅安东汉高颐阙的屋顶
引自刘敦桢．中国古代建筑史．第 2 版．北京：中国建筑工业出版社，1984

图 2–4–20 盔顶——凹凸庇
引自刘敦桢．中国古代建筑史．第 2 版．北京：中国建筑工业出版社，1984

图 2–4–21 扇面顶——扭曲庇
引自刘敦桢．中国古代建筑史．第 2 版．北京：中国建筑工业出版社，1984

①参见傅熹年．山西省繁峙县岩山寺南殿金代壁画中所绘建筑的初步分析．见：建筑理论及历史研究室．建筑历史研究，第1辑．北京：中国建筑科学研究院建筑情报研究所，1982

现出楼阁型丁字、十字歇山顶三出或四出抱厦交错跌落的屋顶形象（图2–4–22）。山西繁峙县岩山寺金代壁画更显示出大型建筑组群极其丰富的屋顶组合的整体景象（图2–4–23）。① 明清时期，官式建筑平面体型趋向单一、规整，屋顶回归以基本型为主，除北京故宫角楼等少数建筑继续保持丰富的屋顶组合外，一般的屋顶组合都显得更为理性、节制。从形态构成来看，主要是在庑殿、歇山、悬山、硬山、攒尖的基本型基础上，通过人字庇、围合庇和端部结束形式的穿插组合，形成种种组合型屋顶。可分为水平组合和竖向组合两种方式，有些复杂的屋顶则兼有两者，成为竖向组合和水平组合的综合体。

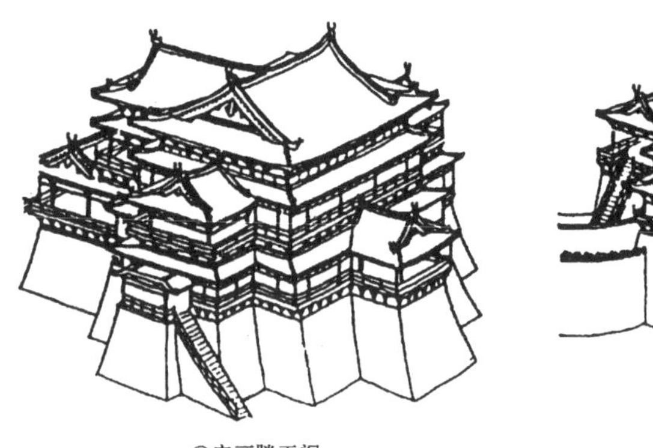

①宋画滕王阁　②宋画黄鹤楼

图2–4–22　屋顶组合的丰富形象
引自刘敦桢．中国古代建筑史．第2版．北京：中国建筑工业出版社，1984

（一）水平组合

屋顶的水平组合，可按人字庇正脊的联结关系，分为正脊并联、正脊串联和正脊相交三种类别：

1．正脊并联　指参与组合的屋顶正脊呈并联状态。主要有三种模式（图2–4–24）：

图2–4–23　山西繁峙县岩山寺金代壁画（局部），展现出大型组群丰富的屋顶组合形象
引自傅熹年．山西省繁峙县岩山寺南殿金代壁画中所绘建筑的初步分析．见：建筑理论及历史研究室．建筑历史研究，第1辑．北京：中国建筑科学研究建筑情报所，1982

（1）屋檐勾连，组成勾连搭屋顶，常见的有歇山勾连和悬山勾连，后者常用于垂花门。官式建筑和民间建筑中也有少数用硬山勾连的做法。

（2）并联式抱厦，殿屋前檐或前后檐伸出与屋身平行的抱厦，抱厦常用悬山顶，抱厦的正脊与殿身正脊平行。与勾连搭不同之处在于勾连搭是通长勾连，而抱厦的勾连则短于殿身的通面阔。

（3）翼角对接：这是一种特殊的并联关系，是两个攒尖的翼角对接，主要用于组合亭，常见的有两个正方亭对接组成的方胜亭，两个圆亭对接组成的双环亭等。

2. 正脊串联　指参与组合的屋顶正脊呈串联状态。这种组合主要是由于主殿屋两侧紧贴山墙建有夹屋、耳房，因而形成主从跌落式的屋顶。这种组合模式，在阙和牌楼的屋顶上，也有近乎符号化的表现（图 2–4–25）。

在喇嘛庙建筑和某些民间建筑中，由于屋顶上设天窗而形成骑楼式的组合，也是一种串联关系。在山地建筑中，由于地形起伏，也可能随屋身或爬山廊的跌落而形成屋顶的单向跌落，则是一种非对称、非主从式的串联关系。

3. 正脊相交　指参与组合的屋顶正脊呈纵横相交状态的组合关系。大体上有三种模式（图 2–4–26）：

（1）丁字相交。宋画滕王阁上层主体屋顶由两个九脊顶丁字相交，就属这种模式。正面伸出龟头屋的抱厦，也属这种做法。在规整的长方形殿屋上也可能像河北正定关帝庙那样把屋顶活变成丁字相交的形式，由丁字相交可进一步衍生出工字顶，这是用得较多的一种组合顶。北京故宫文华殿、武英殿是歇山顶组合的工字顶；广东民居也常见硬山顶组合的工字顶。

（2）十字相交。两个人字庇十字相交，就形成十字脊屋顶。以歇山十字脊居多。这种组

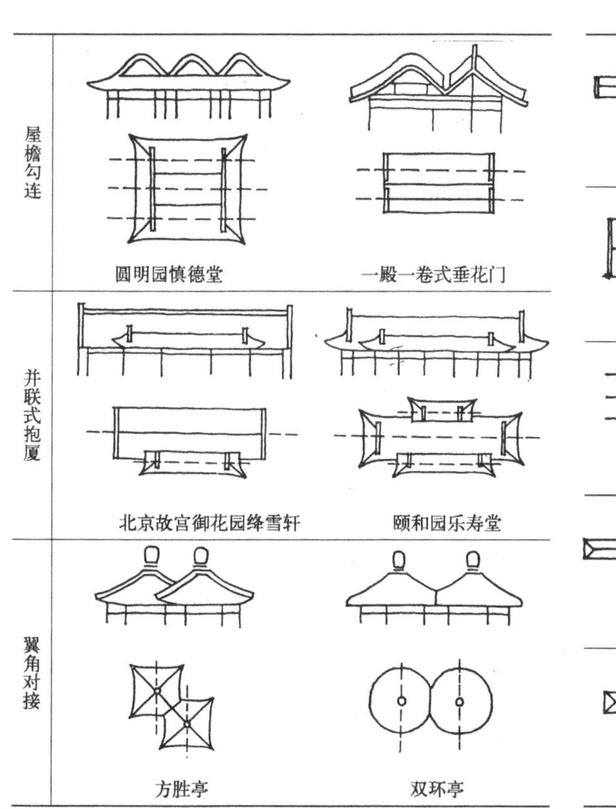

图 2–4–24 （下左）屋顶的水平组合之一：正脊并联

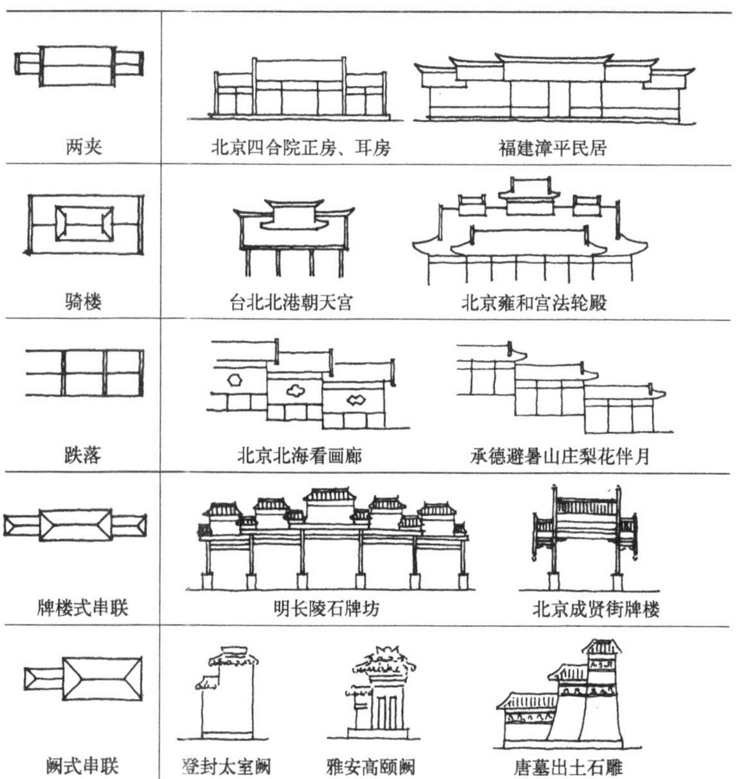

图 2–4–25 （下右）屋顶的水平组合之二：正脊串联

合屋顶在宋、元时代颇为流行，亭台、楼阁、钟楼、角楼以至磨房建筑都有用十字脊屋顶的。十字脊屋顶的平面有的为正方形，有的为等臂十字形，有的为不等臂十字形。大多数用于楼阁的顶层或重檐屋顶的上层。实例如沈阳福陵、昭陵角楼、山西万荣飞云楼、山西临汾大中楼、山西汾阳崇胜寺钟楼等。

（3）转角相交。屋顶转角相交是很常见的组合方式。转角相交的角部可以做成庑殿式、歇山式、悬山式、硬山式。以歇山式转角或类似歇山式转角为最常见。北京内城角楼上层屋顶是一种很典型的歇山转角式构成。转角相交可衍生出“凹”字式、“口”字式、“日”字式等屋顶组合。这在南方三合院、四合院住宅用得很广泛。许多民居的转角屋顶处理得非常活跃、生动，对丰富民居形象起很大作用。皇家园林中出现的一种很独特的万字式组合屋顶，也可以说是转角相交与十字相交的综合体。中国建筑屋顶通过这些水平组合大大丰富了建筑组群的形象。

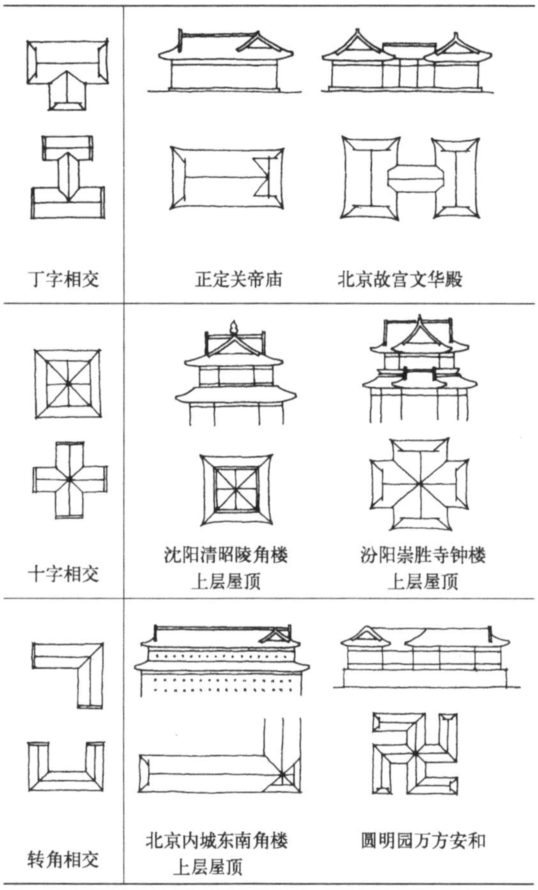

（二）竖向组合

屋顶的竖向组合主要分两大类，一类是重檐构成，另一类是重楼构成。当然也存在重楼与重檐相结合的“重楼—重檐”构成和竖向与水平相结合的混合构成。

1. 重檐构成 重檐是在基本型屋顶下部重叠下檐而形成的。关于重檐的做法，在《营造法式》中列出了两种方式，一是副阶式重檐，是通过周边加建廊屋而形成的，这种重檐在增加屋檐的同时也增添了副阶空间。二是缠腰式重檐，是紧贴檐柱外侧另加立柱、铺作，挑出下檐，这种重檐只增加屋檐而没有增添空间（图2-4-27）。明清时期，主要沿袭副阶式重檐的做法，以周围廊的围合庇形成重檐，而淘汰了缠腰式重檐。民间建筑中则相当灵活，常有添加披檐而呈现近似重檐形象的做法。

重檐的作用在于扩大屋身和屋顶的体量，增添屋顶的高度和层次，增强屋顶的宏伟感和庄严感，并调节屋顶与屋身的权衡比例。因此重檐主要用于高等级的庑殿、歇山和追求高耸效果的攒尖顶，形成重檐庑殿、重檐歇山和重

丁字相交　正定关帝庙　北京故宫文华殿

十字相交　沈阳清昭陵角楼上层屋顶　汾阳崇胜寺钟楼上层屋顶

转角相交　北京内城东南角楼上层屋顶　圆明园万方安和

图 2-4-26　屋顶的水平组合之三：正脊相交

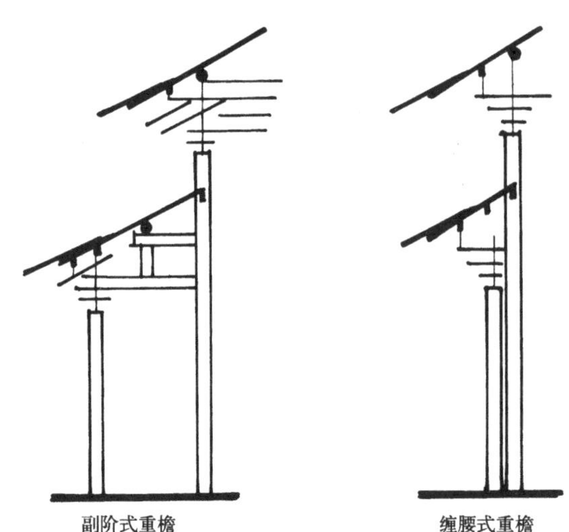

副阶式重檐　缠腰式重檐

图 2-4-27　宋代重檐屋顶的两种做法

檐攒尖三大类别（图 2–4–28）。定型形制的重檐庑殿、重檐歇山只用二重檐，而重檐攒尖则不乏三重檐的实例。在密檐式塔中，重檐被夸张成层层重叠的多重密檐，层数多达 9 层、13 层甚至 15 层，既突出了塔的高耸，又赋予高耸塔体以强烈的横分割。

2. 重楼构成　楼、阁都属于重楼构成。在古代，楼和阁是有区别的。陈明达认为“屋上建屋为楼，平座上建屋为阁”。[①]到宋代，平座上建屋的阁已很少，《营造法式》中已经是楼、阁不分。对于楼阁建筑，值得我们注意的是，由于木构屋身严格的防水需要，最好每层屋身都能有屋檐防雨，导致大部分的楼阁都是层层有檐的。这种层层有檐的现象，构成了屋顶竖向的重楼式组合。在宋、辽、金时期，屋上建屋多带有平座，每个楼层都呈现“平座—屋身—出檐”的“三分”式构成。到明清时期，构架简化，楼层一般不出平座，只是单纯的出檐。

官式建筑的重楼，多数是周边出檐，也有少数是前后檐出檐。在屋顶的重楼式构成中，几乎没有采用庑殿顶的。这是因为庑殿的等级高，主要用于正殿，而不宜用于楼阁。歇山顶在重楼中用得很普遍，多是 2 层的，也有 3 层的。2 层的歇山顶楼阁有独乐寺观音阁、善化寺普贤阁、北京故宫文渊阁、北京法源寺鼓楼等。3 层的歇山顶楼阁有颐和园大戏台、广西真武阁、沈阳清福陵隆恩门等。重楼式的屋顶构成以攒尖顶的数量为最多，超过 3 层以上的楼阁，几乎都是攒尖顶重楼（图 2–4–29）。颐和园的佛香阁和大量的楼阁式塔都是攒尖顶的。民间建筑的楼层处理十分灵活，重楼式屋顶构成也不拘一格。如浙江民居中，有的设廊出檐，有的加披屋出檐，有的挑出腰檐，临街的店面还常常采用楼层出挑的做法，突破了层层有檐的框框。

3.“重楼—重檐”构成　许多屋顶的竖向

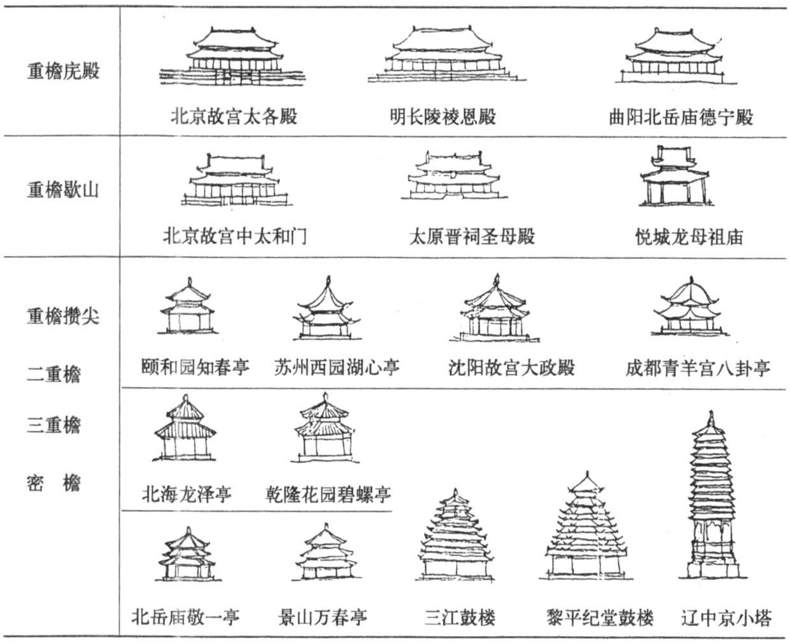

图 2–4–28　屋顶的竖向组合之一：重檐构成
引自许东亮．传统屋顶的形态构成与意义阐释：[硕士学位论文]．哈尔滨：哈尔滨建筑工程学院建筑系，1988

图 2–4–29　屋顶的竖向组合之二：重楼构成
引自许东亮．传统屋顶的形态构成与意义阐释：[硕士学位论文]．哈尔滨：哈尔滨建筑工程学院建筑系，1988

①陈明达．营造法式大木作研究．北京：文物出版社，1981.144 页

组合，采取了“重楼—重檐”的综合构成（图2-4-30）。以两层楼的下层单檐、上层重檐的“三滴水”模式最为典型。这种构成广泛用作城门城楼和钟鼓楼，通常均为歇山顶，如北京正阳门城楼、北京鼓楼、北京雍和宫万福阁等。两层重楼个别也有“四滴水”的，如山西太谷资福寺大殿，后土祠庙貌碑中之藏经楼等。在3层楼阁或多层楼阁式塔中，“重楼—重楼”构成也很常见。如泉州玉泉阁为3层楼带顶层重檐，应县木塔为5层塔身带底层重檐，颐和园多宝琉璃塔为楼阁式与密檐式相结合的形式，塔身为3层，底层、中层为重檐，顶层为三重檐。通过这些变换，“重楼—重檐”可以组构出多种多样的形式。

（三）“竖向—水平”混合构成

组合型屋顶除了以上所述水平组合和竖向组合的各种构成方式外，还存在着竖向与水平向的混合构成（图2-4-31）。许多复杂的组合式屋顶常常属于这一类。正定隆兴寺摩尼殿，是重檐歇山顶的主体，四面龟头屋式抱厦，形成竖向的重檐与水平向的十字相交的混合构成。以外形参差错落、结构独特精巧著称的北京故宫紫禁城角楼，主体部分为三重檐十字脊歇山顶，四面伸出重檐歇山顶抱厦，也是竖向的重檐与水平向的十字相交的混合构成。宋画滕王阁所呈现的既壮观又华丽的屋顶组合形象，是主体部分的丁字相交歇山顶“三滴水”重楼与两面重楼龟头屋抱厦和一面单层龟头屋抱厦穿插组合而成的，属于竖向的“重楼—重檐”构成与水平向的丁字相交构成的综合体。同样以屋顶的高度复杂著称的山西万荣飞云楼，实际上只是一座带两层平台的3层楼阁。它的外观显现6层檐口。底层平面为正方形，出单檐；二层每面出一龟头屋式抱厦，平面呈亚字形，平台出短檐，檐口中部凸出歇山十字脊顶；三层平面仍为正方形，平台也出短檐，顶部为重檐歇山十字脊顶，其下檐部分，四面各凸出垂莲柱式抱厦顶，也呈歇山十字脊。整个建筑的屋顶组合，既有“重楼—重檐”的竖向构成，也有十字相交的水平构成。以上这些建筑都是充分调度了屋顶的组合潜力而取得建筑形象的丰富构成。

图2-4-30 屋顶的竖向组合之三：重檐—重楼构成（左下）
引自许东亮．传统屋顶的形态构成与意义阐释：[硕士学位论文]．哈尔滨：哈尔滨建筑工程学院建筑系，1988

图2-4-31 屋顶的竖向—水平混合构成（右下）

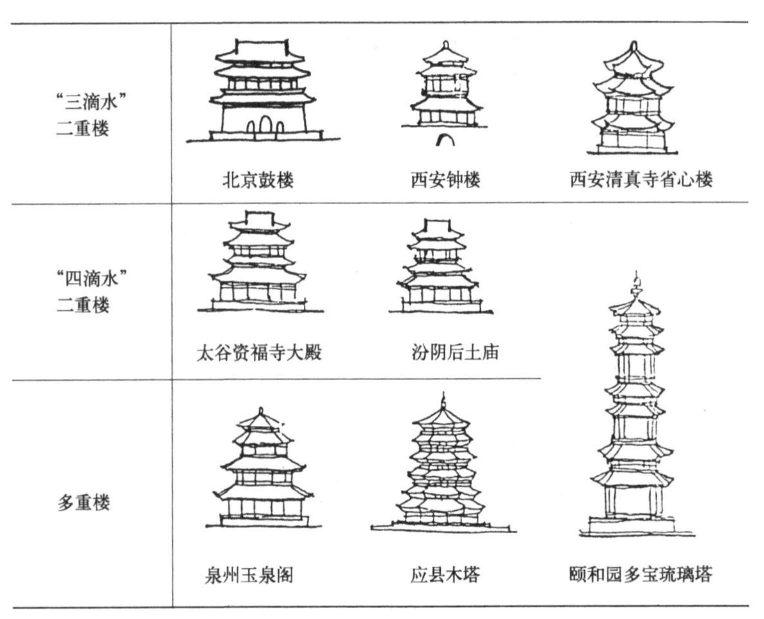

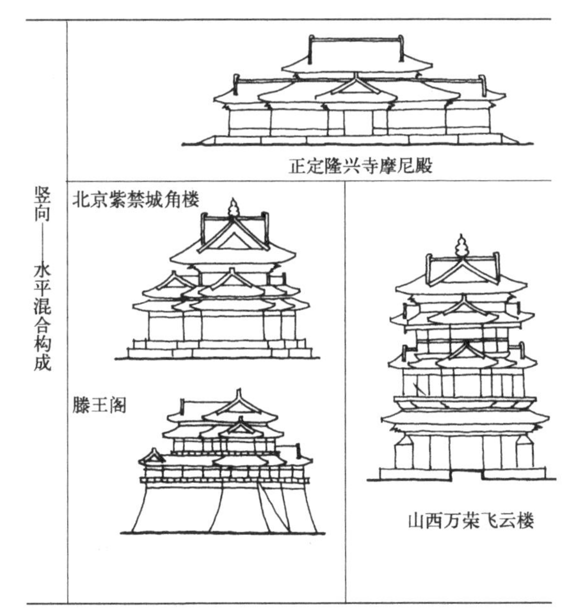

三、屋顶的审美意匠

（一）屋顶创作的理性精神和浪漫情调

程式化的官式建筑屋顶体现了在木构架体系条件下的实用功能、技术做法和审美形象的和谐统一。深远的出檐、凹曲的屋面，反宇的檐部，起到了排泄雨水、遮蔽烈日、收纳阳光、改善通风等诸多功用。早在春秋时期，古人已经从车盖篷顶实践中认识到“上尊而宇卑，则吐水疾而霤远”的原理和“盖已卑，是蔽目也”的现象。[①]东汉班固在《西都赋》中明确地道出“上反宇以盖载，激日景（影）而纳光”。这些表明最晚在汉代，已有具备排水、遮阳、纳光性能的反宇屋顶做法。木构架的结构形式，从早期的大叉手加披檐到成型后的抬梁式、穿斗式构架，也推动和适应了凹曲反宇的屋面做法。抬梁式和穿斗式结构的共同特点都是以柱梁、柱枋来维系结构的稳定，属于柱梁、柱枋支撑体系，完全不同于三角形的豪式屋架。屋面的椽条与柱檩是非连续的柱点接触，柱点与柱点之间没有结构受力的关系。屋面在任一柱点中断或降落都是允许的。无论是结构的非连续点促使屋面凹曲，还是屋面凹曲选择结构的非连续点，都表明这种结构特点与屋顶形式是高度合拍的。据萧默的论析，翼角的起翘也是由于斗栱的缩小，角梁悬挑的增大，促使老角梁断面加大，并将后尾托于金桁之下而形成的。[②]至于屋面瓦垄所形成的线型肌理，勾头滴水所组成的优美檐口，屋面交结所构成的丰美屋脊，脊端节点所衍化的吻兽脊饰等等，无一不是基于功能或技术的需要而加以美化的。赵正之曾指出：

> 宋代建筑中，正脊和垂脊内部都有一个贯串的铁链，两端固定在鸱尾或垂兽内部的大铁钉上。这铁链有效地加固了屋脊。鸱尾和垂兽本来是保护铁钉用的，后来变成了很美的装饰品。垂兽前面的仙人走兽的起源也是这样的，它们之所以排得比较密，是因为这一段没有铁链，不得不逐个把很重的脊瓦用铁钉钉在角梁上或大椽木上。[③]

庑殿垂脊在兽后、兽前分别采用厚脊、薄脊的做法也是大有用心的。官式做法规定垂兽的位置应对准大木构架的正心桁。这样，在庑殿顶的正立面图上垂兽恰好对准角柱。兽后部位都在角柱以内，结构上便于支承，因此垂脊相应地做得厚重些。而兽前部位已悬挑于角柱之外，结构上属于悬臂受力，垂脊就不宜搞得过于厚重，因而在形象处理上就显著地减薄脊身，通过仙人走兽的点缀，使兽前垂脊显得较为轻巧（图 2-4-32）。这里充分体现出建筑形式与结构逻辑的完美统一，从中可以领略古代匠师对屋顶程式的推敲达到何等细腻、何等精到的程度。

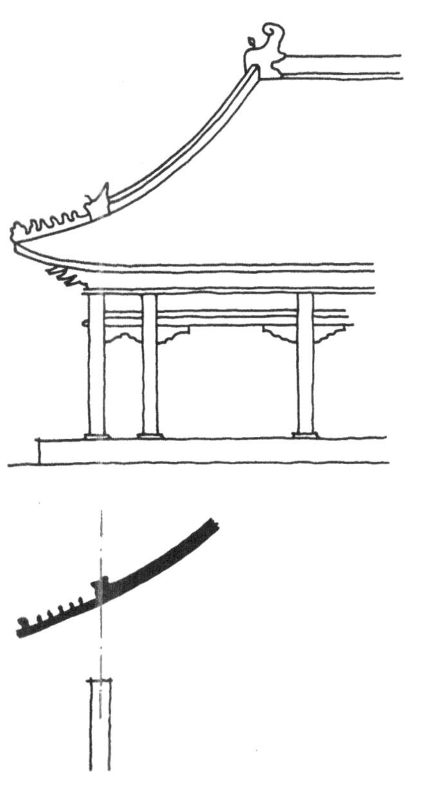

图 2-4-32　垂脊的不同厚度体现着屋顶形象与结构逻辑的统一

①考工记 · 轮人．原文前句意为“车盖的上部做得陡峻些，下方的宇部做得平缓些，雨水就能下泻得快速并可以甩出较远”。后句意为“车盖下压太低，会遮挡乘车人的视线”。

②参见萧默．敦煌建筑研究．北京：文物出版社，1989.295 ~ 298 页

③赵正之．中国古代建筑工程技术．见：建筑史论文集，第 1 辑．北京：清华大学土建系建筑历史教研组，1964

中国建筑屋顶正是通过这一系列与功能、技术和谐统一的美化处理，创造了极富表现力的形象，消除了庞大屋顶很容易带来的笨大、沉重、僵拙、压抑的消极效果，造就了宏伟、雄浑、挺拔、高崇、飞动、飘逸的独特韵味。

梁思成、林徽因对中国屋顶形象所蕴涵的功能、技术与审美的和谐统一，曾经给予很高的评价。他俩指出：

> 历来被视为极特异极神秘之中国屋顶曲线，其实只是结构上直率自然的结果，并没有甚么超出力学原则以外的矫揉造作之处，同时在实用及美观上皆异常的成功。这种屋顶全部的曲线及轮廓，上部巍然高崇，檐部如翼轻展，使本来极无趣、极笨拙的实际部分，成为整个建筑物美丽的冠冕，是别系建筑所没有的特征。……至于屋顶上许多装饰物，在结构上也有它们的功用，或是曾经有过功用的。诚实的来装饰一个结构部分，而不肯勉强的来掩蔽一个结构枢纽或关节，是中国建筑最长之处。①

① 梁思成．清式营造则例·绪论（本章由林徽因执笔）．新1版．北京：中国建筑工业出版社，1981.12～14页

中国建筑屋顶的这种创作精神应该说是理性的。但不是纯粹的理性，而是情理相依的，是在理性的主导中渗透着一些浪漫。在屋顶的创作中很擅长在美化结构枢纽和构造关节的同时，注入文化性的语义和情感性的象征。例如处于屋顶最高点的鸱尾，原本只是正脊与垂脊的交叉节点。由于所处地位的显要，把它做成了鸱尾的形象。不仅取得轩昂、流畅的生动形象和优美轮廓，而且揉进了“虬尾似鸱，激浪即降雨”的神话传说，寄托着“厌火祥”的深切意愿。后来鸱尾逐渐演变为鸱吻，最后定型为龙吻。这个龙吻同样蕴涵着龙能降雨消灾的语义。即使像龙吻背上的剑靶那样小小的配件，也被赋予一定的文化语义，被说成是为防止脊龙逃遁而特地用剑插入龙身把它镇住的。其实这个剑靶也是构造上的需要，龙吻背上需要开个口以便倒入填充物，剑靶是作为塞子用来塞紧开口的。只是把这个塞子似的构件附会脊龙的象征而做成剑靶的形象而已。鸱尾和龙吻的这种处理，可以说既是理性的又是浪漫的，体现着理性与浪漫的交织。

当然，我们也应该看到，屋顶发展到后期，也呈现不少“惰性”现象。明代砖产量的上升，砖墙取代土墙成为普遍的趋势，屋身的防水要求起了根本性变化，按理说屋顶应该随之出现重大的变革。但实际上，除了硬山顶的应运而生，屋顶出檐略为收缩外，整个屋顶体系并没有出现重大的变化。特别是砖塔的檐部处理和砖构“无梁殿”的屋顶处理，都表现出与结构格格不入的抵牾。屋顶上有一些装饰物，原本是功能性构件的美化，后来失去了功用也仍然保留着，成了纯装饰的点缀。这些都是有悖于理性的，是传统惰性力的表现。这是晚期中国建筑体系衰老症的一种征象。

（二）屋顶构成的等级品位和类型品格

我们透过“人字庇一端部”构成的分析，可以清晰地看到，官式屋顶的基本型和派生型实际上构成了完整的屋顶系列，它们之间存在着“同体变化”的现象，既有相同的“人字庇母体”，具有族系的共性；又有各自的“端部”差异，具有明确的“系列差”，呈现出同中有异的“群化效果”。官式建筑通过长时期的实践，从屋顶的基本型和派生型中，逐渐筛选出九种主要形制，组成了严密的屋顶定型系列，建立了严格的屋顶等级品位。这九种主要形制，按等级高低为序，就是：①重檐庑殿；②重檐歇山；③单檐庑殿；④单檐尖山式歇山；⑤单檐卷棚式歇山；⑥尖山式悬山；⑦卷棚式悬山；⑧尖山式硬山；⑨卷棚式硬山。

屋顶的这套等级品位成为中国建筑区分等

级的最显著标志，是官式建筑定型做法中极其重要的规制。值得我们探讨的是，为什么定制屋顶恰恰筛选出这九种形式？这九种形式组构的屋顶品位究竟具有什么样的机制？看来至少有以下四点是很值得注意的：

1. 正式建筑屋顶与杂式建筑屋顶 显而易见，这九种屋顶形式，都是用于长方形的平面和屋身，与长方形屋身配套，构成“正式建筑”。五种基本型屋顶中，庑殿、歇山、悬山、硬山都用上，唯独攒尖顶没有收入。这是因为攒尖顶用于正方形、六角形、八角形、圆形等等屋身形态，属于杂式建筑。这种情况清楚地表明，建筑等级品位的严格划分，主要是在正式建筑中施行，对于杂式建筑是明显放松的。这种区别对待是合理的。因为宫殿、坛庙、陵墓、第宅、衙署、寺庙等主要建筑组群基本上都是庭院式的组群布局，构成庭院式组群的单体建筑绝大部分是规整的、长方形屋身的正式建筑，等级品位的划分对这些建筑是重要的。而杂式建筑则主要用于游乐性、观赏性的亭、榭、塔，作为杂式的攒尖顶就没有必要强调等级的制约。事实上，六角形、八角形、圆形的建筑也不能像长方形屋身那样通过间架来标示等级。杂式建筑自身难以套用正式建筑的一套等级划分标志，因此放松对杂式建筑的屋顶等级的制约是切合实际的，是很明智的。

2. 屋顶品位序列与空间适应机制 屋顶的等级品位，确定以庑殿、歇山、悬山、硬山为高低序列，是很有道理的。这四种基本型的屋顶形态，人字庇母体是相同的。差异只在端部的结束形式不同。从端部来看，这四种基本型屋顶可以粗分为两个大类：一类是庑殿、歇山，其端部的共同点是带有角翘，属于高档次的屋顶形制；另一类是悬山、硬山，其端部的共同点是不带角翘，属于低档次的屋顶。这两大类的屋顶形式，在空间构成上有明显的区别。不带角翘的硬山顶、悬山顶，主要显现在前檐和后檐，檐口平直，屋顶轮廓单一。在两边山墙的侧立面上，屋顶的表现十分微弱。悬山顶只在山墙处略为挑出排山脊，硬山顶干脆把屋面停止在山墙内侧，排山脊依附在山墙上。这两种屋顶在庭院空间构成中，主要靠前后檐立面起作用，明显地淡化两山立面的表现力，表明这样的屋顶在空间构成中，适合于充当“靠边站”的配角，用它作为配殿、配房较为合宜。如果用它充当主角，居中作为正殿、正房，只适宜于较小尺度的庭院空间。因为对于较大的庭院空间，作为正殿、正房的硬山顶、悬山顶，就会显现出两山表现力不足的欠缺。而带角翘的庑殿顶、歇山顶则弥补了这样的欠缺。这两种屋顶同样以前檐、后檐为主，翼角起翘，有一种舒张、高扬的气势。它们在突出前后檐立面的同时，对于两山侧立面也给予相当的重视。歇山顶以带排山脊的小红山和撒头组成了丰美的屋顶侧立面，庑殿顶以大片的撒头形成很有气派的侧立面。这样就赋予这两种屋顶在空间构成中适合于充当居中的主角。可以堂而皇之地用于大尺度的庭院作为中轴线上的正殿、主殿。屋顶的等级品位划分显然是与屋顶对庭院空间构成的适应机制相关联，是很合拍的。把适于在大空间中居中，适于充当主角的庑殿、歇山列为高等级，把只适于在小空间中居中，宜于充当配角的悬山、硬山列为低等级，是顺理成章的。在高等级中，由于庑殿的气势大于歇山，因而把庑殿排在歇山之上。在低等级中，由于硬山的侧立面表现力比悬山更低，因而把硬山排在悬山之下。这样排列出的屋顶等级序列可以说是完全合乎空间构成逻辑的。

3. 屋顶品位与类型品格 不难看出，屋顶品位序列所筛选的九种屋顶形式，是在庑殿、歇山、悬山、硬山四种基本型的基础上，通过重檐的组合方式和卷棚的派生方式而组构成的。

在这个品位序列中，从屋顶性格的角度来审视，四种基本型屋顶的类型品格是很明确的。庑殿顶呈简洁的四面坡，尺度宏大，形态稳定，轮廓完整，翼角舒展，表现出宏伟的气势，严肃的神情，强劲的力度，具有突出的雄壮之美。歇山顶呈“厦两头”的四面坡，形态构成复杂，翼角舒张，轮廓丰美，脊件最多，脊饰丰富，既有宏大、豪迈的气势又有华丽、多姿的韵味，兼有壮、丽之美。悬山顶呈前后两坡，檐口平直，轮廓单一，显得简洁、淡雅，由于两山悬挑于山墙之外，立面较为舒放，具有大方、平和之美；硬山顶也呈前后两坡，与悬山同样是檐口平直，轮廓单一，但是屋面停止于山墙内侧，两山硬性结束，显得十分朴素，也带有一些拘谨，具有质朴、憨厚之美。

这是四种基本型屋顶的四种类型品格，官式建筑的屋顶等级序列巧妙地在这四种类型品格的基础上，添加了强化和弱化的措施。采用重檐显著增添了屋顶的竖向层次，是一种大举动，起到了高强度的隆重化作用，派生出重檐庑殿和重檐歇山（重檐攒尖不在九种屋顶品位之列，这里不议）。重檐庑殿把单檐庑殿的雄壮之美推到了更高程度，成为屋顶的最宏伟、最隆重形制，列为等级系列之首。重檐歇山也大大强化了单檐歇山壮美的一面，赋予它相当隆重的形象，使它超过单檐庑殿顶的气势，列为屋顶等级序列的第二位。这种列等情况表明，增加重檐比原先的单檐足足拔高了两个等阶。相对于重檐的高强度隆重化，卷棚只是对正脊的隐匿，是一种小举动，只起轻度柔和化的作用。如果说重檐把单檐的庑殿、歇山拔高了两个等阶。那么卷棚则把尖山式的歇山、悬山、硬山降落了半个等阶。卷棚式歇山把尖山式歇山的壮美揉成为优美，降低了歇山的庄重感，增添了歇山的亲切感。卷棚悬山、卷棚硬山也同样起到柔和尖山式悬山、硬山的作用，增添了悬山、硬山的轻快感。这样，九种屋顶形式就构成了从极为隆重、雄伟，到相当素朴、轻快的九种类型品格，以适应官式建筑不同等级、不同性质对于建筑性格的不同需要。应该指出的是，这里所说的“类型品格”，指的是建筑形制的类型品格，而不是建筑功能的类型性格。中国建筑在屋顶性格上，强调的只是形制品格。凡是属于最高等级的殿座，用的必然就是最高等级的屋顶形制。如北京故宫太和殿、乾清宫，北京太庙正殿和明长陵祾恩殿，用的都是重檐庑殿顶的形制。这里突出的是等级形制，表现的是等级的类型品格。而这些建筑在功能性质上是大不相同的，它们的功能品格在屋顶形制上却得不到应有的反映，这是一种极为明显的以形制品格吞噬功能品格的现象。

4. 大式屋顶和小式屋顶　官式建筑在屋顶品位序列的基础上，通过调节瓦件材质、脊件做法和脊饰构成，明确地把屋顶分为大式做法和小式做法两个大类。这两类屋顶的主要区别是：

（1）在屋顶形制上，本着“上可兼下，下不得似上”的原则，大式屋顶既可以采用带角翘的高档屋顶，也可以采用不带角翘的低档屋顶，屋顶品位序列中的九种屋顶都可以为大式所用。而小式屋顶则不许用带角翘的屋顶，只能用屋顶品位序列中的后四种低档屋顶，仅限于悬山与硬山两种基本型。

（2）在宽瓦材质上，大式屋顶既可以采用各色琉璃瓦，也可以采用布瓦；而小式屋顶则只能采用布瓦，即所谓的“黑活”屋顶。

（3）在吻兽设置上，大式屋顶既可以带有吻兽，也可以不带吻兽，凡是用琉璃瓦的，即使不带吻兽也属于大式；凡是带吻兽的，即使是“黑活”屋顶，也是大式。而小式屋顶则一概不能带吻兽。吻兽的有无，成了区分“黑活”屋顶大小式的明显标志。

（4）在宽瓦方式上，大式屋顶通用筒瓦屋面，属高等级体制；而小式屋顶只能用最小号规格的筒瓦屋面和合瓦屋面、仰瓦灰梗屋面、干槎瓦屋面、棋盘心屋面，等第依次递降。

（5）在用脊形制上，大式屋顶的正脊，尖山式普遍采用大脊，卷棚式普遍采用过垄脊；小式屋顶的正脊，通常分过垄脊、清水脊、鞍子脊三个等次。过垄脊用于小筒瓦屋面，鞍子脊用于合瓦屋面，清水脊可兼用于小筒瓦屋面或合瓦屋面。这里，过垄脊的情况较特殊，既可用于大式屋顶，也可用于小式屋顶。在排山脊的形制上，大式屋顶通用带排山勾滴的铃铛排山和带披水砖的披水排山，以铃铛排山脊为上。小式屋顶除铃铛排山、披水排山外，还增加一种简易的“披水梢垄”，等第依次递减。

屋顶除了从以上几方面区分大小式外，还衍生出“大式小作”和“小式大作”两种变通做法，作为大小式之间的中介档次。这些明显地构成了定型屋顶的调节机制。由于大式屋顶等级划分要求很严、很细，在大式屋顶范围内，还附加了色彩调节，样等调节和吻兽调节。色彩调节主要表现在琉璃瓦区分为黄、绿、黑等不同等次，以黄色为最高贵，绿色次之。只有皇家建筑和重要庙宇才能用黄色琉璃瓦或黄剪边。亲王、世子、郡王府第用绿色琉璃瓦或绿剪边，离宫别馆和皇家园林用黑、蓝、紫、翡翠等色琉璃。低品位的官员和平民宅舍只能用青灰色的布瓦。样等调节主要表现在琉璃瓦件的规格型号。琉璃瓦件原分为十样，一样过大，十样过小，实际上用的是二样至九样，共八等。样等的选择是按檐柱高的五分之二作为正吻高，再按此尺寸选定相近样数的正吻，以此确定相应的瓦件样等。这样能取得瓦件尺度与整体建筑尺度的协调。建筑尺度大，相应地瓦件样等也高。如北京故宫的太和殿用二样琉璃瓦，保和殿用三样琉璃瓦，乾清门用六样琉璃瓦，明显地反映出瓦件样等对等级品位的附加调节作用。吻兽调节主要表现在两点：一是正脊用的吻兽，区分为两档，高档的脊端用正吻，主要用于宫殿、坛庙、陵墓、庙宇等高体制殿堂；低档的脊端用“望兽”，主要用于城门等级别略低的建筑。二是垂脊、戗脊的仙人走兽行列中，所用的走兽数量不同，均为单数，分三、五、七、九几等。以九个走兽为最高等。北京故宫太和殿用了10个，属于特例。这样走兽数目的多少就成了大式屋顶高低等次的一个很容易识别的标志。

不难看出，正是这一系列宏观的、微观的调节机能，增添了大式、小式屋顶的灵活性，使得品类不多的定型屋顶能够充分适应官式建筑对于屋顶的多样需要。

第三章　建筑组群形态及其审美意匠

第一节　建筑组群的离散型布局

以木构架为主体结构的中国建筑体系，单栋建筑体量不宜做得过于高大，一般建筑组群都由若干栋单体建筑组成。这种建筑构成形态与西方古典砖石结构体系的大体量集中型建筑截然不同，属于多栋离散型布局。木构架建筑从发生期开始，就一直以离散型形态出现。春秋战国时期的高台建筑活动，通过夯土阶台的联结，把木构建筑聚合成高高层叠的庞大体量，是大型工程谋求集中型建筑的重大探试。但它只风行几个世纪，到汉代就趋于淘汰。只是由于因袭古制，集中型体量在汉唐明堂等礼制建筑中还延续过一段时间（图 3–1–1）。唐宋时期的某些宫殿和观赏性的台阁建筑，也曾表现出追求集中型构成的努力，如唐大明宫麟德殿（图 3–1–2）和宋画滕王阁、黄鹤楼（见图 2–4–22）所显示的聚合体量。这些，在宋以后都基本消失，除了喇嘛教、伊斯兰教的一些木构殿阁保持较大的聚合体量外，包括礼制建筑、宫殿建筑和观赏性的台阁建筑在内，都明显地打散大体量，完全统一于离散型的格局。

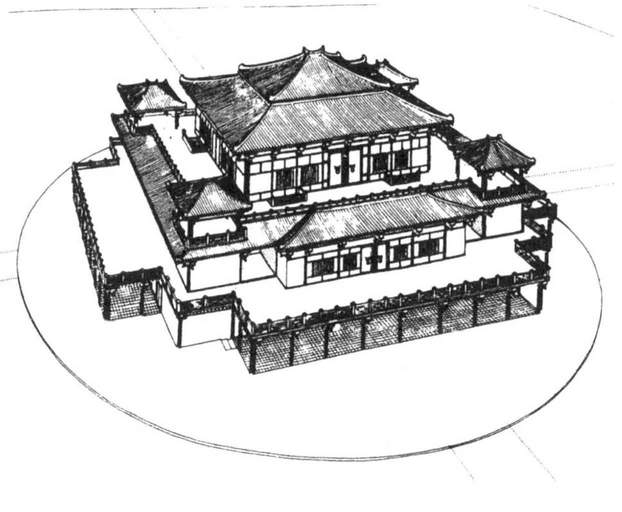

离散型布局有多种组合方式，凡是在群体组合中形成庭院的，都属于庭院式布局，而诸多没有形成庭院的组合方式，则不妨称之为非庭院式布局。在官式建筑和民间建筑中，庭院式布局都属于主流，是中国建筑组群构成的基本方式。各种非庭院式的布局则是庭院式布局的重要补充，两种布局方式也常常形成不同程度的交融、综合。

一、庭院式布局

庭院式布局以院为构成单元。一个独立的院落，就是一个独立的小型建筑组群，院落与院落的组合，可以组成中型的或大型的建筑组群。

对于离散型的木构架体系建筑，庭院式的布局有它突出的优势，具有多方面的功能：

1. 空间聚合功能　庭院式布局以庭院作为单体建筑的联结纽带，庭院空间起到了栋与栋

图 3–1–1 （上）汉唐礼制建筑呈现的集中型体量　图为王世仁复原的汉长安明堂主体建筑

图 3–1–2 （下）唐代宫殿主体建筑呈现的集中型体量。图为傅熹年复原的大明宫麟德殿

引自刘敦桢．中国古代建筑史．第 2 版．北京：中国建筑工业出版社，1984

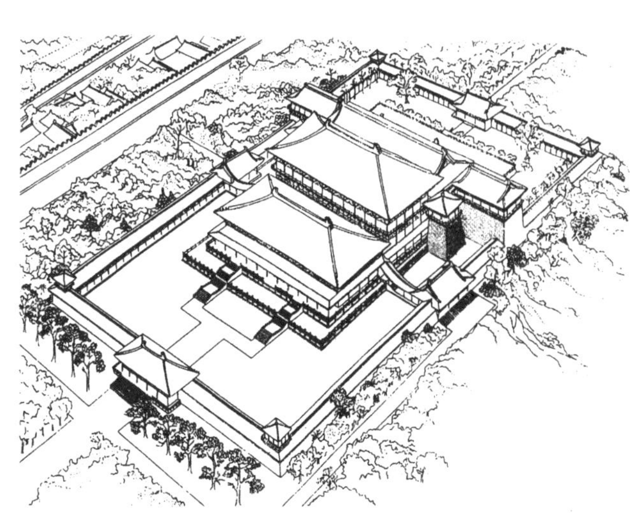

之间的联系作用，使得同一庭院内的各栋单体建筑在交通联系上、使用功能上联结成一体。这种布局很适应宗法制度下家族聚居的家庭形态需要。王国维对此有一段详细的表述：

> 我国家族之制古矣，一家之中，有父子，有兄弟，而父子兄弟又各有匹偶焉。即就一男子而言，而其贵者有一妻焉，有若干妾焉。一家之人，断非一室所能容，而堂与房又非可居之地也。……其既为宫室也，必使一家之人，所居之室相距至近，而后情足以相亲焉，功足以相助焉。然欲诸室相接，非四阿之屋不可。四阿者，四栋也。为四栋之屋，使其堂各各向东西南北，于外则四堂，后之四室，亦自向东西南北而凑于中庭矣。此置室最近之法，最利于用，亦足以为观美。明堂、辟雍、宗庙、大小寝之制，皆不外由此而扩大之、缘饰之者也。①

王国维的这段表述虽有不够准确之处，但他的基本见解值得重视。庭院式住宅布局的确是木构架建筑体系适应宗法制家庭形态的最合适、最自然的组合方式。这种布局方式先在居住建筑中发育、成型，具有庭院的“原型”意义，宫殿、宗庙、陵寝、衙署、寺观等其他建筑类型的庭院式布局，实质上是居住型庭院“扩大之、缘饰之”的同构衍生。庭院在各类型建筑中都起到把离散的建筑单体从使用功能上和空间构成上联结成聚合的有机整体的纽带、结点作用。

2. 气候调节功能　庭院式的布局具有重要的气候调节机能，闭合而露天的庭院、天井明显地起到改善良性气候条件和减弱不良气候侵袭的作用。利用冬夏太阳入射角的差别和朝夕日照阴影的变化，庭院天井与廊檐结合，可以取得良好的遮阳、纳阳、采光效果。由院墙、门、屋围合的庭院封闭空间，可以有效地抵挡寒风侵袭，阻隔风沙漫扬。顶界面的露天通透，使天井既当入风口，又当出风口，与敞厅等组成效能很高的通风系统，可以通过风压作用或热压作用获得流畅的通风。庭院还可以通过种植花木，引来满庭绿荫；通过搭盖凉棚，造就满院阴凉；庭院在排泄雨水、收集雨水的同时，还可以摆设水缸，开凿水池，保持局部环境的湿润大气。广布在中国大地的庭院式建筑，正是通过调节庭院天井的大小、高低、开合，适应了北方强调的日照、防风要求和南方突出的遮阳、通风要求。在这方面庭院充分发挥了建筑组群内部的小气候调节器的作用。

3. 场所调适功能　庭院式布局具有低层高密度的特点，与低层独立式布置相比较，用地效益较高。尚廓、杨玲玉对此作过分析。在同一方块地段，按南北方折中比值布置标准四合院，建筑面积与庭院面积分别占基地的70%和30%，如采用西方低层独立式布置，则建筑与外院占地百分比适得其反。如将70%的建筑占地改用独立式布置，则周边所余空地已无法利用（图3-1-3）。②这一比较分析很有说服力，表明庭院式布局对于充分利用占地是有它的长处的。

这个被围合的庭院空间，既是组群内部的公共空间，也是组群内部的室外空间，在尺度上既可以缩小到极狭窄的，不到1平方米的小

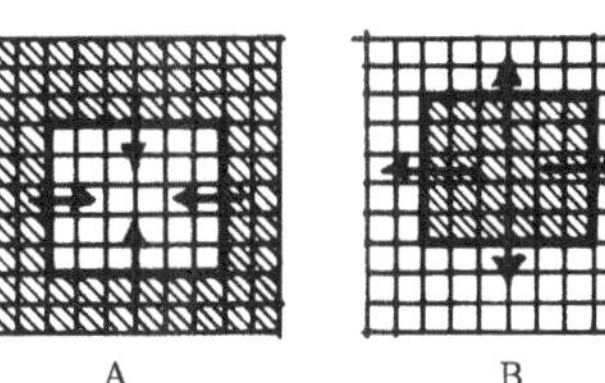
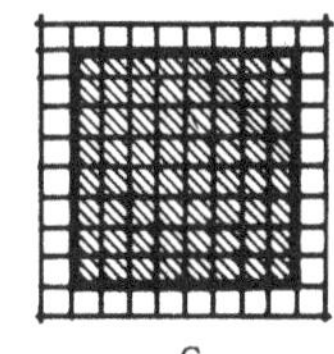

A　四合式布置，建筑占地70%，庭院占地30%，建筑面积多，庭院显得宽敞
B　独立式布置，建筑占地30%，庭院占地70%，庭院宽敞，但建筑面积很少
C　独立式布置，建筑占地70%，庭院占地30%，建筑面积虽达到A，但庭院已无法利用

图3-1-3　尚廓、杨玲玉所作的庭院式与独立式用地比较
引自尚廓，杨玲玉．传统庭院式住宅与低层高密度．建筑学报，1982（5）

①王国维．观堂集林．明堂庙寝通考．北京：中华书局，1959.124～125页

②尚廓，杨玲玉．传统庭院式住宅与低层高密度．建筑学报，1982（5）

天井，也可以放大到极宽阔的，超过3万平方米的巨大庭院。庭院的这种处于内部的、可大可小的室外空间，使它成为十分可贵的、具有多样用途的场所。在居住建筑中，它起着“露天起居室”的作用，成了家务劳作、晾晒衣物、养殖家禽、副业生产、儿童嬉戏、休憩纳凉和庆典聚会的场所。在宫殿、坛庙、陵寝、寺观、宗祠等建筑中，庭院作为主殿屋的延伸和放大，成了仪礼活动和大容量人流聚散的场所。庭院还是组群内部渗透自然、引入自然的场所，具有调适自然生态和点缀自然景观的潜能。庭院的多样场所价值和灵活的场所调适潜力，是庭院式组群在各类型中得以普遍发展的重要原因。

4. 防护戒卫功能 以土木为主要构筑材料的木构架建筑，殿屋自身的坚实程度远不如砖石结构的西方古典建筑，特别是前檐屋身，外檐装修的门窗格扇占很大部分，单体建筑的防护能力很弱。采用庭院式布局，各栋建筑都深藏院内或面向内院，整体院落的外界面由院墙或殿屋的山墙、后檐墙环绕围合，组成一道坚实的防线，大大增强了建筑组群的整体防护性能，不仅有利于防盗御敌，也有利于组群之间的防火安全。

正是庭院式的封闭布局，带来了组群的门禁森严特点。大型建筑组群由许多进院落组构。每一个围闭的院落都成为相对独立的防卫单元。庭院的纵深串联，门屋的重重警戒，构成了组群内部层层封闭的关卡。“重门击柝，以待暴客[①]，封建时代的深宫大宅都把庭院式布局的这种防卫功能发挥到极致。

5. 伦理礼仪功能 庭院式布局不仅与家族聚居的家庭结构相适应，也同封建礼教制约下的思想意识和心理结构相适应。一组围合的庭院式空间，组构了一个封闭的小天地，典型地体现出封建族权、父权统治所需要的“独立王国”的建筑环境。在这个封闭的小天地中，几何形的建筑空间秩序与伦理道德秩序形成了同构对应现象。严整纵深的庭院组合，中轴突出的对称格局，提供了建筑空间的主从构成、正偏构成、内外构成和向背构成。这些空间构成都被赋予礼仪上的尊卑等第意义。透过正落与边落，正院与偏院，正房与厢房，正殿与配殿，外院与内院，前庭与后庭等等空间的主从、内外划分，庭院式组群充分适应了封建礼教严格区分尊卑、上下、亲疏、贵贱、男女、长幼、嫡庶等一整套的伦理秩序需要。

6. 审美怡乐功能 庭院式的布局自然形成建筑组群平面铺展的格局。重重庭院的串联自然造成组群空间纵深延展的序列。这些给中国建筑带来了独特的艺术表现特征。建筑形态的内向品格，艺术表现的时空交织，室内外空间的有机交融，建筑序列的起、承、转、合，以及自然景观的收纳渗透等等，都表现出庭院式布局审美上的独特意蕴和巨大潜能。

正是由于庭院式布局具有上述多方面的优势和潜能，使得它成为中国木构架建筑长期持续的基本布局方式。在漫长的发展历程中，庭院式布局大体上形成两种主要类别：

（一）廊院式

廊院是以回廊围合成院，沿纵轴线在院子中间偏后位置或北廊设主体殿堂。殿堂或一栋，或前后重置二三栋。最初只在前廊中部设门屋或门楼，后来常在回廊两侧、四角插入侧门、角楼等建筑。廊院式是早期大型庭院的主要布局形式。偃师二里头早商宫殿遗址已是廊院式的布局（见图1-2-2，图1-2-3）。汉代继续采用廊院制度，从河北安平汉墓室壁画中的庄园建筑（图3-1-4）与内蒙古和林格尔东汉墓壁画宁城图中的幕府建筑（图3-1-5），可以看出汉代大型住宅和地方官衙的廊院布局。敦煌壁画中所表现的北朝至隋唐的佛寺图像，基本上仍是廊院式的布局（图3-1-6）。从唐代

① 易·系辞

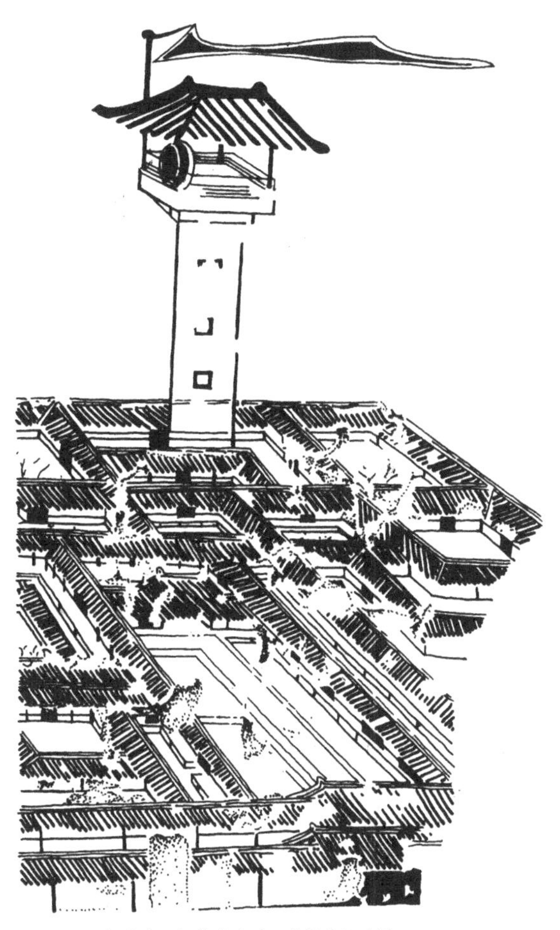

图 3–1–4 河北安平汉墓墓室壁画中的庄园建筑

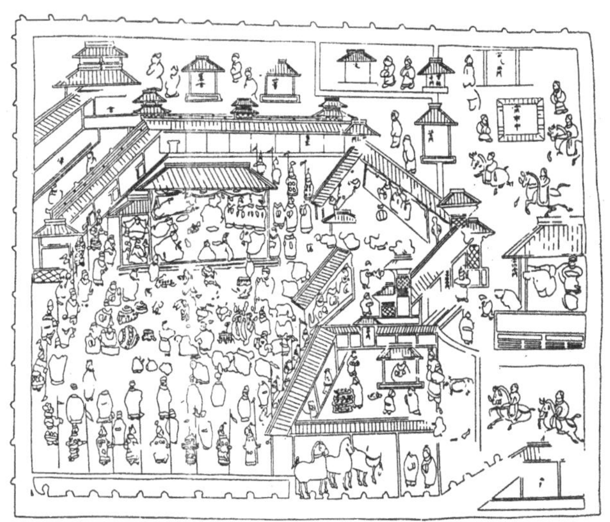

图 3–1–5 内蒙古和林格尔东汉墓壁画“宁城图”中的幕府建筑
引自内蒙古自治区博物馆文物工作队．和林格尔汉墓壁画．北京：文物出版社，1978

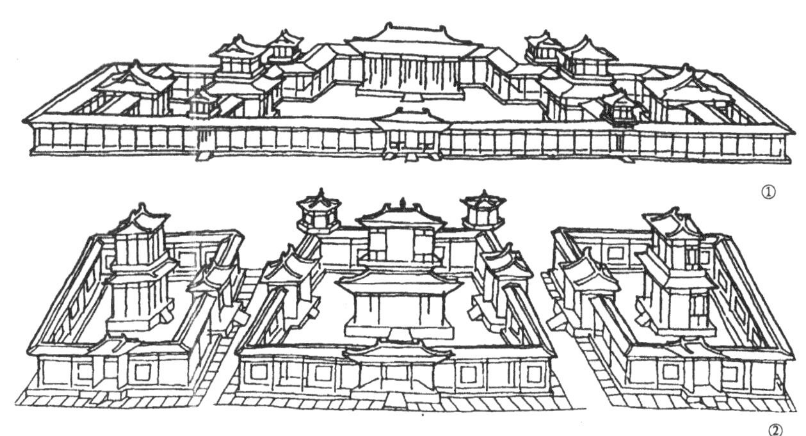

图 3–1–6 敦煌壁画中显示的廊院式布局
①盛唐 148 窟壁画 ②中唐 231 窟壁画
引自萧默．敦煌建筑研究．北京：文物出版社，1989

后期开始，回廊逐渐向廊庑转化，形成两侧带廊庑的院落。这种庭院是介于廊院与合院之间的中介形态，比廊院更切合实用，从宋代开始，在宫殿、寺观、衙署、住宅中，廊庑逐渐取代回廊，到明清两代廊院已基本绝迹。

（二）合院式

合院式的布局特点是由若干栋单体建筑和墙、廊围合成二合院、三合院、四合院。每一院落称为一“进”，若干“进”沿纵深轴线串联，称为一“落”或一“路”。一般小型组群由单落一二进组成，中型组群由单落多进组成，而大型组群布局则由多落多进组成。这种合院式布局出现得也很早，陕西岐山凤雏村西周宗庙遗址已是一组两进的完整四合院（图 3–1–7）。在中国封建社会中，合院式一直是中型居住建

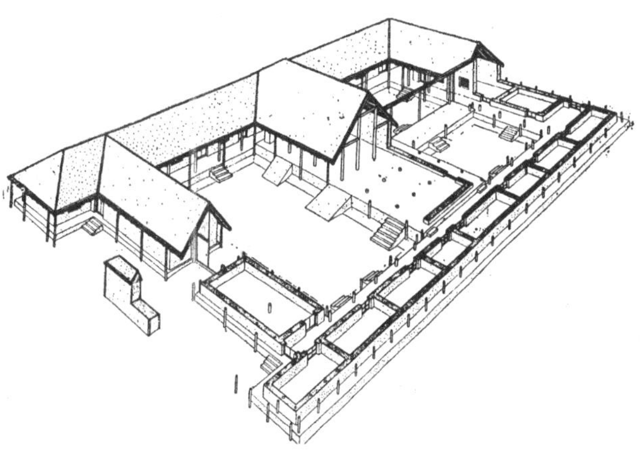

图 3–1–7 陕西岐山凤雏村西周宗庙遗址复原图（杨鸿勋复原）
引自杨鸿勋．建筑考古学论文集．北京：文物出版社，1987

筑的主要布局形式，到明清时期，宫殿、祠庙、陵寝（图 3–1–8）、寺观、衙署（图 3–1–9）和大型第宅也普遍采用合院式，这使得合院式布局成为木构架体系发展后期最主要、最典型的布局形式。有关合院式的单元构成、组合方式、空间特色、审美意匠等等，本章后几节将展开叙述。

图 3–1–8　清西陵泰陵。陵寝主体庭院采用合院式布局

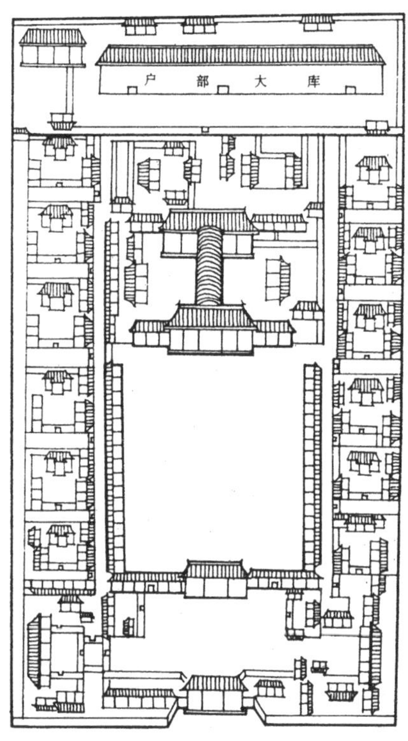

图 3–1–9　清代北京户部衙门。衙署建筑的合院式布局
引自中国大百科全书建筑·园林·城市规划卷. 北京，上海：中国大百科全书出版社，1988

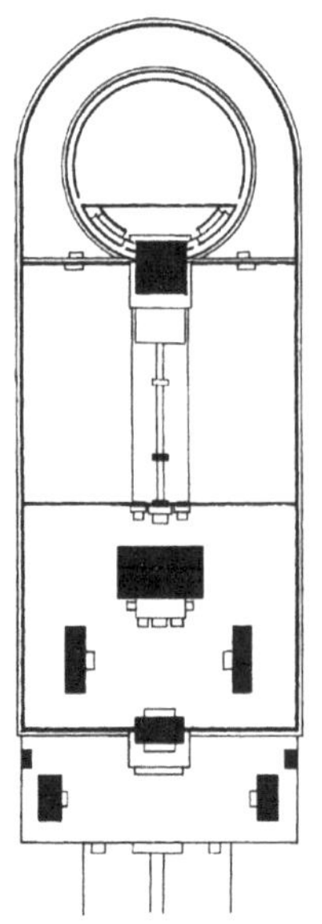

二、非庭院式布局

非庭院式的布局大体上可以归纳为三种主要形式：

（一）贯联式布局

贯联式布局是由若干单体建筑沿着纵深轴线前后贯联构成（图 3–1–10）。这种布局，单体建筑前后可以拉开较大距离，纵深轴线可以延伸很长，只需要为数不多的建筑单体和建筑小品，就可以构成长长的纵深空间序列和人流动线。各栋建筑之间物质性功能联系松散，实用性很弱，明显地以精神性功能为主导，常用于重要组群的前导部分，如陵墓的神道，寺庙、祠庙的香道等。园林建筑中也能见到这样的布局。贯联式布局有的呈规则端庄的串联，有的呈自然活变的串联。轴线上的建筑成了纵深空间序列的节点和转换点，可以调节出较强的层次感和节奏感。行进在贯联式布局的组群中，人流动线特别明显，空间的转换交织着时间的进程，形成了连续不断的动态空间，步移景异的动观景象和富于时空变换的境界特色。明十三陵长陵神道，清东陵孝陵神道，清西陵泰陵神道，四川乐山大佛寺香道，四川青城山天师洞香道，云南昆明金殿香道等都是贯联式布局的著名实例。陕西韩城司马迁祠，在祠院前方，随着司马坡山梁的升高、转折，布置了周公祠、山门和三道牌坊，也形成祠院前导的贯联式布局（图 3–1–11）。北京北海濠濮间则是园林建筑贯联式布局的代表性实例（图 3–1–12）。这组位于太液池东岸的园中园，只有西宫门、云岫、崇椒、濠濮间四栋大小相近、形式相仿的厅屋，其中前三栋都是三开间卷棚硬山顶，建筑组成要素雷同、划一。由于采取灵活的贯联式组合，四栋厅屋横竖交错，配上石坊、曲桥，结合地形的起伏，以曲尺形爬山廊把各栋建筑贯联成一个整体，平面上曲折有致，竖向上高低错落，

图 3-1-10　贯联式布局示意

图 3-1-11　韩城司马迁祠
①乾隆版韩城县志中的司马迁祠图
②司马迁祠院前导形成贯联式局面
引自赵立瀛．高山仰止，构祠以祀止．见：建筑师，第14辑．北京：中国建筑工业出版社，1983

在池沼、山石、花木的映衬下，取得了分外清幽的境界，表明贯联式的布局对组构园林建筑的起伏顿错也具有很大的潜能。

（二）联排式布局

各栋单体建筑横向毗邻布置，即为联排式布局（图 3-1-13）。主要出现在沿街、沿江或沿等高线布置的街道店铺和街巷民居。这种布局形式，建筑呈线性密集，有的是连续不断的毗连，有的是略有间隔的并列。在平原地段，多呈规则型的联排，形成整齐、有机的直街；在水乡山地，多呈参差型的联排，形成自然、随机的弯转（图 3-1-14）。作为商业性街道，

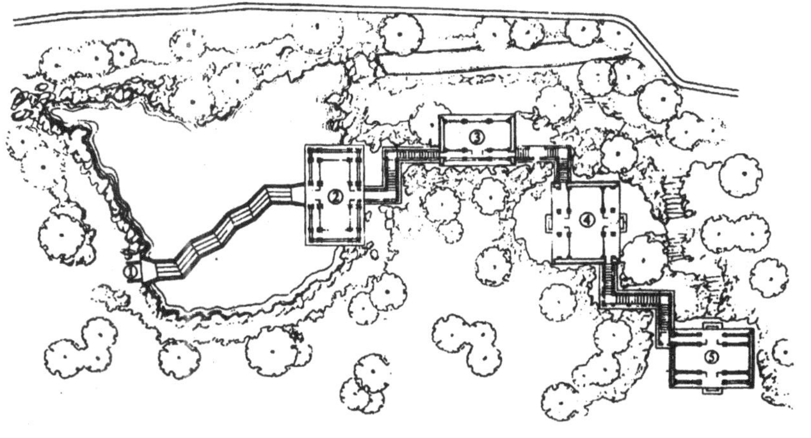

图 3-1-12　园林建筑的贯联式布局——北海濠濮间
①石坊　②濠濮间
③崇椒　④云岫　⑤西宫门
引自天津大学建筑系，北京市园林局．清代御苑撷英．天津：天津大学出版社，1990

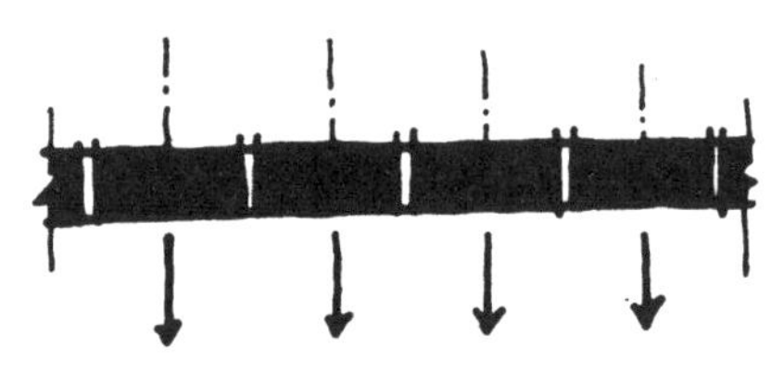

图 3–1–13　联排式布局示意

图 3–1–14（左中）湘西麻伊洑老区民居，呈不规则的联排布局

图 3–1–15（左下）北京拍子式店面
引自林岩等．老北京店铺的招幌．北京：博文书社，1987

图 3–1–16　（右上）北京牌楼式店面
引自林岩等．老北京店铺的招幌．北京：博文书社，1987

店铺紧密毗连，可以最大限度地利用沿街地段，组成高密度的紧凑营业空间，很适合购物活动的人流动线，具有很强的商业性实用功能。这些沿街店铺，有的向竖向发展，建成二三层高的楼房；有的向店后延伸，形成前店后院格局。后者严格说已不是单体建筑之间的联排布局，而是庭院式组群之间的并列组合，已超出非庭院式的布局范畴。

单体建筑鳞次栉比地毗邻联排，带来一个很突出的特点，就是只有正立面朝向街道，侧立面基本上没有显露。在街立面上，建筑不是以三维的体量展现，而是以二维的界面展现。这使得沿街毗连布局的店铺，在艺术表现上都集中在临街店面上做文章。北京传统店面基本上采取三种处理方式：一是拍子式，即在店铺临街一面接出称为“拍子”的一层平顶廊或平顶屋，屋顶泛水向后排泄，檐部不做滴水瓦檐而代以挂檐板，上部立朝天栏杆，起增高店面和装饰美化作用（图 3–1–15）。二是牌楼式，即紧贴着铺面架起高大牌楼或牌坊，牌楼、牌坊的间数多与铺面间数相同，也有只做单间。不论是用牌楼还是牌坊，都采用冲天式，中柱、边柱都尽力高耸冲天，力图拔高和扩大店面形象（图 3–1–16）。三是重楼式，即采用重层乃至三四层的店面，有的是店屋与拍子均设楼，有的只是店屋设楼而拍子上层做露台、空廊或敞空雨棚。上下层间设有挂檐板，上层屋檐做滴水瓦檐或平顶拍子（图 3–1–17）。这三种店面形式，在挂檐板、华板、花罩等部位，都充满密密麻麻的雕饰，显得十分繁缛。立面上的装修多将玲珑轻巧的内檐隔扇用于外檐，以争取多输入光线，也便于顾客出入。铺面隔扇还可以全部脱下，有的通间敞开，有的以高栏杆屏护，形成很通透的门面。这些店面都在楼匾部位、华版部位和挂檐板下方，悬挂横匾，标明店铺名称、字号，作为店标招牌。还从挂檐板、朝天栏杆、牌楼柱等部位伸出夔龙“挑头”，悬挂各式形象幌、标志幌、文字幌，作为宣传商品的行标。招、幌在这里不仅仅是商业广告，也起到为联排式店面点染建筑性格和丰富立面装饰的作用。南方城镇的沿街店铺，大体上也是毗连式联排布局，店面处理比较简洁，没有添加牌坊、拍子，多以楼房出挑，在朴实的建筑立面上悬挑出招牌，主要通过全面敞开的铺面，以店内的陈设和商品渲染出纷繁、热闹的商业建筑性格（图 3–1–18）。

图 3–1–17　北京重楼式店面
引自中国营造学社图版．中国建筑参考图集．

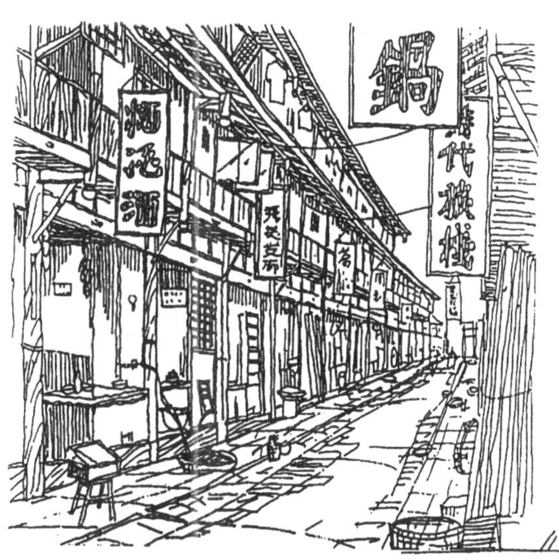

图 3–1–18　四川小城镇的联排式店面
引自尹培桐，万钟英．四川小城镇的保护与更新测绘图集．重庆：重庆建筑工程学院建筑系，1991

这种毗连式联排的街道，人流路线沿街前进，主视线呈行进式动态观览，整条长街如同徐徐展开的长卷，共时性观赏与历时性观赏交织在一起，组成很有特色的带形空间的视觉场。从宋代开始，中国传统城镇的基本面貌，主要由这种毗连式的商业街组成，应该说联排式也是中国传统建筑影响面很大的一种布局方式。

（三）散点式布局

单体建筑自由错落地散布，就形成散点式布局（图 3–1–19）。民居村落、风景建筑和园林建筑都有这样的组群。散点布置的建筑，看上去像是无规则的随机分布，实际上多数并非随意安排，而是有依据的构成。常见的有顺势构成、顺风构成、向心构成和组景构成等不同情况。顺势构成主要受地形制约，有的顺等高线起伏进退，有的依山势水流错落偏转（图 3–1–20）。顺风构成主要考虑风向的流通，争取接纳拂过水面的南风，避免建筑相互遮挡阻隔而形成松散、错落的布置。向心构成主要围绕某一特定空间或特定目标分布，如海南苗村形成以歌舞聚会的广场为中心的自由布局（图 3–1–21）。组景构成则是从景观组织的角度，本着“景到随机”的原则，根据景点具体情况进行灵活的安排。这种散点的布局，建筑之间功能联系松散，群体组合不拘泥于陈规定式，也不强调刻板的方位朝向，布局自由度较大，可以充分适应地形山势，可以融洽地融入自然怀抱，可以无拘束地点景、观景，有利于取得灵活、自然、富有天趣的风貌。昆明西山龙门建筑群可算是散点布局的成功范例（图 3–1–22）。这组建筑散布在滇池畔险峻的峭壁上，山路沿人工石洞、绝壁隧道蜿蜒而上。除灵官殿正对入口外，其他殿阁都结合山势，背依危崖，面向滇池风景面，充分借取湖光水影。

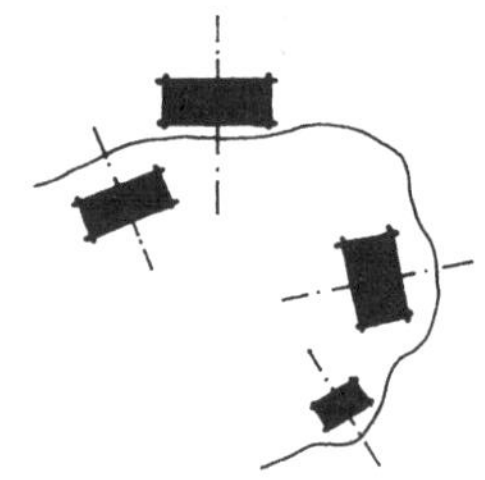

图 3-1-19　散点式布局示意

这种灵活的散点布局，也使得建筑与山路密切结合，据守路口的建筑，成为道路上下的对景，随着山路曲折高下，建筑悬崖凌空，景象十分险奇。这些都充分发挥出散点式因地制宜、贵在不羁、依形就势、贴合自然、灵活借景、随机点景等的布局潜能和构景特色。

以上粗略地分析了贯联式、联排式和散点式三种非庭院式的布局，它们虽然不是中国传统建筑组群布局的主导形式，也都通过长期的历史实践，积淀下丰富、独特的设计手法。在许多情况下，这三种非庭院式布局常常与庭院式布局相互渗透地交织在一起，组构出很精彩的综合型组群。

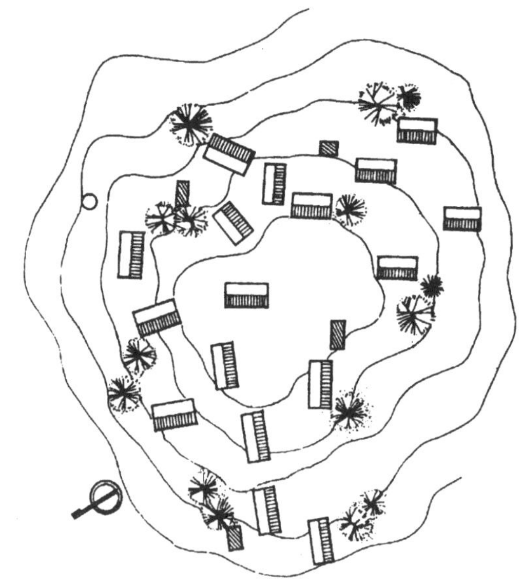

图 3-1-21　海南万宁县六角岭乡苗村，以广场为中心的“向心构成”
引自陆元鼎，魏彦钧．广东民居．北京：中国建筑工业出版社，1990

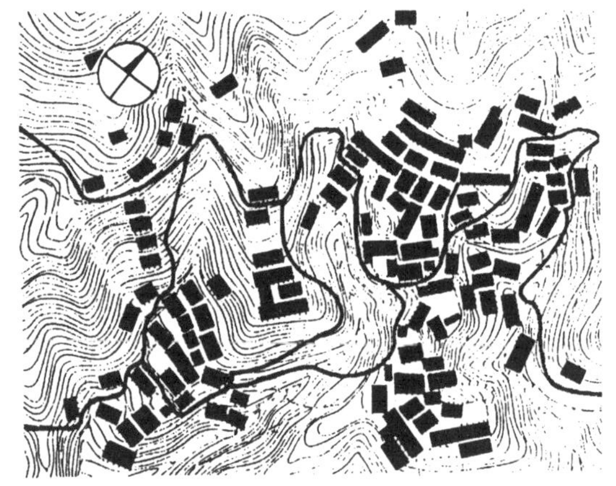

①

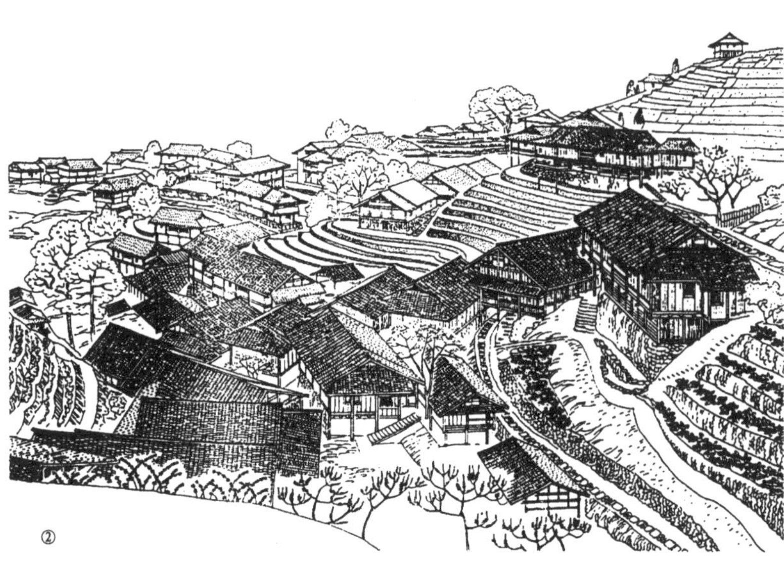

②

图 3-1-20　结合地形的“顺势构成”——桂北平安寨壮族民居
①总平面　②鸟瞰
引自李长杰等．桂北民间建筑．北京：中国建筑工业出版社，1990

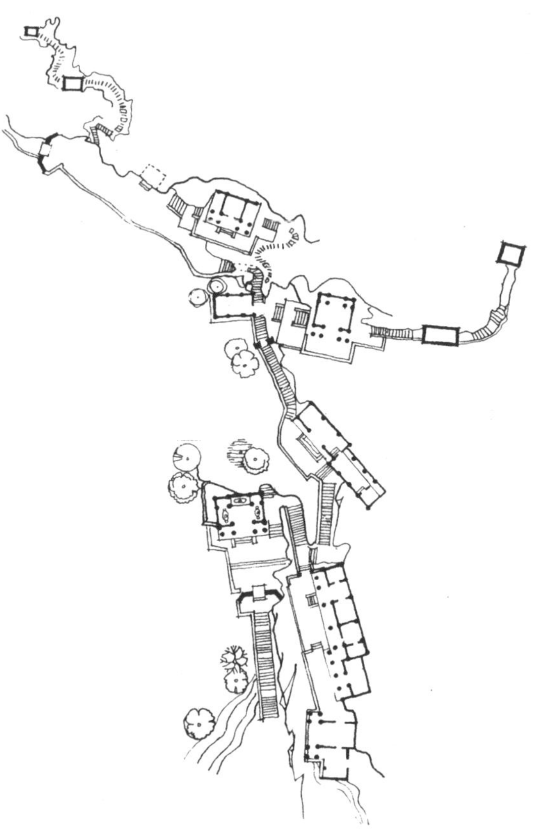

图 3-1-22　昆明西山龙门散点式的“组景构成”
引自赵光辉．中国寺庙的园林环境：[硕士学位论文]．哈尔滨：哈尔滨建筑工程学院建筑系，1981

第二节　庭院单元的基本类型

考察庭院式组群的构成形态，首先需要分析它的构成单元——庭院自身的基本形态。

庭院形态涉及到庭院的结构和功能。庭院功能是庭院物质功能和精神功能的总和，是庭院在组群环境中所能发挥的作用和性能。庭院结构是庭院内部诸要素的总构成，包括庭院围合要素和内含要素在空间上、构造上、景观上等各种意义上的构成。中国传统庭院形态，归根结底，一方面基于当时社会生活、社会意识对庭院功能的需求，另一方面基于当时社会生产力所制约的建筑技术体系和经济能力所能提供的庭院结构要素，是特定的功能与结构辩证统一的产物。我们知道，功能与结构的联系是复杂的和多样的。既有"同构同功"的现象，也有"同构异功"、"一构多功"、"异构同功"等现象。社会生活的多样性，带来了庭院功能要求的多样性。庭院功能要求的多样性，带来了庭院同构的、异构的多样性。这些造就了庭院形态的多种多样。丰富多彩的传统庭院，我们可以从基本功能和基本结构的角度，把它概括为五种基本类型：即居住型庭院、宫殿型庭院、寺庙型庭院、园林型庭院和过渡型庭院。[①]各类型庭院都有它自己的独特性能和构成特点。

一、居住型庭院（A 型庭院）

居住型庭院是传统庭院中数量最多、分布面最广的基本类型。传统庭院式住宅是中国木构架建筑体系适应宗法制家庭形态和封建的生活方式、意识形态的产物。居住型庭院的功能和构成，自然深受这些背景因素的制约，呈现出下面几点特性：

1. 居住型庭院空间是传统庭院中实用性最显著的生活空间　它不仅仅作为住宅正房、厢房、过厅、杂屋等等单体建筑之间的交通联系空间，而且是住宅内部的露天空间。它为各栋单体建筑提供了良好的日照、通风、遮阳、排水等条件；它为住户提供了洗涤、乘凉、休憩、儿童嬉戏和进行其他露天家务活动的理想场所；它还可以种植花木、点缀景石、摆设鱼缸等等，给住宅内部引入自然生态因素，改善居住环境的小气候。居住庭院也是住宅室内空间的延伸和补充，它与室内空间衔接，密切了室内外空间的联系，在节庆日子还可以作为厅屋的调剂空间，起到扩展生活空间的调节作用。

2. 居住型庭院空间不同程度地表现了宗法观念和礼教意识　中国伦理的家族制度，形成了家庭内部严格的尊卑、主从、嫡庶、长幼等关系，强调"尊卑有序"、"男女有别"，这些都从空间形态上强 化了居住型庭院的等级秩序和内外界域，也带来了庭院布局的对称格局、端庄品格和有序节奏。这种情况，名分越高的府第，族规礼教越严，就越明显。而名分低下的民间宅舍，则较为淡薄。

3. 居住型庭院空间具有良好的私密性和半私密性　通常大中型住宅有大中小不等的庭院，主庭院对外来说是大家庭内部的私密空间，对内来说是大家庭内部的公共空间，带有半私密的性质。而一些位于组群深层部位的庭院，私密性的程度更为显著，不同私密度的庭院的合理分布，适应了家庭起居生活的生理需求和心理需要，提供了内向、安全的居住环境和宁静、亲切的住宅气氛。

4. 居住型庭院还具有灵活的调节机制和适应能力　由于居住型庭院需要适应不同的家庭构成、人口构成和辈分构成，需要适应主厅、侧厅、正房等不同性格的建筑对庭院的不同要求；需要适应广阔国土上不同地区的气候特点；需要适应不同地段的基地面积和地形地貌。因此居住型庭院特别需要具备灵活的调节机能。

①有关庭院基本型及其交叉型的提法，引用了本人指导的研究生刘大平硕士学位论文的研究成果

它的适应性调节机制主要表现在控制庭院空间的形状和尺度，主体建筑、辅助建筑的层数和开间，庭院围合界面的高低和虚实，以及庭院内含要素的取舍和转换等等。这种灵活的适应性带来了居住型庭院形态的多样性。

总的来说，由于居住型庭院建造数量大，一般都比较注重经济，切合生活实际，空间尺度适宜，庭院各组成要素也比较注意实效，整个庭院呈现出浓郁的、为起居生活服务的实用性品格。

从构成形态来看，居住型庭院可以按照四个方向所聚合的单体建筑的情况，分成三种基本模式：第一种模式是四合院形态（图 3–2–1），庭院四向都有单体建筑围合，北京四合院住宅是这种模式的典型。第二种模式是三合院形态（图 3–2–2），庭院的三个方向有单体建筑围合，另一方向由院墙构成。北京和许多地区的三合院均属此类。第三种模式是两个方向为单体建筑、另外两个方向由院墙（或带廊子）围合构成。南方有许多民居为避免日晒而不设东西厢房，就形成这种形式，可以称为“二合院”形态（图 3–2–3）。这三种模式都有各种各样的变体，体现出颇为灵活的调节机能。

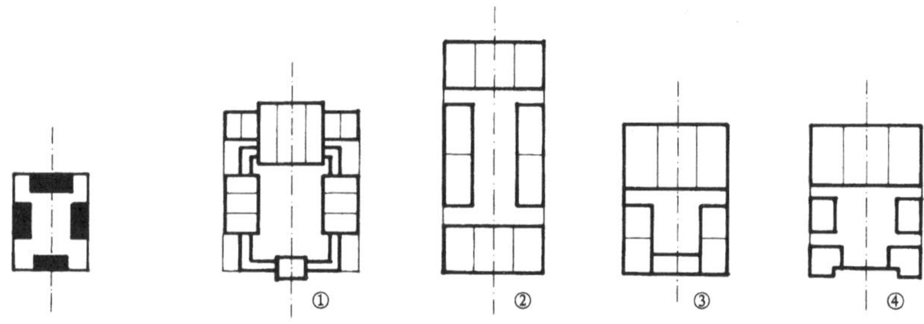

图 3–2–1　居住型庭院（A 型庭院）的第一种模式：四合院形态
①北京四合院　②山西窑院　③云南“一颗印”　④广东“四点金”

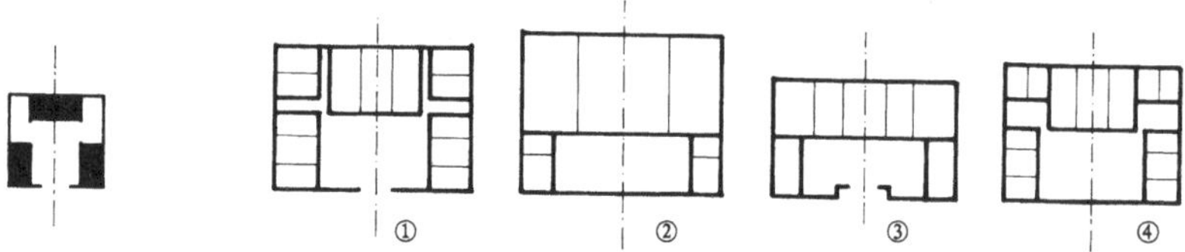

图 3–2–2　居住型庭院（A 型庭院）的第二种模式：三合院形态
①浙江“十三间头”②徽州三合院　③广东“爬狮”④云南“三坊一照壁”

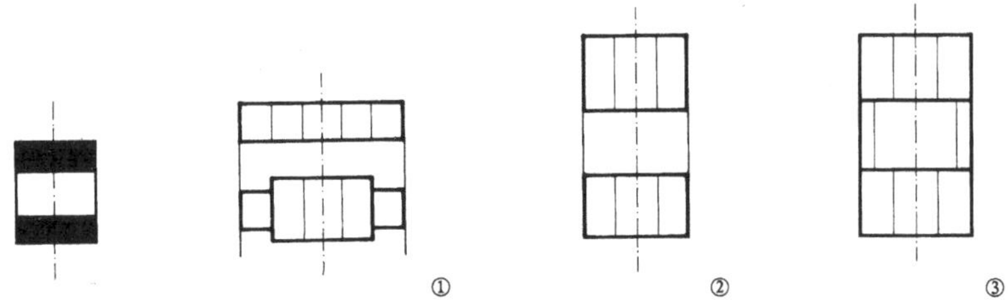

图 3–2–3　居住型庭院（A 型庭院）的第三种模式：二合院形态
①北京四合院后院　②苏州多进院　③扬州多进院

二、宫殿型庭院（B 型庭院）

宫殿型庭院是传统庭院中等级最高、规模最大的基本类型。它出现在具有隆重的政治性、纪念性的建筑群中，如宫殿建筑、陵墓建筑、衙署建筑等。宫殿型庭院的主建筑多是封建帝王举行重大典礼活动、朝政活动、祭祀活动的殿堂和各级官吏行使统治政权的厅堂。这些主建筑都要求庭院能够容纳必要的礼仪场面，具备森严的警卫功能，尤其突出的是要求庭院呈现宏伟、庄严的气势，具有强烈的建筑艺术表现力。因此，宫殿型庭院的一个重要特色就是突出精神功能的作用，庭院的规模、构成往往超越它的实用功能的需要。由于宫殿型庭院大部分属于帝王的建筑活动，拥有雄厚优越的人力物力条件，又是封建时代最高等级的建筑。因此，在宫殿型庭院中一般都高度密集着传统建筑的艺术成就。

宫殿型庭院的普遍特点是：

1. 严谨的平面布局　为追求庄严、气派、威慑的空间效果，宫殿型庭院在平面布置上普遍采用方整、严格对称的布局。为了突出主建筑在庭院中的显要地位，正殿总是放置在庭院的中轴线上，两侧对称地分布配殿、配楼、左右边门、角门和廊庑。同时为保证正殿处于视觉的良好位置，都很注意把握门殿入口到正殿的距离，力求获得最佳的视觉效果。

2. 庞大的空间体量 宫殿型庭院的空间尺度一般都比较大，因为这类庭院所进行的礼仪活动往往需要容纳大量人流的集散，实用功能上有此需要。有的虽然在实用上未必需要很大尺度，而从等级上、气派上也需要放大尺度。宫殿型庭院尺度以北京故宫太和殿庭院为最突出，达到三万多平方米的巨大规模。

3. 完整的庭院空间 宫殿型庭院多呈矩形或正方形的空间形体，庭院的围合界面力求规整、端庄、统一。庭院空间内部有意不栽种花木，尽量保持空间的纯净、庄重，以取得空间的严肃性和宏伟感。

4. 森严的等级规范 作为政治性最浓厚，礼仪性最隆重的场所，宫殿型庭院的等级规制表现得最为严格。帝王宫殿的主庭院都采用最高的等级，各级衙署庭院也都按官阶品级采用相应的等第。庭院的等级主要由对庭院空间起主控作用的主体殿堂的等级来标定。根据主体建筑等级，相应地确定庭院的规格、尺度、门殿、配殿的形制，以及庭院自身在组群中的轴线定位、方向定位和序列定位。

在构成形态上，宫殿型庭院按照主殿所处的不同位置，形成两种布局模式（图 3–2–4）：一种是主殿坐北的中庭式，另一种是主殿坐中的中殿式。这两种布局的不同特点将在本章第三节中展述。

三、寺庙型庭院（C 型庭院）

寺庙型庭院用于佛寺、道观等宗教建筑组群，多为寺观主体殿堂的庭院。这类庭院既是善男信女进出主体殿堂礼拜进香的集散空间，也是宗教借以描绘天堂仙界的模拟空间。寺庙型庭院带有一定的宗教气息，除了主体殿堂的主控作用外，还布置了诸如塔、幢、碑、碣、香炉之类的宗教建筑小品。中国式的道教和中国化的佛教，都渗透着世俗化的色彩，寺庙型庭院的宗教神秘气氛不很浓厚。在宗教活动行列中，拥有各阶层的、大数量的人流，一些非宗教活动的文人、游客也常到寺观中游览、寄宿。作为寺观主体核心的寺庙型庭院，在封建社会可以说是具有相当突出的公共活动性质的“公共性空间”，具有适应一定容量的、集中的、流动的人流的特点。

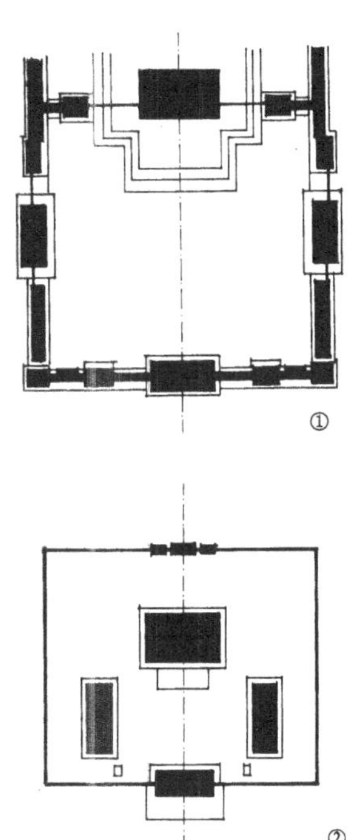

图 3–2–4 宫殿型庭院（B 型庭院）的两种布局
①主殿坐北的“中庭式”（图为北京故宫太和殿殿庭）
②主殿坐中的“中殿式”（图为清西陵泰陵隆恩殿殿庭）

寺庙型庭院还具有某种程度的多功能色彩。礼拜进香是宗教的景仰、崇拜，但它自身也伴随着对宗教艺术的鉴赏。随着宗教世俗化的进展，寺庙从盛行“俗讲”到举办“庙会”，诸多世俗生活的渗入，给寺庙型空间增添了观赏性、游览性的功能特色。

寺庙型庭院空间的功能属性，反映在庭院构成上，主要有两点值得注意的现象：

1. 庭院构成的自由度较大 这是由于宗教建筑组群在分布上、规模上、建筑等级质量上都自由得多。分布地域和组群大小都有很大的调节余地。它可以位于市井城区，也可以深入到名山胜地；它可以包围在大片城区的人工建筑环境之中，也可能坐落在山清水秀的自然景观环境之内；它可能是一所独院的小庵，也可能是有十数院的大刹。因此，不同的寺庙型庭院存在着构成要素和构成关系上的很大区别。有近似居住型庭院形态的小型寺观庭院，也有近似宫殿型庭院形态的大型寺观庭院；有城市型寺观的庭院形态，也有山林型寺观的庭院形态，表现出寺庙型庭院形态颇为悬殊的多样性。

2. 大型寺观的庭院布局存在“重置空间”的现象（图 3-2-5）适应寺观带有公共性的、大量人流活动的特点，在一些大型的寺观庭院中，常常呈现出重置空间的布局，即在一个纵长形的大庭院的主轴线上设置几重主要的殿阁。这种布局可以视为前后数院只以殿屋分隔，不加横墙封闭而形成贯通的长院。这样的数重庭院统成一体，前后院之间既是分开的，又是贯连的；既有相对独立的各进庭院空间，又融合成完整统一的纵深空间。位处主轴线上的一座座殿阁，既是相对独立庭院的空间围合要素，又是统一的整体纵长庭院的内涵构成，成为庭院空间中的围合视觉中心。通过这样的布局，

图 3-2-5 寺庙型庭院（C 型庭院）中的“重置”现象
①大同善化寺
②北京护国寺
③芮城县永乐宫

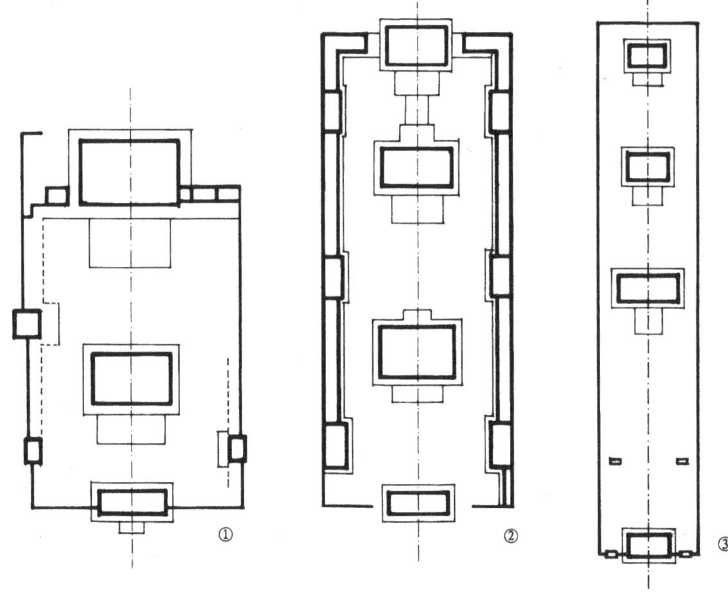

庭院空间强化了贯通交融的游览性，主体建筑突出了殿阁三维体量的造型表现力。

四、园林型庭院（D 型庭院）

园林型庭院是传统庭院中形式最为活泼的，与自然要素结合最密切的一种庭院形态，是传统庭院中具有很强生命力的构成方式。

园林型庭院主要用于私家园林、皇家园林、寺观园林和纪念性祠庙园林，其他建筑组群中也有采用。

园林型庭院的主要特性是：在庭院的人工建筑环境中渗透入较多的自然生态要素。庭院中种植树木，设置花台，开凿水池，堆叠假山，栽立峰石，构成人工建筑与自然要素的合成体。这些绿化、山 石、水体不仅在生理上起着净化空气、遮挡烈日、调节温度等改善小气候，提供良好养生环境的作用，而且在心理上、审美上起到增添自然情趣，蕴含诗情画意，提供令人赏心悦目的游赏环境的作用。园林型庭院的主要功能是游赏性功能，对它的主要要求是空间的意境创造。

园林型庭院在构成形态上，可以分为封闭型和开敞型两种基本形式。封闭型用于静态场合，主要建筑多为正房之类的需要幽静环境的建筑，庭院多用房屋、走廊封闭，或以粉墙围合。庭院空间小巧，适当点缀花木、花池、景石，造就静谧安宁的空间境界。

开敞型庭院主要用于动态场合，强调庭院空间与外部环境之间的视觉联系和景观交融。多利用空廊、洞门、空窗、漏窗等，突破庭院空间的封闭，强化空间的扩大感，造就舒畅、幽深的空间境界。

园林型庭院的空间最为活变，它的围合构成和内含构成都是多姿多态的（图 3-2-6）。规模较大的园林型庭院，不仅凿池堆山，而且灵活地散置小亭、游廊，院内空间可能形成若

干曲折、起伏、隐显的层次。一般庭院内的共时性观赏在这里可能转化为历时性的观赏进程。当空间规模大到足以消失庭院内向封闭的感觉时，“庭”已经转化为“园”，就已经不是园林型庭院而是散点布局的园林了。当然，两者之间的界限是模糊的，也存在着“亦庭亦园”的中介形态。

五、过渡型庭院（E 型庭院）

过渡型庭院是传统建筑组群中的过渡空间，是以门殿、门屋、过厅为主建筑的庭院类型。它在建筑组群中起着交通联系、层次铺垫、空间衬托、流线导向等不可忽视的重要作用。

一般说来，过渡型庭院的实用功能较为简单，空间的围合也不复杂，是庭院类型中的配角。过渡型庭院没有独立存在的价值，它总是依附于这样那样的主庭院。它的过渡、铺垫、衬托都从属于它所依附的主庭院的性质和需要，而呈现不同的特色。因此，过渡型庭院实际上不存在标准的基本形态，而是以各种交叉形态展现的。

六、交叉型庭院

以上概述了传统庭院的五种基本类型，实际上传统庭院并没有局限于这五种，还存在着由五种基本型相互交叉而产生的十种交叉型庭院。假定居住型庭院为A型，宫殿型庭院为B型，寺庙型庭院为C型，园林型庭院为D型，过渡型庭院为E型，则十种交叉型庭院为AB型、AC型、AD型、AE型、BC型、BD型、BE型、CD型、CE型、DE型（图3-2-7）。这些交叉型庭院都不同程度地包含着两种基本型庭院的特征，可以认为它们都是五种基本型庭院的中介衍生物。

1.AB 型庭院 是居住型庭院与宫殿型庭院的交叉。如北京故宫的乾清宫庭院、乐寿堂庭院，曲阜孔府的前上房庭院等（图3-2-8）。北京旧摄政王府正殿庭院以及一般王府组群中的主庭院，其庭院规模与空间的构成也多具有AB型庭院的特点。北京故宫乾清宫在明代为皇帝住居处，在清代改为办理政务、接见外国使节的处所，这种功能上的灵活转换，鲜明地反映出AB型庭院的中介特性。

2.AC 型庭院 是寺庙型庭院与居住型庭院的交叉，主要出现在一些小型的寺观建筑中。这些小庵堂规模、布局与民宅几乎没有差别，只是厅堂供佛，形成庙舍合一的格局。峨眉山、九华山有不少小寺庙的庭院都属于这种（图3-2-9）。台北某武庙空间构成是居住型的，而实用功能是寺庙型的，也表现出AC型庭院的特色。

图3-2-6　园林型庭院（D型庭院）空间的多变形态
①乾隆花园“萃赏楼院”
②圆明园“天然图画”
③狮子林“古五松园”

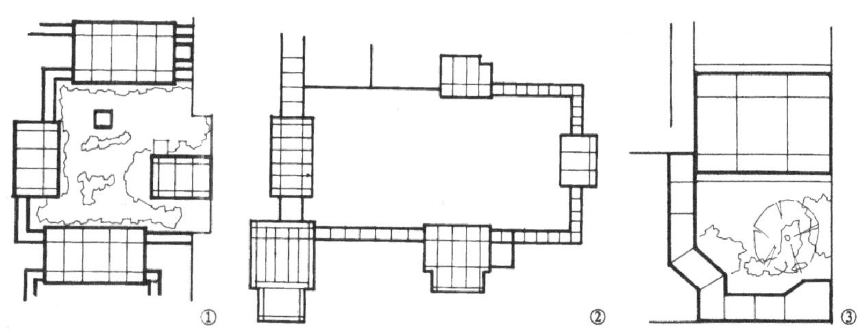

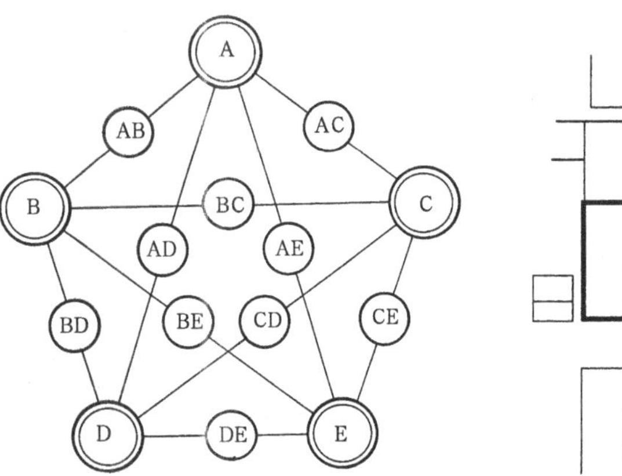

图3-2-7　五种基本型庭院形成十种交叉型庭院

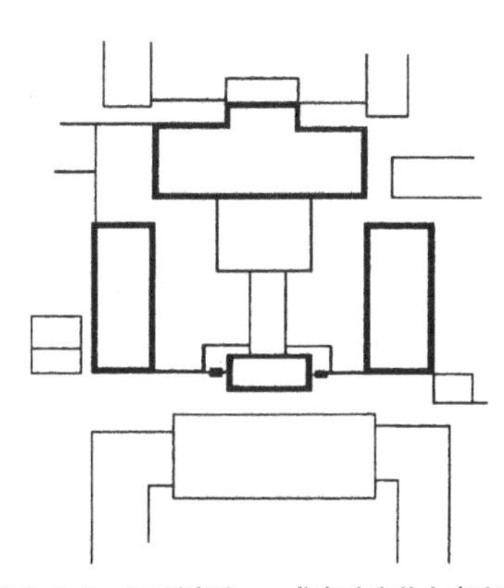

图3-2-8　AB型庭院——曲阜孔府前上房庭院

图 3-2-9 AC 型庭院一例——峨眉山纯阳殿前庭
①纯阳殿屋顶平面
②纯阳殿前庭
引自李道增等．峨眉山旅游区及其建筑特色．见：建筑师，第 4 辑．北京：中国建筑工业出版社，1980

3.AD 型庭院 是居住型庭院与园林型庭院的交叉，最常见的是住宅庭院中组合进较多的自然生态要素，充点以绿化、山石、水体，住宅型围合要素与园林型内含要素相结合，形成带有较浓园林气息的居住庭院。扬州新城风箱巷六号花厅庭院即属这一类（图 3-2-10）。园林组群中的某些供起居的庭院，也属这种交叉型。

4.BC 型庭院 是宫殿型庭院与寺庙型庭院的交叉，坛庙建筑和高等级的祠祀建筑的主体庭院多属这一类（图 3-2-11）。山西荣河县汾阴后土祠的正殿庭院可以说是 BC 型的代表性实例。这座正殿——坤柔殿，规格很高，面阔九间，重檐庑殿顶。主庭院尺度庞大。从大门入内，要经过三重庭院才来到主庭院，显现出浓厚的宫殿性格和气概。

5.BD 型庭院 是宫殿型庭院与园林型庭院的交叉，既保持着宫殿型的对称、庄重的布局，又充满园林化的内涵构成。如颐和园的仁寿殿庭院、北京故宫的御花园庭院和慈宁宫花园的咸若馆庭院都是很典型的 BD 型格局（图 3-2-12）。

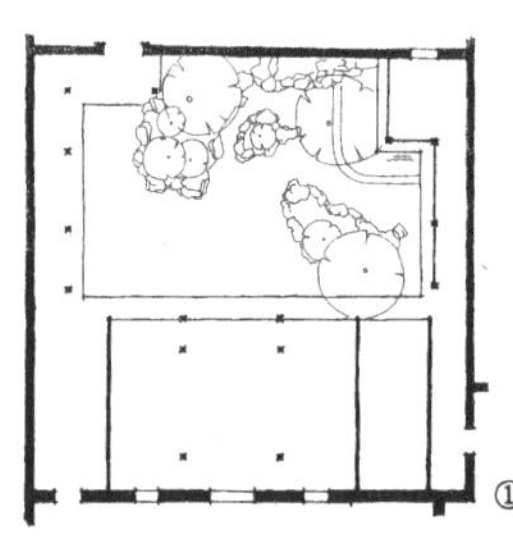

图 3-2-10 扬州新城风箱巷六号花厅庭院，呈现 AD 型庭院特点
①庭院平面 ②庭院剖面
引自南京工学院建筑系．江南园林图录·庭院．南京：南京工学院建筑系，1979

6.CD 型庭院 是寺庙型庭院与园林型庭院的交叉。许多寺庙园林和纪念性祠庙的庭院，既有寺庙型的宗教崇拜、纪念景仰的精神内涵，又有园林型的清幽恬静、富于天趣的自然气息，既有端庄对称的格局，又渗透着活变的自然生态。成都武侯祠的刘备殿、诸葛殿庭院和昆明圆通寺大雄宝殿水院都属于这种类型（图 3-2-13）。

7.AE、BE、CE、DE 型庭院 这四种庭院分别是第宅、宫殿、寺庙、园林组群中的过渡型庭院（图 3-2-14），AE 型如北京四合院住宅

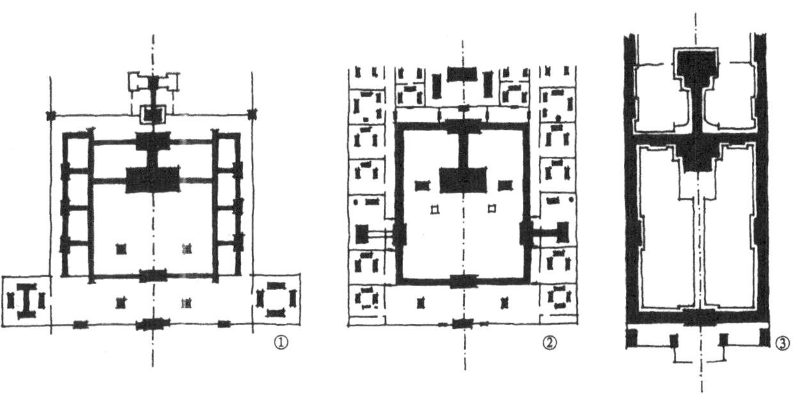

图 3-2-11 BC 型庭院三例
①山西荣河县后土祠主殿庭院
②山西太原市崇善寺主殿庭院
③北京东岳庙主殿庭院

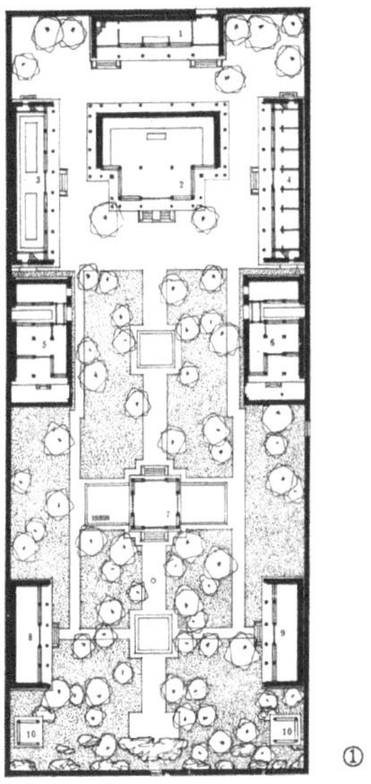

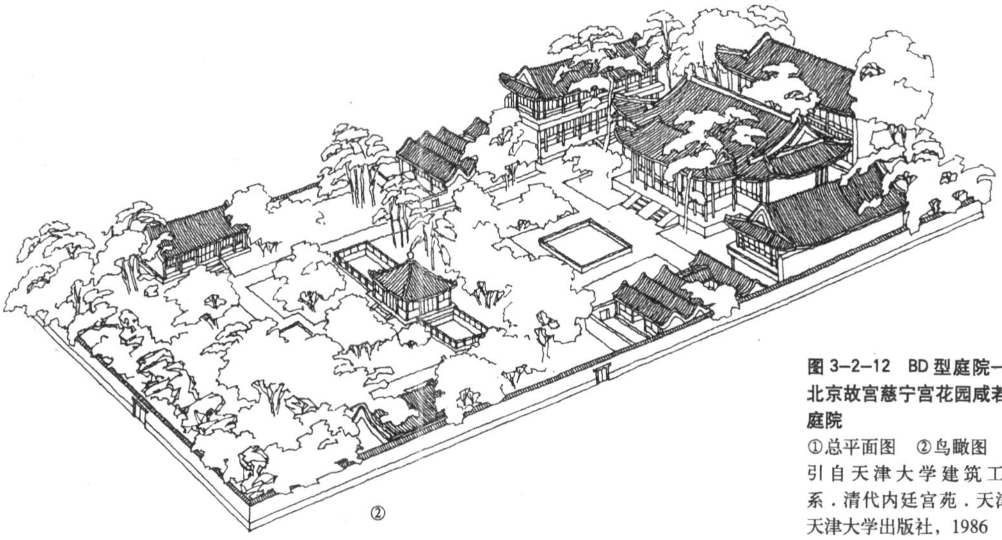

图 3-2-12 BD 型庭院——北京故宫慈宁宫花园咸若馆庭院
①总平面图 ②鸟瞰图
引自天津大学建筑工程系．清代内廷宫苑．天津：天津大学出版社，1986

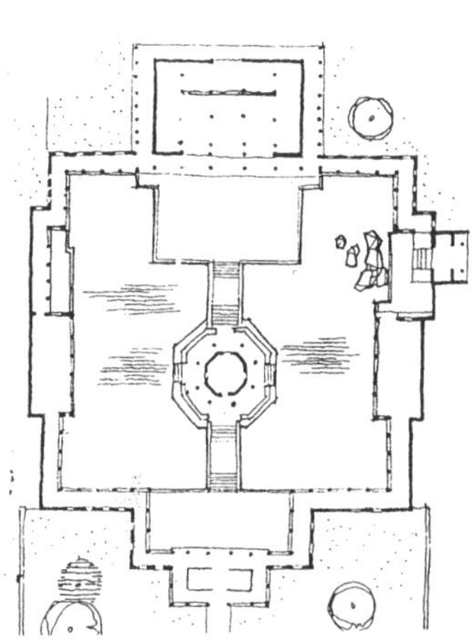

图 3-2-13 CD 型庭院——昆明圆通寺大雄宝殿水院
引自赵光辉．中国寺庙的园林环境：[硕士学位论文]．哈尔滨：哈尔滨建筑工程学院建筑系，1981

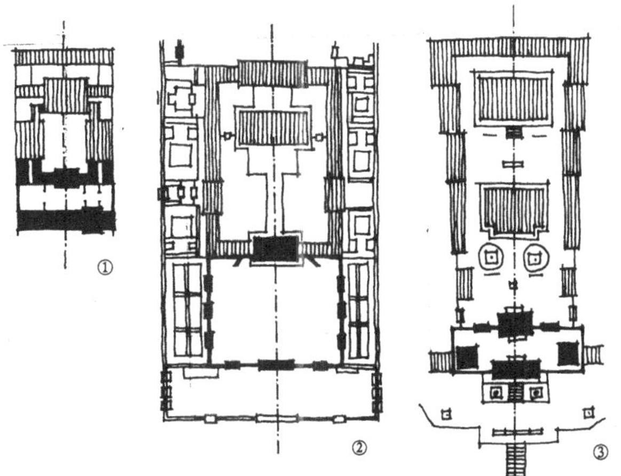

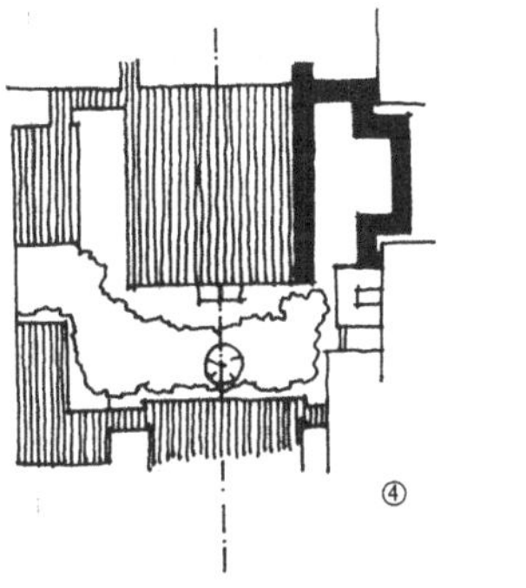

图 3-2-14 AE、BE、CE、DE 型庭院示意
①北京四合院垂花门前院
②北京故宫宁寿宫宁寿门院
③五台山菩萨顶前院
④乾隆花园符望阁侧院

中的垂花门前院；BE型如北京故宫中的太和门庭院、宁寿门庭院；CE型如一般寺庙中的天王殿庭院。这三种都是位于主庭院前方，由第一道门与第二道门围合的前导空间和铺垫空间。园林组群布置灵活，特别是江南的私家园林多由住宅转入园林，园内自身很少另设呆板的第二道门庭院。因此，DE型庭院主要不是园林入口部位的过渡性庭院，而是园林内部穿插的许多过渡性、联系性、衬托性的小庭院，如乾隆花园中的符望阁侧院，苏州留园揖峰轩与石林小屋周围所组构的一连串小庭等。

以上点到十种交叉型庭院，每种交叉型庭院都涉及两种基本型的交叉。值得注意的是，两种基本型庭院的交叉中总有一方居于主导，而另一方处于从属地位，也就是说交叉型的庭院构成都有强弱两种因子的结合。如AB型，A型与B型的交织实际上是模糊交叉，可进一步区分以A为强因子的AB型和以B为强因子的B A型。前者如北京故宫中的养心殿，后者如北京故宫中的乾清宫。这种不同隶属度的交织，更加丰富了交叉型庭院的多样性。

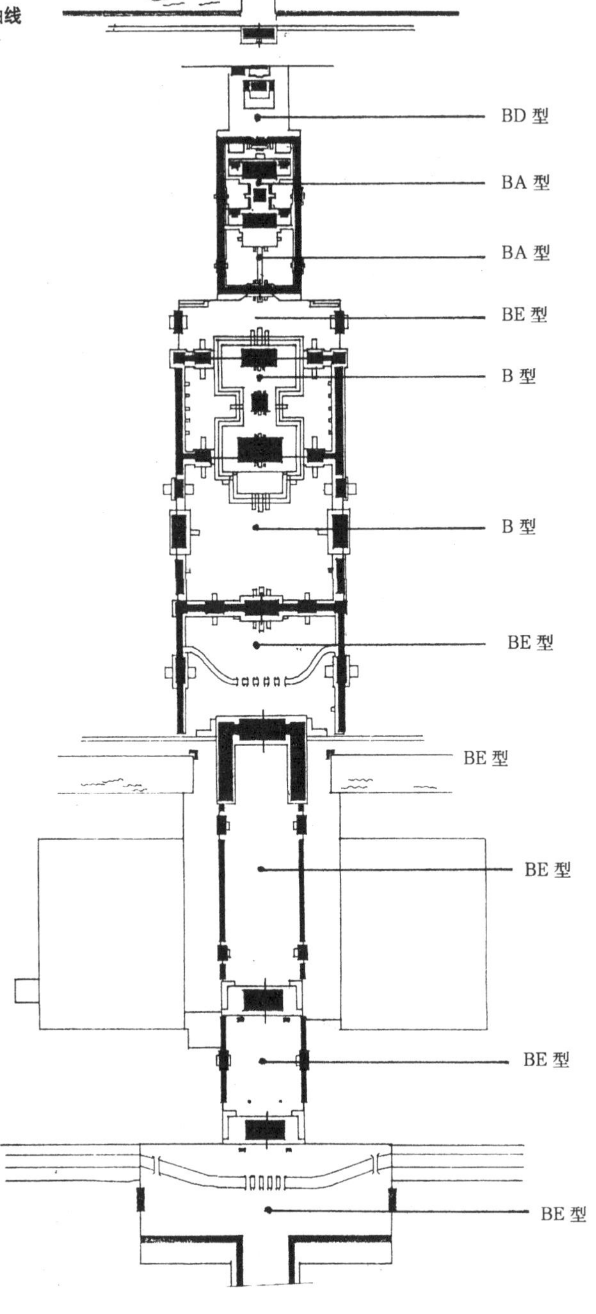

图 3–3–1 北京故宫中轴线上呈现的多类型庭院组合

第三节 庭院式组群的构成机制

前面概述了A、B、C、D、E五种基本类型庭院和AB、BC等十种交叉型庭院。中国建筑组群，特别是大中型组群，一般都由多个庭院组成，涉及多种庭院功能的集合。这些组群用的都不是单一的庭院类型，而是由多种庭院类型共同组合的。府第建筑以若干居住型庭院为主体，前庭为AE型过渡庭院，后院、侧院或客厅院、书房院常常做成带园林气息的AD型庭院。寺庙组群以若干寺庙型庭院为主体，辅以山门、天王殿等CE型过渡庭院和方丈、僧房、香积厨、斋堂、客堂等A型、AC型庭院，有的寺庙还带有浓厚园林色彩的CD型庭院、庭园。物质功能庞杂，精神功能要求极高的宫殿组群更是如此，在北京故宫的中轴线上，从大清门到神武门，重叠了一连串B型、BA型、BE型、BD型庭院（图3–3–1）。正是这种多类型庭院的组合，丰富了庭院式组群的综合功能。其中占主导地位的主体殿堂和主体庭院的功能，决定了整个组群的功能性质。

这种由多种庭院组合的建筑组群是如何构成的呢？它的构成机制，包括组群总体的组合方式和庭院单元的调节方式是很值得我们注意的。下面主要围绕组群布局的总体构成和庭院自身的围合构成、内含构成展开分析。

一、组群总体构成

庭院式组群的总体布局，明显地呈现出两种不同的格局：一种是规则型的构成，大体上沿用程式化的布局模式；另一种是活变型的构成，是在规则型基础上的活变，或是不拘一格的灵活多变。这两种布局方式在庭院式组群构成中都得到高度的发展，都达到很高的布局水平。

（一）规则型构成

1. 串联 多进院落沿着纵深轴线串联布置（图 3–3–2），是庭院式组群的基本布局方式。宫殿、坛庙、陵墓、寺观、衙署、第宅、宗祠、书院等都普遍采用这种格局，是中国木构架建筑组群的一种最典型的布局形态。形成这样的布局，既有实用功能上的需要，也突出地反映了中国古代的"择中"意识。

中国人很早就形成以"中"为贵的观念，把"中央"视为最尊贵、最显赫的方位。所谓"王者必居天下之中，礼也。"[①]"天子中而处"[②]成了礼的重要规范，成为"尊上"的重要表征。这种观念反映在国都选址上，自然要"择天下之中而立国（国都）"[③]，反映在都城规划思想上，自然要"择国之中而立宫"。[④]《考工记》"匠人营国"所述的王城制度，"左祖右社，面朝后市"，正是这种"王宫"居中的典型"择中"模式。古代文献还记述天子"五门三朝"、"前朝后寝"等制度，这一连串的门、朝、寝都沿着宫的纵深轴线布置。在这里，择中意识很自然地在组群规划中体现出对于"中轴线"和轴线核心位置的重视。呈现出择宫之主轴而立主要殿、门和择主轴之核心部位而立主体殿堂的布局模式。这样，"择中"意识与"辨方正位"联系在一起，"辨方正位"与"正名分，明等第"联系在一起，"择中"布局模式充分适应了礼的需要，成为组群布局的正统形制，因而在一切受礼的制约较深的建筑类型中，都普遍地因袭这种沿纵深轴线多进串联的布局形式。

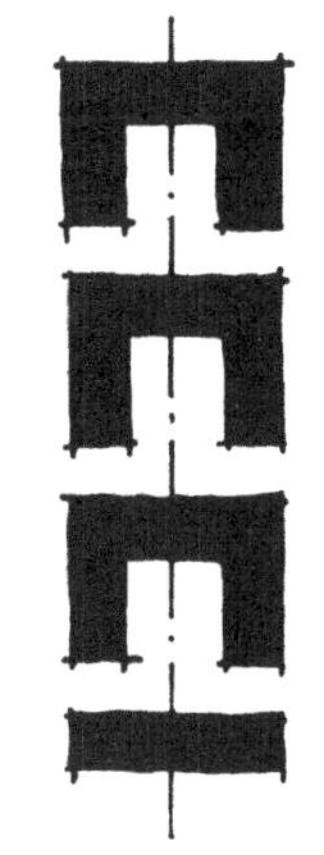

图 3–3–2 庭院组群的串联式布局示意

我们试看附图的几组不同类型建筑的串联式纵深布局组群：北京四合院住宅有二进院、三进院、四进院等不同"进"数的串联形态（图 3–3–3），它的构成特点是大家熟知的，不必赘述。吴江黎里镇的九进住宅是苏州民居"一落九进"式的布局（图 3–3–4），充分显示出对于纵深空间序列的极力追求。避暑山庄正宫作为帝王的行宫，基本上采取简化的宫廷格式，明确地分为前朝、后寝两大区段。前朝部分由五进院落组成，主殿"澹泊敬诚"设于第三进，前有丽正门、外午门、内午门三门两庭铺垫，后有依清旷殿、十九间殿两重院落衬托，各殿左右侧对称地设置朝房、配殿、乐亭等建筑。后寝部分还有四进院落，主殿"烟波致爽"设于第七进。前有门庭过渡，后有两进带园林气息的后院结尾，左右两侧并有供妃嫔居住的小院簇拥。前朝院落宽敞、舒朗、庄重，后寝院落紧凑、幽静、亲切，二十六幢建筑通过九重院落的组织，形成很妥帖的整体（图 3–3–5）。曲阜孔庙是供奉孔子的祠庙，由于孔子有"大成至圣文宣王"的封号，被奉为："帝王师"，孔庙的体制采用了界于天子与王国宗庙之间的规制[⑤]，总体规划极力追求"清肃庄严"的境界。孔庙组群也用了九重院落（图 3–3–6）。大成殿的主庭院置于组群偏后位置。在主庭院前方，贯串了六重庭院。其中包括圣时门、弘道门、大中门、同文门、大成门五重门殿和一座高大的奎文阁，极尽铺垫之能事。中心建筑大成殿坐落在主体廊院的核心位置，殿前留出长约 90 米、宽约 63 米的巨大前庭空间，气势宏大。殿

① 荀子 · 大略

② 管子 · 度地

③④ 吕氏春秋 · 慎势

⑤ 参见南京工学院建筑系，曲阜文物管理委员会．曲阜孔庙建筑．北京：中国建筑工业出版社，1987.66 页

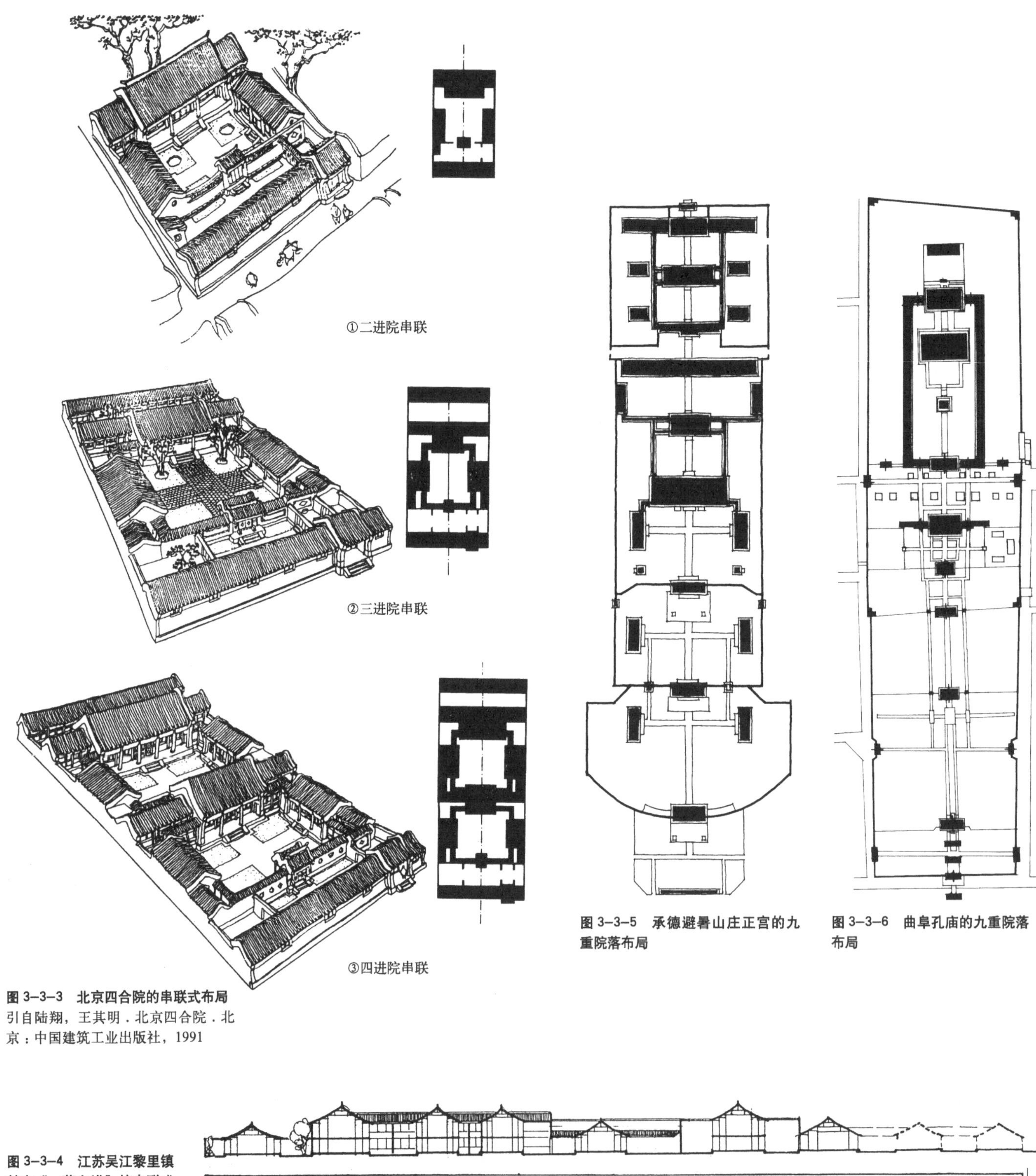

图 3–3–3 北京四合院的串联式布局
引自陆翔，王其明．北京四合院．北京：中国建筑工业出版社，1991

图 3–3–5 承德避暑山庄正宫的九重院落布局

图 3–3–6 曲阜孔庙的九重院落布局

图 3–3–4 江苏吴江黎里镇某宅"一落九进"的串联式布局
引自徐民苏等．苏州民居．北京：中国建筑工业出版社，1991

后设有第八进的寝殿和第九进的圣迹殿，殿庭两侧有若干组小院簇拥，整个组群组织得十分完整严密。北京护国寺是京都的一座大刹，也达到九进的高体制（图 3–3–7）。护国寺的空间布局，在纵深轴线上也明确地区分出前部主体区和后部附属区。前部主体为宗教活动空间，占五进院落。中轴线上依次分布山门、金刚殿、天王殿、延寿殿、崇寿殿和千佛阁六重门、殿，第二进的天王殿院两侧设有对称的钟楼、鼓楼。第三进至第五进院融合成纵深的大型廊院，两侧庑廊对称地建有六座配殿，形成颇为疏朗、规整、庄重的格局。后部尺度急剧减缩，以垂花门为入口，内设三重殿、楼。刘敦桢分析说：

> 垂花门以北，乃附属堂殿，与方丈、僧房、僧录司之属，其体制较卑，故于殿后，以横道区隔南北，又于道之两端，各辟一门，俾内外交通，无虞混乱。”①

可以说作为寺院组群，其整体布局是很有机、很贴切的。

从这几组平面构成，不难看出串联式纵深布局明显地反映出三个特点：一是突出的空间序列。这种布局形成一进又一进的串联空间，少则二三进，多达八九进。“进”数以多为贵，重要的建筑组群常常凑到九进。这种对多“进”的热切追求，反映出对建筑空间纵深序列的极端重视。古人制定的“面朝后市”制度，“五门三朝”制度，“前朝后寝”制度，“前堂后室”制度等等，都是在纵深空间序列上大做文章。这种空间序列是功能序列、等级序列和观赏序列的统一。既满足功能分区的私密需要，重重关卡的戒卫需要，幽深宁静的环境需要，内外有别的礼仪需要，也突出了建筑艺术表现的时空性、层次性。传统建筑的重要组群，对于纵深空间序列的调度是极为认真的，取得了空间序列组织的很高水平。二是严密的规整格局。串联式纵深布局表现出高度的有序性，采取了

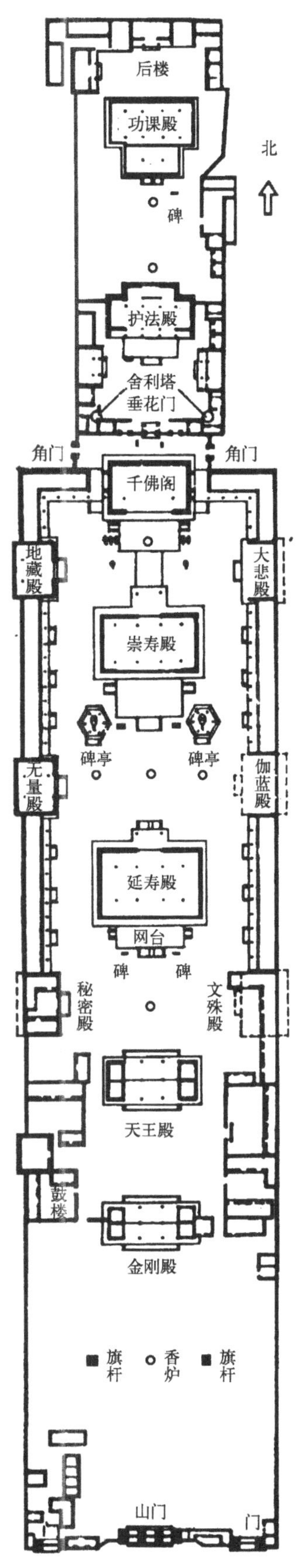

图 3–3–7　北京护国寺的九进院布局

引自刘敦桢文集二．北京：中国建筑工业出版社，1984

① 刘敦桢文集二．北京：中国建筑工业出版社，1984.236 页

十分严谨的布局。重要组群都尽量争取南北向的主轴，保持纵深轴线上的一连串正门、正殿处于坐北朝南的最优方位。主轴线通常是笔直的，庭院空间基本上保持横平竖直的矩形，形成均齐方整的组合整体。整个空间组织呈现清晰的导向性，人流主动线与空间主轴线重合。纵深轴线的两侧，分布次要的建筑，严格采用平衡对称的格局，包括配殿、配楼、朝房、厢房、钟楼、鼓楼、边门、角门以至点缀性的建筑小品等等，都成双成对地对称排列，以强化居中的轴线。这种规整的布局，形成了空间组织上的正偏方位和内外层次上的主从关系，也造就了端正、均齐、庄重、肃穆的空间品格。三是适度的调节余地。串联式多进纵深的规整布局，难免需要较大面积的占地和较为平坦、规正的地段，也难免带来组群总体布局的铺张和对称格局的板滞，空间实效偏低，布局的灵活性受到较大约制，这些都是串联式纵深规整布局的局限性。但是，在纵深延伸、左右对称、中轴突出的基本格局中，仍然有相当大的调适余地。从上述几组平面来看，虽然空间构成的基本模式相同，而空间组合的具体形式却并不雷同。这里仍然有许多因子可供调节。不同的门殿组合，不同的庭院“进”数，不同的庭院制式，不同的空间尺度，不同的正偏构成，不同的廊、墙围合等等，都是可调因子，可以针对组群的功能性质、审美意匠、环境特点，演化出各具特色的组群布局。如同在同样的棋盘框格中，可以部署出千差万别的棋局。正是由于串联式多进纵深布局的这种调节余地，增添了它的适应性和生命力，使得它有可能成为中国古代建筑布局运用得最为普遍的形式。

2. 串并列和串并联 庭院式组群布局也存在着单进庭院横向并联的现象。如昆明附近的阿拉乡海子村1号宅，就是两个单进“一颗印”的并联组合（图3-3-8）。某些沿街毗连的单进院落，也属于这一类。但这种布局毕竟是很少见的。通常看到的都是多进院的并列或并联，属于串并列和串并联的构成形态。

串并列是多进院相对独立地并列（图3-3-9）。海南文昌县湖峰乡十八行村的总平面布局是这种串并列式的最直观形态（图3-3-10）。每户住宅自成一行，呈前后贯通的纵深多进布局，房屋顺坡而建，各户之间沿纵轴排列成行。行与行之间相对独立，没有形成横向的并联，所以称它为“串并列”。北京故宫文华殿组群，有两条纵深的轴线。主轴线上布置有文华门、文华殿、主敬殿和文渊阁等门、殿。东侧跨院为次轴线，布置有治牲所、景行门、传心殿三座体制较低的门、殿。跨院没有对外的正门，仅在景行门庭院东西各开一角门。从平面图上可以看出，次轴线上的建筑与主轴线上的建筑不存在横向对位关系，跨院的角门与主院的边门也无有机联系，主跨院之间可以说是相对独立的。这种布局应该说也属于串并列的形态（图3-3-11）。

类似这种串并列的构成，在大型民居、寺庙等组群中都很常见。它们常常拥有并列的几条纵深轴线，而各轴线之间，殿屋、庭院、边门都缺乏有机的联系。没有组织成横向的轴线

图3-3-8 庭院组群的单进并联布局，昆明阿拉乡海子村1号宅
引自云南省设计院《云南民居》编写组．云南民居．北京：中国建筑工业出版社，1986

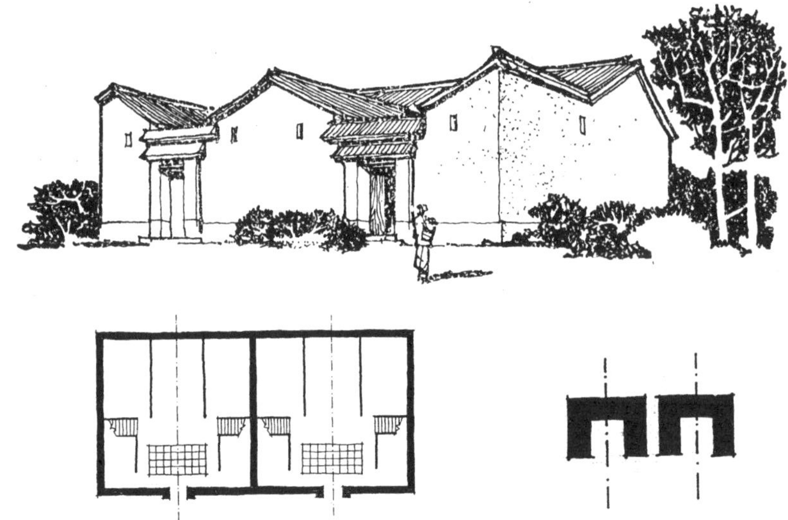

关系，未能形成串并联的格局。甚至像曲阜孔府这样显赫的衍圣公府大宅，总体布局呈中路、东学、西学三条纵深轴线。中路为主轴线，有九进建筑，自身形成严谨的中轴对称。而两侧的东学、西学与中路之间，虽有若干门、屋沟通，但基本上没有形成横向的轴线对位关系，实质上也属于串并列的构成形态。这种现象表明，中国传统建筑在总体布局中，对于纵深空间组织的极度关注与对于横向空间组织的漫不经心，构成了鲜明的反差。这种现象在北京故宫总图中也有所反映。宫城主轴线上的纵深空间组织可以说悉心推敲得极为严谨周密，而主轴线与左辅右弼的其他各组次轴线之间的横向空间组织关系则是相当松弛的。当然这种放松虽不利于整体的有机完整，却有利于次轴线的随宜布置，也有它的积极作用。

串并联布局则是多路多进组群在纵横两向都存在着规整的轴线关系或对位关系，我们从明代所绘的太原崇善寺总图可以看到这种布局的典型形态。串并联布局可以分为主从式串并联和并列式串并联（图 3-3-12）。像太原崇善寺那样，居中的主体廊院建筑高大，空间广阔，两侧重叠的小院尺度明显缩小，轴线主次分明，就属于主从式串并联。一些大型宅第，通常也以居中的正落为主轴，两侧为边落为辅轴，也呈主从式的串并联形态，如苏州富郎中巷陈宅、太谷武家巷武宅等（图 3-3-13）。并列式串并

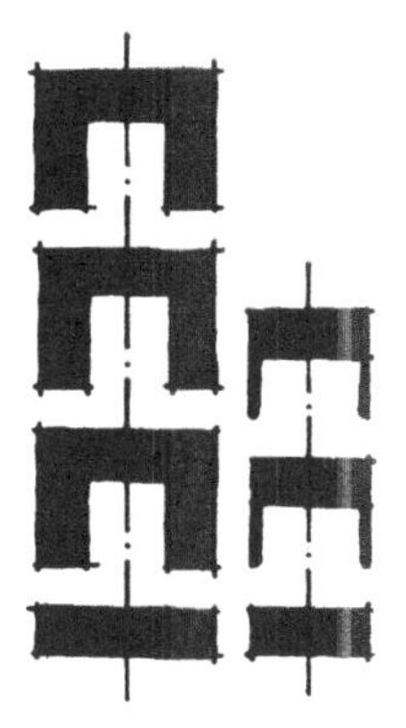

图 3-3-9　庭院组群的串并列布局示意

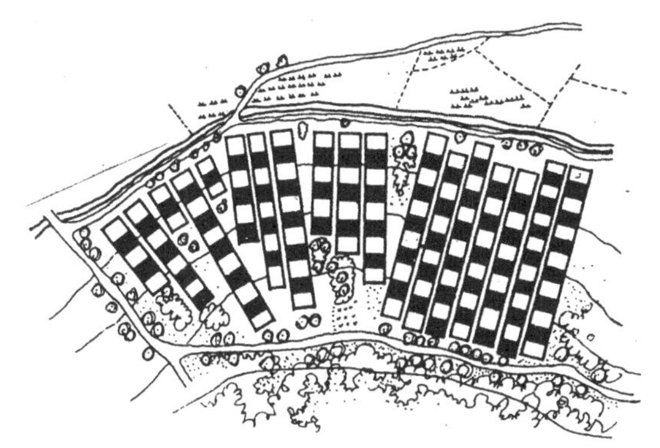

图 3-3-10　海南省文昌县湖峰乡十八行村呈现串并列的布局

引自陆元鼎，魏彦钧．广东民居．北京：中国建筑工业出版社，1990

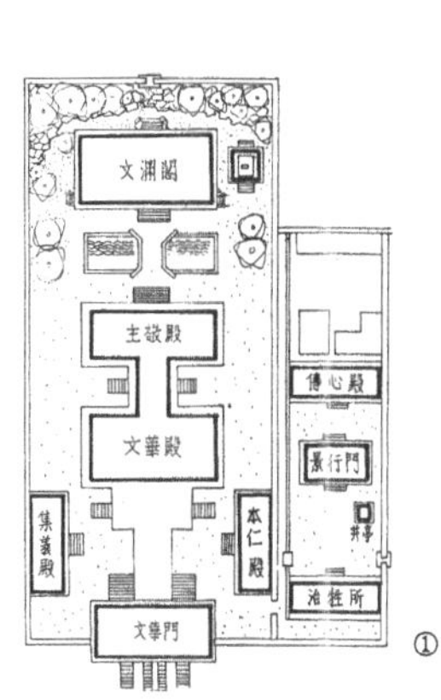

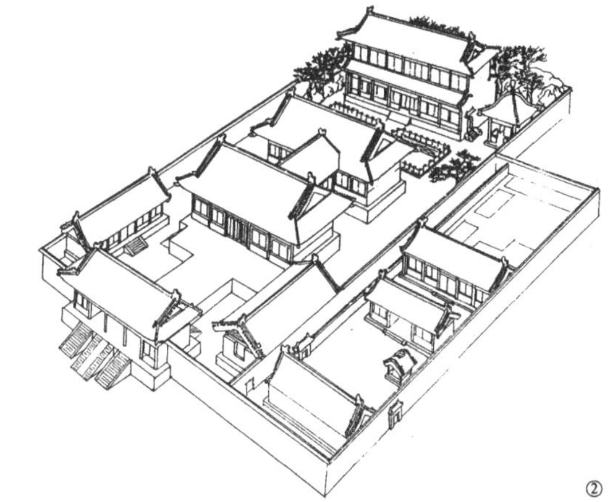

图 3-3-11　北京故宫文华殿组群呈现的串并列布局

①总平面图　②鸟瞰图

引自茹竞华．三大殿的左辅右弼．紫禁城．1984（5）

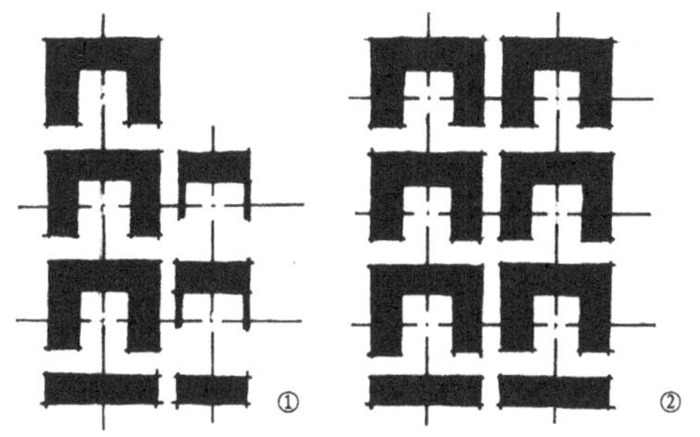

图 3-3-12　庭院组群串并联的两种形态

①主从式串并联示意　②并列式串并联示意

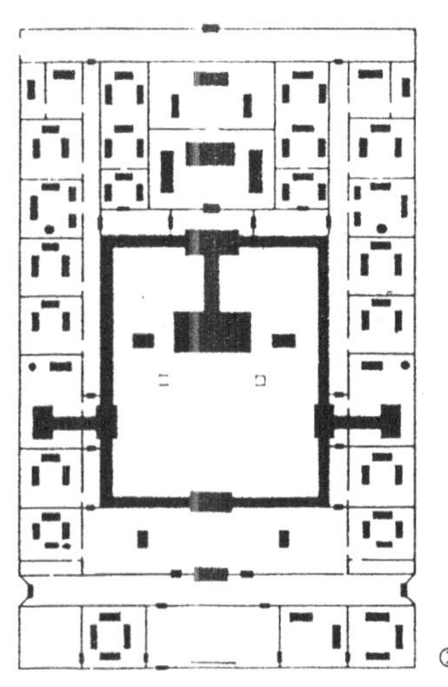

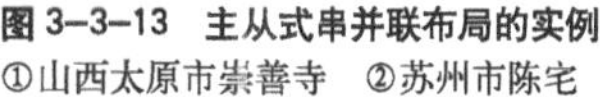

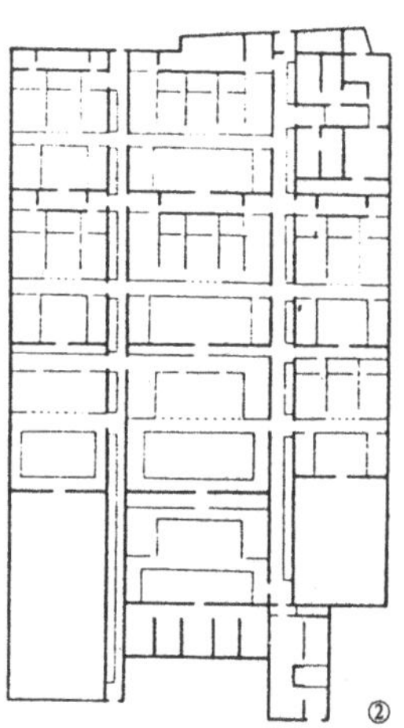

图 3-3-13　主从式串并联布局的实例

①山西太原市崇善寺　②苏州市陈宅

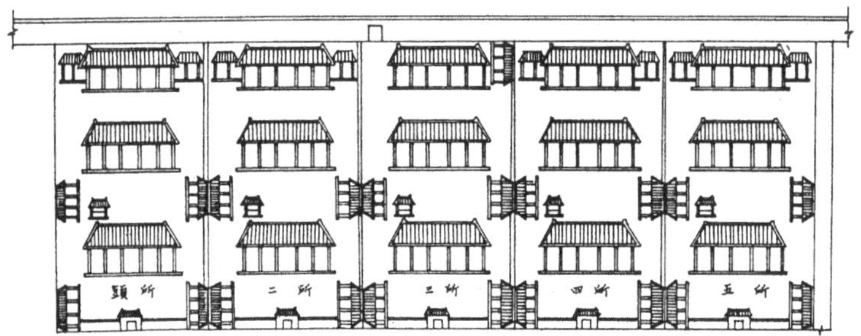

图 3–3–14 北京故宫东五所，典型的并列式串并联布局
引自许以林．乾东五所．紫禁城．1985（1）

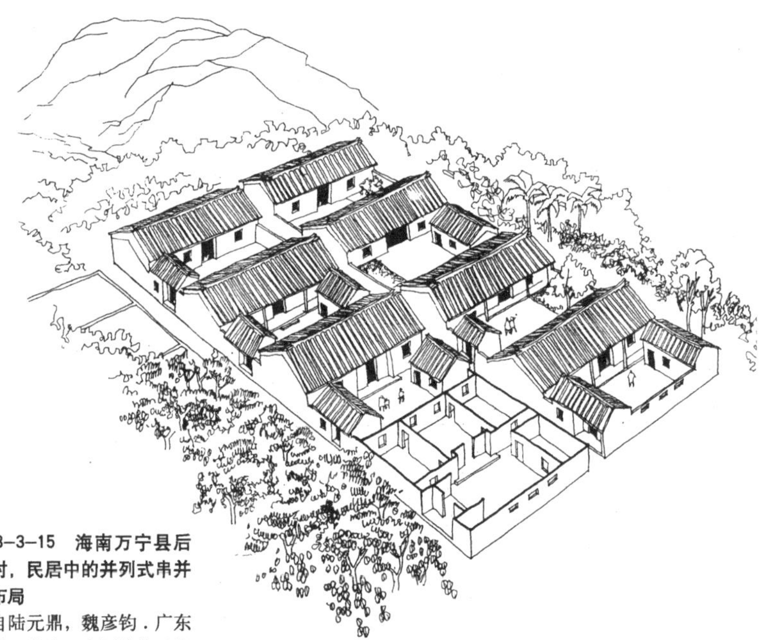

图 3–3–15 海南万宁县后朗村，民居中的并列式串并联布局
引自陆元鼎，魏彦钧．广东民居．北京：中国建筑工业出版社，1990

联则是数落均等，几条纵深轴线无主次之分。北京故宫的东六宫、西六宫、东五所、南三所都采用这种方式（图 3–3–14）。东西六宫为皇妃住所，有意采用同一体制；东五所、南三所为皇子住所，也需要划一体制，因而形成不分主次的并列状态，这是故宫特大组群主次分明的总体布局中的若干局部小组群所呈现的无主从的均等空间组织。这种无主从的并列式组合在民居中也能见到（图 3–3–15），总的说在中国传统建筑中是不多见的。

3. 重围和护围 庭院式组群的规则型布局，还存在着重围构成和护围构成的方式。重围构成是大院套小院的做法。圆明园的安佑宫是这种布局的典型实例（图 3–3–16）。安佑宫位于圆明园西北部，是乾隆在苑中奉祀皇祖康熙、皇考雍正的处所，题名“鸿慈永祜”，属圆明园 40 景之一。这组建筑规模宏大，主殿采用九开间重檐歇山顶，规格高于圆明园正殿正大光明殿。总平面布局严谨，主院处于双重院落之中，形成隆重的重围格局。景山寿皇殿的布局与安佑宫如出一辙。北京故宫后三宫的大院落中，乾清宫左右的昭仁殿小院、弘德殿小院，坤宁宫左右的东暖殿小院、西暖殿小院，都是套于大院中的小院，也带有重围构成的特点。乾清宫后部的御花园，在中心部位设有钦安殿庭院，在顺贞门内设有三面牌楼门组成的小院，也属重围的小院。在北京天坛组群中，三组主要建筑——圜丘、祈年殿和斋宫都带有重围构成的性质（图 3–3–17）。斋宫是皇帝斋戒沐浴的寝宫，功能上要求很强的防御性，它的布局是很显明的大院套小院，设两重宫墙、两道御沟，以重围的方式强化森严的戒卫。圜丘作为祭天的露坛，自身由三层圆形台基组成，坛四周绕以圆形平面和方形平面的壝墙各一道，这两道带棂星门的方圆壝墙，有效地强化了坛身的核心布局，扩展了坛身的开阔气势，起到了重要的烘托作用。从平面构成来说，也可以归入重围的形态。祈年殿庭院的布局十分特殊。它是在一个四面带门的砖墙围合的大院中，包含着以祈年门和两座配殿组构的敞口“三合院”。祈年殿坐落于大院之中，处于敞口“三合院”之后，既在第一进庭院之中，又在第二进庭院之后，是一种两进院与重围院的模糊中介形态。这种独特的布局形态的确是最适合于祈年殿的庭院格局。天坛的这三处各具特色的重围院，可以说是重围构成的一组杰作。

护围构成主要见于福建、广东、浙江等地的民居布局。福建莆仙和闽南地区盛行的“护厝”做法，是护围构成的一种典型形式。实例如泉州亭店阿苗宅、泉州金鱼巷李宅等(图3-3-18)。这种设于多进庭院两侧的“护厝”，是东西朝向的长列横屋组合，房屋进深较浅，辟有南北向窄长的天井。狭窄的天井夹于较高的房屋和山墙之间，白天大部分时间都处在阴影之中，辐射热的减少和冷暖空气的对流，使居室既通风又阴凉。黄汉民分析说：

> 它不仅适合当地炎热的气候，又使建筑可以向左右“生长”以适应人口增长的需要，形成适合大家庭居住的既有分隔又有联系的平面形式。它比起纵深方向组合的多进式布局，相互干扰少，采光通风好，建筑密度大，交通便捷又利于分房。与多进式相比，它无需多进的、高大的正房和大厅，使木料大为节省，居室面积比重显著增加，在木材短缺的闽南沿海，这可能是促使这种平面布局形成的一种原因。[①]

这类“护厝”式的布局，在广东潮汕地区的民居中也很盛行（图3-3-19）。典型的布局是在标准型的四合院“四点金”的两侧加“从厝”、“厝包”，有的还在屋后加以“后包”，形成主屋两边或三边由从屋护围的格局，汀海漳林某宅是前一种的实例，潮阳达氵乇几房巷某宅是后一种的实例。这些附加的房屋，很适合于家庭人口增多时作为住房、厨房和杂用房。

这种护围式的民居布局，常常达到很大的规模。广东揭阳县港后乡某宅，主屋由六组多进院组成，两侧各附加两列从厝，后部附加一列后包。后包长达19间，两侧从厝合计102间。这种布局被称为“四马拖车”，是规模很大、密度很高的布局形态（图3-3-20）。建于乾隆初年的泉州吴宅，由十一组院落组成，其中九组院落组成规整的主屋，两侧以护厝护围。全部房舍达144间，其中护厝为36间。整个组群东西宽63米，南北长105米，规模也很宏大。浙

①黄汉民．福建民居的传统特色与地方风格（上）．见：建筑师，第19辑．北京：中国建筑工业出版社，1984

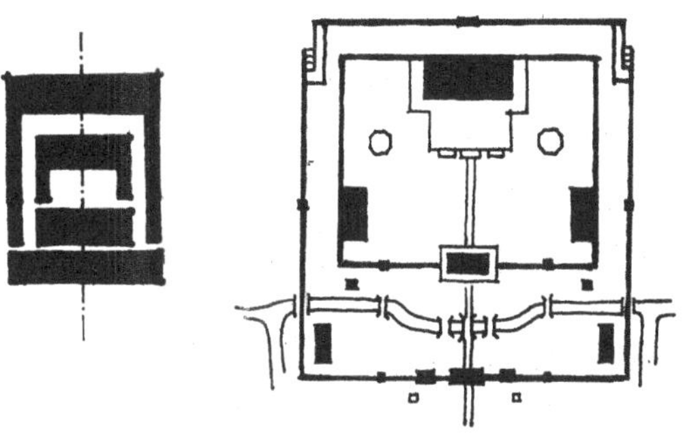

图3-3-16　重围构成及其实例——圆明园安佑宫

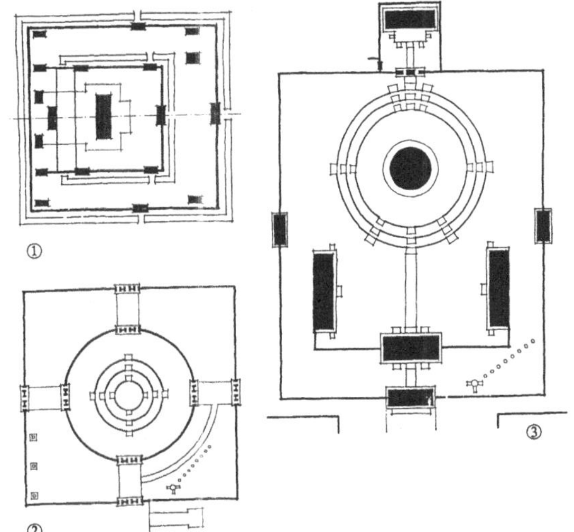

图3-3-17　北京天坛组群中，三组主要建筑都属于重围构成
①斋宫组群
②圜丘组群
③祈年殿组群

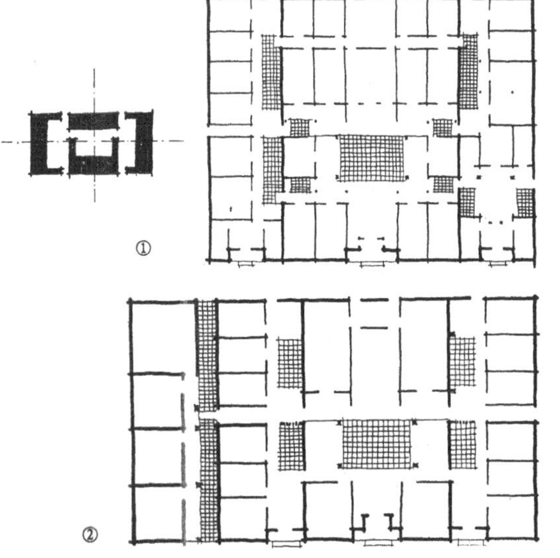

图3-3-18　福建闽南地区的“护厝”做法，是护围构成的典型形式
①泉州亭店阿苗宅
②泉州金鱼巷李宅
摹自黄汉民．福建民居的传统特色与地方风格（上）．见：建筑师，第19辑．北京：中国建筑工业出版社，1984

图 3-3-19 （左）广东潮汕民居的护围构成，图为广东潮阳达氵乇几房巷某宅

图 3-3-20 （右）广东揭阳县港后乡某宅

引自陆元鼎，魏彦钧．广东民居．北京：中国建筑工业出版社，1990

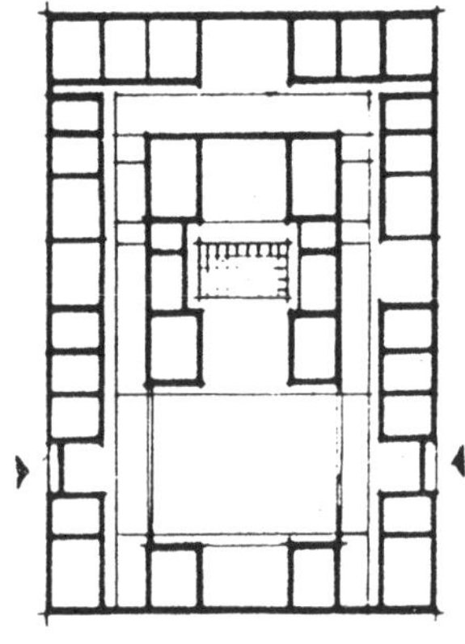

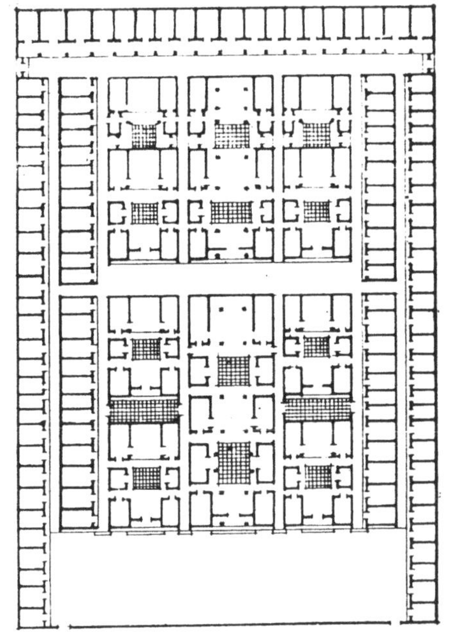

江绍兴的吕府，由三组带从屋的建筑并列组成，形成三条纵轴线，共 13 个封闭院落，号称“吕府十三厅”。这个组群占地面积，东西宽 167 米，南北长 119 米，合计 29.8 亩，可说是江南少见的大型住宅组群。

（二）活变型构成

形成活变型构成的原因大致有三点：一是建筑功能自身的非完全对称，适合于采用不全对称、不十分规则的布局；二是建造地段的高低起伏，需要顺应地形的弯转错落；三是建筑性质属于活泼型的品格，要求建筑布局呈现较灵活的格调。活变型构成总的说来不外乎两种形态，一种是在规则型庭院布局基础上的适度活变，另一种则是不拘一格的自由式庭院布局。这两种形态都有多种多样的处理方式。就其突破对称式格局的程度而言，大体上可以分为折转、正变、错落三种状态。

1．折转　折转指的是庭院式布局中呈现的轴线移位或转折，是规则型基础上取得适度活变的一种常见方式（图 3-3-21）。

北京故宫乾隆花园，在纵深串联的四进院布局中，为追求宫苑空间的活跃变化，在第三进院庭有意组织了主轴线的移位处理（图 3-3-22）。这个院落由萃赏楼、遂初堂、三友轩、延趣楼和耸秀亭五座建筑组成。主体殿堂萃赏楼的轴线有意向东平移了 3 米。并将处于东厢部位的三友轩转换 90°，布置成南北向的方位。耸秀亭也安置在既不对准遂初堂轴线，也不对准萃赏楼轴线的位置。这样取得了第三进院庭非对称的、轴线错位的格局。这个轴线错位的处理对于突破乾隆花园纵深串联布局的板滞，对于增强非对称布局错落有致的有机品格，都起到了显著的作用。

许多位于依山傍水地段的寺观组群，常常顺应地形、地势而形成轴线的偏移和转折。四川灌县青城山的多组道观都有这样的现象。伏龙观的三座纵深布局的殿楼——老王殿、铁佛

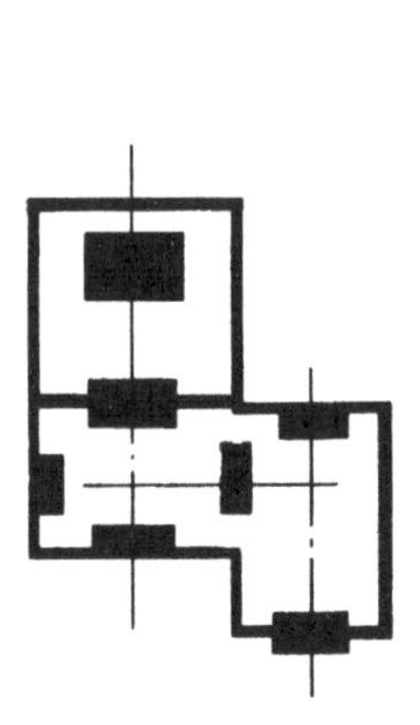

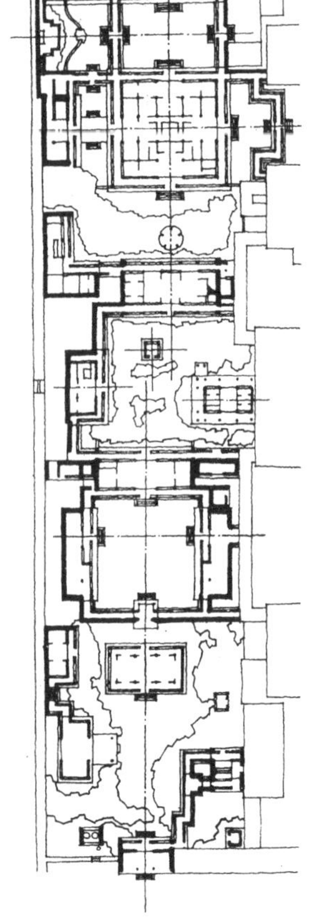

图 3-3-21 （左）活变型构成的第一种形态——折转

图 3-3-22 （右）北京故宫乾隆花园的折转布局

引自天津大学建筑工程系．清代内廷宫苑．天津：天津大学出版社，1986

殿、玉皇楼，受地形制约，轴线就作了两次转折。坐落在青城山腹部的古常道观，中心区主轴线上排列的四座殿屋——云水光中、灵官楼、三清殿、古黄帝祠，也随着地形的起伏偏转，而形成三次轴线转折。

这种依山布寺的轴线转折，在灌县二王庙表现得最为突出（图3–3–23）。这组祠庙坐落在临江陡急的山坡上，建筑组群依山顺势布置。在组群的入口部位，因势利导地设置了东山门、花鼓楼、观澜亭、灵官楼等几座建筑，轴线从东山门引入后，连续经过三次90°的大转折才进入主轴线。随着地势的高下和轴线的折转，入口部位建筑形成了曲折迤逦的转折空间序列，每一转折都有起景、收景，循序渐进，起承转合，构成建筑空间大小、明暗、高低、开合、横竖、平陡等的鲜明对比，创造了极富意趣的空间效果。不难看出，在这里转折式的活变布局，绝不是消极地不得已地迁就地形，而是积极地因势利导地把握地段特点，造就了独特的境界。

2. 正变 在庭院式规则布局基础上适度地活变，很自然地呈现出规则端庄的“正”与自由活泼的“变”的结合，这是一种既有对称因子，又有不对称因子的半对称构成方式，在活变型布局中占有很大的数量（图3–3–24）。

规则型的庭院式住宅，常由于地形、地段的制约，或附加宅旁宅后的庭园而形成半对称的正变结合。福建泉州黄宅（图3–3–25），江苏吴县东山明善堂（图3–3–26），扬州永胜街某宅（图3–3–27）等都属于这种情况。一些位于山林区的寺庙，也常常顺应地形而形成这种格局。云南巍宝山圆觉寺，坐落在突出的山

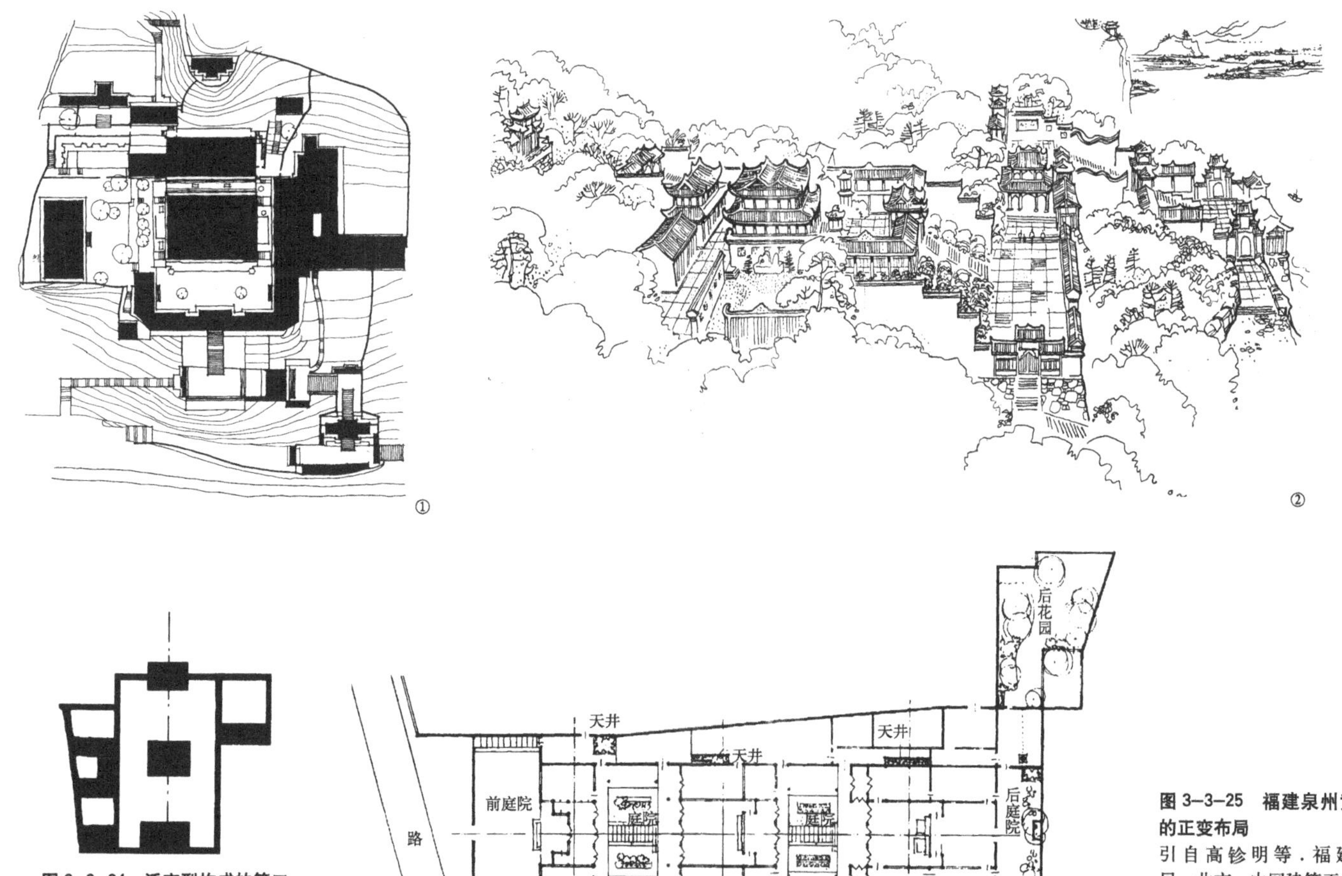

图3–3–23 四川灌县二王庙的折转布局
①总平面示意 ②鸟瞰图
引自赵光辉．中国寺庙的园林环境：[硕士学位论文]．哈尔滨：哈尔滨建筑工程学院建筑系，1981

图3–3–24 活变型构成的第二种形态——正变

图3–3–25 福建泉州黄宅的正变布局
引自高钤明等．福建民居．北京：中国建筑工业出版社，1987

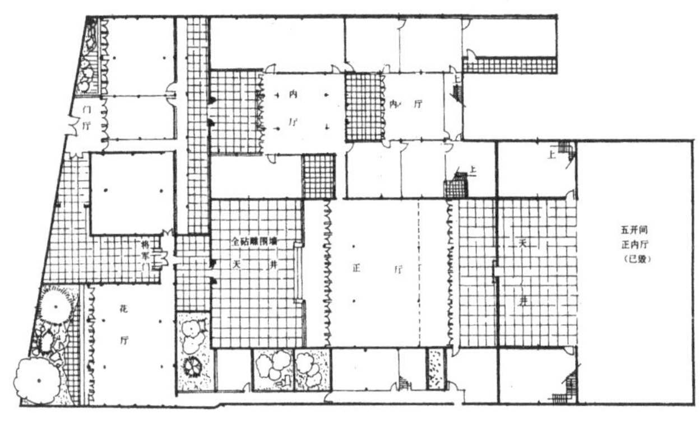

图 3–3–26 （上）江苏吴县东山明善堂的正变布局
引自徐民苏等．苏州民居．北京：中国建筑工业出版社，1991

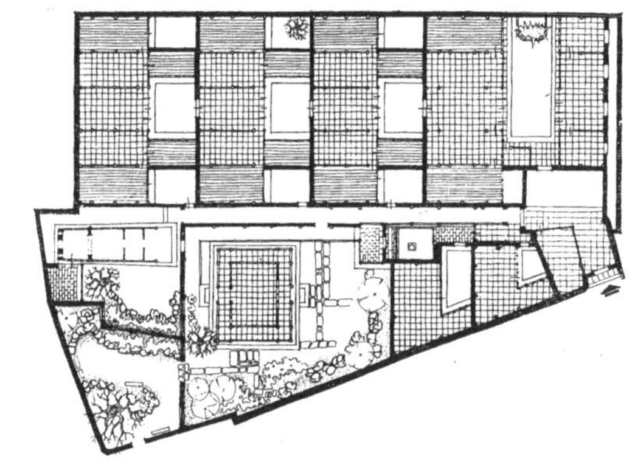

图 3–3–27 江苏扬州永胜街某宅的正变布局
引自张家骥．中国造园史．哈尔滨：黑龙江人民出版社，1986

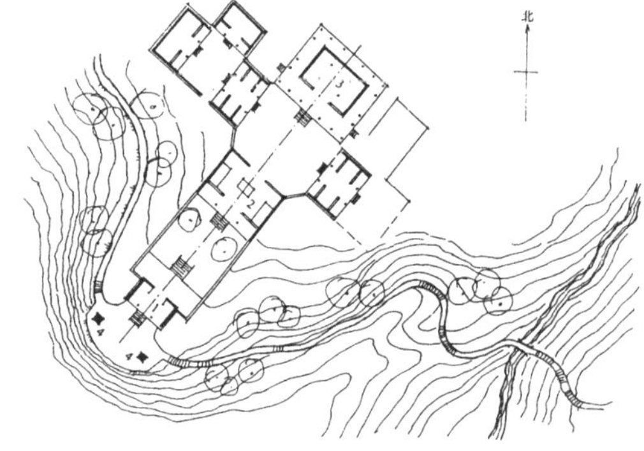

图 3–3–28 云南巍宝山圆觉寺的正变布局
引自周维权．中国古典园林史．北京：清华大学出版社，1990

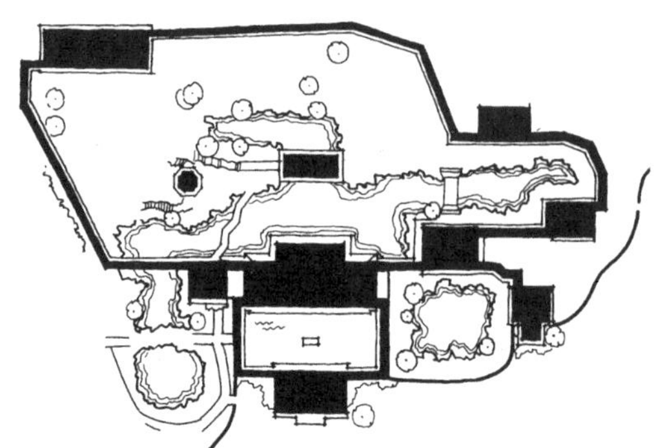

图 3–3–29 北京北海静心斋呈现的正变布局

嘴台地上，以山门、天王殿、大雄宝殿构成规则的两进院，左右跨院则根据地形分别安置偏殿和僧房，形成不对称的两翼，整体呈正变结合的半对称格局（图 3–3–28）。这组规模不大的寺院，由于充分利用山嘴台地的地形特色，山门前构成双塔并峙的半月形台地门庭，视野开阔，寺院背后层峦叠嶂，苍翠欲滴，建筑整体布局与自然环境十分融洽。昆明西山太华寺也是如此。它背倚山崖，面向滇池，依山就势，在中轴线上依次布置了石牌坊、天王殿、大雄宝殿和大悲阁，加上东西两厢，组成中轴对称的两进院。在此基础上，通过左右两侧顺依山势配置的不对称的亭、榭、轩、楼和曲折的回廊，形成了整体半对称的格局，取得了正变交融的空间韵味。

值得注意的是，正变交融的活变型布局在皇家园林建筑中运用得十分普遍，并取得很高的组群布局成就。北京北海画舫斋组群、静心斋组群，圆明园九洲清晏组群、正大光明、勤政亲贤组群都可以说是这种布局的范例。静心斋由前院、主院、东院、西院四组庭院组成。四院各有一水面。前院以镜清斋为主体建筑，与宫门、抄手廊组成规整端正的水院，连同门前峙立的三座铜鼎和斋后的沁泉廊，共同组成静心斋的主轴线。而主院、东院、西院都采用自由错落的布局，形成静心斋整体正变交融的格局（图 3–3–29）。九洲清晏（图 3–3–30）、正大光明（图 3–3–31）、勤政亲贤的组群布局，都由若干规整的庭院组成对称的、有明确轴线的纵深多进院，而多进院之间则穿插自由，颇为灵活，整体组群协调地交织着对称与不对称的因子，充分展现出端庄而不板滞，灵活而不散乱的正变交融品格。

3. 错落 如果说“折转”是局部偏扭的对称，“正变”是“正”与“变”交融的半对称，那么，“错落”则是基本上的不对称（图 3–3–32）。

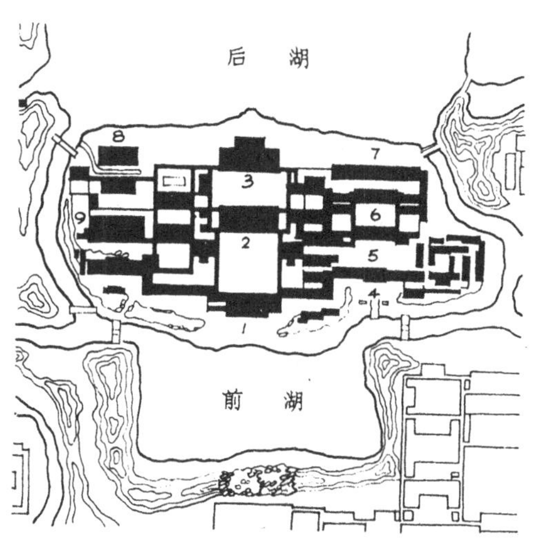

图 3–3–30　圆明园“九洲清晏”的正变布局
引自张家骥．中国造园史．哈尔滨：黑龙江人民出版社，1986

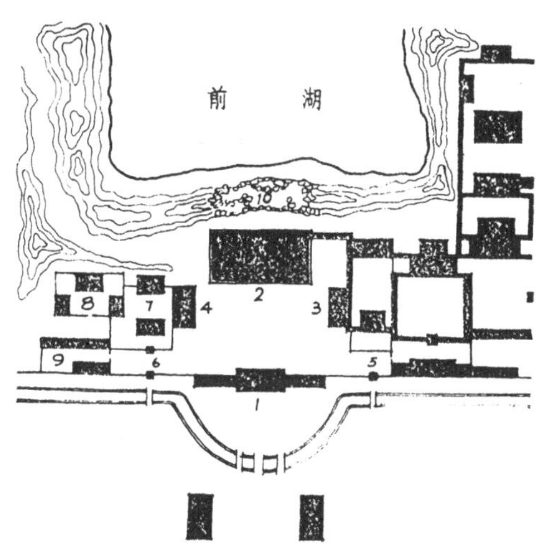

图 3–3–31　圆明园“正大光明”的正变布局
引自张家骥．中国造园史．哈尔滨：黑龙江人民出版社，1986

它们之间存在着对称因子与不对称因子的不同隶属度组合（图 3-3-33）。

依山傍水地区的民居，常常因顺应地形或随机扩建而形成错落的布局。浙江黄岩黄土岭虞宅是这类民居的代表性实例（图 3-3-34）。这组建筑坐落在公路旁的土岗上。原来是三合院式的规则型布局，正房朝东，伸出南北两翼厢房，正、厢房都是三开间的 2 层楼房，是当地盛行的“五凤楼”式。这组住宅经过扩建，在正房后部接建两间平房，西北隅加建一间楼房，南厢房外侧加建一栋 3 层楼房，底层比原有建筑低一层，二、三层与原建筑一、二层同高。扩建后的虞宅成为充分结合地形，平面自由生长，整体高低错落的格局，是一组高度有机、生动活泼的民居佳作。

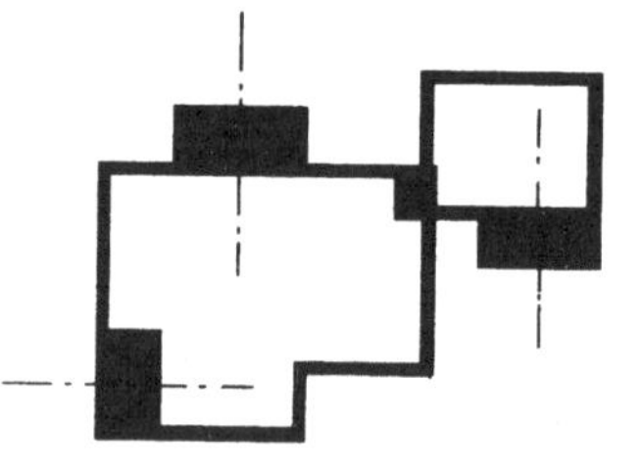

图 3-3-32 活变型构成的第三种形态——错落

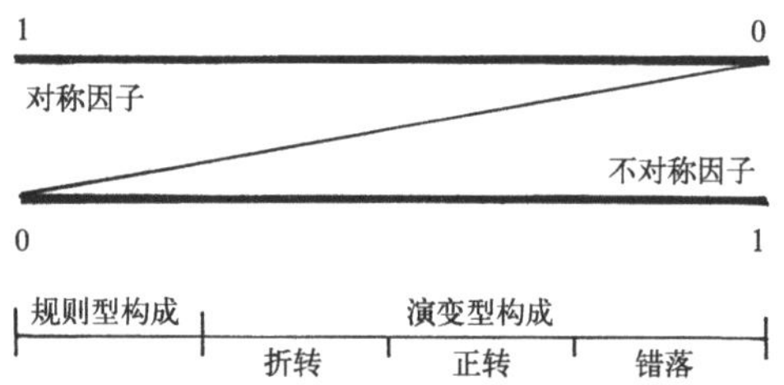

图 3-3-33 三种活变型构成的不同隶属度

这种自由错落的平面布局，在江南园林景点建筑中发挥得淋漓尽致，创造出许多精彩的空间组合。如拙政园的听雨轩、玲珑馆和海棠春坞组群。这三栋轩馆组成了两组院落，形成大小四个院子和天井。轩馆和院庭都是很规整的，通过回廊和院墙的联结，穿插组合得十分自然、妥帖，以极其简练的手笔取得了错落有致、极富韵味的空间构成（图 3-3-35）。留园的揖峰轩、石林小院组群，夹峙在五峰仙馆和林泉耆硕之馆两座庞大的厅馆之间，仅以揖峰轩、鹤所和石林小屋三座小巧的轩、亭，通过曲廊和院墙的围隔、穿插，组构出不同大小、不同形状的九个小院，整组建筑布置得高度灵活，异常曲折，塑造了极为丰富、独特的空间组合（图 3-3-36）。

这种错落式布局也成为皇家园林景点建筑的重要构成形式。颐和园后湖的绮望轩组群，承德避暑山庄的“万壑松风”、“碧静堂”、“食蔗居”、“山近轩”等组群都是这种布局方式。绮望轩位于后湖“峡口”南岸，东、西、北三面岗阜环抱。这组建筑顺应地势，分隔成北、南、西三院。北院临河立面显出对称式的格局，以强调峡口的南北向轴线。而三个院落自身则是完全不对称的。绮望轩与停霭楼、方亭都没有轴线的对位关系，北院两侧的游廊有意做成不同的曲尺形变化，南院、西院都用不规则的曲线院墙，各院地面都呈天然地貌，不求平整，

图 3-3-34 （下）民居错落式布局的代表性实例——浙江黄岩县黄土岭虞宅

引自中国建筑技术发展中心建筑历史研究所．浙江民居．北京：中国建筑工业出版社，1984

北院庭院内还结合地形跌落出二米多的高差。整个组群变化灵活，高低错落，引人入胜（图3-3-37）。万壑松风位于避暑山庄正宫所处高岗的东北角。全组六栋建筑，除主殿万壑松风为五开间、周围廊、卷棚歇山顶外，其余五栋均为小式硬山房。六栋房屋都是规则的矩形平面，都取南北向的方位，都呈平行的排列，单体建筑的构成要素可以说是十分雷同、相当单调的。但各栋建筑错落布置，以曲折的回廊穿插联结，形成了十分丰富多变的空间组合（图3-3-38）。位于避暑山庄山区的碧静堂、食蔗居、山近轩等景点建筑也是如此，它们都顺依地形，灵活布置，不仅平面上参差自然，而且标高上高低错落，这些都生动地展示出错落式布局的魅力。

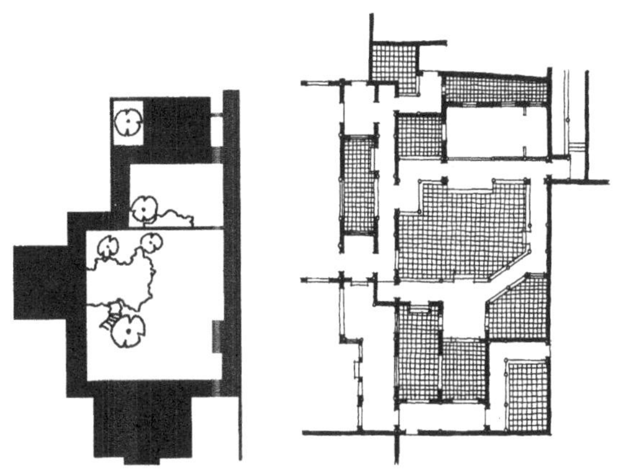

图 3-3-35 （左）苏州拙政园听雨轩、玲珑馆、海棠春坞组群

图 3-3-36 （右）苏州留园揖峰轩、石林小院组群

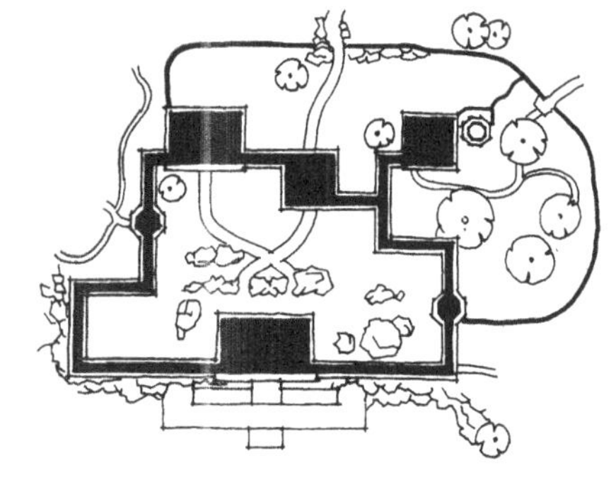

图 3-3-37 颐和园绮望轩小园

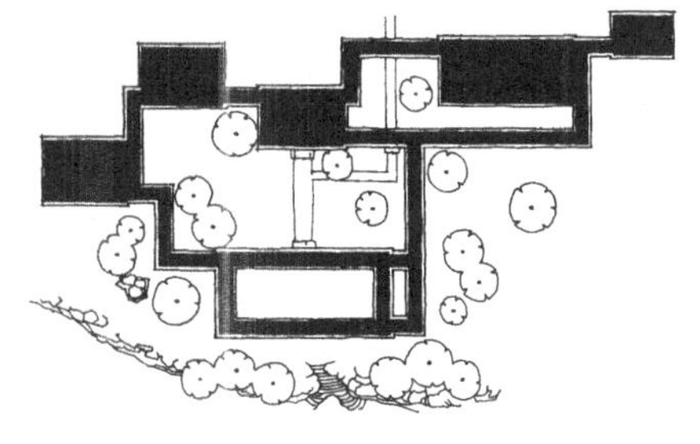

图 3-3-38 承德避暑山庄“万壑松风”

二、庭院单元构成

庭院是庭院式布局的基本构成单元，考察庭院式组群的构成机制，有必要进一步讨论庭院单元自身是如何构成的。

（一）庭院构成要素

庭院的构成要素大体上可以分为四类（图3-3-39）：

1.单体建筑要素 殿、堂、楼、阁、轩、馆、房、门等单体建筑，都是组构庭院的重要要素。它们自身都有室内空间，呈三维体量，大多具有明确的使用功能。处于庭院主要地位的单体建筑，是庭院的主建筑。主建筑的功能、规模、性质决定了整个庭院的功能、规模、性质，制约着庭院空间构成的形态、景象、气韵。可以说主建筑在庭院构成中起着主控作用，庭院则是主建筑作用的放大、强化和补充，实质上是主建筑的放大器。主建筑宏伟威严则庭院空间需宏大端庄，主建筑轻巧活泼则庭院空间也应随之灵活多变。主建筑通常位于庭院的主轴线上，成为庭院的视觉中心。配殿、厢房等作为

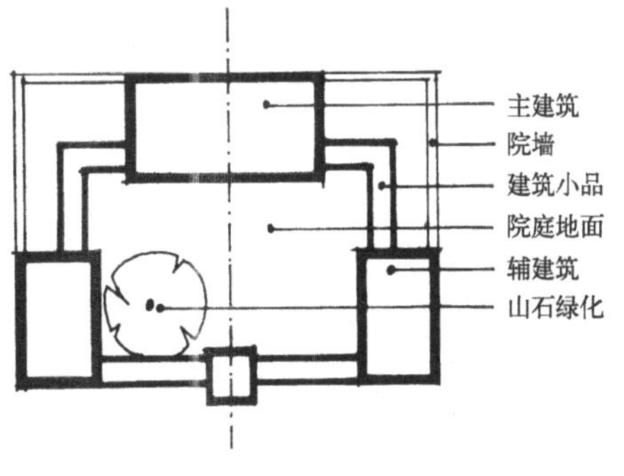

图 3-3-39 庭院单元构成的若干要素

主建筑的辅助和补充，大多分布于主建筑的两侧。主辅建筑的内向立面，构成了庭院空间的主要界面。

2.围墙要素 庭院的围合除了单体建筑外，

还需要院墙、隔墙、照壁、屏壁等墙体。这类构成要素无内部使用空间，自身呈二维形态的墙面，通常用的是实体墙，形成庭院的实界面，既隔断院内外的人流交通，也切断院内外的视线联系，是一种封闭性很显著，限定性很明确的围合手段。在各类庭院中，二合构成的庭院院墙所占比例较大。江、浙、闽、粤一带的民居，很多庭院和天井都有一面或两面由院墙围隔，形成私密性很强的宁静空间。在园林型庭院中，为突破庭院的封闭感，常将院墙的实界面加以“虚化”。虚化有多种方式，有的在实墙面上设成排的漏窗或空窗，有的把实墙面做成通透的漏花墙面，这些都是把实界面转化成为可以通透视线的虚界面。还可以把实界面处理成两种界面叠加的“复合界面”。《园冶》说的“围墙隐约于萝间”[①]，就是复合界面的一种处理方式。人工的、建筑性的、封闭感很强的实心院墙通过藤萝之类爬蔓植物的覆盖，就转化成了非构筑的、自然性的、富有天然情趣的垂直绿化。这是复合界面的一种妙用。沿实墙面设单侧廊也可以视为一种复合界面，它在原有实界面前添加了一层游廊柱列，将二维围合要素变成了三维围合要素，明显地增添了界面的层次和弹性。

①计成．园冶·园说

3．建筑小品要素　在庭院构成中，一大批建筑小品充当了庭院的设施和点缀物。如石碑、经幢、旗杆、石灯、石屏、香炉、焚帛炉、日晷、嘉量、石五供、石桌、石凳等。这些小品体量虽不大，却有鲜明的功能属性或象征意义，可以起到刻画庭院功能个性的作用，有很强的标志性。

4．自然要素　为改善庭院空间的局部小气候，为增添庭院空间的自然情趣，常常在院庭中栽植树木、花卉，堆凿山石、水体，它们就成了庭院构成的自然要素。一勺清水，几块湖石，一丛花池，数株乔木，会给人工的建筑环境带来或浓或淡的自然气息，使庭院空间获得清幽、淡泊、隐逸、高雅等境界。在庭院空间构成上，这些自然要素可以塑造地表，丰富庭院景象；可以遮蔽院墙，拓展庭院空间；可以成荫投影，装点庭院天际；可以四时变化，突出庭院空间的时令格调；还可以通过种种布局，调节庭院空间的构成格局。因此，这些自然要素不仅仅大量运用于园林型庭院，而且渗透入居住型、宫殿型、寺庙型、过渡型庭院，形成与园林型相交叉的多种交叉型庭院，大大丰富了传统庭院的景象构成。

不难看出，上述四种构成要素主要起两方面的构成作用，一是庭院的围合构成，二是庭院的内含构成。围墙要素通常只用于围合构成。建筑小品要素通常只用于内含构成。而单体建筑要素，当它沿着庭院周边布置时，起的是围合构成作用，当它处于院庭之中时，则成了庭院的内含构成。花木山石通常位于院庭之中，属于内含构成，但有些情况下，成排的树木，壁立的山石也可能成为界定庭院界域的手段，起到围合构成的作用。在某些特定场合，同一座殿屋也可能既是庭院的围合构成，也是庭院的内含构成，成为两种构成的模糊交叉体。

（二）庭院的构成机制

1．中庭式构成与中殿式构成　从构成形态上看，庭院可以区分为中庭式和中殿式两种基本模式（图3–3–40）。

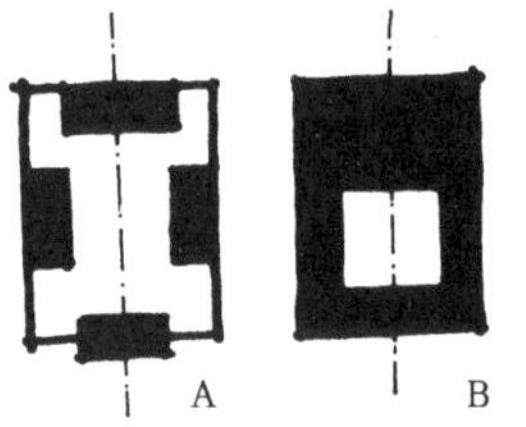

A　B

①中庭式构成
A 院庭式的分离型
B 天井式的毗连型

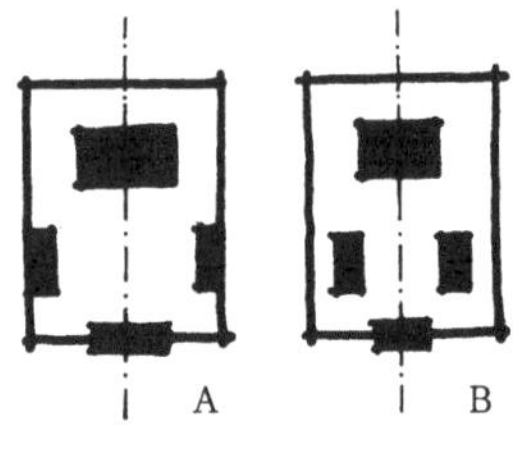

A　B

②中殿式构成
A 主殿居中，配屋沿边
B 主殿居中，配屋内移

图 3–3–40　中庭式构成和中殿式构成

中庭式构成是主殿坐北的布局，把主殿设在庭院北沿正中，相应地东西配殿也对称地处在东西两侧的院墙、廊庑部位，主辅建筑都与院墙、廊庑一起贴边布置，起到庭院空间的围合构成作用。这种布局可形成宏大的开敞院，也可形成小巧的内聚院。作为开敞院，在同等大小的院墙范围内，中庭式能够取得最大的庭院空间尺度，能够保持庭院空间的完整形态，有利于突出庭院空间的宽阔、庄重气势。作为内聚院，这种布局使院庭、天井处在房屋包围之中，院子尺度不大，内聚性很强，有利于塑造阴凉、亲切、静幽的庭院空间。可以说中庭式构成明显地表现出对于庭院空间境界的侧重，而放松对于主建筑自身三维体量的完整展露。

中殿式构成则是主要建筑或次要建筑坐中的布局，把主要殿屋设在院庭之内，通常位于中轴线偏后的位置，以保证殿前空间有一定的深度。两侧的东西配殿，有两种情况，有的贴边布置，有的也移到院子之内。后一种情况，主殿、配殿都成了庭院的内含构成，实际上在院子内部又形成一个由主配殿界定的中心空间。这种庭院布局，庭院空间的开阔感、完整感相对削弱，而主辅建筑，特别是主建筑的三维体量得以完整展露。

这两种布局模式，在不同类型的庭院中有不同的侧重。

居住型庭院基本上全采用中庭式构成（图3-3-41）。南方地区的民居，不论是江苏、浙江的合院住宅，福建的厅井住宅，广东潮汕地区的“爬狮”、“四点金”，以至云南彝族的“一颗印”，白族、纳西族的“三坊一照壁”、“四合五天井”等等，普遍的特点都是由正屋、厢屋围合出主天井，边角部位穿插一些小天井。小天井尺度很小，主天井尺度也不大。几乎没有出现主建筑坐落到天井之内的中殿式构成。北京四合院住宅也是如此。前院由垂花门与倒座围合而成；主院由正房、厢房、垂花门围合而成；后院由后罩房和正房、耳房的后檐围合而成，也没有出现主建筑坐落于院庭之中的格局。只有位于东北地区的吉林民居，情况有所不同。吉林满族民居典型的“一正四厢”式布局，正房和厢房都没有贴边布置，它们都坐落在院墙所围合的大院之中。从这一点说，很像主屋坐中的中殿式。但是，由一正四厢加上院心影壁所围合的前后两院自身，仍然具有中庭式的特点。应该说，这种布局实质上仍然是中庭式，只是由于当地宅地充裕，庭院院墙向外扩大了一圈而已。

由此可见，居住型庭院几乎可以说都是中庭式的构成。这表明，内聚型的中庭式构成，紧凑的、内聚的、亲切的空间特点很适合于居住建筑，因而成了划一的模式。

对于宫殿型庭院和宫殿交叉型庭院来说，中庭式和中殿式用得都很频繁，仍以中庭式占优势。

在北京故宫组群中，太和殿院、乾清宫院、皇极殿院、养心殿院、乐寿堂院等，都是中庭式的构成（图3-3-42）。而保和殿院由于存在着坐落庭心的中和殿而带有中殿式的特点（图3-3-43）。同样的，坤宁宫院由于后来增建了坐落庭心的交泰殿，也成了中殿式的格局。但这两处的中殿都不是主殿，而是主殿坐北的情况下，中庭另置次要殿屋。慈宁宫院的布局，

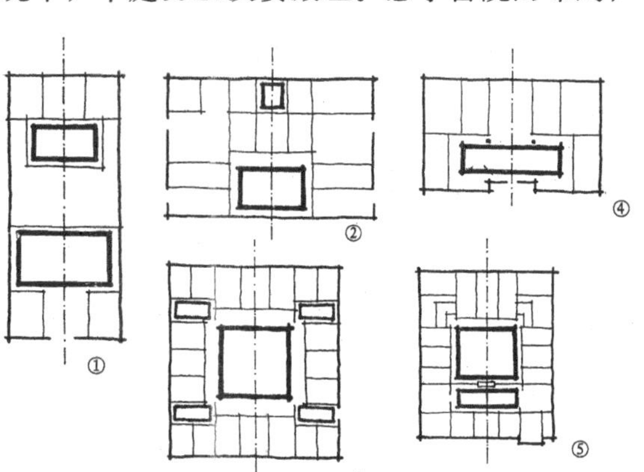

图 3-3-41 居住型庭院的中庭式构成
①苏州多进院
②浙江天台三合院
③云南“四合五天井”
④广东“爬狮”
⑤北京四合院
⑥吉林“一正四厢”

是在一组廊院的核心部位设置主建筑慈宁宫，而将次要殿屋大佛堂坐北。从整个大院来说，是比较明显的主殿坐中的中殿式。但是，主殿慈宁宫前方留有较大的庭院空间，两侧有徽音左门、右门对称相辅，它们自身又围合成了大院中的一个前院。就整个大院来说，它是内含构成，相对于前院来说，它是围合构成，这就是前面提到的围合构成与内含构成的模糊交叉（图 3–3–44）。这类中介态的庭院是很常见的。北京故宫组群中的文华殿院、武英殿院、养心殿院，主建筑都用工字殿，前殿自身既在大院中坐中，又在前院中坐北，也呈中介态。

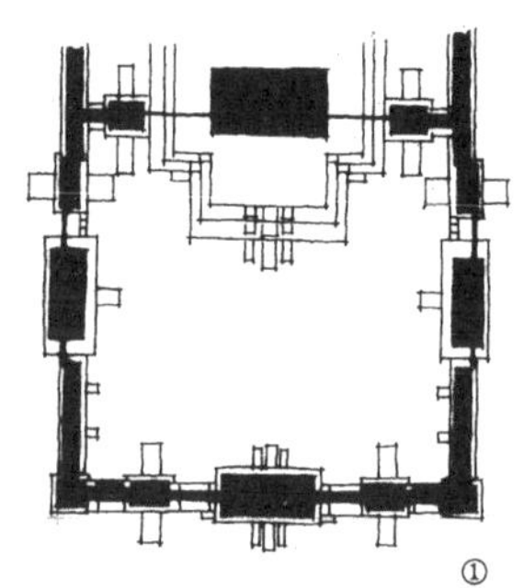
①

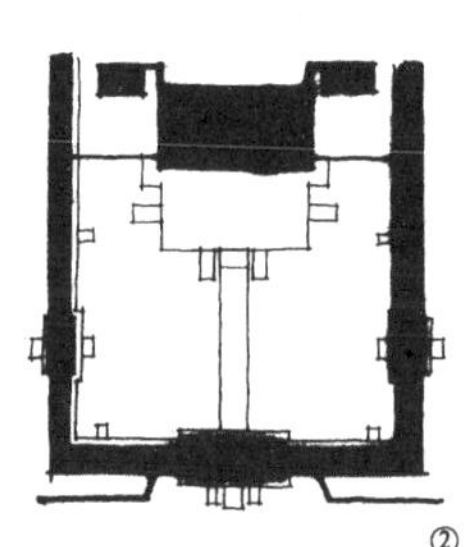
②

图 3–3–42　北京故宫主体庭院的中庭式构成
①太和殿殿庭
②乾清宫殿庭

中殿式的典型形态是明长陵的祾恩殿院。这个院前后由祾恩门、内红门围合，左右两侧原有东西庑各十五间（现已毁），主殿祾恩殿坐落在庭院中轴偏后位置，呈标准的中殿式格局。这个院可以和太和殿院作一下比较。两者的主建筑都是最高形制的重檐庑殿顶大殿，都带三层台基，殿身面积也十分接近。只是太和殿院用中庭式，长陵祾恩殿院采用中殿式。从总体气势来说，太和殿院显得气势宏大，空间完整，太和殿自身在宏阔的院庭和舒放的台基衬托下，也显得十分壮观。而祾恩殿院的宏伟感、完整感相比之下则差得多。这里当然有庭院尺度上的差别，太和殿庭院面积为 30230 平方米，长陵祾恩殿庭院面积为 21744 平方米，太和殿院较祾恩殿院大了约三分之一。更重要的是中庭式与中殿式的效果有所不同。在太和殿院，作为主建筑的太和殿殿身后退，使殿身前檐几乎快与院墙拉平。这样既取得庭院的最大深度，也保持庭院的完整空间和规整形态。院庭内，太和殿的三重丹陛得以舒展地铺开，院庭空间与主殿相得益彰，显得气势恢宏。而祾恩殿院，由于主建筑坐中布置，主殿前方的空间深度大为缩短，三重台阶和月台也不能充分舒展，庭院整体空间和主殿形象的宏伟感相对来说就差

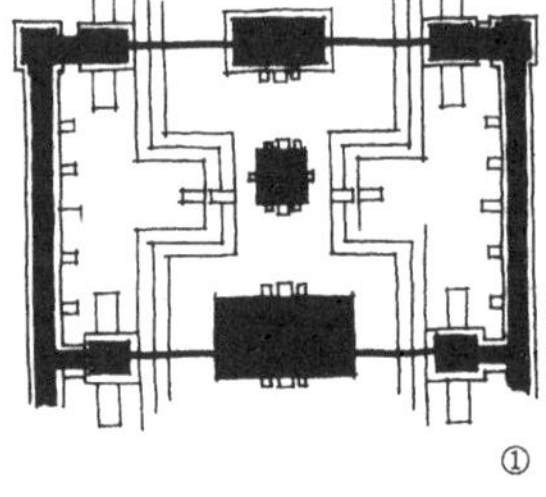
①

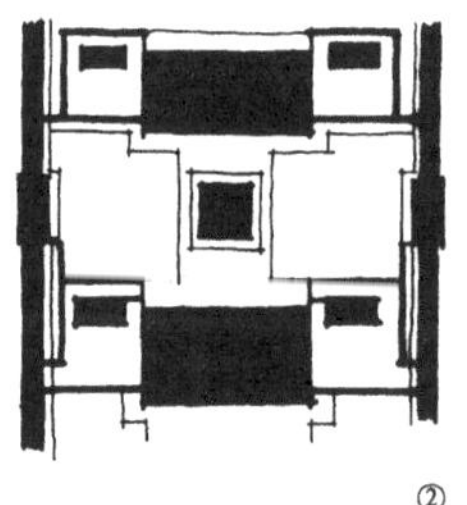
②

图 3–3–43　北京故宫中的中殿式庭院
①保和殿殿庭
②坤宁宫殿庭

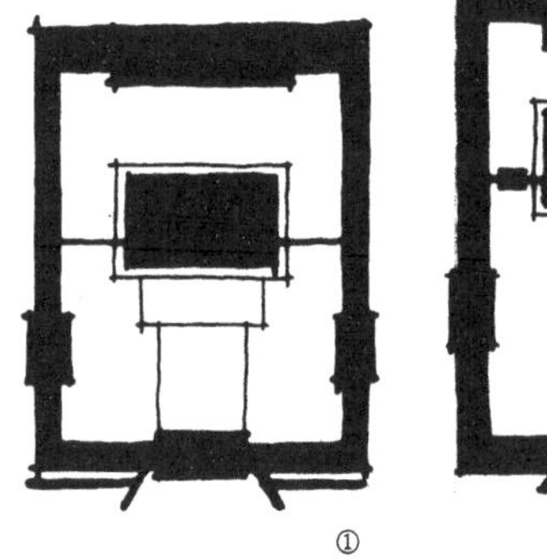
①

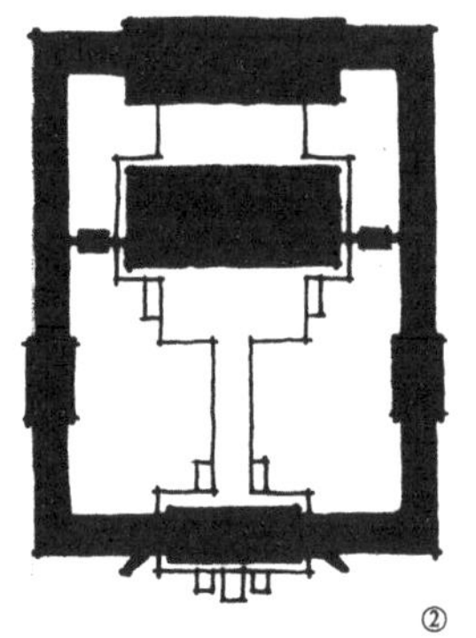
②

图 3–3–44　中庭与中殿交叉的中介型构成
①北京故宫慈宁宫院庭
②北京故宫宁寿宫院庭

了一大截。这表明，同样形制、同等规格的主建筑，在不同尺度，不同形态的庭院构成中，其观赏效果是大不相同的。

值得注意的是，继明长陵 恩殿之后，十三陵中的大多数祾恩殿，也是中殿式的布局。到清代，包括关外的清初三陵和关内的清东陵、清西陵诸陵，隆恩殿庭院的布局几乎都是中殿式的定制（图 3–3–45）。为什么明长陵之后的帝陵享殿庭院绝大多数都用中殿式的布局呢？这一方面是沿袭明孝陵、明长陵中殿式布局的旧制，另一方面也与享殿自身的尺度有关。明十三陵中，继用中殿式的献、景、裕、茂、泰、康、昭、庆诸陵都是皇帝驾崩后才择地营建的，工期短促，规模偏小。祾恩殿都是五开间的。清代诸陵的隆恩殿也多是五开间的，甚至还有三开间的。主殿屋开间少，面阔不大，在较大尺度的院庭中，如果采用中庭式布局，就会显得大殿太小，尺度不称。采用中殿式布局，主配殿都坐落庭中，无形中围合出一个“庭内之庭”，庭殿尺度能取得良好的协调。明十三陵中只有永陵和定陵的祾恩殿采用中庭式布局。原来这两陵都是皇帝在位时就开始营建的，历时数十年，规模较大，两陵祾恩殿都是七开间的，主殿自身尺度足以与院庭陪衬，因而采用中庭式格局。这表明院殿的尺度比是制约庭院布局形式的一个因素。

在寺庙型庭院和寺庙交叉型庭院中，中殿式构成曾经占相当大的比重。这与佛教礼仪有关。由于早期佛教不造像，以塔为释尊的象征物，信徒绕塔礼拜，自然形成以塔为中心建筑，四周绕以廊庑的中心塔院。后来随着佛像供奉的普及和教义宣讲的需要，佛殿的重要性上升，取代塔而成为寺院的主建筑，自然形成主殿坐中的庭院。敦煌壁画中所示的唐宋佛寺庭院，生动地展现了这一景象（图 3–3–46）。这里既有以塔居中的回廊院，也有以殿阁居中的回廊

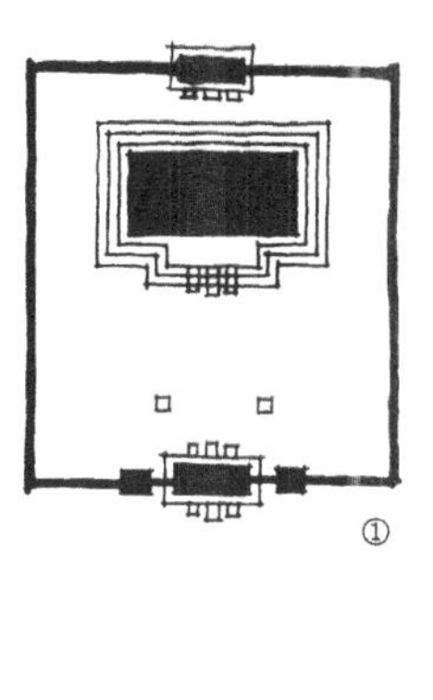

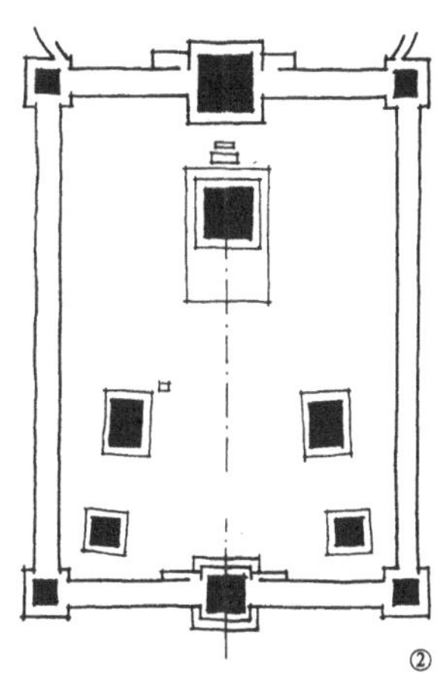

图 3–3–45　中殿式的典型形态
①明长陵祾恩殿庭院
②沈阳清福陵隆恩殿庭院

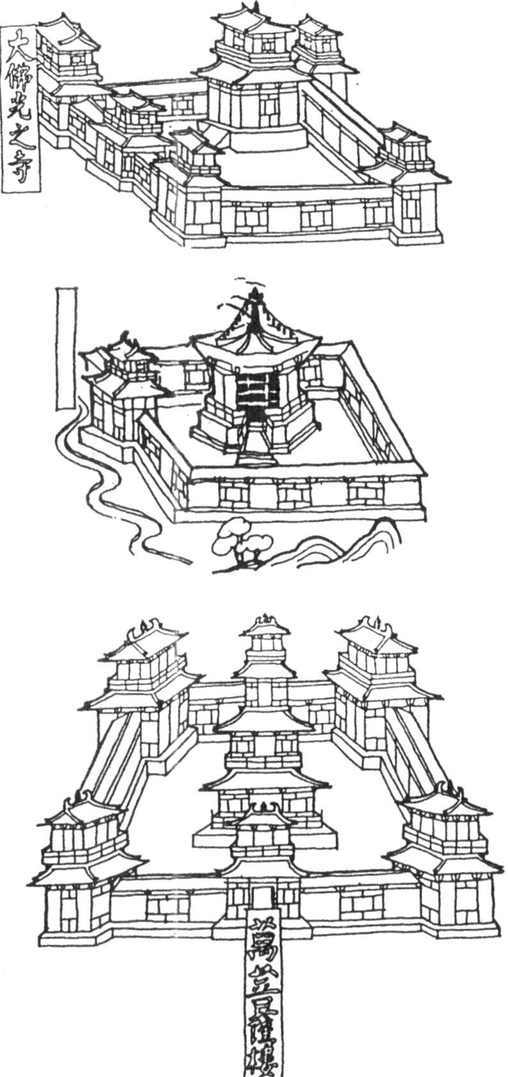

图 3–3–46　敦煌壁画中显示的寺庙型庭院的中殿式构成
引自萧默．敦煌建筑研究．北京：文物出版社，1989

院。它们都呈现中殿式格局。受“舍宅为寺”的影响，早期许多寺院直接由第宅转化，因此中庭式构成的寺庙型庭院出现得也很早。后期盛行“七堂伽蓝”，寺院主体建筑由山门、钟鼓楼、天王殿、东西配殿和大雄宝殿七座殿宇组成，它们组合成前后两院，前院以天王殿坐北，正院的大雄宝殿少数坐中布置，多数也是坐北布置。这种七堂两院布局几乎成了后期寺院布置的通行定制，因此，中庭式构成也就成了后期寺庙型庭院的主流形制（图 3-3-47）。

值得注意的是，寺庙型庭院中还存在着一种处于中介型的纵深院布局。主庭院为纵长方形的大院，院内沿纵深轴线前后重置一两座或两三座殿、阁，两侧由廊庑和配殿围合（图 3-3-48）。大同善化寺已是这种格局。这个主体庭院由三圣殿前院和大雄宝殿正院组成，呈大院套双院的形态。北京护国寺的主体庭院，则由延寿殿院，崇寿殿院和千佛阁院三院融汇成一个纵长大院，呈大院套三院的形态。北京妙应寺、北京白云观等寺观组群的主体庭院构成也是如此。五台山显通寺更为突出，主轴上重叠七座殿屋，形成主庭院内多院贯联的空间组合。

这种重置的纵深院布局，中轴线上的殿阁都有自己的前庭空间，都有自己的左右配殿，对于前庭自身来说，可以视为主殿坐北的中庭式格局。对于整个大院来说，则是主殿坐中的中殿式。它们实质上是中殿式与中庭式的中介态。这种布局，大院内部各殿前庭空间既有分隔，又相互贯通，殿屋既坐北，又居中，既照顾到重重庭院的空间表现力，又便于展示重重殿屋的三维体量造型，这对于大型寺观组群，自然是一种颇为合宜的布局方式。

园林型庭院有规则型的，更多的是活变型的。不论是规则型或活变型的庭院，都明显地以中庭式构成占主流（图 3-3-49）。我们从圆明园的“天然图画”、“碧桐书院”、“茹古涵今”，“镂月开云”，承德避暑山庄的“万壑松风”、“月色江声”、“如意洲”、“山近轩”，北海的静心斋、画舫斋，拙政园的玉兰堂院、海棠春坞院，留园的五峰仙馆院、涵碧山房院等，都能看出中庭式庭院在园林组群中的勃勃生命力。

至于各种过渡型庭院，绝大多数都是以门殿坐北，都属于中庭式的构成。

综上所述，不难看出，在庭院构成的两大

图 3-3-47 （下左）汉化佛寺典型布局显示的中庭式构成

图 3-3-48 （下右）寺庙型庭院的“重置”空间，形成中庭、中殿的中介形态
①大同善化寺
②北京护国寺
③北京白云观
④五台山显通寺

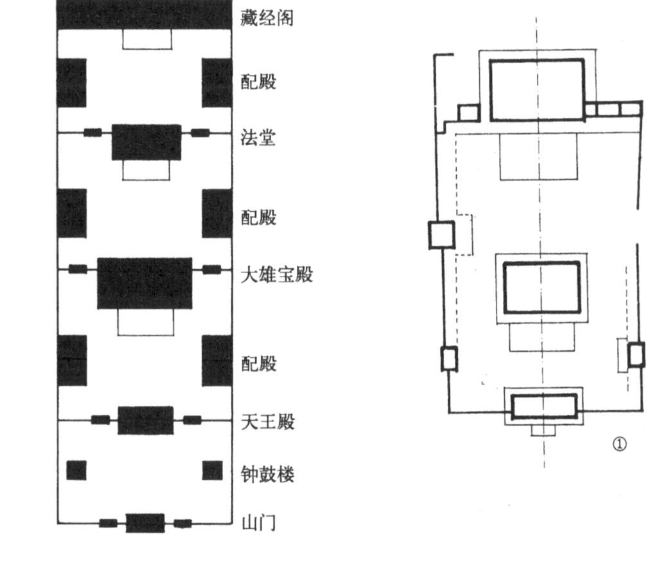

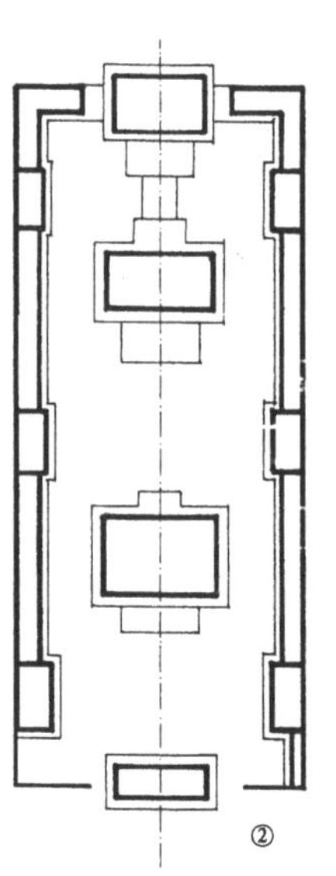

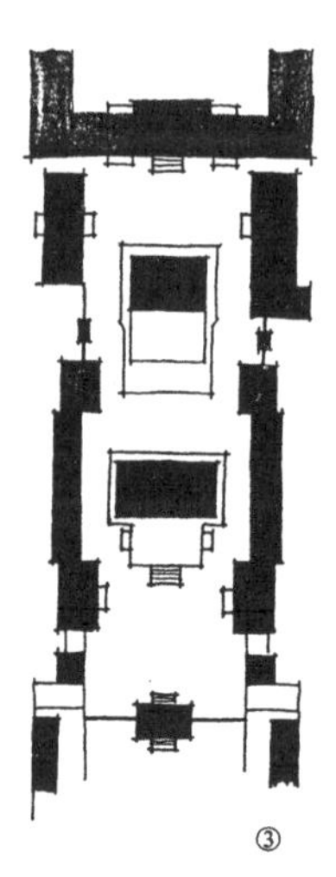

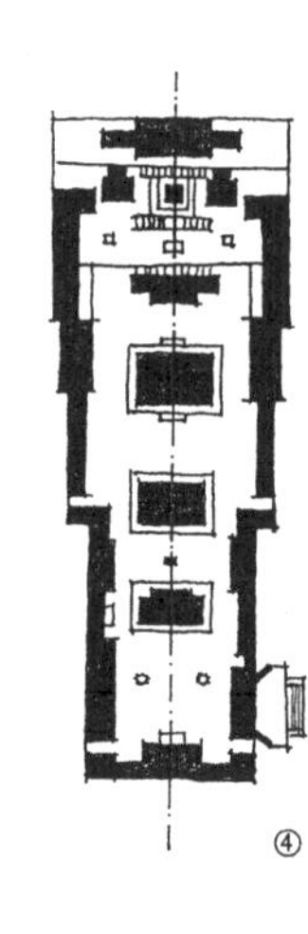

模式中，总的来说，中庭式构成占据着主流地位。许多类型庭院都是以中庭式构成为主。而在中殿式构成中，也力图在殿前保持较充裕的前庭空间以取得中庭式的空间效果。这有力地表明中国古代建筑对于中庭式庭院空间的高度重视，在这方面积淀了极为丰富的设计经验和极其深厚的文脉传统。

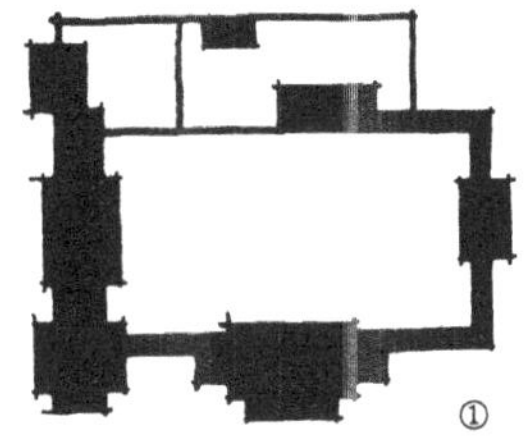

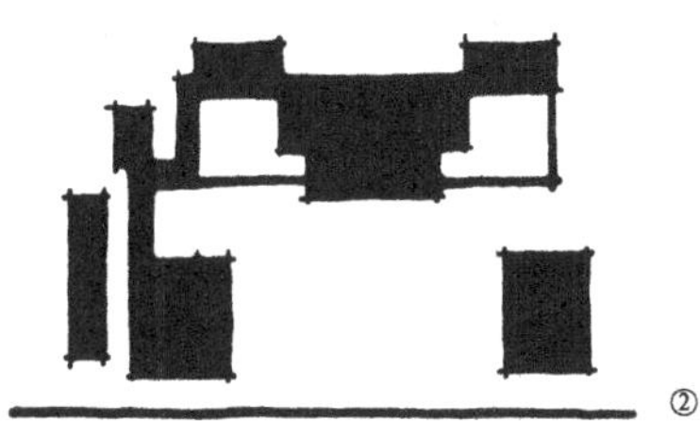

图 3–3–49 园林型庭院的中庭式构成
①圆明园“天然图画”
②圆明园“镂月开云”

2. 对称构成与非对称构成

(1) 对称构成 对称式是传统庭院构成的主流形式。无论是宫殿型庭院、居住型庭院，还是寺庙型庭院、过渡型庭院，大多数都采取对称的格局。

对称是取得有序的一种最简便、最有效的方式。人类从动物和人自身的形体对称，早就认识到对称的现象。远在旧石器时代，我们的祖先在制作劳动、生活工具时已有了初步的匀称、对称的观念。到新石器时代，在陶制品的加工中，已创造出对称的器形，对称的双耳，对称的三足。这种对称源于功能的需要，工艺的需要，进而也成了审美的需要。这在原始建筑活动中已有初步的体现。从这一点说，庭院布局采取对称形式是很自然的。这里有功能对称的要求，技术对称的好处，也有对形式美对称的喜好和文脉延承。在礼的制约下，强烈的择中意识进一步强化了对于对称的追求。因为只有左右对称，才能突出纵深中轴。因此庭院布局普遍呈现以纵轴为中心的左右对称格局。

宫殿、坛庙、陵墓、衙署、书院等建筑组群的庭院，除极个别的例外情况，几乎都保持严格的对称布局。祠庙、寺庙、道观组群，只要位于平坦、规整的地段，也都尽可能采用对称的庭院。广泛分布于城乡各地的庭院式住宅，其庭院的基本型也是对称的。不论是北京的四合院住宅，陕西、山西的狭长院住宅，吉林的“一正四厢”住宅，福建的“厅井”住宅，浙江的“十三间头”住宅，云南的“一颗印”、“三坊一照壁”住宅，广东的“四点金”、“五间过”住宅等等，这些住宅的基本形制都无例外地采取对称的形式。只有受地形的制约，非对称功能的制约，或风水意识的约制才呈现某些不对称的变通做法。即使在这种情况下，住宅的主要庭院大多仍保持对称的形态，只是边角等部位作适当的调整，而形成局部的不对称。如福建泉州黄宅，沿狭长地形布置了三进庭院，由于西侧地形不规则，侧庭采取了活变的布局，而主轴线上的主庭院和主建筑仍然保持严谨的对称格局。至于像北京四合院那样把大门偏置于东北角，则是受以正定为中心的北派风水学说的影响，取“坎宅巽门”的吉利方位。这种做法也只造成前庭的局部不对称，住宅整体和主体庭院仍然维系着严格的对称态。这些都说明追求对称式的构成，在居住型庭院中如同宫殿型、寺庙型庭院一样是十分执著的。

园林型庭院多数是活变型的，不拘泥于对称的形态。但是仍然有一部分园林采用对称式的布局。北京故宫的御花园、慈宁宫花园是这方面的著名实例。承德避暑山庄的“梨花伴月”景点，位于岩崖陡峻、清溪蜿蜒的台地，居然也突破地形的羁绊，创造出一组全然对称的庭院组合。当然，这种组群整体对称的园林毕竟是罕见的，但是在整体非对称组群中保持对称式的主体庭院却是不少见的。北海静心斋、画舫斋的主庭水院都是如此（图 3–3–50），圆明园 40 景中的许多景点的主庭院也多是对称的，

① 荀子·儒效

说明对称式庭院对园林建筑也有一定的适应性。

庭院的对称布局，展现出一种方正、规整、对仗的美，有助于创造庄严肃穆、端庄凝重、平和宁静的空间境界。这种境界“井井兮其有理也”[①]，充满着秩序井然的理性美。

庭院的对称构成，需要满足两个条件，一是庭院空间在平面上的对称，二是庭院空间在围合要素上的对称。必须两者兼备，庭院空间才是对称的（图 3-3-51）。在庭院构成中，还存在着诸多内含要素，包括一系列建筑小品要素和树木、花卉、山石、水体等自然要素。这些内含要素在对称式庭院构成中呈现两种布置方式：一种是对称庭院中设置对称的内含因子，如北京故宫太和殿院，在殿前丹墀上对称地陈设着象征政权、表征祥瑞的铜鼎、铜龟、铜鹤、日晷、嘉量；汾阴后土祠庙貌碑所示的主体廊院中，正殿前方对称地设置着左右方亭和方台、方池；正定隆兴寺佛香阁院内对称地建立一对碑亭；明清陵寝方城明楼院内普遍设置一组对称的“石五供”。避暑山庄澹泊敬诚殿庭内对称地坐落一对乐亭，对称地栽植一片树木；“梨花伴月”主轴线上，前庭开凿对称的水池，正院堆叠对称的假山和叠石磴道；等等。这些都是以对称的内含因子来强化庭院的对称格局。另一种则是在对称式庭院中设置不对称的内含要素。通常民居庭院中，在某个角落自然地摆放一组石桌、石凳，栽植几株乔木，堆叠几块湖石，都属于这种构成。这在民居型庭院、园林型庭院中比比皆是。这是以不对称的内含陈设来柔和庭院的对称格局，给对称态的庭院注入一些生动活泼的情趣。可以说，庭院的对称态主要取决于围合构成的对称，而内含要素则起着强化对称或弱化对称的调节作用。

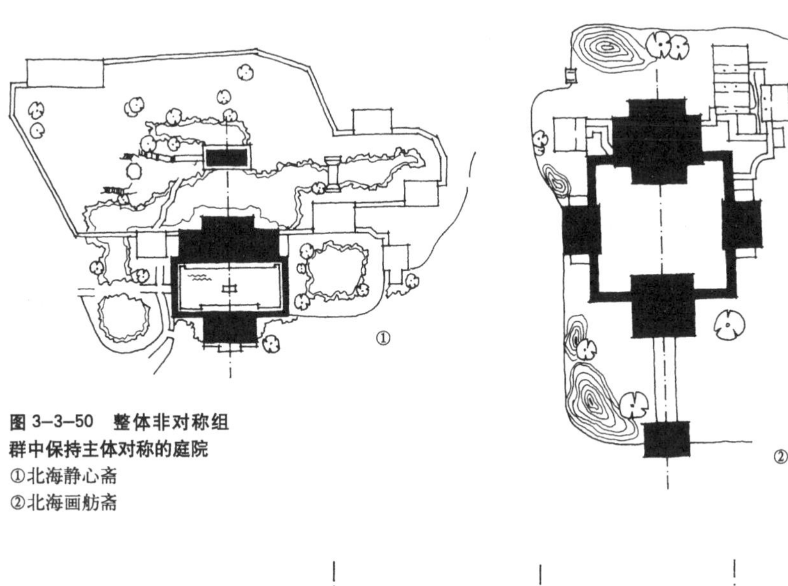

图 3-3-50 整体非对称组群中保持主体对称的庭院
①北海静心斋
②北海画舫斋

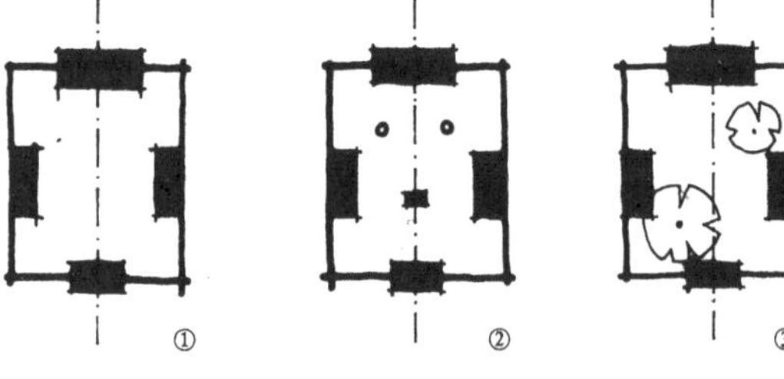

图 3-3-51 庭院的对称式构成
①围合要素对称的庭院
②围合要素、内含要素均对称的庭院
③围合要素对称，内含要素不对称的庭院

（2）非对称构成 非对称构成主要出现在园林型、居住型的庭院，一部分位处山林环境的寺庙、祠观的庭院也常有不对称的现象。

形成非对称的庭院，主要有三方面的原因：

一是受制于不对称功能。居住型庭院的不对称，有一部分是由于不对称功能带来的。如呼和浩特市新城原八旗士兵宅院就属于这一类（图 3-3-52）。这是成片的划一定制，每户只有一栋双开间的北房，偏东或偏西布置，与对角的院门、照壁形成不对称的院庭，这是简朴的功能促成的经济布局。圆明园八旗营房的宅

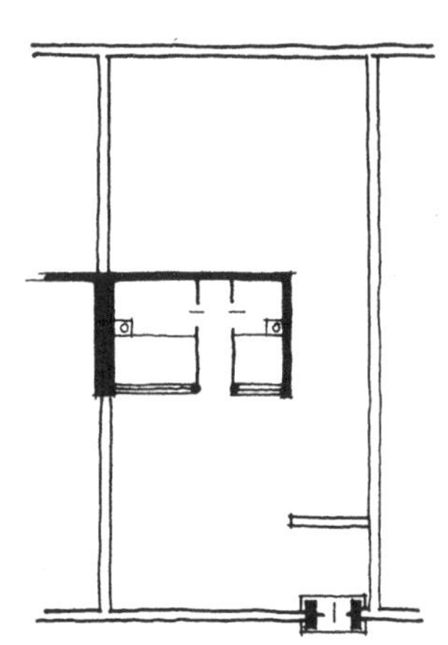

图 3-3-52 呼和浩特市新城原八旗士兵宅院
引自刘致平．内蒙古、山西等处古建筑调查记略（上）．见：建筑理论及历史研究室．建筑历史研究，第1辑．北京：中国建筑科学研究院建筑情报研究所，1982

图 3–3–53　圆明园八旗营房
引自王其明，茹竞华．怀念我们的老师林徽因先生．见：建筑师，第 20 辑．北京：中国建筑工业出版社，1984

院也是如此（图 3–3–53）。每户只有一座三间北房，院门、照壁设于东南角“巽”位，也形成不对称的庭院格局。南方的小型农宅也常由于正房偏置或厢房成单而组成不对称的天井。如云南丽江民居的“一坊”院，是正房偏置带来的不对称，“二坊”院是厢房成单带来的不对称。昆明阿拉乡阿拉村 1 号院，则是“二间一耳倒八尺”的“半颗印”式的不对称（图 3–3–54）。

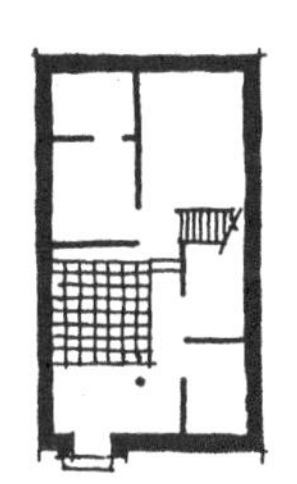

图 3–3–54　昆明阿拉乡阿拉村 1 号院——“半颗印”住宅
引自云南省设计院《云南民居》编写组．云南民居．北京：中国建筑工业出版社，1986

二是顺应自然地形。不规则的建筑地段和高低起伏的地形是导致建筑布局不对称的重要原因，但是这种不对称对于民居和寺观建筑来说，主要体现于组群整体，多数情况下，庭院自身，特别是主体庭院还是尽可能保持对称的形态。受地形限制而导致民居或寺观的主体庭院出现非对称布局的情况不是很多，偶尔也能见到一些。如呼和浩特市旧城某宅，由于宅地东沿偏斜，前后院东厢房都顺势斜摆，导致前后院均呈不对称态。青城山古常道观的三清殿主院，由于地形约制，纵轴上灵官楼轴线与三清殿轴线错位，横轴上东侧客堂轴线与西侧客厅轴线也错位，而且主庭向西拓宽而向东不拓宽，形成了殿庭前后左右参差自由的灵活布局。五台山罗睺寺的首进庭院也是如此。由于寺庙建于山地之上，受地形限制，入口山门偏东，而坐北的大殿偏西，两侧配殿的体量、制式也大相径庭，再加上偏置的佛塔，形成了完全不对称的格局（图 3–3–55）。对于园林建筑来说，因势利导地顺应自然地形是传统园林型庭院布局的基本法则，当然形成大量依山顺势的不对称庭院构成，这种情况比比皆是。

三是追求自然情趣。园林型庭院为追求自然情趣，不仅顺应自然地形而随宜布置，即使在平坦地段，往往也有意地突破对称格局，塑造自由活变的园庭空间。正是基于园林空间境界的这种要求，非对称构成在园林型庭院中上升为主流，获得充分的发展，创造出许多情景交融的优秀园庭实例，是传统园林建筑遗产中的重要组成部分。

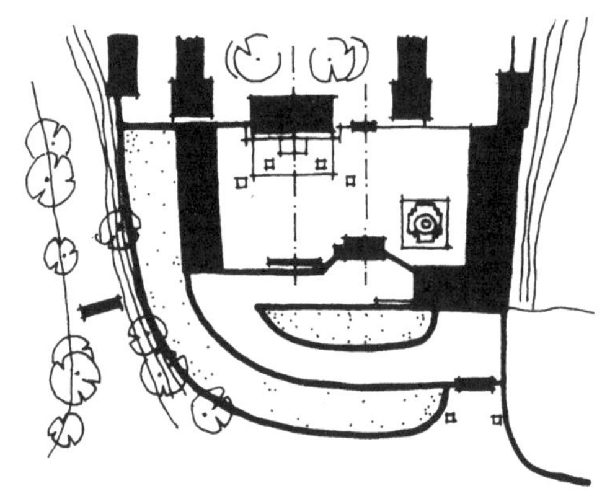

图 3-3-55 五台山罗睺寺受地形限制而形成不对称格局

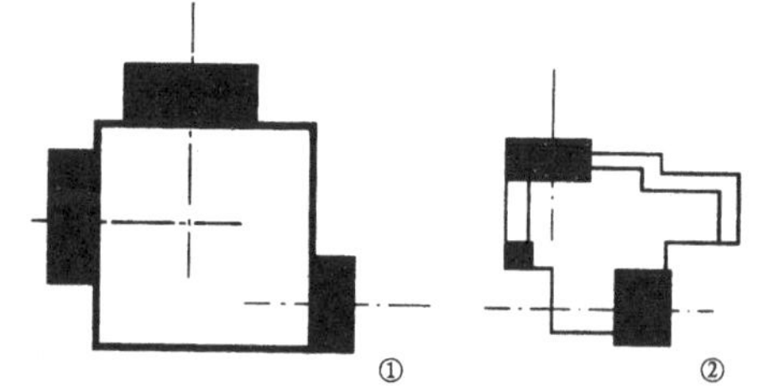

图 3-3-56 非对称庭院的两种形态
①庭院平面对称，围合要素不对称
②庭院平面和围合要素均不对称

从构成方式上看，非对称庭院大体上可以分为两类：一类是庭院空间平面对称而围合要素不对称；另一类是庭院空间在平面上和围合要素上均不对称（图 3-3-56）。

前者如圆明园四十景中汇芳书院的抒藻轩庭院，多稼如云的芰河香庭院，濂溪乐处的菱荷深处水院，苏州园林中狮子林的燕誉堂前院、古五松园后院，拙政园的玉兰堂院、听雨轩院、海棠春坞院等（图 3-3-57）。这些庭院的平面都是规整对称的，但围合的要素并不对称。上述圆明园三院，纵轴上的南北两座殿屋还是对称、对位的，但东西两侧或用门、或用廊、或用殿、或用楼，由于两厢要素不同、围合界面不同而形成庭院左右的不对称态。燕誉堂前院、古五松园后院和玉兰堂院，主体建筑的厅堂自身也是坐北对称的，只是由于左右两侧或廊、或墙、或屋而形成不对称围合。这些实例中，只有听雨轩的主体建筑自身是偏西布置的，再配上坐落于西侧的玲珑馆，庭院不对称构成最为显著。而海棠春坞院的不对称构成手法最为细腻（图 3-3-58）。它的主体建筑是一座两开间的书房，外间面阔大于里间，自身是非对称的形体。它坐北放置在庭院中轴上，略向东偏一些。东西两侧围出两个大小不等的小院。主院自身从平面上看，两侧都是游廊，似乎是对称的，其实，东廊是一面坡的屋顶，顶上院墙高拔，围合界面较高；西廊是两面坡的屋顶，围合界面较矮，两者是同中有异。这些构成了

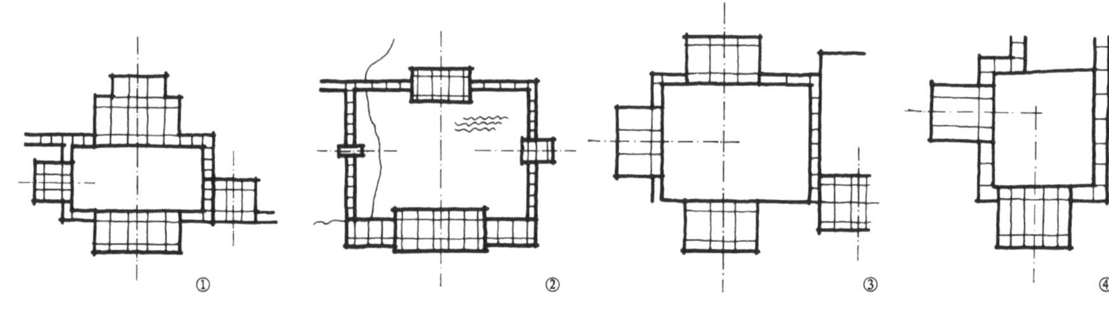

图 3-3-57 平面对称、围合要素不对称的庭院
①圆明园“汇芳书院”
②圆明园“濂溪乐处”
③圆明园“多稼如云”
④拙政园“听雨轩”

海棠春坞对称因子与不对称因子相互交织的微妙状态。总的说来，这类平面对称而围合要素不对称的构成,容易取得既规则又有变化的“正”“变”相济的空间效果。

后者如乾隆花园中的萃赏楼院（图3-3-59）；北海画舫斋中的古柯庭院；避暑山庄中的山近轩院；苏州园林中的留园揖峰轩院，留园涵碧山房院，网师园殿春 院，狮子林古五松园前院，怡园坡仙琴馆院，拙政园小沧浪水院，沧浪亭翠玲珑院等等。这些园中之庭，都是平面形态和围合要素的双重不对称，它们构成了灵活多姿，极富变化的园庭空间。萃赏楼院是乾隆花园的第三进院，设计者有意在这个原本规则的地段组构富有变化的空间，首先将中轴线向东平移了3米，形成萃赏楼与遂初堂的纵轴错位。又将配殿三友轩转了90°，成南北向的方位，并使三友轩与西配楼延趣楼也形成横轴错位。院内满堆山石,山上建一座小亭，加上延趣楼两端游廊的错位组接，整个院子平面凹凸，轴线交错，高低错落，有效地突破了乾隆花园整体的板滞格局。山近轩则利用陡坡地形，随形就势处理成4层台地，院内满叠假山、磴道，各栋建筑全部错位布置，通过曲廊联结，形成错落的自然布局。只是延山楼后檐伸出一个过于规则的半圆形台面，与庭院整体的自然形态不甚协调。相形之下，苏州园林的几组双重不对称园庭则处理得更为灵巧、活泼。它们以典雅、轻快的轩、馆作为庭院的主体建筑，常常把主体建筑适当地偏移、错位，充分调度曲廊来围合凹凸有致的空间，并以灵巧的小亭、半亭灵活地穿插、点缀，组成极为自然的、生动活泼的空间，把中国庭院的不对称构成发挥到极致。

在不对称围合构成的庭院中，同样存在着内含因子的调节作用。通常也是两种状况：一种是以内含构成来平衡庭院围合构成的不平衡

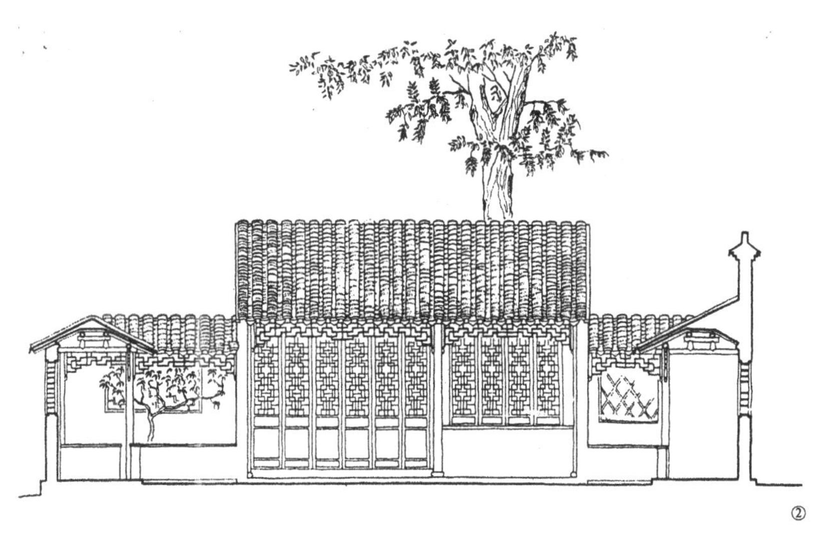

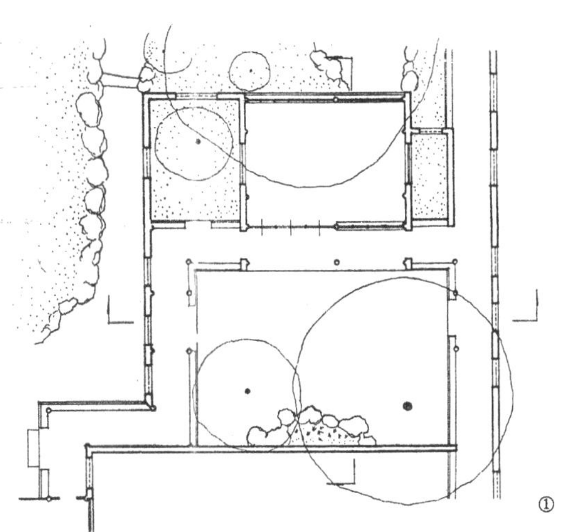

图 3-3-58 苏州拙政园“海棠春坞”庭院
①庭院平面 ②庭院剖面
引自刘敦桢．苏州古典园林．北京：中国建筑工业出版社，1979

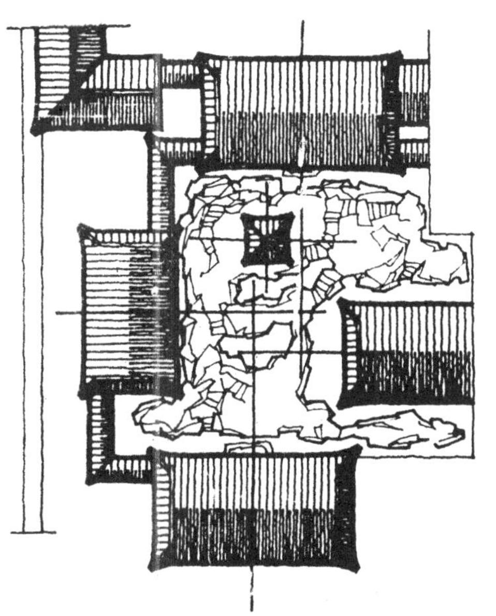

图 3-3-59 北京故宫乾隆花园萃赏楼庭院
引自天津大学建筑工程系．清代内廷宫苑．天津：天津大学出版社，1986

①李允鉌．华夏意匠．再版．香港：广角镜出版社，1984.142页，63～65页

态；另一种是以内含构成来增强庭院整体的不平衡态。园庭中的叠石栽木都精心设置在合宜的位置，其中就包含着对内含因子调节作用的关注。

第四节 庭院式组群的空间特色和审美意匠

离散型的建筑形态，庭院式的建筑构成，给中国建筑带来了封闭式的空间组合。组群的内向布局成了中国传统建筑的一大特色。大型第宅都以深宅大院的形态出现。大厅、内厅、客厅、正房、厢房、书房等主要厅房都深藏于宅院内部，它们都面向内部院庭或天井。整组宅院只有大门朝外，其他一概内向。即使像北京四合院中的“倒座”，自身是临街布置的，也特地放弃朝南的方位，将前檐立面朝北向内，而以后檐背立面临街，表现出极为执著的内向追求（图3–4–1）。宫殿、坛庙、寺观、衙署、书院等建筑类型也全都如此。显然，内向布局对中国建筑审美特色的影响至大，是值得我们认真考察的。这里着重分析以下四点：

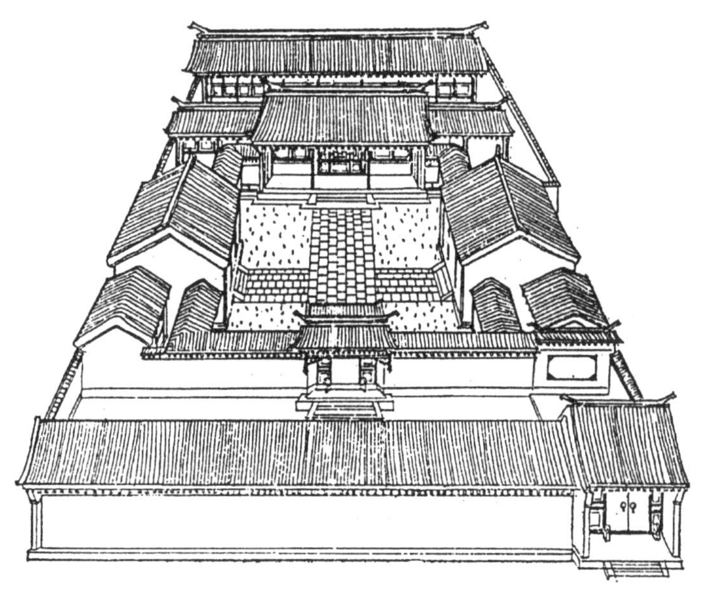

图3–4–1 北京四合院以“倒座”后檐朝向胡同，显出极浓厚的内向性
引自程敬琪，杨玲玉．北京传统街坊的保护刍议．见：建筑理论及历史研究室．建筑历史研究，第2辑．北京：中国建筑科学研究院建筑情报研究所，1983

一、突出建筑的空间美

建筑可以分解为建筑空间和建筑实体，相应地，建筑美也可以区分为空间美和实体美。任何一座建筑，都同时具有空间美和实体美，但不同体系的建筑，在空间美和实体美的表现上有不同的侧重。一般说来，集中型的建筑，整体集聚成庞大的体量，外观“以‘三向’（three dimension）的‘塑像体’（Plastic）的形式出现①”，构成建筑外部景象的主体。这种“塑像体”的建筑形态，从外观上说，建筑的体量美、形体美起着主导作用，属于侧重实体美的表现。其建筑内景，由于室内可能有较大的空间和较复杂的空间组合，则可能具有较强的空间美的表现。而像中国木构架体系这样的离散型的建筑则与此相反，由于单体建筑体量不大，建筑组群由多座单体建筑组合成一进进的庭院。内向院庭的整体空间景象成为建筑表现的主体，主建筑和辅建筑都成了庭院空间的构成因子。殿屋在这里主要地不是以“三维”的“塑像体”的形式出现，而是以“二维”的“围合面”的形式出现。这样的建筑就是明显地侧重空间美的表现。

突出空间美的表现，在中庭式庭院中反映得最为突出。中庭式的两种构成模式——天井式的毗连型和院庭式的分离型对此都表现得很充分。

云南“一颗印”民居是天井式毗连型的标准态（图3–4–2），其特点是天井尺度狭小，正房与耳房（厢房）毗连，人们跨入大门，见到的是天井空间及其周边围合的正房、耳房的内向立面。这里见不到房屋的山墙面，见不到单体建筑的完整体形。正房、耳房都不是以完整的三维体形呈现，而是以前檐的二维立面展现。院内的建筑艺术表现显然以空间景象为主。建筑物的体形实际上是由正房、耳房的背立面、

山墙面和大门的正立面组成的。外墙闭合、窗洞窄小，两侧屋顶长坡向内，短坡向外，向心性很强。整体外观敦厚、简朴，相对于内向立面檐部、梁头、檩枋、雀替的刻意装饰，明显地表现出重内不重外，重内庭空间景象，不重外观形体造型的设计意匠（图 3–4–3）。

苏、浙、皖、赣、闽、粤等地民居的毗连型庭院都是如此。苏州民居的典型庭院由一座正屋和一个天井组成一“进”，天井左右两侧大多不设厢房，直接由院墙围合。天井内部也是只见南北屋的前后檐立面和敞厅内景，明显以空间景象为主。在福建民居中，尺度不大的天井为敞厅、敞廊或深远的出檐所环绕，形成室内外交融的“厅井”空间（图 3–4–4）。这里的景观当然也是以“厅”与“井”的内外空间景象为主。由于这些地区民居组群多是纵深的多进院，并且毗连成片布置，不同于“一颗印”的独院散立。这些多进院的外观显露远比“一颗印”还少得多，建筑表现的重内不重外，重组群空间景象而不重单体建筑体形的倾向更为显著。

北京四合院住宅是院庭式分离型的标准形态(图 3–4–5),它的特点是院庭尺度较大,正房、厢房分离，室内外空间分隔较明确，房屋的部分山墙面伸进院内，单体建筑在庭院内的显露较毗连式庭院明显，人们在院庭内可以感受到各栋建筑的基本体量。但是正房主要以前后檐立面参与庭院的南北界面构成，厢房主要以前檐立面参与庭院的东西界面构成，建筑体量的展露仍然是不完整的。在庭院中，建筑艺术的表现仍然以空间景象为主。特别是等第较高、尺度较大的庭院，常常通过抄手游廊与正房、厢房的檐廊联结成周圈回廊，庭院的空间景象更加增了聚合性和层次性，各个单体建筑的体量表现则更为微弱。

住宅庭院如此，超大型的宫殿庭院也是如

图 3–4–2　天井式毗连型布局——云南“一颗印”民居
引自云南省设计院《云南民居》编写组．云南民居．北京：中国建筑工业出版社，1986

图 3–4–3　敦厚简朴的“一颗印”民居外观
引自王其钧．中国民居．上海：上海人民美术出版社，1991

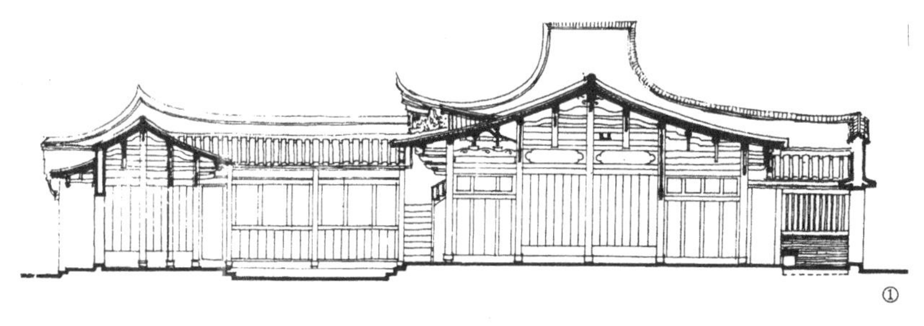

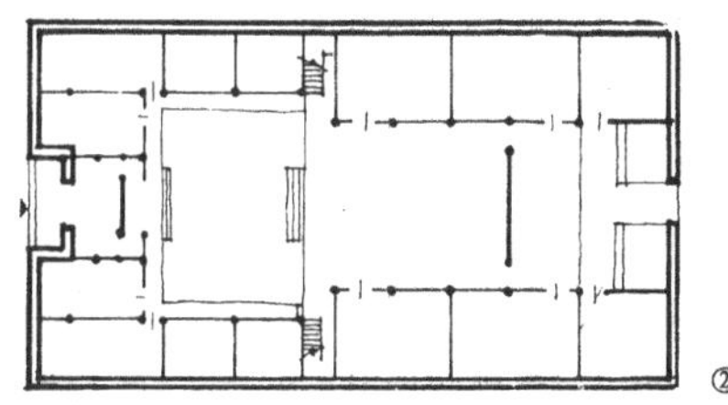

图 3–4–4　福建民居中的“厅井”空间
①剖面图　②平面图
引自高鈴明等．福建民居．北京：中国建筑工业出版社，1987

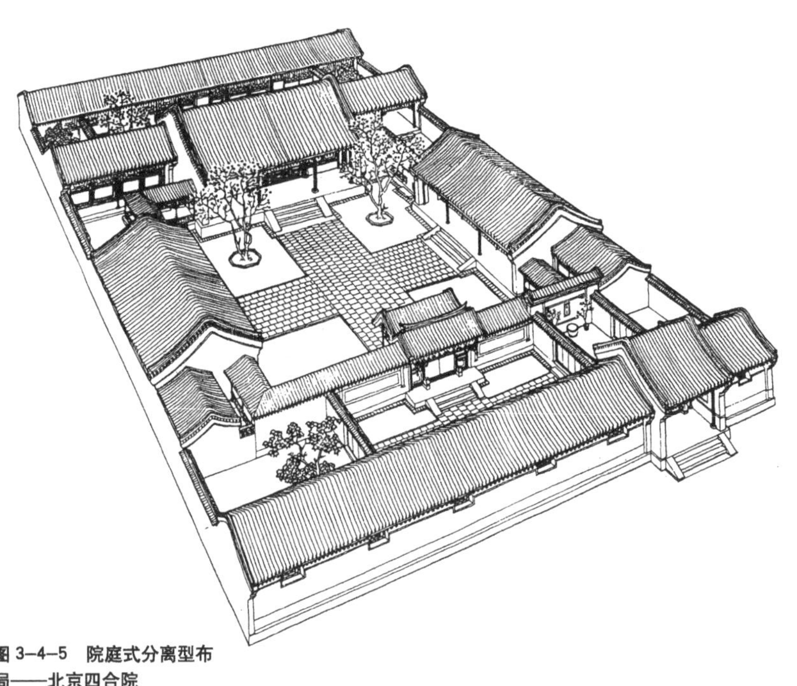

图 3–4–5 院庭式分离型布局——北京四合院
引自刘敦桢．中国古代建筑史．第 2 版．北京：中国建筑工业出版社，1984

此。在北京故宫太和殿庭院中，尽管太和殿自身是规制最高、最为隆重的殿座，在规划布局上仍然采用中庭式的坐北格局（图 3–4–6）。太和殿殿身尽量后退，前檐立面几乎与院墙齐平，并没有强调太和殿单体建筑自身完整体量的充分展露，而是致力于太和殿殿庭整体空间的调度，力图以宏大壮观的殿庭气势来壮大和衬托主殿的宏伟形象。当然，太和殿的三重台基和月台，组成了触目的丹陛，显著地凸现在殿庭中，大大强化了主殿的三维体量，可以说是在突出殿庭空间景象的同时，巧妙地增添了主殿自身体量的表现力。

相对于中庭式的构成，中殿式庭院在展现主殿三维体量方面取得很明显的效果，天坛祈年殿是这方面最突出的例子（图 3–4–7）。它是主殿坐中的布局，这对于圆形殿身、圆形三重台基和圆形三重檐攒尖顶来说，当然是最适

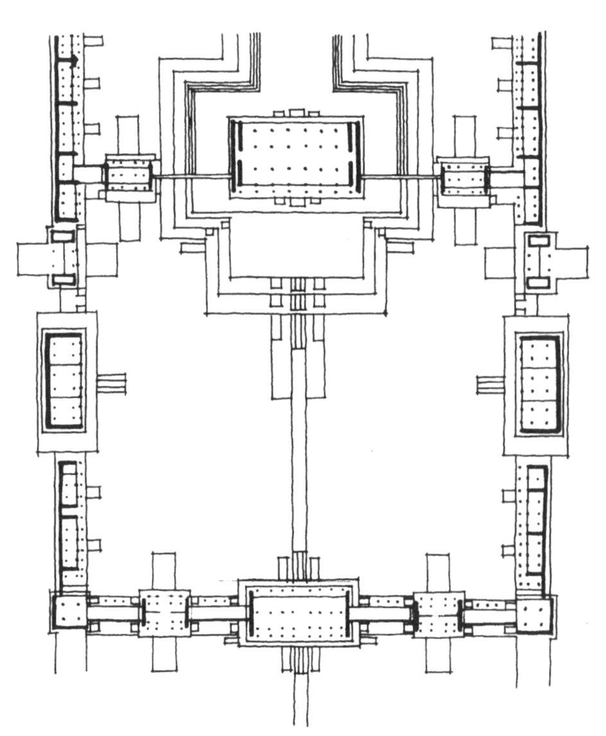

图 3–4–6 北京故宫太和殿庭院的中庭式格局

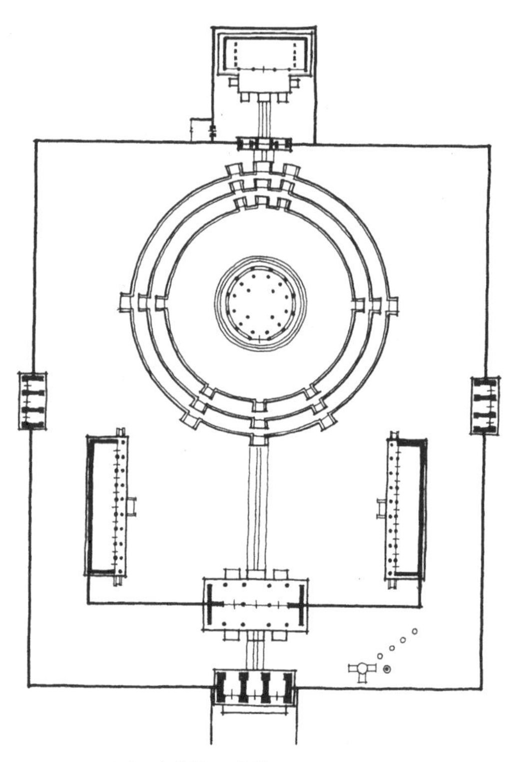

图 3–4–7 北京天坛祈年殿庭院

宜的。坐中的祈年殿充分展现了独特体形，突出了宏大、凝重、圣洁、向上的形象，成了全组景象的主体和观赏视线的焦点。但是它仍然处于院墙围合之中，前部有祈年门和配殿所组构的庭院衬托，恰到好处的庭院空间对祈年殿的艺术表现起到了重要的烘托作用和放大作用。陵寝建筑中祭殿的中殿式构成，寺庙组群中数殿重置的中殿式构成也是如此，它们都是在坐中的主殿前方留出相当于中庭式的院庭空间，以取得中殿式与中庭式的复合构成。这种复合构成，同时兼顾了空间与实体的双重表现力。有的以实体表现为主，在突出主殿三维体量的同时，辅以庭院空间景象的烘托和放大；有的则以空间表现为主，在突出庭院空间整体景象的同时，尽力展现主殿的三维体量、体形。

这些表明，在毗连型和分离型的中庭式构成中，建筑艺术表现力明显地以庭院空间景象为主；在不同形制的中殿式构成中，有时以主殿屋的三维体量表现为主，有时仍以庭院空间景象为主。总的说来，突出庭院内向的空间美是中国传统建筑值得大书特书的重要特色。

这问题还涉及到哲理上的“有”和“无”的关系。在《老子》一书中，有一段建筑界人士很熟悉的论述：

> 三十辐共一毂，当其无，有车之用。埏埴以为器，当其无，有器之用。凿户牖以为室，当其无，有室之用。故有之以为利，无之以为用。[①]

有和无是中国哲学的一对范畴。有，指有形、有名、实有等。无，指无形、无名、虚无等。联系到建筑领域，对于单体建筑来说，有形的、实有的建筑实体部分，可以说属于有，它是建筑构件的总和。无形的、虚空的建筑空间部分，可以说属于无，它是建筑内部空间和外部空间的总和。有和无是辩证的对立统一，是“有之以为利，无之以为用”的关系。在建筑中，真正有用的是建筑空间，但建筑空间必须通过建筑实体的构筑才能取得。造房子，钱都花在建筑实体上，而住的效益却是直接从建筑空间取得，间接从建筑实体取得。从实用意义上说，建筑空间带有目的性的品格，建筑实体带有手段性的品格。从审美意义上说，则有所不同，建筑美既包括空间美，也包括实体美，两者都具有目的性的品格。在不同的建筑形态中，可能出现不同的侧重。强调实体美者，多以建筑的体量美、形象美取胜；强调空间美者，多以建筑的境界美、意境美取胜。

中国建筑突出地强调空间美，因此中国建筑很自然地侧重于境界美、意境美的追求，这可以说是中国建筑基于重视空间意象而引发的又一重要特色，也是值得大书特书的。这问题将集中在第六章展述，这里从略。

二、突出组群的时空构成

建筑不仅是空间艺术，而且是一种时空艺术。它不同于绘画的二维平面，不同于雕塑的三维体量，也不局限于单一空间的三维负体量。建筑是多空间的聚合。人们在建筑的多空间中活动，要经历一个时间的流程。建筑给人的审美感受是多空间流动的综合感受，是四维的时空构成。人在建筑中停步观赏，属于静观；穿行游览，属于动观。静观所接触的场面、景象是共时性的，动观所接触的场面、景象是历时性的。因此，建筑美的观赏是动观与静观的结合，历时性与共时性的统一。

建筑艺术的这种时空性，有点类似电影镜头的时空性。它们都有流动的画面。只是观看电影，人坐在观众席上不动，而借助拍摄过程中摄影机的镜头移动，在银幕上映出一幅幅流动的画面。建筑则是景物不动，通过人在建筑中的活动，产生视点移动而形成一连串的连续画面。

① 老子第十一章

如前所述，不同形态的建筑，对三维正体量的实体形象和三维负体量的空间形象的侧重有所不同。西方古典建筑，大部分属于集中型建筑，常以庞大高耸的、富有雕塑感的三维体量展现，立面外向，主要突出建筑自身的体量美、形象美。这种建筑形态，让人一目了然，可以在同一时间把握住建筑外在的基本体貌，其外观是一种共时性占主导的观览方式，其室内则可能有较多的历时性成分。因为尺度较大的室内，大多经过精心的组织、分划，有可能成为空间调度的重点。

中国的庭院式建筑，一般大中型组群都不是单一的庭院，而是由若干庭院，甚至数十个庭院组构而成的。它们形成一路或若干路纵深串联的多进院。这种布局，不仅突出了庭院内向空间的表现力，而且由于院与院的分隔、联结，也大大突出了建筑组群内景的时空构成。这种组群内的时空构成，主要呈现在院与院之间的历时性观览，而在各栋单体建筑的室内则表现得较为微弱。因为木构架建筑单体相对来说尺度不大，室内空间组织较为简单。庭院式建筑的这种重组群时空构成、轻室内时空构成的设计意匠，与西方古典建筑重室内时空构成、轻组群时空构成的设计意匠恰恰相反。

中国建筑院与院之间的组合关系，体现着功能序列与观赏序列的统一，也就是使用过程的行为动线和观赏过程的行为动线是一致的，重合的。值得注意的是在庭院式组群中，由于建筑性质的不同，存在着两种处理行为动线的组织方式：一种是以纵深轴线作为行为动线的主线；另一种是以导引线作为行为动线的主线。

一般宅第、宫殿、陵寝、寺观、衙署、书院等的组群，都属于纵深轴线的组织方式。一进进的庭院沿着纵深轴线形成明确的功能空间序列。这个空间序列既是实用功能所需要的，也是礼仪规制所确定的，到明清时期多已形成定制，成为程式化的布局格式。如苏州民居多进院依次为门厅、轿厅院、正厅院、内厅院的定型序列。北京四合院的三进院住宅依次为大门、垂花门院、正房院和后罩房院的定型序列。一般汉化佛寺的主轴线依次为山门、天王殿院、大雄宝殿院、法堂院、藏经阁院的定型序列。陵寝建筑的主体部分也形成陵门、隆恩门院、隆恩殿院、方城明楼院和哑巴院的定型序列等等。这些基于实用功能的、礼仪规制的空间序列，同时也就成了组群主要的观赏空间序列。纵深轴线在这里既是庭院定位的基准线，人流活动的主干线，也是观赏建筑艺术的主要动线。沿着这条纵深轴线，一进进的庭院空间组织得相当严密，它们构成了历时性很强的空间串，如同一曲乐章或一篇文章那样，很讲究构成的章法，注重时空结构的起、承、转、合，注重首尾、高潮、铺垫、照应、衔接、烘托等整体的有机组织，庭院之间的调度是十分周严缜密的。越是重大的组群在这方面表现得越是执著。北京明清故宫主轴线的建筑布局可以说是这方面最突出的现象（图 3-4-8）。它的前方以大清门为起点，依次贯穿着天安门院、端门院、午门院、太和门院、太和殿院、保和殿院、乾清门院、乾清宫院、坤宁宫院、坤宁门院以及其后的御花园、神武门等，形成一条与都城轴线重叠的，极为隆重、极为壮观的空间序列。在这里，有以太和殿为核心的前朝部分，有以乾清宫为核心的后廷部分，体现着古制的“前朝后寝”；有坐落在同一组工字形三重台基上的太和、中和、保和三殿，号称外朝三大殿，以附会古制的“三朝”；并以天安门、端门、午门、太和门、乾清门表征古制的“五门”。[①]前朝后寝、五门三朝的礼的隆重规制，通过工师的规划，转化为建筑美的隆重时空构成，取得礼仪空间序列与观赏性、艺术性空间序列的高度统一。这里的门殿廊庑、庭院空间都从形制规格、

①关于北京故宫如何表征“三朝”、“五门”，有关专家的说法不一，详见本书第五章第三节对“五门三朝”的引述

大小尺度、主从关系、前后次序、抑扬对比、铺垫烘托等方面推敲得极为严密，可以列为世界建筑史上最佳的时空构成杰作，充分展示出中国建筑以纵深轴线组织时空的突出优势和巨大潜能。

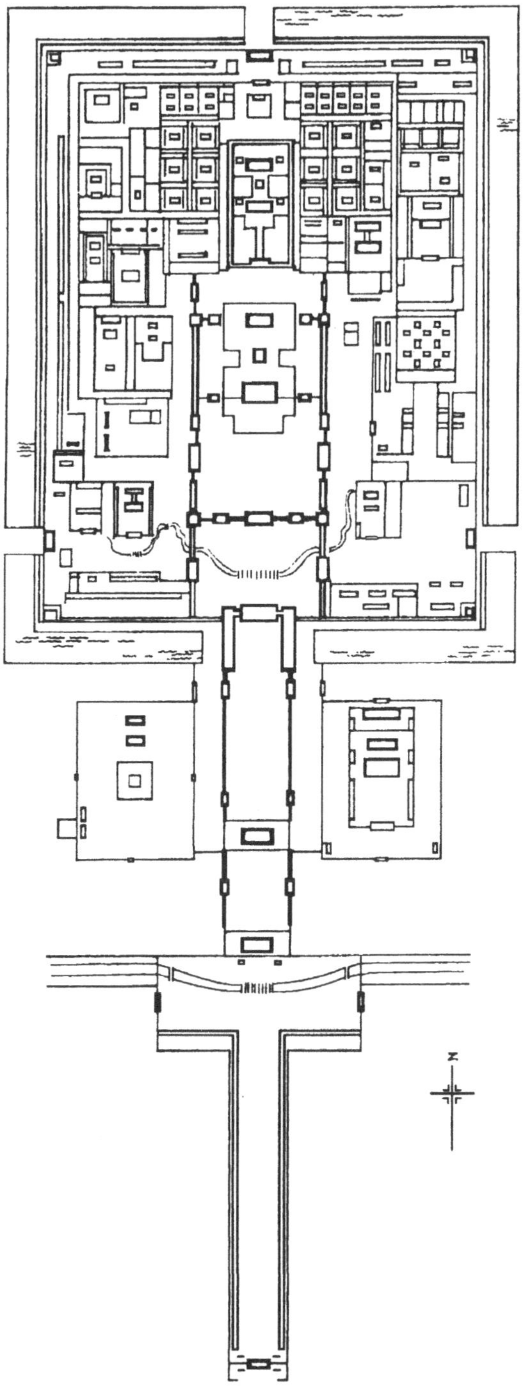

图 3-4-8　北京故宫中轴线的建筑空间序列
引自清华大学建筑系．中国古代建筑．北京：清华大学出版社，1985

以导引线作为行为动线的主线，主要出现在园林建筑组群。因为在园居的诸多功能中，园景的游赏占据着突出的地位。园林的景区布局，各个景点的空间组接很自然地都与导引线，亦即观赏线息息相关。刘敦桢、潘谷西都强调指出观赏路线对园景的展开和观赏程序起着组织作用。[①] 杨鸿勋在他提出的景象构成理论中，把景象区分为景象要素和景象导引两个基本方面，他把导引线称为"途径"，列为景象导引的主要构成，也突出强调景象导引对园景的剪辑作用，强调途径对景象脉络、视点运行的组织作用。[②] 显然，这种以导引线作为主要行为动线的组织方式，必然对建筑的时空构成给予更精心的关注。

我们从江南私家园林可以看到，沿着主要观赏路线游览，总能领略到经过精心营构的建筑时空。苏州留园在这方面表现得最为集中(图 3-4-9)。从入口轿厅经曲廊、敞厅到古木交柯的过渡空间序列，从古木交柯经绿荫轩、明瑟楼到涵碧山房的西行空间序列，从古木交柯经曲谿楼、西楼、清风池馆到山池北部的北行空间序列，从西楼入五峰仙馆，经揖峰轩到林泉

① 刘敦桢．苏州古典园林．北京：中国建筑工业出版社，1979，11 页；潘谷西．苏州园林的观赏点和观赏路线．建筑学报，1963 (6)

② 杨鸿勋．江南古典园林艺术概论．见：建筑历史与理论，第 3、4 辑．南京：江苏人民出版社，1982 ~ 1983

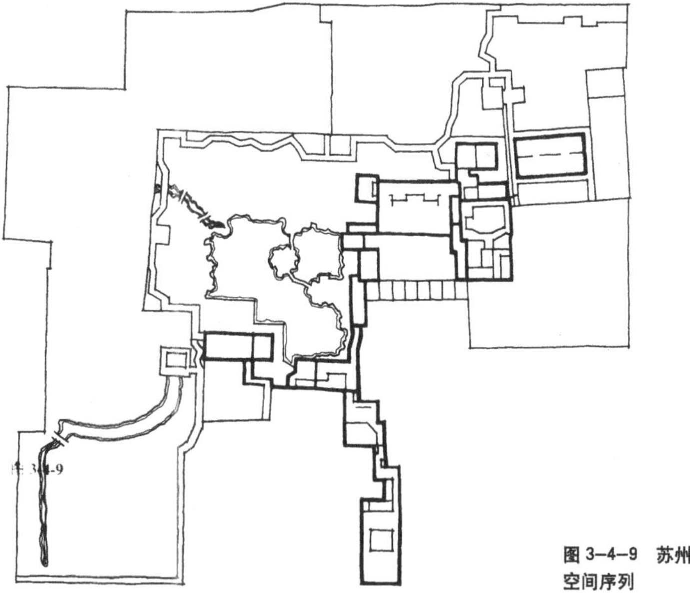

图 3-4-9　苏州留园的建筑空间序列

①芦原义信．外部空间的设计．尹培桐译．见：建筑师，第3辑．北京：中国建筑工业出版社，1980

耆硕之馆的东行空间序列，都调度得十分妥帖、精彩，处理得十分细腻，富有特色。在这些建筑序列中，结合景区特点，恰当地采用了厅、堂、轩、馆、楼、阁、亭、榭等园林建筑品类；结合山水特点，合理地设置了主景点和主要观赏点；结合地段特点，依形就势巧妙地安置曲廊、回廊、空廊，灵活地穿插尺度不一、形态各异的大小天井等等，取得了空间大小、明暗、虚实、开合的对比变化，形成了景色多样、层次丰富、逐步展开、步移景异的独特时空效果，创造了极富情趣的建筑境界。这样的建筑空间调度，同样可以列为世界建筑史上最佳的时空构成杰作。这表明，以导引线作为行为动线的组织方式，同样具有组织时空的突出优势和巨大潜能。

不难看出，运用纵深轴线的组织方式，属于规则型的、规范型的构成方式，运用导引线的组织方式，属于活变型的、活泼型的构成方式。中国庭院式布局，不仅对这两极方式都运用得极为纯熟，而且在帝王苑囿、山林寺观等建筑类型中，善于把这两极方式交叉融汇，取得规则型与活变型的综合；在陵墓建筑、寺庙建筑、风景名胜建筑、园林建筑、民居建筑等类型中，善于把庭院式的组合与非庭院式的贯联式、散点式等的组合综合在一起，这些都进一步丰富了中国建筑组群的时空构成。

三、突出多层次的复合空间

这里说的复合空间，指的是内部空间与外部空间的复合，即“亦内亦外”的中介空间。

通常我们把建筑物的室内视为内部空间，把建筑物的室外视为外部空间。典型的室内空间由地面、墙体和屋顶围合构成，为底界面、侧界面和顶界面所限定。但是也有不少建筑空间，只有顶界面覆盖而无侧界面围合；或是只有侧界面围合而无顶界面覆盖。这种情况就很难说它究竟是内部空间还是外部空间。日本建筑家芦原义信为此对内外空间作了一个概念上的约定，他把有无“顶界面”作为区分内外空间的主要标志，将外部空间定义为“没有屋顶的建筑”。[①]这样的约定是有必要的，它可以便于区分内外。借助这个概念，我们可以明晰地把凡是带屋顶的建筑空间，都视为室内空间，凡是露天的建筑空间，都视为室外空间。但是，侧界面毕竟也是围合室内空间的重要要素。完整的室内空间应该有四向侧界面围合，如果失去一向、二向、三向或四向侧界面，室内空间就失去不同程度的“围合度”，就不同程度地削弱室内特征的隶属度，而掺杂入室外特征的隶属度，这样的空间应该说是不纯粹的室内空间，就是具有不同程度“外化”的室内空间，实质上就是不同隶属度的“亦内亦外”的复合空间。同样的道理，露天的外部空间如果被二向、三向、四向围合面包围，它就不同程度地削弱了室外特征的隶属度，而掺入室内特征的隶属度，也就不是纯粹的室外空间，而是具有不同程度“内化”的室外空间，实质上也是不同隶属度的“亦内亦外”的复合空间。

这两类——室内外化与室外内化——的复合空间，在中国木构架建筑体系中都十分发达，是运用得很普遍的。

从构成方式上看，室内外化的复合空间主要是围绕着开放侧界面做文章。中国建筑之所以专注于开放侧界面，是有其内在的原因。中国在气候上处于热带、亚热带、温带和亚寒带，大片人口稠密的地区，气候温和，特别是长江以南地区，气候偏热，从通风、防潮的角度需要空间适度的开敞，开放侧界面有其功能上的需要；中国木构架建筑是梁柱、檩柱承重体系，“墙倒屋不塌”，墙体是非承重构件，可厚可薄，可有可无，开放侧界面有其构筑上的便利条件；庭院式的布局形态，对外封闭，一栋栋建筑都是内向的，面向庭院的侧界面可以充分敞开、通透，开放侧界面有其空间组织上的合理逻辑。这些得天独厚的条件促使中国建筑通过不同程度的调节侧界面而形成种种灵巧的室内外化的复合空间。其主要方式有：

1. 堂 我们从“一堂二内”的提法可以察觉出，相对于房、室的“内”，堂是带有“外”的特性的。《园冶》说：“古者之堂，自半已前，虚之为堂”。①并引《释名》说：“房者，防也。防密内外以为寝闼也”。②的确，在建筑构成上，房、室是比较封闭隐奥的，而堂则是比较虚透开敞的。有的堂通间设整樘隔扇，可以全部开启，形成全开间通透界面（图 3–4–10）；有的堂干脆做成敞厅，前后檐完全敞开，室内外空间贯联流通，形成颇开放的复合空间（图 3–4–11）。

2. 屋宇门 各种类别的屋宇门，都具有开放空间的特点。如四合院住宅的广亮大门，采用单开间平面，整樘大门槛框都安在中柱分位，形成前后檐敞开的空间（图 3–4–12）。宫殿、苑囿、陵墓的宫门、陵门，平面为三、五开间，门槛框也多安于中柱间，同样敞开前后檐。住

①②计成．园冶卷一

图 3–4–10 苏州留园五峰仙馆，整樘隔扇可以全部开启

引自南京工学院建筑系．江南园林图录 · 庭院．南京：南京工学院建筑系，1979

图 3–4–11 浙江东阳巍山镇某宅敞厅

引自中国建筑技术发展中心建筑历史研究所．浙江民居．北京：中国建筑工业出版社，1984

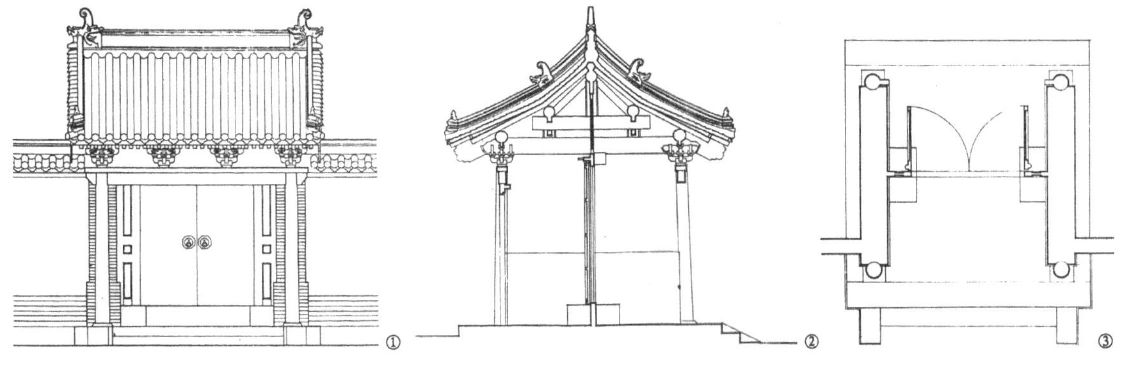

图 3–4–12 广亮大门的开放空间，图为曲阜孔府东路迎恩门

①立面图 ②剖面图

③平面图

引自南京工学院建筑系，曲阜文物管理委员会．曲阜孔庙建筑．北京：中国建筑工业出版社，1987

图 3–4–13 空间通透的网师园濯缨水阁
引自刘敦桢．苏州古典园林．北京：中国建筑工业出版社，1979

图 3–4–14 空间全方位敞开的苏州沧浪亭
引自刘敦桢．苏州古典园林．北京：中国建筑工业出版社，1979

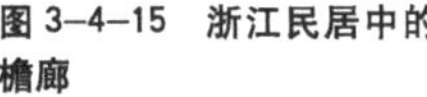

图 3–4–15 浙江民居中的檐廊
①东阳巍山镇 ②东阳吴宅
引自中国建筑技术发展中心建筑历史研究所．浙江民居．北京：中国建筑工业出版社，1984

①

②

宅和园林中的各类垂花门，常见的一殿一卷式和单卷棚式都是在前檐柱间安攒边门，在后檐柱间安屏门，左右与抄手游廊连通。平时开启攒边门，敞开前檐，节庆日连屏门也打开，形成前后左右通敞的复合空间。

3. 亭、榭 亭、榭主要起观景、点景作用，都具有通敞的开放空间（图 3–4–13）。特别是各式各样的亭，常常是全方位敞开的（图 3–4–14）。这些亭子，或方或圆，或六角或八角，或独立或组合，或全亭或半亭。在庭院中常常与游廊结合，组构成十分灵巧的通透空间。

4. 檐廊 殿屋、厅堂出廊是中国建筑极普遍的现象。官式建筑列有前出廊、前后廊和周围廊三种出廊方式。廊深一架或两架，设金里装修。檐廊是一面敞开的半室内空间，构成殿屋室内与室外的中介过渡，是很典型的复合空间，对于密切庭院空间与殿屋空间的相互交融起到了重要作用（图 3–4–15，图 3–4–16）。

5. 廊 廊实质上是一条带屋顶的路。它的一个很大特点是侧界面敞开，形成长条状的开放空间（图 3–4–17）。廊的品类多样，《扬州画舫录》列举说：

> 板上甃砖，谓之响廊；随势曲折，谓之游廊；愈折愈曲，谓之曲廊；不曲者修廊；相向者对廊；通往来者走廊；容徘徊者步廊；入竹为竹廊；近水为水廊。①

中国建筑十分善于用廊。在庭院中常用抄手廊、回廊。在园林中常常通过游廊的回绕，组成通透活泼的廊院，也常常利用廊的曲折围合出小巧灵活的袖珍小院（图 3–4–18）。廊自身有的敞开一面，有的敞开两面。廊内廊外形成极通透的空间交融，是取得丰富多彩的复合空间的一种重要方式。

除以上这些方式外，园林建筑中还常用洞门、空窗，南方民居中还常用采光井、敞棚、

①李斗．扬州画舫录·工段营造录．扬州：江苏广陵古籍刻印社，1984.399 页

图 3–4–16　四川乐山犍为县罗城古镇主街的棚廊
引自王其钧．中国民居．上海：上海人民美术出版社，1991

图 3–4–17　高低起伏、曲折有致的苏州拙政园水廊
引自刘敦桢．苏州古典园林．北京：中国建筑工业出版社，1979

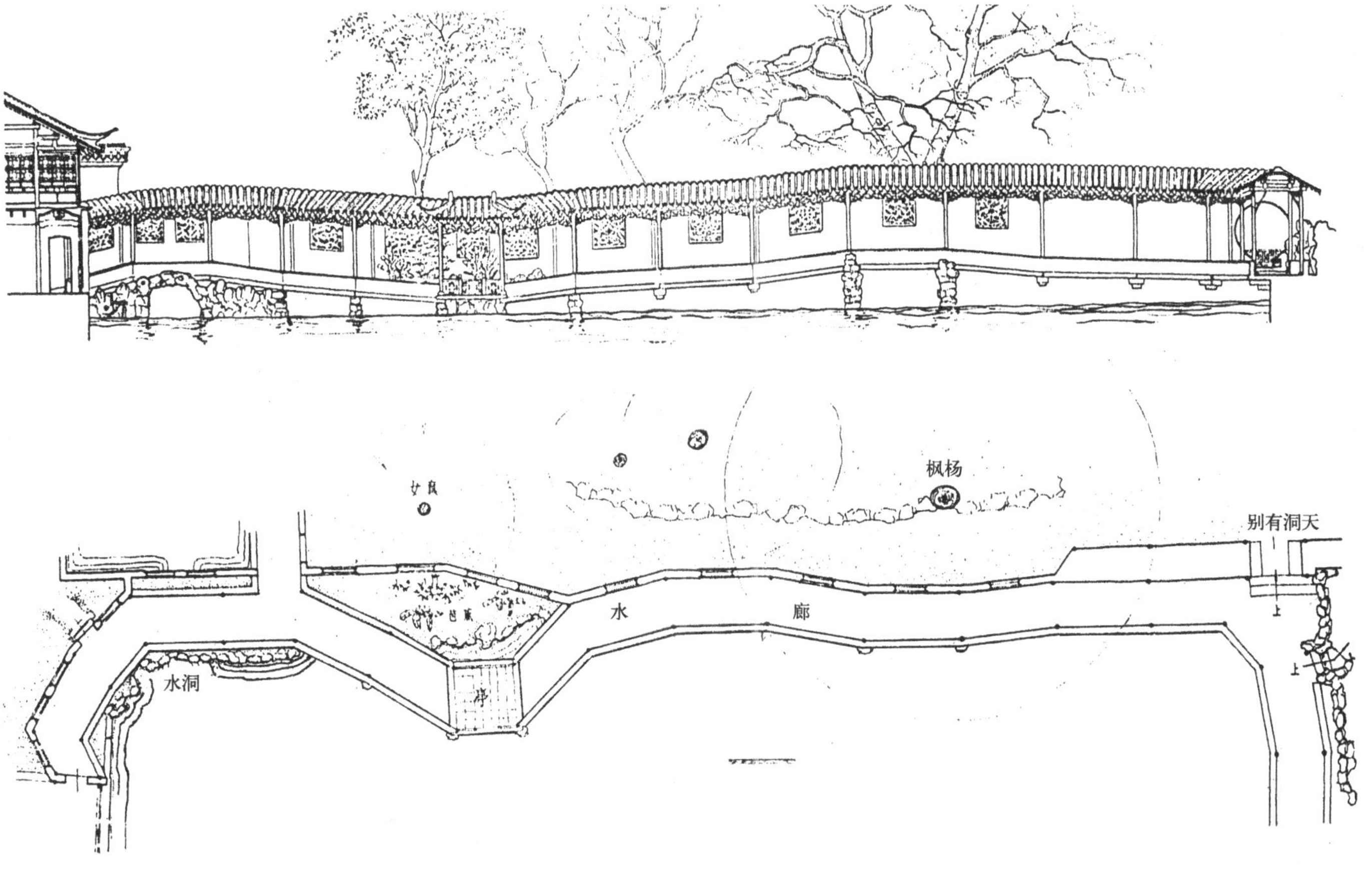

图 3-4-18 廊的曲折回绕组成通透的袖珍小院 图为苏州留园石林小院
引自南京工学院建筑系．江南园林图录·庭院．南京：南京工学院建筑系，1979

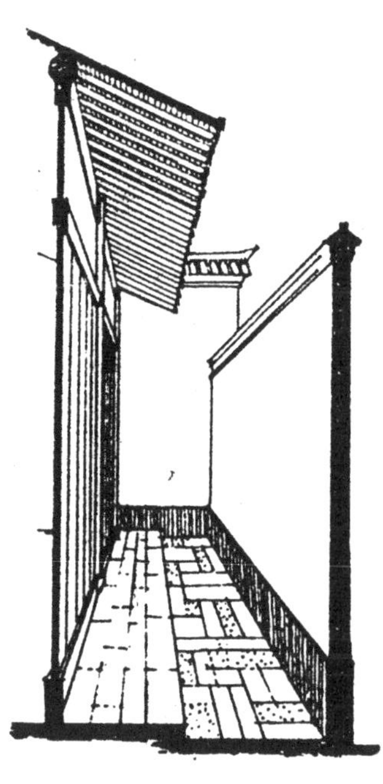

图 3-4-19 室外空间内化的典型景象 图为浙江慈城某宅的侧天井
引自中国建筑技术发展中心建筑历史研究所．浙江民居．北京：中国建筑工业出版社，1984

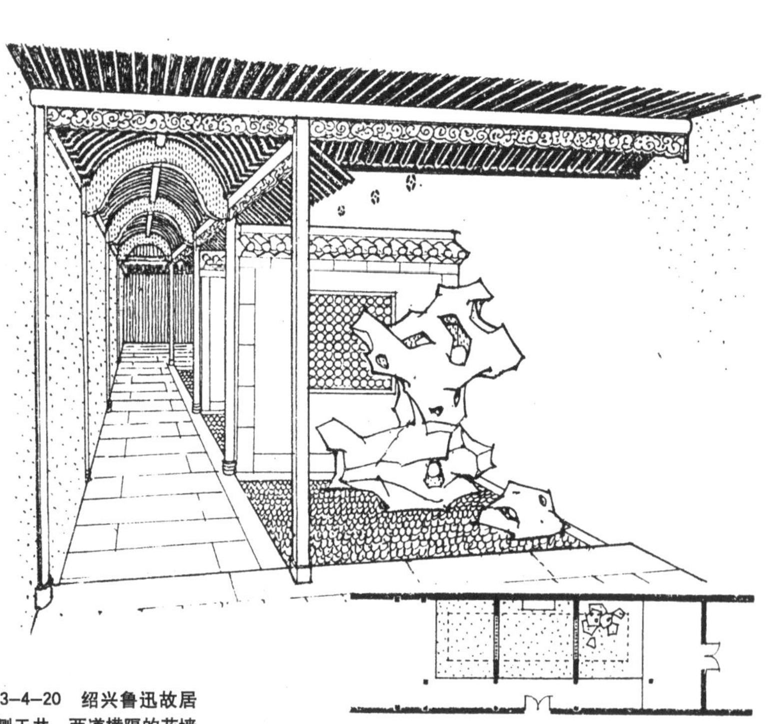

图 3-4-20 绍兴鲁迅故居的侧天井，两道横隔的花墙强化了天井的内化程度
引自中国建筑技术发展中心建筑历史研究所．浙江民居．北京：中国建筑工业出版社，1984

檐口栏杆、敞口抱厦、透空隔断等方式，灵活地突破侧界面限定，促使室内外空间的流通交融。

室外内化的复合空间，在构成方式上则主要围绕着调节围合面做文章。其内化程度主要取决于三点：

一是围合界面的作用力。院庭空间大小与围合界面的尺度比，是制约内化程度的重要因素。庭院空间越大，围合界面越低，围合分量越少，围合度越疏松，则内化的隶属度越低。反之，庭院空间越小，围合界面越高，围合分量越重，围合度越紧凑，则内化的隶属度越高。太和殿庭院属于前者，云南“一颗印”庭院、江南民居的小尺度“侧天井”（图 3-4-19）属于后者。太和殿院以宏大广阔取胜，不要求内化，而显现出类似广场的品格。而“一颗印”天井则十分紧凑，三边以楼房围合，深远的挑檐进一步缩小了天井的开口，室外内化的程度极为显著。广东民居中有一些扁形天井，为减少太阳辐射热，常以花墙、厢房、南北厅、过水亭、拜亭、檐廊等进行分隔。[①]分隔的结果明显地缩小了天井与围合面的尺度比，显著地增强了围合界面的作用力，从而强化了天井的内化程度。浙江民居中也有类似的现象（图 3-4-20）。

①陆元鼎，魏彦钧．广东民居．北京：中国建筑工业出版社，1990.168～171 页

二是围合立面的内向性。庭院空间的内化与围合立面的内向品格密切相关。不同的围合界面，有不同的内向性。通常情况下，院墙界面的封闭性最强，而内向性却很低，因为它只是一道墙体，墙身的内立面和外立面基本相同，只从院墙自身，感受不出明显的内界面品格。主立面朝内的建筑，为庭院空间提供了明显的内向界面。但不同的屋身处理，其内向性的程度仍有区别。一般以满槛金里装修的屋身立面，内向度较高，满槛檐里装修的屋身立面，内向度次之，而以檐墙占主要分量的屋身立面，内向度就大大削弱，因为它已带有浓厚的外向立面特点。正是由于这个原因，像山西襄汾丁村民居和山西祁县乔家大院那样的狭长院住宅，尽管庭院空间窄长，两侧围合界面的作用力很强，但由于两厢屋身均以墙面为主，呈外向品格，庭院整体的内化程度就明显削弱（图 3–4–21）。相反，南方民居由于正房、厢房立面充满着玲珑剔透的木装修，以浓郁的内向界面大大强化了庭院的内化品格（图 3–4–22）。

三是围合空间的渗透度。庭院空间与室内空间相互贯通、渗透，也是增强内化的有利因素。浙江民居中常见的敞厅，云南“一颗印”住宅中普遍采用的开敞式堂屋，都使得天井与厅堂连成一片，形成室内外空间的相互流通，而浓郁了天井的内化品格。福建民居在这方面表现得最为显著。黄汉民对此作过精细的分析。他把福建民居内部的核心空间加以概括，称为“厅井”空间（图 3–4–23）。“厅井”空间由中心天井与围绕天井的敞厅、敞廊组成。他指出：

> 天井在整个“厅井”空间中只占较少的部分，并且被开敞的室内空间所环绕。置身其间，给人的感觉显然是室内空间为主。由于大厅与天井之间没有任何隔断，完全通敞，天井周围又是敞廊或较大的出檐，所以整个空间给人的视觉感受是一个统一的整体，而不是建筑平面图上所见相互孤立的部分。①

这的确是天井空间内化的突出范例。影响内化构成的三方面因素都在这里得到高度的综合。一是天井自身尺度不大，只占整个“厅井”面积的 8% ~ 25%，天井的南北向深度只有 3.5 ~ 4.0 米，是一种小空间、密围合的构成

图 3–4–21 （上）山西祁县乔家大宅一号院
引自陆元鼎，杨谷生．中国美术全集·建筑艺术编 5·民居建筑．北京：中国建筑工业出版社，1991

图 3–4–22 浙江天台某宅庭院
引自中国建筑技术发展中心建筑历史研究所．浙江民居．北京：中国建筑工业出版社，1984

①黄汉民．福建民居的传统特色与地方风格（上）．见：建筑师，第 19 辑．北京：中国建筑工业出版社，1984

图 3–4–23 福建民居中的“厅井”空间
摹自黄汉民．福建民居的传统特色与地方风格（上）．见：建筑师，第 19 辑．北京：中国建筑工业出版社，1984

形态，围合界面的作用力发挥得很充分；二是天井四周都由建筑内立面包围，界面呈高度的内向性，充分渲染出天井空间的内化品格；三是天井与敞厅、敞廊连成内聚的统一空间，大厅空间高敞、雅洁庄重，形成“厅井”空间的主体。相比之下，天井倒成了“厅井”整体空间的局部外化，这就从内外空间的交融渗透进一步增强天井的内化程度。

可以说，中国建筑的庭院式布局，不仅在组群内部形成了一系列露天的、具有室外空间性质的庭院空间，而且又通过庭院围合面的调节，给这些室外空间以不同程度的内化，使得中国建筑不仅以多样的室内外化的复合空间而引人注目，同样也以极具情趣的室外内化的复合空间而令人赞叹。

不仅如此，中国庭院式的布局在内外空间概念上，并非仅仅局限于室内外的空间关系，它还带来了另一种性质的内外空间。

《礼记》曰：

> 为宫室，辨外内。男子居外，女子居内。深宫固门，阍寺守之。男不入，女不出。[①]

《事林广记》说得更具体：

> 凡为宫室（这里指的是住宅）必辨内外，深宫固门，内外不共井，不共浴室，不共厕。男治外事，女治内事，男子昼无故不处私室，妇人无故不窥中门，有故出中门必拥蔽其面。[②]

这是一种基于礼的规制，从尊卑有序、男女有别的角度所形成的“辨外内”，给中国建筑带来了另一套内外空间概念。如果说，区分室内外空间，着眼的是建筑蔽风雨、避寒暑的庇护性能，体现出来的是建筑构筑形态上的区别；那么，区分“礼”意义上的内外空间，则既有着眼于建筑私密性、防卫性的物质功能成分，也有着眼于居中为贵、辨方正位的意识形态成分，体现出来的是建筑总体布局定位上的区别。这里的内外空间主要表现在院与院之间位序上的内外。在纵深轴线的多进院中，每一进过渡院对于前院来说，它是内院，对于后院来说，

①礼记 · 内则

②陈元靓．事林广记前集 · 卷七人纪．

它又是外院，这样的过渡院就带有位序上的"亦内亦外"性质，都起着承上启下的作用。显而易见，这类性质的复合空间在中国建筑中也是分外发达的，它与室内外的复合空间交织在一起，形成了中国庭院式建筑十分突出的多层次复合空间现象。

四、突出"单体门"的铺垫作用

《玉篇》曰："在堂房曰户，在区域曰门。"木构架体系建筑的确有两种不同性质的门，一种是作为殿屋堂房出入口的门，如板门、格扇门等，是单体建筑中的一种构件，属于装修之列。另一种则是作为组群和庭院出入口的门，如宅门、院门、宫门、山门，它们自身呈单体建筑，是与殿、堂、楼、房并列的一种建筑类型。为区别于装修的"门"，我们把这类以单体建筑出现的门，称之为"单体门"。

单体门在中国建筑组群布局中，可以说是十分重要的构成要素。李允钚曾经一再地强调这一点。他反复评述说：

> ——"门"和"堂"的分立是中国建筑很主要的特色；
>
> ——"门制"成为中国建筑平面组织的中心环节；
>
> ——中国建筑的"门"担负着引导和带领整个主题的任务；
>
> ——中国建筑的"门"，同时也代表着一个平面组织的段落或者层次；
>
> ——中国古典建筑就是一种"门"的艺术。①

的确，单体门在中国建筑组群构成中起着十分重要的作用，一处处建筑组群需要大门、边门、后门，一进进庭院需要院门、旁门、角门。内向的、多进组合的庭院式布局，自然带来了各式各样、数量繁多的单体门品类，形成中国建筑中庞大的单体门系列。从构成形态上看，单体门明显地分为墙门、屋宇门、牌楼门、台门四个大类：

（一）墙门

墙门是依附于围墙、院墙上的门。严格说，它还算不上单体建筑，而是介乎装修门与单体门之间的中介形态。墙门可区分为高墙门、低墙门和洞门三种形式（图3–4–24）。高墙门的墙体高度超过门头高度，常用作民居、祠堂等小型建筑组群的大门和宫殿、坛庙、寺观等大型建筑组群的侧门、掖门、角门。高墙门以门头为装饰重点，简易的高墙门只挑出披檐或做叠涩式封檐，复杂的高墙门，有多种多样的考究式样（图3–4–25）。徽州民居中常采用垂花门楼、字匾门楼、瓦檐门楼和四柱牌楼式门楼等（图3–4–26）。北方宫殿、坛庙组群中则采用随墙琉璃花门。这种随墙琉璃花门，有的用单座门洞，有的用三座门洞。北京故宫皇极门采用的三间七楼式随墙琉璃花门，可说是高墙门中的豪华型（图3–4–27）。低墙门以墙体高度低于门楼为特征，主要用作小型住宅的大门、院门或大型宅第、寺庙等的边门（图3–4–28）。由于门楼高于墙体，不像高墙门那样受墙体约束，门楼可以做成完整形态，低等者多用硬山顶，高等者多用歇山顶。墙门两侧常常砌出垛墙，形成一定的进深空间，呈现出由墙门向屋宇门的过渡形态。南方三合院住宅中，低墙门运用得很普遍，常常以精细、繁杂的砖雕突出门楼的重点装饰。低墙门中的豪华型当数宫殿、坛庙、陵墓组群中常用的单门洞、三门洞琉璃花门。北京故宫养心门、建福门（图3–4–29）、北海小西天门、天坛皇穹宇院门以及清代诸陵的琉

① 李允钚．华夏意匠．再版．香港：广角镜出版社，1984.142页，63～65页

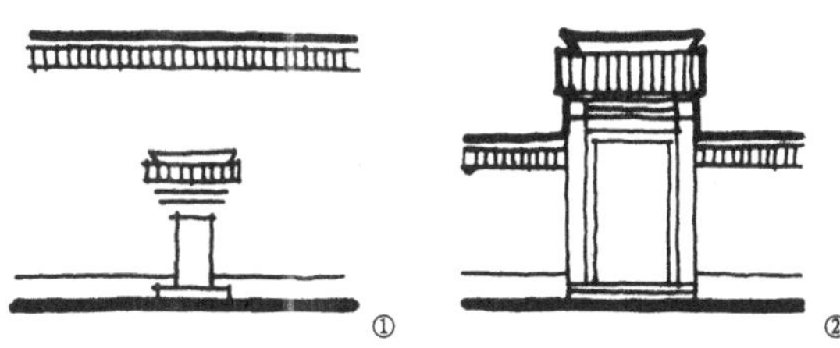

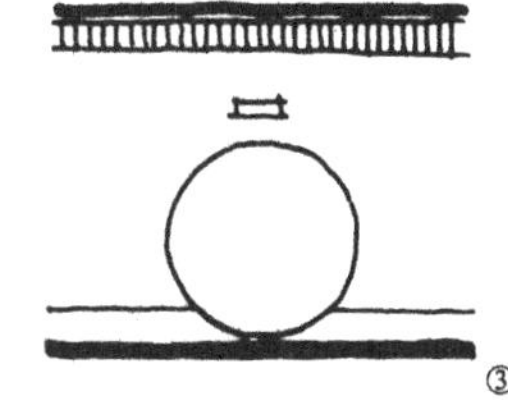

图3–4–24 墙门的三种形式
①高墙门 ②低墙门 ③洞门

图 3–4–25 王其钧笔下的民居门楼风采

引自王其钧．中国民居．上海：上海人民美术出版社，1991

图 3–4–26 徽州民居高墙门的几种门楼形式

①瓦檐门楼 ②字匾门楼
③垂花门楼 ④牌楼式门楼

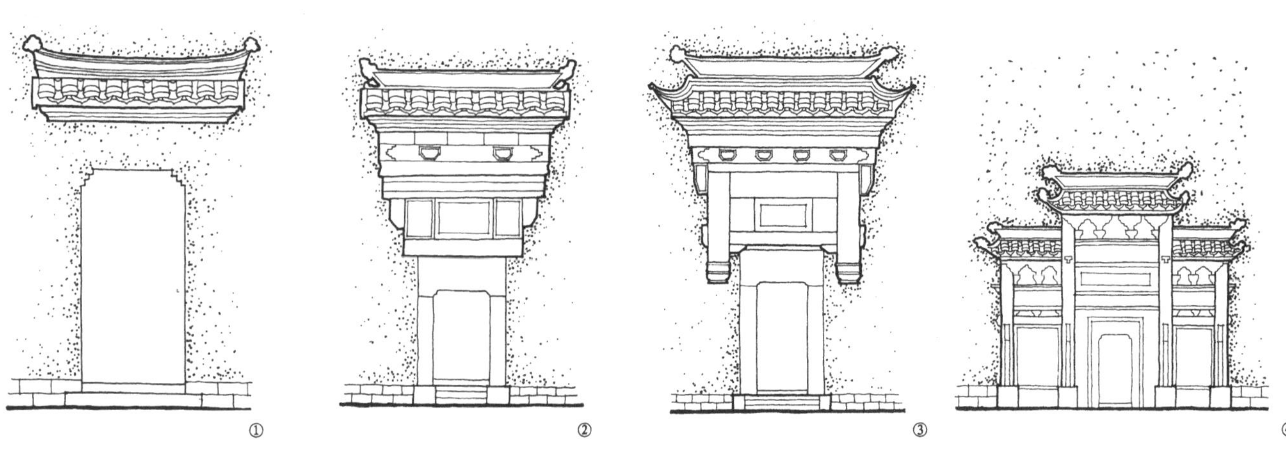

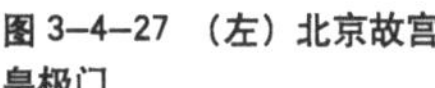

图 3–4–27 （左）北京故宫皇极门

引自建筑科学研究院建筑理论及历史研究室．北京古建筑．北京：文物出版社，1959

图 3–4–28 （右）一种简易的低墙门——吉林市西大街某宅木板门

引自张驭寰．吉林民居。北京：中国建筑工业出版社，1985

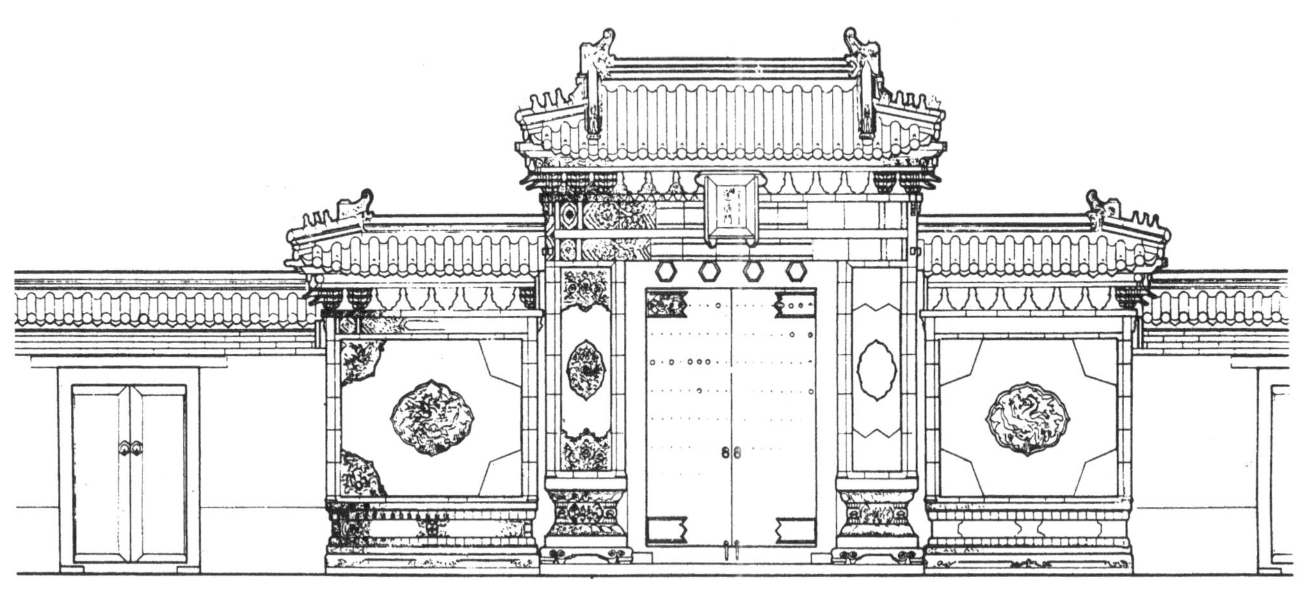

图 3-4-29 北京故宫建福门。正中为低墙门式的琉璃花门，两侧为随墙门
引自天津大学建筑工程系．清代内廷宫苑．天津：天津大学出版社，1986

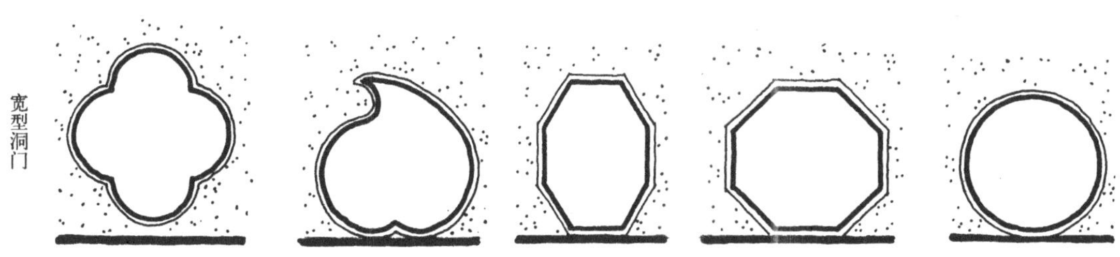

图 3-4-30 洞门的两种类别

璃门等，都属此类。各种形式的洞门，主要用于园林的院墙，“有圆、横长、直长、圭形、长六角、正八角、长八角、海棠、桃、葫芦、秋叶、汉瓶等多种，而每种又有不少变化。”[①]多样丰富的洞门，从构成形态上可归纳为宽型和窄型两式（图 3-4-30）。圆、横长、正八角、海棠等式属于宽型，利于通行，多用于主要景区的院墙，而直长、如意、圭形、汉瓶、葫芦等式属于窄型，主要用于小院的院墙，有利于点示小空间的幽蔽。千姿百态的洞门，大大活跃了墙门的风姿。

（二）屋宇门

屋宇门是呈屋宇形态的门，在单体门中运用得最为广泛。见于北京四合院住宅的王府大门、广亮大门、金柱大门、蛮子门、如意门等都属于此类。宫殿、坛庙、陵墓、衙署、寺

① 刘敦桢．苏州古典园林．北京：中国建筑工业出版社，1979.41 页

观等建筑组群的大门、二门、边门、侧门、掖门，多数也采用屋宇门。从平面构成上，屋宇门大体上可分为三型（图 3–4–31）：一是塾门型。由中部的门与两侧的房组成。这是一种古老的门式。河南偃师二里头早商宫殿遗址和陕西岐山凤雏西周宗庙遗址，用的都是这种门式（图 3–4–32）。门的两侧当时称为“塾”。清代学者张惠言根据“仪礼”的记述，推测春秋时代士大夫住宅的大门，就是这种带东西塾的形式。这种塾门型在一些地区的民居中流传很久。如吉林民居、兴城民居的大门，大多数都是面阔三间或五间的单体，明间为门，两侧各间为门房，仍保持着地道的塾门形态（图 3–4–33，图 3–4–34）。二是戟门型。这种门的前后檐全部敞开，中柱落地，大门框槛安装于中柱脊檩部位，常用于大型建筑组群作为戟门、仪门。曲阜孔庙戟门（即大成门）（图 3–4–35）、嘉祥曾庙戟门用的都是这种形式。明长陵祾恩门和清代诸陵的隆恩门也是这种门式。这种戟门型实际上用得很普遍。曲阜孔庙组群中，除大成门外，主轴线上的弘道门、大中门、同文门，东西两侧的仰高门、快睹门、观德门、毓粹门，以及玉振门、金声门、启圣门、承圣门等，都是戟门型的。这种门也用于大型宅第，如曲阜孔府大门即为三开间的中柱落地门。北京四合院住宅常见的广亮大门，大门框槛安装于中柱脊檩部位，实质上也可视为单开间的戟门型（图 3–4–36）。北京四合院中的金柱大门，则是戟门型的一种变体，它把大门框槛从中柱部位移到金柱部位。这种变体的戟门型以北京故宫太和门最为突出（图 3–4–37）。这座门殿采用了面阔九间、进深四间的高体制。前檐敞开，三樘式的大门框槛立于后檐金柱部位，门殿内里形成宽阔敞亮的门厅，加强了殿身正面

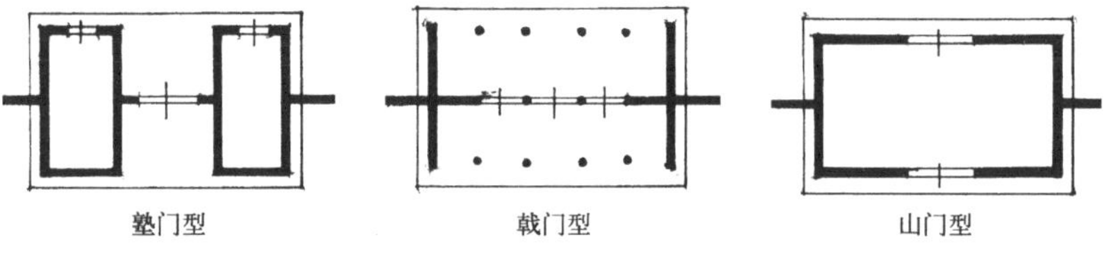

图 3–4–31　屋宇门的三种形式

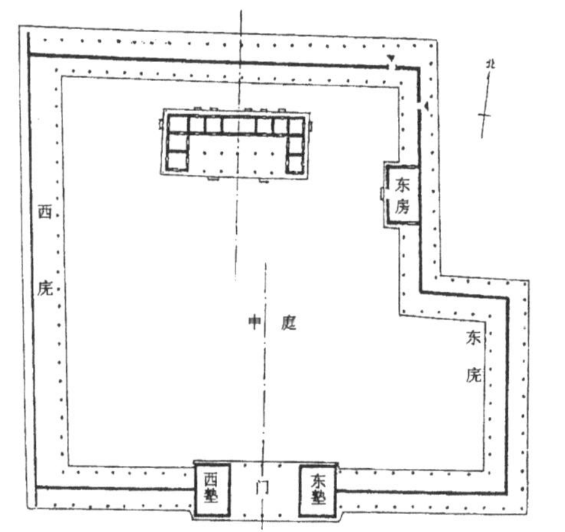

图 3–4–32　河南偃师二里头晚夏宫殿遗址显示的塾门型大门（杨鸿勋复原）
引自杨鸿勋．建筑考古学论文集．北京：文物出版社，1987

图 3–4–33　吉林民居中的塾门型大门
引自王其钧．中国民居．上海：上海人民美术出版社，1991

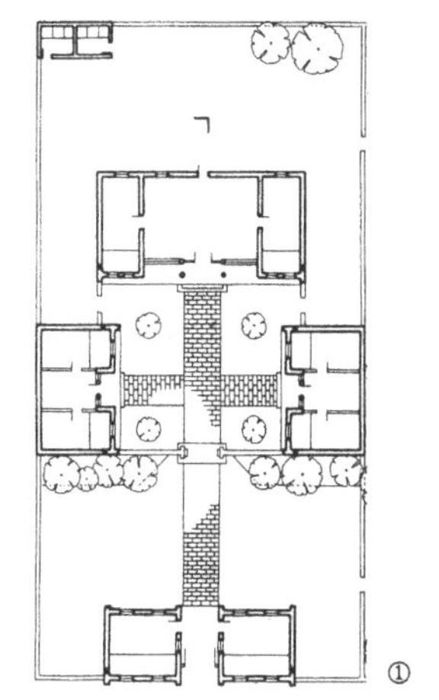

图 3-4-34 （左）辽宁兴城民居中的塾门型大门
①宅院平面 ②宅院鸟瞰
引自汪之力，张祖刚．中国传统民居建筑．济南：山东科学技术出版社，1994

图 3-4-35 （右）戟门型大门——曲阜孔庙大成门

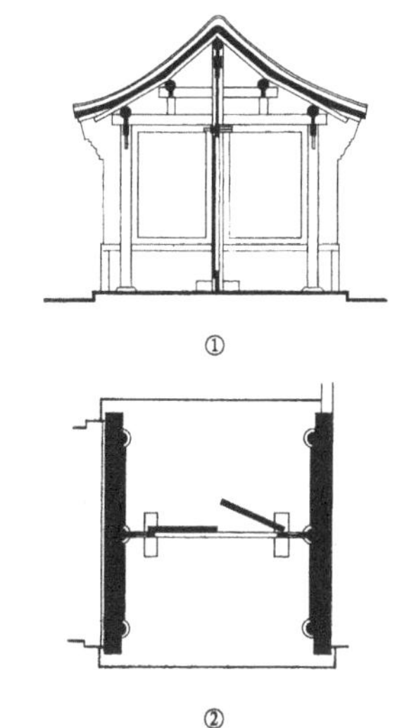

图 3-4-36 北京四合院广亮大门示意
①剖面 ②平面

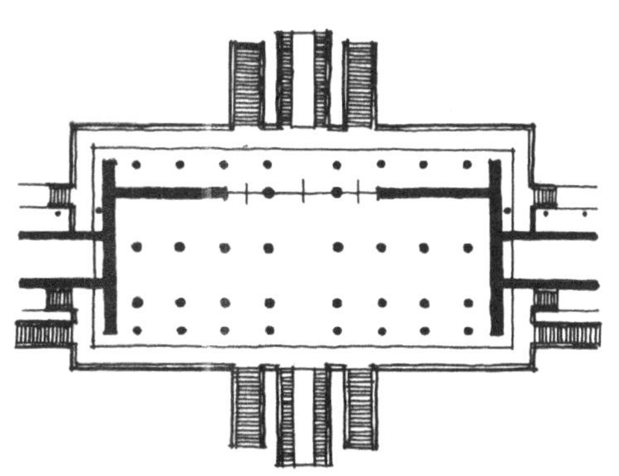

图 3-4-37 北京故宫太和门平面

的深远感。太和门上冠重檐歇山顶，下承须弥座台基，勾阑环立，螭首环挑，十分端庄、凝重。三是山门型，主要用于寺庙组群作为山门和二山门（天王殿）。通常多为三开间，明间穿堂，次间前后檐以槛墙封闭，门内空间不像戟门型那么敞开。这种山门型实质上是门与殿的混合体（图 3-4-38）。有的在左右次间供金刚力士像，用作寺庙的头道山门。有的在左右次间供四大天王，用作寺庙的二山门，通称天王殿（图 3-4-39）。天王殿明间中心部位，有时还设横向隔板壁，板壁前方供奉大肚弥勒，板壁后方供奉韦驮天。这种山门型屋宇门，在起门屋交通作用的同时，还兼顾到殿屋的陈设功能，充分利用了屋宇门的空间效能。

（三）牌楼

牌楼也称牌坊，是单体门的一种独特形态。它是由古之衡门、乌头门（图 3-4-40）、坊门演进而来的。牌楼平面呈独立的单排柱列，既

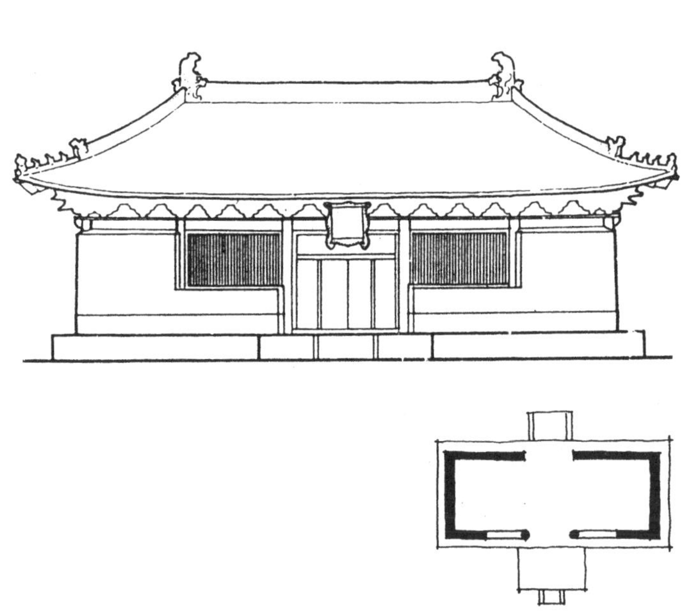

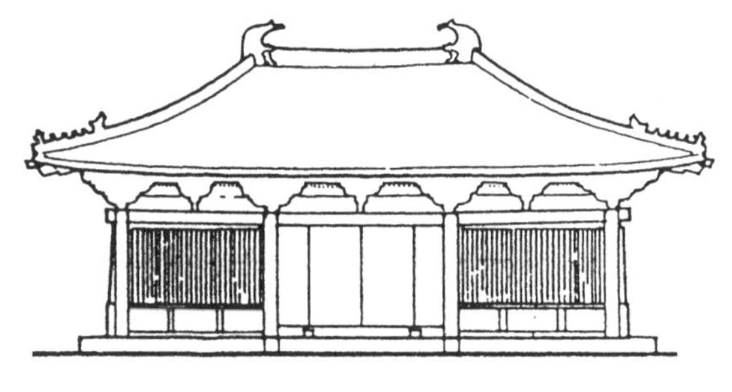

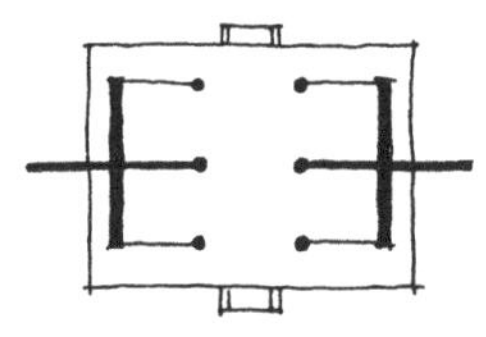

图 3-4-38 （上左）山西大同善化寺山门
引自梁思成．营造法式注释卷上．北京：中国建筑工业出版社，1983

图 3-4-39 （下）河北蓟县独乐寺山门
引自梁思成．营造法式注释卷上．北京：中国建筑工业出版社，1983

图 3-4-40 （上右）宋《营造法式》中的乌头门
引自李诫．营造法式

不与围墙衔接，也不设框槛门扇，不具门的防卫功能，实质上是一种标志性、表彰性的单体门。

牌楼有种种不同的分类，从用材上，可分为石牌楼、木牌楼、琉璃牌楼；从立柱是否出头，可分为柱出头的冲天式（图 3-4-41）和柱不出头的非冲天式（图 3-4-42）；从额枋上是否带屋顶，可分为“起楼式”和“不起楼式”。牌楼的大小规模，在不起楼的牌楼中，以间数和柱数来标定，分为一间二柱式、三间四柱式等；在起楼的牌楼中，则以间数、柱数加上屋顶的“楼”数来标定，分为一间二柱一楼、一间二柱三楼、一间二柱三楼带垂柱、三间四柱三楼、三间四柱五楼、三间四柱七楼、三间四柱九楼带垂柱、五间六柱五楼、五间六柱十一楼等式。

牌楼的主要作用在于标定界域、界定空间、丰富场景、强化层次、浓郁气氛。牌楼立面上，在最显眼的部位，设有正楼匾、次楼匾，通过楼匾的题名、题词，可以起到旌表功名、彰表节孝、颂扬功德等作用，这大大强化了牌楼的精神功能和文化内涵。

（四）台门

带有台座、台墩的门，通称台门。这种门，主要用于城墙、宫墙，由于墙体尺度高大，台门体量自然也很高大。《礼记》曰：

> 有以高为贵者，天子之堂九尺，诸侯七尺，大夫五尺，士三尺。天子诸侯台门，此以高为贵也。[①]

礼以高为贵。台门的体量高大，因而与高台基一样，列为高体制，为天子诸侯所专用，是单体门中等级最高的一种门式。

① 礼记·礼器

图 3–4–41　沈阳清福陵石牌楼，图为三间四柱三楼冲天式

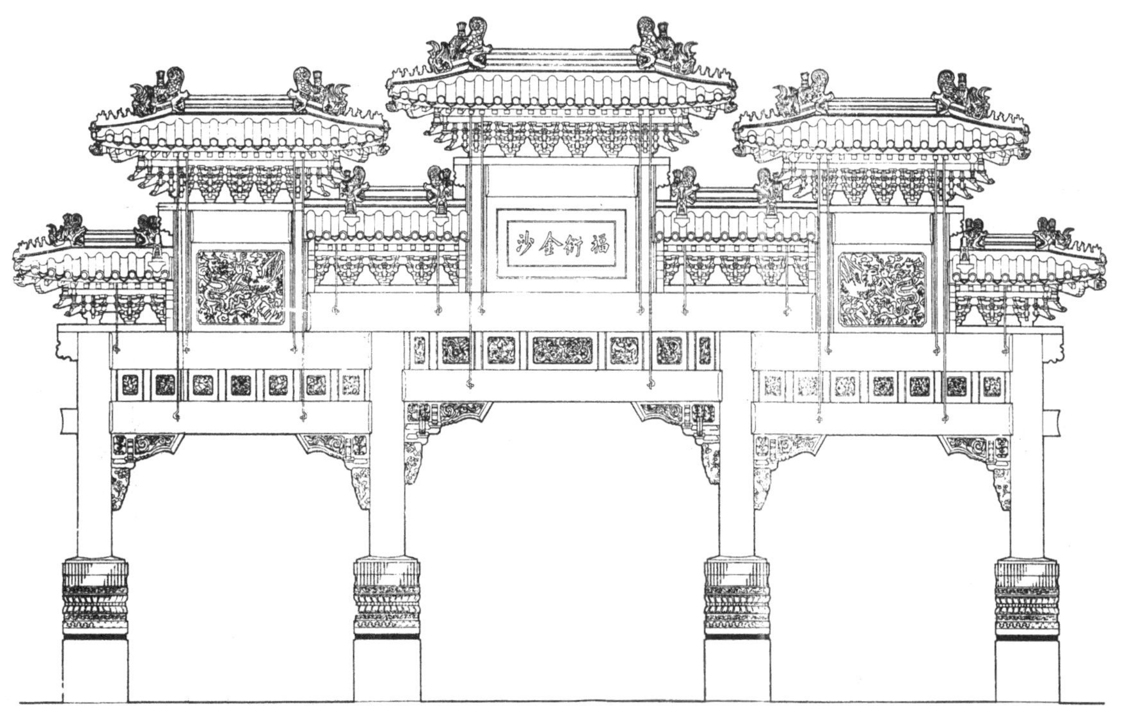

图 3–4–42　北京雍和宫牌楼，图为三间四柱七楼非冲天式木牌楼

引自马炳坚．中国古建筑木作营造技术．北京：科学出版社，1991

①参见萧默．敦煌建筑研究．北京：文物出版社，1989.96页

②班固．白虎通义·卷十一杂录

图 3–4–43 河南嵩山少室汉阙
引自梁思成文集三．北京：中国建筑工业出版社，1985

台门可以分为城楼型和阙门型两大类别。阙门经历了从周汉双阙孤植（图 3–4–43），经汉魏坞壁阙（图 3–4–44）的过渡，到隋唐冂形宫阙的演进过程。①它的使用场所也从早期作为宫阙、城阙（图 3–4–45）、墓阙、庙阙而变为坞壁的门阙，进而成为单一的宫阙。《白虎通义》云：

门必有阙者何？阙者，所以饰门，别尊卑也。②

双阙孤立的早期阙，主要起的是崇饰门面、标志尊显的作用，是一种礼仪性、标志性、纪念性、表饰性占主导的建筑。而演进到后期的宫阙，则成为具有实用性、防卫性、礼仪性的宫城正门的一种最高等级的台门形制。明清北京故宫午门是这种宫阙型台门的最后实例（图 3–4–46）。由于它专用于宫城正门，历来建造的数量寥寥无几。对于台门来说，当然以城楼型占绝大多数。

图 3–4–44 四川羊子山东汉墓出土的门阙画像砖，显示东汉末年坞壁阙的形象
引自萧默．敦煌建筑研究．北京：文物出版社，1989

城楼型台门是由墩台和门楼构成的，墩台的体量高大、厚重、坚实，有很强的防卫性能。台体辟门洞、门道，少者一门洞，多者三门洞，少数特殊重要的台门，如唐长安外郭城南面正门明德门和明清北京皇城正门天安门，采用了五道门洞的高体制。元以前门道顶为木排叉门结构，呈盝形门顶（图 3–4–47），元以后演进为砖石结构的圆券顶。门楼多是很壮观的。明

图 3–4–45 敦煌晚唐第九窟壁画显示的城阙形象
引自萧默．敦煌建筑研究．北京：文物出版社，1989

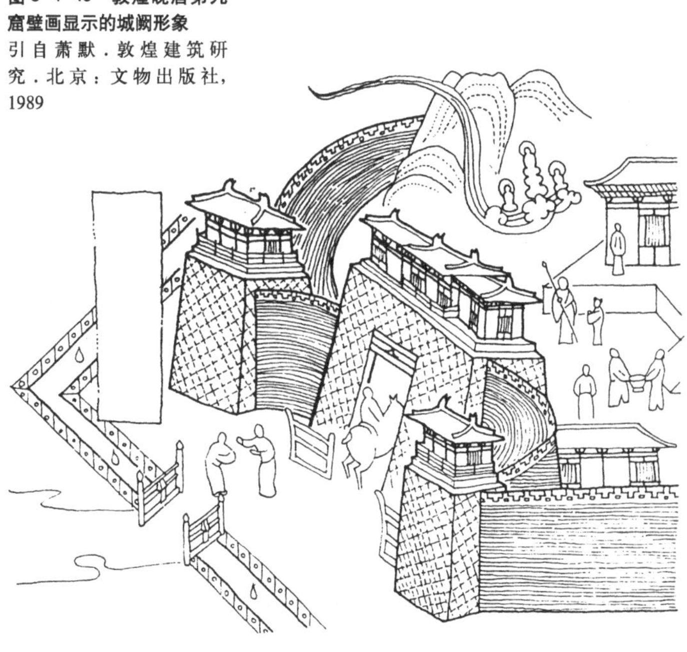

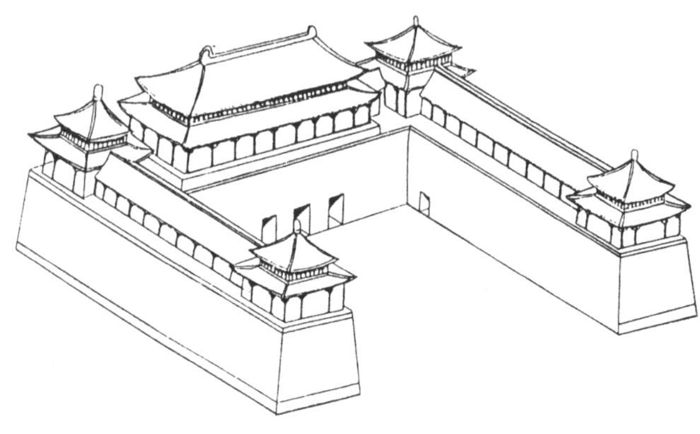

图 3–4–46 北京故宫午门——宫阙型台门的最后实例
引自刘敦桢．中国古代建筑史．第 2 版．北京：中国建筑工业出版社，1984

清北京城主要城门楼通用“三滴水”形制，门楼自身高两层，上层为重檐歇山顶，下层为平座腰檐，气势轩昂，很是豪迈。天安门作为皇城正门，以五门洞的宽大墩台，配上九开间重檐歇山顶的城楼，更显出非凡的庄重气概，充分显示出皇权的威严和气派。台门有时也用作离宫的宫门。承德避暑山庄由于环绕着城墙式的宫墙，山庄的正门用的就是台门形式（图3-4-48）。这个台门，墩台与宫墙齐高，三个门洞有意采用雅朴的方形门道顶，门楼做成三开间带周围廊的卷棚歇山顶形象，整个台门朴实无华，端庄中带有秀气，避免了一般台门的雄浑感，很切合山庄式离宫的建筑性格。

丰富多彩的单体门，实际上远非墙门、屋宇门、牌楼门和台门四大门类所能完全概括的，还存在着一些处于四种门类中介状态的门。如陵墓建筑中常见的棂星门（图3-4-49），带有墙门与牌楼门的中介特点；北京四合院住宅中的垂花门（图3-4-50），吉林民居中的四脚落地式大门，带有屋宇门与墙门的中介特点；陵墓建筑用作陵门的券洞式屋宇门（图3-4-51），则带有台门与屋宇门的中介特点。

单体门在中国建筑组群布局中，起着十分重要的、多方面的铺垫作用：

1. 构成门面形象 内向布局的庭院式组群，殿屋堂阁都深处庭院内部，只有作为组群入口的大门朝外。这个大门门面，既是整个建筑组群空间序列的起点，也是整个建筑组群最突出的外向形象，自然成了组群对外的展示重点和建筑艺术的表现要点。大门的形制、规模还是全组建筑重要的等级表征，是房屋主人阶级名分、社会地位的“门第”标志。因此，无论从艺术表现还是门第意识上，建筑群主要入口的门面经营都被提到极重要的高度，受到极认真的关注。

庭院式组群十分擅长运用各种类别的单体门，塑造恰如其分的门面形象，如皇城、宫城用高大雄浑的台门，坛庙、陵墓用厚重朴实的

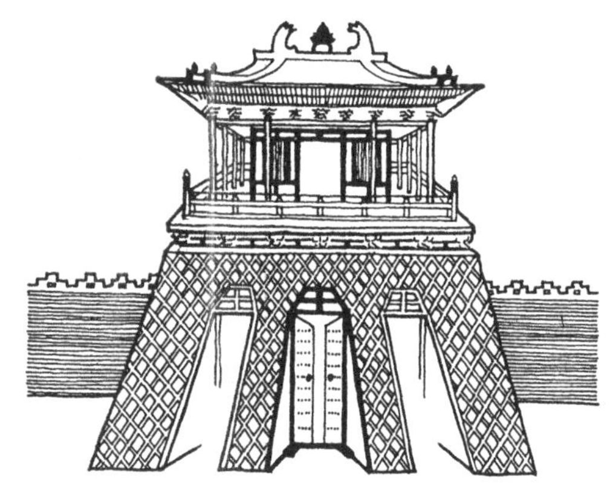

图 3-4-47 敦煌晚唐第 9 窟壁画显示的排叉门结构的城楼型台门
引自萧默．敦煌建筑研究．北京：文物出版社，1989

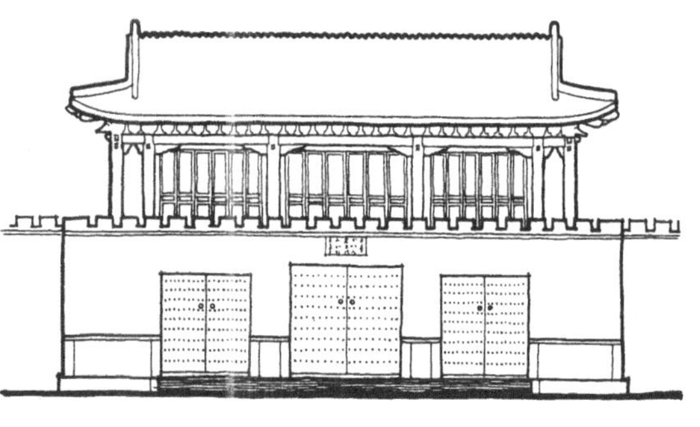

图 3-4-48 承德避暑山庄丽正门

图 3-4-49 明长陵棂星门
引自曾力．明十三陵帝陵建筑制度研究：[硕士学位论文]．天津：天津大学建筑工程系，1990

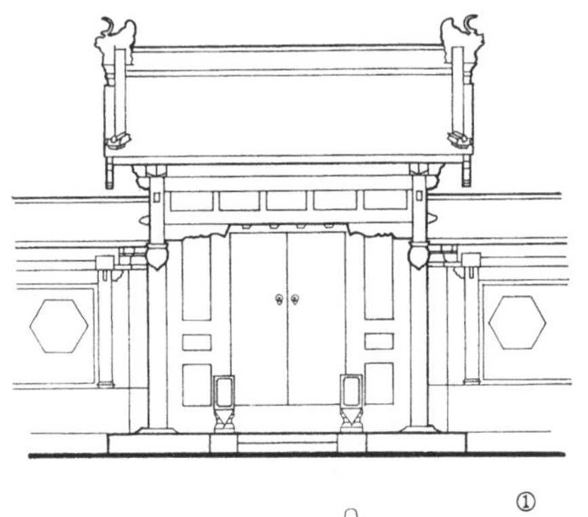

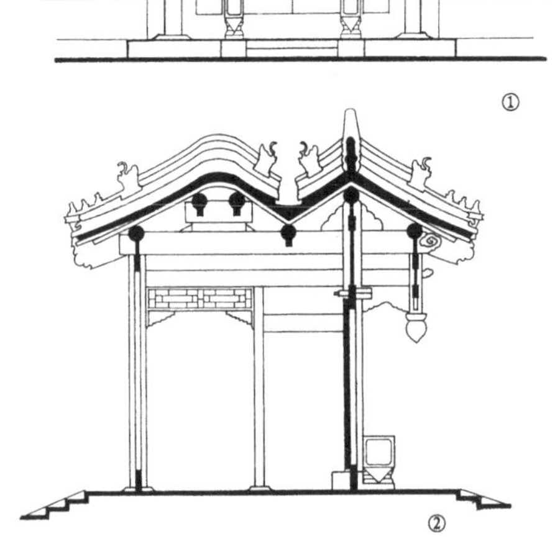

图 3–4–50 （上）北京四合院垂花门
①立面 ②剖面

图 3–4–51 （中）沈阳清福陵西红门

图 3–4–52 （下）正门与边门的组合：曲阜孔庙大成门
引自南京工学院建筑系，曲阜文物管理委员会．曲阜孔庙建筑．北京：中国建筑工业出版社，1987

券洞门，府第、宅舍用种类繁多的屋宇门、墙门。这些门屋都以不同的间架、屋顶，不同的油饰色彩，不同数量的门簪、门钉，不同样式、不同材质的门钹、门镮等等，区分出明确的门第等级。在门面经营中，善于运用正门与边门的组合来扩大门面的分量（图 3–4–52，图 3–4–53）；善于运用一字形、八字形影壁的簇拥、陪衬来壮大门面的气势；善于运用石狮、铜兽、华表的点缀来强化门面的威仪；善于运用门匾、门联和各种门饰来丰富门面的文化内蕴和吉祥语义；还善于调度照壁、牌坊、朝房、金水河、石孔桥等要素在大门前围构不同规模的门前广庭，渲染出各具特色的门面氛围。

2. 组构入口前导 一些处于特定环境的重要组群，常常在主入口的前方，悉心经营组群的入口前导，如陵墓建筑中的神道，寺庙建筑中的香道等。入口前导对组群起到了重要的导引和铺垫作用。对于陵墓组群，它如同一队隆重的仪仗，在标示陵墓等级规格的同时，有力地强化帝王陵寝的威势，有助于激发人们谒陵的肃穆、景仰心情。神道的设立还有效地弥补了陵寝有限建筑体量与陵区广阔自然环境的不相称，以较少的建筑代价，大大延长了组群的建筑时空。对于山林寺庙组群，顺着山径设置的香道，不仅起着指路导引的作用，而且有助于香客荡涤俗念、净化心灵。长长的香道如同

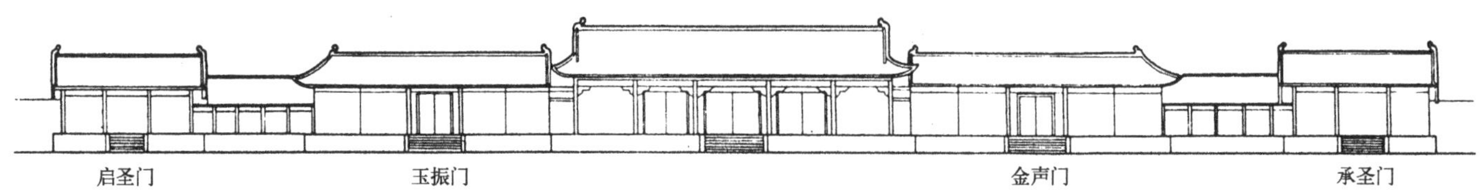

图 3–4–53　民居的门面组合：福建晋江庄宅
引自高铃明等．福建民居．北京：中国建筑工业出版社，1987

由尘世此岸过渡到净土彼岸的桥梁，对酝酿宗教情绪、激发游赏兴致都有很大潜能。在这种入口前导的构成中，单体门充当着重要的角色。陵墓神道总是少不了石牌坊、大红门、棂星门之类；寺庙香道也少不了石牌坊、一山门、二山门、一天门、二天门、三天门之类(图3–4–54)。这些依次散立的单体门，与神道、香道的其他要素一起，出色地组构了建筑组群的景观序幕。

3．衬托主体殿堂　为了区分尊卑内外的礼的需要，中国建筑很早就奠定下“门堂之制”布局。主要殿堂的前方必定设立对应的“门”。宫殿、坛庙、陵寝、衙署、第宅莫不如此。太和殿前方有太和门，乾清宫前方有乾清门，养心殿前方有养心门，文华殿前方有文华门，武英殿前方有武英门，祈年殿前方有祈年门，祾恩殿、隆恩殿前方有祾恩门、隆恩门，孔庙大成殿前方有大成门，北京四合院第宅正房前方也设有垂花门。这些门，构成主体殿堂的前座，与两侧廊庑、配殿或配房共同组成以主殿为正座的主庭院。它是主庭院的入口，是进入主殿堂的前奏，为主殿堂增添了一道门禁。这种门有两种状况：一种是以中介门庭出现。如太和门、祈年门和北京四合院宅第中的垂花门。它们自身组构成一进以门屋为正座的门庭，通常设置于组群入口大门与主庭院之间，以中门或二门的身份充当大门与主庭院的中介门庭和过渡门庭，起着加强门禁和对比、衬托主庭院的作用。另一种是以组群内部的区间门面或相对独立的小组群的门面出现，如乾清门、文华门、武英门等。乾清门是宫城内部独立组群的入口。这种门实质上是大组群内部独立小组群的大门，一般采取类似大门门面的处理方式，在组群内部起到划分区段、梳理层次、突出主体等作用。

4．增加纵深进落　单体门也是增加组群纵深进落、强化主轴线建筑分量的重要手段。上面提到的设于主殿堂前方的中门，是增加纵深进落的最常见方式。对于一些特别重要的组群，仅仅增添中门还是不够的。周朝已有天子五门

①关于北京故宫如何表征“三朝”、“五门”，有关专家的说法不一，详见本书第五章第三节对“五门三朝”的引述

三朝的制度（图 3–4–55），还有天子九门之说。五门指的是皋门、库门、雉门、应门、路门。它们都坐落在宫殿组群的主轴线上。明清北京故宫大体上还遗存着五门制度的痕迹。作为皇城正门的天安门，相当于皋门，端门相当于库门，宫城正门午门相当于雉门，太和门相当于应门，而作为后廷正门的乾清门则相当于路门。①这几座高大雄伟的台门、门殿，显著地增添了宫殿主轴线上的纵深院庭，大大强化了主轴线的建筑分量和纵深时空。曲阜孔庙的布局也充分展示了这一点（图 3–4–56）。它以圣时门为正门，以大成殿为主殿。在正门与主殿之间的轴线上，除设置奎文阁外，还依次安排了弘道门、大中门、同文门和大成门四座门殿，如果加上圣时门前方的金声玉振坊、棂星门、太和元气坊和至圣庙坊三坊一门，主轴线上实际重叠着九座单体门，从南到北串联着六组门庭。不难看出，这些重重的门庭和重重的门殿、牌坊在总体布局中所起的铺垫作用是何等显著。

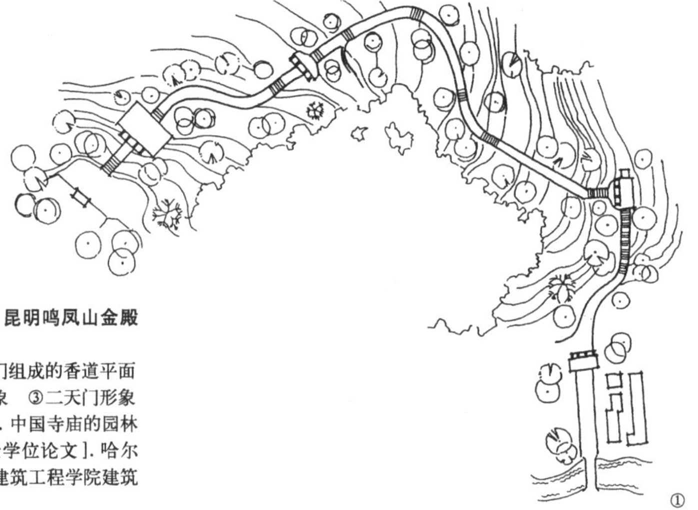

图 3–4–54 昆明鸣凤山金殿的香道布局
①由三重天门组成的香道平面 ②一天门形象 ③二天门形象
引自赵光辉．中国寺庙的园林环境：[硕士学位论文]．哈尔滨：哈尔滨建筑工程学院建筑系，1981

5．标志庭院层次 组群轴线上每增设一座单体门，就意味着增添一进门庭，亦即为轴线增添一进庭院层次。因此，单体门自身也成了标志门庭的一种符号。这导致一些礼仪性的场合，当建筑组群在实用上没有必要划分多重院，而在形制构成上需要形成多重院的空间层次时，常常采用单体的屏门或牌坊门作为庭院层次的

②

③

象征。曲阜孔府大堂庭院中的重光门就是如此（图 3-4-57）。这座仪门是一道四柱三间三楼式的垂花门，四面临空，它并没有把庭院真正一分为二，而只是象征性地标示庭院层次，以展示孔府大堂的形制规格，突出大堂庭院的隆重气势。这种标志性的门在陵寝建筑中用得更为普遍。明清两代定型的陵寝，主体部分都是仿前朝后寝的布局，以琉璃花门以北为后寝。常在琉璃花门之内，设一座木石混合结构的二柱冲天式牌坊，俗称“二柱门”（图 3-4-58）。这种二柱门并没有把后院真正划分成前后两院，仅仅是一种庭院层次的标志，它在屏隔视线的同时，起到了显示多重院规格和增添庭院空间层次感的作用。

6. 完成组群结尾 在带有后大门的建筑组群中，作为后大门的单体门还起到结束组群、收停轴线的作用。北京故宫中的神武门，承德

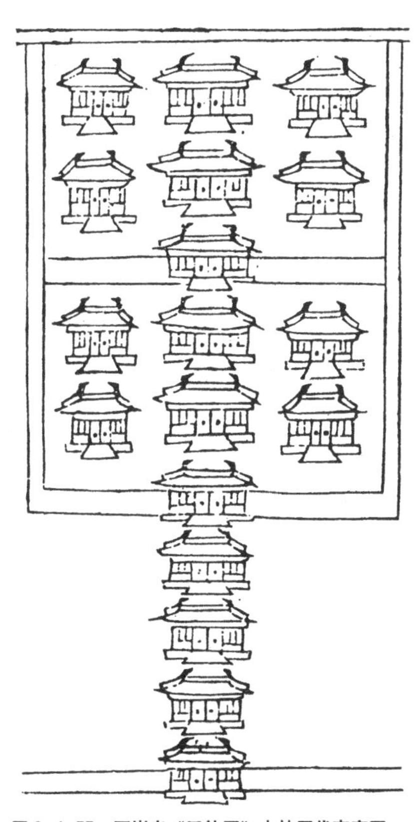

图 3-4-55 聂崇义《三礼图》中的周代宫寝图

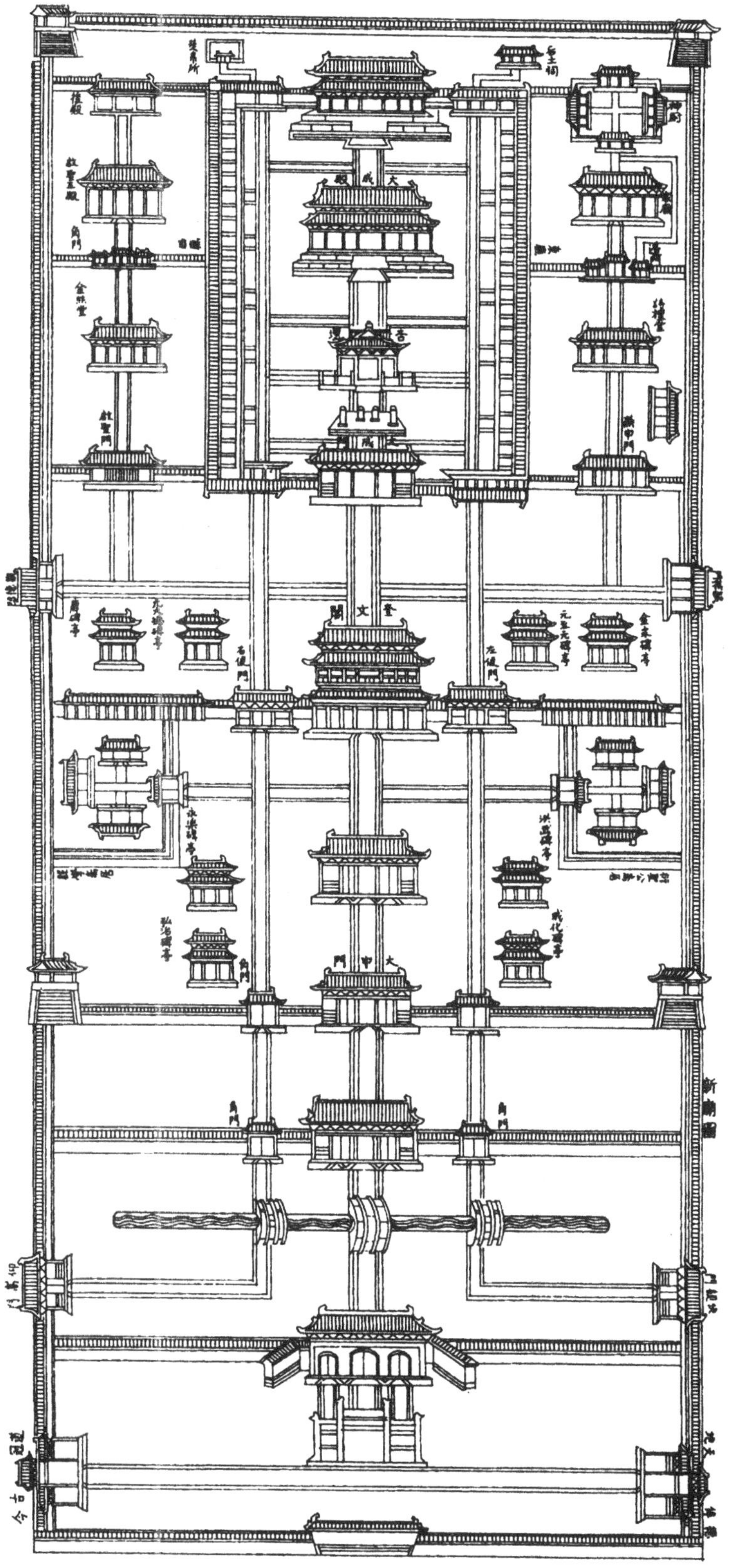

图 3-4-56 正德本《阙里志》所载孔庙图

引自南京工学院建筑系，曲阜文物管理委员会．曲阜孔庙建筑．北京：中国建筑工业出版社，1987

图 3-4-57　曲阜孔府重光门
①立面　②平面

避暑山庄正宫中的岫云门等都属于这一类。神武门作为紫禁城的后门，不得不采用高大的城楼型台门，岫云门作为山庄行宫的后门，只是秀雅的三开间垂花门。它们各得其所地结束了组群的尾声。由于中国建筑多数以殿屋收束，轴线后部设后大门的情况不多，单体门的这一用途较为少见。

从以上多方面的作用，不难看出，中国庭院式建筑对单体门的调度的确达到匠心独运的纯熟境地。单体门成了平面布局中极重要、极活跃的要素。纵深构成的建筑组群，在起、承、转、接的各个环节，单体门都承担着重要的角色，都有极精彩的演出。成功地运用单体门可以说是中国建筑组群布局的一大特色和一大成就。

图 3-4-58　沈阳清福陵二柱门
引自南京工学院建筑系，曲阜文物管理委员会．曲阜孔庙建筑．北京：中国建筑工业出版社，1987

第四章“礼”——中国建筑的“伦理”理性

中华文明是农业文明。“大人不华，君子务实”[①]农业文明带来了民族心理的务实精神。实用理性成了中国传统民族精神、文化精神、哲学精神，从而也是中国建筑的美学精神、创作精神的重要特色。

所谓“实用理性”，不同于科学理性，而是一种经验理性；不同于抽象玄虚的思辨理性，而是贯穿于现实生活的实践理性。值得注意的是，在中国哲学史上，“理”有两方面的含义，一指“伦理”、“义理”、“文理”、“性理”，这种“理”，涉及的是人性本质、人际关系、社会秩序，侧重于对社会规律的认识；二指“物理”、“天理”、“实理”、“事理”，这种“理”，涉及的是事物关系、自然法则，侧重于对自然规律的认识。两种不同涵义的“理”构成了两种不同性质的“实用理性”，前者可称之为“伦理”理性，后者可称之为“物理”理性。中国建筑的理性精神，既有“伦理”理性精神，也有“物理”理性精神。“伦理”理性集中体现在“礼”对建筑的一系列制约；“物理”理性则反映在因地制宜、因材致用、因势利导等等审时度势的务实性，集中体现在一个“因”字。这是两种不应混淆的理性精神。研讨中国建筑的美学精神，有必要从这两方面的理性去考察。本章先讨论中国建筑的“伦理”理性。

《说文解字》曰：“礼，履也，所以事神致福也。”礼起源于原始宗教，是由原始宗教的祭祀礼仪发展而来的。在长期古代社会发展中，它成了“以血缘为纽带，以等级分配为核心，以伦理道德为本位的思想体系和制度，”[②]涉及一整套典章、制度、规矩、仪式。礼在儒家的心目中是维系天地人伦上下尊卑的宇宙秩序和社会秩序的准则。

夫礼，天之经也，地之义也，民之行也。[③]

夫礼者，所以定亲疏，决嫌疑，别同异，明是非也。[④]

礼，经国家，定社稷，序民人，利后嗣者也。[⑤]

礼者，治辨之极也，强国之本也，威行之道也，功名之总也。[⑥]

礼之于正国也，犹衡之于轻重也，绳墨之于曲直也，规矩之于方圆也。[⑦]

这些表明，礼既是规定天人关系、人伦关系、统治秩序的法规，也是约制生活方式、伦理道德、生活行为、思想情操的规范。它带有强制化、规范化、普遍化、世俗化的特点，渗透到中国古代社会生活的各个领域，当然也深深地制约着中国古代建筑活动的诸多方面，下面围绕建筑类型、建筑等级、建筑意识等层面分别展述。

第一节 宗庙为先：礼制性建筑占主导地位

礼对建筑的制约，首先表现在建筑类型上形成一整套庞大的礼制性建筑系列，而且把这些礼制性建筑摆到建筑活动的首位。《礼记·曲礼》曰：

君子将营宫室，宗庙为先，厩库为次，居室为后。

礼制性建筑的地位，远在实用性建筑之上。礼包括的范围极为广泛，按传统概念大体上分为“吉、嘉、宾、军、凶”五礼。其中，吉礼主要是对天神、地　、人鬼的三大祭，涉及一

①王符．潜夫论·叙录

②刘志琴．礼的省思．见：复旦大学历史系．中国传统文化的再估计．上海：上海人民出版社，1987．127页

③左传·昭公二十五年

④礼记·曲礼

⑤左传·隐公十一年

⑥荀子·议兵

⑦礼记·经解

整套的祭祀性、纪念性建筑；嘉礼、宾礼是和合人际关系、沟通联络感情的礼仪、礼节，包括朝礼、朝贺礼、朝觐礼、婚冠礼、燕饮礼、相见礼等，涉及宫殿第宅的一系列礼制性殿堂和礼仪性功能空间；凶礼则是哀悯吊唁之礼，涉及庞大规模的帝王陵寝和数量繁多的权贵墓葬建筑。礼制性建筑起源之早、延续之久、形制之尊、数量之多、规模之大、艺术成就之高，在中国古代建筑中都是令人触目的。这里试将礼制性建筑分为五个类别，作一下具体考察。

一、坛、庙、宗祠

（一）坛

国之大事，在祀与戎。[①]

凡治人之道，莫急于礼。礼有五经，莫重于祭。[②]

祭祀列为中国古代的立国治人之本，排在国家大事之首列。其中，设坛祭祀的是祭天神、地　之礼，包括祭祀天、地、日、月、星辰、社稷、五岳、四渎等。这些自然界的天地、日月、山川，都成了有意志的人格化的神。在天命论思想的支配下，祭天列为最重大的祭祀活动。古文献记载，虞舜、夏禹时已有祭天的典礼。周代每年冬至之日都在国都南郊圜丘祭天。汉唐以来，历代相沿，祭祀制度虽有种种变化，或三年一祭，或一年一祭，或一年四祭，时而天地分祀，时而天地合祀，而把祭天列为大祀，予以极端重视则是始终如一的。《礼记·王制》说：“天子祭天地，诸侯祭社稷，大夫祭五祀”，表明祭天地是皇帝的特权。这一整套天神、地　祭祀，看上去交织着浓厚的迷信色彩，实际上体现出强烈的伦理理性精神。它把“天”视为自然的主宰，把“天道”与“人道’合一，把人间最高统治者称为“天子”，建立起天伦与人伦统一的秩序，使皇权统治成为天然的、神圣的、天经地义的事情。

这类祭祀活动，都是在台型的“坛”上进行，通称为“坛”。明清北京城的内外，就分布了圜丘坛（天坛）、方泽坛（地坛）、朝日坛（日坛）、夕月坛（月坛）、社稷坛、祈谷坛（天坛祈年殿）、先农坛、先蚕坛、太岁坛、天神坛、地祇坛等等（图4–1–1），天坛祭昊天上帝神，地坛祭皇地神，日坛祭大明神，月坛祭夜明神，社稷坛祭社神、稷神，祈谷坛祈祷五谷丰登、风调雨顺，先农坛祭先农、山川诸神，先蚕坛祭先蚕神，太岁坛祭太岁神，天神坛祭风云雷雨诸天神，地　坛祭五岳、五镇、四海、四渎诸地神，构成了坛类礼制建筑的完整系列。其中，天坛的规制最为突出。它位于北京内城南郊（后围入北京外城），占地面积极大，外坛墙南北长1657米，东西宽1703米，这个尺度与北京紫禁城南北长961米，东西宽753米相比几乎是紫禁城的3.8倍（图4–1–2）。我们从北京坛类建筑之多和天坛面积之大，不难看出“坛”在礼制性建筑中的突出地位。

图4–1–1　清代北京坛庙分布示意

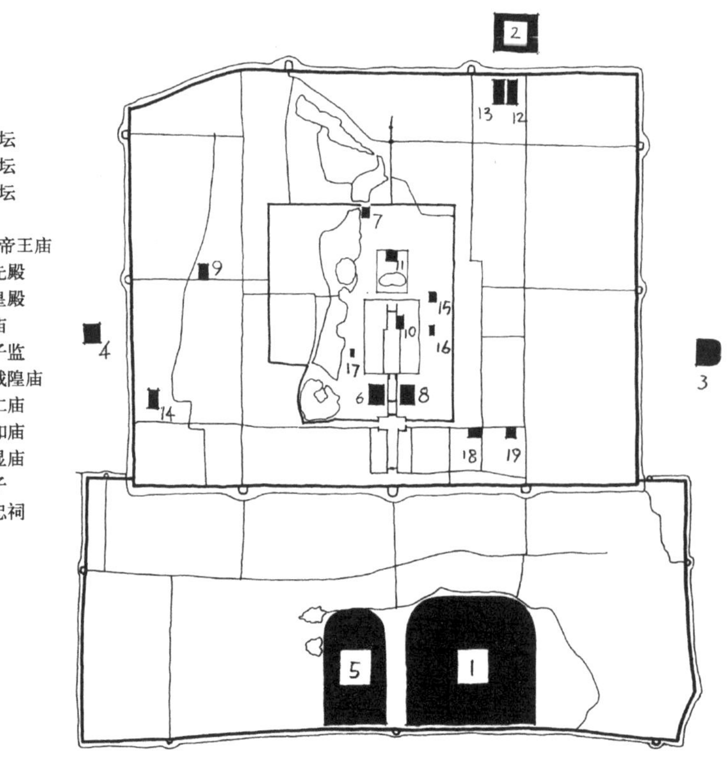

1. 天坛
2. 地坛
3. 日坛
4. 月坛
5. 先农坛
6. 社稷坛
7. 先蚕坛
8. 太庙
9. 历代帝王庙
10. 奉先殿
11. 寿皇殿
12. 孔庙
13. 国子监
14. 都城隍庙
15. 宣仁庙
16. 凝和庙
17. 昭显庙
18. 堂子
19. 昭忠祠

①左传·成公十三年

②礼记·祭统

（二）庙

这里的"庙"，指的是祭祀祖宗的庙、祭祀先圣先师的庙和祭祀山川神灵的庙。

宗法制度以血缘为纽带，特别强调"尊祖敬宗"。隆重的祖先祭祀是维系宗族团结、突出大宗特权的主要手段，列为宗族的头等大事。天子是天下的大宗，因此，天子的宗庙祭祀意义特别重大，被视为与祭天地、社稷同等重大的国家级大祀。只是祭先祖与祭天神、地 有一点重要的区别，即天神、地 是坛祭，而先祖是庙祭。因为祖先生前是住在房屋里的，死后自然也在屋内祭享。因而宗庙建筑都仿照"前朝后寝"、"前堂后室"的布局，采用"前庙后寝"的格局。这样，就产生了不同于"坛"型的"庙"型礼制性建筑。

《礼祀·王制》记载：

> 天子七庙，三昭三穆，与太祖之庙而七。诸侯五庙，二昭二穆。与太祖之庙而五。大夫三庙，一昭一穆，与太祖之庙而三。士一庙。庶人祭于寝。

这条记载表明，宗庙制度有着严格的规定，天子可以建七座宗庙，太祖庙居中，以下逐代分列左右，昭辈居左、穆辈居右。而诸侯、大夫、士则依次降等。庶民不许立庙，只能在自己家宅的"寝"中祭祖。按古制，帝王成组的宗庙，四周都围以墙垣，称为"都宫"。实际上，尽管"宗庙为先"，摆在首位也没必要像都宫别殿的宗庙制度那样过于铺张，从汉明帝起，就改为"同堂异室"之制，即把数代先王都集中于一庙之内，以太祖居中，按左昭右穆分室祭享。后代基本上沿袭东汉制度。这种帝王的宗庙称为"太庙"，是很神圣的建筑组群。《考工记·匠人营国》中有"左祖右社"的记载，《礼记·祭义》中有"建国之神位，右社稷而左宗庙"的记载。北京明清太庙的坐落位置正是如此。它不仅与社稷坛并列，而且处于左方，可见其地位之显重。

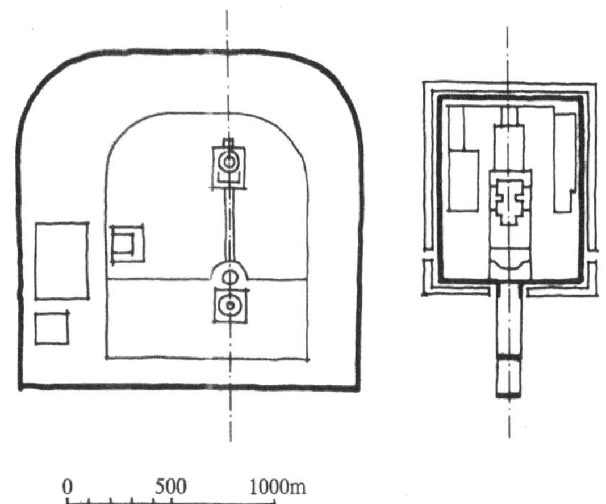

图 4-1-2 天坛尺度与紫禁城尺度的比较

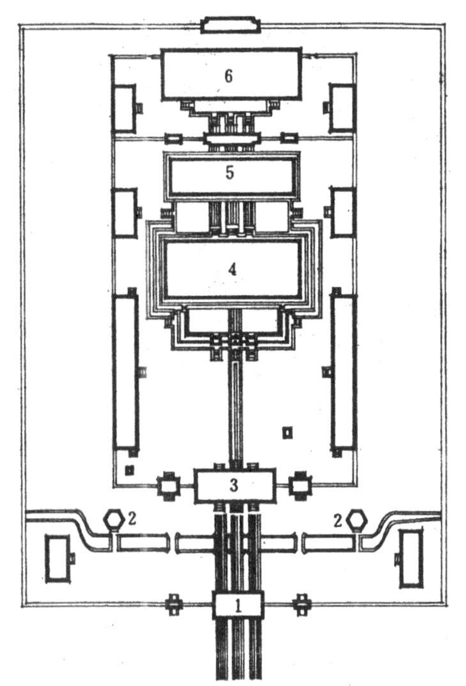

图 4-1-3 北京太庙平面图
1. 前门
2. 井亭
3. 戟门
4. 前殿
5. 中殿
6. 后殿
引自中国大百科全书建筑·园林·城市规划卷．北京，上海：中国大百科全书出版社，1988

太庙建筑的形制也是等级最高的（图 4-1-3）。北京太庙前殿即是一幢重檐庑殿顶的大殿，明代时为九开间，清代时改为十一开间，形制之高已与紫禁城太和殿相当。

祭祀圣贤的庙为数不少，许多地方都有奉祀名臣、先贤、义士、节烈的祠庙。如四川灌县建有奉祀李冰父子的"二王庙"；四川成都和河南南阳建有奉祀诸葛亮的"武侯祠"；浙江杭州和河南汤阴建有奉祀岳飞的"岳王庙"和"岳

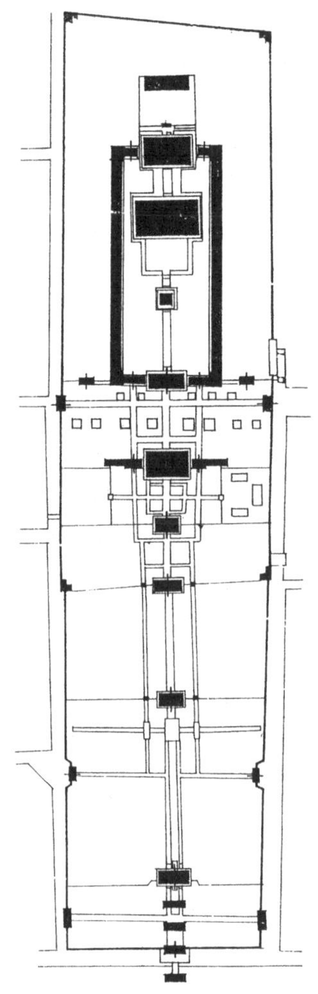

图 4–1–4　曲阜孔庙平面图

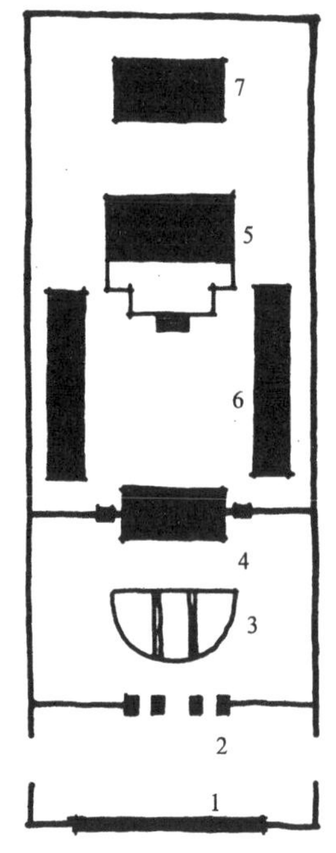

图 4–1–5　文庙的通行规制，其主要构成包括：
1. 万仞宫墙
2. 棂星门
3. 泮池
4. 大成门
5. 大成殿
6. 东西庑
7. 启圣祠

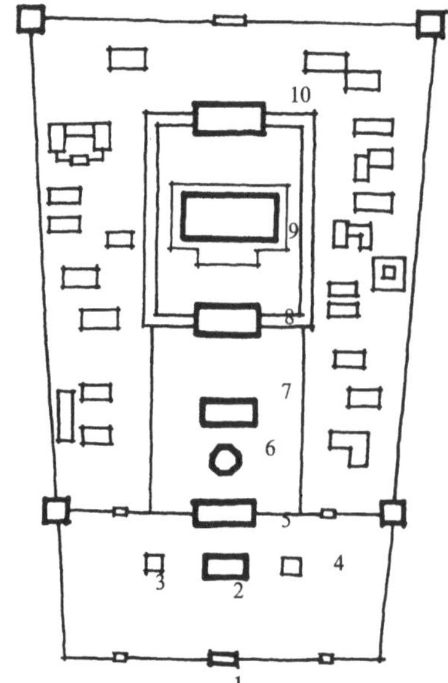

图 4–1–6　衡山南岳庙平面示意图
1. 棂星门　2. 奎星阁（戏台）
3. 钟楼　4. 鼓楼
5. 正川门　6. 御碑亭
7. 嘉应门　8. 御书楼
9. 正殿　10. 寝宫
引自侯卫东．南岳庙建筑研究．见：中国科学院中华古建筑研究社．中华古建筑．北京：中国科学技术出版社，1990

飞庙”等等。这类建筑中，以奉祀孔子的孔庙（又称文庙）最为突出。孔子作为儒家学派的创始人，被奉为“圣人”、“帝王师”，并加上“大成至圣文宣王”、“至圣先师”的封号。不仅在孔子故里曲阜形成规模庞大的孔庙，而且通过国子学和州县学立孔子庙，形成京城和全国各地普遍建文庙的局面。“殆及明代，全国府、州、县三级孔庙总数约1560所，清代应比此数有所增加。”①曲阜孔庙南北贯穿九进院落。拥有五重门和四隅角楼。主殿大成殿为七开间、周围廊、重檐歇山顶，由此可见它的规制之高、规模之大（图 4–1–4）。京师和府、州、县的文庙则是庙学结合的定制（图 4–1–5）。有的是前庙后学，有的是左庙右学，呈现祭祀性建筑和学校建筑交织的格局。

祭祀山川、神灵的庙也很可观。它分两大类，一类是祭山川之神的，如奉祀五岳、四渎的庙，像泰山的岱庙、衡山的南岳庙(图 4–1–6)、济水的济渎庙等，这类庙的规模也相当大。另一类是源于民间习俗的神灵祭祀建筑，如城隍庙、土地庙、龙王庙、财神庙等，这类庙的建筑规模不大，但分布面很广，数量颇多。

（三）宗祠

首先出现的是墓祠。《盐铁论 · 散不足篇》记载贤良对比古今墓制的情况说：

> 今富者积土成山，列树成林，台榭连阁，集观增楼；中者祠堂屏阁，垣阙罘罳。

杨宽认为这个记载表明，西汉中期中等人家在墓地前建祠已比较流行。②到东汉时期，墓祠建造之风更盛，现在尚有多处东汉墓前石祠的遗存，以山东长清县孝堂山石祠保存得最为完整（图 4–1–7）。这座石祠建于东汉章帝、和帝时期（公元 76—105 年），是中国现存最早的位于地面上的，具有房屋形态的建筑物。该祠为石构单檐悬山顶的两开间房屋。前檐正中

①南京工学院建筑系，曲阜文物管理委员会．曲阜孔庙建筑．北京：中国建筑工业出版社，1987．5 页

②杨宽．中国古代陵寝制度史研究．上海：上海古籍出版社，1985．124 页

有一根带栌斗的八角形石柱。祠内石壁刻有36组画像，主要内容是与祠主生活有关的车骑出行、庖厨饮宴、狩猎百戏等图像，刻工精湛，从用材到雕饰不难看出对石祠建筑的充分关注。山东沂南东汉画像石墓的画像中有一幅建筑图（图4–1–8），杨宽认为是祠堂建筑形象。[①]从画面上可以看出，整个祠堂有两进院落。门前与左侧各有一对双阙。门前并有鼓架和庖架，后进正屋正中有带大型斗栱的大柱，把正屋辟成偶数开间，与孝堂山石祠如出一辙，后院中央还设有案，地上放有祭祀用的器皿。这些，很形象地展示了东汉时期的祠堂建筑景象。

宋明以后，随着家族制度的日趋完善，作为维系家族制度重要工具的祠堂也大为普及。宗祠建筑几乎到处可见。这种宗祠是独立的院落，有的位于全村的核心部位，有的依"左祖右社"原则，位于村落左方。宗祠建筑比一般住宅高大，大多为二三进的院落，"前为大门嗣起闭，中为祖堂伸跪拜，后为后寝栖神灵"（图4–1–9，图4–1–10）。[②]这里所说的"后寝"就是后进正堂，内供本族历代祖先神主牌位。每次祭祀，由族长率全族成员拜祭，仪式隆重，列为最重要的宗族活动。实际上，宗祠不仅是祭祠场所，还是处理宗族事务、执行族规家法的地方。族人的冠礼、婚礼、丧礼也有在宗祠里进行的。有的宗祠中还设有家学，以培育本族子弟。这些表明，宗祠已成为家族礼制活动

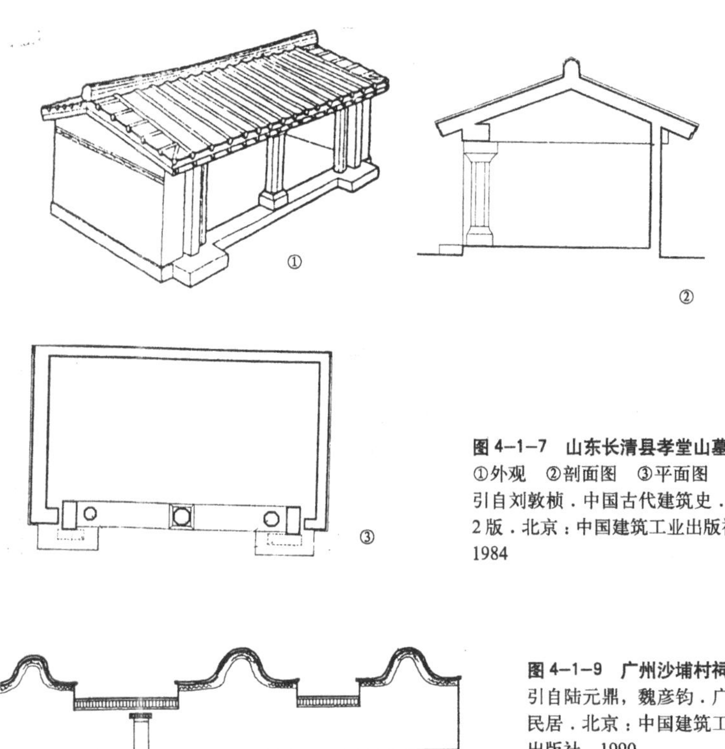

图4–1–7 山东长清县孝堂山墓祠
①外观 ②剖面图 ③平面图
引自刘敦桢．中国古代建筑史．第2版．北京：中国建筑工业出版社，1984

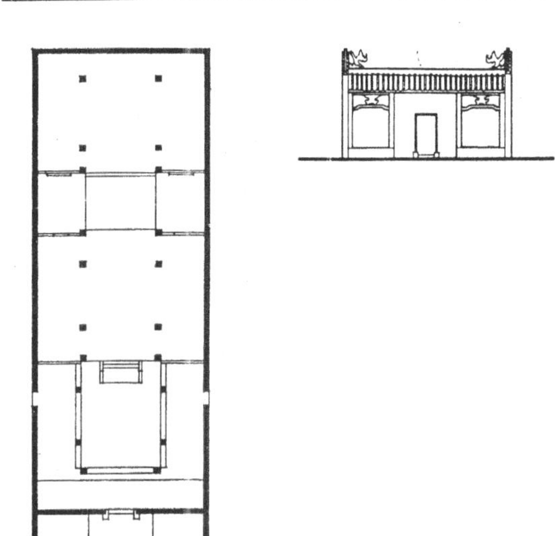

图4–1–9 广州沙埔村祠堂
引自陆元鼎，魏彦钧．广东民居．北京：中国建筑工业出版社，1990

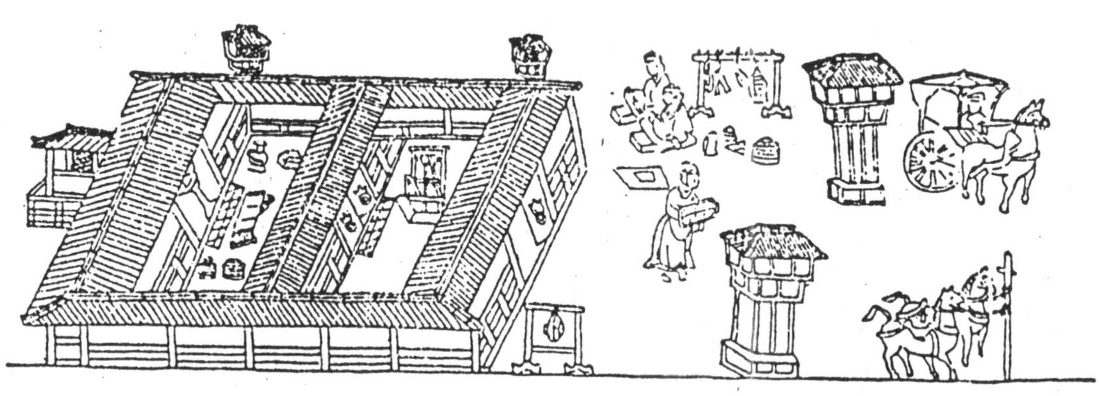

图4–1–8 沂南东汉墓画像石祠堂图
转引自杨宽．中国古代陵寝制度史研究．上海．上海古籍出版社，1985

①杨宽．中国古代陵寝制度史研究．上海：上海古籍出版社，1985．129～130页

②刘致平著，王其明增补．中国居住建筑简史．北京：中国建筑工业出版社，1990.194页

图 4–1–10　福建集美某祠堂
引自高轸明等．福建民居．北京：中国建筑工业出版社，1987

的多功能建筑。祠堂建筑在强化家族意识、延续家族血脉、维系家族凝聚力等方面发挥着重大作用。

二、明堂

明堂可以说是最独特的礼制性建筑。《考工记》记载了“夏后氏世室”、“殷人重屋”、“周人明堂”，强调它的渊源久远。实际上，明堂古制早已弄不清楚，成了儒家聚讼千载的建筑之谜，曾经多次由帝王亲自主持，组织儒生、儒官议论考证，是中国历史上围绕建筑形制研讨得最认真、最热闹的课题。

明堂究竟何用？古人的说法很多：

> 明堂也者，明诸侯之尊卑也；[①]
>
> 祀乎明堂，所以教诸侯之孝也。[②]
>
> 天子立明堂者，所以通神灵，感天地，正四时，出教化，宗有德，重有道，显有能，褒有行者也。[③]

这些记载表明，早期明堂既是天子召见诸侯的礼仪场所，也兼有祭祀祖宗的功能，后来衍生成诸多礼制功能的综合体。蔡邕《明堂论》说：

> 取其宗祀之貌，则曰清庙；取其正室之貌，则曰太庙；取其向明，则曰明堂；取其四门之学，则曰太学；取其四面环水，圆如璧，则曰辟雍。异名而同实，其实一也。[④]

历史上，有过多次的明堂方案制定和建造实践活动。可惜没有实物保存下来，有幸的是西汉末王莽执政时期，由刘歆等人设计的长安南郊明堂遗址已经发掘（图 4–1–11）。[⑤]东汉洛阳明堂的遗址也已发现。[⑥]王世仁在“明堂美学观”[⑦]一文中对明堂的制度渊源和演变概貌作了系统的阐述，对西汉明堂（图 4–1–12）、东汉明堂、唐总章二年明堂、武则天明堂和北宋明堂作了复原探讨。杨鸿勋在“从遗址看西汉长安明堂（辟雍）形制”一文中，也对西汉明堂作了复原探讨（图 4–1–13）。[⑧]我们从这些明堂的复原图中可以看到，西汉长安明堂的布局是一组方形的封闭院子，院外周围有一圈环水，院内正中设圆形夯土基座，基座正中为明堂主体建筑。这个主体建筑以折角方形的夯土台为核心，土台四面设明堂（南）、青阳（东）、总章（西）、玄堂（北）四堂，以及“四室”、“八个”、“八房”，土台上方设太室，构成十字轴线对称的极为规整的台榭式格局。东汉洛阳明堂的基本形态大体与西汉长安明堂近似，“但更加规整，更加富有象征性”。[⑨]唐总章二年的明堂设计方案据推测是在八角形台基上，立起十字

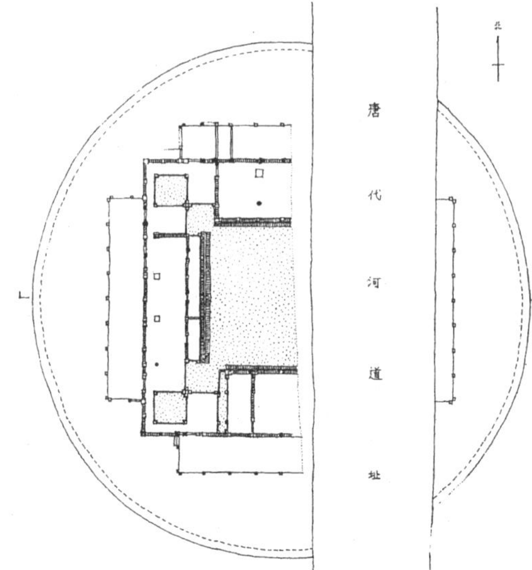

图 4–1–11　汉长安南郊明堂遗址平面图
引自杨鸿勋．建筑考古学论文集．北京：文物出版社，1987

①礼记·明堂位

②礼记·祭义

③白虎通·卷二辟雍

④蔡邕．明堂论

⑤参见唐金裕．西安南郊汉代建筑遗址发掘报告．考古学报，1959（2）

⑥参见中国社会科学院考古研究所洛阳工作队．汉魏洛阳城南郊的灵台遗址．考古，1978（1）

⑦⑨王世仁．理性与浪漫的交织．北京：中国建筑工业出版社，1987

⑧杨鸿勋．建筑考古学论文集．北京：文物出版社，1987.169 ~ 200 页

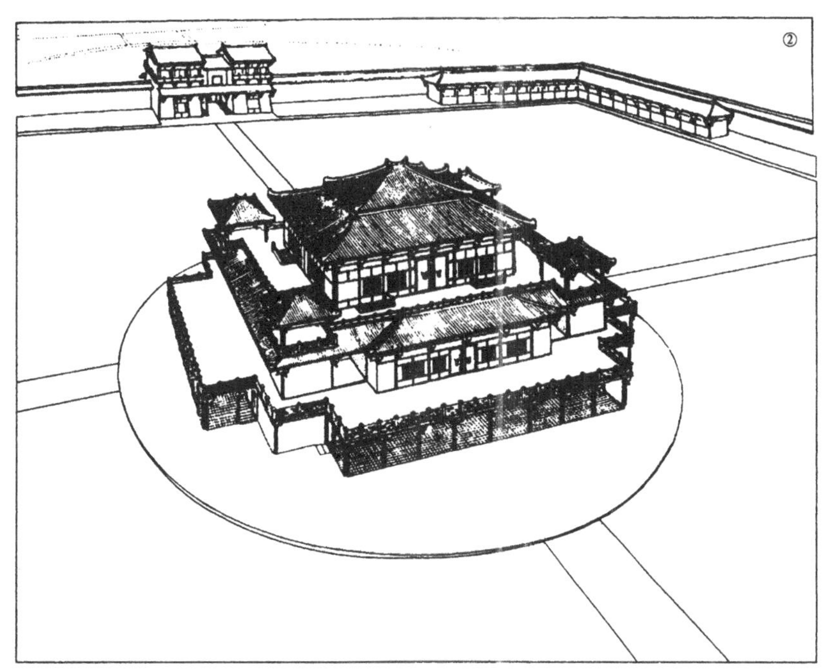

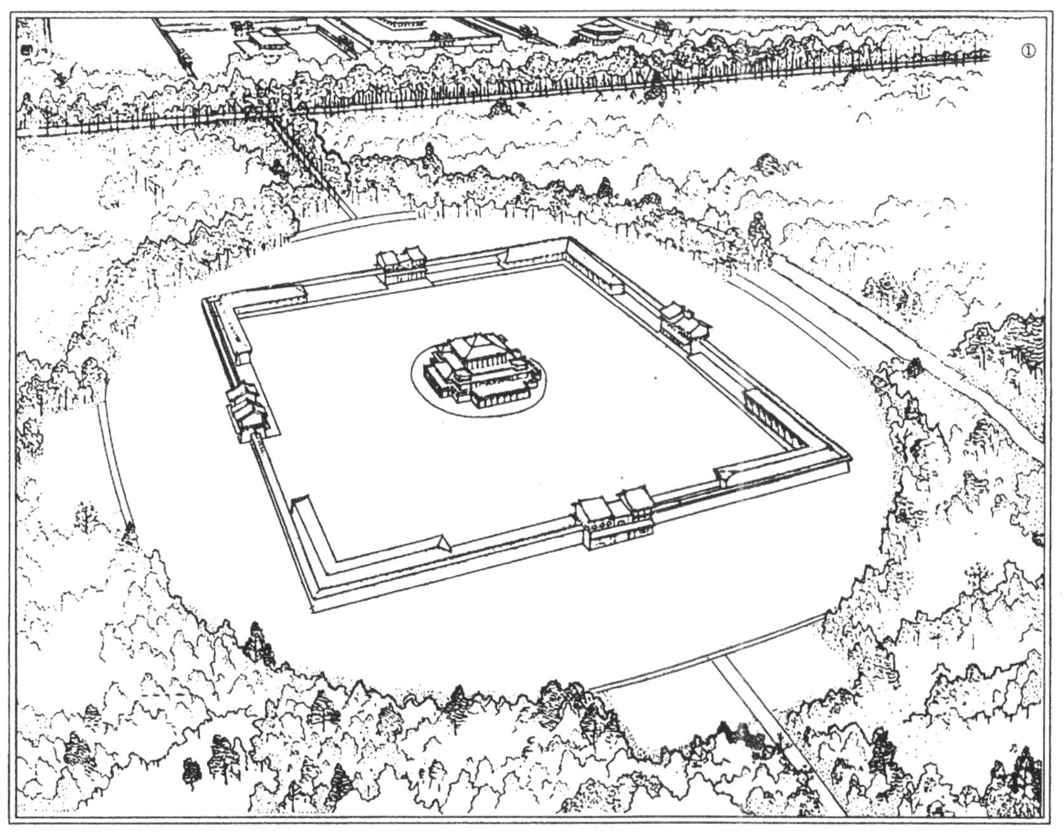

图 4–1–12　王世仁复原的西汉明堂图

①总体组群　②主体建筑

引自刘敦桢．中国古代建筑史．第2版．北京：中国建筑工业出版社，1984

图 4–1–13 杨鸿勋复原的西汉明堂
①主体建筑平面 ②主体建筑剖面
引自杨鸿勋．建筑考古学论文集．北京：文物出版社，1987

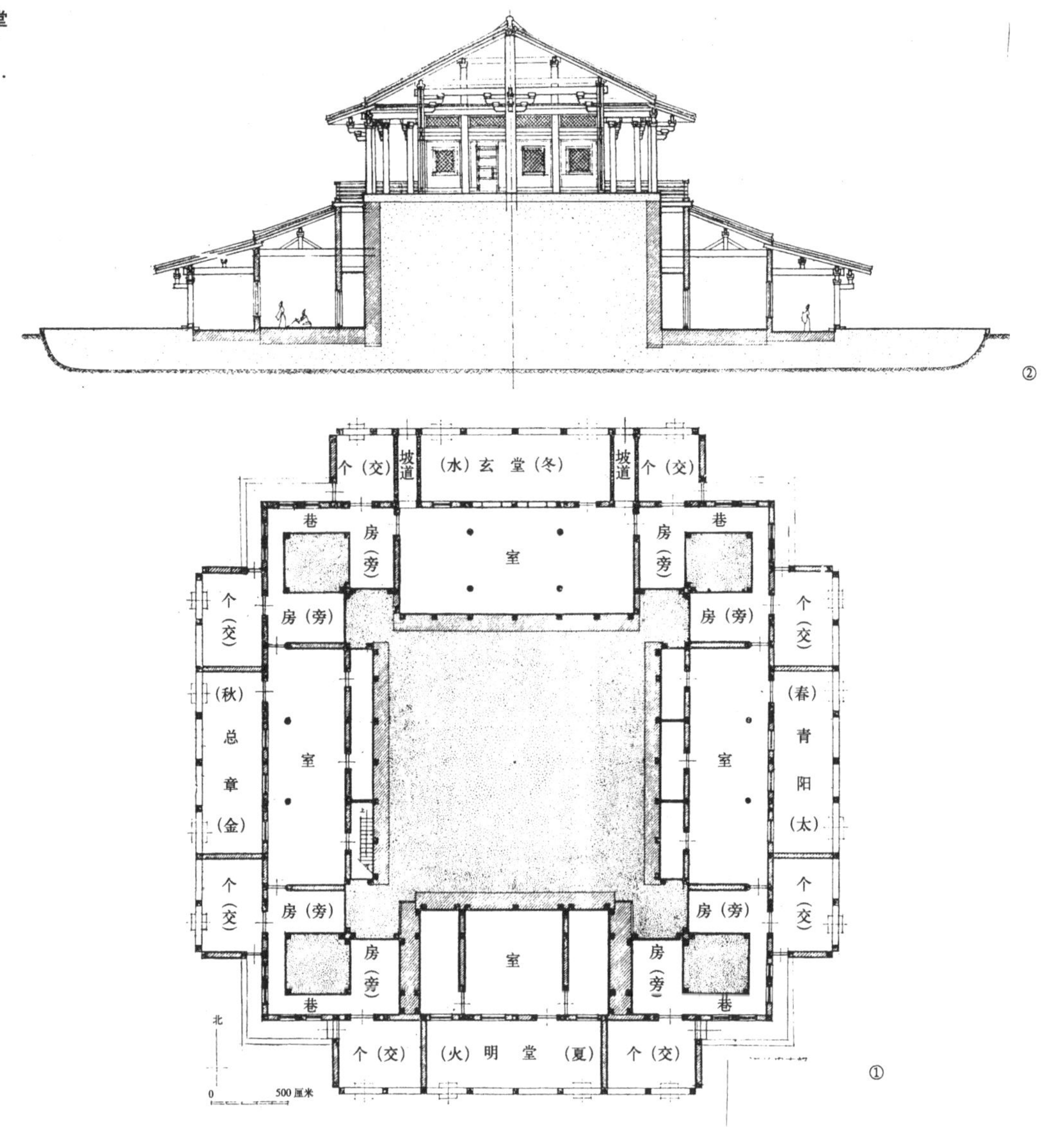

轴对称的两层木构楼阁，一层每面九间，正中为太室，四面为金、木、水、火四室。二层带周围廊，每面五间，内部与太室上下贯通。外观呈两层四檐，下部三檐为方檐，顶上为圆形攒尖顶。这个总章明堂设计把明堂建筑从台榭式的高台建筑过渡为木构的楼阁式建筑。王世仁说它"是一个综合了儒、道、阴阳、五行、八卦、堪舆各种说法的大杂烩，又是一个集中了隋唐以来建筑技术与艺术最高成就的大建筑群。"[①]这个明堂只停留于设计方案，未曾实施。武则天明堂的复原图则是十字轴线对称的 3 层木构楼阁。底层平面正方形，每面 11 间，象征四时；二层平面八角形，四个正面每面各 3 门，共 12 门，象征 12 辰；三层平面圆形，共 8 间，每间 3 门，共 24 门，象征 24 气。各层均为重檐，顶上为重檐圆形攒尖顶，是一栋庞大而高耸的楼阁。在唐玄宗时被视为"体式乖宜，违经紊礼，雕镌所及，穷侈极丽"的建筑。北宋明堂的复原图则是一组单层建筑。由内层与外层两部分组成。"内层正中为太室，四隅为木、金、水、火四室。外层为明堂、玄堂、青阳、总章四太庙加左右个。四隅为实室即'四阿'。内外两层

①王世仁．理性与浪漫的交织．北京：中国建筑工业出版社，1987

之间隔出四个天井，作为采光排水的空间。”[①]这个明堂已从武则天明堂的集中式楼阁形态演变为化整为零的组合式形态，改善了室内空间的采光通风，整体仍保持着十字轴对称的格局。我们透过明堂的历史活动和粗略概况，不难体味到儒家的礼治、礼教对这个独特的礼制建筑的高度关注，不难看出“礼”的理想模式在明堂建筑中的充分展现。

三、陵墓

陵墓是礼制性建筑的一大分支。

在儒家“慎终追远”的孝道观支配下，丧葬成了恭行孝道的重要环节，丧葬之礼列为礼的极为重要的组成。《荀子》说：

> 礼者，谨于治生死者也。生，人之始也；死，人之终也。终始俱善，人道毕矣，故君子敬始而慎终。终始如一，是君子之道，礼义之文也。[②]

因此，帝王的陵墓建筑，与宫殿、坛庙、苑囿建筑一样，成为封建时代浩大规模的高规格的重大建筑活动。

陵墓建筑在古人心目中具有多重意义：

一是侍奉意义。古人在灵魂不灭观念的驱使下，认为人死后仍在阴间生活。为此，把“事死如事生，事亡如事存”[③]列为礼的要求，不仅地下有宏丽的地宫墓室和丰富的随葬品，地面上还设有寝殿、便殿。据记载，汉陵的正寝还专设宫人如同对待活人一样侍奉墓主，“随鼓漏，理被枕，具盥水，陈妆具，”[④]每天四次进奉食品。到了明代取消了寝殿（即宋的下宫），而扩大了祭殿（即宋之上宫），才“无车马、无宫人，不起居，不进奉，”[⑤]而保留了五供台、神厨、神库，转为象征性的侍奉。

二是祭祀意义。东汉明帝开始确定上陵之礼。从唐的献殿，宋的上宫，到明清的享殿，举行隆重的上陵典礼逐渐上升为陵墓的主要活动，成为推崇皇权和巩固统治的一种重要手段。

三是荫庇意义。最晚到汉代，葬地堪舆术已受到重视。古人把死者葬地的优劣与其后代生者的富贫贵贱相联系，葬地的选择关联着人间的凶吉，帝王陵墓是皇帝“亿年安宅”之所，更视为事关国运盛衰、帝运长短的大事，当然更予以极端的关注。这种迷信观念促使皇陵建造在“风水”最佳的地段，并根据堪舆理论以人工手段弥补天然之不足，使陵墓所在地的山川形势更趋完善，并注意保护陵区的绿化生态。

四是显赫意义。宏伟的陵墓建筑组群，在壮阔的自然景观烘托下，普遍取得庄严、肃穆、神圣、永恒的艺术境界，很容易激发人们崇仰、敬畏的心情，有效地起到显赫帝王威势、强化皇权统治的作用。

正是基于陵墓建筑的多重重要功用，历代统治者都在陵墓工程中投入巨大的人力物力。秦始皇陵征发70多万民工，工程延续三十余年；汉成帝为修陵，更是“大兴徭役，重增赋敛，征发如雨”，有“取土东山，与谷同价”之说。[⑥]据说“汉天子即位一年而为陵，天下贡献三分之，一供宗庙，一供宾客，一充山陵。”[⑦]这个说法即使有所夸张，也不难从其所付工程代价之大，看出陵墓这个礼制性建筑的显要。

四、朝、堂

（一）朝

礼制性建筑也渗透到宫殿组群中，以“朝”为最突出。中国宫殿很早就形成“前朝后寝”的基本格局。“寝”是宫城中的帝王生活区，“朝”是宫城中帝王进行政务活动和仪礼庆典的行政区。“朝”涉及嘉礼中的朝礼和朝贺之礼。“朝观之礼，所以明君臣之义也”。[⑧]历来都把它提到维护皇权统治的高度，予以极端的重视。“朝”的建筑需要起到两方面的作用：一是需要有足够的建筑空间，以进行一系列隆重的朝贺礼仪；

①王世仁．理性与浪漫的交织．北京：中国建筑工业出版社，1987

②荀子·礼论

③中庸第十九章

④蔡邕．独断

⑤顾炎武．日知录·卷十五墓祭

⑥汉书·杨雄传

⑦晋书·索琳传

⑧礼记·经解

二是需要有极高的规制和壮丽的气势，以象征和显示帝王的至高无上。朝的布局在周代有所谓“三朝五门”制度。

> 三朝者，一曰外朝，用以决国之大政；二曰治朝，王及群工治事之地；三曰内朝，亦称路寝，图宗人嘉事之所也。五门之制，外曰皋门；二曰雉门；三曰库门；四曰应门；五曰路门，又云毕门。[①]

① 刘敦桢文集三．北京：中国建筑工业出版社，1987.456页

② 刘敦桢．中国古代建筑史．第2版．北京：中国建筑工业出版社，1984.296页。关于北京故宫如何表征“三朝”、“五门”，有关专家的说法不一，详见本书第五章第三节对“五门三朝”的引述

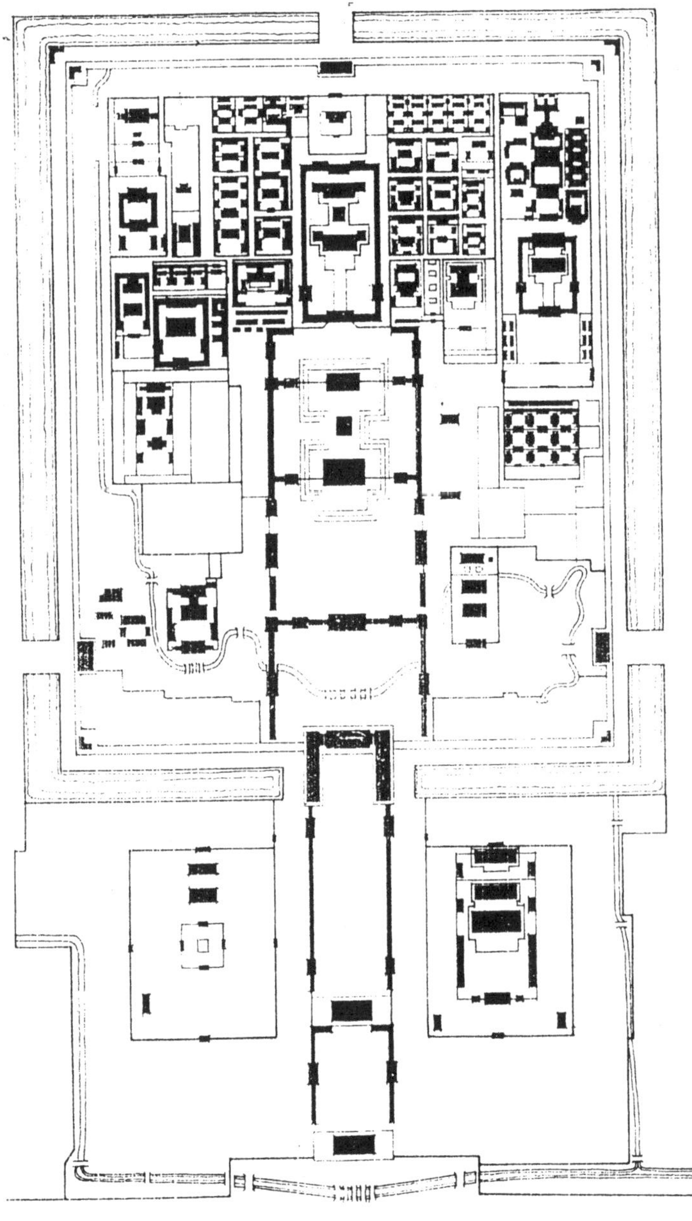

图 4-1-14　明清北京紫禁城平面图

引自中国建筑技术发展中心建筑历史研究所．北京古建筑．北京：文物出版社，1986

外朝、治朝、内朝亦称大朝、常朝、日朝。隋以后的宫城大多仿周制，设置三朝。如隋宫的承天、太极、两仪；唐宫的含元、宣政、紫宸；宋宫的大庆、文德、紫宸；明宫的奉天、华盖、谨身。我们现在所见的北京清代紫禁城宫殿也是如此，以太和、中和、保和附会“三朝”，以大清门、天安门、端门、午门、太和门附会“五门”。[②]从北京紫禁城的布局和规制，我们可以充分感受到“朝”在宫城中的突出地位。在紫禁城中，前部的外朝几乎占了宫城三分之二的深度（图 4-1-14）。外朝中轴线上的前三殿建筑，占地面积达 85000 平方米，其中的太和殿庭院，东西宽 200 米，南北深 190 米，占地面积达 38000 平方米。可以说是庞大无比的巨型殿庭。太和殿建筑自身也用了最高的建筑等级，采用了三重须弥座台基，11 开间，重檐庑殿顶，殿内面积达 2370 平方米，从建筑形制到建筑规模，在当时的建筑中都是首屈一指的。实际上，太和殿的使用率很低，它主要供元旦、冬至、万寿三大节和登极、大婚、颁诏、册立皇后等大庆典用。中和殿是皇帝行大庆典时的休息室，保和殿是举行殿试和宴请王公的地方。这些表明，外朝的主体三大殿的功能主要是进行最隆重的礼仪庆典的场所。可见这里的“朝”都已不是日常上朝的场所，皇帝起居和日常政务活动都在内廷的养心殿。外朝主体建筑的庞大组群实质上是一个礼制性的空间。它的主要作用在于举行礼典，在于显示帝王的唯我独尊，显示皇权的一统天下，显示封建统治的江山永固。

（二）堂

堂是渗透在第宅中的礼制性空间，家庭中的敬神祭祖、宾客相见、婚丧大典、节庆宴饮都在这里举行。《礼记・王制》云：“司徒修六礼以节民性，明七教以兴民德，齐八政以防淫”。这里用以“节民性”的“六礼”，指的是“冠（成

人礼)、婚、丧、祭、乡(饮酒)、相见"[①],可以说,第宅中的"堂"正是集"六礼"活动于一室的综合性礼制空间。

堂的出现很早。宋以来许多学者,根据《仪礼》所载礼节,做出了春秋时期士大夫住宅的想像图(图4-1-15)。从图上可见,当时士大夫住宅的主要部分,前部有门,门内有院,院北有堂。这个堂是宅中的主体建筑,以"中堂"为主空间,两侧有东西厢,后有寝卧的室。这个"中堂"就是举行各种典礼的场所,它处于核心部位,前堂后室,面南向阳,空间宽敞高显,有东西阶。《释名》说:

> 古者为堂,自半以前虚之谓堂,自半以后实之为室。堂者,当也。谓当正向阳之屋。
>
> 堂,犹堂堂,高显貌也。[②]

堂的这些特征,与"中堂"是很吻合的。

这种礼制性空间的堂,一直是传统第宅空间布局的核心和重点。浙江民居多以前院正堂为迎宾会客之所,二进院的大厅为祖堂,称香火堂,作为祭祖敬神之所(图4-1-16)。[③]广东民居大型住宅的厅堂,有上、中、下堂之分。下堂为门厅;中堂较宽敞,作礼典宴客之用;上堂在后,设神龛,供奉祖先牌位。客家称为祖堂(图4-1-17)。[④]福建民居的厅堂分主厅、侧厅、前厅、后厅、书厅等等。以主厅作为敬神祭祖、婚丧寿庆、宴请宾客、接待亲友的场所。一般位于主轴前部,或正对入口,或在二进庭院。位置显要,空间高大,檐部不设隔断,全面敞开。因祖宗牌位上方不允许有人行走,主厅堂多为单层空间。有的层高达12米,颇显高敞(图4-1-18)。[⑤]

五、阙、华表、牌坊

在礼的制约下,也形成了一批礼制性的建筑小品,如阙、华表、牌坊等。

①礼记·王制

②刘熙.释名·卷五释宫室

③中国建筑技术发展中心建筑历史研究所.浙江民居.北京:中国建筑工业出版社,1984.112页

④陆元鼎,魏彦钧.广东民居.北京:中国建筑工业出版社,1990.43页

⑤高轸明等.福建民居.北京:中国建筑工业出版社1987.43页

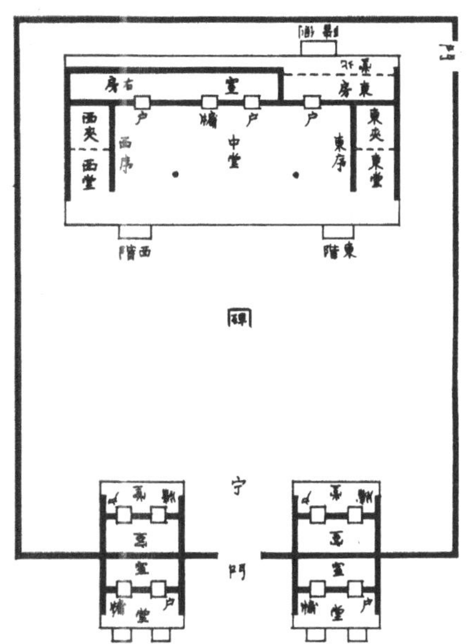

图4-1-15 清张惠言《仪礼图》中的士大夫住宅图
引自刘敦桢.中国古代建筑史.第2版.北京:中国建筑工业出版社,1984

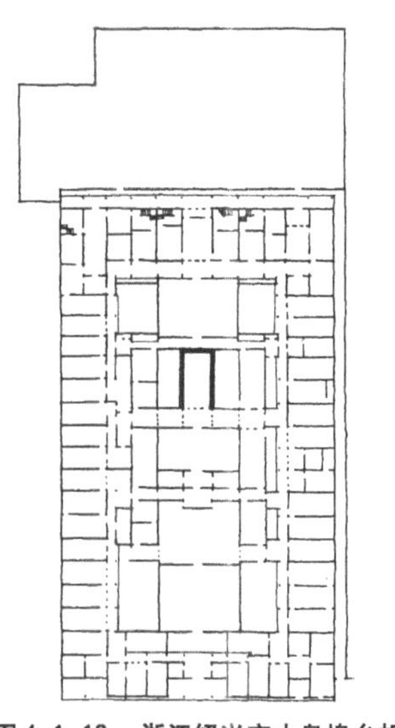

图4-1-16 浙江绍兴市小皋埠乡胡宅,在核心部位设"祖堂(香火堂)"

图4-1-17 广东客家民居以"上堂"作为"祖堂"

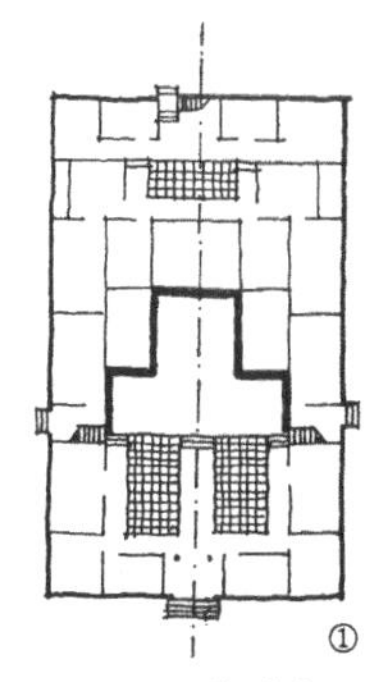

图4-1-18 福建古田于宅
①主厅平面位置示意 ②主厅剖视
引自高轸明等.福建民居.北京:中国建筑工业出版社,1987

阙出现得很早。文献记载西周已有阙。“阙”的前身是“观”，是西周以前已经出现的一种用于“以待暴卒”的军事防御建筑。我们从四川成都东汉墓出土的宅院画像砖上看到的木构望楼，就是“观”的一种形象（图 4-1-19）。由于高耸的观很能显示威风，具有精神威慑作用，后来就移建到宫门或城门前，两观双植，成了“中央阙然为道”的“阙”，可说是从实用性的建筑转化成了礼制性建筑。

汉代是建阙的盛期，都城、宫殿、陵墓、祠庙、衙署、贵邸以及有一定地位的官民的墓地，都可按一定的等级建阙。[①]

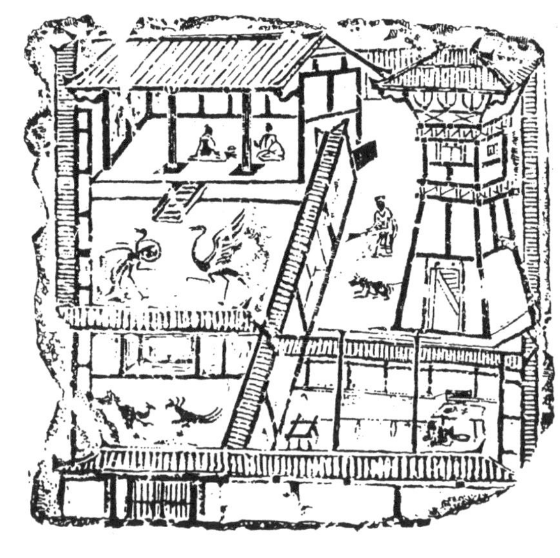

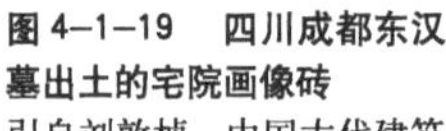

图 4-1-19　四川成都东汉墓出土的宅院画像砖
引自刘敦桢．中国古代建筑史．第 2 版．北京：中国建筑工业出版社，1984

宫阙的尺度很大，传说建章宫的凤阙高 20 余丈，而一般祠阙、墓阙的尺度多不大，是名副其实的建筑小品。阙有木构的和石构的。木阙没有遗存，只能从画像石上看到其形象。现在遗存的 20 余座汉阙均是石阙（图 4-1-20）。阙的形制有单檐或重檐的单阙和单檐或重檐的子母阙。

阙，观也，古每门树两观于其前，所以标表宫门也。[②]

门必有阙者何？阙者，所以饰门、别尊卑也。[③]

作为礼制性建筑小品，阙一方面起着“标表”的作用，用来标示建筑组群的隆重性质和等级名分；另一方面起着强化威仪的作用，有效地渲染建筑组群入口和神道的壮观气势。唐宋以后，阙逐步通过“左右连阙”，演化为凹形平面布局的新宫阙，成为宫廷广场的礼制性门楼。

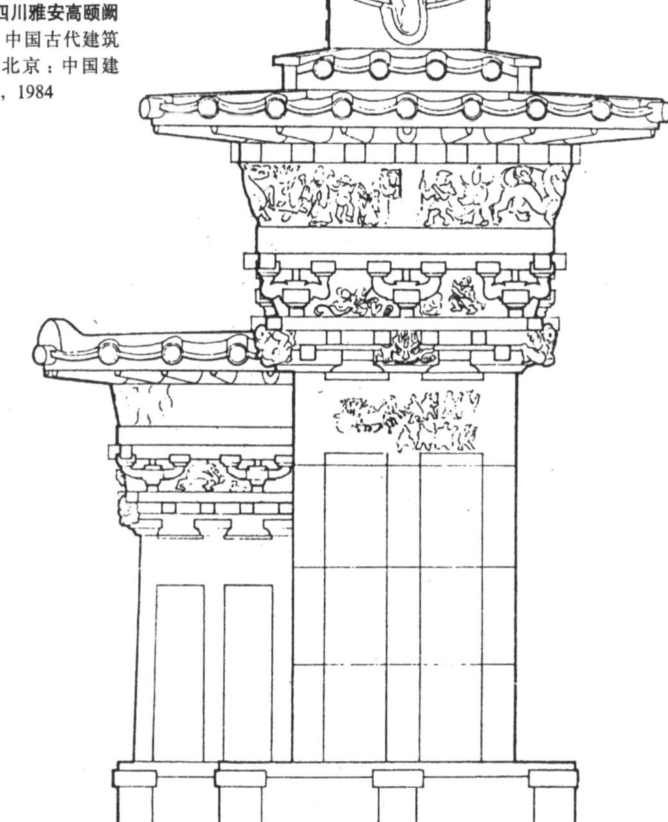

图 4-1-20　四川雅安高颐阙
引自刘敦桢．中国古代建筑史．第 2 版．北京：中国建筑工业出版社，1984

华表，两汉时称桓表。刘致平认为华表起源很可能是原始社会部落的图腾竿子，以后演变为立于亭隅、桥头、墓前起标志作用的东西。[④]沂南汉墓的祠堂画像中，右阙前方有一根木柱，柱顶横贯一段短木，杨宽认为这是一根华表（见图 4-1-8）。[⑤]一名御者正拉着一匹马的缰绳往柱上拴绳，这表明，华表的前身也可能具有拴

①傅熹年．汉阙．见：中国大百科全书考古卷．北京，上海：中国大百科全书出版社，1986.180 页

②崔豹．古今注·卷上都邑

③班固．白虎通义·卷十二杂录

④刘致平．中国建筑类型及结构．新 1 版．北京：中国建筑工业出版社，1987.42 页

⑤杨宽．中国古代陵寝制度史研究．上海：上海古籍出版社，1985.129 页

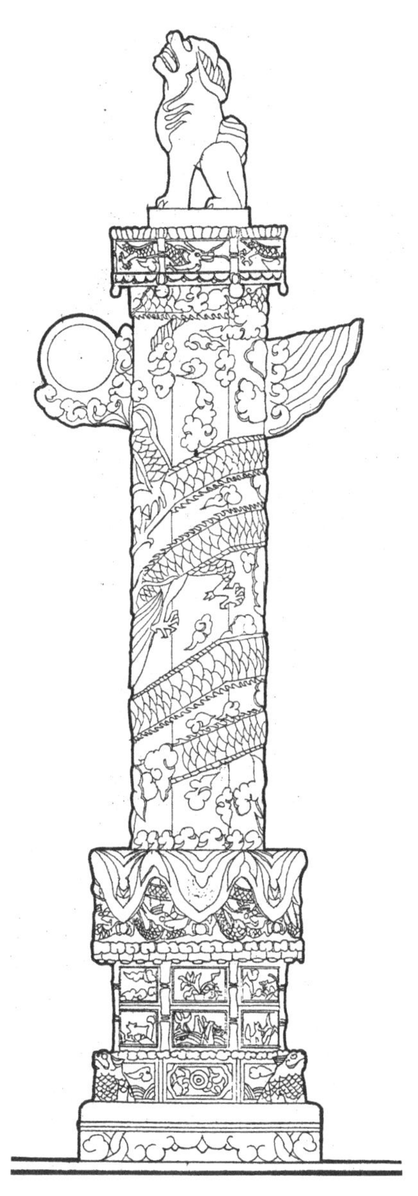

图 4–1–21（左）沈阳清福陵正红门内华表

图 4–1–22（右）北京天安门前华表
引自中国建筑技术发展中心建筑历史研究所．北京古建筑．北京：文物出版社，1986

马柱的功能。我们从南北朝石刻和元人画中可以看到木质华表“大板贯注四出”的形象。明以后华表多为石质，四出改为二出，成为很精美的建筑小品（图 4–1–21）。这种华表通常立于八角形须弥座上，柱身呈八棱微圆，刻龙云萦绕，柱身上部贯云版，顶覆圆盘，盘上踞异兽，俗称“朝天犼”。明十三陵神道碑亭的四隅和北京皇城天安门的前后部，各有四根华表鼎立（图 4–1–22）。它们很像是帝王举行重大的典礼所用的“卤簿”的凝固化，是一种建筑化的仪仗，有效地起到表崇尊贵、显示隆重和强化威仪的作用。华表还有一种变体，是不带云版的“表”，常立于墓道前端，有的用作墓表（图 4–1–23），有的用作石象生的前导，也是一种礼制性的建筑小品。

牌坊可算是最突出的礼制性建筑小品。它是由具有防范功能的实用性坊门脱胎演变成了标志性、表彰性的纯精神功能的牌坊。明清时期，牌坊用得很普遍。既用于离宫、苑囿、寺观、祠庙、陵墓等大型建筑组群的入口前导，起显示尊贵身份，组织门面空间，丰富组群层次，强化隆重气氛等作用，也用于街衢起点、十字路口、桥梁端头，起标志位置、丰富街景、突出界域的作用（图 4–1–24，图 4–1–25）。

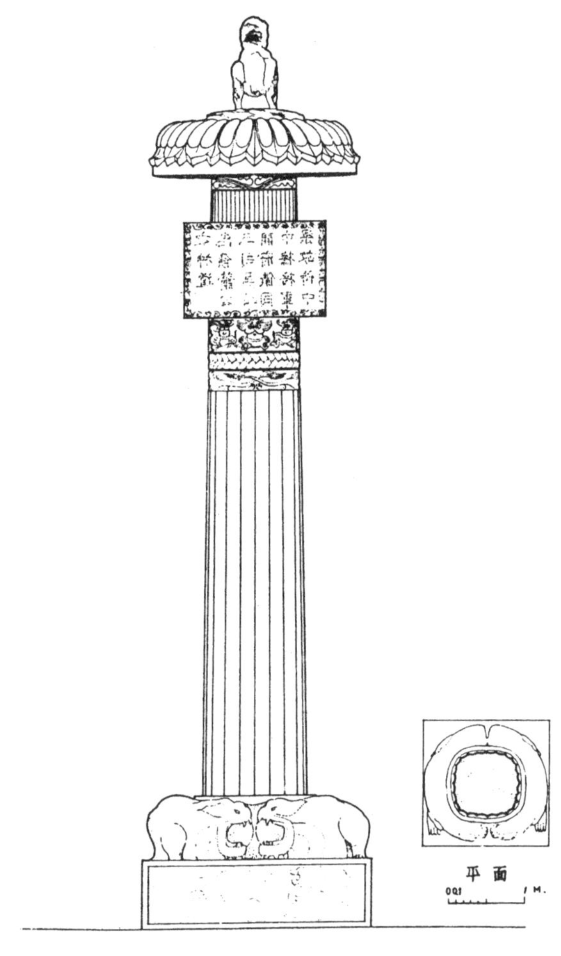

图 4–1–23　南京梁萧景墓墓表

引自刘敦桢．中国古代建筑史．第 2 版．北京：中国建筑工业出版社，1984

牌坊大多在显要部位设正楼匾、次楼匾。这种楼匾和坊额提供了题写彰表颂词的最有利条件。古人总是充分利用这个条件，使牌坊成为宏扬礼教、歌功颂德、旌表功名、彰扬节孝的最隆重形式。曲阜孔庙的入口和第一进庭院就用了五座牌坊，三座石牌坊处于中轴线上，两座木牌坊东西相向而立，组成了庄严、隆重的门庭气势，渲染了浓厚的景仰气氛。一些地方性的文庙也是如此。安徽歙县孔庙在棂星门前方也安置了文昌门（状元门）石牌坊和腾蛟坊、起凤坊两座木牌坊，形成入口门庭的隆重气概（图 4–1–26）。遍布城乡各地的功名坊、节孝

图 4–1–24　曲阜孔庙“太和元气”石坊

引自南京工学院建筑系，曲阜文物管理委员会．曲阜孔庙建筑．北京：中国建筑工业出版社，1987

坊往往构成当地最显赫的建筑景象。有的地方还形成了成串的牌坊群。浙江东阳县雅溪村的卢宅门前大道，明清时期设立的木、石牌坊居然达到 17 座之多（图 4–1–27）。这类牌坊可说是实施封建礼教的最触目标记。

以上列举了礼制性建筑的五大类别。其中有独立的礼制性建筑类型，如坛、庙、明堂、祠堂、陵墓等建筑；有特定建筑中的礼制性建筑组成部分，如宫殿组群中的“朝”和第宅组群中的“堂”，也有礼制建筑小品，如阙、华表、牌坊等。它们构成了礼制性建筑系列的三个层次。不难看出，在中国古代建筑体系中，礼制建筑不仅类别多，数量大，而且摆在突出的、优先的地位。在清工部《工程做法》一书中，卷首附有一本“奏疏”，内称：

> 臣等将营建坛庙、宫殿、仓库、城垣、寺庙、王府及一切房屋、油画、裱糊等项工程做法，应需工料，派出工部郎中……详细酌拟物料价值……[①]

这里值得注意的是，把“坛庙”列于“宫殿”之前，明确反映出坛庙的地位比宫殿还高，这种“宗庙为先”的意识可以说是一直贯彻到封建社会的终结。如果说，西方古典建筑体系突出地以宗教建筑为主导，那么中国古典建筑体系，可以说突出地以礼制性建筑为主导，这是中国伦理理性精神给中国建筑带来的独特现象，是“礼”对中国建筑制约的最显著表现。

第二节　尊卑有序：建筑等级制被突出强调

维护以“君君、臣臣、父父、子子”为中心内容的等级制，是维系“家国同构”的宗法伦理社会结构的主要依托，也是礼治、礼教的主要职能。《易传》称：“天尊地卑，乾坤定矣；卑高以陈，贵贱位矣”。[②]《左传》说：“贵贱

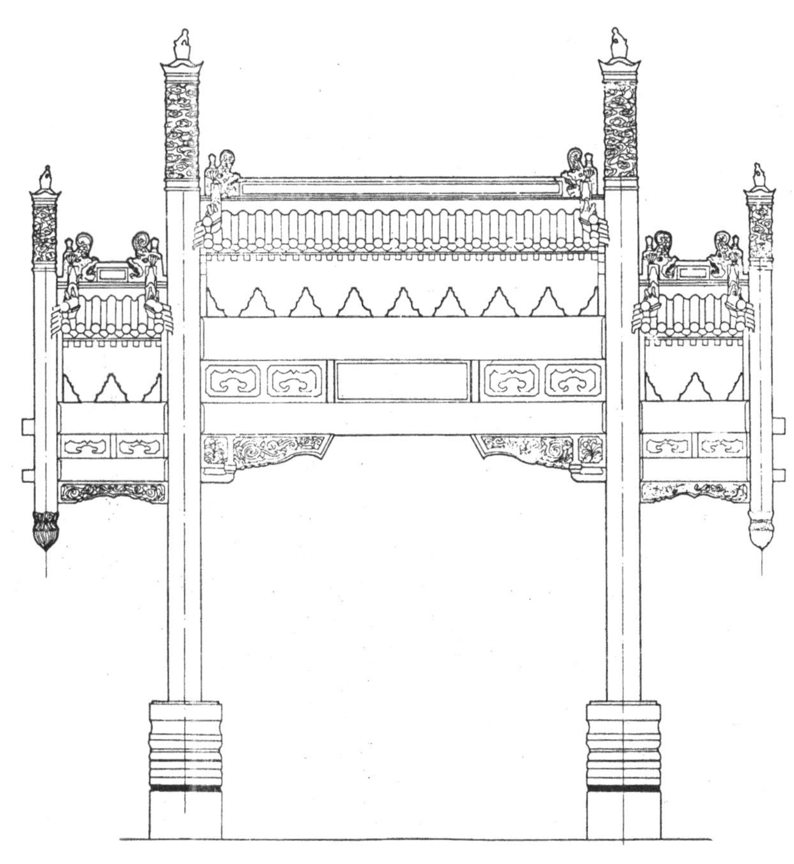

图 4–1–25　北京成贤街国子监牌楼
引自马炳坚．中国古建筑木作营造技术．北京：科学出版社，1991

图 4–1–26　《歙县志》儒学图
引自姚光钰．歙县古城风水景观探微．古建园林技术，1996（1）

①清工部．工程做法·奏疏

②易传·系辞上

图 4–1–27　浙江东阳卢宅肃雍堂门前的牌坊群
引自杜顺宝．徽州明代石坊．南京工学院学报（建筑学专刊），1983

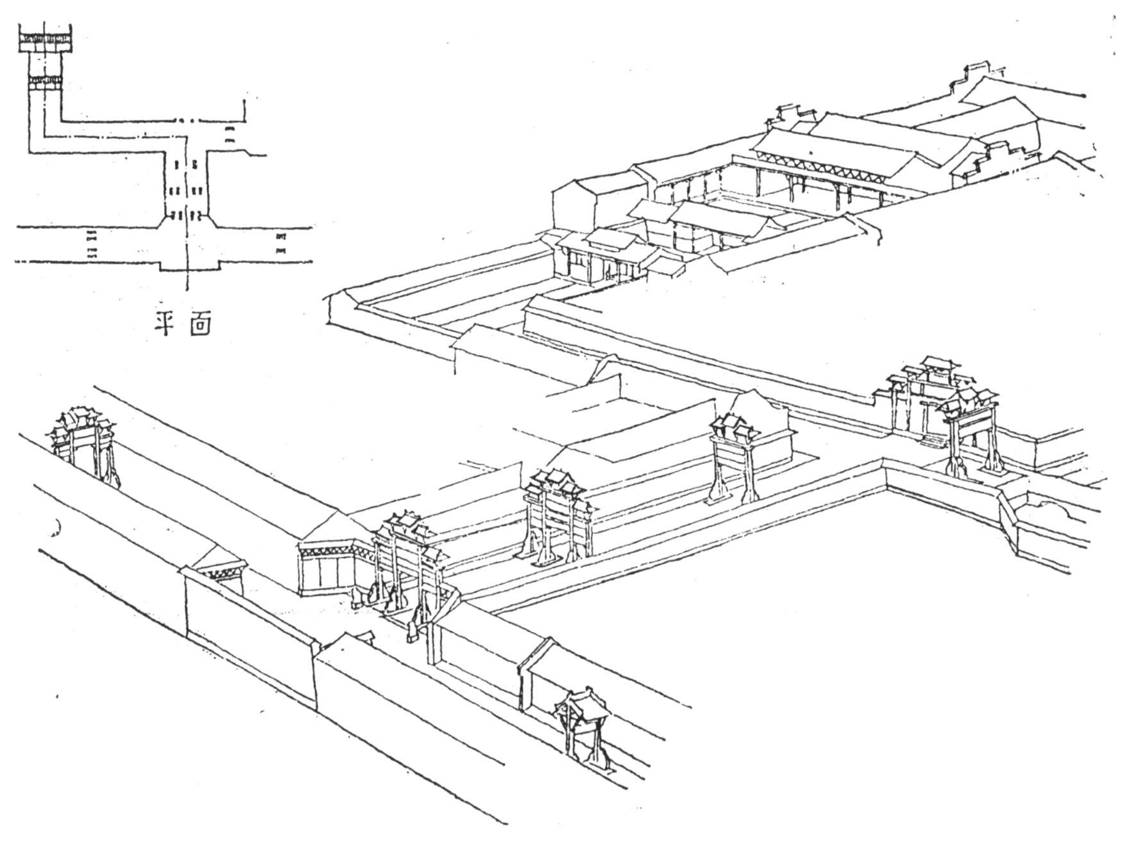

无序，何以为国"。[①]儒家把建立尊卑贵贱的等级秩序，看成是天经地义的宇宙法则，是立国兴邦的人伦之本。历代帝王对此都很重视。朱元璋在开国初期就说：

> 昔帝王之治天下，必定礼制，以辨贵贱，明等威。是以汉高初兴，即有衣锦绮縠、操兵乘马之禁，历代皆然。近世风俗相承，流于奢侈，闾里之民服食居住与公卿无异，贵贱无等，僭礼败度，此元之所以失败也。[②]

这个被提得极高的尊卑意识、名分观念和等级制度，不仅贯穿于人际的政治待遇、社会特权、家族地位，而且渗透到社会生活、家庭生活、衣食住行的各个领域，即所谓"衣服有制，宫室有度，人徒有数，丧祭械用，皆有等宜"。[③]这种从服饰、房舍到车舆、器用都纳入礼的等级约制的做法，实质上是由权力的分配决定消费的分配，是一种超经济的强制。它的作用是通过限定消费品的等级分配来控制社会风尚，以维系和强化"循礼蹈规"的稳定秩序。这里被限定的消费品不仅仅是物质性的消费，也包括精神的、审美的消费。《荀子》对这一点说得很明确：

> 故为之雕琢刻镂黼黻文章，使足以辨贵贱而已，不求其观；……为之宫室台榭，使足以避燥湿、养德，辨轻重而已，不求其外。[④]

建筑是起居生活和诸多礼仪活动的场所，是最基本的物质消费品；建筑以庞大的空间体量和艺术形象，给人以深刻感受，也是与生活关联密切的精神消费品；再加上建筑需要耗费大量的人力物力，自身构成触目的社会财富；建筑又可以存在几十年、几百年，能相对稳定、持久地发挥效用。这些使得建筑成为标志等级

①左传·昭公二十九年
②宋濂．洪武圣政记
③荀子·王制
④荀子·富国

名分、维护等级制度的重要手段。辨贵贱、辨轻重（尊卑）的功能成了中国建筑被突出强调的社会功能。这种情况至迟在周代已经出现。周代王侯的都城、宗庙、宫室、门阙都有等级差别。

> 唐代以来建筑等级制度是通过营缮法令和建筑法式相辅实施的。营缮法令规定衙署和第宅等建筑的规模和形制，建筑法式规定具体做法、工料定额等工程技术要求。财力不足者任其减等建造，僭越逾等者即属犯法。①

这表明建筑等级制不仅仅是道德行为规范，而且形成律例，纳入国家法典，用法律手段强制实施。《唐律》规定建舍违令者杖一百，并强行拆改。《明律》也专设"服舍违式"条，规定：

> 凡官民房舍车服器物之类，各有等第，若违式僭用，有官者杖一百，罢职不叙；无官者笞五十，罪坐家长；工匠并笞五十。②

即使是王府违制，也得拆毁。

> 嘉靖二十九年，以伊王府多设门楼三层，新筑重城，侵占官民房屋街道，奏准勘实，于典制有违，俱行拆毁。③

历史文献上曾记述过许多谴责和惩罚建筑违制的事件。《论语》记述了孔子评议管子违制，就是很典型的事例：

> 然则管仲知礼乎？曰：邦君树塞门，管氏亦树塞门。邦君为两君之好，有反坫，管氏亦有反坫。管氏而知礼，孰不知礼。④

塞门相当于后来的照壁、影壁，周代规定，天子宫室的塞门建在门外，诸侯宫室的塞门建在门内，大夫、士不许建塞门，只能用帘帷。"反坫"是古代君主招待别国国君时，用以放置献过酒的空爵（酒杯）的土台。《礼记》说："反坫出尊，崇坫康圭疏屏，天子之庙饰也"。⑤塞门和反坫在这里都有使用上的等级限定，也就具有礼制性的标志意义，管仲逾等僭用，因而遭到孔子激烈的指责。

持续二千余年的中国古代建筑等级制度，有两大特点很值得注意。

一、严密的等级系列

这套建筑等级制，并非局限于建筑的个别环节，而是浸透在从城市规划直至细部装饰的所有层面，涉及面之广，限定之细微是令人吃惊的。从片断的史料和大量的建筑实物，可以看出以下诸层面的等级约定现象：

（一）城制等级

《考工记》记述了西周的城邑等级，把城分为三级，天子的王城，是一级城邑；诸侯的国都——诸侯城是二级城邑；宗室和卿大夫的采邑，称为"都"，是三级城邑。《考工记》说：

> 王宫门阿之制五雉，宫隅之制七雉，城隅之制九雉。
>
> 经涂九轨，环涂七轨，野涂五轨。
>
> 门阿之制，以为都城之制。宫隅之制，以为诸侯之城制。
>
> 环涂以为诸侯经涂，野涂以为都经涂。⑥

这里清楚地表明，三个等级城市的城墙高度是不同的，王城的城隅高九雉（每雉高一丈，共高九丈），诸侯城的城隅按王城宫隅之制高七雉，"都"的城隅，按王宫门阿之制，高五雉。三个等级城邑的道路宽度也是不同的，王城的经涂（南北向道路）宽九轨（九辆车的宽度），诸侯城的经涂按王城环涂（环城的道路）之制，宽七轨，"都"的经涂按王城野涂（城外的道路）之制，宽五轨。《考工记》是战国初期齐国的官书⑦，《考工记》的这个记述不一定符合西周的真实情况，但至少反映出那个时期对于城市按爵位尊卑而确定不同等级的强烈意识。当时在

①傅熹年．中国古代建筑等级制度．见：中国大百科全书建筑·园林·城市规划卷．北京，上海：中国大百科全书出版社，1988.560页

②明律集解附例卷二十

③明会典·王府违制

④论语·八佾

⑤礼记·明堂位

⑥考工记·匠人营国

⑦闻人军．考工记译注．上海：上海古籍出版社，1993.2页

①宋史 · 舆服志

②初学记卷二十四引魏王奏事

③白居易 . 殇宅

④周礼 · 春官 · 冢人

⑤吕氏春秋 · 孟冬记

⑥阴法鲁，许树安 . 中国古代文化史（二）. 北京：北京大学出版社，1991.125 ~ 126 页

城制实施中，由于鲁国的孟孙氏、叔孙氏、季孙氏的三个“都”都有逾制现象，还爆发过一场著名的“堕三都”反僭越事件。到汉武帝时，《考工记》补作《周礼 · 冬官》，成为儒家经典，这种营建制度的等级观念自然产生了更为深远的影响。

（二）组群规制等级

上节已经提到，《礼记 · 王制》规定“天子七庙”、“诸侯五庙”、“大夫三庙”、“士一庙，庶人祭于寝”。这是对于宗庙建筑的等级规定。它既限定了不同等级的人能否拥有宗庙，拥有多少宗庙，也限定了所拥有宗庙建筑的昭穆排列方式，这是建筑组成和建筑布局上的等级要求。诸如“天子五门”，“前朝后寝”，“左祖右社”，“面朝后市”等等，都属于这类等级限定。同是居住建筑，不同名分居所的名称是不同的。“私居执政亲王曰府，余官曰宅，庶民曰家”。[①]这些不同等级的府宅，不仅建筑的规模不同，组成的建筑类别不同，而且在里坊布局上的位置也有严格区别。“出不由里，门面大道者曰第；列侯食邑不满万户，不得称第；其舍在里中，皆不称第”。[②]在里坊制布局的城市中，只有王公权贵，高官大吏称得上“府”“第”的住宅才能面临大道，从坊墙向外开门，可自由出入。而一般庶民的房舍只能面向“里”“曲”开门，要受到坊门夜禁的约束。白居易诗云：“谁家起甲第，朱门大道旁”[③]，从一个侧面生动地反映了这一现象。

唐—清茔地尺度表　　表 1

	唐	宋	元	明	清
公侯				100 方步	
一品	90 方步	90 方步	90 方步	90 方步	90 方步
二品	80 方步	80 方步	80 方步	80 方步	80 方步
三品	70 方步	70 方步	70 方步	70 方步	70 方步
四品	60 方步	60 方步	60 方步	60 方步	60 方步
五品	50 方步	50 方步	50 方步	50 方步	50 方步
六品	20 方步	40 方步	40 方步	40 方步	40 方步
七品以下	20 方步	20 方步	20 方步	30 方步	20 方步
庶人	20 方步	18 方步	9 方步	9 方步	9 方步

（引自阴法鲁、许树安主编：《中国古代文化史》2）

唐—清坟高尺度表　　表 2

	唐	宋	元	明	清
公侯				20 尺	
一品	18 尺	18 尺		18 尺	16 尺
二品	16 尺	16 尺		16 尺	14 尺
三品	14 尺	14 尺		14 尺	12 尺
四品	12 尺	12 尺		12 尺	10 尺
五品	9 尺	10 尺		10 尺	8 尺
六品	7 尺	8 尺		8 尺	6 尺
七品以下	7 尺	8 尺		6 尺	6 尺
庶人	7 尺	6 尺		6 尺	4 尺

（引自阴法鲁、许树安主编：《中国古代文化史》2）

这种建筑构成和布局上的限制，在墓葬建筑中表现得很充分。

上古墓葬“不封不树”，既不起坟，也不种树。到孔子时代，已经出现了土丘坟，《礼记·檀弓上》说孔子曾经见到过四种不同的土丘坟。土丘坟出现后，迅速流行，很快地坟头的高低大小，坟地树木的多少，都成为表明死者身份的标志。《周礼》已经提到“以爵等为丘封之度，与其树数”。[④]即“尊者丘高而树多，卑者封下而树少”。《吕氏春秋》也记载说当时设有专门的官员，掌管“丘垅之小大、高卑、薄厚之度，贵贱之等级”。[⑤]后来墓葬制度更加严密，唐、宋、元、明、清五朝的典章对不同品官和庶人茔地的大小和土坟的高低，都有十分具体的规定，《中国古代文化史》第二册曾列表归纳如下（见表 1，表 2）[⑥]：

作为标明墓主官爵姓名的墓碑，也有明确的等级规定。墓碑的前身是实用性的立石，立于墓穴四角或两边，石的上端凿有圆孔，叫作“穿”。下葬时，棺木绳索穿过圆孔，以它为支点来控制悬棺平衡地下落，用毕就埋入墓中。从西汉后期开始，把这种立石移于墓前，刻上

墓主的官爵姓名，便演变成了墓碑。早期的墓碑上部仍有圆孔的“穿”，还留下它的前身的实用印记。墓碑由趺（碑座）、碑身、碑首三部分组成。唐宋时规定五品以上墓碑为螭首龟趺，高度不得超过九尺，七品以上墓碑为圭首方趺，高四尺。明清时规定得更为细致：一品为螭首龟趺，二品为麒麟首龟趺，三品为天禄、辟邪首龟趺，四品至七品为圆首方趺（圆首的碑也称为碣）；碑身、碑首的高度、宽度以及趺座的高度也有等差。原则上庶人墓前不许立碑碣，但这一点没有严格执行，一般人死后，也大多立有体小制陋的石碑。

石雕群也是墓葬的重要等级标志。墓前神道两侧排列的石雕人像、动物像、神兽像，“所以表饰故垄，如生前之仪卫耳”。[①]作为墓主安设的凝固化的仪卫，它本身是一种显示身分的东西，当然有严格的等级区别。

唐代的制度是：三品以上官员墓前可置石人、石羊、石虎各两件，成对排列；五品官员只能置石人、石羊各两件，六品以下不得置。宋代三品以上可置石人、石羊、石虎、石望柱各两件。[②]明代在官员石雕群品种上增加了石马，同样规定六品以下不得置。杨宽曾将明代天顺二年（1458年）墓葬的身分等级规定，列出详表（见表3）。[③]

我们从墓葬建筑制度的这张等级表中，可以看出等级制在建筑组群规模、布局和建筑组成、品种、数量上的限定达到何等缜密的程度。

（三）间架做法等级

在单体建筑中，等级制突出地表现在间架、屋顶、台基和构架做法上。

唐代《营缮令》规定：

> 三品以上堂舍不得过五间九架，厅厦两头，门屋不得过三间五架；四、五品堂舍不得过五间七架，门屋不得过三间两架；六、七品以下堂舍不得过三间五架，门屋不得过一间两架。[④]

《明会典》规定：

明代墓葬规制表（天顺二年定制） 表3

	公侯	一品官	二品官	三品官	四品官	五品官	六品官	七品官	庶人
地	100步	90步	80步	70步	60步	50步	40步	30步	9步
坟丘（高）	2丈	1丈8尺	1丈6尺	1丈4尺	1丈2尺	1丈	8尺	6尺	
围墙（高）	1丈	9尺	8尺	7尺	6尺	4尺			
石碑	石碑螭首	螭首	石碑盖用麒麟	石碑盖用天禄辟邪	石碑圆首	圆首	圆首	圆首	限用圹志
	高三尺二寸	三尺	二尺八寸	二尺六寸	二尺四寸	二尺二寸	二尺	一尺八寸	
	碑身高九尺	八尺五寸	八尺	七尺五寸	七尺	六尺五寸	六尺	五尺八寸	
	阔三尺六寸	三尺四寸	三尺二寸	三尺	二尺八寸	二尺六寸	二尺四寸	二尺二寸	
	龟趺高三尺八寸	三尺六寸	三尺四寸	三尺二寸	三尺	二尺八寸	二尺六寸	二尺四寸	
石刻	石人四石马、石羊、石虎、石望柱各二	石人、石马、石羊、石虎、石望柱各二	石人、石马、石羊、石虎、石望柱各二	石马、石羊、石虎、石望柱各二	石马、石虎、石望柱各二	石马、石羊、石望柱各二			

（引自杨宽：《中国古代陵寝制度史研究》）

①封演．封氏闻见录卷六

②阴法鲁，许树安．中国古代文化史（二）．北京：北京大学出版社，1991.137～138页

③杨宽．中国古代陵寝制度史研究．上海：上海古籍出版社，1985.83页

④转引自瞿同祖．中国法律与中国社会．北京：中华书局，1981.147页

公侯，前厅七间或五间，两厦九架，造中堂七间九架。后堂七间七架，门屋三间五架……其余廊庑、库厨、从屋等房，从宜盖造，俱不得过五间七架；

一品、二品，厅堂五间九架……门屋三间五架；

三品至五品，厅堂五间七架……正门三间三架；

六品至九品，厅堂三间七架……正门一间三架。[①]

洪武三十五年重申，“庶民所居房屋从屋、十所二十所，随所宜盖，但不得过三间”。[②]可以看出，等级制对厅堂和门屋的间架控制很严。间的多少制约着建筑的“通面阔”，架的多少制约着建筑的“通进深”，这是对于单体建筑平面和体量的限定。历代规定不尽相同，但大体上的限定是：九间殿堂为帝王所专有，公侯一级的厅堂只能用到七间，一、二品官员只能用到五间，六品以下只能用到三间。这个限定在北京四合院住宅中反映得很鲜明。绝大多数四合院的正房都只有三开间，就是这个缘故。

《礼记》记载：“天子之堂九尺，诸侯七尺，大夫五尺、士三尺”。[③]这里的“堂”，指的是“台基”。这说明，台基的高度很早就列入等级限定。《大清会典事例》载述，“顺治九年定亲王府基高十尺”；顺治十八年题准“公侯以下三品官以上房屋台阶高二尺，四品以下至士庶房屋台阶高一尺”。而宫殿的台基则很高，北京故宫太和殿的台基高度，据实测，台心部位高 8.12 米，边缘部位高 7．12 米[④]，这个高度折合清营造尺分别为二丈五尺多和二丈二尺多。从四品以下的台高一尺到皇帝的台高二丈五尺，可见台基等级高差之大。

不仅如此，台基中还衍生出一种高等级的须弥座台基，用于宫殿、坛庙、陵墓和寺庙的高等级建筑。须弥座台基本身又有一重、二重、三重的区别，用以在高等级建筑之间作进一步的区分。

屋顶的等级限制也十分严格。唐代三品以上的厅堂还可以用“厦两头”(即歇山顶)，而明代“洪武二十六年定，官员盖造房屋，并不许歇山转角、重檐、绘画藻井”。[⑤]这个限定使得庑殿、歇山转角只能用于宫殿、寺庙或王府的高体制建筑，从庶民到一品官员的厅舍，连歇山顶都不能用了。这也是北京四合院厅堂几乎清一色的采用硬山顶的来由。屋顶形制从最高等级的重檐庑殿顶到最低等级的卷棚硬山顶，形成了完整的等级系列，对于不同建筑的等级面貌，起到了十分触目的标志作用。

结构形式和构造做法也被纳入等级的限定，在宋《营造法式》中主要表现在殿堂结构与厅堂结构的区分，在清《工程做法》中，主要表现在大式做法与小式做法的区别。

据陈明达研究，认为《营造法式》涉及四类房屋类型，即殿堂、厅堂、余屋、亭榭。这四类中，殿堂等级最高，厅堂、余屋依次减低。它们在规模大小、质量高低和结构形式上都有区别。亭榭较为特殊，也较为灵活，规模不大，质量可低可高。[⑥]

从结构形式上，殿堂用的是殿堂结构形式，厅堂和余屋用的是厅堂结构形式。殿堂规定用一至五等材，厅堂规定用三至六等材，余屋据推断用的是三至七等材。[⑦]这样形成了宋代三种主要建筑类型在结构形式、间椽数量、用材等级、材分定额、屋内形式、屋盖形式等全面的等级限定。

清《工程做法》明确地把大式、小式两种做法作为建筑等级差别的宏观标志，然后在大式做法中再细分等次。全书编入二十七种不同类型的房屋范例，其中大式做法二十三例，小式做法四例。这两种做法，不仅在间架、屋顶上有明确限定，而且在出廊形制、斗栱有无、

①②⑤转引自李国豪．建苑拾英．上海：同济大学出版社，1990

③礼记 · 礼器

④参见单士元．故宫札记．北京：紫禁城出版社，1990.228 页

⑥⑦参见陈明达．营造法式大木作研究．北京：文物出版社，1981.27 ~ 51 页

材分规格和具体构造上有一系列的区别。飞椽、扶脊木、角背、随梁枋以及某些复杂的榫卯成为大式做法特有的技术措施。等级的限定深深地渗透到技术性的细枝末节。

（四）装修、装饰等级

等级制对于内檐装修、外檐装修、屋顶瓦兽、梁枋彩绘、庭院摆设、室内陈设等等，都有严格的限定。

清嘉庆四年，宣布大学士和珅二十款罪状，其中第十三款就是斥责和珅的建筑装修和园林点缀的逾制：

> 昨将和珅家产查抄，所盖楠木房屋，僭侈逾制，隔断式样，皆仿宁寿宫制度，其园寓点缀，与圆明蓬岛瑶台无异，不知是何肺肠。[①]

后来和珅旧宅赐给庆亲王永　。永　死后，传给庆郡王绵慜。嘉靖二十五年五月有一道圣谕说：

> 据阿克当代阿代庆郡王绵慜转奏，伊府中有毗庐帽门口四座，太平缸五十四件，铜路灯三十六对，皆非臣下应用之物，现在分别改造呈缴。国家设立制度，辨别等威，一名一器，不容稍有僭越。庆亲王永璘府，本为和珅旧宅，此等逾制之物，皆系当日和珅私置，及永璘接住后，不知奏明更改，相沿至二十年。设当永璘在日查出，亦有应得之咎。[②]

嘉庆还进一步通谕亲王、郡王、贝勒、贝子及各大臣说：

> 《会典》内王公百官一应府第器具，俱有限制，如和珅骄盈僭妄，必至身罹重罚，后嗣陵夷，各王公大臣等，均当引以为戒。凡邸第服物，恪遵定宪，宁失之不及，不可稍有僭逾，庶几爵禄永保也。[③]

这里涉及的“毗庐帽门口”（图 4–2–1），“太平缸”和“铜路灯”，连亲王都不让用，完全为宫廷所专有，可见禁制得十分严厉。

这种对装修、装饰等细部的限定，历代都有繁缛的规制：

> 唐制：非常参官不得造轴心舍及施悬鱼、对凤、瓦兽、通栿、乳梁装饰。[④]

> 宋制：非宫室、寺观毋得彩画栋宇及朱黔梁柱窗牖，雕镂柱础。[⑤]

> 明制：公侯……门屋三间五架，门用金漆及兽面，摆锡镮。家庙三间五架，俱用黑板瓦盖，屋脊用花样瓦兽。梁栋、斗栱、檐桷用彩色绘饰。窗枋柱用金漆或黑油饰；

> 一品、二品……门屋三间五架，门用绿油及兽面，摆镮；锡镮；

①②③据嘉庆实录．转引自单士元．故宫札记．北京：紫禁城出版社，1990.57～58页

④唐会要·舆服志

⑤稽古定制．宋制

图 4–2–1　毗庐帽门口示意。图为北京故宫慈宁宫毗庐帽门口，门上设有浮雕贴金彩绘如意云龙的毗庐帽门罩

引自故宫博物院古建管理部．紫禁城宫殿建筑装饰·内檐装修图典．北京：紫禁城出版社，1995

①转引自李国豪．建苑拾英．上海：同济大学出版社，1990

②大清会典．转引自陈仲篪．识小录．中国营造学社汇刊，1935，5（3）

③④礼记·礼器

三品至五品……正门三间三架，门用黑油，摆锡镮；

六品至九品……正门一间三架，黑门铁镮。

庶民所居房舍不过三间五架，不许用斗栱及彩色妆饰。[①]

这些片断规制和大量实存建筑表明，屋顶的瓦样规格、琉璃色彩、屋脊瓦兽、山花悬鱼等等，都有等级限定。建筑构件的梁柱、斗栱、檐椽、窗户的油饰、彩绘以及柱础的雕镂等等，也列入等级限定。作为门第最直接标志的门制则更为详备。它不仅限定了门的间架，而且限定了门的油漆用色，铺首兽面，甚至对门的小小零件——门镮，也硬性规定了铜镮、锡镮、铁镮三级，按等采用。不仅如此，早期高级官吏门前还有门戟制度。《新唐书·百官志》载：

凡戟，庙、社、宫、殿之门二十有四，东宫之门一十八，一品之门十六，二品及京兆、河南、太原尹、大都督、大都护之门十四，三品及上都督、中都督、上都护、上州之门十二，下都督、下都护、中州、下州之门各十。

这种不同数量的门戟，设架列于公门，成了门的重要礼仪标志和威仪设施。后期在门制上，又冒出了门钉的等级限定。清代规制：

宫殿门庑皆崇基，上复黄琉璃，门设金钉。坛、社、圜丘壝外内垣门四，皆朱扉金钉，纵横各九。亲王府制正门五间，门钉纵九横七。世子府制正门五间，金钉减亲王七之二。郡王、贝勒、贝子、镇国公、辅国公与世子府同。公门钉纵横皆七。侯以下至男递减至五五，均以铁。[②]

等级限定居然渗透到门镮、门钉这样的细枝末节，给人留下了等级制在中国建筑中无孔不入的强烈印象。

二、理性的列等方式

《礼记》中有一段关于如何用礼的论述：

礼也者，合于天时，设于地财，顺于鬼神，合于人心，理万物者也。是故天时有生也，地理有宜也，人官有能也，物曲有利也。故天不生，地不养，君子不以为礼，鬼神弗飨也。居山以鱼鳖为礼，居泽以鹿豕为礼，君子谓之不知礼。[③]

意思说，用礼要根据实际情况，切合天时、地财、物利；住在山区不要以鱼鳖为礼，住在泽地不要以鹿豕为礼，才能万物各得其理。所谓“物曲有利”，陈澔注说：

谓物之委曲，各有所利，如麴糵利于为酒醴，桐竹利于为琴笙之类也。[④]

这是一种颇为理性的用礼原则，体现着因地制宜、因材致用的思想。

这种理性的用礼原则，在建筑等级制度中，鲜明地体现在列等方式上。

运用建筑来标志等级，用现在的话来说，实质上就是让建筑起标示等级的符号作用，就是赋予建筑符号以等级语义。从前面提到的一整套建筑等级系列来看，中国古代建筑体系生成等级语义的方式的确是很理性的。它集中表现在充分运用建筑自身的语言，根据建筑语言的特点来处理等差。具体的等级标志符号虽然千差万别，其主要列等方式大体上可归纳为四种：

（一）“数”的限定

《礼记》说：

礼有以多为贵者，天子七庙、诸侯五、大夫三、士一……天子之席五重，诸侯之席三重，大夫再重……此以多为贵也。

礼有以大为贵者，宫室之量，器

皿之度，棺椁之厚，丘封之大，此以大为贵也。

礼有以高为贵者，天子之堂九尺，诸侯七尺，大夫五尺，士三尺。天子诸侯台门，此以高为贵也。[①]

这里的“多”、“大”、“高”，都属数的差异。即所谓“名位不同，礼亦异数”。[②]建筑作为触目的人造物质环境，从建筑组群、建筑庭院、建筑单体，到建筑构件，都存在数量上的多与少，尺度上的大与小，标高上的高与低的问题。因此，数的限定很自然地成了建筑列等的重要的、用得最广的方式。大到城市规模、组群规模、殿堂数量、门阙数量、庭院尺度、台基高度、面阔间数、进深架数，小至斗栱踩数、铺席层数、走兽个数、门钉路数，都纳入礼的规制。

在数的运用上贯穿着阴阳的概念，以单数为阳，偶数为阴。把阳数之极——“九”视为最高贵的数字，列为最高等。由于殿屋开间需按阳数系列增减，前后对称的殿屋，在进深方向的檩子架数，也需按奇数系列（有脊屋顶）或偶数系列（卷棚屋顶）增减，这样自然形成了殿堂门屋的间架以二为公差的列等做法。这个做法也上升为礼的规则，被说成“自上以下，降杀以两，礼也”。[③]这样，与皇帝相关的数，就大量用“九”或“九”的倍数。如“九里”、“九经九纬”、“九轨”，“九室”、“九雉”、“九阶”、“九门”等等。九开间的大殿也成为帝王专用的规格。建筑开间的多少，成了等级的最鲜明标志。这种“数”的限定，为建筑建立了可以定量的、操作性很强的等级系列。

（二）“质”的限定

主要表现在材料质量的优劣贵贱和工艺做法的繁简精粗，把质优工精者列为高等级，质劣工粗者列为低等级。这种做法实质上是给建筑工程的技术品质附加等级的语义，反过来也可以说，是以等级名分来垄断高品质的建筑工程技术。对琉璃瓦的限定就是如此。

明、清对琉璃瓦的使用、颜色和装饰题材有极严格的规定：琉璃瓦一般只用于宫殿和皇家大寺、坛庙、园林建筑及亲王府第。清代钦定工部则例规定：“官民房屋坛垣不许擅用琉璃瓦、城砖，如违，严行治罪，其该管官一并议处。[④]

清代官式建筑的“大式做法”和“小式做法”，更是集中地体现了对于技术工艺的配套等级限制。按规则：

大式做法屋顶不限，小式做法只许用硬山、悬山；

大式做法开间可做到九间，小式做法只能做到五间；

大式做法用檩不限，小式做法只能用到七檩；

大式做法出廊不限，小式做法不许用周围廊；

大式做法用不用斗栱不限，小式做法不许用斗栱。

这样就从“大式”和“小式”的两种做法，对建筑作了宏观的等级划分。然后再进一步在大式系列中，按照间架、屋顶、出廊、斗栱的不同，进行等级的细分。

不仅如此，大式做法在构架上还增添了扶脊木、随梁枋、角背、飞椽四种东西，而小式做法均无。这四种构件，扶脊木是加强脊檩的辅件，随梁枋是加强五架梁、七架梁的辅件，角背是加固瓜柱稳定性的小构件，飞椽是延伸“上檐出”的小构件，它们都是技术性的微处理，也被赋予了等级的限定。它们和门钹的铜质、锡质、铁质的等级限定一样，反映出建筑等级制度在质的限定上达到十分细密的程度。

（三）“文”的限定

《礼记》说：

①礼记·礼器

②左传·庄公十八年传

③汉书·韦贤传

④程万里．古建琉璃作技术(一)．古建园林技术，1986(1)

①礼记·礼器

②春秋谷梁传·庄公二十三年

礼有以文为贵者，天子龙衮、诸侯黼、大夫黻，士玄衣纁裳……此以文为贵也。[①]

说的是大子的礼服用龙纹，诸侯的礼服用半白半黑的花纹，大夫的礼服用半青半黑的花纹，士的礼服用黑色上衣和浅红色的下裳。这种“文”的限定，也是建筑的重要列等方式，它是从屋顶、梁柱、墙体、台基、外檐装修、内檐装修等的色彩构成、艺术配件、装饰母题、花格样式、雕饰品类和彩画形制上做等级文章。“礼楹，天子丹，诸侯黝垩，大夫苍、士黈”。[②]色彩的限定很早就出现了。后来在琉璃瓦色上反映得很鲜明。按五行学说，黄色对应于“土”，属“中央”之位，等级最尊。因此黄琉璃瓦只用于皇宫和少数高等级的寺庙建筑，王公府第只能用绿琉璃瓦。一般官民根本不许用彩色屋面，这样就从大片屋面上对色彩的宏观构成作了严格的限制。

这种“文”的限定在彩画制度上表现得最充分。高等级的和玺彩画，限用于宫殿、坛庙、陵墓的主体建筑，它根据枋心、藻头装饰母题的不同，又分成以龙为母题的金龙和玺，以龙凤为母题的龙凤和玺，以龙和轱辘草为母题的龙草和玺，以轱辘草为母题的轱辘草和玺四个等次，以区别高体制建筑的等级微差。次于和玺的旋子彩画则用于一般衙署、庙宇的主殿和宫殿坛庙的配殿，它的应用范围很广，为便于在这个档次中进一步区分等级微差，又按用金量的多少，细分为金琢墨石碾玉、烟琢墨石碾玉、金线大点金、墨线大点金、金线小点金、墨线小点金和雅伍墨等七个等次，从而形成了整个殿式彩画的细密等级系列。

（四）“位”的限定

中国古代很早就形成强烈的“择中”意识。《荀子·大略》说：“王者必居天下之中，礼也”。《吕氏春秋》说：“择天下之中而立国，择国之中而立宫”。在五行学说中，“东、南、西、北、中”的方位，以“中”为最尊，称为“中央”。《周礼》一书前五篇开篇第一句话都是“惟王建国，辨方正位”。正位意味着正天子的尊位，正礼制的序位，而正位则必须辨方，因此，“辨方正位”成了礼的大事。“位”的限定也成了建筑的重要列等方式。

建筑具有突出的空间性，“位”的限定在建筑中自然大有用武之地。它涉及到建筑组群在城市中的规划位置，建筑庭院在组群中的布局位置，建筑单体在庭院中的坐落位置，坐椅席位在殿屋中的摆放位置。这些位置的确定，有朝向上的尊与卑，坐落上的正与偏、左与右，位序上的前与后，层次上的内与外等一系列的差别，这些差别都被赋予了等级的语义。

《考工记》的“匠人营国”，奠定了“择中”立宫的规划模式，对后代宫殿布局产生了深远的影响。明清北京故宫可以说是这种“择中”立宫的典型体现。整个宫城位于都城（内城）之中，而外朝三大殿又处于宫城之中。等级最尊的太和殿，集中了所有的与“位”有关的优势：在朝向上它坐北朝南；在坐落上它正踞于宫城中轴线的核心部位，并构成都城中轴线的高潮；在位序上它体现出“前朝后寝”的尊位；在内外关系上它的前方铺垫着五重门阙，吻合“天子五门”的隆重规制。

这种“位”的限定，在北京天坛组群中安排得很得体(图4-2-2)。圜丘，皇穹宇、祈年殿、皇乾殿，这些举行祭祀仪礼和奉祀神位的建筑，都坐落在天坛的南北主轴线上，处于高贵的尊位，而供皇帝斋住的“斋宫”，则设置在主轴线的一侧，并取朝东的方向。按理说，皇帝的御用建筑应该列于最尊贵的方位，按惯例应该处于主轴线上的朝南正位，而在天坛这个特定场合，把斋宫放在侧位朝东，正是恰如其分地表述了皇帝比“天”低一档的“天子”身份。这是运用方位的等级符号恰当地标示了"天"与"天子"的伦理关系。

这种"位"的限定，早期制约着士大夫第宅的"门堂"结构，后期制约着三合院、四合院第宅的"一正二厢"结构。对宫殿、坛庙、陵墓、衙署、寺观、第宅形成左右对称、中轴突出、沿子午线纵深布局的平面格局有很大的影响。

室内空间组织和家具陈设的"位"的限定也备受古人重视。"室而无奥阼，则乱于堂室也。席而无上下，则乱于席上也"。[①]对于殿堂内部的席位等级区分，清代学者凌廷堪在他的礼学名著《礼经释例》中作了概括，指出古人是"室中以东向为尊，堂上以南向为尊"。太和殿宝座居中南向，属于堂上的尊位。而《史记·项羽本纪》记述的鸿门宴座次："项王、项伯东向坐，亚父南向坐，沛公北向坐，张良西向侍"，则属于室中的以东向为尊的位列。[②]从建筑坐落到席位座次，可以看出古人对"位"的限定方式是十分重视的。

"数"、"质"、"文"、"位"这四种基本列等方式，有的是在建筑构件上做文章，有的是在建筑空间上做文章，它们都是利用建筑自身的语言，附加上等级的语义。这应该说是一种颇为理性的列等方式，因为这样的列等方式，可以尽可能地从物质功能和工程技术所制约的建筑形态上显示等级差别，不需要为标示等级而另加其他载体，是较为经济的方式，体现出等级性要求与物质性功能要求的统一，与技术性工艺要求的统一。这四种列等方式通常都是综合使用的，形成从规划布局直到细部装饰的完整系列。如最高等级的太和殿，不仅在朝向上、坐落上、位序上、内外层次上处于最尊的地位，而且在庭院尺度、台基层数、台基标高、建筑间架、体量尺度、构架做法、斗栱踩数、屋顶形式、琉璃样等、琉璃色彩、吻兽规格、装修品种、彩画雕饰上全都采用了最高规制（图4-2-3）。从建筑符号的角度来说，它所蕴涵的

①礼记·仲尼燕居

②参看王文锦．古人座次的尊卑和堂室制度．见：《文史知识》编辑部．古代礼制风俗漫谈．北京：中华书局，1983.105～110页

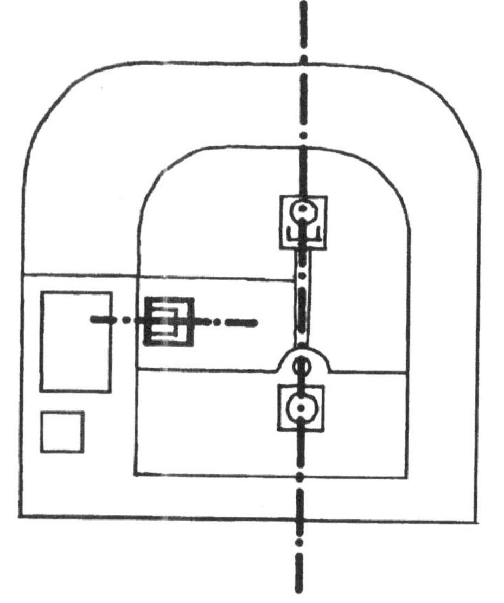

图 4-2-2 北京天坛斋宫的方位示意

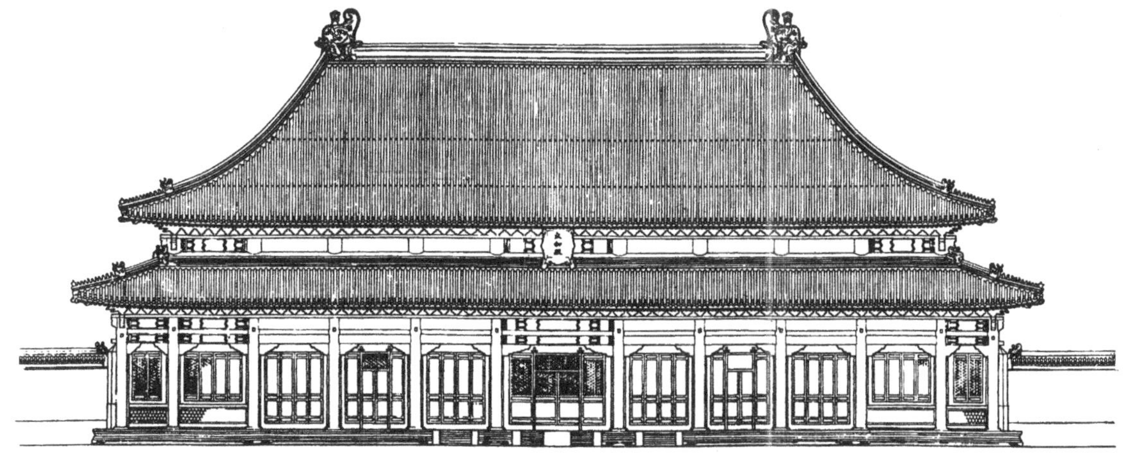

图 4-2-3 北京故宫太和殿集中了最高规制的等级标志
引自刘敦桢．中国古代建筑史．第2版．北京：中国建筑工业出版社，1984

最高规制的等级语义是过饱和的，其等级信息的冗余量极大。但是太和殿整体并没有因为冗余信息符号的集中而显得过于繁琐、重复，其原因就在于这些等级符号用的都是太和殿自身应有的东西，在附加等级语义的时候，并没有附加新的“能指”。从这一点来说，是较为明智的列等方式。当然，在等级限定中，强调以多为贵、以大为贵，以文为贵，也有铺张奢华的另一面。

基于礼的需要而形成的建筑等级制度，是中国古代建筑的独特现象，它对中国古代建筑体系产生了一系列重大的影响。最突出的有两点：一是导致中国古代建筑类型的形制化。不同类型的建筑，突出的不是它的功能特色，而是它的等级形制。凡是同一等级的建筑，就用同一的形制。太和殿、乾清宫、太庙正殿和明长陵 恩殿，建筑性质各异，基于等级的最高体制，用的都是重檐庑殿顶。在这里，等级的品类超越了功能的个性。它带来了建筑整体基于等级形制的统一性、协调性，却吞噬了建筑功能的特性和建筑性格的个性。二是导致中国古代建筑的高度程式化。严密的等级制度，把建筑布局、规模组成、间架、屋顶做法，以至细部装饰都纳入等级的限定，形成固定的形制。这种固定形制在封建社会的长期延续，使得建筑单体以至庭院整体越来越趋向固定的程式，整个建筑体系呈现出建筑形式和技术工艺的高度规范化。程式化、规范化保证了建筑体系发展的持续性、独特性，保证了建筑整体的统一性、协调性，保证了建筑普遍达到不低于规范的标准水平。但是，也成为建筑发展的枷锁，严重束缚了建筑设计的创新和技术的革新，加剧了中国建筑体系发展上的迟缓性。

第三节 述而不作：建筑创新意识受严重束缚

中国古代社会缺乏扩大再生产的动力，社会运行缓慢迟滞，自然滋生习故蹈常的永恒意识。对统治秩序安于稳定守常，对家族繁衍祈求延绵永传，对家什器用喜好经久耐用，弥漫着浓厚的追求“恒”、“久”的社会心态。

这种趋向静态的思维定式，被儒家纳入“礼”的网络。《礼记》曰：

> 礼也者，反本修古，不忘其初者也。[①]
>
> 以旧礼为无所用而去之者，必有乱患。[②]

这里强调的是礼的历史稳定性、延传性，是对延承先王建立的等级制度和一系列相适应的文化传统的强烈追求，即所谓：

> 祖述尧舜，宪章文武。[③]
>
> 不愆不忘，率由旧章。[④]

孔子对此也作了概括，叫作“述而不作，信而好古”。就是说，对于旧有的文化典章、礼仪制度，应该阐述它，遵循它，效法它，而不应该自行创造，自我创始，要信赖、喜好、遵从古老的传统。

在这种思想支配下。“法先王之道”、“遵祖先之制”，成为封建时代政治、文化活动的礼的准则。“物不古不灵，人不古不名，文不古不行，诗不古不成”[⑤]成了封建文人的信条。在建筑活动和手工业生产领域也是如此。《考工记》在总论工巧时说：

> 知者创物，巧者述之、守之，世谓之工。[⑥]

赵氏注云：“创，是开端造始之意，述，是继述不作之意”。[⑦]这里把能工巧匠的作用限定

①礼记 · 礼器

②礼记 · 经解

③中庸第三十章

④诗经 · 大雅 · 假乐

⑤李开先 . 闲居集 · 昆仑张诗人传

⑥考工记卷上

⑦考工记赵氏注 . 转引自李国豪 . 建苑拾英 . 上海：同济大学出版社，1990.40 页

于"述之、守之"，正是体现"述而不作"的礼的原则。这种对于古制、祖制、先王之制的遵从和对于创新、革故、更变的禁锢是十分严厉的。《礼记》曾经写道："作淫声、异服、奇技、奇器，以疑众，杀。"[①]竟然把技术、器物的更新视为大逆不道。

中国古代建筑的发展历程，深深烙上了这种"述而不作"的印记。对于建筑领域旧规制的遵从，极大地阻碍了建筑的创新意识。房屋的营造不是依据建筑主人的主观愿望和现实需要来规划设计，而是按既定的等级规制照章套用。房主的个性需要，技术的时代进步，匠师的创造才能都消融在"皆仿古制"、"悉如旧制"的枷锁之中。当然，历史在前进，建筑形制一成不变是不可能的，但在不得"有乖制度"的约束下，这种"变"，大多采取"复古更化"的方式，就是在大体上承继旧有形制的基础上，作一些局部性的更新变化。这种做法使得建筑的革新进展不得不背着沉重的"旧制"包袱而缓慢地演进。中国建筑发展中这样的事很多，下面摘取几个典型的"现象"分别阐述。

一、明堂现象

前面已经提到，明堂是古代皇帝宣明政教和祭祀的场所，是列为礼乐之本的、最为神圣的礼制性建筑。历史上许多朝代的皇帝和儒生对于营建明堂都给予特殊的重视。在古人心目中，建造明堂当然应该承袭古制，但是明堂的古制很早就失传了。由此引发了一次又一次对于明堂古制的认真考证、阐释和激烈的议论、纷争。

我们从明堂设计史上可以看出，在对待明堂古制问题上，大体上有以下几种情况：

（一）参合古今，伪托古制

元封二年（公元前109年），汉武帝接受儒生的建议，在泰山兴建了明堂。《汉书》记载说：

> 上欲治明堂奉高旁，未晓其制度。济南人公玉带上黄帝时明堂图。明堂中有一殿，四面无壁，以茅盖。通水，水圜宫垣。为复道，上有楼，从西南入，名曰昆仑。天子从之，入以拜祀上帝焉。[②]

这表明，汉武帝时已经不了解明堂古制，公玉带就参照儒家文献关于"明堂之制、周旋以水"之类的记述，结合"神仙好楼居"之类的黄老时尚，创造了"混合着儒、道的，神仙味道很浓的新式明堂。"[③]当然，这种自创的设计是行不通的，公玉带就把它伪托为黄帝时的明堂图来进献，果然被武帝采纳。这个参合古今，既吸收历史文脉，又揉入当代时尚的明堂设计，是通过冒充古制而得以建成的。

（二）引经据典，反本修古

汉平帝元始四年（公元4年），在长安城南郊建了一个明堂。明堂遗址已经发掘，古建筑专家王世仁、杨鸿勋都作过复原研究（见图4–3–2，图4–3–3，图4–3–4）。[④]这是我们今天了解得最真切具体的一例明堂。这个明堂是由古文经学大师刘歆等四人，引经据典，尽力综合历史文献和记述，按照正统儒学的礼制要求设计的。明堂为十字轴对称的高台式建筑，台上中心有太室，四向、四隅有明堂、青阳、总章、玄堂"四堂"，有金、木、水、火"四室"，以及"八个"、"八房"等（图4–3–1）。土台周围有活水环流。大体上吻合《礼记》等文献的记述和《考工记》夏后氏世室的尺度规定。这是在古制失传的情况下，通过考究经史来推测其历史原貌，是一种典型的反本修古之作。

（三）承袭先例，完善旧制

汉光武帝中元元年（公元56年），在洛阳建明堂、灵台、辟雍。其灵台遗址已经初步发掘，明堂遗址也已发现。[⑤]这个明堂建造时，长安南郊的平帝明堂可能还存在，即使已毁，也是刚毁不久。因此，这个东汉洛阳明堂的建造，

①礼记·王制

②汉书·郊祀志第五下

③王世仁．理性与浪漫的交织．北京：中国建筑工业出版社，1987

④参见王世仁．汉长安城南郊礼制建筑原状的推测．考古，1963（9）；王世仁．明堂美学观．见：理性与浪漫的交织．中国建筑工业出版社，1987.78～104页；杨鸿勋．从遗址看西汉长安明堂（辟雍）形制．见：杨鸿勋．建筑考古学论文集．北京：文物出版社，1987.169～200页

⑤参见中国社会科学院考古研究所洛阳工作队．汉魏洛阳城南郊的灵台遗址．考古，1978（1）

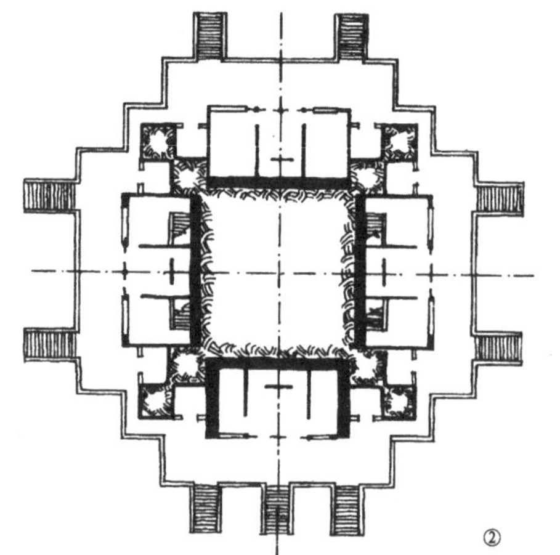

图 4–3–1　王世仁复原的西汉长安明堂
①明堂立面示意
②明堂平面示意
摹自王世仁．理性与浪漫的交织．北京：中国建筑工业出版社，1987

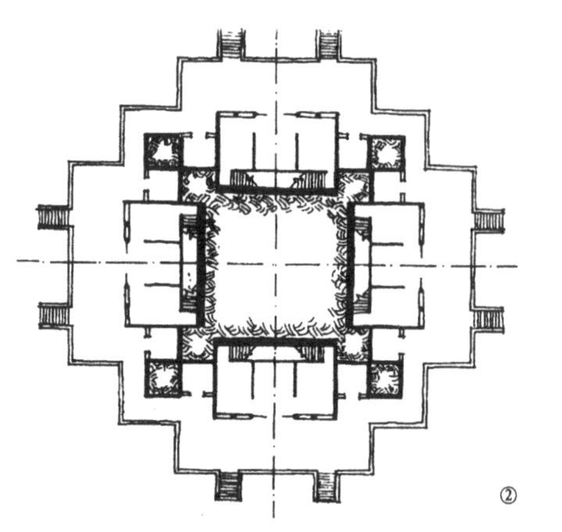

图 4–3–2　王世仁复原的东汉洛阳明堂
①明堂立面示意
②明堂平面示意
摹自王世仁．理性与浪漫的交织．北京：中国建筑工业出版社，1987

有西汉长安明堂的近期先例存在，很自然地会采取承袭长安明堂的基本形制而加以完善的做法。有关东汉洛阳明堂，历史文献记载较多，据王世仁考证，其基本形态确与西汉长安明堂十分接近，也是十字轴对称的高台式建筑，也有“太室”、“四室”、“四堂”、“八个”、“八房”等空间构成，也有外圈环水。只是在基本形式上更加规整，模数运用上更加和谐，“数”的象征涵义更加细腻、丰富，通过承袭先例，完善旧制，达到了高台式明堂格局的成熟水平（图 4–3–2）。[①]

（四）纷争不休、议而不决

历史上很多朝代都准备建明堂，但真正实现的并不多，其中的一个重要原因就是对明堂古制的认识不一，“议者或言九室，或言五室”[②]一再引起无休止的纷争而搁置未建。如北魏宣武帝在永平、延昌年间（508 ~ 515 年）议立明堂；北魏孝明帝在孝昌二年（526 年）议立明堂，隋文帝在开皇十三年（593 年）议立明堂，都是由于争议不决而流产的。

唐太宗一统天下，大崇儒学，曾经郑重其事地令儒官议定明堂制度。孔颖达、魏征、颜师古等都参与考究。终因古制茫然，其说不一，以至太宗在世之日一直未能议定。

唐高宗继位后，第一件大事就是议建明堂。诸儒纷争一番后，于永徽三年（652 年）“内出”一个“九室”的方案，但这个方案仍然“群儒纷竞，各执异议”。一直过了十五年，到乾封二年（667 年），高宗下决心摆脱古制的纠缠，“自我作古”，放开手来设计新式明堂，于总章二年（669 年）做出了一个创新设计（图 4–3–3）。这个设计“是一个综合了儒、道、阴阳、五行、八卦、堪舆各种说法的大杂烩，又是一个集中了隋唐以来建筑技术与艺术最高成就的大建筑群”[③]，然而这个设计提交群儒讨论时，仍然因“群议未决”而最终未能实施。

①王世仁．理性与浪漫的交织．北京：中国建筑工业出版社，1987

②隋书・宇文恺传

③王世仁．理性与浪漫的交织．北京：中国建筑工业出版社，1987

（五）自我作古、备受责难

明堂设计史上也有若干次"自我作古"的创新设计。但是都遭到激烈的责难。这里试举二例：

其一是北魏代京明堂，建于孝文帝太和十年至十三年（486～489年）。《水经注》描述说：

> 明堂上圆下方，四周十二户九堂，而不为重隅也。室外柱内绮井之下，施机轮，饰缥，仰象天状，画北辰，列宿象，盖天也。每月随斗所建之辰，转应天道，此之异古也。①

这个代京明堂与文献记述的"直为一殿"的殿宇式的西晋明堂一样，摆脱了高台式的建筑格局，也突破了墙外环水的布局模式，改为墙内环水。主体建筑用的是一个坐落于台基上的方形大殿，大殿按"井"字形分隔出九室。这个设计方案应该说是很有意义的。两晋南北朝时期，高台式的建筑形态已逐渐退出历史舞台，代京明堂没有拘泥于过时的技术形态，而是沿袭西晋明堂的新路子，以殿宇式取代高台式，是适应技术潮流的做法。室内设圆形藻井，绘星宿，装机轮，按月转动以对应月令，也是很新的创举。但是，晋明堂和代京明堂的创新设计都受到严厉的责难。宇文恺在总结明堂设计历程时，曾经激烈抨击晋明堂的革新做法。他说：

> 晋堂方构，不合天文，既阙重楼，又无壁水。空堂乖五室之义，直殿违九阶之文。非古欺天，一何过甚！②

对于北魏代京明堂，他同样抨击说：

> 圆墙在壁水外，门在水内迥立，不与墙相连。其堂上九室，三三相重，不依古制，室间通巷，违舛处多。③

其二是武则天明堂。这个明堂于垂拱四年（668年）在洛阳建成。《旧唐书》记述它的形制是：

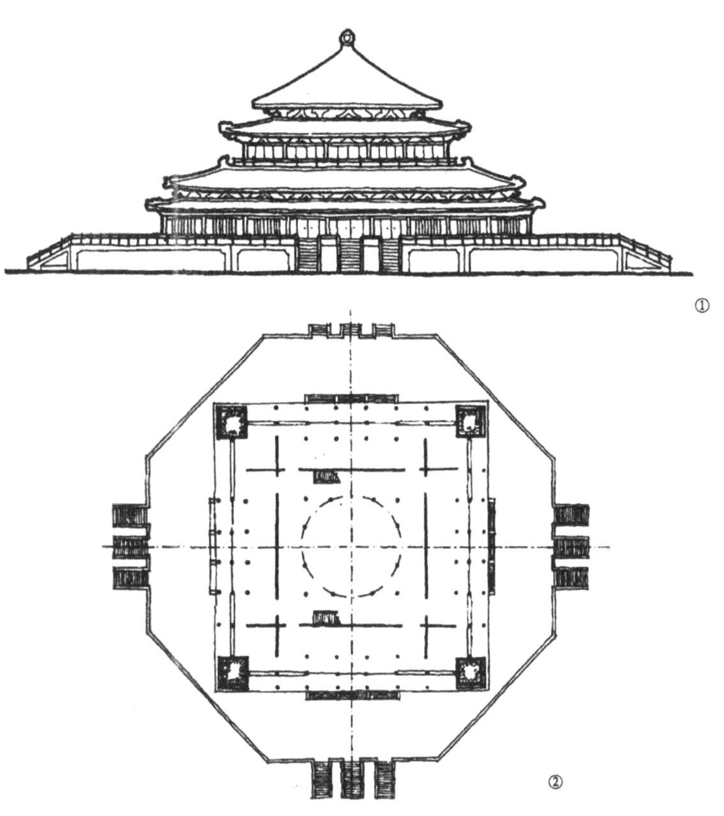

图 4-3-3　王世仁复原的唐总章二年明堂
①明堂立面示意
②明堂平面示意
摹自王世仁．理性与浪漫的交织．北京：中国建筑工业出版社，1987

> 凡高二百九十四尺，东西南北各三百尺。有三层：下层象四时，各随方色；中层法十二辰，圆盖，盖上盘九龙捧之；上层法二十四气，亦圆盖。亭中有巨木十围，上下贯通，杨、栌、樘、棍，借以为本，亘之以铁索。盖为鸑鷟，黄金饰之，势若飞翥。刻木为瓦，夹纻漆之。明堂下施铁渠，以为辟雍之象。号万象神宫。④

这座明堂也是突破旧框框的创新设计。它既非高台式，也非殿宇式，而是一座大尺度的高3层的带堂心柱的崇楼式（图4-3-4）。不再拘泥于五室、九室的历史旧制，也不再沿用繁杂的象征涵义，仅以布政之所的下层象征四时，祭祀之所的中层象征十二辰，上层作圆顶亭子，象征二十四气，并通过整体体型，满足上圆下方的基本象征。武则天自称这是个"莫

①水经注·湿水

②③隋书·宇文恺传

④旧唐书·礼仪志

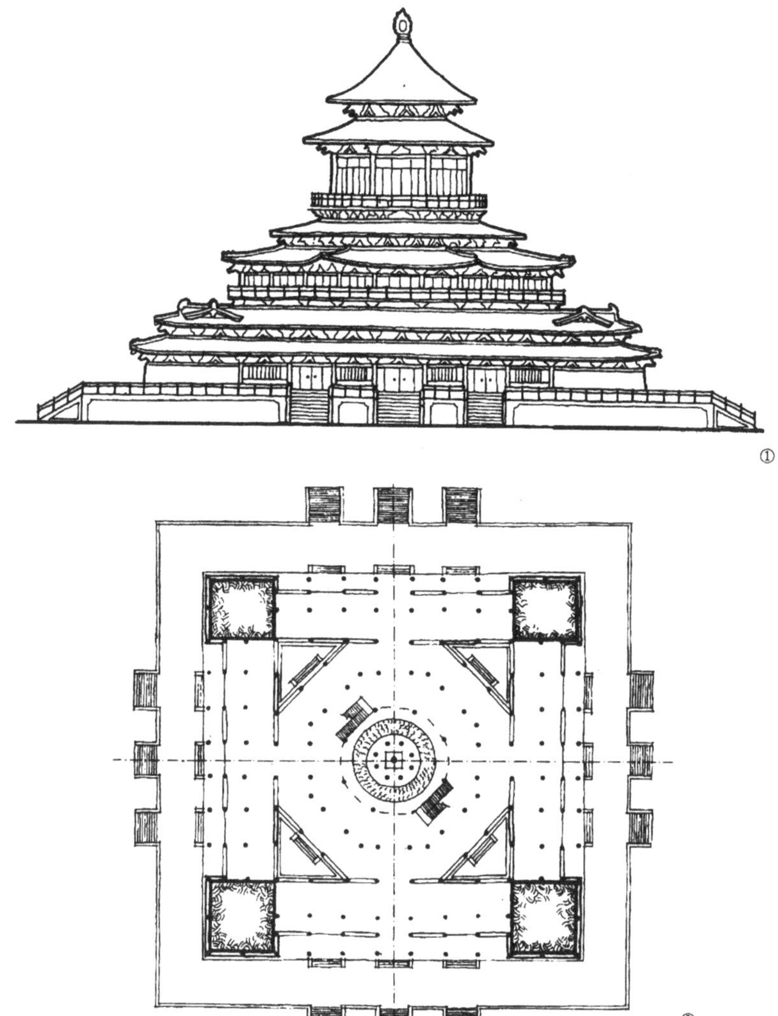

图 4-3-4 王世仁复原的武则天明堂
①明堂立面示意
②明堂平面示意
摹自王世仁．理性与浪漫的交织．北京：中国建筑工业出版社，1987

或相遵，自我作古”[①]的设计。

这个大胆、奇特、创新度颇高的宏大工程，曾经火焚重建。到玄宗即位后，这个明堂受到激烈抨击，称之为“体式乖宜，违经紊礼，雕镌所及，穷侈极丽。”[②]到开元二十五年（737年），进一步下令拆毁。后因为经办人以拆毁劳人，奏请只拆去上层，把它减缩后，复称乾元殿。

明堂设计史上出现的上述现象，给我们留下了古人对“遵从古制”何等认真、何等执著、何等迂腐的深刻印象。这种现象的背后就是礼的等级规制的幽灵在作怪。实际上官式建筑的所有类型几乎都深深地囚于古制、旧制、祖制的传统枷锁中，“明堂现象”只是其中的突出事例。

①②旧唐书·礼仪志

二、斗栱现象

斗栱是中国木构架体系建筑独有的构件，它是用以联结柱、梁、桁、枋的一种独特的托架，与整个构架的关联性十分密切。在历时性演变中，斗栱是构架演变的敏感环节。但是这个敏感环节在后期发展中同样受到旧形制的严重束缚，集中地反映出“述而不作”的礼的观念对建筑技术创新的严重枷锁。

这可以从斗栱结构机能的演变上清楚看出。

斗栱的结构机能，经历了三个大的演变阶段：

（一）第一阶段：西周到隋

这是斗栱从萌芽到基本成型的形成期，这时期斗栱的结构机能主要表现在：

1. 承托作用 木构架中，柱与梁、枋搭接时，柱顶搭接面是垂直木纹受压，梁、枋的搭接面是平行木纹受压。通常垂直木纹的耐压力比平行木纹的耐压力大六七倍，因此，在搭接时，势必扩大支座以避免平行木纹的压应力超过允许强度。这样就导致柱头设置用以扩大支座承压面的斗栱。我们从西周青铜器“夨令簋”上，已能见到在柱上放置栌斗的形象（图 4-3-5），明显地表达出扩大支座的承托意图。这个功能在汉代斗栱形象中反映得很充分。有的仍以单一栌斗承托，如山东长清县孝堂山石祠（图 4-3-6）和山东安丘汉墓（图 4-3-7）的柱头栌斗；有的以一斗二升、一斗三升承托，如四川渠县冯焕阙斗栱，四川雅安高颐石阙斗栱（图 4-3-8）和四川牧马山崖墓出土东汉明器斗栱等（图 4-3-9）；也有在一斗二升两侧附加支点承托，如山东沂南汉墓斗栱等等(图 4-3-10)。

这些斗栱多数为一层横栱，也有少数已重叠成多重横栱，如山东两城山汉墓画像石所示（图 4-3-11）。这些横栱的形状，有平直形的“枅”、弓形的“栾”（曲枅），也有折线形、曲

图 4-3-5　西周青铜器“夨令簋”上反映的“斗”的形象
引自刘敦桢．中国古代建筑史．第 2 版．北京：中国建筑工业出版社，1984

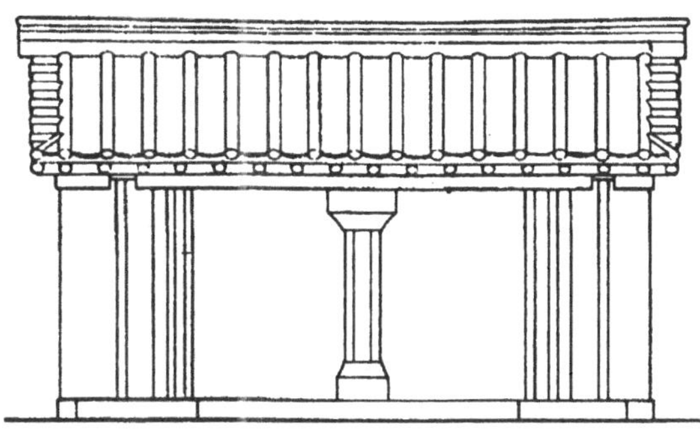

图 4-3-6　山东长清县孝堂山石祠，柱头上有栌斗
引自刘敦桢．中国古代建筑史．第 2 版．北京：中国建筑工业出版社，1984

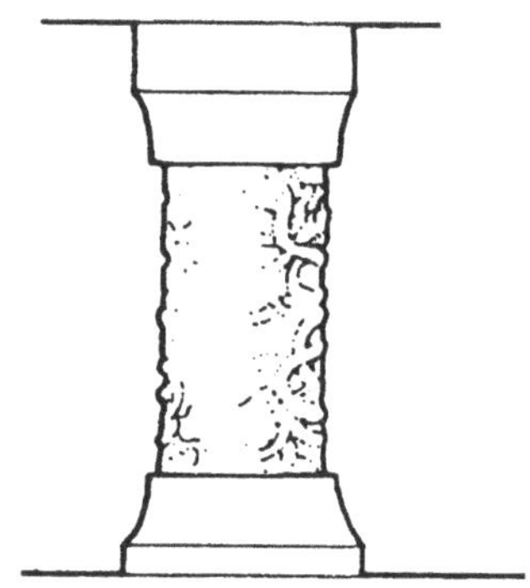

图 4-3-7　山东安丘汉墓的柱头栌斗
引自刘敦桢．中国古代建筑史．第 2 版．北京：中国建筑工业出版社，1984

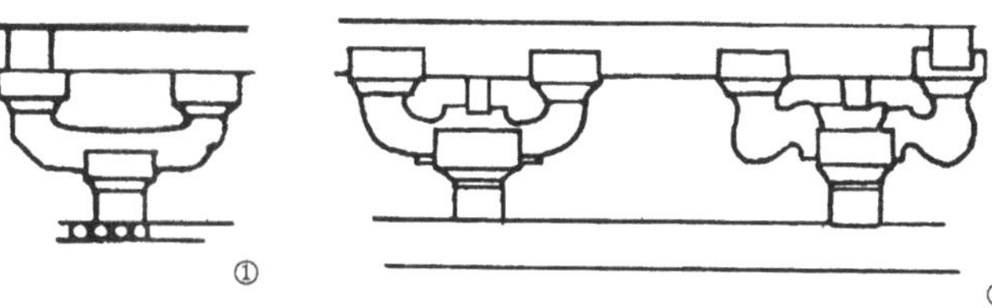

图 4-3-8　汉代的“一斗二升”斗栱
①四川渠县冯焕阙斗栱
②四川雅安高颐阙斗栱

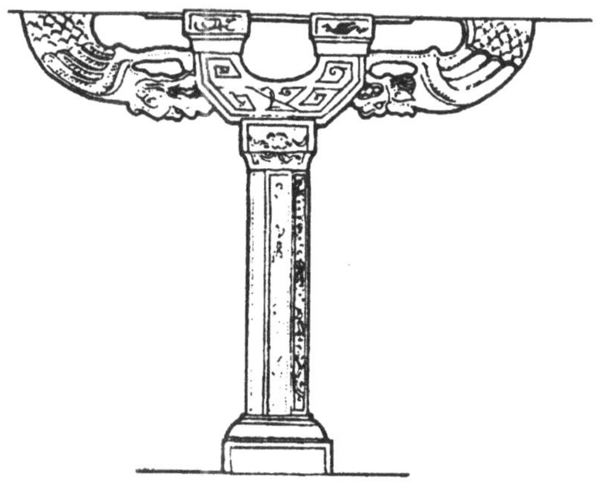

图 4-3-10　山东沂南汉墓中的斗栱
引自刘敦桢．中国古代建筑史．第 2 版．北京：中国建筑工业出版社，1984

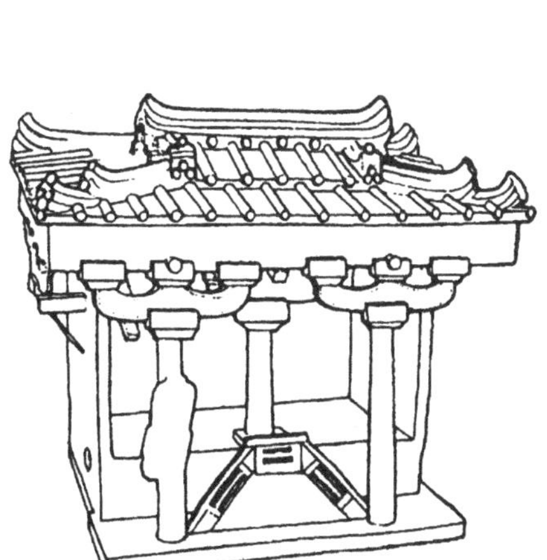

图 4-3-9　汉代的“一斗三升”斗栱图为四川牧马山崖墓出土东汉明器
引自刘敦桢．中国古代建筑史．第 2 版．北京：中国建筑工业出版社，1984

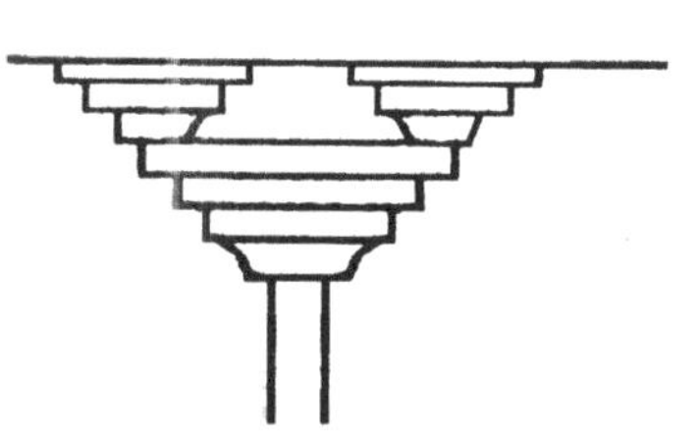

图 4-3-11　山东两城山汉墓画像石显示的多重横栱

①梁思成文集二．北京：中国建筑工业出版社，1984

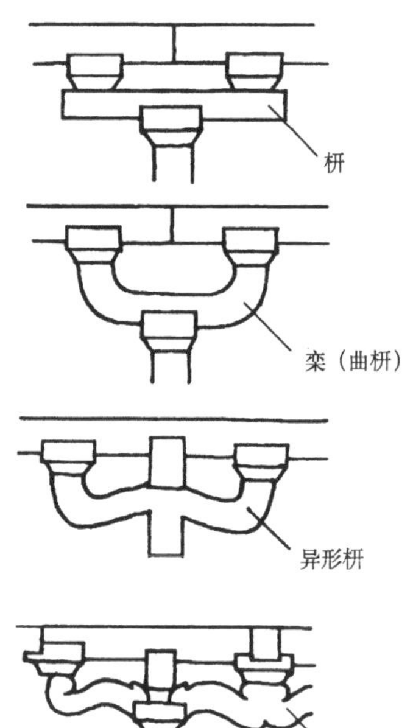

图 4–3–12　汉代横栱的形式

线形的异形枅，展示出对斗栱承托功能的多途径的探索（图 4–3–12）。

2．悬挑作用　木构架建筑的屋顶，当出檐较大时，檐下就需要有支撑悬挑的支点。战国中山王墓出土的铜方案上，已有 45° 抹角放置的、用以悬挑的斗栱形象（图 4–3–13）。在汉明器和汉阙上，这种起悬挑作用的出跳斗栱已很常见。其中大多是从墙面平挑出类似华栱的悬挑木，挑木头上放置一组重叠的斗栱以支撑檩檐构件。河南荥阳汉墓明器（图 4–3–14）、河北望都汉墓明器等对此都表现得很清晰。这种挑出斗栱在屋檐转角部位呈现多种做法，有的在墙角两面各挑出一组挑木斗栱；有的在角部立双柱、双柱上各出一组挑木斗栱（图 4–3–15）；有的在角部除用斗栱外，另加一根斜撑，如四川渠县沈府君阙所示（图 4–3–16）；还有的采用在角部水平伸出角挑木，挑木头上置角神或斗栱的做法，如灵宝张湾二号汉墓出土明器等等。这些支撑悬挑的斗栱，除了个别显出四跳丁头栱的形象外，基本上只出一跳，形式五花八门，做法很不统一，表明东汉时期对斗栱的悬挑功能也处于多途径的摸索之中，还没有进入多重华栱或插栱出跳的规范做法。

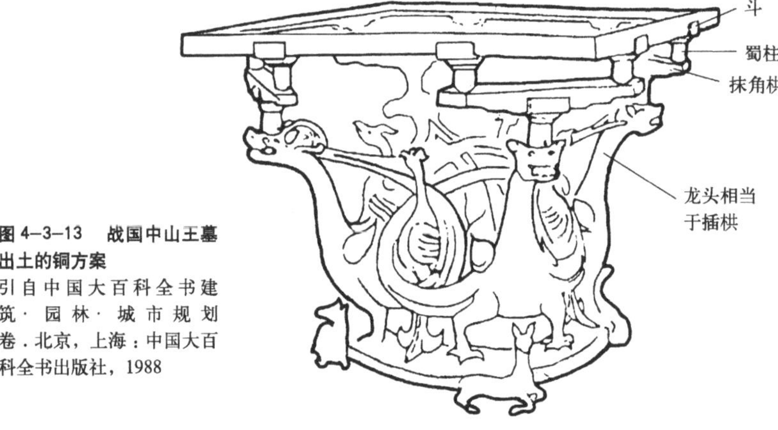

图 4–3–13　战国中山王墓出土的铜方案
引自中国大百科全书建筑·园林·城市规划卷．北京，上海：中国大百科全书出版社，1988

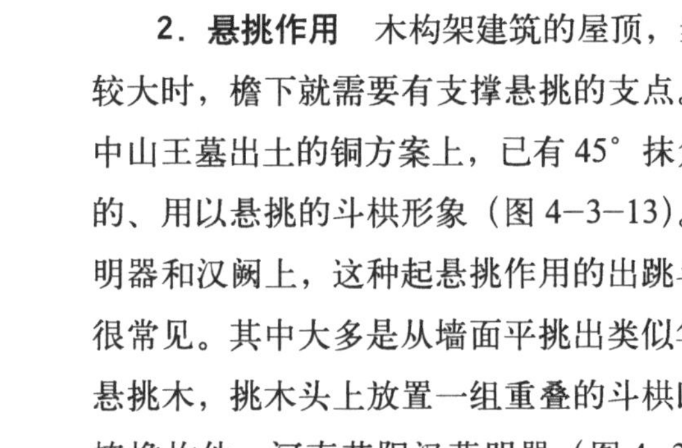

图 4–3–14　河南荥阳汉墓明器
引自刘敦桢．中国古代建筑史．第 2 版．北京：中国建筑工业出版社，1984

3．减少弯矩和剪力的作用　柱头斗栱在发挥承托作用、悬挑作用的同时，由于扩大了支座，增添了支点，改善了节点构造，从而也有效地缩短了梁、榑构件的计算跨度，明显地减少了构件的弯矩应力和剪应力，“可以增加梁身在同一净跨下的荷载力”。①斗栱随着建筑物柱间距的增大，为争取檐枋的跨中支点，又逐渐形成了补间斗栱。山东日照两城山画像石中，已显现出额枋上设置叠涩形补间的形象。在四川出土的画像砖上，也可以见到一斗三升、一斗二升的补间形象。南北朝普遍地出现人字栱的补间，有的单独使用，有的与短柱或一斗三升组合使用（图 4–3–17）。这些补间均是不出跳的，它的结构作用只限于增添檐枋的跨中支点，以进一步减少檐枋的弯矩和挠度。这种人字栱形象在唐大雁塔门楣石刻中还能见到（图 4-3-18）。

总的说来，这阶段是多途径地探寻适应斗栱结构机能的合理形式的探索期。这个探索期慢悠悠地经历了一千六七百年，进展的步伐虽然缓慢，但毕竟是与木构架整体在同步演进。此时的斗栱形式仍未统一，每朵斗栱都处于孤立状态，斗栱与斗栱之间尚无有机联系。在艺术表现上直到东汉时期仍很幼稚。进入南北朝后，斗栱的主要分件——斗与栱的形式，逐渐趋于规范形制，人字栱也从直线逐渐改为曲线，表现出对斗栱艺术效果的积极追求，作为结构构件的斗栱逐渐增强了审美的装饰作用。

（二）第二阶段：唐、宋至元

盛唐时期，斗栱已进入完全成熟阶段，建于 759 年的日本奈良唐招提寺斗栱（图 4-3-19）

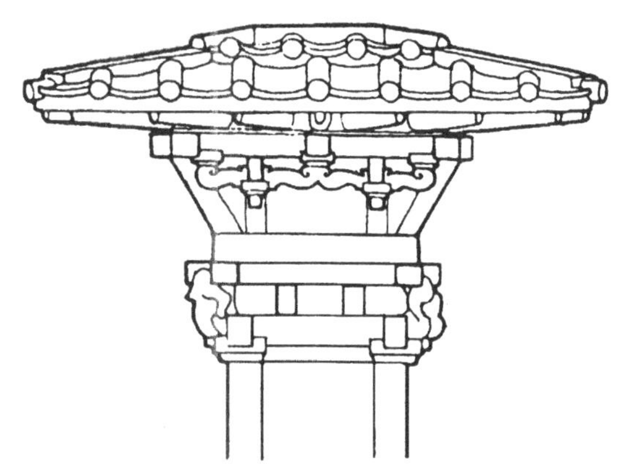

图 4-3-15 （上左）河北望都汉墓明器所显示的斗栱
引自刘敦桢．中国古代建筑史．第 2 版．北京：中国建筑工业出版社，1984

图 4-3-16 （上右）四川渠县沈府君阙
引自刘敦桢．中国古代建筑史．第 2 版．北京：中国建筑工业出版社，1984

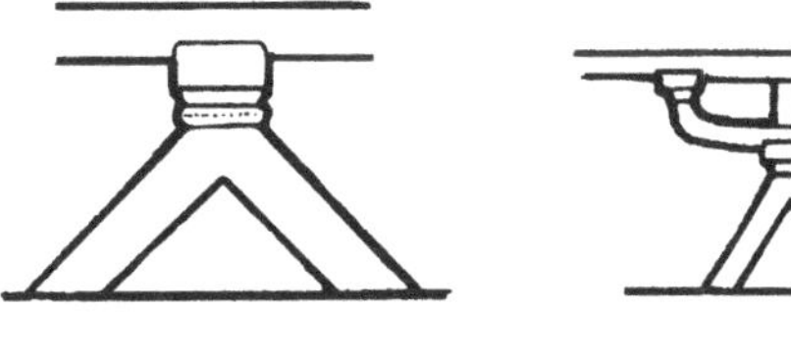

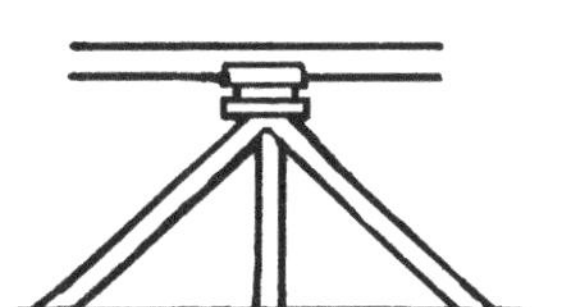

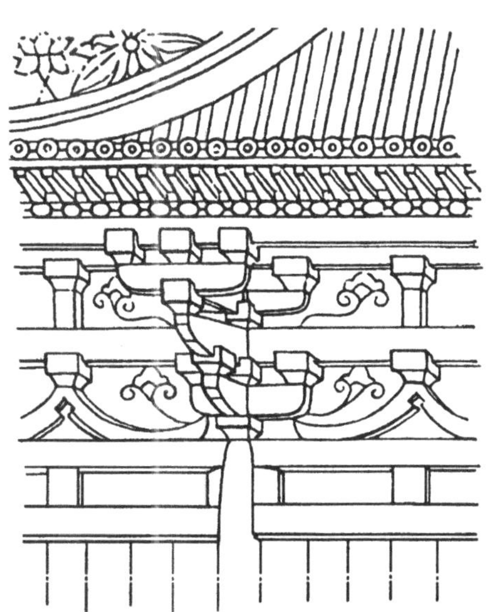

图 4-3-17 （下左）南北朝的人字栱补间
引自刘敦桢．中国古代建筑史．第 2 版．北京：中国建筑工业出版社，1984

图 4-3-18 （下右）唐大雁塔门楣石刻中的人字栱

和敦煌第 172 窟盛唐壁画上的斗栱（图 4–3–20），都展现了斗栱的成熟形态。据傅熹年考证，从《旧唐书》记载的唐总章二年的明堂规制诏书中，可推断出明堂已采用双下昂的做法。①这表明，斗栱很可能早在初唐时期，就已经跨入成熟期。我们从中唐的南禅寺大殿(图 4–3–21)、晚唐的佛光寺大殿，保持唐风的辽代木构殿塔，宋代编修的《营造法式》以及大量的宋、金木构建筑，可以看出唐宋时期处于成熟期高峰的斗栱形态及其越过高峰后开始向下转折的迹象。

①傅熹年．唐长安大明宫含元殿原状的探讨．文物，1973（7）

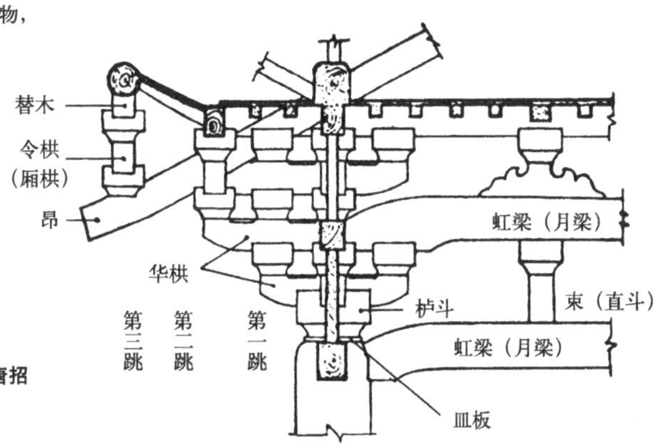

替木
令栱（厢栱）
昂
华栱
第三跳
第二跳
第一跳
栌斗
虹梁（月梁）
束（直斗）
虹梁（月梁）
皿板

图 4–3–19　日本奈良唐招提寺斗栱

成熟期高峰的唐宋斗栱，在结构机能和艺术造型上都达到完美的地步，主要表现在：

1．斗栱的承托、悬挑功能已臻完善　佛光寺大殿外檐采用了出四跳的七铺作双杪双下昂斗栱，檐口挑出约 4 米，充分显示了斗栱出跳支持深远出檐的结构功能。《营造法式》的斗栱形制中，还列有出五跳的八铺作双杪三下昂斗栱（图 4–3–22）。可以说已将斗栱的悬挑功能发挥到极致。在斗栱出跳中，下昂的受力作用令人注目，它以柱头方或华栱为支点，下端有力地承挑撩檐方或橑风槫传下的荷载，上端顶于草　或下平槫缝下，巧妙地使挑檐的重量与屋面及槫、梁的重量相平衡。充分发挥了昂的杠杆结构功能。整个斗栱的受力关系都很明确，展现出清晰的结构逻辑。

图 4–3–20　敦煌第 172 窟盛唐壁画上的斗栱
引自萧默．敦煌建筑研究．北京：文物出版社，1989

2．斗栱的形制已经完备，形成了规范化的

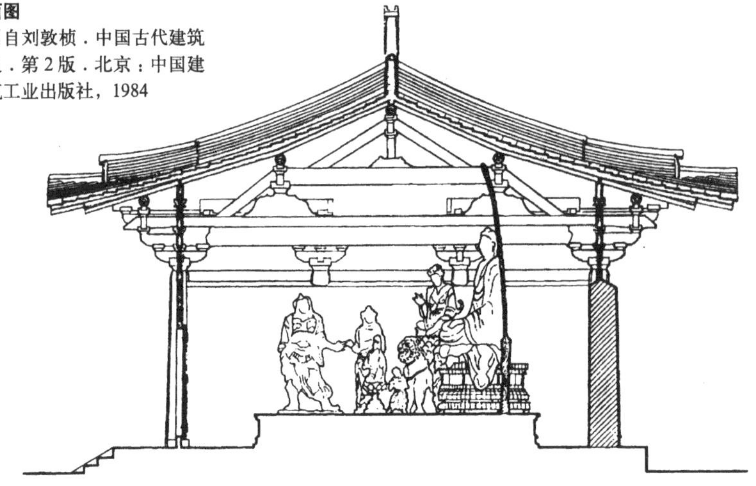

图 4–3–21　南禅寺大殿剖面图
引自刘敦桢．中国古代建筑史．第 2 版．北京：中国建筑工业出版社，1984

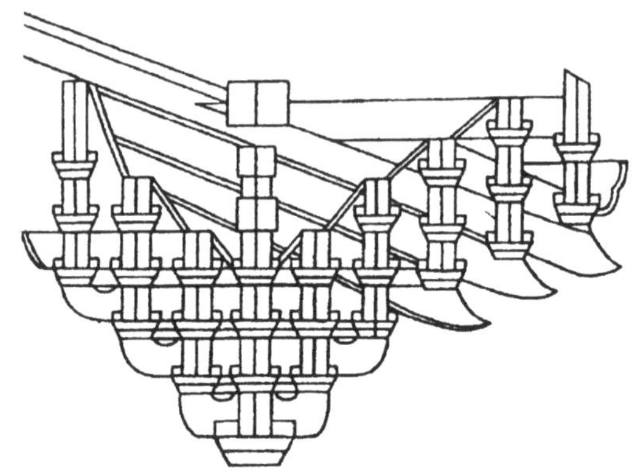

图 4–3–22《营造法式》中的八铺作双杪三下昂斗栱
引自李诫．营造法式

斗栱系列 在南禅寺大殿、佛光寺大殿等唐代斗栱中，斗、栱、昂、枋的各个分件都已定型，材分模数已经明确,形成了规范化的形制。在《营造法式》中，斗栱已具备配套的定型系列，有不出跳的"单斗只替"和"把头绞项作"，有出跳斗栱中最简略的做法——"斗口跳"，有纳入总铺作次序的从四铺作至八铺作的不同规制和从一等材到八等材的不同规格；具体做法上还有单栱与重栱，计心造与偷心造等区别。斗栱系列具备了灵活的调节机制，并形成了明确的等级区别。

3．斗栱已从孤立的节点托架联结成整体的水平框架 这一点在唐代殿堂型构架中表现得最为突出（图 4–3–23）。我们从佛光寺大殿可以看到，它的外槽柱头铺作和内槽柱头铺作，都有柱头枋和扶臂栱重叠成井干状。这种重叠的柱头枋左右联结形成了内外槽的两圈纵架，把柱头铺作，连同转角铺作、补间铺作在左右方向拉结起来。同时，在内外槽铺作之间，也采取了两个拉结措施，一是以明乳 的头部和尾部分别插入外槽柱头铺作和内槽柱头铺作，砍成第二跳华栱；二是以素枋的前端插入外槽柱头铺作，隐出第四跳华栱，尾部插入内槽柱头铺作，砍成第四跳华栱。这样，通过明乳 和素方的上下两层联结，使外槽与内槽之间有了拉结的横架。通过上述纵架与横架的纵横联结，整个内外槽铺作组成了坚实的如同水平框架的铺作层。这个铺作层，上承屋架层，下接柱网层，对保持殿堂型构架的整体性起到了关键作用。可以说，在像佛光寺大殿这样的殿堂型构架中，特定的构架体系为斗栱提供了最有用武之地，以铺作层出现的斗栱整体，的确发挥了最充分的结构机能。

值得注意的是，这些斗栱不仅在做法上、组合上显现合理的力学关系和清晰的结构逻辑，而且在造型上形成了合理的、规范化的形式，展示出强劲、雄迈的气势和富有装饰韵味的丰美形象。结构机能和审美形象在这里取得了高

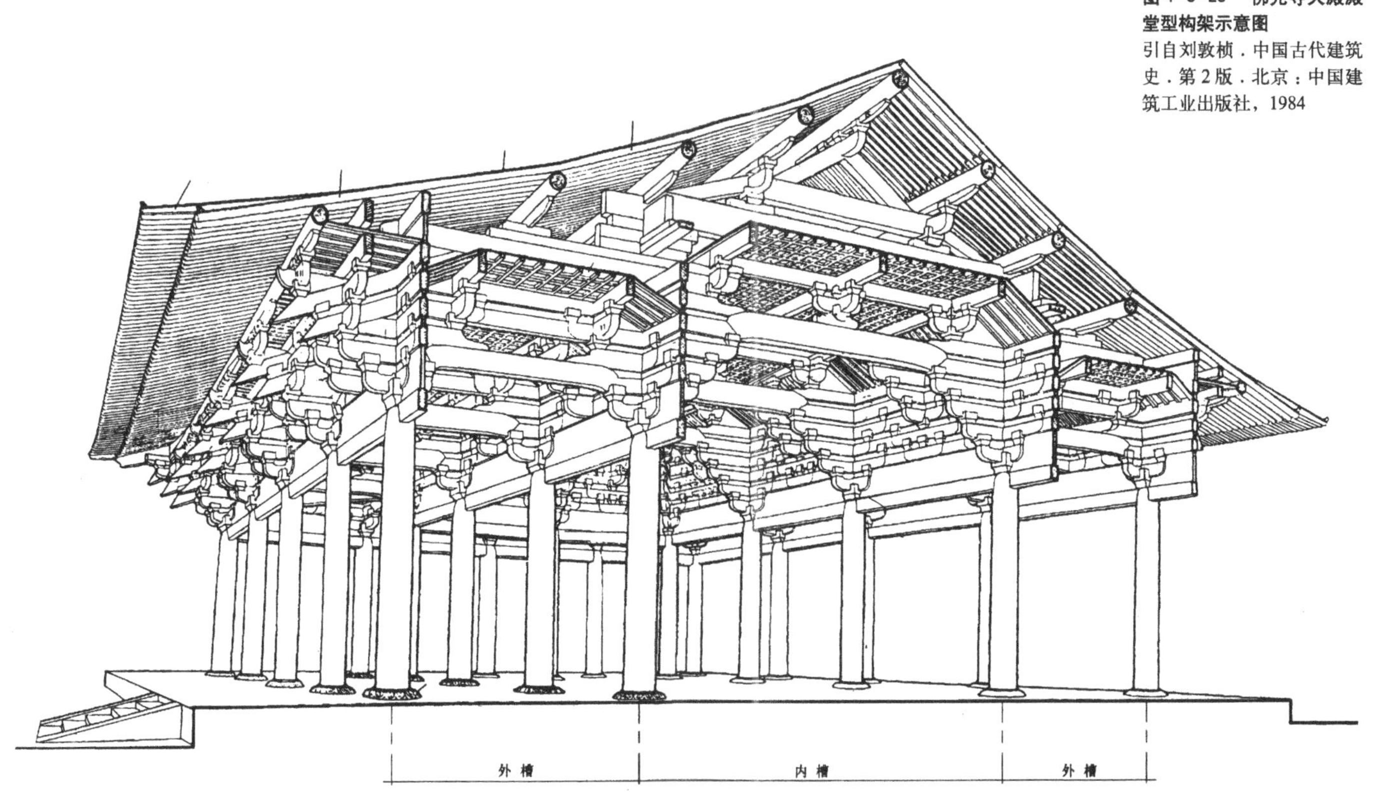

图 4–3–23 佛光寺大殿殿堂型构架示意图
引自刘敦桢．中国古代建筑史．第 2 版．北京：中国建筑工业出版社，1984

度的和谐、统一。这应该说是斗栱在成熟期高峰呈现的最佳状态，是理性精神在木构架体系中的重要体现。

应该指出的是，殿堂型构架为斗栱发挥结构机能提供了最佳条件，但殿堂型构架自身并不是木构架的最佳构成形态。与殿堂型构架平行发展的还有厅堂型构架（图 4–3–24）。这种厅堂型在唐宋时期，等级上低于殿堂型，而整体构架的有机性、简洁性都优于殿堂型，因而成为当时先进的构架形式。后来殿堂型终于被淘汰，而在厅堂型基础上经过简化，演进出明清构架的基本形制。

斗栱在厅堂型构架中的表现颇为微妙。一方面，厅堂型构架中的外檐斗栱继续展现出良好的结构机能，如南禅寺大殿的柱头铺作，四椽　插入前后檐铺作，砍成第二跳华栱，四椽　上附加的一层“缴背”，也插入前后檐铺作用作耍头木。这组五铺作外檐斗栱，受力关系清晰，结构性能明确，前后檐铺作有四椽　和缴背双重拉结，斗栱与构架的整体性良好，斗栱的结构机能仍发挥得很充分（图 4–3–21）。在《营造法式》图样中，厅堂构架的外檐铺作也都是将劄牵、乳　、三椽　等伸入铺作砍成耍头、梁头或华栱头，劄牵、乳　、三椽　等构件的后尾插入内柱柱身。这样，铺作自身结构简洁，铺作与构架整体联系也十分有机，结构机能同样得到良好发挥。但是，另一方面，厅堂型结构也给斗栱带来了新问题。其一是厅堂型的内柱上升，突破了殿堂型以柱网层、铺作层、屋架层水平层叠的结构体系，“铺作层”被冲掉了，内外槽铺作的整体网络消失了。这样一来，内檐铺作的整体联系割断了，又倒退为孤立的

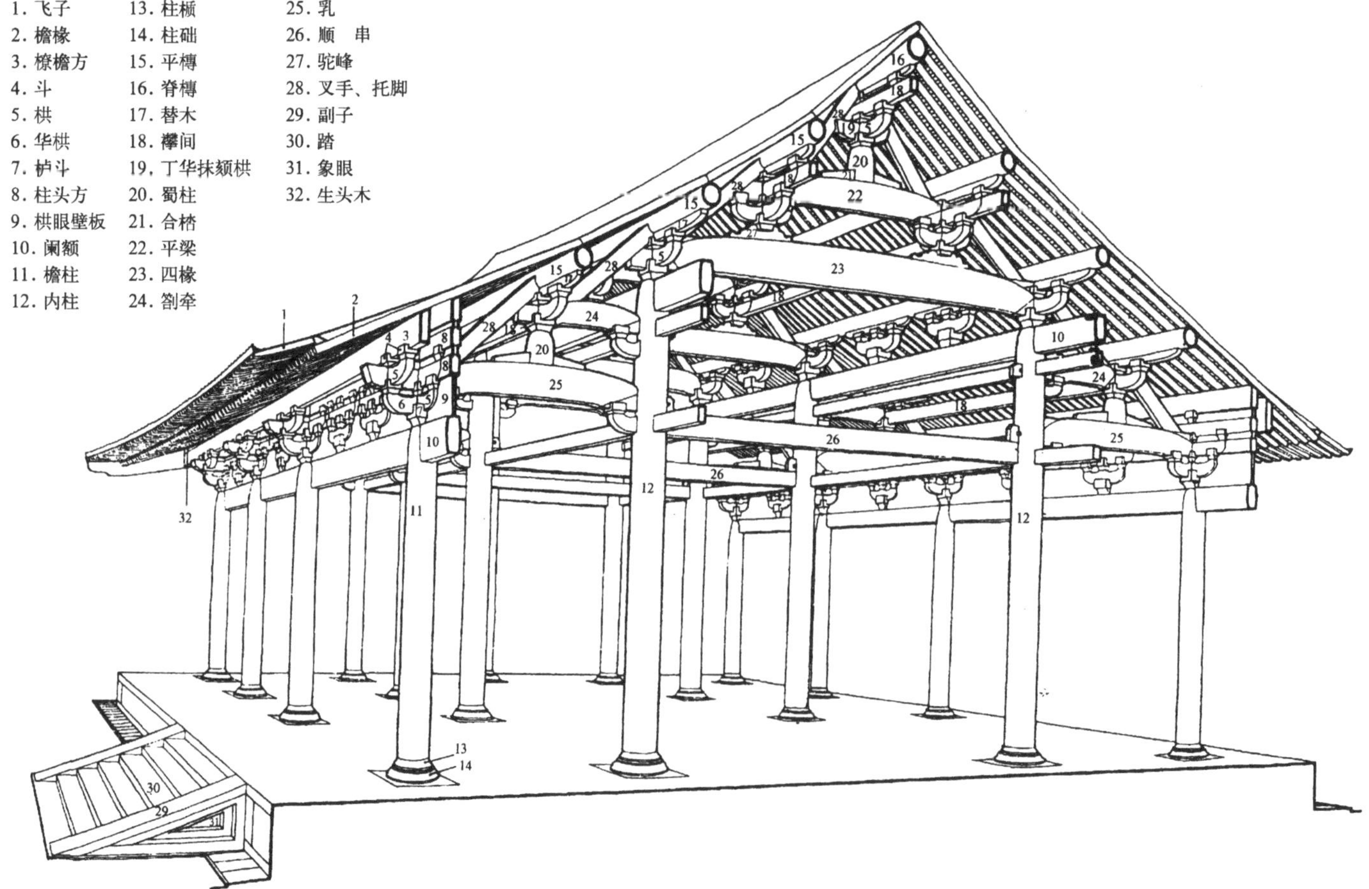

图 4–3–24　宋《营造法式》大木作制度厅堂型构架示意图

引自刘敦桢．中国古代建筑史．第 2 版．北京：中国建筑工业出版社，1984

节点托架，散置于柱、槫、 的交接点处，它的结构机能只剩下可有可无的承托作用，演化成以美化构架为主的装饰作用。其二是，由于厅堂型的内柱上升，插入檐部柱头铺作的乳 、三椽 等的后尾，都可以插入内柱柱身，这些" "成了新的、强有力的杠杆。" "的端部已具有独立承载橑檐槫或橑檐方的潜能。这种做法形成了以悬挑" "头来取代斗栱出跳功能的趋势，对外檐铺作的悬挑作用提出了严重的挑战，预告了斗栱出跳功能的衰落。可以说斗栱在厅堂型构架中既有外檐铺作延续着良好结构机能的一面，也有内檐铺作整体性消失和外檐铺作出跳机能面临衰落的另一面。这标志着斗栱结构机能演变上的重大转折，是斗栱越过成熟期高峰后出现的下落趋势。这种情况表明，厅堂型构架的出现，意味着构架整体的上升和对斗栱依赖的削弱，从此，斗栱与构架不再是同步演进，而是背道而驰，构架越是趋向有机、简洁，斗栱就越显得累赘、无用。

（三）第三阶段：明清

木构架在厅堂型基础上进一步简化，斗栱的结构机能大大衰退，主要表现在：

1. 乳 变成挑尖梁 这个尺度硕大的挑尖梁不是插入，而是压在柱头科斗栱上，梁头既直接承托正心桁，柱头科支撑挑檐的作用已被挑尖梁取代，外檐斗栱的悬挑功能明显退化（图4-3-25）；

2. 屋顶出檐尺度显著缩小 由于明清官式建筑普遍以砖墙取代土墙，墙体材料防水性能提高，促使屋檐悬挑的深度明显减小，挑檐桁挑出距离相应收缩，从而使整个斗栱尺度显著缩小而显现其结构性能的退化。

3. 殿身梁架节点简化 原先在梁架节点处采用的斗栱，大部分均已淘汰。楼阁中的内柱也直接升向上层，上下柱之间的斗栱已被取消。内檐斗栱的悬挑功能、承托功能、拉结功能都明显退化。

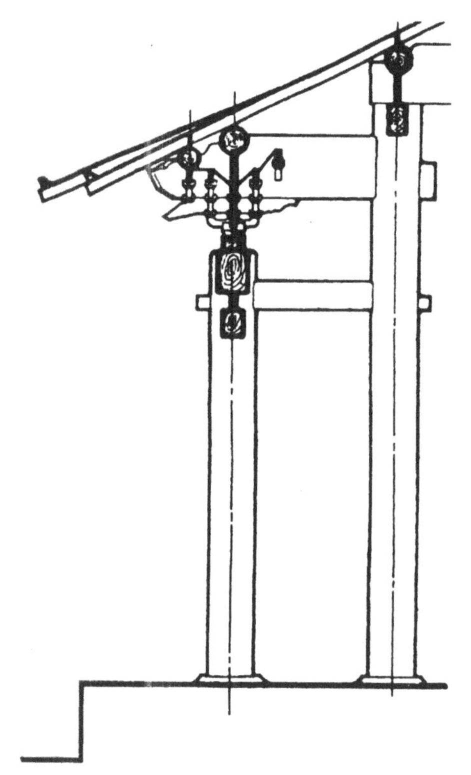

图4-3-25 清式梁架挑尖梁示意图

这些表明木构架自身的简练化，已达到可以甩掉斗栱的地步，斗栱的结构生命力已接近终结。按理说，明清斗栱应该因势利导地退出历史舞台，销声匿影。然而恰恰相反，在"述而不作"的礼的观念支配下，失却结构生命力的斗栱，不仅没有消失，反而更加繁缛、僵化，暴露出严重地拘于旧制的保守性。这突出地表现在：

1. 走向装饰化 明清斗栱明显地趋向装饰化，从结构机能与审美功能的统一体，转为结构机能微弱，甚至不具结构机能的纯装饰构件。外檐的柱头科由于挑尖梁的介入，失去了支撑屋檐的悬挑功能，只剩下可有可无的承托作用；平身科虽然还起着承托檩枋跨中支点的作用，实际上用不着那么多，不需要那么密集地排列（图4-3-26）；这些斗栱都大大缩小了尺度，并且全部采用计心造。这样导致檐部斗栱失去原先雄浑、疏朗、充满结构活力的形象，

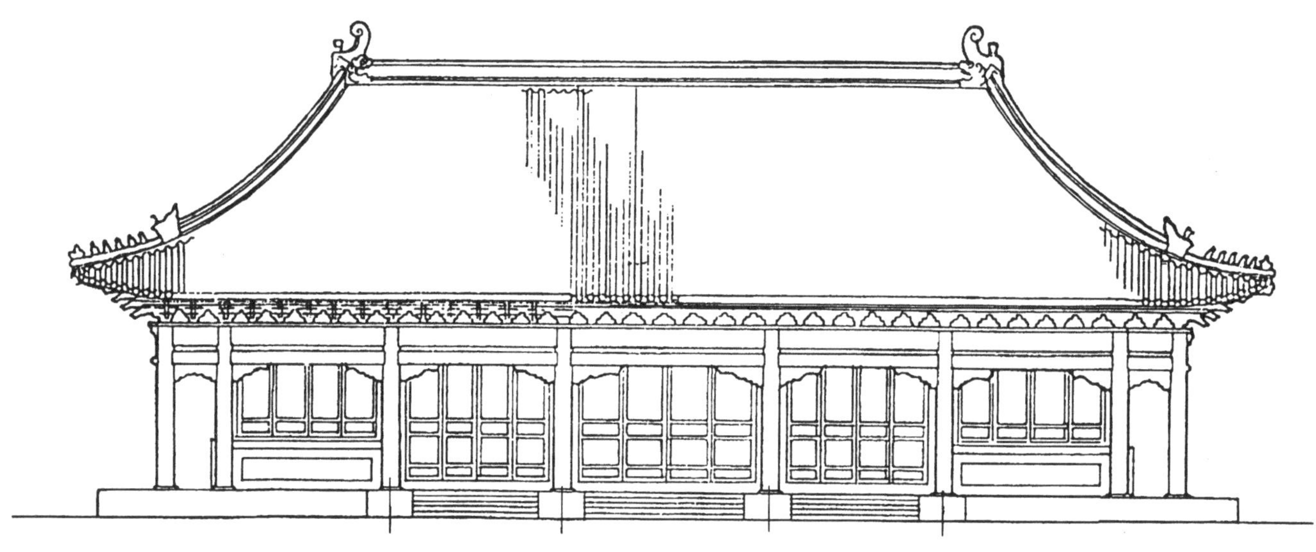

图 4-3-26　清式建筑中呈现的密集平身科斗栱
引自梁思成．清式营造则例．新1版．北京：中国建筑工业出版社，1981

而转化成檐下一圈细琐密集的繁缛装饰带。内檐斗栱也是如此，有的斗栱做成隔架科，架立在梁与随梁枋之间，退化为带装饰性的垫木；有的斗栱做成小尺度的品字科或镏金斗栱，分布在天花板和藻井的四周，成为内檐装修的组成要素。它们实质上都已从结构手段转化为装饰手段。

2．走向高度程式化　明清斗栱的程式化达到极其谨严的程度，清工部《工程做法》，在七十四卷的总篇幅中，用了整整十三卷的篇幅详细规定斗栱做法，另外还用了六卷的篇幅叙述斗栱木作、油作、画作的用料、用工。斗栱的基本类别、做法定则、斗口标准、展拽分数、分件规格、榫卯用法等等都有详尽具体的规定。斗栱系列明确地分为五个大类：一是翘昂斗科；二是一斗二升交麻叶和一斗三升斗科（图 4-3-27）；三是滴水品字科；四是隔架科；五是挑金、溜金斗科。这五大类中，翘昂斗科根据不同的等级，有三踩的斗口单昂，五踩的斗口重昂、单翘单昂，七踩的单翘重昂，九踩的重翘重昂等区别，品字科也有三踩、五踩、七踩、九踩的不同级别（图 4-3-28）。各类斗栱根据所用斗口的大小，再细分为 11 等。斗栱的细部加工和局部雕饰也全部定型，栱头卷杀、翘头卷杀、昂嘴做法、三岔头、六分头、蚂蚱头做法，以及菊花头、麻叶头、麻叶云、三福云、夔龙尾等的雕饰都一一纳入固定的格式。

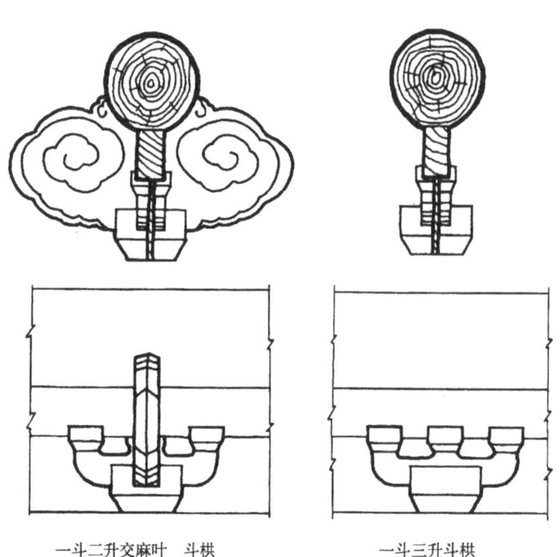

图 4-3-27　两种不出踩的斗栱

3．走向虚假化　由于结构机能的衰退，斗栱中的某些分件成了虚假的东西，以昂为最典型。唐宋时期的下昂是货真价实的杠杆受力构件，它的悬挑力比华栱强，而增加的檐口高度比华栱低，又具有力的平衡作用，是檐部理想的悬挑手段。到明清，随着斗栱悬挑机能的衰退，昂起了很大变化，一是从真昂变成了假昂，外表看上去还像昂形，而实际上只是翘头下斜而成，完全失去斜向挑斡，纯属虚构（图 4-3-29）。这种假昂在宋代晋祠圣母殿下檐已经出现，但是个别现象，而明清则演成普遍现象。二是从真昂变成了溜金斗栱的斜杆（图4-3-30）。在溜金（包括挑金）斗栱中，昂尾还保持着斜向的杆件，但它已经不是挑斡，而是一种斜杆，与耍头木、撑头木、桁椀木的斜杆一起，组成溜金斗栱的后挑。表面看上去，溜金斗栱也像是一组顶于金檩的杠杆构件，其实这些斜杆的端部都呈很大的折角，木纹走向极不合理，有悖木材的力学原则，杆件用料也极不经济，是对真昂的严重扭曲。溜金斗栱在清式斗栱中，属等级最高的形制，而这个最高形制的斗栱做法，恰恰是最虚假的。

4．走向繁缛化 明清斗栱虽然结构机能衰退，而斗栱、昂、枋的基本分件并没有减少，分件组成相当繁杂。一攒重翘重昂的九踩斗栱，平身科，柱头科、角科的分件分别为64件、52件、117件。[①]这么繁多、纷杂的分件，组装在尺度大大缩小的斗栱中，自身就导致繁缛的形象。再加上采用全部计心造的做法，更加添了它的分件密度。有的斗栱还添上45°的斜向栱，称为如意斗栱，其繁缛程度可以说是达到极点。值得注意的是，明清平身科攒数的增多，是斗栱繁缛化的一大表现。唐宋时期的补间铺作仅为1～2朵，而明清时期的平身科可以多至6～8攒。这些缩小尺度的，密集排列的平身科，大大增加了斗栱的总攒数。因为，在每幢殿堂檐部，

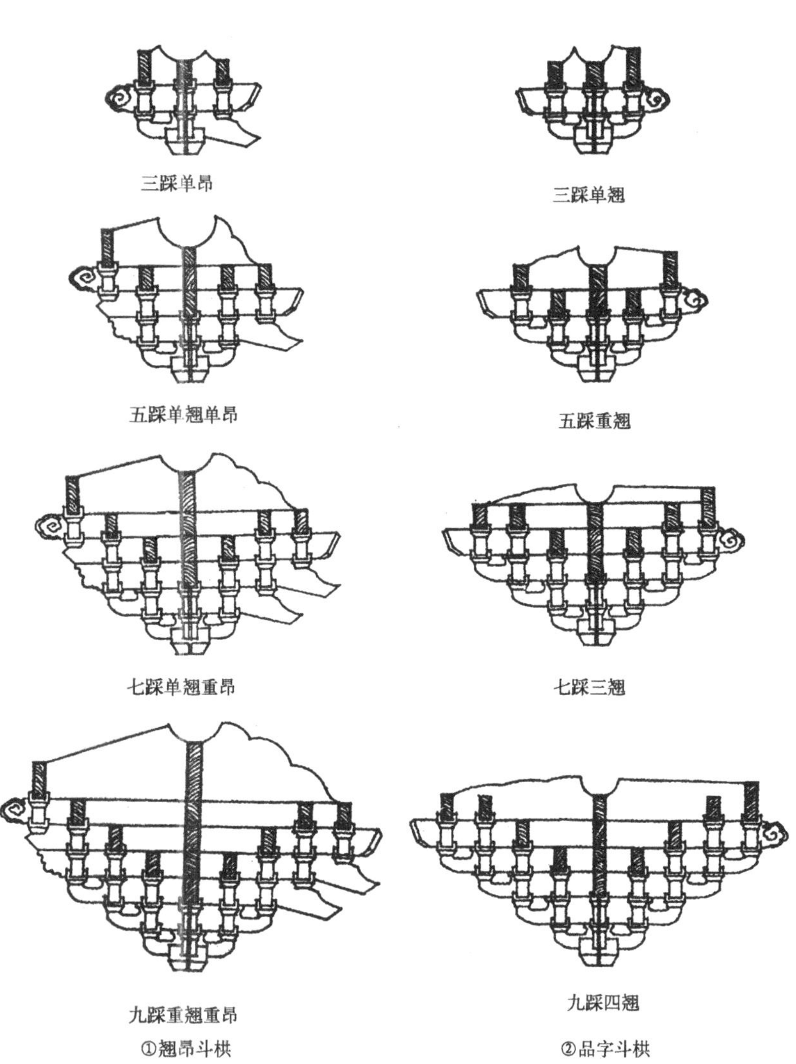

图4-3-28 斗栱出踩图
引自梁思成．清式营造则例．新1版．北京：中国建筑工业出版社，1981

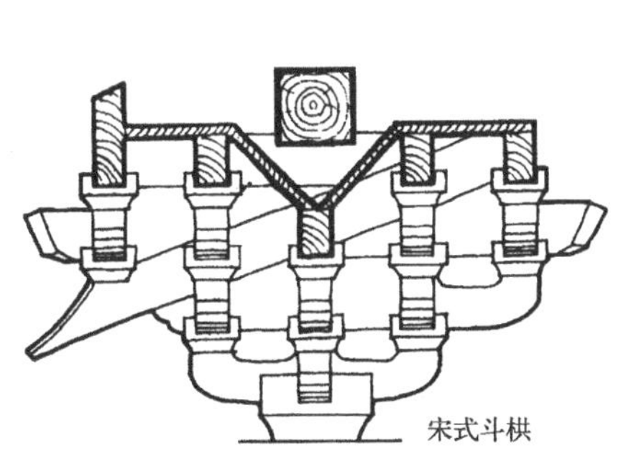

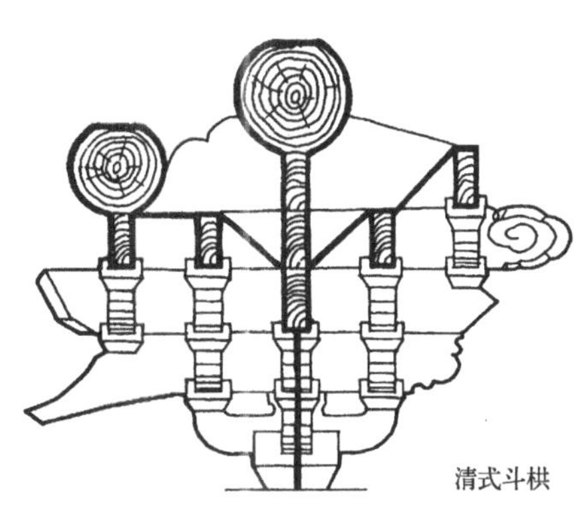

图4-3-29 宋式斗栱的真昂和清式斗栱的假昂

①见于倬云．斗栱的运用是我国古代建筑技术的重要贡献．见：科技史文集，第5辑．上海：上海科学技术出版社，1980

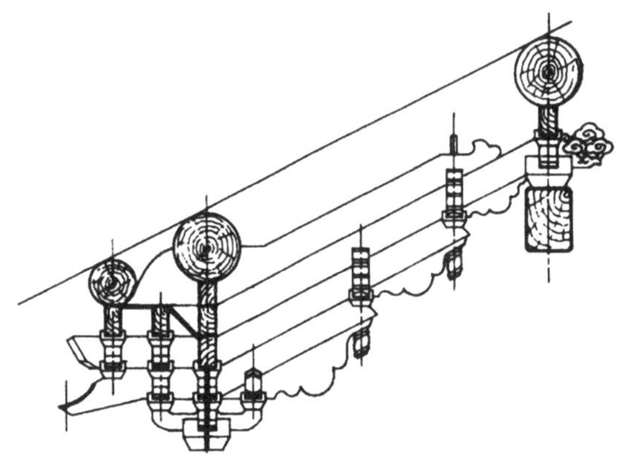

图 4-3-30 清式溜金斗栱
引自马炳坚．中国古建筑木作营造技术．北京：科学出版社，1991

角科仅 4 攒，柱头科数量也有限，而密集后的平身科则占绝大多数。由于它的增多，而使整幢建筑斗栱的总攒数和分件的总件数都猛增了好几倍。

综上所述，斗栱在后期演变中，在结构机能蜕变的情况下，仍固执地拘于旧制，表现出"述而不作"的、极其顽固的传统惰性力。使得"斗栱原始的功用及美德，至清代已丧失殆尽。"[①] 斗栱自身走向了僵化、繁缛化、虚假化，成为本构架体系晚期衰老化的突出症候。

三、仿木现象

中国古代建筑存在着突出的"仿木"现象，许多砖构、石构的建筑，都普遍地套袭木构建筑的形态和形象，"唯木作是遵"。这是由于木构架建筑体系发展在先，已形成既定的规制。在"述而不作"、"率由旧章"的礼的观念支配下，新材料、新结构的应用，未能突破旧有的规制，新的砖石技术体系不得不枷锁于旧的木构形制的框框之中，形成新内容与旧形式的尖锐矛盾，严重阻碍建筑的创新、发展。这方面的现象很多，这里摘述三点：

（一）石牌坊仿木

牌坊源于古代闾里的坊门和贵族宅第的乌头门，自汉唐到宋都是木构的。北宋中期里坊制废弛，实用性的坊门逐渐演变成旌表"嘉德懿行"的礼制性的牌坊。乌头门也逐渐演变成棂星门，用于陵墓、坛庙等组群中，以表尊显。基于纪念性所要求的永恒性，明代的棂星门几乎全为石构，牌坊也从元末明初开始出现石构，明中叶以后，石牌坊后来居上，建造数量可能已超过木牌坊。刘敦桢曾指出：

> 牌楼之发达，自木造之衡门、乌头门演绎进化，故石与琉璃二类牌楼之结构，俱以木牌楼为标准，分件名目，亦唯木作是遵，甚至施工下墨，每有木工参预其间，可为前说之旁证。[②]

的确，这种石牌坊和棂星门都有极显著的仿木特征。试看南京明社稷坛棂星门与《营造法式》乌头门两图（图 4-3-31），这个石构的棂星门从整体形象、分件构成到比例权衡、细部装饰都明显地因袭木构的乌头门。它保持着乌头门以挟门柱与额枋组合的基本骨架，只是增添了小额枋和花板。立颊依然存在，细部装饰的部位也完全相同，仅将挟门柱顶部的乌头改为宝珠，额枋上的日月版改为云版。可以说是在极简单的形象中因袭了尽可能多的仿木成分。

石牌坊也是如此。像明十三陵大牌坊那样的石牌楼（图 4-3-32），可以说是"五间六柱十一楼"的木牌楼的翻版。它全盘因袭了木牌楼的标准程式、分件形制和比例权衡。这种仿木做法，使石牌坊省却了探求石作造型的摸索期，直接套用程式化的木作式样，一步到位地取得了石牌坊的成熟形象。其仿木造型也便于取得木构架建筑组群风格的整体协调。从这个角度说，明十三陵大牌坊不失为石牌坊中的成功之作。但是，石料与木料的材料毕竟相差太远。石料接榫不易，而硬用石枋、石柱的榫卯接合，未能回避其短。石料也不能如木料那样以小件拼合，像斗栱、楼顶之类的构件，就只好以大石斫琢。这些不仅带来工艺上的不合理，也使大量的石牌坊拘泥于仿木形象而显得琐碎、

①梁思成文集二．北京：中国建筑工业出版社，1984

②刘敦桢文集一．北京：中国建筑工业出版社，1982．199 页

累赘，陷于造型与材质之间不合拍的扭曲状态，严重地阻塞了通向真正体现石牌坊石作特色的创新之途。

（二）砖塔仿木

中国早期的塔，大都是木构的。到6世纪初，木塔的建造已达到很高水平。据文献记载，建于公元516年的北魏永宁寺塔，是一座带有土质阶台塔心的9层木构楼阁式高塔，平面正方形，每面辟三门六窗。门上都是彩漆金钉，带有金镮铺首。塔刹上有金宝瓶，宝瓶下有承露金盘十一重。塔刹四周和各层檐角都悬垂金铎。文献形容它"去京师百里，已遥见之"；"殚土

图4-3-31《营造法式》中的乌头门（左）与南京明社稷坛棂星门（右）

引自刘敦桢文集一．北京：中国建筑工业出版社，1982

图4-3-32（下）明十三陵石牌坊

引自曾力．明十三陵帝陵建筑制度研究：[硕士学位论文]．天津：天津大学建筑工程系，1990

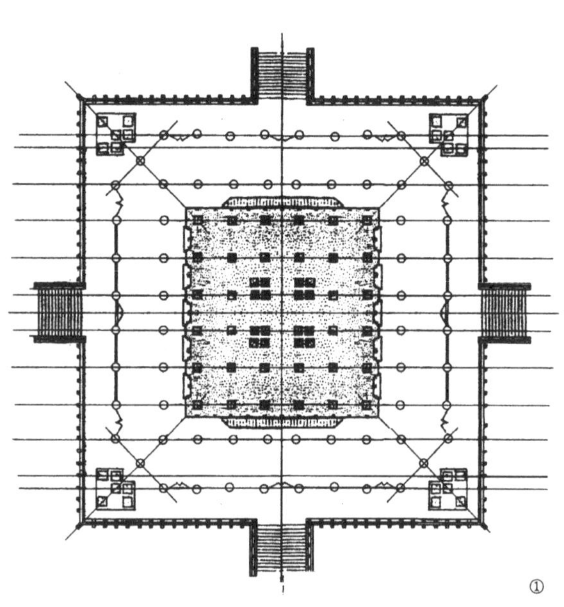

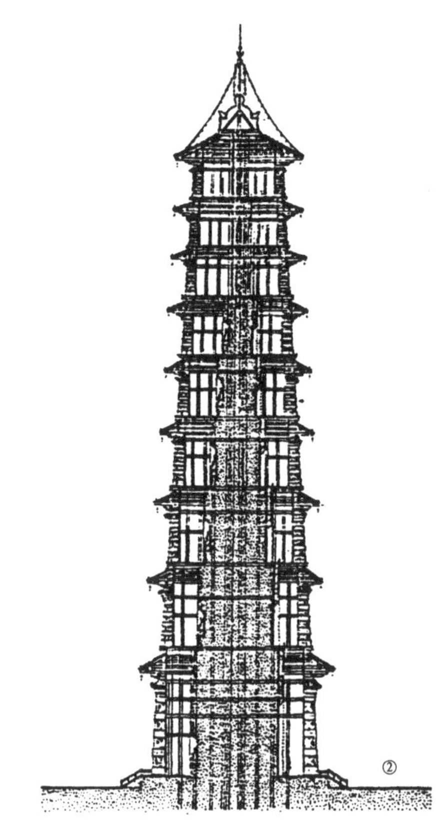

图 4–3–33　杨鸿勋复原的北魏永宁寺塔
①平面　②剖面
引自杨鸿勋．关于北魏洛阳永宁寺塔复原草图的说明．文物，1992（9）

木之功，穷造形之巧”；“至于高风永夜，宝铎和鸣，铿锵之声，闻及十余里。”[①]这座塔的高度，其说不一。《洛阳伽蓝记》说它总高一千尺，《释教录》说它高九十丈，《水经注》说它高四十九丈，《魏书·释老志》说它高四十余丈。如按四十余丈折算，约合 100 米上下。出现这么高、这么华丽的永宁寺塔，不难想像当时木塔的发展水平（图 4–3–33）。

木塔具有便于登临眺览的优点，外观也舒朗、轩昂、轻盈、华丽，但是却存在着易被火焚的缺点。宏丽的永宁寺塔就是建成后不到 20 年即被火烧毁的。木塔的这种致命伤，迫使人们不得不发展防火性能优良的砖塔、石塔。

现在所知的建造砖塔的最早记载，是《洛阳伽蓝记》记述的太康寺三层浮图。这个砖塔建于晋太康六年（285 年），表明砖塔的出现也相当早。但是砖塔的发展受制于砖产量和砖构技术，经历了很长的尝试期。一直到隋代，建塔实践中仍以木塔为主。直到唐朝，砖塔的数量才明显上升。到宋、辽、金时期才达到发展高峰。

由于砖塔兴起于木塔之后，自然形成仿木塔的趋势。其仿木的方式前后期明显不同。唐代砖塔属于前期仿木，主要表现在沿袭木塔的方形平面，外观以触目的叠涩挑檐作为木塔出檐的表征。这类砖塔可以小雁塔为代表（图 4–3–34），塔身墙面光素，仿木程度微弱。宋、辽、金砖塔属于后期仿木，大体上有两种做法：一是全塔的塔檐、斗栱、柱额、平坐、栏槛都用砖构件拼砌，塔身表面还隐出槏柱、直棂窗之类，整个塔全部罩上繁复的仿木外装。南北方的许多楼阁式塔和北方的大量辽、金密檐塔都是这种做法，如苏州的云岩寺塔（图 4–3–35）、双塔寺塔、内蒙古巴林右旗的庆州白塔、北京的天宁寺塔、山西灵丘的觉山寺塔等。另一种是塔身砖造，墙面隐出柱额、假窗，外围采用

①参见杨衒之．洛阳伽蓝记卷一

图 4-3-34 西安小雁塔外观
引自罗哲文．中国古塔．北京：中国青年出版社，1985

木构塔檐、平座。底层大多加上木构围廊，整个塔从外观上看，很像楼阁式木塔。苏州的报恩寺塔、瑞光寺塔、杭州的六和塔（图 4-3-36）等都属这类。

不难看出，砖塔的前期仿木处理得比较简洁，它主要通过砖叠涩檐来表征木塔出檐，从砖塔的仿木手法来说是很自然的、较为简便的、颇富创造性的。但是从砖叠涩受力上看，则是

图 4-3-35 苏州虎丘山云岩寺塔
①塔身剖面图 ②塔檐大样图
引自刘敦桢．中国古代建筑史．第 2 版．北京：中国建筑工业出版社，1984

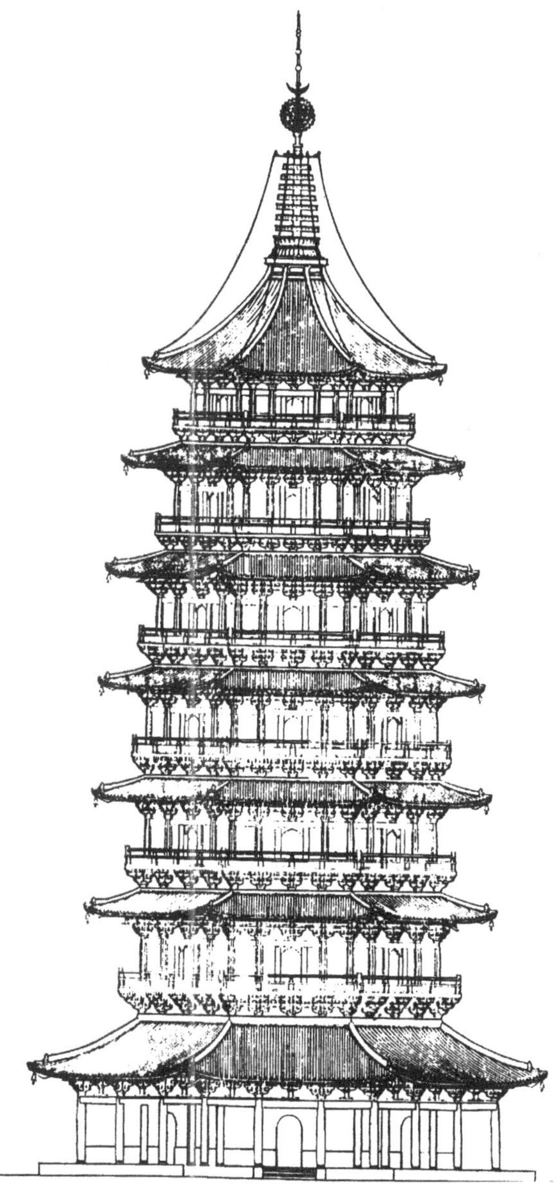

图 4-3-36 梁思成复原的杭州六和塔立面图
引自梁思成文集一．北京：中国建筑工业出版社，1982

受剪、受弯而不是受压，用的是砖构的所短而不是它的所长。宋、辽、金砖塔，在结构上比唐砖塔前进了一大步，如改方形平面为八角形平面，有利于减少塔的风压力；改木楼层为砖楼层，改空筒结构为带塔心柱结构或套筒结构，有利于加强塔体结构的整体性等等。但是宋、辽、金砖塔在仿木上却越陷越深。从唐塔仿木的淡淡传神点缀导向刻意追求仿木的细节真实。以繁杂的砖构件拼装仿木，给砖塔带来过分繁琐、累赘的形象。以木构挑出塔檐、平座，也只能消极地装扮成木塔的假象，它们都没有找到切合高层砖结构机能的合理造型，没有体现出砖构技术体系应有的艺术特色。而且这两种做法在构造上都很复杂，难以耐久，其不合理程度较砖叠涩檐更甚。这样就造成仿木砖塔的一大通病，塔的立面构件过于脆弱，檐部、平座极易破损、塌落，特别是后期仿木砖塔，几乎达到无塔不残的地步，给砖塔的维修保护带来沉重的负担。砖塔自身的高寿命由于立面构件不能同步高寿而致残，实在是太可惜了。我国砖塔的建造数量很大，是古代高层建筑活动的主要领域，却在拘于旧制的迂腐观念枷锁下，直到明清仍摆脱不开仿木的阴影，而未能展露富有高层砖构机能特色的风姿，这不能不说是中国建筑的一大憾事。

（三）无梁殿仿木

早在西汉前期，中国已经掌握拱券技术，但长期主要用于地下的墓室、墓道，地面建筑中只用于桥梁和砖塔。南宋后期筒拱开始用于城门洞。一直到 15 世纪，才出现了全部用砖券结构的无梁殿，并盛行于 16 世纪的中、晚期。现存的无梁殿以寺庙大殿和藏经楼占多数，如南京灵谷寺、五台山显通寺、太原永祚寺、峨眉山万年寺等的无梁殿；也有少数无梁殿出现在宫殿、坛庙、苑囿组群中，如北京故宫皇史　、天坛斋宫正殿、颐和园智慧海等。

建造无梁殿的主要动机是谋求建筑的持久性、耐火性，因为木构殿堂频频毁于火患，使得一些要求长年永固的殿屋，特别是寺院的藏经楼和皇家的档案库都迫切需要改用砖构。苏州开元寺就是在木构藏经楼被火烧毁后才改建无梁殿作为藏经楼。明代砖产量大幅度上升，砖材价格下降，石灰灰浆普遍应用，支模技术也明显提高，为建造砖殿堂提供了技术经济上的可能，无梁殿因而应运而生。

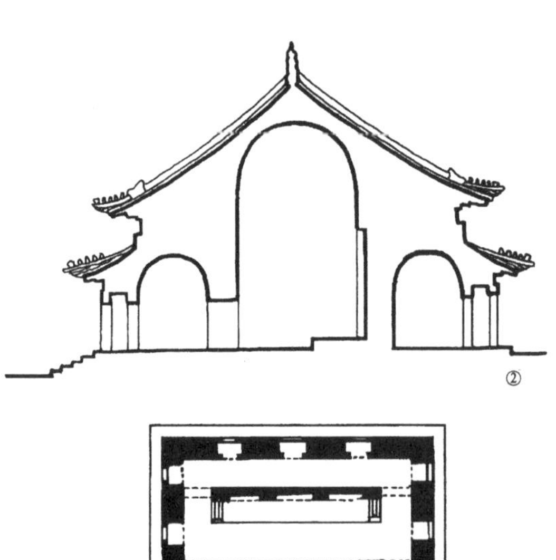

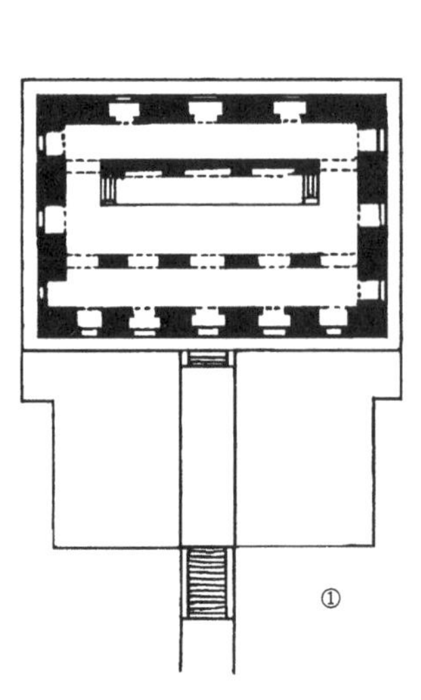

图 4–3–37　南京灵谷寺大殿
①平面图　②剖面图
引自中国建筑科学研究院．中国古建筑．北京：中国建筑工业出版社，1983

寺庙大殿的无梁殿可以南京灵谷寺大殿为代表（图 4–3–37）。殿平面为长方形，东西长 53.8 米，南北宽 37.8 米，沿进深方向，做前、中、后三跨。中跨达 11 米多，内部空间颇高敞。筒拱水平推力由前后檐墙承受，因而檐墙很厚，对门窗采光不利。殿身外观呈五开间，每间辟一券门，上复重檐歇山顶。檐部用砖砌斗栱，墙面光素无华。

用作藏经和保存档案的无梁殿可以北京故

宫皇史 为代表（图 4–3–38）。它建于明嘉靖十三年（1534 年），外观面阔九间，进深五间，单檐歇山顶。殿内结构为一横向半圆大筒拱，跨度 9 米，拱顶距地面约 12 米，前后檐墙作为受力墙，厚 9 米。前檐墙辟 5 道拱门，殿身檐部用石料做出仿木的飞椽、檐椽、斗栱、阑额、檐柱等构件形象。这类无梁殿的仿木程度都非常浓厚。

无梁殿突破了中国殿屋惯用的木构架结构，出现了截然不同的新结构形式，按理它应该为中国建筑朝砖石结构体系迈出崭新的步伐，但是在旧规制的枷锁下，无梁殿的平面始终没有跳出木构架殿堂间架平面的框框，新的拱券结构完全被束缚在仿木形式之中。明中叶前仿木程度还相对浅淡，明中叶后，仿木程度反而更加浓厚、逼真。紧箍在仿木外表下的无梁殿，结构面积与使用面积几乎相等，有的甚至还超过使用面积。很有生命力的拱券结构终于被仿木窒息了生命力，无梁殿仅仅延续很短时间就消失了。

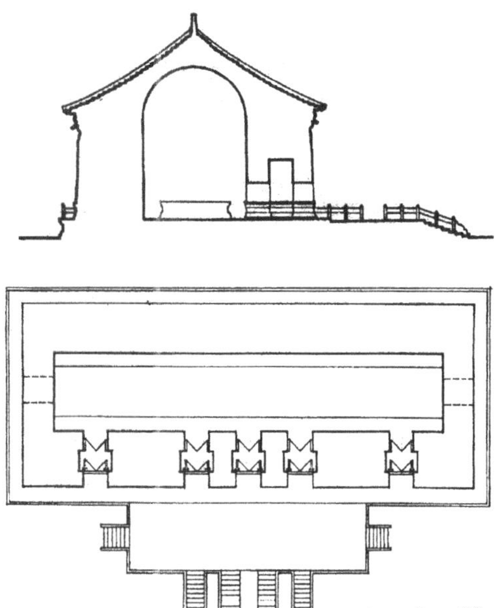

图 4–3–38　北京故宫皇史宬平面、剖面
引自潘谷西．中国古代建筑史第四卷．北京：中国建筑工业出版社，2001

第五章 “因”——中国建筑的“物理”理性

如果说,“礼”给中国建筑蒙上了浓厚的“伦理”理性色彩，那么“因”则集中地体现了中国建筑突出的“物理”理性品格。这是因为,“物理”理性涉及的是对自然法则、事物客观法则的认识和尊重,必然表现出对“因”的高度强调。

《说文解字》曰:“理，治玉也，从玉里声”。为什么把“治玉”和“理”联系在一起？因为玉有天然纹理，治玉要因其纹理而治。这说明“理”的原始含义就带有依形就势、因势利导的意思。

什么是“因”？《管子》书中作了很好的阐释：“因也者，舍己而以物为法者也”。①“舍己”，就是不存主观成见；“以物为法”，就是以客观事物为法则。所以强调“因”，就是强调从客观实际出发,按照事物的客观规律办事。显然，这正是“物理”理性的精神实质。

《管子》书中在论述城市建设时，就鲜明地贯穿了这种强调“因”的“物理”理性精神。

对于都城规划思想，它提出了“因天材，就地利”②的主张，强调从客观实际出发的规划原则：

对于都城选址，它明确认为：“凡立国都，非于大山之下，必于广川之上，高毋近旱而水用足，下毋近水而沟防省”。③又说：“故圣人之处国者，必于不顷之地，而择地形之肥饶者。乡山左右，经水若泽，内为渠落之写，因大川而注焉。”④明确指出都城要选在土地肥沃，利于农业生产的地区，要选择依山傍水的有利地形，要避免旱涝的灾害，要节省开渠引灌、筑堤防涝的工程，要便于开挖泄水渠，便于城内排水入河。

对于都城布局,它提出“城郭不必中规矩，道路不必中准绳”⑤，大城市地面“不可平以准”⑥的灵活措施，明确否定城郭一概采用方正对称的布局，道路一味追求笔直平坦的做法。

对于都城的居住分区，它也提出了“凡仕者近宫，不仕与耕者近门，工贾近市”⑦的布置原则，合理安排了农、工、商就近居住的便利条件。

《管子》书中反映的这些切合实际、讲求实效的主张,体现了城市建设、建筑活动中的“因势论”传统。它不同于《礼记》、《考工记》等儒家经典强调的“伦理”理性,迥异于拘泥礼制、等级、名分的“择中论”规划思想。

这种“因势论”的理性精神，在中国传统建筑、特别是民居建筑和园林建筑中体现的是很广泛、很深刻的。它贯穿于建筑活动的各个领域,渗透于建筑创作的各个层面。为便于梳理，这里粗略地选择三个角度进行考察：一是环境意识中蕴涵的因地制宜思想；二是构筑手段中采用的因材致用做法；三是设计意匠中综合体现的因势利导特色。

第一节 环境意识：因地制宜

我们的祖先具有早熟的“环境意识”。这是因为，中华古文明是农耕文明。古人在漫长的农耕生产中，认识到天时、地利等自然条件对于人的生产、生活有极密切的制约关系。在“万物有灵”的观念支配下，与人息息相关的自然，包括天地、日月、风云、山川都成了人们“祭祀”的崇拜对象。由于中华农耕文明的发源地和随后扩展的农耕区，都处于土地肥沃、雨量适中、气候温和的地带，自然环

①管子 · 心术

②③⑤管子 · 乘马

④管子 · 度地

⑥管子 · 宙合

⑦管子 · 大臣

境总的说是宜农的。"因而我国的自然崇拜不是恐惧对立的宗教情感，而是染上了浓重的感恩色彩。"[①]我们从"天地者，生之本也"[②]；"天地之大德曰生"[③]；"天生五谷以养人……天之常态，在于利人"[④]等的记述，可以察知我们的祖先对自然的"养人"、"利人"的"大德"，持的是铭感的道德态度。这种感恩型的自然崇拜，经过漫长的历史过程而积淀为民族的文化心理结构，在哲学上表现为"天人合一"的思想，认为"天道"与"人道"是一个"道"，伦理道德规律和自然规律是一致的。在城乡聚落建设和建筑活动中，则表现出重视自然，顺应自然，与自然持亲和态度，因地制宜，力求与自然融合协调的环境意识。

这种对于人居环境的关注和顺应，早在《诗经》里已有生动的描述。《诗经·大雅·公刘》在歌颂周族酋长公刘率领全族迁豳定居的诗句中，满怀激情地提到公刘如何登上小山，下到平地，观察流泉，巡看原野，全面地考察豳地的自然地形；如何"相其阴阳"、"度其隰原"，有条不紊地丈量土地、观测日影，确定建筑朝向和基址范围。这种萌芽状态的关注自然、顺应自然的环境意识，后来在中国城邑建设实践、村落建设实践、民居建筑实践、园林建筑实践、陵墓建筑实践、寺观建筑实践等领域都得到充分的发展，在选择环境、利用环境、改善环境、与环境有机交融等方面都达到很高的境界，成为中国建筑理性精神的重要体现。但是，这种环境意识的理论概括阐述却是很不充分的。有关环境意识的论述大部分混杂在浩瀚的风水术书中，掺杂大量荒谬的迷信内容，蒙上扑朔迷离的神秘外衣，成为扭曲的理论形态。只有星星点点的涉及环境意识的论述，散见于《园冶》、《闲情偶寄》等著述，总结了民居、园林的历史实践经验，升华出"体宜因借"的环境意向。下面分别展述。

一、风水：环境意识的扭曲表现

风水术，又称堪舆、卜宅、相宅、青乌、山水之术，是中国术数文化的一个重要分支。它积累和发展了先民相地实践的丰富经验，承继了巫术占卜的迷信传统，糅合了阴阳、五行、四象、八卦的哲理学说，附会了龙脉、明堂、生气、穴位等形法术语，通过审察山川形势、地理脉络、时空经纬，以择定吉利的聚落和建筑的基址、布局，成为中国古代涉及人居环境的一个极为独特的、扑朔迷离的知识门类和神秘领域。它的历史相当久远，早在先秦时期已孕育萌芽，汉代已初步形成，魏晋、南北朝、隋唐时期逐步走向成熟，至明清已达到泛滥局面。它对中国建筑活动产生了极为广泛的影响，上至都邑、宫庙、陵墓的选址、规划，下至山村、民宅、坟茔的相地、布局，都深受风水意识的制约。虽然风水术中包含着浓厚的迷信内容，充斥着荒诞不经的秘术、口诀，文字表述也缺乏系统的理论和明确的逻辑，大多故弄玄虚，晦涩诡谲，令人如堕云雾，不知所云。但是，透过风水论的某些评判和风水术支配下的建筑实践，我们还是可以窥悉到其中蕴涵的、被扭曲了的传统环境意识。这方面，近年来已有一些专家、学者展开了研究、探索。从有关研究文献来看，渗透在风水观念中的环境意识，至少有以下几点是值得我们注意的：

（一）天人合一的环境整合观念

"天人合一"是中国古代最突出的哲学思想，认为天道与人道是一致的，自然与人际是相通、相类的。《易·乾卦·文言》说：

> "大人"者，与天地合其德，与日月合其明，与四时合其序，与鬼神合其吉凶，先天而天弗违，后天而奉天时。

庄子说：

> 天地与我并生，而万物与我为一。[⑤]

①马建华．"情景交融"原型说．文艺研究，1990（5）

②荀子·礼讼

③易·系辞下

④董仲舒．春秋繁露·止雨

⑤庄子·齐物论

董仲舒说：

人有三百六十节，偶天之数也；形体骨肉，偶地之厚也；上有耳目聪明，日月之象也；体有空窍理脉，川谷之象也；[①]

天亦有喜怒之气，哀乐之心，与人相副，以类合之，天人一也。[②]

这些论说都是强调天人相副，天人混一，人副天数，力图追索天道与人道的相通之处，以求天人之间的协调和统一。这种天人合一的观念，正是风水学说的思想根基。风水理论的前提就是认为天、地、人是密不可分的整体。天时、地利、人和存在着密切的制约关系。风水术把《老子》的名言“万物负阴而抱阳，冲气以为和”奉为经典。在风水师看来，“气”是万物的本源，天、地、人的统一就集中体现在这个阴阳冲和的“气”上。气是变化无穷的，它可以变成水，也可以积淀为山川。

“太始唯一气，莫先于水；水中积浊，遂成山川”。[③]气被视为自然界和人所共有的，并能决定人的生死祸福。

夫阴阳之气，噫而为风，升而为云，降而为雨，行乎地中而为生气，行乎地中发而生乎万物。人受体于父母，本骸得气，遗体受荫。[④]

这个既充塞人体，又充塞于大地之间的“气”成了风水术关注的核心课题。

《青乌先生葬经》云：

内气萌生，外气成形，内外相乘，风水自成。

托名“金丞相兀钦仄”的注曰：

内气萌生，言穴暖而生万物也；外气成形，言山川融结而成像也。[⑤]

风水活动的根本目的就是寻求“生气”，回避“邪气”，几乎可以说，风水术实际上就是“相气术”、“理气术”。

这种基于“气”的统一的天人合一环境观念，混淆了自然规律和社会规律，把自然与人作了生硬的、幼稚的甚至荒谬的联系和类比，难免导致一系列牵强附会、荒诞不经的评判，如所谓“山厚人肥，山瘦人饥，山清人秀，山浊人迷，山驻人宁，山走人离，山勇人勇，山缩人痴，山顺人孝，山逆人亏”[⑥]等等。但是，这种天道与人道合一的整合观念也包含有人要适应和遵循自然界普遍规律的朴素认识，引发了风水术对于人与自然环境相互关系的极度重视，对于人与自然的认同、和睦、协调、一致的高度关注。正是这种极为浓厚的重视自然、顺应自然的风水意识，形成了中国建筑群落与自然环境充分交融的理性传统。李约瑟对此给予了很高评价，他称风水是“使生者与死者之处所与宇宙气息中之地气取得和合之艺术”，赞叹说：“再没有其他地方表现得像中国人那么热心体现他们伟大的理想：人与自然不可分离”。[⑦]

不仅如此，风水术还认定：“夫宅者，乃是阴阳之枢纽，人伦之轨模”。[⑧]显然，“阴阳之枢纽”，涉及的是住宅的自然属性；“人伦之轨模”，涉及的是住宅的社会属性。这表明，风水术的环境视野并不仅仅停留于自然环境，也兼及人际的社会环境。风水理论对于社会性的居住秩序，礼制性的等级秩序，以及乡风民俗、邻里关系、私密安全等等，也有所关照。在天人合一的环境整合观念中也包容着人际之间的环境和合。

（二）避凶趋吉的环境心理追求

风水术要解决的中心问题就是人居环境的凶吉问题。《黄帝宅经》一书，开宗明义就说：

夫宅者，人之本。人以宅为家，居若安，即家代昌吉；若不安，即门族衰微。坟墓川冈，并同兹说。上之军国，次及州郡县邑，下之村坊署栅，乃至山居，但人所处，皆有例焉。[⑨]

①董仲舒．春秋繁露·人副天数

②董仲舒．春秋繁露·阴阳义

③蒋平阶．水龙经

④传为郭璞．古本葬经

⑤青乌先生葬经．传为汉代青乌子撰，可能是元、明时代的伪作

⑥《青囊海角经》，旧题郭璞撰

⑦李约瑟．中国之科学与文明，第2册．台北：台北商务印书馆，1977

⑧⑨黄帝宅经·序

这段话说得很概括，有三层含义：一是表明风水术极端重视住宅的环境凶吉，认为居住的“安”与“不安”，直接影响到“家代昌吉”与“门族衰微”，把家居环境的作用提到影响家族兴衰的高度；二是指明坟墓阴宅、山川环境也同样存在风水的凶吉问题，同样制约人的祸福、安危；三是说明，不论是都城、州府县城，还是村庄、坊里、山居，凡是一切有人活动的场所，都无例外地受制于风水的凶吉，把风水术的涉及领域扩展到包括所有城乡、聚落的一切人居环境。

事实上也的确涉及面极广。在封建时代，风水不仅仅是民间的乡俗，而且蔓延成为全社会的风俗。封建统治阶级的上层同样接受了浓厚的风水意识，帝王的都城、宫殿，特别是陵墓的选址、布局，对于风水的凶吉是极端重视的，把它看成是关乎帝运盛衰、国祚短长的头等大事。国家机构中，也在钦天监专设官员职守风水事宜。《大清会典》载：

> 凡相度风水，遇大工营建，钦天监委官，相阴阳，定方向，取吉兴工，典至重也。

透过风水意识，我们可以看到古代中国全社会、全方位的对于环境凶吉的极端关注，不仅认同了自然生态对人居环境的制约，也附会了阴宅“荫庇”之类的迷信观念，把环境凶吉拔高到关系人的命运顺逆、未来祸福、家族兴败、国运盛衰、社稷安危的无以复加的高度，变成了夸大的、神秘的、扭曲的环境价值观。

在风水意识支配下，既关注建筑内部的环境凶吉，更关注建筑外部的环境凶吉。在风水术语中，前者称为“宅内形”，后者称为“宅外形”。《阳宅十书》写道：

> 人之居处，宜以大地山河为主，其来脉气势最大，关系人祸福最为切要。若大形不善，总内形得法，终不全吉，故论宅外形第一。①

这里的逻辑就是：建筑外部环境涉及大形，来脉气势最大，关系人的祸福也最大，因而把宅外形摆到第一位来讨论，体现出对总体环境的特别重视。

无论是建筑内部环境的凶吉，还是建筑外部环境的凶吉，风水师主要把它归结为“气”的作用，视其充溢何等的生气、邪气、阳气、阴气、地气、门气，从而评判环境具有何等的吉凶。因此，凶吉问题的核心亦即整个风水问题的核心，就是“气”的问题。那么，风水术中所谓的“气”，究竟指的是什么东西呢？这里不可能全面探讨，但有一点似乎可以肯定，风水中的“气”，既有生理、生态上的意义和作用，也有心理、审美上的意义和作用。从有利于日照、挡风、取水、排水，有利于水土保持、改善小气候条件的角度说，“气”是具有生理、生态意义的；从人感受到环境的屏卫得体、环抱有情、秩序井然、生机盎然以及通过风水术操作获得的心灵慰藉的角度说，“气”是具有心理、美学意义的。对于后者，徐苏斌作了专题探讨。她引述了物理学家何祚庥关于“气”与量子场论中的“场”极为相似的观点；引述了社会心理学之父勒温（Kurt Lewin 1890 ~ 1947）关于“心理场”就是“心理生活空间”，是没有大小尺度、没有固定形状的拓扑几何学的空间的论点；分析了风水术关于“气者形之微，形者气之著；气隐而难知，形显而易见”的说法，认为“气”的“隐而难知”正是心理场的拓扑特征：没有形状，没有大小，不可见，不可测；“形”的“显而易见”则是物理场的欧几里得几何特征：既可见又可测。从而得出了“气”实为“心理场”的结论。②

如果说，“气”仅仅是心理场，可能是不够全面的。因为“气”还有生理、生态方面的意义和作用。而从心理意义的角度来说，得出“气”

①阳宅十书·论宅外形第一

②徐苏斌．风水说中的心理场因素．见：王其亨．风水理论研究．天津：天津大学出版社，1992.107 ~ 116页

①阳宅十书·论宅外形第一

②传为郭璞．古本葬经

③姚廷銮．阳宅集成·卷一基形

④何晓昕．风水探源．南京：东南大学出版社，1990.68页

⑤缪希雍．葬经翼

⑥熊超础．堪舆泄秘卷三

是“心理场”的结论，则是很有说服力的。因此，我们可以说，风水观念中贯穿的极为强烈的避凶趋吉的环境意识，包容着古人对环境心理极强烈的追求。只是这种环境心理追求并没有上升到理论上的自觉，限于“气”的含糊概念，并搅拌着大量的迷信，而停留于神秘的、扭曲的状态。

（三）藏风聚气的环境理想模式

《堪舆易知》说：

凡一术数之成立，必有所谓本源者。本源者何，即五行等是也。

风水术所追求的环境理想模式，确是以五行方位四灵图式为“本源”的。

《阳宅十书》说：

凡宅左有流水谓之青龙；右有长道谓之白虎；前有污池谓之朱雀；后有丘陵谓之元武，为最贵也。[①]

《葬经》也说：

夫葬以左为青龙，右为白虎，前为朱雀，后为玄武。玄武垂头，朱雀翔舞，青龙蜿蜒，白虎驯頫。[②]

这些表明，不论是阳宅还是阴宅，风水术都以“四灵之地”为理想的环境，它的构成模式完全套用五行四灵方位图式（图5–1–1），

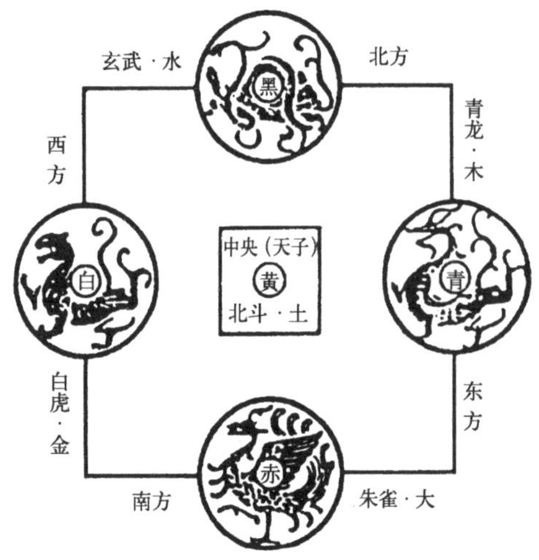

图5–1–1　四灵与五行方位图
引自张十庆．风水观念与徽州传统村落关系之研究．见：建筑理论与创作．南京：南京工学院建筑系，1986

只是将“四灵”具体化为山、河、路、池等环境要素。这种“四灵之地”的背山面水特点，进一步衍化成了“藏风聚气”的理想风水模式。风水歌诀曰：

阳宅须教择地形，背山面水称人心，山有来龙昂秀发，水须围抱作环形，明堂宽大斯为福，水口收藏积万金，关煞二方无障碍，光明正大旺门庭。[③]

说的就是这种模式的吉利意义。何晓昕把这种模式概括为“枕山、环水、面屏”，是很确切的。[④]这种模式实际上是山居、村落、城市、陵墓的通用理想模式（图5–1–2）。它的具体构成是：理想的村址、城址，明堂宽大居中，背枕主山龙脉，面临曲水环抱，砂山左辅右弼，前方朝案屏照，水口夹砂收闭。对这些自然环境要素的考察、选择，风水术把它概括为“觅龙、察砂、观水、点穴”四大要点。

风水视山脉为龙，觅龙就是观察主山山脉的曲屈起伏，龙脉枝干的延绵护衬，山石草木的葱郁繁茂，并就山峰峦头进行“喝形”，把山的自然形象附会为金、木、水、火、土“五星”，贪狼、禄存、文曲、武曲等“九星”或“华盖”、“宝盖”等具象的象征，以审察其气脉和寓意的凶吉。

砂指前后左右环抱的群山，察砂就是审察山的群体格局。“龙无砂随则孤，穴无砂护则塞”，风水术很重视砂山对来龙主山的臣伏隶从，重视青龙、白虎左右砂山和朱雀屏砂的妥帖形势，要求砂山达到“护卫区穴，不使风吹，环抱有情，不逼不压，不折不窜”。[⑤]

风水家把水视为山的血脉，观水就是观察水的形局。“凡到一乡之中，先看水城归哪一边，水抱边可寻地，水反边不可下”。[⑥]首先寻觅萦迂环抱的水势。同时讲究水口的“天门开”、“地门闭”，并注重水态的澄凝团聚，水貌的钟灵毓秀，水质的色碧气香、甘甜清冽。

风水中的"穴"，实际指的是组群布局核心的基址所在。点穴，就是确定城址、村址、宅址、墓址的核心部位立基的位置。穴点所在的地段，称明堂、区穴或堂局。穴也就是明堂的核心，点穴因而也涉及到整个明堂的选址。《地理五诀》称：明堂"乃众砂聚会之所，后枕靠，前朝对，左龙砂，右虎砂，正中曰明堂"。[①]对于明堂的选择，实质上就是对于龙、砂、水选择的综合权衡。

不难看出，通过觅龙、察砂、观水、点穴所选择的藏风聚气的理想环境，的确具有良好的小气候和生态环境效益。处于北半球的中国大地，坐北朝南，负阴抱阳，背山面水的聚落基本格局，显然具有日照、通风、取水、排水、防涝、交通、灌溉、采薪、阻挡寒流、保持水土、滋润植被、养殖水产、调整小气候，便于进行农、林、牧、副、渔多种经营等一系列优越性。这种山环水抱、重峦叠嶂、山清水秀、郁郁葱葱的自然环境的和谐风貌，当然也形成良好的心理空间和景观画面。风水术把这样的环境作为吉利的理想模式，的确体现了中国大地世世代代开发人居环境的历史经验。

（四）山水如画的环境景观效果

风水术十分强调"气"与"形"的密切相关，认为："理寓于气，气囿于形"[②]。"气吉，形必秀润、特达、端庄；气凶，形必粗顽、欹斜、破碎"。[③]透过"气"与"形"的相关性，我们可以看出在风水理论中"气"的吉凶与"形"的美丑是有关联的。风水术追求吉利形气的同时，大多数也吻合了美的环境景观。许多情况下，风水的善与美是统一的，难解难分的。

风水术有一段关于土地的论说：

> 圣贤之地多土少石，仙佛之地多石少土。圣贤之地清秀奇雅，仙佛之地清奇古怪。清秀者，不去土以为奇，不任石以为峭。祥如鸾凤，美若圭璋，重如鼎彝，古如图书。……清奇者，如寒梅瘦影，骨骼仅在；野鹤羸形，神光独见；横如步剑，曲若之元，尖如万火烧丹，直如九天飞锡。……[④]

这段话描述了"清秀"与"清奇"两种地貌，像圣贤那样的人世之人，适于清秀之地，宜于清秀之美；像仙佛那样的出世之人，适于清奇之地，宜于清奇之美。在这里，风水的选择与审美的选择是合二而一的。

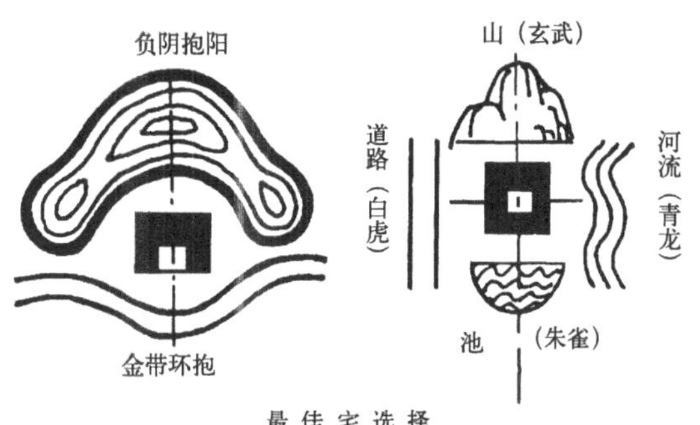

最佳宅选择

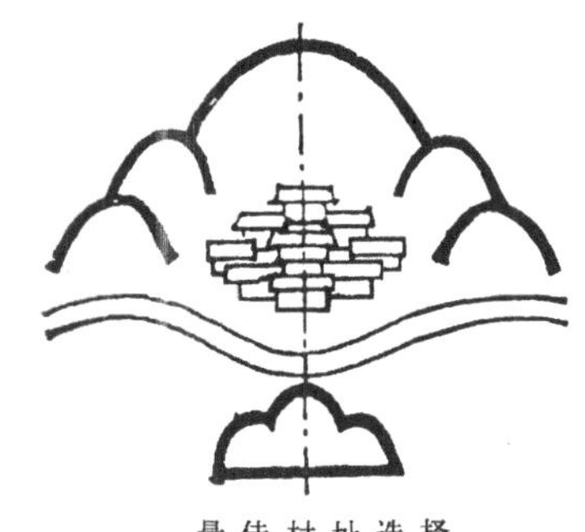
最佳村址选择

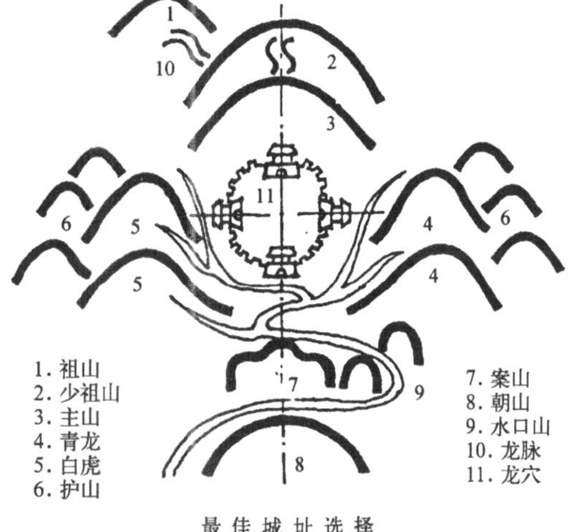

最佳城址选择

图 5-1-2　尚廓所作的风水观念最佳选址图示

引自尚廓．中国风水格局的构成、生态环境与景观．见：王其亨．风水理论研究．天津：天津大学出版社，1992

①地理五诀·卷一地理总论

②相宅经纂·原序

③解难二十四篇

④《青囊海角经》，旧题郭璞撰

①尚廓．中国风水格局的构成、生态环境与景观．见：王其亨．风水理论研究．天津：天津大学出版社，1992.26～32页

②钱钟书．谈艺录·一一附说九．补订本．北京：中华书局，1984.57页

③《青囊海角经》，旧题郭璞撰

前面提到的“藏风聚气”的环境理想模式也是如此。这种“枕山、环水、面屏”的格局，正是体现了良好自然生态与良好自然景观、人为景观的统一。尚廓对此作了精要的分析。他指出：

1. 以主山、少祖山、祖山为基址的背景和衬托，使山外有山，重峦叠嶂，形成多层次的主体轮廓线，增加了风景的深度感和距离感；2. 以河流、水池为基址的前景，形成开阔平远的视野，而隔水回望，有生动的波光水影，造成绚丽的画面；3. 以案山、朝山为基址的前景、借景，形成基址前方远景的构图中心，使视线有所归宿；两重山峦，亦起到丰富风景层次感和深度感的作用；4. 以水口为障景、为屏挡，使基址内外有所隔离，形成空间对比，使入基址后有豁然开朗、别有洞天的景观效果；5. 作为风水地形之补充的人工风水建筑物，如宝塔、楼阁、牌坊、梁桥等常以环境的标志物、控制点、视线焦点、构图中心、观赏对象或观赏点的姿态出现，均具有易识别性和观赏性……（图 5-1-3）[①]

值得注意的是：风水理论与山水画论之间存在着明显的相互渗透现象。钱钟书曾指出：

我国堪舆之学，虽荒诞无稽，而其论山水血脉形势，亦与绘画之同感无异，特为术数所掩耳。李巨来《穆堂别稿》卷四十四《秋山论文》一则曰：“相冢书云：山静物也，欲其动；水动物也，欲其静。此语妙得文家之秘”云云。实则山水画之理，亦不外是。堪舆之通于艺术，犹八股之通于戏剧，是在善简别者不一笔抹杀焉。[②]

的确，风水术中有许多论山水形法的文字，与画论论山水布局的文字和喻义都十分接近。如风水术曰：

龙为君道，砂为臣道；君必位乎上，臣必伏乎下。[③]

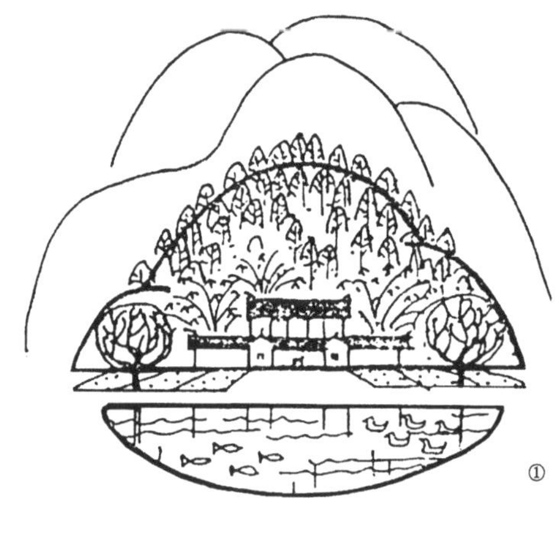
①

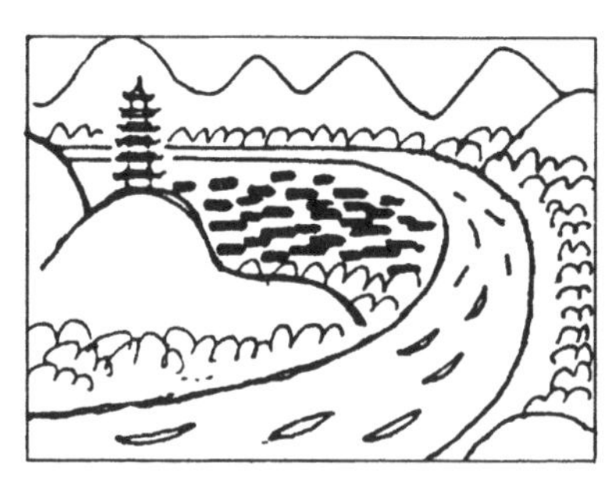

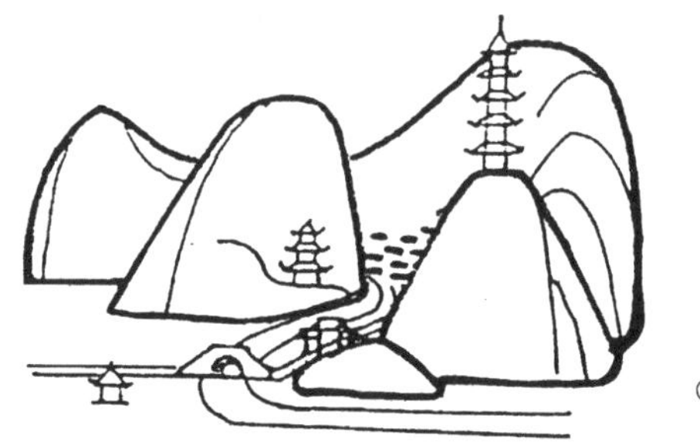
②

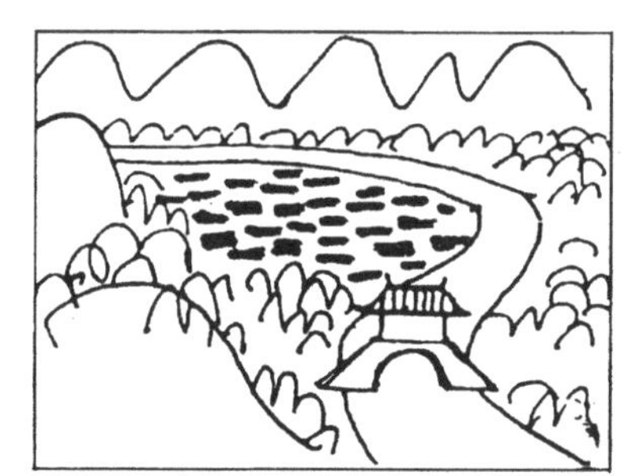

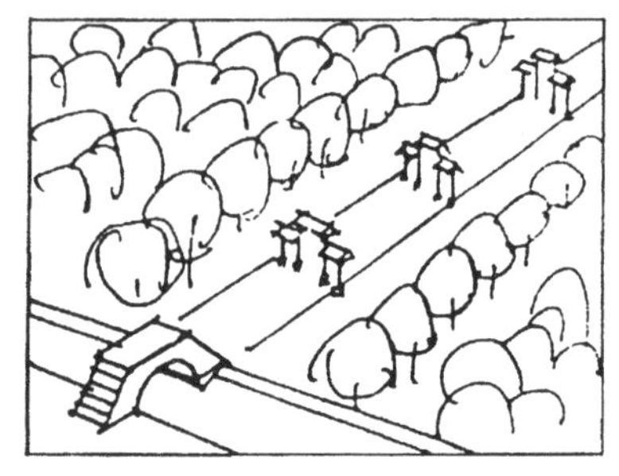
③

图 5-1-3　尚廓分析的风水格局的景观效果
①风水山、风水池的背景、前景效果
②水口山及附带建筑的景观效果
③山上建塔、水中建阁、河上建桥往往成为村镇标志或风景构图中心
引自尚廓．中国风水格局的构成、生态环境与景观．见：王其亨．风水理论研究．天津：天津大学出版社，1992

画论曰：

近阜以下承上，有尊卑相顾之情。[①]

大山堂堂，为众山之主，所以分布以次岗阜林壑，为远近大小之宗主也。[②]

风水术曰：

远为势，近为形；势言其大者，形言其小者；

势可远观，形须近察；

远以观势，虽略而真；近以认形，虽约而博。[③]

画论曰：

远望之以取其势，近看之以取其质。……真山水之风雨，远望可得，而近者玩习，不能究错纵起止之势。真山水之阴晴，远望可尽，而近者拘狭，不能得明晦隐见之迹。[④]

两者之所以相通，并非偶然。这是因为风水和山水画一样，都受到“天人合一”的哲学思想的支配，都崇尚相通的山水精神。风水术的这个特点，使得在风水术支配下进行的建筑实践，大多能取得良好的自然景观，能取得建筑与自然环境良好的融合。正如李约瑟所说：

风水包含着显著的美学成分，遍布中国的农田、居室、乡村之美不可胜收，皆可借此以得说明。[⑤]

二、贵因顺势——风水环境的调适意识

前面粗略地概述了风水术中渗透的环境意识，这种环境意识由于掺杂着大量荒诞无稽的迷信、虚妄的内容而呈现扭曲的状态。这些扭曲的环境意识中蕴含着颇为丰富的、理性的、基于相地实践经验积累的“因地制宜”的环境调适意识。近年来，一些讨论风水问题的论文都注意到这一点，已展开多方面的论析。初步看来，风水环境中渗透的“因地制宜”的调适意识，大体上可以概括为以下几点：

（一）因就天时，切合地利

风水术热衷地追求天时、地利、人和的“天人合一”融洽境界。风水师信奉的原则，有不少是切合天时、地利的，或者说是与天时、地利吻合的。

前面提到的“藏风聚气”的理想环境模式，取的是负阴抱阳的格局，这种格局基本上是坐北朝南的方位。显然，这与位处北半球的中国大地的最佳朝向是一致的。由于具体地段的不同，如地形等高线的限制等等，建筑方位未必都能取子午向的正南朝向，风水师多依地形走向而适当偏转建筑的朝向角度。也有根据家庭主要成员（父、母、长子）的“生辰八字”而偏转住宅的朝向角度。值得注意的是，这些偏转角度绝大多数都是以子午向的正南轴为基准，偏转于丑未向（南偏西 30°）与亥巳向（南偏东 30°）之间，各地的偏转范围，恰恰多与当地日照最佳朝向范围相吻合。在这里，体现出了建筑朝向与“日照”的天时和“地形”的地利的双向协调，使得许多山地民居既顺应地形环境、又不违背良好方位，取得了合理、融洽的布局形式。

对于理想环境的“四灵”之地，风水术概括为“左青龙、右白虎、前朱雀、后玄武”。这里用的是“左、右、前、后”的相对方位，而不是“东、西、南、北”的绝对方位。这是颇有用心的，这就为因地制宜提供了较大的回旋余地。风水吉地中当然不乏坐北朝南的“四灵”之地，但也有相当数量的“四灵”之地限于地段的具体条件而难以坐北朝南。梁雪曾引述过台湾恒春县城的选址实例（图 5-1-4）。这个县的县志说：

三台山，在县城东北一里，为县城主山，……即县城之玄武也；……龙銮山，在县城南六里，堪舆为县城

①笪重光．画筌

②④郭熙．林泉高致·山水训

③管氏地理指蒙

⑤李约瑟．中国之科学与文明，第 2 册．台北：台北商务印书馆，1977

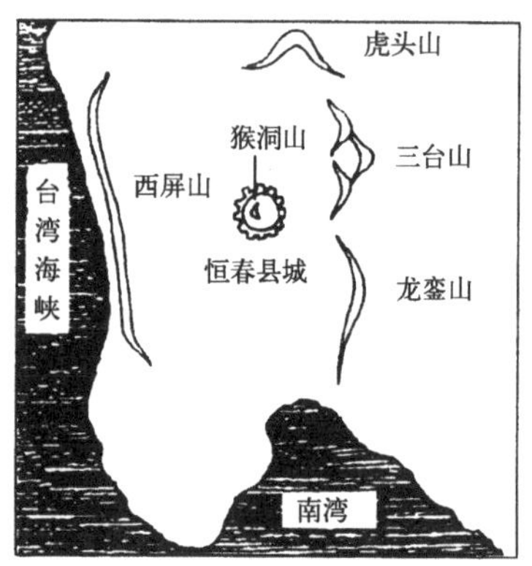

图 5–1–4 台湾恒春县城的“四神”位置示意
引自梁雪．从聚落选址看中国人的环境观．见：王其亨．风水理论研究．天津：天津大学出版社，1992

青龙居左；……虎头山，在县城北七里，堪舆为县城白虎居右；……西屏山，在县城西南五里，正居县前，如一字平案，……为县城朱雀。[①]

这里的“四灵”成了坐东北朝西南的方位。这完全是因地制宜的调适。不仅如此，这里的“四灵”都用“山”来表征，看来也是针对实际情况的迁就变通。

类似这样“因天时、就地利”的风水现象不少，如村庄出水口，风水以“巽位”为吉利。这实质上是因地制宜的选择。因为中国地形地貌的特点是西部高、东部低，主要河流多是自西向东，以东南向的巽位作为出水口，是符合河流流向规律的。

（二）靠山吃山，靠水吃水

风水术以“枕山、环水、面屏”为藏风聚气的理想环境模式，但是，这个模式只适用于山区和丘陵地带，并非所有的地段都有山可枕。我国很多地方是江湖平原，没有起伏的山脉。对此，风水术作了一个很大的调适，对于关系一村“命脉”的来龙，除“山龙”之外，又添加了“水龙”。即《水法》所谓的“有山取山断，无山取水断”。风水师在这里承继了“靠山吃山，靠水吃水”的理性传统，明确地提出适应“山地”与“平洋”两种地区的因地制宜要求：

山地属阴，平洋属阳，高起为阴，平坦为阳；阴阳各分，看法不同。山地贵坐实朝空，平洋要坐空朝满；山地以山为主，穴后宜高；平洋以水作主，穴后宜低。[②]

对于平洋地区，理想的风水环境完全按水乡特点来安排：“平洋地阳盛阴衰，只要四面水绕归流一处，以水为龙脉，以水为护卫”。[③]不仅龙脉用的是水，而且护卫用的也是水。这样，就形成了另一种理想环境模式。何晓昕把它概括为“背水、面街、人家”。[④]我国江南许多水乡城镇，大都沿用了这样的模式。

不仅如此，在许多市井地段，还存在着既无山，又无水的局面，这种城郭、市镇中的井邑之宅，风水师也有进一步的因地制宜变通，即将千家万户的屋脊视为“龙脉”，把宅周围的街巷比拟为“水”。所谓“万瓦鳞鳞市井中，高连屋脊是来龙，虽曰汉（旱）龙天上至，还须滴水界真踪”。[⑤]

《海州民俗志》写道：

平行几家建房，必须在一条线上，俗叫一条脊，又叫一条龙，又必须同样高低。若有错前的，叫孤雁出头，屋主会丧偶。若错后叫错牙，小两口会不安。若高低不同的，叫高的压了低的气。左边的房子可以高于右边的房子；绝不允许右边的房子高于左边的房子。俗规是：左青龙、右白虎，宁叫青龙高万丈，不让白虎抬了头。

可以看出市井之宅强调“脊龙”，实质上是协调住宅群体整齐布局的一种手段，也是协调邻里关系的一种措施。

至于“一层街衢为一层水，一层墙屋为一层砂，门前街道即是明堂，对面屋宇即为案山”[⑥]的说法则是把“龙”、“砂”、“水”、“穴”四大要素，根据市井具体情况作了对应转换，也是一种灵活的因地制宜的应变。

①屠继善．恒春县志．光绪二十年

②③地理五诀卷八

④何晓昕．风水探源．南京：东南大学出版社，1990.68页

⑤姚延銮．阳宅集成·卷一基形

⑥阳宅会心集

（三）依形就势，扬长避短

风水术“观水”，很重视水的形局。“凡到一乡之中，先看水城归哪一边，水抱边可寻地，水反边不可下”。[①]就是说，村落不要选在水流凹入之处，而要选在水流环抱的隈曲部位（图5–1–5）。这个部位不仅形成水流三面缠护，看上去亲切、妥帖、融洽，而且还有水文地理的科学道理。因为水流挟带泥沙在河曲中流动，必然会不断地冲击凹岸，导致凹岸淘蚀、坍塌；而凸岸则会堆积成滩，逐渐地扩延。这是隈曲部位的真正吉利所在，实质上是一种扬长避短的选择。

风水术的依形就势规划意识，在陵墓布局、村落布局都反映得非常突出。冯建逵、王其亨在清代陵寝的专题研究中，对陵寝建筑的轴线组织、序列配置、环境质量、空间组合形势等，都从风水角度作了深入的探析，指出陵寝规划设计中体现着的“陵制与山水相称”的基本原则和“千尺为势，百尺为形”的形势原理，陵寝建筑因势随形，既配合山川形势，也强化山川形势，使建筑景观的人文美与自然美达到有机的完美结合（图5–1–6）。[②]

张十庆结合徽州民居实例，详细地讨论了风水吉凶判断对地形的灵活调适。他举歙县呈坎的一组民宅，在不规则的用地上因坚持了住宅主体“一颗印”的朝东吉利方位，既满足了朝向的要求，又顺应了地形特点（图5–1–7）。[③]这种依形就势的处理，使得许多民居既满足了实用功能的需求，又取得了自然、活泼的生动形象。

风水术对这种因地制宜、依形就势、扬长避短的点穴立基原则，是颇为自觉遵循的。《博山篇》云：

> 穴有高的、低的、大的、小的、瘦的、肥的，制要得宜，高宜避风，低宜避水，大宜阔作，小宜窄作，瘦宜下沉，肥

①熊超礴．堪舆泄秘卷三

②参见冯建逵．清代陵寝的选址与风水．天津大学学报，1989增刊．王其亨．清代陵寝风水探析．天津大学学报，1989增刊

③参见张十庆．风水观念与徽州传统村落关系之研究．见：建筑理论与创作．南京：南京工学院建筑系，1986

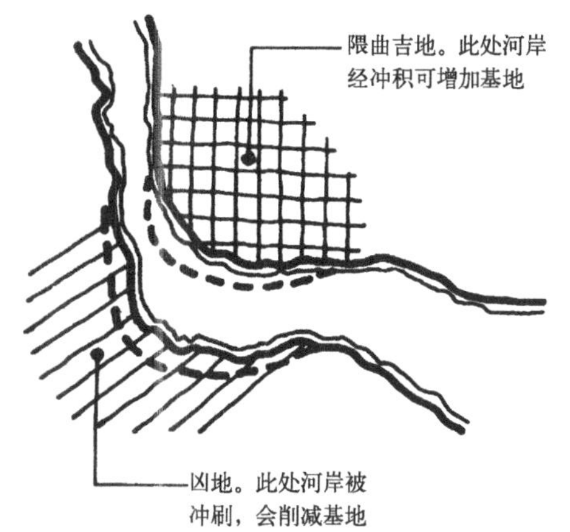

图5–1–5　风水术“隈曲”吉地示意

图5–1–6　王其亨分析陵寝建筑与自然背景的协调关系
引自王其亨．清代陵寝风水：陵寝建筑设计原理及艺术成就钩沉．见：王其亨．风水理论研究．天津：天津大学出版社，1992

1. 缺乏背景，空间弥散，冷漠无情，建筑孤独，缺少感染力。

2. 后龙使背景空间产生敛聚性，收束视线，有较好的感受效果。

3. 两翼砂山使建筑环境空间敛聚性更强，环抱有情，也呈“聚巧形以展势”，空间感受效果更趋完善

4. 左右砂山过远过低，会削弱敛聚性，而至感受疏散失“情”——合理的空间心理尺度与艺术感染力

5. 砂山不宜过高、过近，过高则压，过近则逼，使外部空间心理感受失于局促压抑

①《博山篇》，旧题五代黄妙应撰

②传为郭璞．古本葬经

③管氏地理指蒙

宜上浮。阴阳相度，妙在一心。

穴里玄玄，何以审得？审阴阳，定五行，决向背，究死生，推来历，论星峰，看到头，论分合，见其明暗，核其是非，察其缓急，慎其饶减，知其避忌，精其巧拙，定其正偏，审其隐落。

在实地考察时，应当：

瞻前顾后，视左应右，依心为准。左一步，右一步，前一步，后一步。想一步、看一步。他是我，我是他。不要忙，不要乱。不可露，不可陷。案中准，心中验；眉上齐，心上应；浅中深，深中浅。[1]

从这些字里行间，剔除迷信的东西，不难看出其中蕴含着很强烈的因地制宜意识，对于地段实际情况的考察，也给予了高度的关注。

(四）人工调节，点石为金

风水术在顺应自然的同时，也很注意以人工弥补自然的缺憾。《葬经》云：

百工之巧，工力之具，趁全避缺，增高益下，微妙在智，触类而长，元通阴阳，功夺造化。[2]

对于不理想风水环境的改善，主张“趁全避缺，增高益下”，并对人工调节的智巧，给予很高的评价。而调节的原则，则是“因其自然之性，损者益之”。[3]就是因地制宜，因势利导，按照自然条件的缺损，通过人工措施来补益。这种做法，只要做得巧妙，就能起到点石为金的效果。

这类风水环境的人工调节，在陵寝建筑中主要有培补龙背、堆栽砂山、拓修近案、疏理流水、种植仪树等等。对于陵区周围峰峦形势的远近、大小，如有失称，也能通过人工巧加调适。明十三陵的陵区入口处，有龙山、虎山夹峙，天然形势很好，可惜龙山体量超越虎山过甚，左右失称。风水师在确定长陵神道时，巧妙地把神道选线适当靠近虎山，从而使两砂大体上取得匀称的感觉（图 5–1–8）。

对于村落选址中的不理想地形，风水师也常常采用引沟开圳、挖塘蓄水、修筑沙湖、垒坝造桥等措施。至于以种植树木来弥补山形地势之不足，更是常见的便捷措施，许多村落的风水林、水口林，都起着这样的作用。

值得注意的是，风水术还常常运用建筑手段来弥补自然的不足和强化风水的优势。文峰塔、魁星楼、文昌阁之类的高体量建筑和牌坊、亭、桥等建筑小品，都常常运用得很妥帖。它们大多安设在水口部位，用以镇凶煞，兴文运。

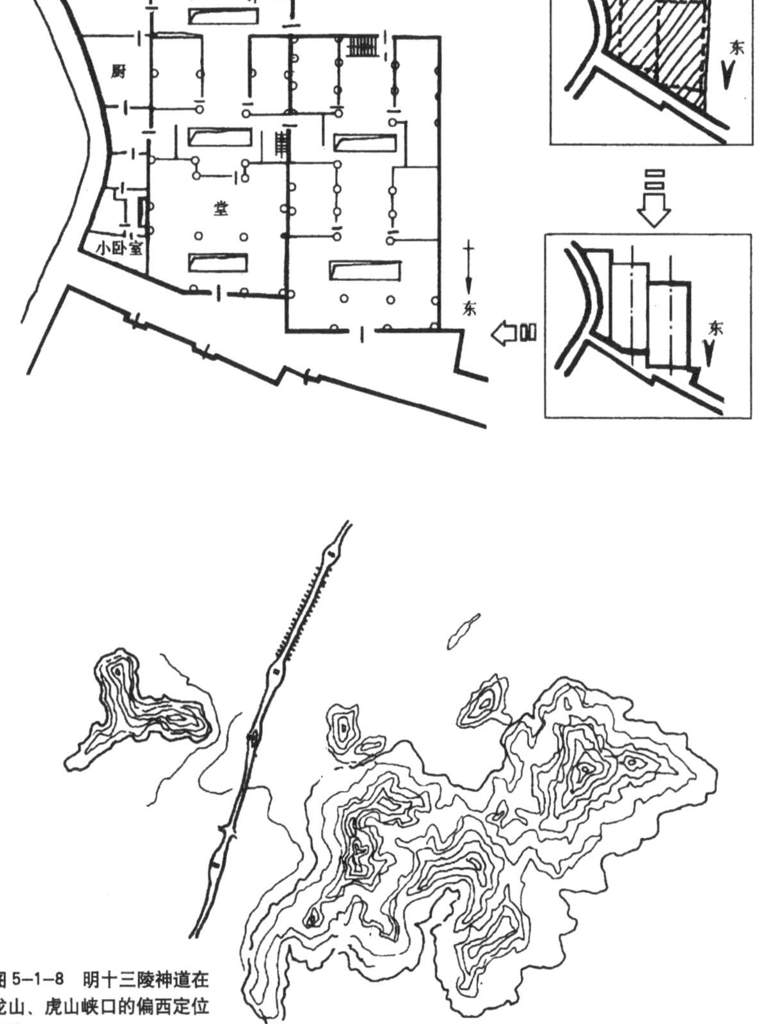

图 5–1–7 张十庆分析歙县呈坎某宅的顺应地形处理
引自张十庆．风水观念与徽州传统村落关系之研究．见：建筑理论与创作．南京：南京工学院建筑系，1986

图 5–1–8 明十三陵神道在龙山、虎山峡口的偏西定位示意

这类风水建筑具有强烈的象征意义，也满足了特定的心理需要。剥去它的迷信荒诞的外衣，这些建筑实际上起到景观建筑的作用，成为村落环境的标志物、观赏点和构图中心，具有易识别性和观赏性。

（五）留有余地，灵活变通

实际生活中，必然会有一些宅舍，按风水说是不吉利的，但却难以迁移、变改。对此，风水术也留有余地，用符镇、避邪等手法来解除。张十庆、何晓昕都举过歙县渔梁某宅实例。[①]这家住宅大门隔河正对紫阳山一孤立怪石，风水认为不吉，于是宅前立一块"泰山石敢当"镇之，并将大门偏斜，使之朝向紫阳山峰的吉方（图5-1-9）。这里的凶吉评判和镇邪措施当然都是荒诞无稽的，但是它体现了一种灵活变通的姿态。这种变通的后果，产生了诸如"石敢当"、"山镇海"及符镇图形等的象征符号，转化为建筑上的一种民俗性的装饰。像大门偏斜之类的处理，也带来了程式化常规形象的变异，给建筑艺术面貌增添了生动的情趣。

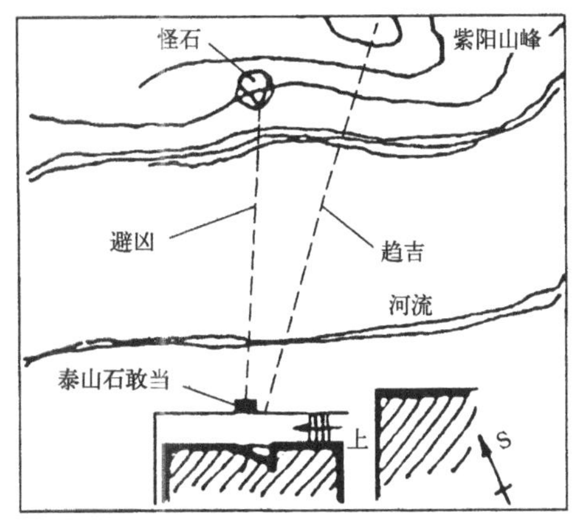

图 5-1-9 歙县渔梁某宅的大门偏斜处理

引自张十庆．风水观念与徽州传统村落关系之研究．见：建筑理论与创作．南京：南京工学院建筑系，1986

三、体宜因借——文人哲匠的环境意向

明末清初，较为集中地出现了文人、造园家撰写的一批有关论述园林、家居的著作和笔记，其中著称的有：计成的《园冶》、李渔的《闲情偶寄·居室部》、文震亨的《长物志》等。这些著述以及数量颇多的"园记"之类的文章，生动地反映了文人哲匠在造园营宅中所体现的环境意向，从一个重要的侧面，展现了中国古代因地制宜的理性传统。

这个体现于文人哲匠的因地制宜环境意识，可以用《园冶》中的一句话来概括，就是："体宜因借"。[②]一部《园冶》，一再反复地阐述"体宜因借"的造园意匠，一再反复地强调"体宜因借"的创作精神，对"体宜因借"发挥得淋漓尽致。这里，以《园冶》为主，结合其他文献，对文人哲匠的这一环境意向作一下分析。

（一）环境优化目标：崇尚自然

为什么文人哲匠突出地强调"体宜因借"？这首先要从古人心目中园林、家居的"理想环境"去找答案。中国古代文人、士大夫对于园林、家居环境有一条至为强烈的追求，就是崇尚自然。中国历史上很早就形成对山水自然美的喜好。孔子曰：

> 知者乐水，仁者乐山；知者动，仁者静；知者乐，仁者寿。[③]

在孔子看来，人们可以从自然山水的观照中，获得对自身道德意志和人格力量的审美经验。老庄是崇尚自然的先驱。老子认为"道"是非常自然、朴素的："道法自然"，"道之尊，德之贵，夫莫之命而常自然"。[④]王弼《老子注》说：

> 法自然者，在方而法方，在圆而法圆，于自然无所违也。

以庄子为代表的道家美学提出了"天乐"的命题：

> 与天和者，谓之天乐；[⑤]
> 以虚静推于天地，通于万物，此谓之天乐。[⑥]

庄子认为"朴素而天下莫能与之争美"。[⑦]庄子把自然朴素看成是一种不可比拟的理想之美，强调自然高于人际，大巧高于工巧。庄子美学

①参见207页注③、202页注④

②计成．园冶·卷一兴造论

③论语·雍也

④老子第二十五章，第五十一章

⑤⑥⑦庄子·天道

①宗炳．画山水序

②文震亨．长物志卷一

③计成．园冶·卷一园说

④计成．园冶·卷一相地

对后世的影响极为深远。魏晋南北朝时期，形成了隐世脱俗、超然自得、虚无放荡、论道说玄、崇尚自然、寄情山水的魏晋风度。宗炳提出“山水以形媚道”，“山水质有而趣灵”[①]的论断，明确表述山水美是以具体的形象显现着“道”而使人愉悦；山水外在形貌虽是有限的“质有”，却蕴含着无限的“道”的“趣灵”。这样，就把自然审美提到他们说的“畅神”高度，超越了“比德”的精神功利性，真正发现了自然美自身的审美价值，真正进入自然美审美意识的高级阶段。这一点，中国比西方早了一千五百年。对山水意蕴的敏感，中国人可以说是遥遥领先的。这种早熟的自然审美意识，深刻地影响了中国文人、士大夫对山水美的醉心和向往，有力地促进了中国山水诗、山水画、山水散文和游记、园记的高度发达，也有力地促进了中国园林、别墅对于山水花木自然美环境的高度关注。

我们从白居易的《草堂记》，可以看出他对于庐山香炉峰、遗爱寺地段的胜境，“见而爱之，若远行客过故乡，恋恋不能去”的情态。他选定“面峰腋寺”的位置，建了草堂。这个草堂建筑，只是“三间两柱、二室四牖”，“木，斲而已，不加丹；墙，圬而已，不加白”，是很不考究的。但是这里的自然环境的美却是极为佳妙的。这里有平台、方池、石涧、层岩、飞泉、瀑布、石渠；“环池多山竹野卉”，“夹涧有古松、老杉”，“松下多灌丛萝茑”；“春有‘锦绣谷’花，夏有‘石门涧’云，秋有‘虎溪’月，冬有‘炉峰’雪”。白居易在这里“仰观山，俯听泉，旁睨竹树云石”。他说自己“一宿休宁，再宿心恬，三宿后颓然、嗒然，不知其然而然”，达到了外适内和、身心俱遗、物我双忘的境界。白居易说这是“庐山以灵胜待我，是天与我时，地与我所”。当然，像庐山这样的环境是难以常遇的。当环境缺乏自然山水条件时，怎么办呢？白居易说：

> 从幼迨老，若白屋，若朱门，凡所止，虽一日、二日，辄覆篑土为台，聚拳石为山，环斗水为池，其喜山水病癖如此。

不难看出，白居易对于家居、别墅环境，山水花木的自然美追求，是何等痴情，何等锐敏。

这当然不是白居易个人的个别现象，而是中国文人、士大夫的普遍现象。有关中国文士、诗人、画家、园主痴情山水、醉心丘壑的记载几乎俯拾皆是。“崇尚自然”成了封建时代文化人突出的生活意趣和文化心态，当然也成了家居、园林理想环境所追求的优化目标和设计原则。

从《园冶》等著述来看，作为环境优化目标，“崇尚自然”有两层含义：一是向往自然，寄情山水；二是顺乎自然，追求天趣。

1. 向往自然，寄情山水　向往自然、寄情山水是对天然山水花木的钟情。这突出地表现在家居、园林的选址上。文震亨在《长物志》中开篇第一段讲“室庐”就说：

> 居山水间者为上，村居次之，郊居又次之。吾侪纵不能栖岩止谷，追绮园之踪，而混迹廛市，要须门庭雅洁，室庐清靓，亭台具旷士之怀，斋阁有幽人之致，又当种佳木怪箨，陈金石图书，令居之者忘老，寓之者忘归，游之者忘倦。[②]

计成也说：“凡结林园，无分村郭，地偏为胜”。[③]他认为：

> 园地惟山林最胜，有高有凹，有曲有深，有峻而悬，有平而坦，自成天然之趣，不烦人事之工；
>
> 市井不可园也。如园之，必向幽偏可筑。[④]

李渔也说自己：

> 性嗜花竹，而购之无资，则必令妻孥忍饥数日，或耐寒一冬，省口体之奉，以娱耳目。①

他甚至说：

> 幽斋磊石，原非得已。不能现身岩下，与木石居，故以一卷代山，一勺代水，所谓无聊之极思也。②

这些，充分表明古人对于人居环境山水情趣的热衷，在不能选址于山水胜地时，也要以人工的叠山理水、莳花栽木来弥补。

在这种思想支配下，古人对于家居、园林的立基、布局，多在“融入自然”和“自然融入”两个方面大做文章。当具备山林胜地的条件时，极力使建筑妥帖地融入自然环境，像白居易的“草堂”那样。而当处于市井，不能栖岩止谷时，则以“一卷代山，一勺代水”，把自然融入建筑环境之中。这可以说是因地制宜的两种融合自然的基本方式。通常在造园中，这两种方式是综合运用的。既注重花间隐榭、水际安亭、竹里结茅，把建筑融洽地融入自然环境；也不放过在园中、庭中开池濬壑、理石挑山、移竹栽梅，把自然妥帖地融进建筑环境之中。值得注意的是，古人对于“自然融入”，并不满足于园中、庭中堆凿的人为山水，只要周围环境有胜景可借，还要进一步通过借景，让园外的山水风光、自然气息渗透入园林建筑。使悠悠烟水、澹澹云山，尽收眼底；令松涛瀑泻、鸟噪虫鸣，声声入耳；在建筑环境中尽情领略大自然的天籁。

2. 顺乎自然，追求天趣　顺乎自然、追求天趣则是对人工叠山理水、立基架屋顺物性、任自然的崇尚。《园冶》对此有一句高度概括的话，叫作“虽由人作，宛自天开”。③虽然是人为加工的，却应该做得仿佛像天然生成的。这种追求“天开”的意识，可以追溯到道家的“无为”之道。老子主张“无为”，即不背离自然，无违于自然，包含有顺应自然规律的意思。老子强调“大巧若拙”④，苏辙对此诠释说：“巧而不拙，其巧必劳。付物自然，虽拙而巧”。⑤这是对于“自然天成”，“巧夺天工”的“大巧”的高度推崇。庄子强调的“莫之为而常自然”⑥、“刻雕众形而不为巧”⑦，也是崇尚自然朴素的美、纯任自然的美。这种顺乎自然、宛自天开的追求，在明末清初造园中体现得很自觉，也很强烈。如对于掇山，《园冶》激烈地抨击当时常见的有悖自然形态的“环堵三峰”模式。计成对这种以一块主石竖立居中，两旁摆放劈峰为辅，“势如排列、状若趋承”⑧的俗滥叠山手法极为反感，讽之为“排如炉烛花瓶，列似刀山剑树”，斥之曰“殊为可笑”。⑨他主张掇山应该“未山先麓，自然地势之嶙嶒；构土成岗，不在石形之巧拙”⑩，倾向于再现山麓等局部，并推崇堆土山，认为这样可以达到“有真为假，做假成真”⑪，才能取得佳境、深境。与计成同时代的叠山家张南垣对此论说得更为透彻。他批评叠山时弊说：

> 今之为假山者，聚危石，架洞壑，带以飞梁，矗以高峰，据盆盎之智以笼岳，渎使入之者如鼠穴蚁垤，气象蹙促。⑫
>
> 今夫群峰造天，深岩蔽日，此盖造物神灵之所为，非人力可得而致也。况其地辄跨数百里，而吾以盈丈之址，五尺之沟，尤而效之，何异市人抟土以欺儿童哉。⑬

他明确地否定在有限空间内以人工去仿造整个大山的景象；不赞成堆叠像“小人国”似的，如“鼠穴蚁垤”的、可望而不可游的假山。他倡用土山，主张堆筑“平岗小坂”、“陵阜陂陁”，通过再现山的某个局部，以使人感受到仿佛“处大山之麓”的自然境界。张南垣“少学画，好写人像，兼通山水”。他把山水画意用于叠石造园：

①②李渔．闲情偶寄·居室部

③计成．园冶·卷一园说

④老子第四十五章

⑤苏辙．老子本义

⑥庄子·缮性

⑦庄子·大宗师

⑧⑨⑩⑪计成．园冶·卷三掇山

⑫黄宗羲．撰杖集·张南垣传

⑬吴伟业．梅村家藏藁·卷五十二张南垣传

①吴伟业．梅村家藏藁·卷五十二张南垣传

②计成．园冶·卷一兴造论

③曹汛．"园冶注释"疑义举析．见：建筑历史与理论，第3、4辑．南京：江苏人民出版社，1982～1983；曹汛．计成研究．见：建筑师，第13期．北京：中国建筑工业出版社．1982

④计成．园冶·卷一山林地

⑤计成．园冶·卷一城市地

⑥计成．园冶·卷一村庄地

⑦计成．园冶·卷一郊野地

方塘石洫，易以曲岸回沙；邃闼雕楹，改为青扉白屋。树取其不凋者，松杉桧柏，杂植成林。石取其易致者，太湖尧峰，随宜布置。有林泉之美，无登顿之劳……即一花一竹，疏密欹斜，妙得俯仰。山未成，先思著屋；屋未就，又思其中之所施设。窗棂几榻，不事雕饰，雅合自然。[①]

可以看出，在张南垣、计成等一批造园家的身上，顺乎自然、追求天趣的意匠，与向往自然、寄情山水的意趣一样，都表现得极为浓烈。

（二）环境优化标志：得体合宜

什么是文人哲匠心目中成功的环境设计？计成在《园冶》中有一句话作了概括的回答："妙于得体合宜，未可拘率"。[②]这是《园冶》中言简意赅的一句名言。曹汛对这句话作过诠释。他认为："体"与"宜"应是对立统一的两个概念。"体"指的是章法、规矩、体式、格局；"宜"指的是灵活机动、因地制宜。"得体合宜"就是既要遵循一定的章法、体式，又要灵活地因地制宜。如果过分追求"得体"而忽略了"合宜"，便是"拘"，即死板拘谨；如果过分追求"合宜"，而忽略了"得体"，便是"率"，即率野胡来。"得体合宜，未可拘率"，就是要恰到好处，既不可拘泥呆滞，又不可遽率胡来。[③]

这个"得体合宜"的提法，的确是极为精彩，也极为重要的。它是文人哲匠心目中园林环境设计的理想标志，与"崇尚自然"的理想目标一样都属于园林的设计原则。从《园冶》的论述来看，它主要体现在以下两个方面：

1．相地合宜，构园得体　要做到"得体合宜"，首先强调的是"相地"。计成对此提得很明确。"相地合宜，构园得体"八字，就是计成对相地重要性的概括。他认为，相地如能合宜，造园自然得体，因此他在《园冶》"园说"部分首先讨论"相地"问题，把造园地段环境区分为六种，对每一种地段的环境特点作了扼要的分析：

对于山林地，计成指出它"有高有凹，有曲有深，有峻而悬，有平而坦"；有"杂树参天"，有"繁花覆地"，有"绝涧"、"飞岩"，有"好鸟"、"群麋"。这里可以"入奥疏源，就低凿水"；可以"槛逗几番花信，门湾一带溪流"；可以"竹里通幽，松寮隐僻"，可以取得"千峦环翠，万壑流青"，"涛声郁郁，鹤舞翩翩"，"闲闲即景，寂寂探春"的山野境界。计成认为山林地具有"自成天然之趣，不烦人事之工"的优越性，是最优越的园林选址。[④]

对于城市地，计成指出"市井不可园也；如园之，必向幽偏可筑"。他主张城市地应该"闹处寻幽"。如何"闹处寻幽"，他点到两层意思，一是"邻虽近俗，门掩无哗"，就是把喧闹嘈杂的环境通过门屏等手段予以隔绝，以保持安宁；二是在园内创造人工自然，"院广堪梧，堤湾宜柳"，"片山多致，寸石生情"，在市井环境中，争取到"虚阁荫桐，清池涵月"，"窗虚蕉影玲珑，岩曲松根盘礴"的境界。计成认为：能做到闹处寻幽，就用不着舍近图远。城市地虽不利，却也是有"得闲即诣，随兴携游"的好处。[⑤]

对于村庄地，计成指出村庄之胜在于"团团篱落，处处桑麻"，可以"凿水为濠，挑堤种柳，门楼知稼，廊庑连芸"，很容易取得"堂虚渌野犹开，花隐重门若掩"的境界，很适合于"乐田园""耽丘壑"者的追求。[⑥]

对于郊野地，计成特别强调它可以创造诸如"风生寒峭，溪湾柳间栽桃；月隐清微，屋绕梅余种竹"和"两三间曲尽春藏，一二处堪为暑避"的幽趣深情，殷望造园者"须陈风月清音，休犯山林罪过"。[⑦]

对于傍宅地，计成认为，宅旁造园，不但便于暇时行乐，而且可借以维护住宅的佳美环境。园内可以"开池濬壑，理石挑山"，造就"竹修林茂、柳暗花明”。园不在大而在精。哪怕只有五亩地也不要紧，可以做到“日竟花朝，宵分月夕”，“常余半榻琴书，不尽数竿烟雨”。他认为，宅旁园做得好，能达到“足矣乐闲，悠然护宅”的双重效果。[①]

对于江湖地，计成指出它具有“悠悠烟水，澹澹云山，泛泛鱼舟，闲闲鸥鸟”的环境特色，只要“略成小筑”，就可“足徵大观”。[②]

可以看出，计成对于不同地段的环境特点是极为关注的。在他看来，不同地段各有自己的环境优势。造园应该通过相地，把握住地段的特点。他自己的造园实践正是充分地体现了这一点。他为常州吴玄、仪征汪士衡、扬州郑元勋规划的三处园林，都以“相地合宜，构园得体”而受到时人高度的赞誉。这种对于“相地合宜”的强调，在清代已是文人的共识，被视为造园成败的关键。在曹雪芹的笔下，贾宝玉就是以此来品评大观园的景物的。他分析“稻香村”景点说：

> 远无邻村，近不负郭，背山无脉，临水无源，高无隐寺之塔，下无通市之桥，峭然孤出，似非大观，那及前数处有自然之理、自然之趣呢。
>
> 古人云“天然图画”四字，正恐非其地而强为其地，非其山而强为其山，即百般精巧，终不相宜……[③]

从宝玉的这句话可以看出曹雪芹对于关系自然之理、自然之趣的“相地合宜”是何等的重视、关切。

2. 随宜合用，随曲合方 郑元勋在《园冶》题词中说：“园有异宜，无成法”。这一点的确是文人哲匠的造园共识。为了取得造园整体的“得体合宜”，计成非常强调房屋立基和山水布局的随曲合方，随宜合用。他在《园冶》中，一开卷就首先从“主”与“匠”的角度，端出了这个问题。他说：

> 世之兴造，专主鸠匠，独不闻三分匠、七分主人之谚乎？非主人也，能主之人也。古公输巧，陆云精艺，其人岂执斧斤者哉？若匠惟雕镂是巧，排架是精，一梁一柱，定不可移，俗以“无窍之人”呼之，甚确也。故凡造作，必先相地立基，然后定其间进，量其广狭，随曲合方，是在主者，能妙于得体合宜，未可拘率。假如基地偏缺，邻嵌何必欲求其齐，其屋架何必拘三、五间，为进多少，半间一广，自然雅称，斯所谓“主人之七分”也。第园筑之主，犹须什九，而用匠什一。[④]

计成的这一段论述很有见地。在他看来，建造房屋，主人（指工程设计主持人）的作用（即设计构思的作用）占十分之七，匠人的作用只占十分之三。如果匠人只知固守定式，则属“无窍之人”。作为设计主持人的构思，应该因地制宜，随曲合方，不拘定式，这样才能自然雅称，得体合宜。而园林设计主持人的作用更应占到十分之九。由此可见，计成对于园林建筑设计的不拘定式、不袭定法、随曲合方、随宜合用是极为强调的。他在《园冶》全书各卷中都贯穿了这个思想。一再叮嘱：

> ——“景到随机”；
>
> ——“得景随形”；
>
> ——“如方如圆，似偏似曲”；
>
> ——“高阜可培，低方宜挖”；
>
> ——“高方欲就亭台，低凹可开池沼”；
>
> ——“任意为持，听从排布”；
>
> ——“宜亭斯亭，宜榭斯榭”；等等。

计成还对园林建筑立基的随曲合方作了具体分析。对于厅堂基，他指出“古以五间三间为率”。而实际规划中，应该根据地段的广窄，“四间

①计成．园冶·卷一傍宅地

②计成．园冶·卷一江湖地

③曹雪芹．红楼梦第十七回

④计成．园冶·卷一兴造论

①计成．园冶·卷一厅堂基
②计成．园冶·卷一楼阁基
③计成．园冶·卷一门楼基
④计成．园冶·卷一书房基
⑤计成．园冶·卷一亭榭基
⑥计成．园冶·卷一廊房基
⑦计成．园冶·卷一假山基
⑧郑元勋．影园自记
⑨王心一．归田园居记
⑩袁枚．随园记
⑪计成．园冶·卷一兴造论
⑫计成．园冶·卷三借景
⑬计成．园冶·卷一屋宇
⑭郑元勋．园冶题词

亦可，四间半亦可，再不能展舒，三间半亦可”。他认为“深奥曲折，通前达后，全在斯半间中，生出幻境也”。[①]对于楼阁基，他提出：“何不立半山半水之间，有二层三层之说：下望上是楼，山半拟为平屋，更上一层，可穷千里目也”。[②]对于门楼基，他主张“依厅堂方向，合宜则立”。[③]对于书房基，他主张“或楼或屋，或廊或榭，按基形式，临机应变而立”。[④]对于亭榭基，他指出，亭榭不仅仅安于花间、水际，“亭安有式，基立无凭”。[⑤]对于廊房基，他认为“蹑山腰，落水面，任高低曲折，自然断续蜿蜒”。[⑥]对于假山基，他极力否定“环堵三峰”的俗套，再三强调“最忌居中，更宜散漫”。[⑦]这些，充分展示了计成对于随曲合方的高度关注和坚持不渝。

这种随宜合用、随曲合方的设计原则，成了中国文士园的创作传统。计成为郑元勋设计的“影园”，做到了“一花、一竹、一石，皆适其宜，审度再三，不宜，虽美必弃”。[⑧]明人王心一卜筑的“归田园居”，也坚持“地可池，则池之；……可山，则山之；池之上，山之间，可屋，则屋之”的原则。[⑨]而袁枚的“随园”，更是在“随”字上做足了文章。袁枚在叙述“随园”的规划特点与命名原由时写道：

> 随其高为置江楼；随其下为置溪亭；随其夹涧为之桥；随其湍流为之舟；随其地之隆中而欹测也，为缀峰岫；随其蓊郁而旷也，为设宦窔；或扶而起之，或挤而止之，皆随其丰杀繁瘠，就势取景，而莫之夭阏者。故仍名曰：“随园”。[⑩]

这可以说是把随宜合用、随曲合方发挥到了极致。

（三）环境优化方法：巧于因借

“巧于因借，精在体宜”是大家熟知的《园冶》名言。计成在这句话中把“因借”提到与“体宜”并列的高度，认为造园之精在于“体宜”，而造园之巧在于“因借”。套用我们今天的术语，如果说“精”指的是造园的优化标志，那么“巧”则可以说是涉及造园的优化方法。“巧于因借”是与“崇尚自然”、“宛自天开”、“得体合宜”等造园设计原则相联系的造园思想方法和设计手法。

何谓“因借”？计成作了明确的解释：

> 因者：随基势之高下，体形之端正，碍木删桠，泉流石注，互相借资；宜亭斯亭，宜榭斯榭，不妨偏径，顿置婉转，斯谓“精而合宜”者也。借者：园虽别内外，得景则无拘远近，晴峦耸秀，绀宇凌空；极目所至，俗则屏之，嘉则收之，不分町疃，尽为烟景，斯所谓“巧而得体”者也。[⑪]

计成对“因借”极为重视，称“借景”为“林园之最要者也”。他在《园冶》中一再点出因借的重要性，对景物的因借作了大量的生动描述，并在卷三中专列“借景”一节，作为全书的压轴。从《园冶》和有关的“园记”文献来看，传统园林的因借理论有两点很值得注意，一是强调“善于用因”；二是强调“取景在借”。

1. 善于用因　计成很强调“用因”，他在论述“借景”时，提出“构园无格，借景有因”[⑫]；在论述“屋宇”时，提出“家居必论，野筑惟因”。[⑬]前一句，说园林布局并不存在固定的格式，园林借景则应该因地、因时，结合环境实际。后一句说：家宅住房不得不讲求一定的规范格局，园林屋宇则应该完全因地制宜，因势利导。可见他对于园林布局和园林建筑，都特别注重在“因”字上做文章。计成至友郑元勋为《园冶》写的“题词”主要突出的也是这一点。他对计成的强调“用因”评价极高，盛赞说：“善于用因，莫无否（计成）若也”[⑭]（在善于“用因”方面，没有人能做得像计成这么出色）。郑元勋对"用因"还作了一番论证。他指出"园有异宜，无成法"，认为造园涉及两方面的异宜，有园主方面的人之异宜，有园林用地方面的地之异宜。他极力反对不顾地之异宜的"强为造作"，认为这样势必导致"水不得潆带之情，山不领回接之势，草与木不适掩映之容，安能日涉成趣哉"？[①]郑元勋筑于扬州的"影园"，是计成为他规划的。这个影园很值得注意，它是我们已知计成所造三处名园中最后的一处，《园冶》的造园思想和造园方法在影园中都有鲜明的体现，可以说是计成"善于用因"的造园实践的代表作。

影园早毁，遗迹无存。我们从郑元勋的《影园自记》和茅元仪的《影园记》等文字资料中，可以看出影园在"善于用因"方面的确是非常出色的。

在相地选址上，影园物色到颇为优越的、有因可借的地段。它位于扬州城外西南隅的南湖长屿上，"前后夹水，隔水蜀冈，蜿蜒起伏，尽作山势，环四面，柳万屯，荷千余顷，蕉苇生之。水清而多鱼，渔棹往来不绝"。[②]这是城边的一个位处芦汀柳岸之间的三面临水之地，水景条件和生态景观条件都极好。园址自身虽无山，但可北望蜀冈，南眺江南诸山，有良好的远近山景可借。郑元勋自己概括曰："地盖在柳影、水影、山影之间，无他胜，然亦吾邑之选矣"。[③]

在山水布局上，影园充分展现了计成的"用因"绝技。它利用内外城河相夹的环水条件，把这个不足十亩的小园，开辟成湖内有岛，岛内有池，池内又有小岛屿的水陆互渗格局，取得园内外水景的浑然一体。它利用蜀冈"蜿蜒起伏，尽作山势"和"江南诸山，历历青来"的远近山景条件，在园内不另叠高大的假山，因势利导地在园的北部媚幽阁处，叠出"作千仞势"的石壁，在园东南部的入门部位堆了"山径数折"的平岗土坂，这样，既造就园内必要的起伏地势，又为园外山的借景提供了园内山的陪衬和铺垫，使园内的掇山与园外天然山势气韵相连，正如吴肇钊所分析的：

> 江南淡淡的云山，园内是陪衬平岗小坂，漠漠平林，显得山体更为平远，构成一幅山水长卷；北面较近的蜀冈，园内是呼应色泽苍古的千仞峭壁，虬曲古松二，显得山势宏大高远，恰又是一幅山水立轴。[④]

在山景的因借上，的确达到了计成对掇山所要求的"有真为假，做假成真"的境地。

影园的建筑也充分体现出计成"野筑惟因"的主张。园内只设置了少量建筑，结合萦回的水境，采取了散点式的布局。全园的建筑整体朴实无华，小巧雅洁，造就疏朗淡泊的境界，既切合园址位处郊野水域的地之异宜，也切合园主人喜好"朴野之致"的人之异宜。影园主体建筑玉勾草堂，"当正向阳"，完全符合计成所说的"凡园圃立基，定厅堂为主，先乎取景，妙在朝南"的设计意匠。《影园自记》说：

> 堂在水一方，四面池，池尽荷，堂宏敞而疏，得交远翠，楣楯皆异时制。背堂池，池外堤，堤高柳。柳外长河，河对岸，亦高柳，闫氏园、冯氏园、员氏园，皆在目。园虽颓而茂竹木，若为吾有。[⑤]

《影园记》也说：

> 玉勾草堂，远翠交目，近卉繁殖，似远而近，似乱而整。[⑥]

可见这座主体建筑处在荷池、柳堤、长河的回绕水域，掩映在远翠近卉的天然图画之中。堂自身宏敞、疏朗，门窗槛栏都不同常式，而且有良好的远借景，河对岸，别人家的园林都历历在目，"若为吾有"。立基的用因可以说真正达到"精而合宜"。其他如"淡烟疏雨"，楼下作藏书室，楼上小阁"能远望江南峰，收远近

①郑元勋．园冶题词

②③⑤郑元勋．影园自记

④吴肇钊．计成与影园兴造．见：建筑师，第23期．北京：中国建筑工业出版社，1985

⑥茅元仪．影园记

①茅元仪．影园记

②刘侗．影园自记·跋语

③⑨⑪郑元勋．园冶题词

④⑤⑥⑦⑧郑元勋．影园自记

⑩方薰．山静居画论

⑫计成．园冶·卷一兴造论

树色"，"迷楼、平山皆在项背"，借景处理十分出色；临水的小亭"葫芦中"，园主人说"盛暑卧亭内，凉风四至，月出柳梢，如濯冰壶中。薄暮望冈上落照，红沈沈入绿，绿加鲜好，行人映其中，与归鸦乱"。这个亭的安排既能纳凉，又能观赏妙趣横生、情景交融的景色，用因也十分妥帖。

影园的用因之妙，深得当时文人墨客的赞赏，被公推为扬州第一名园。茅元仪在《影园记》中描述说："为园者，皆因于水"。"城之濠不足以称深沟，而广可以涉，独以柳为衣，苇为裾，城阴为骨，蜀冈为映带，而即以所因之园，为眼、为眉，互相映，而歌航舞艇，游泛往返为体，朱栏以饰乎人之目，虽有智者，不能益矣"。他盛赞影园与环境的融洽达到了"于尺幅之间，变化错纵，出人意外，疑鬼疑神，如幻如蜃……"的境界。[①]郑元勋的社友刘侗为《影园自记》作跋语也说："见所作者，卜筑自然。因地因水，因石因木。即事其间，如照生影，厥惟天哉"。[②]郑元勋自己更是一再赞扬计成规划的"用因"成就，说影园"经无否略为区划，别现灵幽"[③]；说计成"善解人意，意之所向，指挥匠石，百不失一"。[④]说影园的景物"尽翻成格，庶几有朴野之致"。[⑤]说影园的选石"高下散布，不落常格，而有画理"[⑥]。说影园的"一花、一竹、一石，皆适其宜"。[⑦]说在影园中漫步，"大抵地方广不过数亩，而无易尽之患，山径不上下穿，而可坦步，然皆自然幽折，不见人工"。[⑧]郑元勋还把计成与自己作比较，说"予自负少解结构，质之无否，愧如拙鸠"。[⑨]计成强调"用因"的造园理论和善于"用因"的造园实践，受到如此热烈的赞颂，表明"用因"的思想方法在传统园林创作中占有重要的地位，受到文人哲匠普遍的、高度的关注。

2．取景在借 有关借景理论，从计成在《园冶》中的论述，可以梳理出以下三点重要的提法。

（1）借景意匠：目寄心期，意在笔先。"意在笔先"是中国画论的常用语。相传为王维所作的《山水论》，开篇就说："凡画山水，意在笔先"。意思是说，画山水，首先要立意，然后才落笔。对于"立意"的重视，对于"意在笔先"的强调，成了中国山水画的一条传统。清人方薰阐释说：

> 笔墨之妙，画者意中之妙也。故古人作画，意在笔先。杜陵谓十日一石，五日一水者，非用笔十日五日而成一石一水也。在画时意象经营，先具胸中丘壑，落墨自然神速。……
>
> 作画必先立意，以定位置。意奇则奇，意高则高，意远则远，意深则深，意古则古，庸则庸，俗则俗矣！[⑩]

方薰说得很明白，他认为笔墨之妙基于立意之妙。进行山水画创作，首先要立意，要在意象经营时，具有胸中丘壑。立意奇则奇，立意高则高，如立意庸俗，画自然也就庸俗了。

古代文人墨客意识到，园林是真刀真枪的山水创作，与山水画创作同一道理，同样应强调"意在笔先"、"胸有丘壑"。对于立意，也就是意匠经营，给予了高度的关注。郑元勋说："是惟主人胸有丘壑，则工丽可，简率亦可"。[⑪]把立意摆在园林创作的关键地位。计成说："第园筑之主，犹须什九，而用匠什一"。[⑫]更是把承担意匠经营的造园主持人的作用，提到占十分之九的极高程度。因此，很自然地，要解决借景问题，首先就要在立意上下功夫。而立意则需要"目寄心期"，即到园址进行实地考察，一边用眼睛观察，一边在心里琢磨、营构，根据园址环境的具体条件，因地制宜地展开意匠经营，构思出胸中丘壑，然后才能进行具体的施工。这是传统园林创作的必要程序，当然也是借景设计的必要程序。

对于园林创作的这种意匠经营过程，明人

祁彪佳在《寓山注》中，作了生动的描述。他写道：

> 卜筑之初，仅欲三、五楹而止。客有指点之者，某可亭、某可榭，予听之漠然，以为意不及此；及于徘徊数四，不觉向客之言，耿耿胸次，某亭某榭，果有不可无者。前役未罢，辄于胸次所及，不觉领异拔新，迫之而出。每至路穷径险，则极虑穷思，形诸梦寐，便有别辟之境地，若为天开，以故兴愈鼓，趣亦愈浓，朝而出，暮而归，偶有家冗，皆于烛下了之，枕上望晨光乍吐，即呼奚奴驾舟，三里之遥，恨不促之于跬步。……此开园之痴癖也。[①]

祁彪佳为了构思"寓山"，天天赶大早深入现场，通过反复"徘徊"体察，确定建筑与景物的布局。通过穷思梦想的构思立意，常常能迸发出新异的意匠，构想出独特的、天趣盎然的境界。祁彪佳对寓山园林的创作兴致愈鼓愈浓，几乎成了痴癖。通过构思立意，对寓山景物作了周到规划：

> 园尽有山之三面，其下平田十余亩，水石半之，室庐与花木半之。为堂者二，为亭者三，为廊者四，为台与阁者二，为堤者三。其他，轩与斋类，而幽敞各极其致；居与庵类，而纤广不一其形；室与山房类，而高下分标其胜；与夫为桥、为榭、为径、为峰，参差点缀，委折波澜。大抵虚者实之，实者虚之，聚者散之，散者聚之，险者夷之，夷者险之。如良医之治病，攻补互投；如良将之治兵，奇正并用；如名手作画，不使一笔不灵；如名流作文，不使一语不韵；此开园之营构也。[②]

在这个呕心沥血的意匠经营中，借景问题得到了完善的调度。寓山的许多景点都取得良好的借景效果，如踞于高处的远阁，"可以尽越中诸山水"，又可以"纵观'瀛桥'"，"极目'胥江'"，成为观赏园外远借景的极好视点。设于池中岛屿上的妙赏亭，是祁彪佳专门安置的从水面邻借山影的观赏点。他自己说："'寓山'之胜，不能以'寓山'收，盖缘身在山中也。……此亭不昵于山，故能尽有山"。又如选胜亭，安排在"北接'松径'，南通'峦雉'，东以达'虎角庵'"的位置，登亭徊望，可以观赏"霞峰隐日、平野荡云"的景象，获取"解意禽鸟，畅情林木"的境界，也是一处"亭不自为胜，而合诸景以为胜"的极好借景观赏点。这些，都生动地体现出园林创作中的"意奇则奇，意高则高"，有力地表明意匠经营对于借景的极端重要。

(2) 借景方式：因借无由，触情俱是。计成对于借景，放得很开，他主张借景不拘一格，"景到随机"，凡是能触情动人的景观、景物、景色、景致，都可以"借"。他是从空间上、时间上和各种各样的景象上展开极宽泛的借景方式，收纳极丰富的借景对象。

①空间上的全方位借景　在空间上，计成明确概括出"远借、邻借、仰借、俯借"的全方位借景方式。他重视"高原极望，远岫环屏"的远借景，强调"远峰偏宜借景，秀色堪餐"；对于"山楼凭远"的登高视点的眺远瞻遥作用特别关注，盛赞远借景可以取得"动'江流天地外'之情，合'山色有无中'之句"的境界。他也同样重视邻借的近景，主张"得景则无拘远近"；"倘嵌他人之胜，有一线相通，非为间绝，借景偏宜；若对邻氏之花，才几分消息，可以招呼，收春无尽"。[③]他还注意到邻借存在着"互相借资"的互借性质，有助于景观的相互渗透、相互陪衬和有机联结。对于俯借、仰借，计成也列举了很多生动景象，如"俯流玩月、坐石品泉"；"搔首青天那可问"，"举杯明月自相邀"，

①②祁彪佳．寓山注．见：祁忠惠公遗集

③计成．园冶·卷一相地

①计成．园冶·卷一兴造论

②⑧计成．园冶·卷三门窗

③计成．园冶·卷一城市地

④⑦计成．园冶·卷一园说

⑤⑥计成．园冶·卷一屋宇

等等，可以说把远方的、近邻的、高空的、低处的，一切佳美景色，都尽力借入园内，从而大大拓展了园林空间的观赏景域。

②时间上的全时令借景　在时间上，计成强调借景要“切要四时”，要善于捕捉和把握不同季节的景观意趣。他在“借景”一节，详细地开列了四季的借景景色：春天可以“扫径护兰芽，分香幽室；卷帘邀燕子，间剪轻风”；可以观赏“片片飞花，丝丝眠柳”，令人“顿开尘外想，拟入画中行”；夏天有“林阴初出莺歌，山曲忽闻樵唱”，可以“看竹溪湾，观鱼濠上”；获得“山容蔼蔼，行云故落凭栏；水石鳞鳞，爽气觉来欹枕”的感受。同样地，秋天有“湖平无际之浮光，山媚可餐之秀色”，冬天有“风鸦几树夕阳，寒雁数声残月”。计成极力强调，从借景的角度，要做到一年四季都有应时景致可赏，借以突出园林的季节景观特色。

③景象上的全息性借景　在借景的对象上，计成特别钟情于自然景物的因借，也不忽略富有情趣的人文景观的摄取。在他的描述中，“悠悠烟水，澹澹云山”，“溶溶月色，瑟瑟风声”，“片片飞花，丝丝眠柳”，“曲曲一弯柳月，遥遥十里荷风”，大自然的生态景象，都成为天趣盎然的可借之景，大自“千峦环秀，万壑流青”，小至“片山多致，寸石生情”，不论是“夜雨芭蕉，晓风杨柳”，还是“虚阁荫桐，清池涵月”，都能通过远借、邻借，组构成富有诗意的景点。而像“奇亭巧榭”、“层阁重楼”、“萧寺梵音”、“山野樵唱”、“团团篱落”、“泛泛渔舟”等人文景象，计成也都认为应该“景到随机”地纳入园林取景。在这些极其丰富的生态景观和人文景观的组构中，有视觉感受的山光水色、花姿竹影，有听觉感受的莺歌鸟语、梵音樵唱，也有嗅觉感受的“冉冉天香、悠悠桂子”，可以说是形、色、质、声、光、味的全息性的综合因借，大大浓郁了园林环境的自然情趣和悠然气息。

（3）借景手法：俗则屏之，嘉则收之。关于借景的手法，计成在《园冶》中作了很通俗的概括，叫作“俗则屏之、嘉则收之”[①]。他反复强调园林组景应该做到“佳景宜收，俗尘安到”。[②]应把一切美好景观都收纳进来，而把庸俗的、有碍观瞻、有损静宁的东西加以屏挡、隔离。

这的确是至为朴实有效的借景手法。园林周围环境不可能都是理想的，难免有欠缺和不利的因素。像在市区里造园，免不了市井的喧闹。计成的对策是“邻虽近俗，门掩无哗”。[③]通过门的隔离来屏俗，力求“闹处寻幽”。园林里的围墙，常常有碍景区的疏朗，导致景域的窒塞，计成点出“围墙隐约于萝间”的做法[④]，把人工界面隐蔽在藤萝组构的天然植物界面之后，化“人作”为“天开”，也是一种屏俗的巧技。

对于嘉景的收纳，则着力于以下三点：

一是精心设置良好的借景观赏点。无论是远借、邻借、俯借、仰借，都有此需要。特别是远借景，计成很强调登高远眺的借景效果，一再提到台阁、重楼、山亭的观景作用。他说“层阁重楼，迥出云霄之上；隐现无穷之态，招摇不尽之春”。[⑤]认为园林中的楼阁，不仅自身以“无穷之态”成为景点的重要构成；而且登阁眺望，可以“招摇不尽之春”，可以欣赏“槛外行云，镜中流水，洗山色之不去，送鹤声之自来”[⑥]，成为极好的观赏点。

二是认真组织合宜的取景框。计成很重视楹槛门窗的取景作用，“轩楹高爽，窗户虚邻，纳千顷之汪洋，收四时之烂漫”。[⑦]他一再提到“窗虚蕉影玲珑”、“半窗碧隐蕉桐”、“刹宇隐环窗，仿佛片图小李”等透过窗户所借到的远近景色，对门窗设计提出“处处邻虚、方方侧景”[⑧]的要求。李渔对这一点也分外热衷。他为游艇设计了一种“便面窗”，让它起到景框作用。“以内视外，固是一幅便面山水；而从外视内，亦是一幅扇头人物”。[①]李渔还提出“同一物也，同一事也，此窗未设以前，仅作事物观；一有此窗，则不烦指点，人人俱作画图观矣”。[②]充分利用门窗在取景中的剪辑作用，成了传统园林重要的借景手段。

三是妥帖安排适当的借景铺垫。对于收纳园外的远近景物，不仅需要留出应有的“观赏视廊”，不使景物受挡，失之交臂。而且在园内要妥帖地布置一些与园外景物有关联的延伸物，作为借景的铺垫。前面提到计成在影园叠山中分别以平岗小坡和苍峭石壁作为园外山的陪衬、过渡，就很好地体现了这一点。这种借景铺垫也成了中国园林的重要设计传统。无锡寄畅园可以说是这方面的代表作。寄畅园有极好的外借景条件，它的西南面有惠山，东南面有锡山。寄畅园的山水、建筑布局充分照应了借景需要。

> 从池东岸若干散置的建筑向西望去，透过水池及西岸大假山上的蓊郁林木远借惠山优美山形之景，构成远、中、近三个层次的景深，把园内之景与园外之景天衣无缝地融为一体。若从池西岸及北岸的嘉树堂一带向东南望去，锡山及其顶上的龙光塔均被借入园内，衬托着近处的临水廊子和亭榭，则又是一幅以建筑物为主景的天然山水画卷。[③]

这里，既有近距离的水面，中距离的假山，作为远借景惠山的铺垫，又有近处的亭榭作为园外锡山和龙光塔借景的铺垫，都处理得十分妥帖得体，可谓成功运用借景铺垫的范例。

第二节　构筑方式：因材致用

“以物为法”的务实精神，在建筑构筑方式上，自然形成就地取材、因材致用、因物施巧的理性传统。“多元一体”的中国古代建筑体系，对此反映得十分明显。这方面的事例很多，这里主要从以下三个层面来审视。

一、土木共济，发挥构架独特机制

本书第一章已经阐述，中国古代建筑突出地以木构架体系为主体。这种木构架体系不是孤立地运用木材，而是土木共济，组构成土木相结合的构筑体系。可以说，木构架建筑体系的生成就是就地取材、因材致用的典型现象。这个古老的建筑体系，能够持续地、延绵不断地走完古代历史的全过程，能够遍及自然气候、地形环境迥异的中华大地，能够成为官式建筑统一采用的构筑方式，并在民间建筑中取得广泛的普及，从而历久不衰地稳居古代中国建筑的正统地位和主体地位，当然不是偶然的。这里有原始建筑历史的、地域的延承因素，有一系列社会的、礼制的、意识形态的制约因素，也有木构架体系自身在当时历史条件下的优越的技术性能和广泛的适应性能。这方面，木构架的构筑体系蕴含着十分重要的、很值得重视的独特机制。

（一）承重构件与围护构件的分离机制

木构架建筑在构筑方式上有一个突出的特点，就是俗话所说的“墙倒屋不塌”。墙体只起围护作用，不起结构作用。整个承重体系全由木构架来承担。这是一种既能充分发挥大木构架结构作用，又能充分发挥土材围护作用的最佳构筑方式，是对土和木的合理的因材致用。

中国的土资源极为丰富，许多地区都有深厚的土层，易于挖掘。土工所需工具十分简单，取土和加工的技术都比较简易。土材还具有良好的防寒、保暖、隔热、隔声和防火的性能，是一种最普及、最经济的天然用材。承重与围护的分离机制使得木构架建筑可以充分地运用土材，形成了一整套纯熟的用土方式。

1. 夯土台基　早在华夏跨入文明门槛的初

①②李渔．闲情偶寄·居室部

③周维权．中国古典园林史．北京：清华大学出版社，1990.157页

期，就已经使用了夯土台基。“茅茨土阶”成了当时建筑的形象概括。偃师二里头一号、二号宫殿遗址，已有大面积的夯土庭院土台和夯土殿堂台基。夯土台基消除了黄土自然结构所保持的毛细现象，在提高抗压强度的同时，也具备了一定的防潮性能，为木构架提供了它所需要的坚固和干燥的满堂基础，这对于木构来说是至关重要的。夯土台基在这里有效地维系了木构的稳定性和耐久性，并且形成单幢建筑的“下分”，奠定了木构架建筑外观的“三分”构成模式。到后期，木构架建筑虽然不用夯土台基，但仍然采用沟槽式或满堂红式的夯实素土或夯实灰土作为屋基，土材仍然起着重要的防沉和防潮作用。

2. 夯土高台　从春秋、战国到秦汉，一度盛行高台建筑。阶台式的夯土台体成了高台建筑中起聚合作用的主体，木构依附于台体组成庞大复杂的组合体。这是古代匠师在木构技术水平较低的情况下，巧妙利用土台的承托联结机能，创造出一种巍峨的大体量的建筑形态。这可以说是在土木混合构成中，把土材的作用发挥到极致。

3. 版筑墙　位于河北藁城台西村的商代中晚期建筑遗址，已出现版筑墙，陕西凤雏西周前期建筑遗址已全部采用版筑墙体。这种被称为“干打垒”的版筑墙以极强的生命力，长期成为木构架建筑墙体的一种重要做法，在官式建筑和民间建筑中都运用得非常纯熟。有的在土料中加稻草、芦苇、竹片等拉结料；有的在土料中加碎瓦片等骨料；有的在相邻版块之间做出凹凸槽的榫接；有的在墙体下部铺设石砾层或芦苇层作防潮处理。版筑墙的横向缝痕加上泥土的色调和材质，形成土墙粗犷质朴的外观。讲究的建筑还可以在墙体外皮砌砖，呈现出砖墙的立面效果。

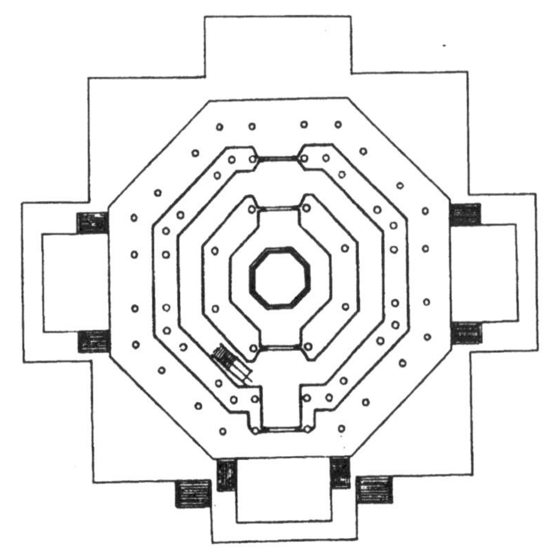

图 5-2-1　应县木塔的底层平面，内外槽都用土坯墙加固

4. 土坯和土墼　土坯是大家熟知的，是和泥入模拓成的日晒砖。土墼则是在小木框内填土夯实，做成类似土坯大小的预制夯土块。这两种材料的使用都很早，龙山文化已出现原始的土墼和土坯。山东日照龙山早中期遗址已发现用土坯压茬接缝垒砌的墙体和铺设的地面。藁城台西遗址在运用版筑墙的同时，也运用了土坯墙。土坯的生命力是惊人的，在民间建筑中一直沿用至今尚未绝迹。土坯砌筑的墙体，不仅充当围护墙的作用，也起到稳定柱网的加固作用。著名的应县木塔，在底层的内槽和外檐砌了两圈土坯墙。内墙厚 2.86 米，外墙厚 2.60 米。这种厚墙有效地稳定了柱网，对加强塔身整体构架的刚性是很起作用的(图 5-2-1)。北方民间建筑还采用一种特殊的土坯，称为垡子坯。这是利用草甸地带土内草根错综盘结，当甸子半干时，可直接挖取土块，通过暴晒成坯。这种垡子坯由于夹杂草根，比普通土坯要坚固得多，是一种很巧妙的因材致用。

5. 夹泥墙和拉哈墙　南方地区气候暖和，墙体可以做得很薄。常常利用当地盛产的竹材，编竹抹泥，做成夹泥墙。这是一种很轻便、很省工省料的墙体做法，在南方产竹地区运用得很广。东北地区气候寒冷，外墙需要有较大厚度以满足防寒保暖。黑龙江地区因地制宜采用一种“拉哈墙”。以黑黏土为主要材料，用稻草浸水柔软后，混入稠泥中，拧成长 60 ~ 80 厘米的泥草辫子，称为"拉哈辫"。用这种"拉哈辫"垛砌成拉哈墙，可用于外墙，也可用于内隔墙。"拉哈"是满语，译成汉语就是"挂泥墙"的意思，可以说与南方的夹泥墙在用土方式上有异曲同工之妙。

6. 土地面与土屋面　土材不仅用于台基和墙体，还可以用于地面和屋面。古代匠师通过经验积累，创造出一种黏土加白灰的做法，称为灰土。灰土的性能比素土强得多，白灰中的活性氧化钙与黏土中的二氧化硅发生物理化学反应，可生成水化硅酸钙，具有一定的水稳定性和抗冻融性，可以有效地提高土的抗压强度和隔潮性能。民间建筑的经济做法，常常直接采用素土夯实地面和灰土夯实地面。官式建筑的考究做法，也常用夯实素土或夯实灰土作为地面的垫层。在屋面做法中，也同样存在这种情况。一些干旱地区的民间建筑，常常直接采用分层拍实的黏土或碱土做屋面。一般官式建筑的瓦屋面则以灰土做成"泥背"，作为瓦顶的垫层和保温层。

从以上这些用土方式不难看出，土在木构架建筑中的确派上了大用途。台基、屋基、墙体、地面、屋面都可以大用土材。土不仅解决了大部分的围护构件用材，而且还起到保护大木构架的防潮作用和稳定大木构架的加固作用。由于土资源分布极广，黄土、黑土、栗土、红土都可用作建筑材料，中华大地的大部分地区都可就地取土。因此这种能够方便地利用廉价土材的木构架构筑方式自然成了技术经济十分优越的技术体系。可以说，承重与围护的分离机制，使得土与木这两大基本材料不仅各得其所，而且相得益彰，大大促进了木材的广泛利用和合理使用，从而也大大提高了木构架体系的整体经济性和广泛适应性。

（二）抬梁构架与穿斗构架的互补机制

在木构架体系中，作为主要承重构件的大木构架，明确地形成抬梁式和穿斗式两种基本形式，这是对于木材的极其重要的因材致用。

抬梁式和穿斗式虽然都属于木构架，而二者的传力方式和用木方式却有很大的区别（图 5–2–2）。抬梁式是梁柱支承体系，由层层叠起的大柁、二柁、三柁和檐柱、金柱、瓜柱来传力。梁是受弯构件，梁的长度有长有短，长梁可达到四步架或六步架的长度，每步架长约 1 米至 2 米。这样，抬梁式构架可以取得较大的空间跨度，但须付出大断面梁柱的代价。同时檩距也比较大，相应地需要用较粗的椽木。穿斗式又称立贴式，是檩柱支承体系。它有疏檩和密檩两种做法，疏檩檩距略稀，每个檩子都

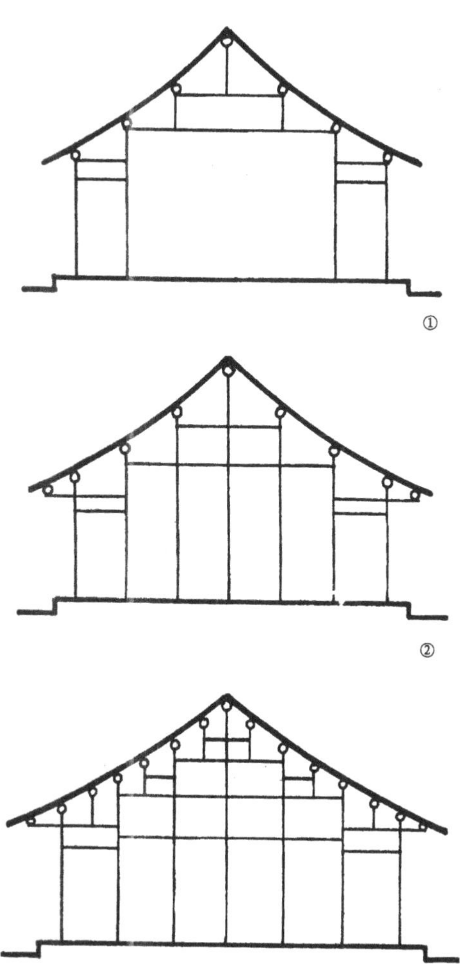

图 5–2–2　抬梁式构架与穿斗式构架示意图
①抬梁式构架
②疏檩穿斗式构架
③密檩穿斗式构架

直接搁在落地柱上。密檩檩距很密，大约只有50～60厘米，一部分柱子落地，一部分柱子不落地，而插在下层穿枋上。疏檩是完全的檩柱支承，穿枋只起拉结联系作用，完全不受弯。密檩是不完全的檩柱支承，有一部分穿枋承受瓜柱的荷载，充当拉结与受弯的双重职能。由于跨度很小，受力并不大。因此，无论是哪一种穿斗式，都显著地呈现出以下几个特点：一是尽量以竖向的木柱来取代横向的木梁。古代工匠早已认识到木材具有“横担千，竖担万”的特点。同样断面的木料，横过来当“梁”用，只能担“千斤”，而竖起来当“柱”用，就能担“万斤”。穿斗式正是通过檩柱的直接传力，以增加立柱为代价，而省略去全部的“梁”，或是保留少量受弯的穿枋，而省略去全部的“长梁”。这是一种充分发挥木材特性的经济做法。二是尽量以小材来取代大材。穿斗构架加密了檩距，并使每根落地柱只承担一根疏檩或两三根密檩的荷载，这样就通过均匀地分布荷载而明显减小了立柱的断面，再加上省略去受弯的长梁，使得整个穿斗式都可避免使用大料，而能以小材充大任。木材资源历来是大木难觅，小材易得。同样材积的大料比小料要贵得多，穿斗式易大材为小材，当然具有突出的经济意义。三是简化了屋面用料。疏檩穿斗的檩距，比抬梁构架的檩距小，密檩穿斗的檩距则更小得多。檩距的加密，明显地简化了屋面的构造。通常抬梁构架屋面都需要较大的椽条和望板，而穿斗构架大多可以省去大尺度的椽条、望板而改用密排的小椽木（也叫桷子），直接在桷子上挂瓦，从而节省屋面的用料。四是简化屋檐的悬挑构造。抬梁构架当出檐较大时，需要采用繁杂的斗栱或大尺度的挑尖梁。穿斗构架则可以用一种悬臂构件来解决。就是以挑枋穿过檐柱，承托挑檐檩，挑枋后尾穿入内柱。这种挑檐做法，可以根据出檐的长短，做成单挑、双挑或三挑，可以在挑枋下加斜撑以防止悬臂的剪切，也可以将后尾向内穿过两根柱子，做成“连二”的挑枋。这些都显得比斗栱轻便灵巧、经济合用。五是增加构架的空间整体性。穿斗构架在进深方向运用一穿、二穿、三穿等多种穿枋，在面阔方向运用上斗枋、下斗枋、瓜柱枋等多种斗枋。这些穿枋、斗枋都是穿过柱身，形成纵横交接的框架，大大加强了构架的空间整体性。特别是在柱枋之间再嵌入板壁或竹编夹泥壁，更增加了框架的刚度。它可以避免抬梁构架梁柱、枋柱榫接容易发生的拔榫散架现象，有利于增强构架的抗地震、抗风暴的性能。六是增加构架的灵活适应性。穿斗构架由于檩柱较密，柱枋穿插较灵便，相应地带来了构架伸缩、展延、重叠、跌落、悬挑、衔接、毗连等等方面的灵活性，便于房屋适应不同的空间组合、不同的地形环境和不同的外观造型（图5-2-3）。

当然，穿斗构架虽有它独到的优越性，也有它极为不利的局限性，就是密柱所导致的小跨度，不能适应较大空间的殿屋需要，小规格用料和简便的构造，也难以适应厚重的荷载。因此，抬梁构架与穿斗构架恰好构成了互补关系。抬梁式主要适用于官式建筑，适合作为宫殿、坛庙、陵寝、苑囿、衙署、大型寺观、大型宅第等建筑类型以及北方地区厚墙厚顶的民间建筑的构架；穿斗式则主要适用于南方的民间建筑以及一些小型寺庙。值得注意的是，这种互补机制不仅呈现在官式建筑与民间建筑之间，北方建筑与南方建筑之间的构架分工，而且渗透到单幢建筑中，呈现为两种构架的互补并用。许多南方的民居和园林建筑，常常以穿斗构架作为边贴式，以抬梁构架作为正贴式，将两种构架综合运用于一屋，使其各得其所。既满足厅堂内部所需要宽敞的空间跨度，又保持边贴构架的稳定性和用材的经济性，可以说是进一步的互补现象。不仅如此，有些地区的民居正贴式仍用穿斗构架，但将穿斗构架中的若干根落地柱改为瓜柱，落在穿枋上。这种穿枋有的长达 3 ~ 4 个檩距，承受着二三根瓜柱的荷载，实际上成了抬梁构架中的"三步梁"或"四步梁"。这种贴式实质上变成了穿斗做法与抬梁做法的中介构架，这可以说是更进一步的互补现象。木构架体系中的这种抬梁与穿斗的不同层次的互补也是体系机制灵活性和适应性的重要表现（图 5-2-4）。

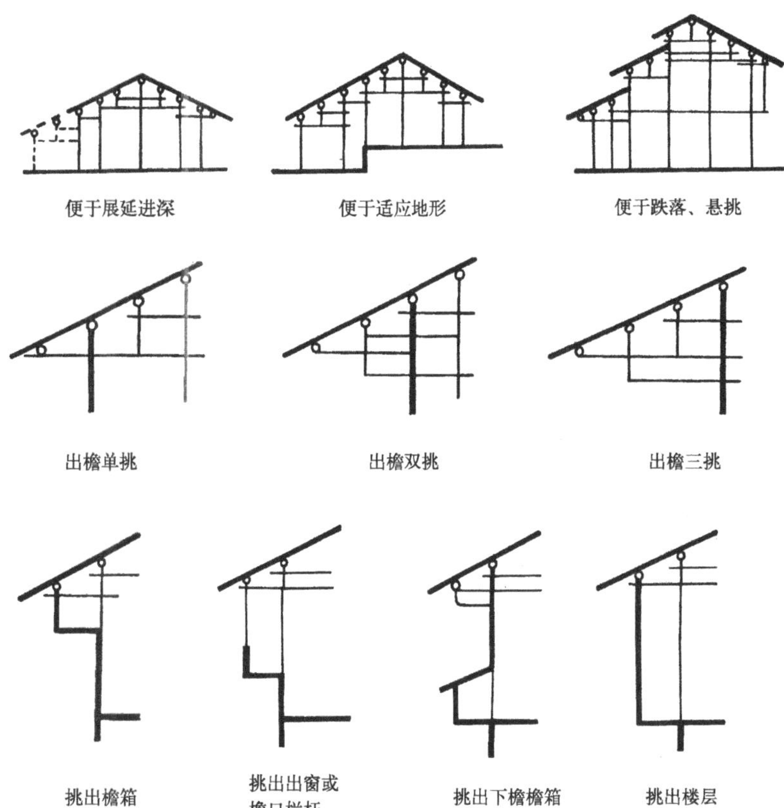

图 5-2-3　穿斗式构架的灵活性能

（三）平面构成与剖面构成的调适机制

到明清时期，高度定型的大木构架在殿屋的平面构成和剖面构成上，都形成一套纯熟的调适机制，官式建筑建立了周密的程式化调节方式，民间建筑也积累了十分灵活的调节手法。

1. 平面构成　官式建筑中的单体，绝大多数都是采用"正式建筑"，它的平面是极规整的长方形。民间建筑的单体，也以长方形的规整平面占多数。这种规整型的正式建筑，平面构成主要涉及面阔方向的"间"的调节和进深方向的"架"的调节，无论是抬梁构架还是穿斗构架，都十分重视"间架"的调适机能。

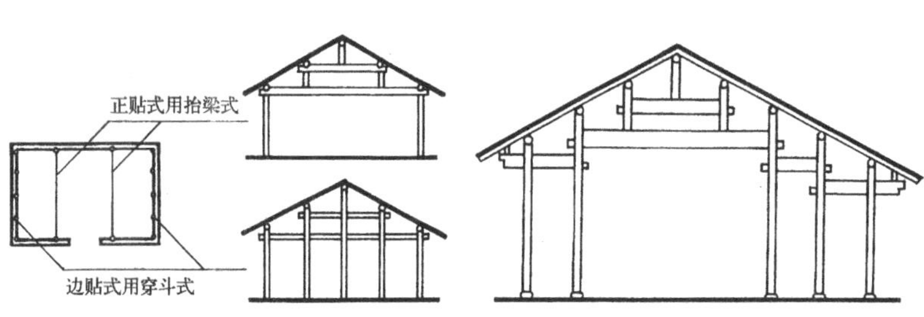

①第一层次交融：正贴式，边贴式分别用两种构架

②第二层次交融：在穿斗式正贴中，渗透局部抬梁式做法

图 5-2-4　抬梁式与穿斗式的交融现象

面阔方向的调节主要涉及两点：一是增减梁架或檩架的缝数以调节开间的数量，二是伸缩桁檩的长度以调节间自身的宽窄。官式建筑一般取三、五、七、九的单数开间，相应地由二、四、六、八、十缝梁架组构。开间取单，一则是附会阳数，二则是保持明间坐中，有利于庭院布置的中轴对称。这样，五个档次的开间调节，已足以适应封建时代对殿屋空间通面阔尺度的需要。民间建筑不拘泥于单数开间，经济实惠的两开间单体并不少见。私家园林的厅堂开间更是灵活。《园冶》说：

> 厅堂之基，古以五间三间为率，须量地宽窄，四间亦可，四间半亦可，再不能展舒，三间半亦可。深奥曲折，通前达后，全在斯半间中生出幻境也。凡立园林，必当如式。[①]

开间组合的这种灵活性，正是通面阔调节机能的生动反映。

通过伸缩桁檩的长度来调节各个开间自身的宽窄，是面阔方向的一种微调。通过这种微调，官式建筑不仅可以方便地形成明间、次间、梢间、尽间依次递减的不等间平面，而且可以方便地运用窄小的廊间，以组构周围廊。

①计成．园冶·卷一厅堂基

民居和园林也有赖于这种微调，灵活地调度半开间的平面组合。

进深方向的调节主要通过檩架的多少来控制。构架上每设一个桁檩，称为一“架”。桁檩与桁檩的水平距离，称为一“步架”，或简称一“步”。构架组合中，对于檩架的设置有三点明智的规定：一是采用等距的步架，各桁檩之间的水平距离，尽量保持相等，在带斗栱的构架中，统一规定为 22 斗口。这样，使得各步椽木的斜长不会相差很大，它们的荷载较为均匀，既可保持椽木圆径的一致，也可以保持桁檩圆径的一致。二是采用合宜的步长。抬梁构架每步约 1.0 ~ 2.0 米左右，疏檩穿斗每步约 1.0 ~ 1.5 米左右，密檩穿斗每步可以缩小到 0.5 米左右。三是不拘泥于架数的单双。通常以脊檩居中，前后檩数相等，形成 3、5、7、9 等单数檩的组合系列。而在卷棚构架中，则形成 4、6、8 等双数檩的组合系列，也允许带脊顶的构架由于前后檐不对称而呈现双数檩组合。这些做法为通进深调节带来了很大的方便。我们从清《工部工程做法》中列举的 23 例大式建筑和 4 例小式建筑可以看出，通进深檩架数有 3 檩、4 檩、5 檩、6 檩、7 檩、8 檩、9 檩、11 檩共八种组合系列。实际工程中，见于北京故宫太和殿，还有用 13 檩的特例。檩架数量的随宜增减和步架长度的合宜选定，足以适应当时各等级、各类别殿屋的通进深需要。

图 5–2–5　五架梁的尺度

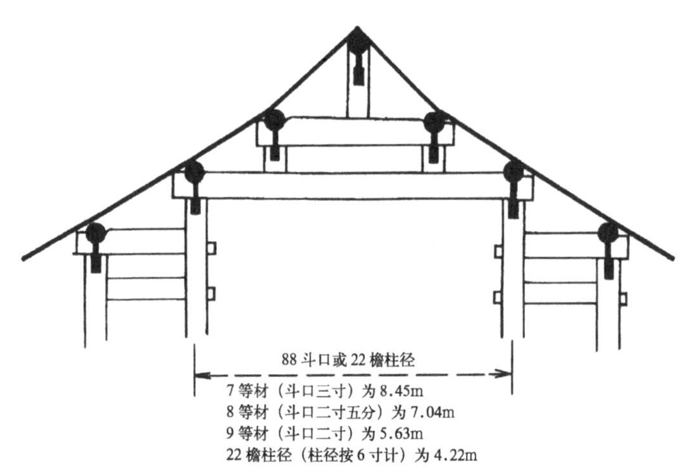

2. 剖面构成　抬梁构架和穿斗构架在剖面构成上也具有相当灵活的调控机能。

一是便于柱网调度。抬梁式形成三架梁、四架梁、五架梁、六架梁、七架梁、抱头梁、挑尖梁、单步梁、双步梁、三步梁等不同的跨度系列，满足了殿屋柱网灵活调度的需要。既可以由前后檐柱组构各种进深的无廊式剖面，也可以由前后檐柱加上中柱，组构各种中柱式的剖面；既可以增添前金柱组构前出廊的剖面，也可以增添前后金柱组构前后廊的剖面；这种出廊既可以是常见的单步廊式，也可以是双步廊式或三步廊式；还可以采用重檐做法，在老檐柱之外增添下檐柱，以取得更大的通进深。值得注意的是，殿屋的中跨，以采用五架梁为最常见。这是因为五架梁长四步架，合 88 斗口，当用 7、8、9 等斗口时，长度分别为 8.45 米、7.04 米和 5.63 米。在不带斗栱的建筑中，五架梁的长度约合 22 檐柱径，按檐柱径为 6 寸折算，5 架梁长为 4.22 米（图 5–2–5）。这个跨度对于一般殿屋空间已经够用，所需木料规格也不算过长，因而成为合宜的选择。而三架梁的跨度作为中跨往往过短，七架梁的跨度，则所需木料过长，非特殊场合是不轻易用的。《营造法原》中所列的南方厅堂构架也是如此。其正贴式中跨普遍采用“内四界”，也就是北方的五架梁。在中跨前后可以灵活地设置“前轩”和“后双步”，脊步另加“草架”，柱网调度更为灵活。

二是便于楼层和屋顶的调度。不论是抬梁构架还是穿斗构架，都有一个值得注意的特点，就是它没有独立的屋架。屋顶的主要结构构件——桁檩，是和柱梁联系在一起的。每个桁檩都有自己的支点，都直接把力传给支承它的柱子或梁。这种密支点的做法，有它很大的局限性，也有它很大的灵活性。它可以便于构筑楼房。一般楼房构架与平房构架并没有多大区别，只要增加柱子的高度，层间加上承受楼板的梁枋即可。上下立面可以对齐，也可以收进或挑出。它尤其便于调度屋顶，可以方便地调节前后檐屋顶的长短坡，可以随意地处理屋顶的局部跌落或提升，形成重檐并取得阁楼、楼井或夹层。这些既能充分利用屋顶的空间，又能丰富室内的面貌，并能活跃外观的体形。

三是便于适应地形和处理悬挑。依山傍水地区，地形高低起伏，构架的剖面构成，特别是穿斗式构架，在适应地形方面也具有很大潜能。它可以随地形层层跌落，可以依地段组构沿街骑楼或沿河骑楼，也可以悬空伸挑做成山地吊脚或临水吊脚。在炎热多雨地区，为了遮阳挡雨，还充分利用穿斗构架便于悬挑的性能，将屋檐挑得很深远。常见的有单挑做法，双挑做法，也有采用三挑的做法。浙江民居中，利用这种深远的出檐，还进一步在檐下挑出"檐箱"、挑出"出窗"、挑出"檐口栏杆"、挑出"靠背椅"等等。这是民间所谓的"借天不借地"做法，它既充分争取和利用了建筑空间，也大大丰富了建筑外观。这些都可以说是把木材的抗弯性能和构架的悬挑潜力发挥到极致。

二、就地取材，形成多元构筑形态

中国古代建筑并非都是就地取材，宫殿建筑常常是远距离征调建筑材料。明代北京宫殿，构架、搭架用的大宗楠木、杉木，是从四川、贵州、两湖、广西、浙江、江西等地采办的；殿基用的大量澄浆砖，是从山东临清烧制的；质地极细，敲之发金属声的铺地方砖，号称金砖，是从苏州、松江等七府运来的。这些都不是就地取材，而是千里迢迢地长途调运。清初仍然派遣差官远涉南方采办楠木。《康熙实录》载：

> 康熙二十一年九月，以兴建太和殿，命刑部郎中洪尼喀往江南、江西，吏部郎中昆笃往浙江、福建，工部郎中龚爱往广东、广西，工部郎中图鼐往湖、广，户部郎中齐穑往四川采办楠木。[①]

后来因为难以采到大规格的楠木，康熙二十五年才谕旨改用"塞外松木"。从南方采木改为从关外采木，仍然不是就地取材。

这种非就地取材的做法，所付代价极大。金中都宫殿有"运一木之费至二十万，举一车之力至五百人，宫殿皆饰以黄金五彩，一殿之成以亿万计"的记载。[②]这是皇家凭借征调，不计工本的特殊工程才有可能这样做，也是本地区没有合格材料好用而不得不舍近求远的。值得注意的是，北京故宫所用的青白石取自房山、门头沟，汉白玉取自房山大石窝，青砂石取自顺义，花岗石取自曲阳，这些地方离京城都不算太远。这说明，即使是皇家工程，只要附近有材料资源可用，也还是要尽量就近取材的。

皇家工程尚且如此，一般建筑工程，特别是民间建筑工程，当然更是如此。就地取材无疑是降低工程造价的最关键、最有效的方式。综观各地区建筑的就地取材，大体上呈现两种情况：一种是保持木构架体系的基本构筑形态，尽可能利用当地材料作为围护墙体。如前面提到的，产竹地区盛行的竹编夹泥墙，寒冷地区采用的拉哈墙等。这种就地取材有效地节省了工程费用，丰富了木构架建筑自身的构筑手段，发挥了构架的辅材适应性，为木构架建筑糅入了乡土特色，使木构架体系既有正统的官式形态，也有多姿多彩的地方风貌。另一种则是摆脱木构架的承重方式，运用当地材料，形成种种非构架体系的乡土构筑形态。如运用生土构筑的窑洞建筑，运用竹材搭构的干阑建筑，运用石木混构的碉房建筑等等，这种就地取材突破了单一体系的局限，形成了与木构架体系截然不同的多元构筑形态，促使古代中国呈现以

①转引自单士元．故宫札记．北京：紫禁城出版社，1990.212页

②顺天府志·卷三金故城考

①参见李文杰．宁夏菜园窑洞式建筑遗址初探．见：中国考古学会第七次年会论文集．北京：文物出版社，1992

木构架形态为主体，并存着多种乡土形态的“多元一体”现象。下面分别就土、竹、石三种就地取材的建材资源简述其典型的乡土构筑形态。

（一）土构形态：窑洞建筑

中国有得天独厚的黄土资源。在黄河中游，地跨甘肃、陕西、山西、河南等省，广阔的黄土地带面积达63万平方公里。这里是世界上黄土层最发育的地区，土质均匀，分布连续，大部分土层厚达50～200米。黄土以石英构成的粉砂为主要成分，颗粒较细，土质黏度较高，黏聚力和抗剪强度较强，具有良好的整体性、稳定性和适度的可塑性。黄土生成历史愈久远，堆积愈深，土质就愈密实，强度也就愈高。黄土既易于壁立，又便于挖掘，并具有防寒、保暖的可贵性能。在原始社会时期，我们的先民运用石器工具，不仅挖掘了像穴居、半穴居那样的竖穴，也挖掘了原始的窑洞式横穴。宁夏菜园村林子梁遗址的8座窑洞式房址，距今已有四千多年[①]，可以证实窑洞的建造史是相当悠久的。窑洞的生命力很强，到明清时期，已成为黄土高原和黄土盆地农村民居的主要形式，成为中国传统民居的一支独特的生土建筑体系。

窑洞分为三种基本类型（图5-2-6）：

一是靠崖窑。是直接依山靠崖挖掘横洞，所需挖方较少，施工较为简便。按其所处的地形，有的靠山，有的沿沟，窑洞依山靠崖沿沟随等高线布置，多呈曲线形或折线形的排列。根据山坡的大小，山崖的高低，沟谷的深浅，窑洞分布或一层排开，或层层后退呈台梯式布局。靠崖窑前方，可利用崖面的围合，或辅以地面建筑，构成开敞式前院。

二是天井窑。在没有山崖、沟壁可用的平坦地带，没有条件做靠崖窑，只能就地挖下方形的地坑，形成四壁闭合的下沉院，然后再向四壁挖窑。这种方式，河南称为“天井院”，甘肃称为“洞子院”，山西称为“地窨院”、“地坑院”。天井窑的土方量比靠崖窑大，占地也较多。根据天井院标高与相邻地面标高的高差，可分为全下沉型、半下沉型和平地型三种类别。后两类实质上是靠崖窑与天井窑的混合类型，有利于改善通风、排水和入口交通。

三是覆土窑。这种窑洞不是挖掘生土形成的，而是用砖石、土坯砌出拱形洞屋，然后再覆土掩盖。按所用材料的不同，分为土基窑洞

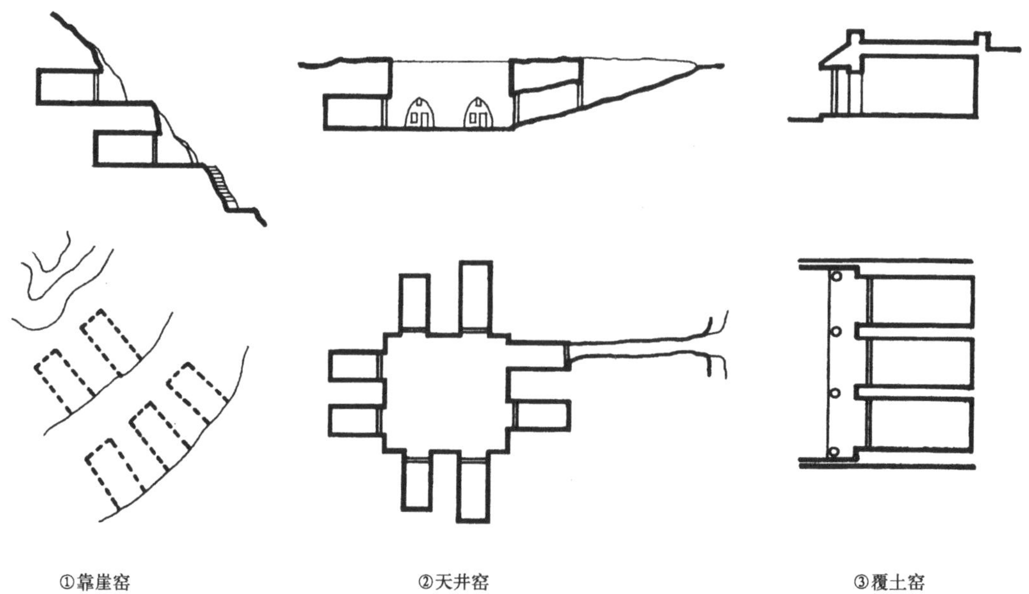

图5-2-6　窑洞的三种基本类型

①靠崖窑　②天井窑　③覆土窑

和砖石窑洞两种类别。土基窑洞下半部仍保留原土体作为窑腿，上半部砌土坯拱或砖拱，然后再掩土分层夯实，做成平屋顶或坡顶。砖石窑洞也称锢窑，是以砖材或石材砌造整个独立的拱形洞屋，拱顶和四周同样掩土夯实。这种砖石窑洞可以四面临空，灵活布置，还可以造窑上房或窑上窑。

窑洞建筑看上去土里土气，在空间尺度、平面组合、采光通风、排水排烟、防水防潮等方面都有很大局限，似乎难登大雅之堂。其实它有一系列引人注目的重要特点：

一是土尽其用。窑洞无疑是对黄土资源的充分运用。它通过挖掘横向的券洞取得室内空间，最大限度地利用原状土体作为窑壁、窑顶。还可以利用挖出来的原土，通过版筑作为院墙、隔墙，或打成土坯，砌筑洞口墙和火炕。黄土还可以用来做土台、土踏步、土照壁、土桌、土凳、土龛、土壁柜、土炉灶、土烟道、土鸡窝、土花池等土构件、土设备、土家具。多余的土还可以用于平整耕地，垫厩沤肥。真可以说把黄土用到了极致，堪称地道的土建筑。

二是冬暖夏凉。黄土具有良好的隔热、蓄热的双重功能。窑洞除小面积的洞口部位相对单薄外，其他各面全包裹在厚厚的土层中。厚实的土层所起的隔热作用使土内温升很低。黄土高原干旱地区的日温差虽然较大，但日温波动在厚层土中影响甚微，甚至无波动影响。这些给窑洞带来了十分可贵的冬暖夏凉的热环境。覆土窑由于覆盖很厚的土层，也同样取得冬暖夏凉的温度效应。晋、陕地区的一些地面庭院建筑，正房常常不用木构平房、楼房，而特地改用单层锢窑或窑上房，争取冬暖夏凉的居室条件可能是一个重要的原因（图 5-2-7）。

三是减法构筑。靠崖窑和天井窑都是名副其实的地下建筑。它不同于一般的地面建筑，不是投入建筑材料以构筑空间的“加法”方式，而是挖去天然材料以取得地下空间的“减法”方式。土方挖去越多，窑洞空间和地坑空间就越大。这种“减法”构筑是以取之不尽的土材的掘出以取代其他建筑材料的投入，实质上是以挖掘土方的劳力换取材料物力的消耗。这当然是对于建筑材料的最大节约。由于黄土易于挖凿，一家一户的劳动力都有可能承担，换取物力所需的劳力并不十分繁重，因此窑洞的造

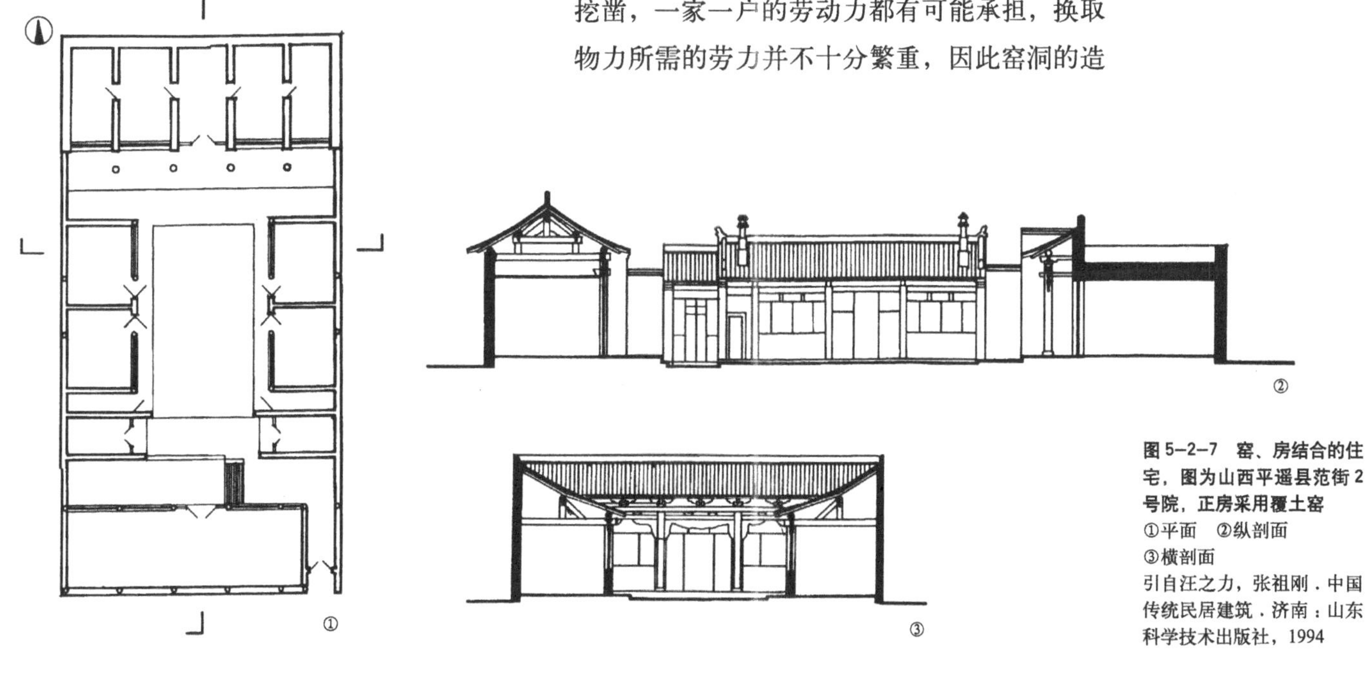

图 5-2-7 窑、房结合的住宅，图为山西平遥县范街 2 号院，正房采用覆土窑
①平面 ②纵剖面
③横剖面
引自汪之力，张祖刚．中国传统民居建筑．济南：山东科学技术出版社，1994

图 5-2-8 荆其敏笔下的窑洞群景象
引自荆其敏．覆土建筑．天津：天津科学技术出版社，1988

图 5-2-9 山西平陆县槐下村的天井窑群景象
引自侯继尧等．窑洞民居．北京：中国建筑工业出版社，1989

价甚低，具有极显著的经济性。不仅如此，减法构筑在占地方面也很独特。靠崖窑自身不占用地皮，而且挖出的原土还可用以填坡造地，是很节省用地的。天井窑则相反，不仅地坑自身占地，而且四周的窑背不宜种植作物，一般都闲置，再加上通道用地，每处天井窑实际占地较大。但是，洞身毕竟处于地下，窑背地面虽不能种作物，还是可以作为其他用途的，这种减法方式实质上存在着节约用地的很大潜力。

四是融入自然。窑洞村落具有“上山不见山，入村不见村”的特点。靠崖窑只展露出小面积的洞口立面，天井窑的井院和窑脸都下沉于地下。与一般地面建筑相比，在建造过程中不需要大量破坏当地的树木植被，建成后没有触目的外显建筑体量。整个窑洞群或是顺着梁峁沟壑的等高线布置，或是潜隐在大片土塬之下。它们都最大限度地与黄土大地融合在一起，充分地保持自然生态的环境风貌。无论是远观层层叠叠、依山沿沟的靠崖窑群（图 5-2-8），还是俯视星罗棋布、虚实相间的天井窑群（图 5-2-9），都给人一种天然、雄浑、极富韵律感的美。窑洞自身以及土院庭、土围墙、土坡道、土照壁等，地道的黄土质感和色彩，也给人以古朴粗犷、乡土味极浓的美感。

以上这些特色，表明窑洞的构筑形态蕴涵着许多值得重视的机制。它涉及到利用生土，节约能源，节省建筑用地，保护生态环境，浓化乡土特色等一系列当代建筑所关注的问题。中国建筑能够适应古代生产力和经济条件，形成这样一支完全不用木构架的极纯朴的土建筑形态，是值得大书特书的。

（二）竹构形态：竹干阑建筑

干阑建筑起源很早，著名的河姆渡建筑遗址，就是一组原始的木构干阑，据 C^{14} 测定距今已有六千九百多年。该遗址出土的木构件已带有多种形式的榫头、卯眼、企口和销孔，表明干阑的建筑形态是十分古老的，而且在起步阶段已具有惊人的木构工艺水平。

干阑的形式很多，有架空较高的高楼干阑，架空较低的低楼干阑，重楼式的麻阑和半楼半地式的半边楼干阑等等。在一些盛产竹材的地区，干阑建筑主要用竹材构筑，称为"竹楼"，是一种典型的竹构建筑。云南的傣族干阑和景颇族干阑都属于这种竹楼干阑。

楼面架空是干阑建筑的基本特征。其作用：一是避免贴地潮湿；二是有利楼面通风；三是防避虫兽侵害；四是便于防洪排涝。在山区地段，这种架空楼面还便于随形就势，保持一定的地面坡度，有利于适应地形变化，减少土方工程，并便于排水。可以说，干阑的架空形态对于适应亚热带潮湿地区的气候特点，雨量集中地区的防洪需要和山区的地形条件，都有其独特优势。

傣族和景颇族的竹楼，都有高楼和低楼两型。高楼型架空高约 1.2 ～ 2.5 米，低楼型架空高约 0.6 ～ 1.0 米。后者楼面低矮，下部空间不便使用，也不好打扫，多为贫寒家庭所用。西双版纳地区的傣族竹楼（图 5–2–10），上层平面由堂屋、卧室、前廊、晒台和楼梯组成。底层平面为架空的柱网，一般无墙体围护，四周敞露，主要用来碓米、堆柴，存放杂物，关养家畜。其平面布置主要有两类，一类是单一的主房布局，另一类是主房与干阑式谷仓的组合。其屋顶多由 T 字相交的歇山顶组合，坡陡

图 5–2–10　西双版纳的傣族干阑——竹楼
①外观　②平面组成
③室内剖视
引自云南省设计院《云南民居》编写组．云南民居．北京：中国建筑工业出版社，1986

①

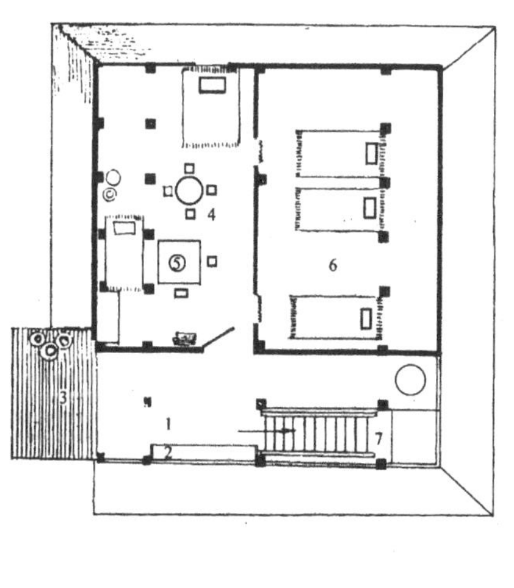

②

脊短，山尖起采光、通风、散烟作用。架空的居住面，深远的大出檐，向外倾斜的外墙，加上披檐的穿插组合和墙面的少开窗或不开窗，构成了独特的“自防热体系”，不需要借助任何设备，而能取得良好的防辐射、防日照和隔潮、通风的效果。[①]这种构成形态也形成富有变化的轮廓，为傣族竹楼带来组合多样、丰富多彩的外观。德宏瑞丽地区的傣族竹楼稍有不同，主要是主房房后或房侧附建有平房作为厨房，形成干阑与平房的错落组合，同时架空层都用竹篱围栏，类似于底层封闭的麻栏（图 5-2-11）。这种竹楼堂屋的左右外墙都开窗，墙面不出披檐，外观与西双版纳竹楼异趣。位处潞西、盈江、陇川等地山区的景颇竹楼另有自己的特色（图 5-2-12），平面多为长方形，主要入口设在山墙一端。上层由前廊、客房、卧室及厨房、

①参见王加强．传统傣族住居设计初探．见：中国传统民居与文化．北京：中国建筑工业出版社，1991

图 5-2-11　云南德宏瑞丽地区傣族竹楼由干阑与平房两部构成
①外观　②楼层剖视
③底层剖视
引自云南省设计院《云南民居》编写组．云南民居．北京：中国建筑工业出版社，1986

贮藏室组成。室内分隔多呈纵向分隔，也有采取横向分隔。外观粗犷简朴，普遍以大面积的悬山顶覆盖。低矮的墙身，陡峭的草顶，深远的出檐，特别是倒梯形的挑山，构成了极富个性的"长脊短檐"式的造型。这种"长脊短檐"的形式，早在云南祥云大波那村发掘的战国时期的干阑式小铜屋和云南晋宁石寨山出土的战国至西汉中期的干阑式小铜屋就已出现，是干阑建筑的一种相当原始的形象。景颇竹楼由于在山墙端部开门，长脊挑山具有遮挡飘雨的作用而一直保留了长脊短檐的做法，显现出极浓厚的古朴风韵。

在过去，傣族、景颇族干阑除少数土司头人用木材构筑外，一般村民都是就地取材，用当地盛产的竹材构筑，是名副其实的竹楼。这种竹楼可以说充分发挥了竹材的潜能，不仅作为承重结构的柱、梁、檩、椽都用竹，而且墙面、楼板、楼梯、门窗、栏杆全都可以用竹（图5-2-13）。竹墙可做成竹片墙、竹席墙、小竹筒墙等形式，可利用竹子正反面的不同质感和色泽，编结成种种不同的编纹。竹楼板则以纵横交叉的圆竹作为楼梁、楼楞，以半圆竹为小筋，以竹片为楼面，按所承受重量采用大小不同的竹径。这种竹构的墙面、地面，自然留有明显的缝隙。西双版纳竹楼，巧妙地利用这种缝隙来解决通风、采光，墙面可以不开窗，既省略了窗构件，又简便了墙面施工，充分展示出竹构的独特性。瑞丽竹楼则采取开窗的方式，但因竹制宜，采用了竹制的推拉窗，窗扇、推拉槽都用竹，也充分发挥了竹制品的潜能。

竹材具有质地坚韧，富有弹性，自重很轻的特点，这给竹楼建筑带来了轻盈活泼的特色。西双版纳竹楼在这方面表现得最为鲜明。高陡的屋顶，架空的底层，外斜的墙面，凹深的敞廊，层叠的披檐，深远的出檐，完全基于功能的安排，结构的需要和材料的本色，自然地形成灵活多变的轮廓，轻盈优美的风姿和明暗、虚实、隐显的生动对比。一座座竹楼错落有致地布置在竹林深处，大青树旁，展现出极富生活气息，极具乡土韵味的建筑风情。

竹材生长快，产量高，重量轻，取材方便，运输方便，只需要简易的工具就可以加工，在盛产竹材的当地，竹构干阑无疑是一种最经济、最简便的建筑方式。受竹材自身易腐、易燃、易开裂、易虫蛀等缺点的限制，竹楼的使用年限较低，在建筑领域属于一种"来也匆匆，去也匆匆"的方便型、短周期型的建筑。但尽管每个建筑个体自身的存在期不长，而干阑的建筑形态却是生命力极强的。时至今日，它仍然

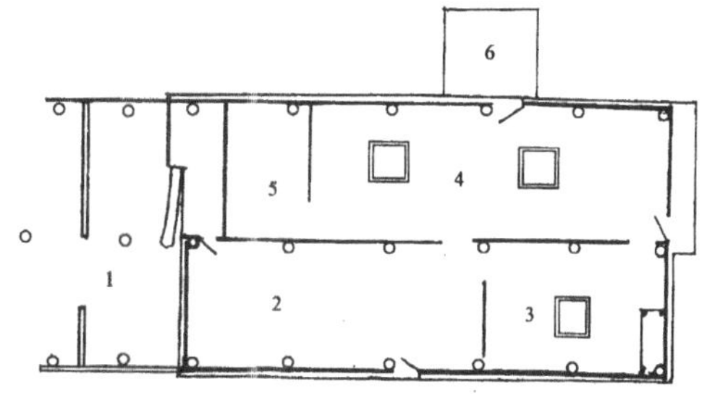

图5-2-12 云南三台山拱毕寨景颇族干阑
①立面 ②平面
引自云南省设计院《云南民居》编写组．云南民居．北京：中国建筑工业出版社，1986

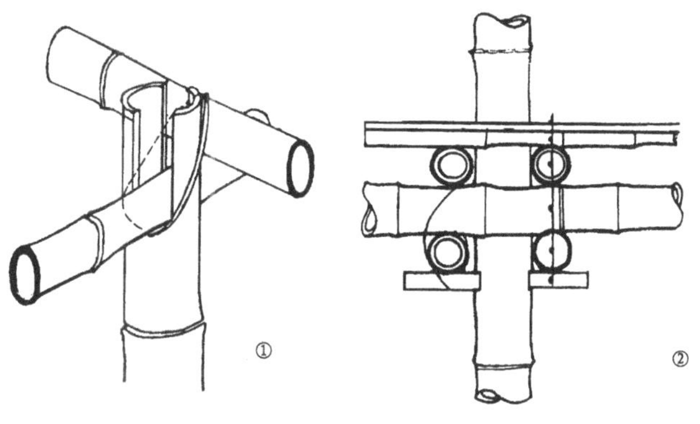

图5-2-13 竹楼的构造做法
①竹构架节点构造
②竹构楼板
引自云南省设计院《云南民居》编写组．云南民居．北京：中国建筑工业出版社，1986

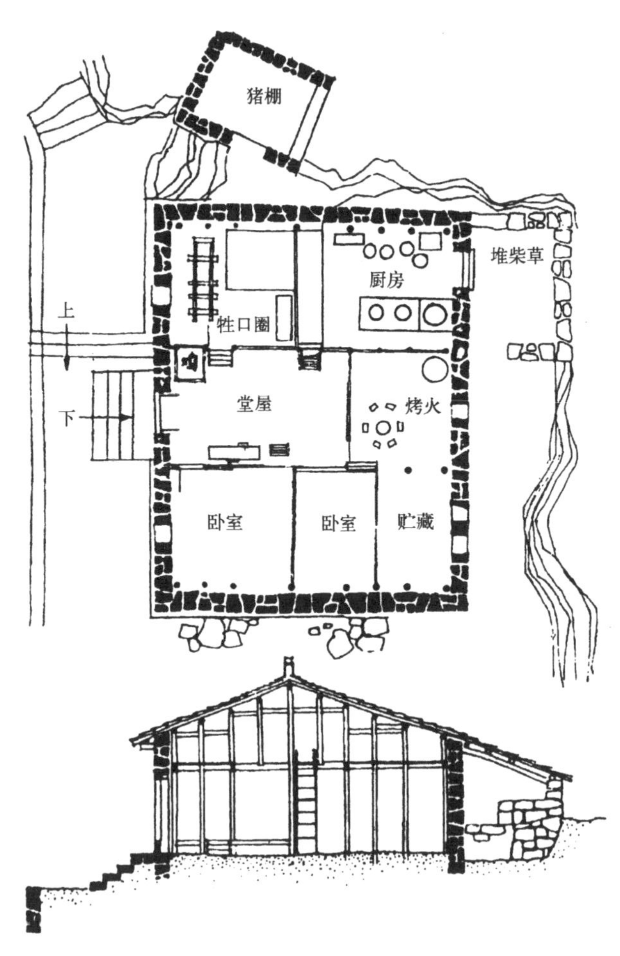

图 5-2-14　贵州布依族岩石民居
引自戴复东．贵州岩石建筑．见：建筑师，第 20 期．北京：中国建筑工业出版社，1984

图 5-2-15　西藏碉房住宅外观
引自刘致平著，王其明增补．中国居住建筑简史．北京：中国建筑工业出版社，1990

是亚热带、高潮湿地区的一种合宜的住居方式，只是竹材多为木材所取代，竹楼干阑已大部分转变成了木楼干阑。

（三）石木混构形态：石碉房建筑

古代中国建筑有几种用石方式：第一种是在木构架建筑中运用石构件，宋《营造法式》和清《工部工程做法》中列为石作，包括台基、须弥座、踏跺、栏杆、柱身、柱础、门枕，以及用于山墙和地面等部位的石构件。第二种是用石材制作建筑小品或整幢石构建筑，如石阙、石华表、石望柱、石经幢、石牌坊、石坛、石亭、石桥、石塔等。第三种是以石墙、石屋面等作为木构建筑的主要围护构件，如贵州山区的岩石建筑（图 5-2-14），承重体系仍用穿斗式构架，而墙体运用片石、乱毛石、方整石等砌筑，屋面用自然片石、方片石等铺设，建筑外观呈现石建筑的面貌。第四种是以石墙体承重，辅以密肋木梁柱的构筑方式，以藏族石碉房为典型代表。这四种用石方式中，第二种方式的石牌坊、石塔，是完全的石构筑，它是基于纪念性、礼仪性、宗教性等对于建筑耐久性的特殊需要而选用石材，并非就地取材，因石致用。第三种方式的岩石建筑，虽然是就地取材，但仍然以构架承重，石材只起围护作用，严格说仍属木构架的建筑体系，是木构架建筑在产石地区的一种乡土形态。而第四种方式，石材既是主要的围护用材，又是主要的结构用材，建筑整体呈现石构筑的外观，楼层、平顶层以密肋木柱承重，可以说是最具代表性的就地取材、因石致用的石木混合构筑形态。

石碉房以石墙、窄窗、密肋、木梁柱、平屋顶为主要特征（图 5-2-15）。墙体通常以乱毛石、整毛石或片石砌筑，用阿嘎土作灰浆。外墙很厚，内壁平直，外壁显著收分。木梁柱采用纵向密肋排架形式（图 5-2-16）。由于当地缺乏木材，山区交通不便，木材靠牦牛驮运，材料长度受运输限制，一般都截成2米左右。这导致平面采用2米见方的柱网。民居多以2米×2米的柱网为单元，组成2米×4米、4米×4米、6米×4米等几种平面形状，以一根中心柱所组构的4米×4米正方形平面为最多。楼层构造是在木梁上密排楞木，上置细树枝，铺沙土卵石垫层，然后做密实的阿嘎土面层或再铺木地板。平顶层做法与楼层近似，面层亦拍实土层（图5-2-17）。层高很低，限于木柱长度，一般居室净高约2.2米左右。这种厚墙、平顶、小跨、低层高的构筑形态，既体现因石致用，因短木致用，也很适合藏区的干寒气候条件和藏民的生活习俗。低层高不仅有利于减少散热、保持室温，也与藏民过去久居帐篷，习惯于低空间的生活起居相适应，并且可以省工省料，具有显著的经济意义。平屋顶则成了藏族民居不可缺少的组成部分，具有晾食物、柴草、衣被，进行农副业和家务劳动以及沐浴阳光等多方面的功能。

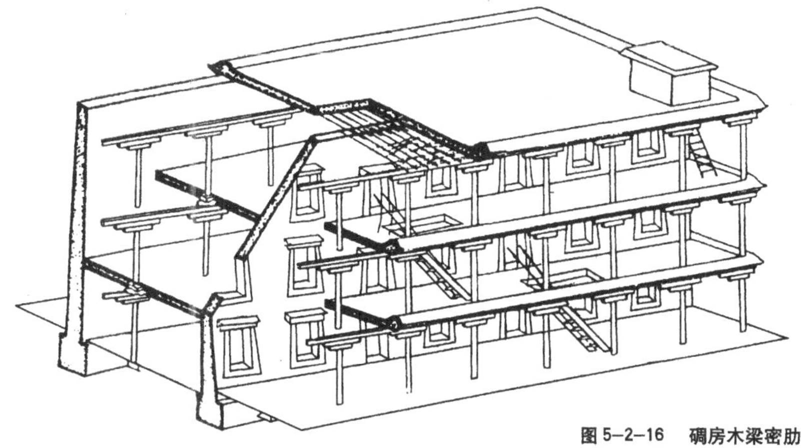

图5-2-16　碉房木梁密肋排架示意
引自西藏工业建筑勘测设计院科研室．拉萨民居图集，1996

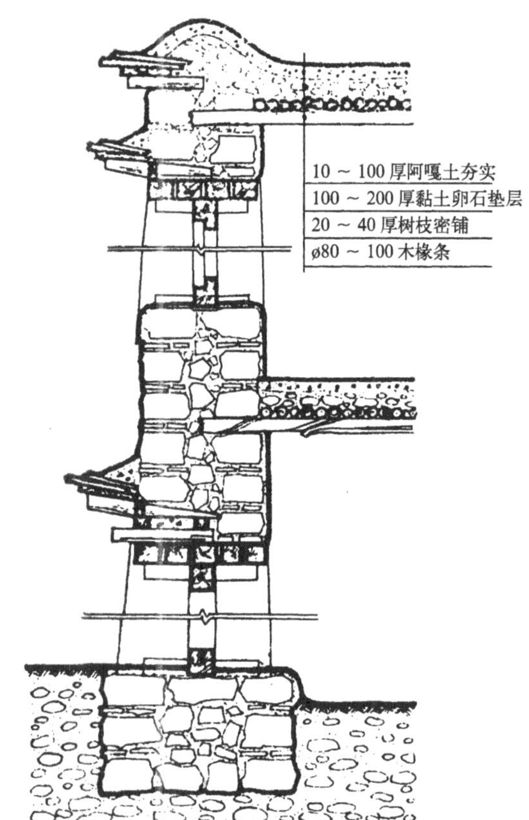

图5-2-17　碉房墙身屋顶构造
引自西藏工业建筑勘测设计院科研室．拉萨民居图集，1996

石碉房的平面多为方形或接近方形，其布局形式，据周维权归纳大体上有四类：一是实体式，各室均由外墙开窗采光，小型的住宅、经堂、佛殿均取这种形式；二是天井式，房间较多，设内天井解决采光、通风，有的天井设在第二层，首层可保持大空间；三是都纲式，寺庙的大经堂和佛殿需要高大宽敞的内部空间可用此式，殿屋周围作夹层，中央通高二层或若干层，利用屋顶的天窗采光；四是廊院式，在殿屋前面接建一圈廊子，围合成廊院，大多用于扎仓、宫殿、邸宅。①一些贵族的廊院式碉房大院可以达到很大的规模（图5-2-18）。

这种石木混合结构的碉房，由于外墙明显收分，呈现上小下大的梯形轮廓，加上石墙的粗犷材质和小窗的窄小尺度，建筑物通体呈现稳重、敦实、封闭的性格，颇似碉堡，取名"碉房"是很确切的。碉房的窗户也很有特色，分大窗、小窗两类。大窗连成一片，设在墙面中心部位或转角部位，形成厚重石墙面上的成片虚空，突出强烈的虚实对比。小窗取窄长形窗洞，上端挑出窗檐，其余三面做成上小下大的黑色窗套。重复出现的梯形窗套和整体造型的梯形轮廓，形成了碉房建筑突出的梯形构图母

① 参见周维权．藏族建筑．见：建筑师，第28期．北京：中国建筑工业出版社，1987

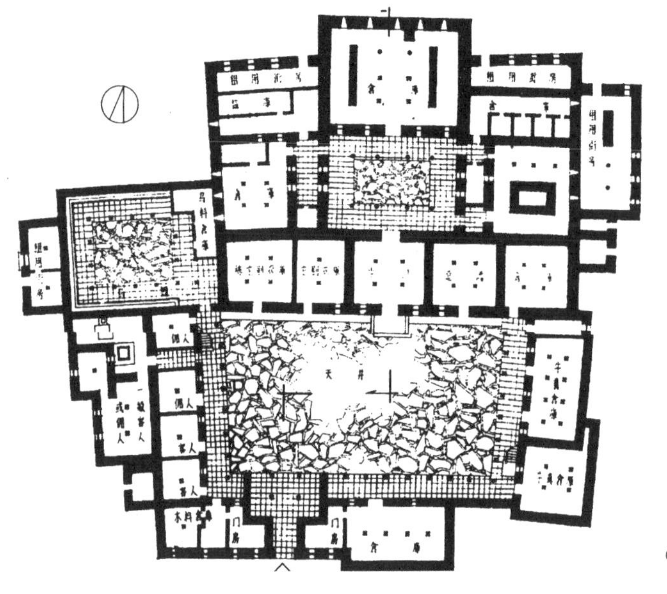

图 5-2-18　拉萨贵族碉房大院
①剖面　②平面
引自西藏工业建筑勘测设计院科研室．拉萨民居图集，1996

图 5-2-19　宋《营造法式》厅堂构架示意，露明的构架清晰地表现出它的结构逻辑
引自刘敦桢．中国古代建筑史．第 2 版．北京：中国建筑工业出版社，1984

题。位处山区的碉房，多顺依山势，采用错层、跌落等做法，建筑形体高低错落，再加上厚重的石质墙体悬挑出轻巧的木质挑楼，体形变化和材质对比都很丰富，与山区整体环境极为融洽。密肋梁柱的排架结构，由于广泛采用替木，也派生出"大雀替"的特殊构件，产生木柱上作斗状柱头，柱头上承大雀替，雀替上承大梁，大梁上挑出带密肋小梁头的叠涩线脚的做法，形成了独特的藏式"柱式"。这些构成了藏族石碉房别具一格的风貌，丰富了中国建筑的多元风采。

三、因物施巧，创造有机建筑形象

"以物为法"的务实理性精神，在建筑形象的创造上，引发了"因物施巧"的设计意匠和设计手法。这在木构架建筑体系的成熟期、鼎盛期表现得最为鲜明，无论是建筑的整体形象、部件形式，还是细部处理，都可以看出古代匠工追求功能、技术与审美统一的努力。民居建筑通过世世代代质朴的实践经验积累，官式建筑通过漫长时期的程式化筛选，都在很大程度上取得形象的美与构筑的真的丝丝入扣。这里的匠心和智巧是很值得注意的。下面主要围绕四方面阐述。

（一）清晰表现结构逻辑

中国木构架建筑形象表现结构之清晰，历来受到许多研究学者的称颂。的确，在彻上明造的殿屋中，构架的全部结构体系，都赤裸裸地表现在它的外观造型和内里空间中（图 5-2-19）。椽、檩、梁、柱、枋的层层受力关系和联结作用，明晰地显现于梁架的构成形式。梁架与梁架的组合，明晰地展示于殿屋的面阔开间，并成为前后檐立面构图的基本框架。单体建筑的屋身体量完全适应构架的结构尺度。建筑形象的比例权衡完全吻合构件的材分模数。前后廊的设置，既丰富殿堂的立面层次和空间组合，从结构上说，也是以加密的檐步增强构架的稳定性。周围廊（副阶周匝）的做法则更进一步，是整体构架在前后檐和两山的全面增强。成熟期的斗栱形象找到了力的传递与美的造型的有机统一，唐宋时期的梁柱大木构件，也通过卷杀的方式，以刚中带柔、柔中有刚的细腻处理，力图表现力学与美学的和谐（图 5-2-20）。中国古代建筑中，单体建筑的对称性极为显著，不仅对称型的组群严格选用对称式的单体建筑，即使是极富错落变化的非对称型的园林组群，其中的单体建筑，绝大多数也是对称的形式。这种对于对称形体的偏好，恐怕不仅仅基于视觉上的平衡需要，很可能也包含有力学上的平衡考虑。

值得注意的是，木构架建筑在充分展示受力构件的同时，也十分注意非受力构件的处理。墙体在木构架体系中是非受力构件，古代匠师很准确地赋予它非承重的特征。前后檐墙的"老檐出"做法生动地显示出这一点。我们可以看到，老檐出的墙体上部都做签尖，有的呈馒头顶的形式，有的呈宝盒顶的形式，签尖止于额枋下皮（图 5-2-21）。这样，在前后檐的檐部，明显地将檐柱上端和檐檩、檐垫板、檐枋都展露出来，让人一目了然地看出构架的承重脉络，明示墙体仅仅是围护构件，而不至于产生承重墙的错觉。悬山建筑的五花山墙处理也是如此。它把山墙上部砌成阶梯形，每级墙顶都做签尖，并使签尖止于三架梁、五架梁的下皮。这样，在山墙面上也清晰地显示出梁架的受力关系，明示出墙的非承重性质（图 5-2-22）。木构架建筑中的木装修，不论是外檐装修还是内檐装修，也都明确地展示出非承重的小木作特点。门窗、花罩总是以大木构架的柱间填充物的姿态出现，柱枋、柱梁的承重脉络都清楚地展露着。装修自身再由固定的框槛和开启的与不开启的板、扇、格等组合，构成脉络也十分清晰。

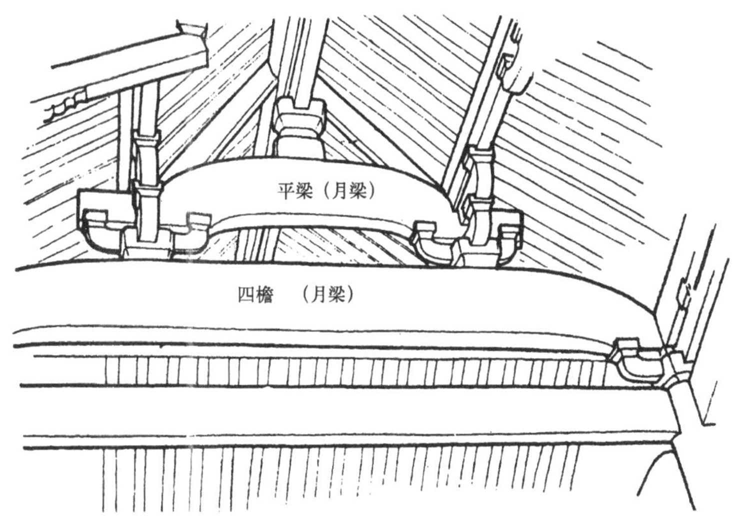

图 5-2-20　带卷杀的月梁，图为苏州甪直保圣寺大殿的彻上明造构架
引自梁思成．营造法式注释卷上．北京：中国建筑工业出版社，1983

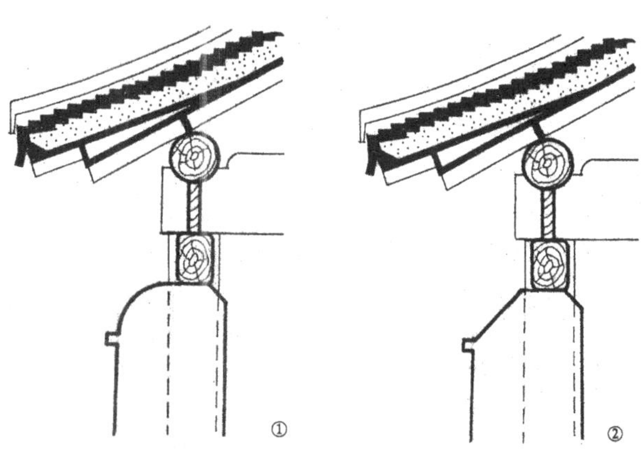

图 5-2-21　老檐出的两种做法
①馒头顶　②宝盒顶

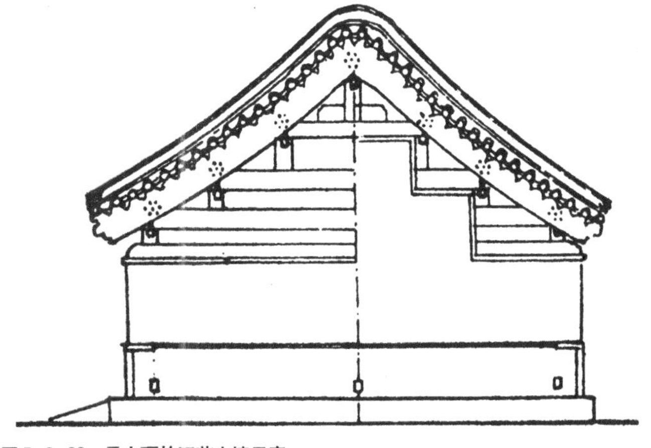

图 5-2-22　悬山顶的五花山墙示意
引自清华大学建筑系．中国建筑营造图集．

①这个分析是1977年单士元先生与笔者交谈时说的

装修的棂格部分都有意地做得轻盈剔透，以玲珑的形象与承重构件形成鲜明对比，可以说从建筑形象上把“大木作”和“小木作”梳理得明明白白。不仅如此，对于大木构架中的结构构件和填充构件也同样加以细致的区分。如建筑物的檐下彩画，对于檩、枋、椽、斗栱等结构构件，多采用蓝、绿相间的色调，而对于望板、垫板、栱垫板等不起结构作用的填充构件，则多采用红色调，进一步通过色调的衬托，使结构与非结构更加分明。

（二）巧妙结合构造处理

木构架建筑的形象处理，在充分表现结构逻辑的同时，也特别注重与构造做法的有机统一。大而言之，单体建筑台基、屋身、屋顶的“三分”构成，是土木混合结构的技术体系所带来的，是木构架构筑形态合理的产物。这在第二章单体建筑形态的构成分析中已经提到，这里不再赘述。值得注意的是，建筑形象的许多局部处理和细部艺术加工，也同样是把握住构造做法的特点，尽可能顺应构造的需要而妥帖地衍生的。大屋顶的基本形式和细部加工可以说是这方面最集中的反映。

我们可以看到，屋面的凹曲形象是与梁架举折、举架的“非连续点”做法完全合拍的。翼角的翘起形象是顺应角梁断面的增大和后尾托于金桁之下，促使前端上翘的构造特点而自然形成的。屋顶上一根根挺拔丰美的屋脊，是屋面交接所必需的构造处理。屋顶上一系列生动有趣的吻兽脊饰，是屋脊交接点或脊端节点的构造衍化。鸱吻、垂兽、戗兽和仙人走兽，实质上都是用来保护该部位的铁钉，是对护钉构造的艺术加工。正脊两端的处理，从前期的鸱尾形象转化为鸱吻和后期的龙吻形象，据单士元的推测，也与构造密切相关。鸱尾的特点是与正脊同宽，端部节点没做加宽处理。鸱吻、龙吻的形象是张口吞脊，吻的宽度自然就大于正脊宽度，实质上是为了加固端部、增厚节点宽度而变“尾巴”为“嘴吧”的（图5-2-23）。①再进一步考察正吻的细部，也仍然与构造息息相关。吻座上方的背兽，原本是用来堵塞洞孔的。这个洞孔是为正脊贯串铁链而设置。只是后期正脊不再贯串铁链，背兽才变成了纯装饰的点缀。吻背上的剑靶也是构造上所需的，因为正吻背上需要开口，倒入填充物，剑靶是用来塞紧开口的。就连剑靶上的五股云图案，也是原先鸱吻背上设置的“拒鹊叉子”的构造留影（图5-2-24）。

这种扎根于构造的形象处理可以说是比比皆是。殿屋的墙面划分也生动地反映了这一点。通常墙体都划分出上身和下碱。下碱高度大约相当于檐柱高的三分之一。下碱两端砌角柱石，下碱上沿砌压面石、腰线石。这种划分成了中国式墙体的基本构图模式（图5-2-25）。究其

图5-2-23 鸱尾、鸱吻、龙吻

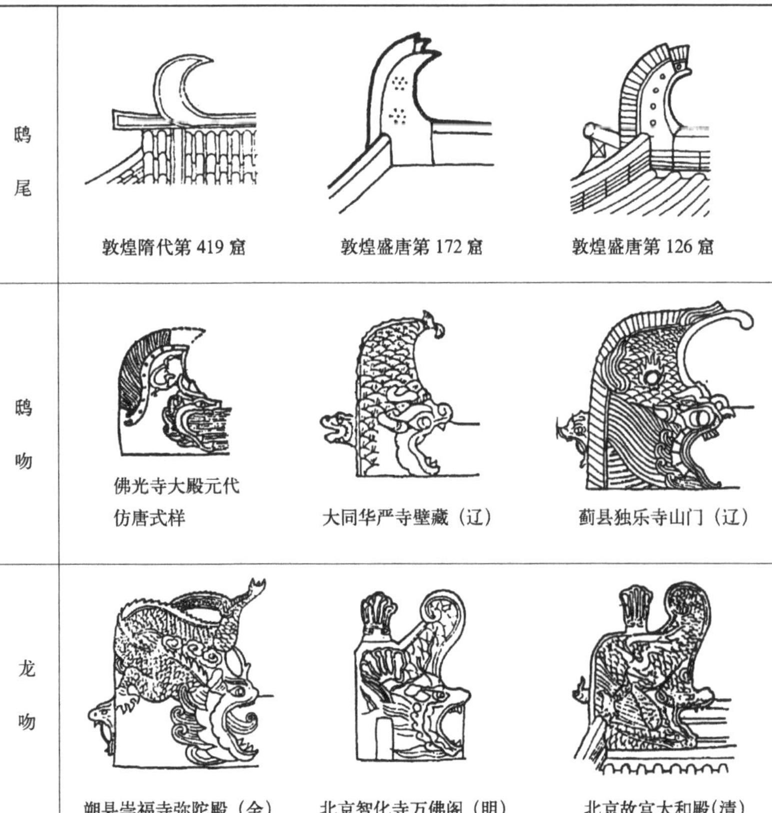

成因也是顺应构造上的防潮碱的需要。因为墙体由潮湿引起的“酥碱”现象，通常“硝化”的高度不会超过五尺，因此特在这个高度划分腰线，腰线以下的裙碱部分，为防碱而采用质地好的砖，并增加墙身厚度，从而形成这种习见的墙面构图。后来讲究的工程，都在墙下用土衬石隔碱，裙碱腰线的划分已无必要，但墙面构图已成为习见模式，凝固为程式化的形象。

对于形象与构造有机统一的关注，在木装修的设计意匠中也表现得很执著。本书第二章讨论装修的审美机制时，曾经引叙过李渔在《闲情偶寄·居室部》的一段文字，就是这种思想的典型表述。李渔鲜明地提出“制体宜坚”的命题。对于装修的设计，明确地端出“坚而后论工拙”的主张。他把装修设计的纲要概括为两句话：“宜简不宜繁，宜自然不宜雕斫”。他分析说：“凡事物之理，简斯可继，繁则难久。顺其性者必坚，戕其体者易坏。”因此，他要求窗棂栏杆之制“务使头头有笋，眼眼着撒”。李渔的这些见解是很精要的，反映出民间建筑实践朴实的审美匠心。这种追求构造的坚实合理与形象的简雅自然相统一的设计意匠，在计成的《园冶》中也是一再强调的。计成主张园林建筑的门窗格心要“疏而减文”，栏杆式样要“减便为雅”，门洞设计要“切忌雕镂门空”。[①]他在书中列出栏杆图式，对于复杂的样式，还特地注上构造做法，如对波纹式栏杆和联瓣葵花式栏杆，都注明“惟斯一料可做”，指明只要一种规格的小木条就可以组装成（图5-2-26）。表现出对式样设计与构造合拍的充分关注。

（三）充分调度材料色质

中国古代建筑以大胆用色著称。其实木构架建筑的用色既是大胆的，也是细腻的；既注意色彩的构成，也注重材质肌理的构成，在调度材料色质方面，颇有一些值得注意的特色：

一是五材并用。“五材并用，百堵皆兴”[②]。木构架建筑体系在用材方面是很放得开的。除了承重构架统一由大木构筑外，其他构件，包括墙体、台基、屋面、地面、装修以及细部处理等，都广泛采用各种材料。官式建筑用材涉及面颇广，宋《营造法式》“诸作料例”中，列有石作、大木作、小木作、竹作、瓦作、泥作、彩画作、砖作、窑作等主要工种用料，以及用钉、用胶等专项。清《工部工程做法》进一步增加了铜作用料、铁作用料、搭材用料、油作用料、画作用料、裱作用料等专卷。以上诸作都包含

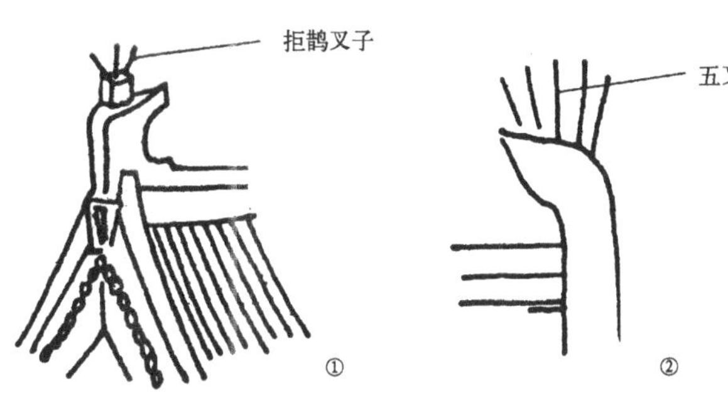

图5-2-24 宋代鸱尾上的“拒鹊叉子”形象
①南宋人荷塘安乐图中的拒鹊叉子
②宋刻兴庆宫图中的五叉拒鹊
引自傅熹年．历代鸱尾形式演变举例

图5-2-25 “下碱”与墙身划分
引自清华大学建筑系．中国建筑营造图集．

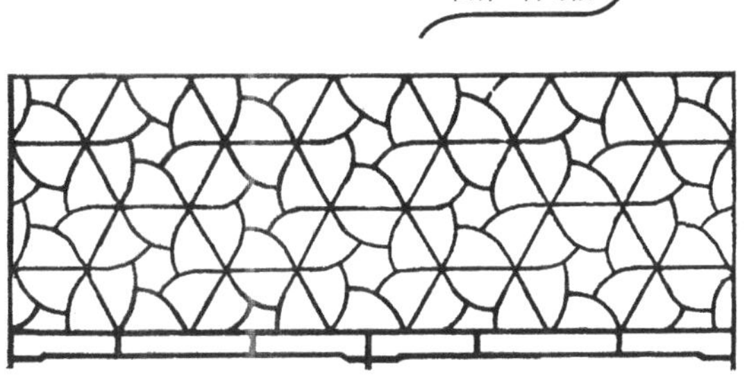

图5-2-26 《园冶》书中的联瓣葵花式栏杆，图上方注明“唯斯一料可做”
引自计成．园冶

①计成．园冶·卷二栏杆，卷三门窗

②营造法式·进新修营造法式序

着数量繁多的材种。如大木作常用楠木、红松、白松、黄花松、杉木等；作为装修的小木作常用红木、花梨、铁梨、椴木等;石作常用青白石、汉白玉、花岗石、青砂石、花斑石、绿豆石等;砖作常用城砖、滚子砖、斧刃砖、开条砖、方砖、金砖等。仅琉璃制品一项,就涉及各种釉色、各种尺寸样等的筒瓦、板瓦、勾头、滴水、当沟、脊筒、压带条、吻兽以及各种贴面砖、挑檐砖、戗檐砖、滴珠板、云板等等。即使是很不起眼的裱作用料，也涉及纸、绫、绸、绢、纱、缎、丝、布、秫秸等九大类，其中仅纸张一类就有高丽纸、毛边纸等数十种品名。各地区的民间建筑更是结合当地的材料资源，形成各具特色的乡土材料。这种情况构成了木构架建筑体系用材的多样性、丰富性，合理地采用天然材和人工材，合理地组织材质、色彩的配比、构图，充分发挥色彩、肌理的艺术表现力，成了木构架建筑的一大特色。

二是顺依材性。在材料的具体调度上，木构架建筑鲜明地体现出顺依材性的原则。不同的材质，恰当地用在不同的合宜部位。如石材具有耐压、耐水、耐腐蚀、耐磨损等特性，古代匠师恰当地把它用于基底衬脚、边缘棱角、腰线挑檐等部位，起防水隔潮、包镶加固、支承挑托等作用，形成须弥座用石、台明用石、台阶用石、勾栏用石、柱础用石、下碱用石、墀头用石、门枕用石、地面用石、甬路用石、券面用石以及石牌坊、石华表、石经幢、石塔、石阙、石碑等等庞大的用石构件系列和石构小品系列。这些石构小品在组群层次构成与木构建筑的材质、色彩对比；石质的台基、须弥座在单体建筑层次构成与屋身、屋顶的材质、色彩对比；角柱石、腰线石、挑檐石、滚墩石、券脸石等石构件，则在墙面、门面等部件层次构成与砖材、土材、木材的材质、色彩对比。不同部位的用石，还对石质的选料作细致的区分。如汉白玉洁白晶莹，质柔纹细，适于雕琢，主要用于高等级建筑中带雕刻的石活，如勾栏、华表等；青白石色青带灰白，质地较硬，质感细腻，不易风化，多用于高等级建筑的柱顶石、阶条石、铺地石和石碑、石兽等；青砂石呈豆青色，质地松脆，易于风化，多用于小式建筑的石活。这种对石性的顺依体现着技术与审美的有机统一。李渔明确写道：

> 至于石性，则不可不依，拂其性而用之，非止不耐观，且难持久。[①]

李渔这里说的是叠山的石性，实际上对于建筑用石的石性，对于建筑中各种材料的材性，也都是如此。

传统用砖也非常注意表现砖材自身的质地、色彩，普遍用的都是经过窨水出窑的砖，砖内含有的高价氧化铁还原为低价氧化铁，比较结实耐碱，砖色呈青灰。这种灰砖砌筑的墙体，都尽量保持清水墙的质感、本色，形成富有特色的灰墙面基调。

值得注意的是，传统建筑在突出材料本色的同时，也很注重合理地施加人为的色彩。宫殿、寺观的墙垣，为浓郁色彩常涂刷红浆、黄浆，呈大面积的红墙、黄墙。江南的民居、园林，当采用土墙、旧砖墙、碎砖墙时，或有意追求清淡色调时，常通过抹灰粉刷，做白粉墙。这种红墙、黄墙和洁白的粉墙，在各自的场合，都取得良好的色彩的效果。

木构件存在着易潮、易腐、易干裂、易着火、易虫蛀等缺陷，需要油漆加以防护。传统建筑利用这一工艺特点，除一部分保持木材本色的处理外，大部分木构件都蒙罩上油漆的彩色或彩饰。这种油漆的彩色、彩饰、彩画，具有较大的设色自由度，与琉璃构件一起，成为建筑色彩装饰表现的重点。可以说中国传统建筑在调度材料本色，发挥天然色和利用防护材料设色自由度，发挥人为色这两个方面都有出色的表现。

① 李渔．闲情偶寄·居室部

三是浓淡互补。木构架建筑体系在用色上，基于建筑性质、建筑等级、建筑费用和审美追求的约制，明显地呈现出浓妆与淡抹的并存、互补。宫殿、坛庙、寺观等高体制的官式建筑属于用色上的浓郁型。白石台基，红墙红柱，黄瓦绿瓦，配上青绿基调的彩画，在蓝天、绿树的映衬下，整体色彩鲜明、浓重。色彩构成既注意上、中、下"三分"大面积色块的单纯、对比；也注意檐部、梁架等细部色块的丰富组合和细腻协调。既满足远看建筑时，整体色彩的鲜明、纯净，不至于让人眼花缭乱；又满足近观建筑时，细部设色的丰富、耐看，不至于单调乏味。色彩配置很重视与光影、冷暖的合拍，迎光部位尽量用暖调的黄色、红色和无彩的白色，使之更加醒目、辉煌，处于阴影部位的檐下彩画，则尽量用冷调的青色、绿色，使之更为深凹、服帖。并在彩画设色中，将垫板、栱垫板、望板等填充性构件施加小块的红色调，使之与额枋、斗栱、檩椽等结构性构件的青绿色调区分开，既使构件的结构逻辑更为清晰，也使小块红色与红柱、红墙有所呼应。这类建筑特别追求色彩的富丽堂皇，擅长采用红绿相间、金朱交错等手法，并突出强调金色的点睛作用，青绿彩画的点金和门窗隔扇配饰的金色门钉、角叶、看叶等等，有效地增添了五彩缤纷、金碧辉煌的效果。

民间建筑属于用色上的质朴型。这里有物力财力的约制，也有等级的限定。唐制规定"庶人所造房舍，不得过三间四架，不得辄施装饰"。[①]宋制规定"非宫室、寺观毋得彩画栋宇及朱黔漆梁柱窗牖，雕镂柱础"。[②]民居普遍采用的是材料本色，青砖、灰瓦、土墙、乱石壁，都保持着乡土材料的原色调、原质地。即使是用于防护层的油漆、粉刷等人工色，也尽量选择素淡的色调，木构件或油本色，或漆褐栗、黑绿，墙面粉刷多为洁净的白色。这些充分展示出淡雅素朴的美，并与周围环境取得融洽的协调，创造出富有自然情趣和宁静意韵的氛围。

民间建筑的这种质朴色质，对文人雅士有很大影响，崇尚高雅自然成了文人居宅、别墅和文士园的基本格调。白居易在庐山筑寓园，建草堂。他描述草堂的材质色彩是：

> 木，斲而已，不加丹；墙，圬而已，不加白；堿阶用石，幂窗用纸，竹帘纻帏，率称是焉。[③]

李渔在《闲情偶寄》中也一再地赞颂素雅自然的材质美。他写道：

> 界墙者，人我公私之畛域，家之外廓是也。莫妙于乱石垒成，不限大小方圆之定格，垒之者人工，而石则造物生成之本质也。其次则为石子。石子亦系生成，而次于乱石者，以其有圆无方，似执一见，虽属天工，而近于人力故耳。……至于泥墙土壁，贫富皆宜，极有萧疏雅淡之致。[④]

计成在论述园林墙垣时，也提到园林的围墙，"多于版筑，或于石砌，或编篱棘"。[⑤]强调指出："夫编篱斯胜花屏，似多野致，深得山林趣味。"[⑥]他在书中侧重介绍了白粉墙、磨砖墙、漏砖墙、乱石墙，都属于高雅、素朴的色质。

显而易见，宫殿、坛庙、陵墓、王府、寺观之类建筑用色的浓郁型，与民间建筑、文人建筑用色的质朴型、高雅型，形成了木构架建筑体系用色上的浓淡两极，形成浓郁型的有彩色系基调与淡雅型的无彩色系基调的强烈对比。大片青砖灰瓦基调的民间建筑，衬托出小片红墙红柱、黄瓦绿瓦的官式建筑，构成了封建时代城市建筑群体色彩的浓淡互补，等级的限定、经济的约制和色彩构图的法则在这里取得了和谐的统一。

四是再造肌理。对于材料肌理的组织，木

①稽古定制·唐制

②稽古定制·宋制

③白居易．草堂记

④李渔．闲情偶寄·居室部

⑤⑥计成．园冶·卷三墙垣

构架建筑不仅重视材料天然肌理的运用，还进一步关注同质材料或异质材料组合所形成的“二次肌理”的再造。在砌墙、宽瓦、铺地、装修等方面都表现得很明显（图 5–2–27）。

砌墙工程，不论是用砖，还是用石，都很重视“二次肌理”的构成。北方官式做法砌砖有糙砌、淌白、丝缝、干摆等多种粗细效果不同的砌法。通常接近人体的下碱、槛墙和触目的盘头部分，多用细砌；墀头上身、砖檐、博缝、山尖等部位次之；墙体上身、院墙等则可用糙砌。这种细致的区分，表现出对墙面不同部位的“二次肌理”的细腻考虑。其中，干摆的磨砖对缝做法，把砖磨得很细，砌体无明显灰缝，墙面整体质感细腻、平整，是以十分复杂的工艺换取来“二次肌理”的高雅效果。民间建筑运用乱石、卵石、片石、碎石砌墙也都将“二次肌理”组织得很有特色。李渔曾记述说：

> 予见一老僧建寺，就石工斧凿之余，收取零星碎石几及千担，垒成一壁，高广皆过十仞，嶙峋嶄绝，光怪陆离，大有峭壁悬崖之致，此僧诚韵人也。迄今三十余年，此壁犹时时入梦，其系人思念可知。[①]

由此可见“二次肌理”用得绝妙，会产生感人至深的魅力。中国传统建筑屋面所形成的筒瓦屋面、合瓦屋面、仰瓦灰梗屋面、干槎瓦屋面等不同的宽瓦方式；外檐装修中门窗隔扇所形成的不同样式的细密棂心图案（图 5–2–28）；内檐装修中碧纱橱、太师壁、各类花罩以及井口天花、斗八藻井和彻上露明的椽列彩饰所形成的不同图案；民居、园林中的乱石路、卵石路、冰裂地和各式砖铺地所形成的地面图

① 李渔．闲情偶寄·居室部

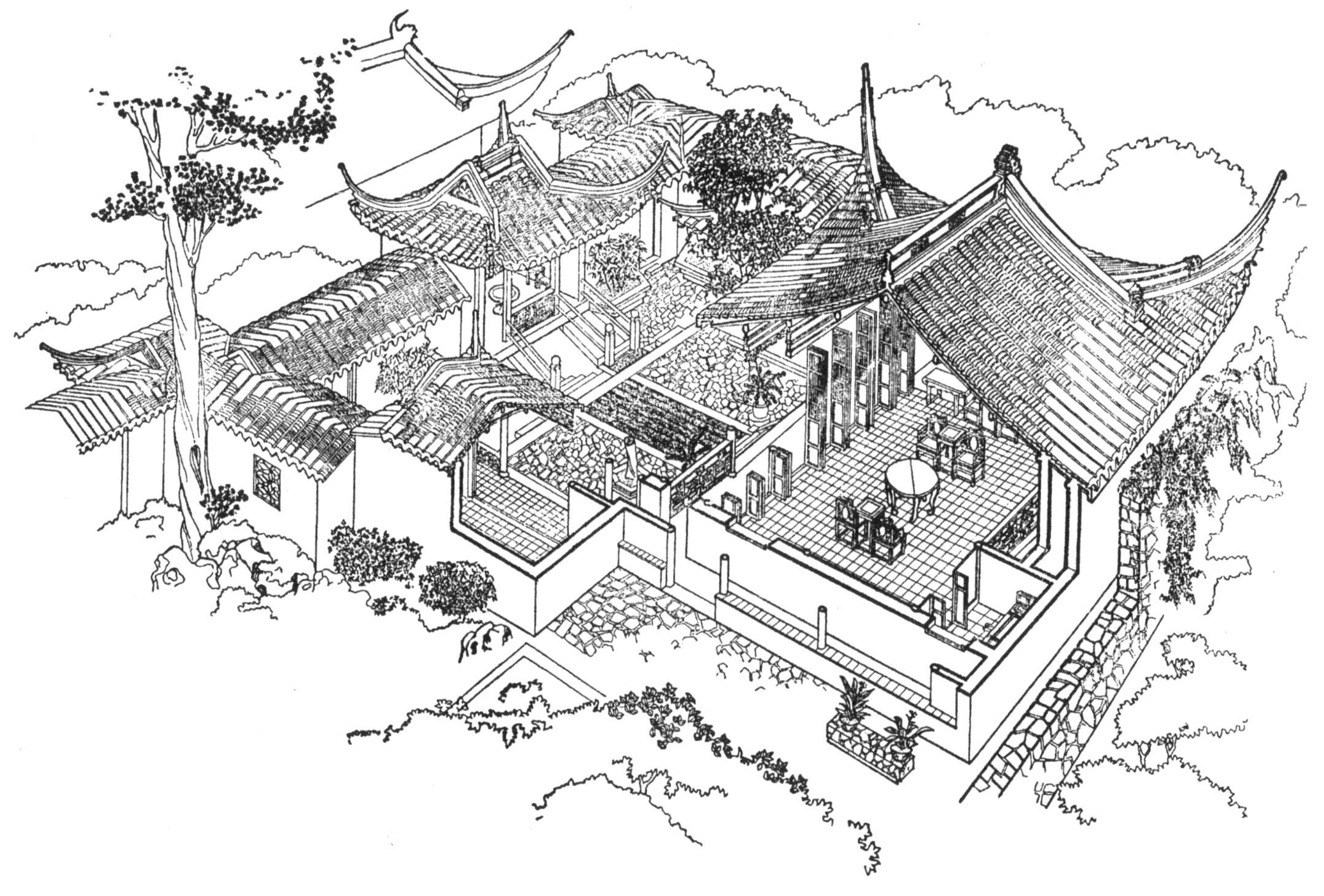

图 5–2–27　苏州天平山高义园大厅前院鸟瞰。屋顶合瓦、虎皮墙、厅堂方砖、院庭铺地、前檐隔扇均形成二次肌理

引自南京工学院建筑系．江南园林图录·庭院．南京：南京工学院建筑系，1979

式等等（图 5–2–29），都构成了各自部位的“二次肌理”。可以说木构架建筑对于“一次肌理”和“二次肌理”都是分外重视的，这方面因材致用地利用“一次肌理”、再造“二次肌理”的经验是相当丰富的。

（四）合理选择装饰载体

《庄子》有一句很富哲理的话：“忘足，履之适也；忘要（腰），带之适也。”①考察中国古典建筑的装饰，我们可以套用《庄子》的说法，称之为“忘饰，屋之适也。”

建筑是需要装饰的，但是不能过量，不能堆砌，不能牵强，不能做作。最好是既有装饰，又不觉得有装饰，令人“忘饰”的建筑看上去比较舒适。木构架建筑大体上体现了这一点。它是很富于装饰性的，但是并不觉得堆砌大量的装饰。这里的奥妙之一，就是因物施巧、因材制宜、因势利导地选择了合理的装饰载体，把装饰主要施加在以下五个部位：

1. 关节点　建筑中的各种关节点，如构造的交接点，构件的转折点和材质的变换点等，常常被衍化为建筑装饰的分布点。前面已经提到，屋

图 5–2–28（上）苏州网师园大厅隔扇形成的二次肌理
引自中国建筑中心建筑历史研究所．中国江南古建筑装修装饰图典．北京：中国工人出版社，1994

图 5–2–29（下）苏州狮子林“探幽”门前铺地形成的二次肌理
引自中国建筑中心建筑历史研究所．中国江南古建筑装修装饰图典．北京：中国工人出版社，1994

①庄子·达生

脊的艺术加工是屋面与屋面交接线的衍化；鸱尾、正吻的艺术处理是正脊与垂脊交接点的衍化；垂兽、戗兽、仙人走兽的装饰点缀是脊端护钉构造的衍化；这些装饰都自然地以构造的节点为载体。在大门中，门扇上装点的门钉，中槛上点缀的门簪，门枕上隆起的滚墩石，也都是构造做法或构件交接的装饰化处理。木构架建筑最独特的构件——斗栱，既是结构上、构造上的过渡性关节，经过美化处理，也成了极具民族韵味的装饰重点。驼峰、雀替、角背作为构架节点的附加件，都着意进行了装饰性加工，成为构架上的重要装饰。它们位于不同的部位，都以优美的曲线轮廓，准确地表现各自的受力关系。宋《营造法式》上列举了四种驼峰式样，名曰鹰嘴驼峰、两瓣驼峰、掐瓣驼峰、毡笠驼峰（图 5–2–30）。名称、式样各异而基本形态都是上小下大近似三角形的木墩。这种形态一则有助于支点的稳定，二则有利于荷重的散布，可分散下梁所受的剪力，外形轮廓装饰化与内在力学科学性的吻合程度之高是令人赞叹的。这种驼峰后来衍生出隔架科斗栱（图 5–2–31），从原先的承梁传力构件转变为跨中垫托构件，隔架科的标准形象相应地改变成上带长雀替，下带短荷叶，中部收束为一斗三升斗栱的式样。这种形态与其作为上梁垫托的功能的高度合拍也是令人叫绝的。

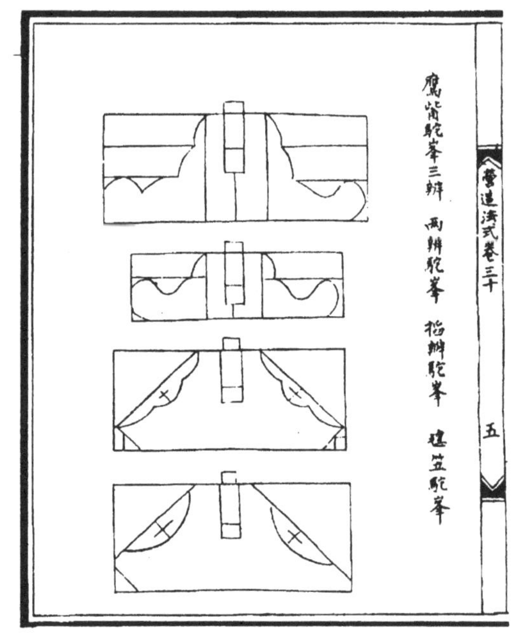

图 5–2–30　宋《营造法式》中的四种驼峰形式
引自李诫．营造法式

图 5–2–31　清式隔架科斗栱

2. 自由端　构件的自由端，既是令人注目的边端，又具有随意处理的自由度，自然成了装饰美化的极有利部位。在木构件和石构件中都充分调度了这种自由端的装饰化。木构件的自由端美化形成众多有趣的“头”，如斗栱中的麻叶头、蚂蚱头、六分头、菊花头和各式昂形、昂嘴，山墙面上的博风头，额枋搭角交接伸出的霸王拳、三岔头，挑尖梁端伸出的挑尖梁头等等（图 5–2–32）。这些头饰在官式建筑中都经过严谨的筛选，形成定型的程式。值得注意的是博风头、菊花头和霸王拳的头饰曲线，它们都以一大四小、三凸二凹的五个半圆组构，只在进退之间略加调节，就形成三种不同的自由端优美形象，展现出极为洗练、极为精粹的设计匠心。石构件的自由端美化可见于华表中的柱头、云版，石牌坊中的冲天柱头，棂星门中的牌坊柱头，石栏杆中的螭首等等，而以石栏杆的望柱头为其最集中的表现。由于栏杆望柱密集成列，与人接触频繁，而且距离亲近，又构成台基的天际轮廓，具有极显著的剪边美化潜能，理所当然地成为建筑中石雕的重点部位。明清官式做法形成了一整套程式化的望柱头样式，有云龙柱头、云凤柱头、彩云柱头、仰莲柱头、俯莲柱头、仰俯莲柱头、石榴柱头、狮子柱头、二十四气柱头等等（图 5–2–33），民间建筑的望柱头样式更为丰富、多变。这些构件自由端的美化，大大丰富了建筑整体的装饰性。

3. 边际线 单体建筑的边际线，构成了建筑的轮廓剪影，也成了装饰分布的着力点，建筑的"下分"和"上分"在这方面都表现得很显著。如果说，下分主要通过石栏杆形成丰美的剪影，那么，上分则主要通过各式屋顶的外廓形象，通过屋脊、吻兽、宝顶、屋檐、墙檐、墙头等的美化处理来表现。由于屋顶处于建筑物的冠戴部分，体量尺度又很大，因此屋顶所构成的天际线剪影具有特别突出的作用，对于这部分的剪影处理也特别用心。鸱尾、正吻、垂兽、戗兽、仙人走兽的形象，都从美化屋顶轮廓的角度经过悉心的推敲，处理得恰到好处。试看官式做法的仙人走兽，以仙人打头，依次排列着龙、凤、狮子、天马、海马、狻猊、押鱼、獬豸、斗牛等走兽。这些"走兽"的体态原本差别极大，而在队列中，却都统一采取蹲坐姿势，形成大同小异的造型，只有仙人取骑鸡的姿势，与走兽有所区别，恰当地作为队列端头的收束。这样一组天际剪影装饰，多样中有统一，统一中有变化，确是煞费苦心的（图 5-2-34）。同样的，屋顶檐口的勾头滴水，山尖部位的排山勾滴，攒尖顶上宝顶形象，佛塔顶上的塔刹造型等等，都凝聚着这种着意于边际线的装饰匠心。

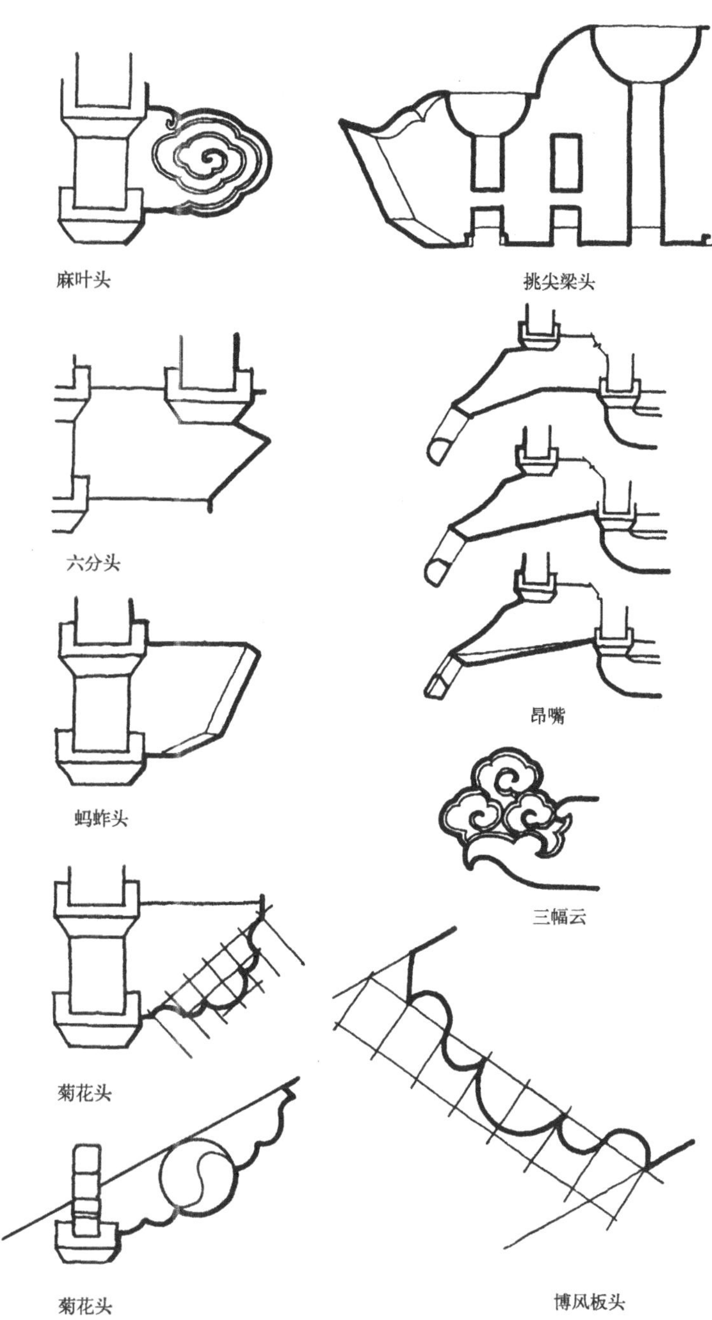

图 5-2-32 大木构件自由端的程式化装饰
引自刘大可．明清官式石作技术．古建园林技术，1990(2)

4. 棂格网 门、窗、挂落、栏杆、花罩等构件，属于木装修之列，自身用不着传力，它们的隔心部分可以较自由地组合成各种网格，具有方便地构成各式图案的潜能，很自然地也成了构件装饰化的重点。这些图案化的装修棂格，在殿屋的前后檐立面和内里空间都起到十分重要的装饰作用（图 5-2-35）。这种装饰用的是装修所必需的棂条，是构件自身的装饰化，而不是附加的纯装饰。它可以像"三交六椀菱花"那样玲珑、富丽，也可以像"码三箭"、"步步锦"那样质朴、优雅，可针对不同的建筑功能性质和不同的等级名分，采用不同的棂格图案，显现出殿屋的不同格调，是点染建筑性格的重要手段。瓦作中的墙头花瓦通脊，园林中常用的透空漏窗、花墙，采用瓦片或刷白木片

图 5-2-33　清式望柱头的若干定型样式

图 5-2-34　仙人走兽队伍形成的屋脊剪影
引自清华大学建筑系．中国建筑营造图集．

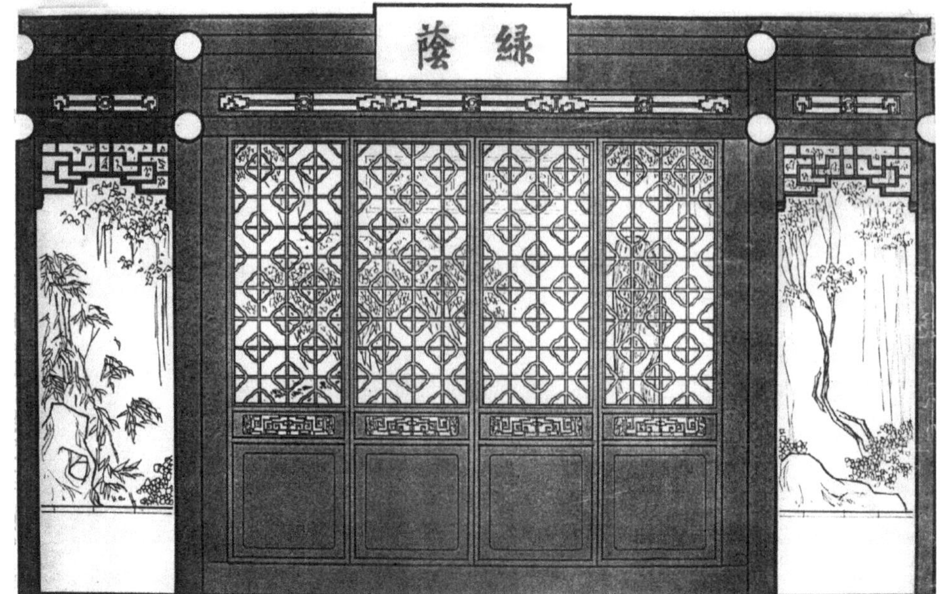

图 5-2-35　苏州留园"绿荫"屏门槅格的装饰效果
引自中国建筑中心建筑历史研究所．中国江南古建筑装修装饰图典．北京：中国工人出版社，1994

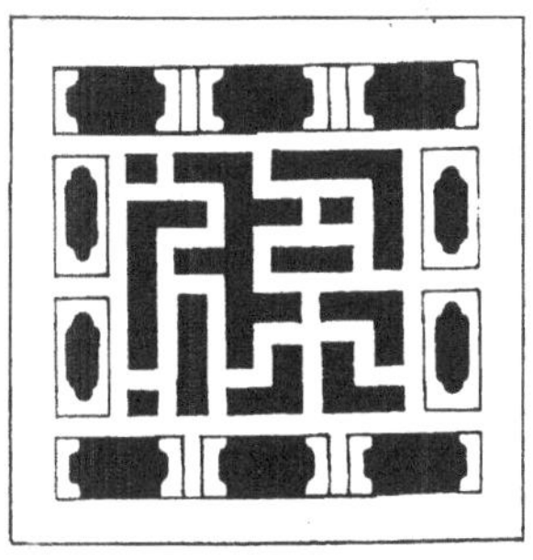

图 5-2-36 浙江天台某宅的石漏窗
引自中国建筑中心建筑历史研究所．中国江南古建筑装修装饰图典．北京：中国工人出版社，1994

配搭成漏空图案，做成波纹式、套钱式、秋叶式、鱼鳞式、破月式、书条式、绦环式、竹节式、菱花式、冰纹式等诸多图式，也属于这种利用棂格网组构的装饰，它们都充分发挥了构件装饰化的机制（图 5-2-36）。

5. **表面层** 饰面是建筑装饰惯用的有效方式，木构架建筑在这方面很注重因物施巧，选择合宜的饰面做法。在木质构件面层，主要采用油漆彩绘或雕木；在小面积的石质、砖质面层，主要采用雕石、雕砖（图 5-2-37）；在大面积的墙面、檐部等部位，常常饰以琉璃面砖；在金属构件面层，必要时可加以镏金；对于卵石之类铺设的路面、地面，则利用材料自身的散粒来组织种种优美的图案，它们都起到良好的饰面效果。同样是雕石，宋代分别采用剔地起突（高浮雕）、压地隐起（浅浮雕）、减地平钑（雕面与地均为平面）和素平（线刻）等不同雕法。同样是雕木，清代形成浮雕、透雕、贴雕、嵌雕等不同雕法。施加彩绘、雕饰也特别着意于引人注目的重点部位，注意保持结构脉络和构造做法的清晰。宋代的高级建筑，曾盛行"五彩遍装"的做法，把木构件从头到脚通身都满铺彩绘的图案，这样虽然能取得五彩缤纷的华丽效果，却有损于结构脉络的清晰展现。明清彩画制度废除了这种形制，彩画主要集中在横向构件的梁枋上，而竖向构件的柱子，除极少数殿内柱在柱身施彩外，建筑立面上的檐柱柱身通常都只漆色而不彩饰，有效地展示柱身挺立荷重的作用。同样的，在木装修的构件中，框、槛、边、抹等枋料都是不加雕镂的，而将雕饰集中于裙板、绦环板等板料，木雕部位完全符合构造逻辑，饰面分布可以说是选择得很谨慎、很细腻的（图 5-2-38）。

以上综述了因物施巧、创造有机建筑形象的种种表现，应该指出的是，在木构架建筑体

图 5-2-37 浙江南浔某宅门楼砖雕，雕工精细，但整体画面流于繁缛
引自中国建筑中心建筑历史研究所．中国江南古建筑装修装饰图典．北京：中国工人出版社，1994

图 5-2-38　北京故宫重华宫隔扇。绦环板浮雕龙，裙板贴雕博古

引自故宫博物院古建管理部．紫禁城宫殿建筑装饰·内檐装修图典．北京：紫禁城出版社，1995

系中，这种有机形象并不是时时、处处都充分展现的。在我们看到建筑形象和细部处理体现着功能、技术与审美的有机统一的同时，也应该看到它们之间存在着脱节、分离的现象。我们应该注意到，形象的有机统一不是一蹴而就、一成不变的，而是一个动态的、演变的过程。总的说来，在中国建筑史上，存在着两种非有机的分离现象。一种是当某种新材质的运用、新构件的出现的早期，总要经历一个形式探索的酝酿过程。在这期间，新材质、新构件还没找到自己的合宜形式，难免处于从非有机向有机的过渡形态。汉代斗栱出现种种幼稚的、不规范的形式，正是新构件探索期的典型表现。须弥座和石栏杆从宋式的囿于仿木形象，到清式的体现石质权衡，生动地表现出构件形式对新材质的适应，需要经过相当的历程。另一种是在建筑体系发展的晚期，某些结构上、构造上、工艺上的推进和材料上的更新，本来应该相应地诞生新的形式，但往往表现出对旧形式的顽强延承，依然保留着旧面貌，从而形成技术与审美的非有机现象。无梁殿在突破木构架承重，转换为砖拱券结构后，仍然维系着大屋顶的形象；斗栱在失去支撑远挑的结构功能后，依然保持着原来的基本样式；脊端走兽在取消用钉，无需护钉的情况下，仍然采用成列的仙人走兽等等，都属于这类现象。在这里，形象原先蕴涵的技术语义，转化成了文脉语义，原先与技术密切结合的有机统一，转化成了与技术脱节的虚假装饰。这是建筑体系从程式化走向僵化的一种衰老症状。它所反映的创作思想，也从因物施巧的“理性”，转化成了因循守旧的“惰性”。

第三节　设计意匠：因势利导

与环境意识上的“因地制宜”，构筑方式上的“因材致用”相对应，在设计意匠上，中国传统建筑突出地显示出“因势利导”的匠心和巧智，这可以说是“以物为法”的务实精神在建筑创作中的综合体现。

建筑创作需要协调诸多的制约因素，成功的设计总是因势利导地对诸多制约因素取得巧妙的有机统一。中国传统建筑在这方面有许多出色的表现，在组群规划、庭院布局、空间经营、景观组织、形体塑造以及建筑小品调度等等环节，都有生动的范例。对此，许多研究者作过专题的阐释，有不少精辟的、深入细致的评析。这里，从皇家园林的总体规划，宫殿建筑的空间布局和寺庙组群的香道景观三个方面，各举代表性的实例，对传统建筑因势利导的设计意匠作一番集锦式的例析。

一、总体规划例析：颐和园

颐和园的总体规划，堪称一篇因势利导的大手笔。周维权在“北京西北郊的园林”、“颐和园的排云殿佛香阁"、"颐和园的前山前湖"诸文中，张锦秋在"颐和园后山西区的园林原状造景经验及修复改造问题"、"颐和园风景点分析之一——龙王庙"诸文中，对颐和园的规划布局和造景意匠都作了十分精彩、细腻的阐释。[①]这里的综述主要参照以上诸文的论析。

颐和园的前身是清漪园,始建于1750年(乾隆十五年)，1860年被英法联军焚毁。1886年开始重建，1888年（光绪十四年）改名颐和园，作为慈禧太后的颐养场所，从原先的游乐性的苑，改变为兼有宫、苑双重功能的离宫型园林。1900年又遭八国联军破坏，1902年修复。颐和园占地面积290公顷，分前山、前湖和后山后湖三大景区，是北京大型皇家园林"三山五园"中最后建成并保存得最为完整的一座。

颐和园的总体规划是兴建清漪园时奠定的。其因势利导的大手笔主要表现在：

（一）整治地形，调度全局山水形势

清漪园有瓮山和西湖的天然山水，湖面广阔，而且呈北山南水的地貌，周围环境条件也很优越，东面是一片无垠的平畴田野，点缀着大小园林和村舍聚落，西面屏列着南北走向的玉泉山，西北面展露着香山余脉红山口，玉泉山背后还有西山的峰峦起伏。美中不足的是山湖形势错位，瓮山只有西半部临湖，东半部前面是一片平地，西湖的东岸正对着瓮山中轴，两者连属关系十分尴尬。瓮山自身坡度陡峭，沟壑较少，山形也不够理想。清漪园的规划既充分利用天然的有利条件，也着力改造天然的不利条件。总体规划结合西北郊水系的整理工程和乾隆为庆祝母后六十寿辰，在瓮山修建的"大报恩延寿寺"工程同步施行。瓮山因建大报恩延寿寺而改名万寿山，西湖仿汉武帝在长安昆明池训练水军的故事而改名昆明湖。清漪园在天然山水的基础上，结合治水建寺，因势利导地施展了大规模的地形整治，对全局山水形势作了一番除瑕增瑜的调度（图5-3-1）。

一是疏浚西湖，往东拓宽湖面。挖去东岸大片地段，把湖面延伸到万寿山东麓。在拓宽后的湖东岸筑堤提高水位，既拦蓄了玉泉山之水，也融汇了香山一带的大小泉流，扩大了作为蓄水库的湖面面积。拓宽后的湖面重心东移，主体湖面形成一个近似三角形的水体，它的中心线正好与万寿山中心线大致重合，完全改变了原先湖山错位的局面，取得了山水对位的良好格局。

二是修筑西堤、支堤，将昆明湖分成大小三个水域。在主体湖面的南湖，将原来位处东岸的龙王庙保留，构成一个大岛——南湖岛，并在其余两个水域分别建治镜阁和藻鉴堂两个大岛，形成前湖堤岛综合的水域构成形态，并吻合"一池三山"的传统构成模式。同时又不完全拘泥于"三山"，在三大岛之外，又在湖的东北隅、西北隅和南隅恰当地设置知春亭、小西泠和凤凰墩三个小岛，为广阔的前湖水域，奠定了两堤、三湖、三大岛、三小岛，既浩瀚又不空疏的格局。

三是整理前山，疏通后湖，进一步密切湖山关系。拓宽后的昆明湖，虽然与万寿山南北对位，但因山形单调呆板，水面平铺横列，湖山接合仍不够有机。为此将浚湖的一部分土方堆叠在万寿山东半部以改善山体形势；结合大报恩延寿寺的布局，将前山中轴湖岸向水面凸出成新月形以突破山水的平列；以近处的南湖岛和远处的大小岛屿组成水中有山的地貌，与万寿山取得主从呼应；在西北水域组织岛堤穿插的水网地带，形成水体在万寿山西麓的兜转、延伸；将后山北麓原有的小水塘挖掘连通成带状的河湖，浚河的土堆成北岸山体，既造成后湖的两山夹水幽境，又使前湖后河潆回通串，形成山嵌水抱的态势。这些综合措施，有效地完善了山水的亲和关系。

①周维权．北京西北郊的园林．见：建筑史论文集．第2辑．北京：清华大学建筑工程系，1979

周维权．颐和园的排云殿佛香阁．见：建筑史论文集，第4辑．北京：清华大学出版社，1980

周维权．颐和园的前山前湖．见：建筑史论文集，第5辑．北京：清华大学出版社，1981

张锦秋．颐和园后山西区的园林原状造景经验及修复改造问题．见：建筑历史研究，第2辑．北京：中国建筑科学研究院建筑情报所，1983

张锦秋．颐和园风景点分析之一——龙王庙．见：建筑史论文集，第1辑．北京：清华大学土建系建筑历史教研组，1964

图 5-3-1　清漪园的地形整治和湖山调度示意

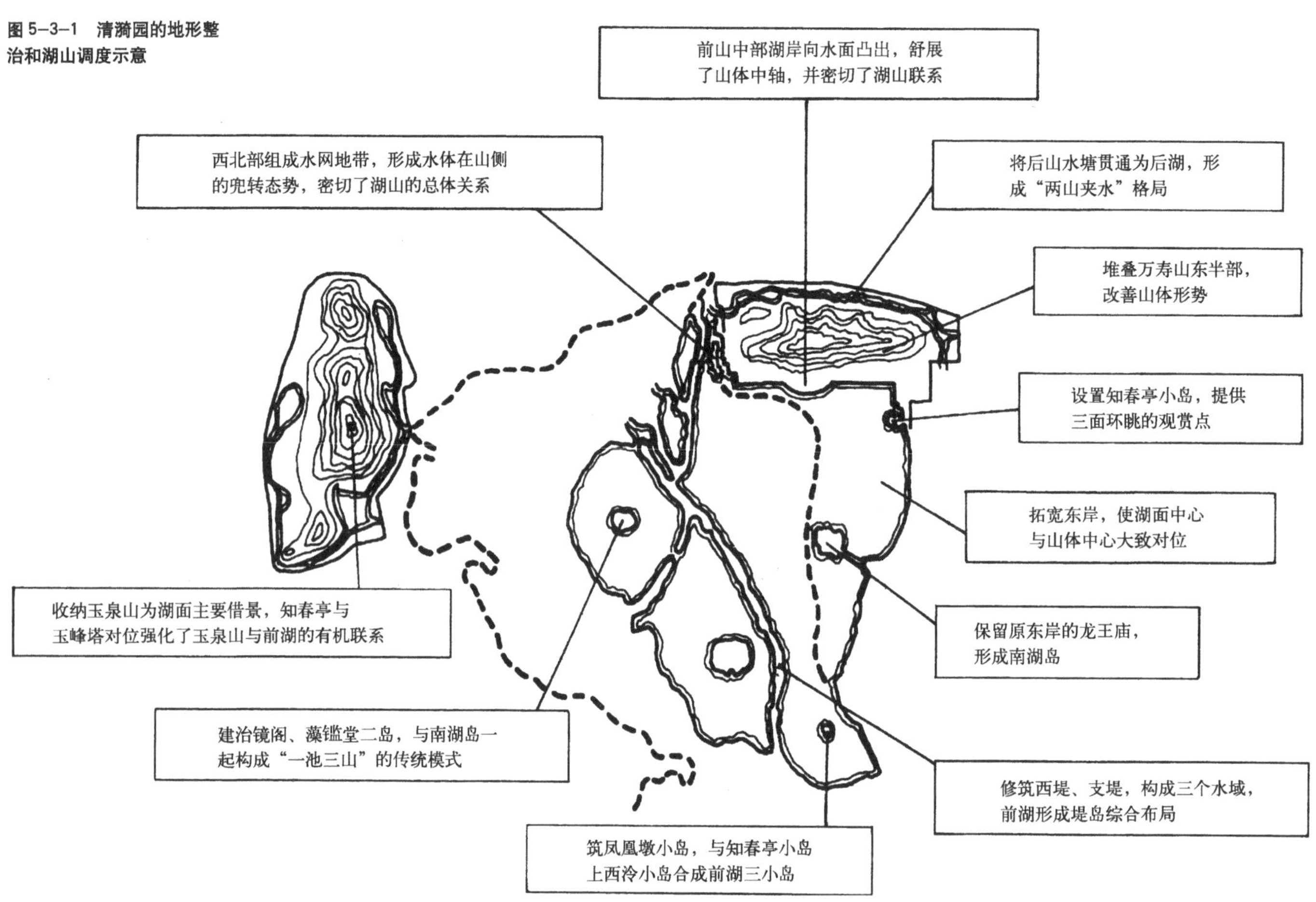

四是顺依环境，最大限度地利用园外借景。位于西面的玉泉山，是前山、前湖景区最重要、最优越的借景对象。昆明湖南北纵深的湖面，正好把屏列在西面的玉泉山优美山形完整地收摄入园中，并全部倒映在湖面，玉泉山背后的西山群峰也成了远衬景。景区的北山南湖地貌恰好与西山峰峦起伏的北高南低走势相呼应，加上知春亭岛与玉泉山主峰的对位处理，更强化了西山、玉泉山与前湖、前山的有机联系，大大拓宽了景区整体的开阔境界。对于偏处在园外西北的红山口双峰，清漪园规划也没有放过这个远借景条件，利用位处万寿山以西的西北水域，组成了收摄红山口双峰的空间视廊，并以藻鉴堂岛与红山口主峰对位，强化了西部水域与红山口的借景联系。至于前湖东面的大片田野村落，湖面南端的茫茫沃野，清漪园时代也采取前湖不设围墙的做法，促使园外田畴平野与园内湖山融合成一体，延绵于无边天际，消失全园的界限，充分显现天然山水风景园的宏阔境界。

（二）浓墨重彩，突出前山主体景象

万寿山东西长约 1000 米，高约 60 米。前山当阳，面对浩瀚的前湖，是全园景物的“开面”所在，理所当然地以前山主轴作为全园的景区主体和构图中心。结合大报恩延寿寺的兴建，清漪园规划自然以这组佛寺作为前山的建筑主体，因势利导地塑造全园的主体景象。这里的匠心、巧智主要体现在：

1. 依山就势，突出主轴重心　据周维权考证，在清漪园时期，作为中央建筑群的大报恩延寿寺，在前山主轴线上形成了前、中、后三部分。

前部递升三个台地，依次坐落山门、大雄宝殿和多宝殿。山门内设钟楼、鼓楼，大雄宝殿前设真如、妙觉两配殿，基本布局符合佛寺的常规格局。由于受山坡地段限制，将山门和天王殿合一，并将前后院落转化为递升台地，是因地制宜的一种"变体"。

中部依山顺势构筑高台，台上原规划建一座9层的"延寿塔"，建到第八层时因塔身出现严重倾圮而"遵旨停修"，全部拆除，改建为八角形的三层四檐大阁。后来的佛香阁就是"依原样重建"。这个阁耸立在高20米的方台上，自身高达41米，体量巨大硕壮，造型敦厚稳重，整个体形与前山、前湖的壮阔场面十分相称，以足够的分量突出了全园的构图中心。相形之下，原建的9层延寿塔的确存在着诸多问题（图5-3-2）：一是高塔耸立，周围缺乏相应体量的建筑呼应，显得孤立、单调、唐突；二是万寿山自身不高，耸立9层高塔，难免反衬出山体不够高大，有损前山的整体比例；三是塔身细高的体量，作为前山、前湖的主体建筑和构图中心，显得分量不足；四是9层高塔，总高度已远远超出山脊，从后山能看到塔的上半部。既干扰了后山主体建筑组群的轴线，又破坏了后山"山包寺"的静幽境界；五是作为颐和园主要借景的玉泉山已有一座玉峰塔，万寿山上再建一塔，必然导致主客不分，并造成景观全局的重复、雷同。由此可见，易塔建阁，从全园主体景象构成来说，无疑是一次成功的艺术升华（图5-3-3）。

值得注意的是，阁台在山体剖面上的标高也选择得恰到好处。它没有把台体抬到山顶，没有把巨阁耸立到山顶尖上。而是坐落在主轴中部偏后部位，一则可以在阁的后方设立屏卫，二则避免把巨阁形象暴露于后山视野（图5-3-4）。

主轴后部安排了"众香界"和"智慧海"一组琉璃建筑。作为前导的众香界是一座五色琉璃牌坊，其后的智慧海是一座雄跨于万寿山

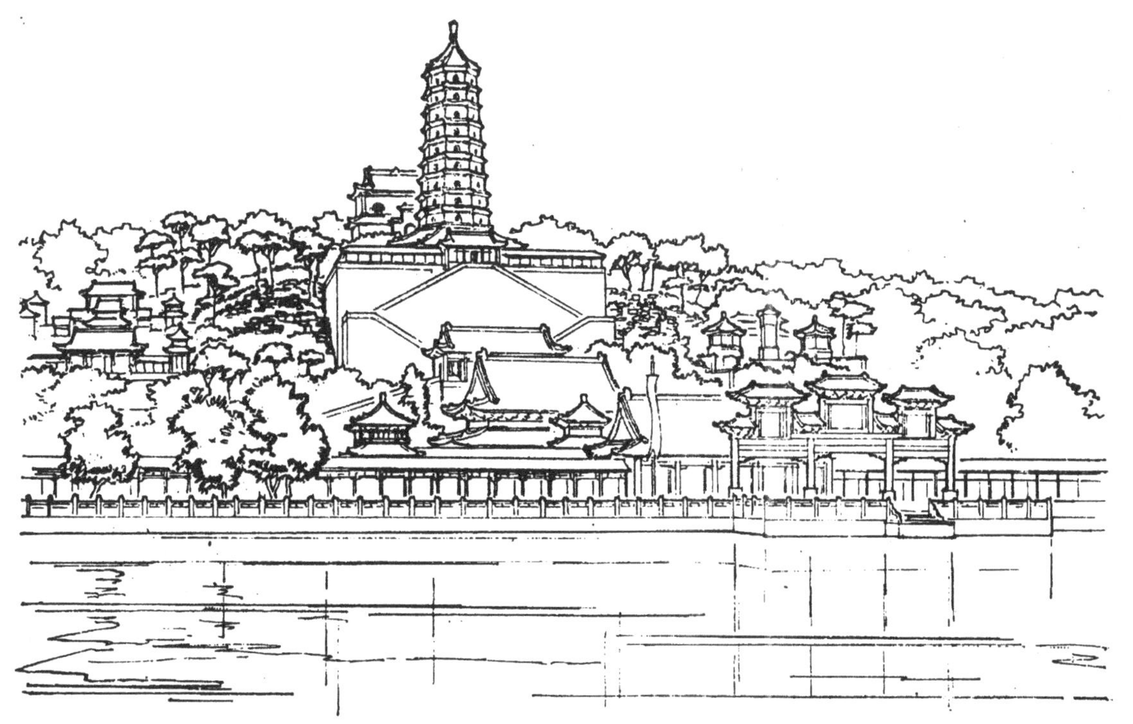

图5-3-2 周维权分析清漪园前山原建延寿塔的景象
引自周维权．颐和园的排云殿佛香阁．见：建筑史论文集，第4辑．北京：清华大学出版社，1980

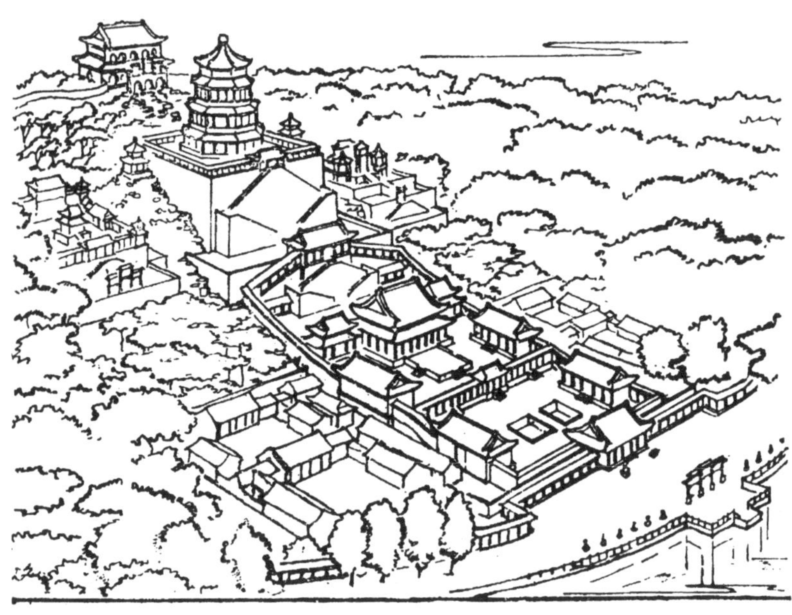

图 5–3–3　周维权分析以佛香阁为主体的颐和园前山主轴建筑景象
引自周维权．颐和园的排云殿佛香阁．见：建筑史论文集，第 4 辑．北京：清华大学出版社，1980

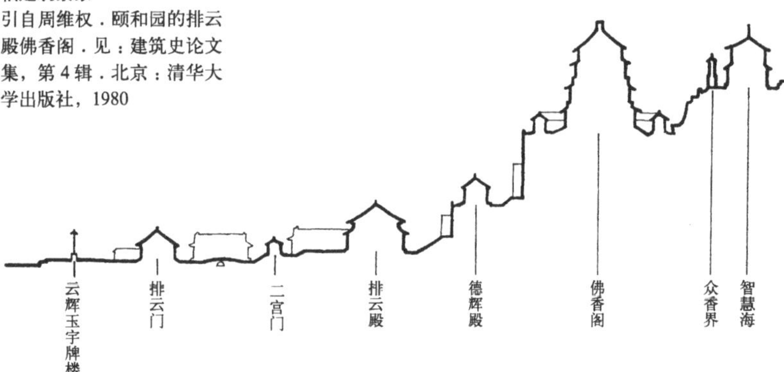

图 5–3–4　颐和园前山主轴建筑的标高处理

顶的两层砖构无梁殿，殿内供铜胎观音、文殊、普贤等菩萨像，殿身外墙用黄绿两色琉璃花饰和琉璃小佛像饰面，屋面间以紫、蓝诸色琉璃瓦，建筑通体璀璨富丽。以这样华丽、坚实、稳重的建筑作为主体楼阁的后卫和前山主轴的结束，建筑形态和材质色彩的选择都十分得当。

在颐和园时期，由于改作帝后长期居住的离宫型园林，前山的建筑内容有所变动。大报恩延寿寺的前部旧址改建为朝堂性质的排云殿，原轴线两侧的罗汉堂、慈福楼旧址，改建为四合院住宅型的寝宫，中央建筑群的建筑性质从单纯的佛寺改变为包容佛寺、朝堂和寝宫的混合体。但是，主轴建筑整体的基本布局变动不大。

显而易见，前山主轴是以大体量、高密度的建筑体量，中轴对称的严谨布局，满铺殿堂台阁的“寺包山”形态，完整而富于变化的空间序列，依山顺势、层叠起伏的殿阁形象，红柱、黄瓦、重彩的浓郁色彩，强调出前山主体建筑的壮观气势和堂皇气派。

2. 左右退晕，烘托次要轴线　由于前山东西展面很长，仅靠主轴建筑显然不能控制全局，前期清漪园和后期颐和园都在主轴东西两侧精心安置了若干组点景建筑，组构成陪衬主轴的次要轴线。清漪园在主轴线的左右侧设置了由五方阁、罗汉堂与转轮藏、慈福楼组构的内侧次轴和由云松巢、寄澜亭与写秋轩、秋水亭组构的外侧次轴。颐和园承继这种格局，同样保持着这左右四根次轴。在这四根次轴中，内侧次轴上的建筑，位置完全对称，而建筑形象略有不同；外侧次轴上的建筑，虽等距对称于主轴，却在位置上有意前后相错，虚实反衬，建筑形象也完全不同。这种处理手法应该说是颇具匠心的。这样一主四从的轴线组织，既端庄严谨，左右对称，主体突出；又做到端庄而不板滞，严谨而寓活变，并从主轴向东西两侧，由近及远逐渐减少建筑的密度和分量，形成从中心的“寺包山”向两端的“山包寺”的“退晕”，以散扩聚，以疏衬密，把建筑自然地、有机地融入山体，既以突出的、丰富的建筑要素消除山体的单调呆板，又以山体的垫托、映衬，赋予前山主次建筑以金字塔式的整体构图和园林化的品格。建筑与山体相得益彰，取得天籁与人工的和谐统一。

3. 引线串珠，设置长廊纽带　前山脚下，临湖岸边，从清漪园到颐和园，都设置了一条独特的长廊。现存长廊长达 728 米，共二百七十三间，是中国园林廊长之冠。它东起邀月门，西至石丈亭，中部与排云门连接。在使用功能上是联系宫廷区与前山景区的主要交通线，是一条防雨、防雪、防晒的全天候游览廊。在前山景象构成上，长廊起到了多方面的作用：一是在前山脚下形成了通长的横向纽带，与纵向的一主四从五根轴线相配合，构成了前山建筑的布局网络，起到了连缀主次建筑的凝聚作用；二是在排云门两翼形成左右抄手廊，围合出庄重的主轴门面空间，在牌楼、铜狮、十二生肖石和成列松柏树的配合下，这个门面空间既有宫廷的庄严气派，又具浓郁的园林气氛，恰到好处地表现出前山主轴景观序幕应有的品格；三是在前山临湖岸边，山水交接呈狭长地带，缺乏回旋余地，在这里因势利导地设立大尺度的长廊，沿着湖岸一通到底，不仅巧用了不利地段，还与沿岸的汉白玉栏杆共同组成前山岸脚的镶边，使湖山交接隆重化，既为前山抹上一笔重彩的建筑底线，也为湖山增添了一个过渡层次，使湖山之间的景色更加层次分明；四是以罕见的长度，自身构成独特的景观。连续不断的长廊空间，有大段的笔直，有随势的弯曲，穿插着留佳、寄澜、秋水、清遥四座八角重檐亭子，并分出短廊，伸向湖岸，衔接对鸥舫、鱼藻轩两座邻水建筑。长廊为前山提供了极具吸引力的观赏廊，成为全园最负盛名的建筑之一。漫步长廊，观赏连续不断的湖光山色，廊柱框景成了前山赏景的一大特色。

总的说来，前山的造园立意在于突出礼佛祈寿的主题。前期寺、塔取名"延寿"，后期殿阁取名"排云"、"佛香"，悬挂"万寿无疆"门匾，都透露出这种寓意。"排云"一词，出自晋代诗人郭璞的游仙诗："神仙排云出，但见金银台"。前山建筑的烘云托月布局和浓墨重彩渲染，的确成功地造就了梵天乐土的仙山琼阁境界，在充分展示造园主题的同时，也重笔点染了皇家园林富丽堂皇的性格。

（三）堤岛结合，浓化前湖浩渺气势

前湖水域面积浩大，东西最宽处达1600米，南北最长处达1930米，约占全园总面积的五分之四，在清代皇家园林中是水面最大的一处。针对这种得天独厚的大水面，它采取了堤岛结合的综合布局，以三湖、两堤、三大岛、三小岛加上局部水网的基本格局，把前湖整体规划得十分得体（图5-3-5）。

西堤自北向南纵贯于前湖西部，与支堤一起，把前湖恰当地划分成大、中、小三个水域，形成湖面聚中有分的态势。西堤的定位和弯曲的走势，确定了主水面南湖呈桃形的水体，既取得湖山的轴线对位，又奠定湖面足够的宽阔度和深远度，近宽远窄的湖形进一步产生透视假象，使湖面更显深远。从堤的方位、走向和堤与山的位置关系，不难看出西堤与杭州西湖苏堤很相似，显然昆明湖的规划曾经以杭州西湖作为蓝本。乾隆在《万寿山即事》一诗中曾写道："背山面水池，明湖仿浙西；琳琅三竺宇，花柳六桥堤"，也明确地提到这一点。西堤的景观格调自然仿照苏堤的自然野趣，堤身采用土

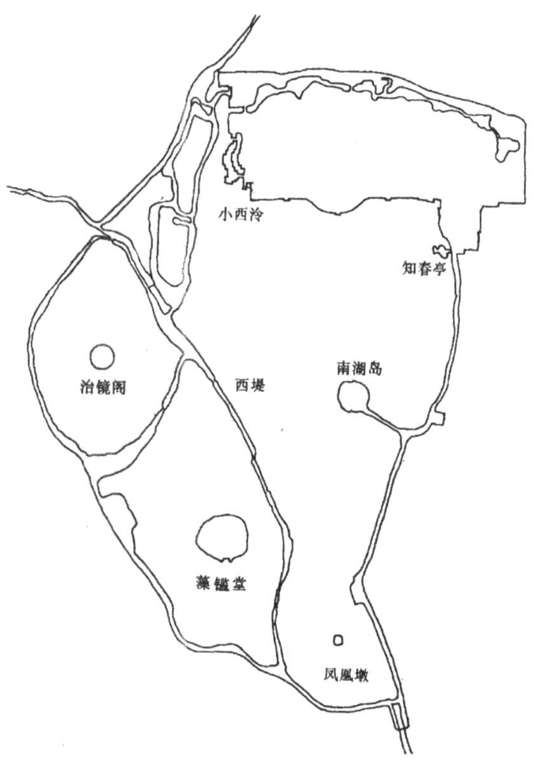

图5-3-5 颐和园前湖的堤岛布局

堤，堤上遍植桃柳。全堤设置六桥，也和苏堤一致。一线桃红柳绿衬托着多姿桥影的西堤，大大丰富了前湖的景象层次，组构了湖外有湖的水景，与它背后山外有山的山景相辉映，使前湖西侧的园内外景象更为有机地融合在一起，对开阔全湖境界起到了举足轻重的作用。

模拟"一池三山"的龙王庙、藻鉴堂、治镜阁三个大岛，为三个水域各提供一个湖心景点，它们既是湖面景观的重要构成，也是设立在湖心的重要观赏点。龙王庙所在的南湖岛地位最为显要，其点景、观景作用也最为突出。当初拓宽湖面时，把原处东岸的龙王庙保留下来，不仅是避免了拆庙对龙王的大不敬，也是为湖区总体规划设置了极为理想的湖心岛，提供了湖面的构图中心，可以说是绝妙的因势利导。南湖岛不是孤立于湖心，有一条长达 150 米的十七孔桥与东岸相连接，桥头还建造了大体量的廓如亭，形成桥、亭、岛的组合。这个组合体与岸线呈曲线兜转，就势把东岸南北两段稍稍错开，打破了漫长东岸的单调感觉。据张锦秋分析，这个南湖岛发挥了以下诸多作用：

1. 丰富地貌，联系湖山 水面突起岛屿形成水中有山的地貌，打破了大片水面的单调，与主山遥相呼应，在风景构图上比简单的一山对水要丰富得多。

2. 分割湖面，形成景区 桥、亭、岛组合体把山前湖面划分成两个景区，桥岛以北的湖面，东、南、北三面都是殿阁亭台环立，显现皇家园林的壮丽华贵；桥岛以南的湖面，东、南、西三面都是长堤烟柳，显现水乡的自然景色。统一的前湖水域由此获得了两种不同的水景境界。

3. 尺度对比，扩大空间 以南湖岛为湖面中景，配上作为远景的凤凰墩，由于南湖岛尺度比凤凰墩大得多，两者形成大小对比，加大了透视错觉，使整个前湖显得更为深远。

4. 位置适中，观景极佳 由于南湖岛位处主体湖面中心，与前山视距适中，是得天独厚的观赏点。这里是全园唯一可以正视万寿山全景的地方。前山的主要建筑都处在最佳的水平视角和垂直视角的范围之内，呈现出一幅完整的楼阁崔嵬的壮丽图画。从岛上南望，是一片湖波淼茫、平远清淡的水景。从岛上西望，可见碧波、长堤，层层西山簇拥着玉泉山塔。在这里，视线由南到北环眺，宛如观赏长达 2000 余米的天然"山水长卷"，景观视野极为宽阔。

前湖设置的三个小岛也很得当。处于南隅的凤凰墩，是模仿无锡城外大运河中的黄埠墩小岛。它所处的南端位置和小小体量，从前山南望，如前所述，通过尺度对比和透视错觉，显得前湖更加深远。从南端绣绮桥北望，凤凰墩则构成一个近景层次，衬托着南湖岛中景和万寿山远景，也起到丰富景观层次的作用。位于西北隅的小西泠小岛，以长岛的形式安置在河湖交汇的水口部位，把这里的小水面划分为东西两个航道。东航道夹峙出一段买卖街，西航道芦苇丛生，与西堤间隔成水网地带。水口部位的这种处理，既密切了河湖的交接和山湖的兜转，也创造了带有扬州瘦西湖韵味的江南水乡景色。设置在东北隅的知春亭小岛，也是一个极重要的观赏点。它位于岸线的凹入部位，又略微凸出湖面少许，变岸上的一面观赏为岛上的北、西、南三面环眺，面面得景俱佳。在这里，向北可以观赏前山主体建筑的侧面形象及其空间序列。向西，隔着一线西堤与玉泉山主峰构成对景。向南透过南湖岛中景，是一片碧波连天。知春亭成了宫廷区近旁的最佳观赏点。它隔水与东岸的文昌阁相呼应，与南湖岛的涵虚堂、前山的佛香阁也构成控制南湖北半部水域的景点网络，在点景方面也大有作用。

前湖堤岛的这种精心安排，充分展现了湖区"海阔天空"的风景主题，从近山水域的富丽场景到远处水域的浩瀚渺茫，从山峦叠翠的远山借景到一望无际的碧波连天，前湖景区把皇家园林所需要的宏大气度和天然山水园所应有的壮阔气势融化得十分合拍。

（四）两山夹水，造就后山清幽境界

后山景区占全园面积的12%，包括万寿山北坡和后湖。这一带地段东西向宽阔，约近1000米；南北向狭窄，不到300米。这里的景域与前山、前湖完全不同，自然环境偏于幽闭，借景条件较差。因此，景区规划因势利导地以创造幽深的山林野趣为基调，景物构成以山水近视小品为主。在这种创意下，后山景区成功地进行了山水调度和景点建筑调度。

1. 创造"两山夹水"的河湖幽境 将后山北麓与北宫墙之间原有小水塘挖掘连通成带状的后湖，并将浚河的土方堆成北岸山体，一方面用以遮蔽近在咫尺的北宫墙，另一方面构成后湖两山夹水的格局（图5-3-6），这可以说是后山景区利用有限的自然条件进行了十分精彩的因势利导的人工山水调度。这条长约一千米的河湖，根据张锦秋、周维权的分析，有以下几点值得注意：一是把河道全程障隔成蜿蜒曲折的六个区段，每个区段的水面形状各不相同，其中有五个区段近似小湖泊的比例，有效地突破带状地段带形长河的僵直单调，取得化河为湖、开合多变的基本格局。二是水面的收放与两岸山势的凸凹紧密配合，沿岸山势平缓的地方水面必开阔，山势高耸夹峙的位置水面也相应收聚，甚至形成峡口。这样，"山脉之通，按其水径；水道之达，理其山形。"[①]平缓的山势反衬出水面的开阔，水面的狭窄反衬出山势的高耸，山和水自然地、相得益彰地融合在一起。三是使堆叠的北岸土山与南岸真山协调成整体。北岸土山体量虽不大，但岸脚凹凸和脊脉起伏都十分细心地与南岸的山形变化相呼应。南岸桃花沟西侧临湖的山壁陡峭，北岸山形也对应地高起，并向南凸出形成"峡口"。桃花沟以东的山头高耸，对面北岸的山体也相应增高。这种合拍的呼应使得北岸土山仿佛是南岸真山的天然延伸，达到了真假难辨的"宛自天开"。四是在后湖中段设河街。后山中部正对北宫门，有一组体量庞大，布局对称的大型佛寺须弥灵境，它构成了后山的主轴，沿轴线设一座长桥跨越后湖，这里形成后湖与后山主轴的十字交叉。在后湖的这个特定区段，规划因势利导地把自然形的河岸转变为直角转折、层叠错落的人工河岸，安置了长270米的买卖街，沿岸店铺鳞次栉比，成为园内另一条模仿江南市肆的河街，也称苏州街。这种处理，使后湖与后山主轴的建筑环境有所呼应，也给后湖自身增添了一段独特的河街景象，丰富了沿河的景点特色和景观对比。

①笪重光．画筌

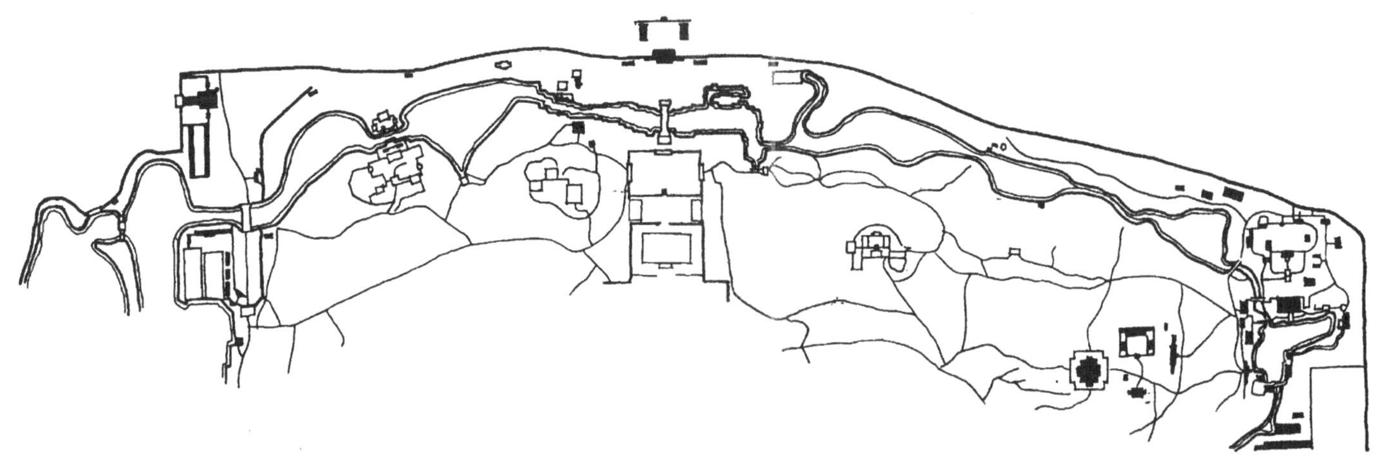

图5-3-6 颐和园后山后湖的"两山夹水"格局

2. 创造“山包寺”的疏散景点 在建筑调度上，后山景区除了正对北宫门的主轴线上，安排了大型佛寺须弥灵境，以前部汉式建筑和后部藏式建筑组成的触目组群，强调出前期清漪园以北宫门为主入口，不得不加重主体建筑分量外，后山东西两侧的景点建筑，都采取了“山包寺”的构成方式，尽量以散点的分布，稀疏地掩映于自然环境中。这些建筑景点，有的靠近山脊，有的倚着山坡，有的立于山冈，有的濒临水边，大部分坐落在后山北坡，也有少量点缀在后湖北岸。当年一组组建筑灵巧自然地固着在曲折幽致的山间水畔，建筑体量都比较小，各抱山势，随宜布置，结合各自的山水特征和局部地形，极尽“精在体宜”之能事。

这里有居高临湖的绮望轩，以面湖的对称布局和内院的曲折多变空间，妥帖地适应了临湖“峡口”和三面岗阜环抱的特定地形（图5–3–7）；有与绮望轩隔岸相望的“看云起时”，以两亭一堂组构的“回”形敞口院，既形成峡口部位所需要的两岸建筑对峙，又成为纵览东

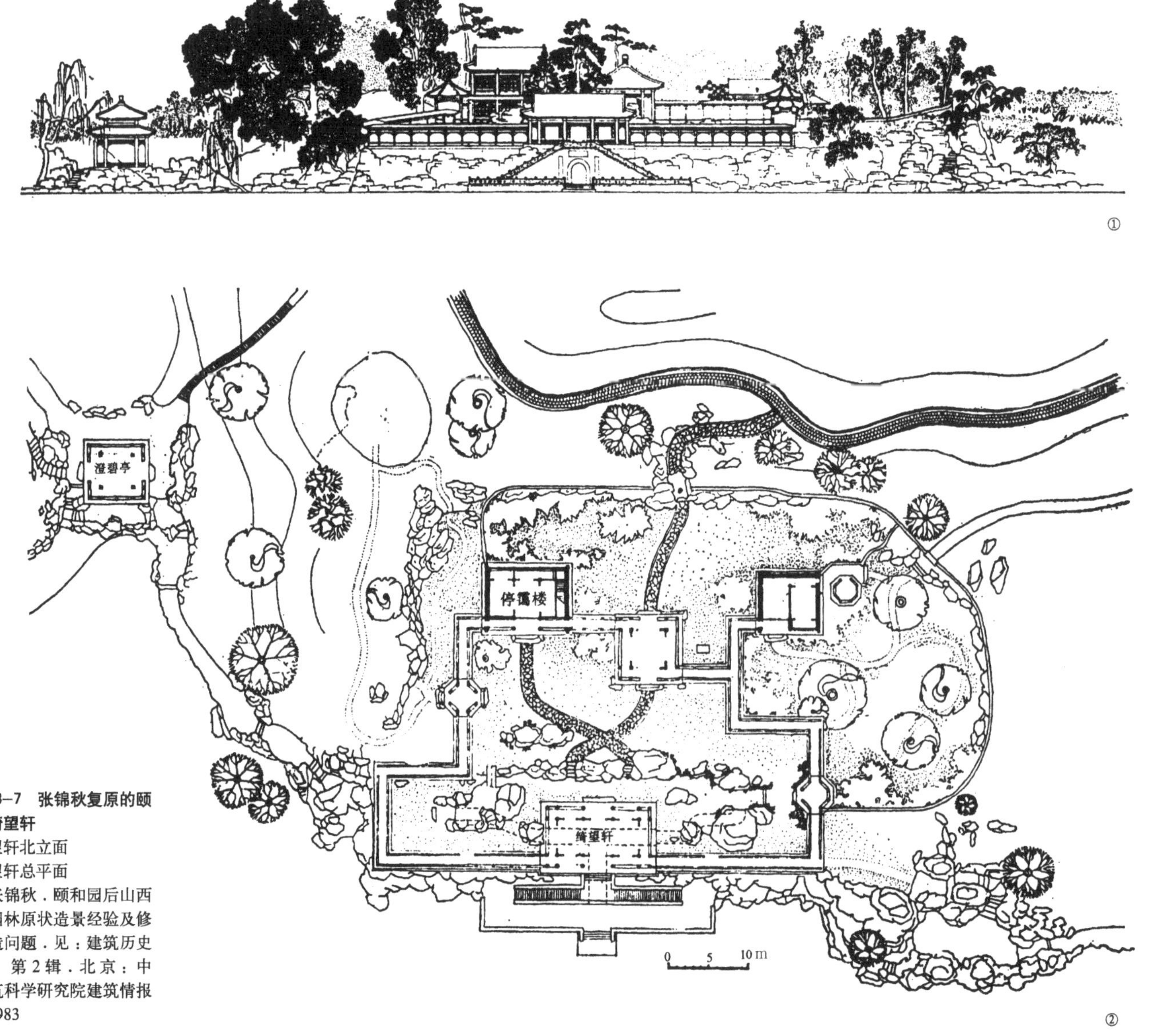

图 5–3–7 张锦秋复原的颐和园绮望轩
①绮望轩北立面
②绮望轩总平面
引自张锦秋．颐和园后山西区的园林原状造景经验及修复改造问题．见：建筑历史研究，第2辑．北京：中国建筑科学研究院建筑情报所，1983

西湖面的观景点（图 5–3–8）；有位于山头的构虚轩，四栋轩、斋、亭、屋，分别布置在山头、山脊、山洼、山岗，通过磴道和爬山廊的有机连缀，在因山构筑、适应地形的同时，进一步强化了地形特征．并创造了良好的观景条件；有坐落在苏州街西口北岸的嘉荫轩，以七栋有意缩小尺度的建筑单体，散布在山腰、山脊和岸边等部位，多方照应了此处周围环境的多景点观赏，同时自身形成散点布置的、上下错落、活泼小巧的小小风景点，起到了丰富后湖景观和扩大后湖空间的作用。在后山东麓，还有著名的园中园谐趣园（图 5–3–9），它的前身称为惠山园，是仿江南名园寄畅园建造的。惠山园环境幽静深邃，富于山林野趣，这里是前山前湖景区向东北方向的一个延伸点，又是后山后湖景区的一个结束点。在这个特定的角隅，根据它自身的低洼地势和西邻万寿山的借景条件，创造一组仿寄畅园的幽深园中园，确是十分得体的。

所有这些，都反映出后山景区景点规划、山水调度和建筑调度的和谐合拍。这里的山水地形整治、规划和景点建筑的布置规划基本上是统一考虑、同步进行的。山与水之间，真山与人工山之间，景点建筑与山水之间，景点与景点的建筑之间，都力求达到亲和、有机的统一，共同创造独特的清幽境界，与前山、前湖景区形成强烈的对比，完善了颐和园的多景域综合。

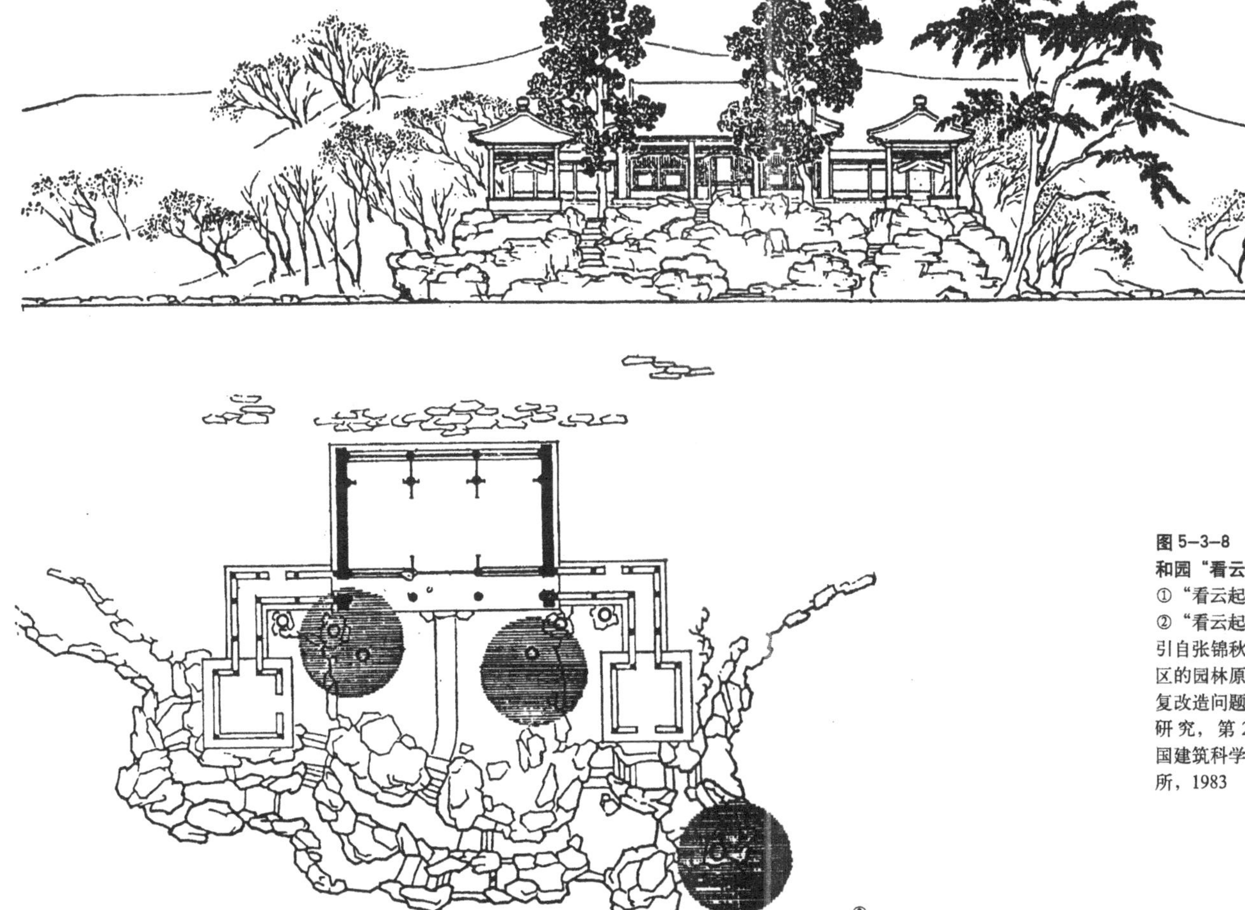

图 5–3–8　张锦秋复原的颐和园"看云起时"
①"看云起时"南立面
②"看云起时"平面
引自张锦秋．颐和园后山西区的园林原状造景经验及修复改造问题．见：建筑历史研究，第 2 辑．北京：中国建筑科学研究院建筑情报所，1983

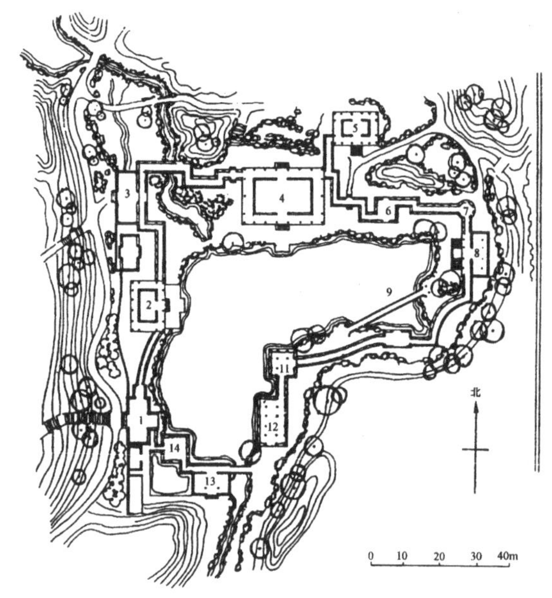

图 5–3–9 颐和园后山的园中园——谐趣园
引自周维权．中国古典园林史．北京：清华大学出版社，1990

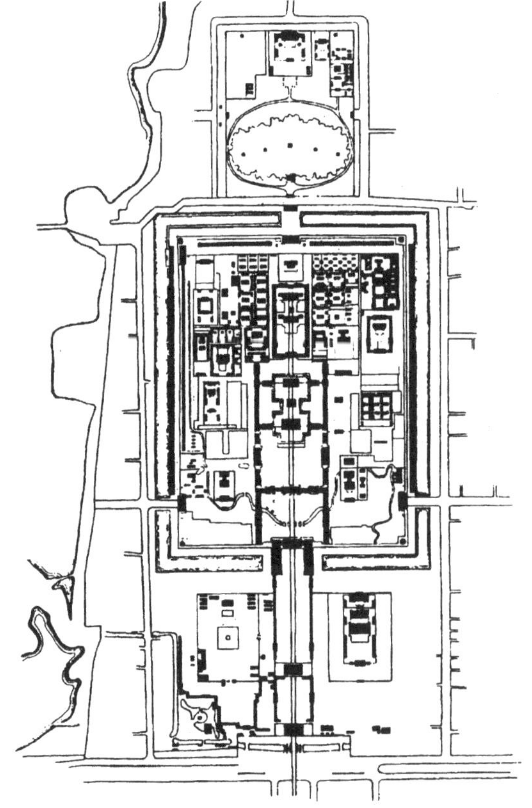

图 5–3–10 明清北京紫禁城总平面图
引自中国建筑科学研究院．中国古建筑．北京：中国建筑工业出版社，1983

二、空间布局例析：北京紫禁城

北京紫禁城是明清两朝的宫城，现通称北京故宫。明永乐十八年（1420 年）建成，现有建筑多经清代重建、增建，总体布局仍保持明代的基本格局（图 5–3–10）。

宫殿建筑组群不仅涉及庞大的建筑规模，繁多的使用要求，森严的门禁戒卫，而且需要遵循繁缛的礼制规范和等级制度，吻合一系列阴阳五行、风水八卦的吉祥表征，表现帝王至尊、江山永固的主题思想，创造巍峨宏壮、富丽堂皇的组群空间和建筑形象。这里存在着一整套礼的制约，建筑创作渗透着浓厚的伦理理性。在设计意匠上特别需要发挥因势利导的匠心和巧智，把礼的要求、阴阳五行的要求、显赫皇权的要求，同使用的要求、防卫的要求、审美的要求有机地融合在一起。明清时代，官式建筑单体已高度程式化，组群规划布局也已十分成熟。紫禁城的规划设计，正是以定型的建筑单体，通过巧妙构思、匠心独运的总体调度和空间布局，创造出一组堪称中国古代大型组群布局的典范作品。

紫禁城周边环绕城墙和护城河，每面设一门。南面正门为午门，北面后门为神武门，东西两侧为东华门、西华门。城墙四隅建角楼。从午门到神武门贯穿一条南北轴线，建筑大体上分为外朝、内廷两大区。外朝在前部，是举行礼仪活动和颁布政令的地方，以居于主轴的太和、中和、保和三大殿为主体，东西两侧对称地布置文华殿、武英殿两组建筑，作为皇帝讲解经传的“经筵”和召见大臣的场所。内廷在后部，是皇帝及其家族居住的“寝”，分中、东、西三路。中路沿主轴线布置后三宫，依次建乾清宫、交泰殿、坤宁宫，其后为御花园。东西两路对称地布置东六宫、西六宫作为嫔妃住所。东西六宫的后部，对称地安排东五所和西五所十组三进院，原作皇子居所。东六宫前方建奉先殿、斋宫、毓庆宫，西六宫前方建养心殿。从雍正开始，养心殿一直成为皇帝的住寝和日常理政的场所。西路以西，建有慈宁宫、寿安宫、寿康宫以及慈宁宫花园、建福宫花园、英华殿佛堂等，供太后、太妃起居、游乐、礼佛，这些建筑构成了内廷的外西路。东路以东，在乾隆年间扩建了一组宁寿宫，作为乾隆归政后的太上皇宫。这组建筑由宫墙围合成完整的独立组群，仿前朝、内廷布局，分为前后两部。前部以皇极殿、宁寿宫为主体，前方有九龙壁、皇极门、宁寿门铺垫。后部也按内廷模式，分中、东、西三路。中路设养性殿、乐寿堂、颐和轩等供起居的殿屋，东路设畅观阁戏楼、庆寿堂四进院和景福宫，西路是宁寿宫花园，俗称乾隆花园。这组相对独立的“宫内宫”，构成了内廷的外东路。除这些主要殿屋外，紫禁城内还散布着一系列值房、朝房、库房、膳房等等辅助性建筑，共同组构成一座规模巨大、功能齐备、布局井然的宫城。

这座紫禁城把中国大型庭院式组群的空间布局推到登峰造极的高度，在设计意匠上有以下几点特别值得注意：

（一）突出的主轴空间序列

紫禁城建筑组群形成一条贯穿南北的纵深主轴，总体规划把这条主轴与都城北京的主轴线重合在一起。宫城的轴线大大强化了都城轴线的分量，并构成都城轴线的主体；都城轴线反过来也大大突出了宫城的显赫地位，成为宫城轴线的延伸和烘托。这样，紫禁城的空间布局就突破了宫城城墙的框限，前方起点可以往前推到大清门，后方终点可以向后延伸到景山。在从大清门到景山的纵深轴线上，尽可能地把最重要的殿宇、门座，最重要殿庭、门庭都集中布置到这条线上，或是对称地烘托在这条线的两侧，奠定了紫禁城建筑布局的基本框架和空间组织的主要脉络。

这条纵深轴线长约三公里，中国古代匠师在这个世界建筑史上罕见的超长型空间组合中大展宏图，部署了严谨的、庄重的、脉络清晰、主从分明、高低起伏、纵横交织、威严神圣、巍峨壮丽的空间序列，演奏了一曲气势磅礴的建筑交响乐（图 5-3-11）。

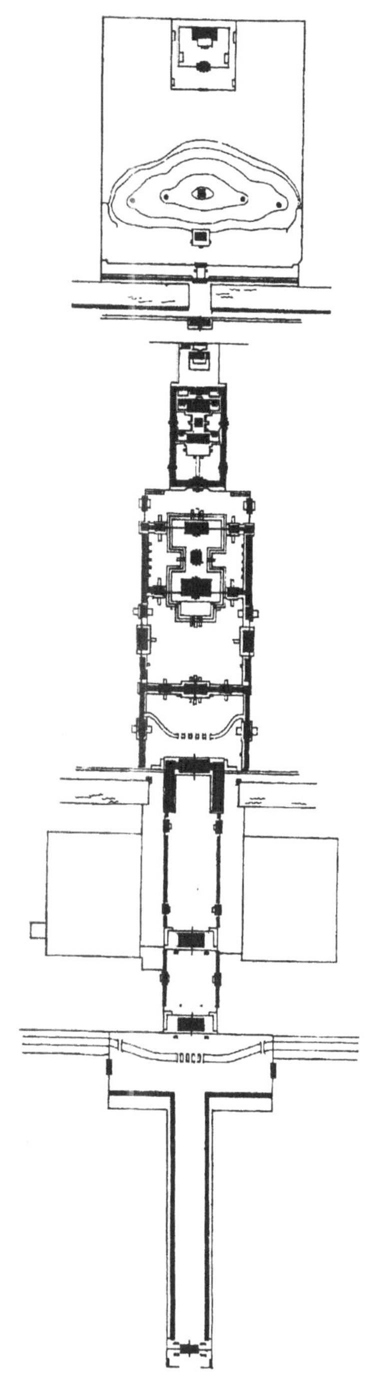

图 5-3-11 北京故宫主轴线的空间序列

轴线由大清门起始，门内是以天安门为主体的皇城正门门庭。这个轴线上的第一进院采用了 T 形空间，由大清门内两侧的千步廊夹峙出一个狭长的天街，到天安门前扩展成宽阔广

①转引自李允钚．华夏意匠．再版．香港：广角镜出版社，1984.296页

敞的横院。先突出天街空间的深邃，再对比出横院空间的分外广阔，为天安门提供了非同一般的门庭气势。作为皇城正门的天安门选用了高大的台门形制。坚实的墩台，辟五道券门，墩台上坐落九开间重檐歇山顶的门楼。门前绕以外金水河，上架五座拱桥，门内外各立一对华表。汉白玉雕饰的勾阑和华表，簇拥着敦实的红墙墩台和金碧辉煌的门楼，显现出皇城大门特有的富丽和气派。

天安门内，串联着端门庭院和午门庭院。端门有意采用与天安门完全相同的形制，同样是五道门洞的墩台和九开间重檐歇山顶的门楼。端门的庭院尺度也有意缩短成接近方形的闭合空间。这是对轴线空间的一次急剧的收缩和建筑节拍的一次有力的重复，为后继的午门作欲扬先抑的铺垫。午门是紫禁城的正门，不仅有宫门特定的壮观要求，而且有门禁森严的防卫要求。结合实际需要和礼的规制，午门因势利导地采用了大尺度的阙门形制。墩台平面呈冂字形，既表征古代宫门的双阙，又造就三面环抱的威严格局。台上正楼用头等形制的九开间重檐庑殿顶，两翼伸出“雁翅楼”，翼端和转角部位各建重檐方亭一座，形成一殿四亭与廊庑组合的极为壮观的门楼整体形象。这样的午门处在与两翼同宽的深长院庭的尽端，显现出极其巍峨森严、极具威慑力的气概。一位曾经在中国工作的美国建筑师墨菲（Murphy.H.K）谈到午门给人的感受时形容说：“其效果是一种压倒性的壮丽和令人呼吸为之屏息的美。”①

进入午门，即是作为太和殿主庭前导的太和门门庭。这个庭院采用比正方形略扁的大尺度空间，院内横贯着架有五座拱桥的弓形内金水河。太和门建筑采用九开间重檐歇山顶的高体制，左右辅以昭德、贞度两座掖门。这里成功地把午门的森严气概转换成宫内院的恢宏气概，并为进入宫城的主体和核心——太和殿主庭作最后的铺垫。

太和、中和、保和三大殿是整个紫禁城的主体建筑，也是整条轴线的高潮所在。规划设计在这里安排了纵深的、巨大尺度的三大殿宫院（图5–3–12）。院的四角建崇楼，既标志宫院的隆重等级，也起到标定宫院范围、加强宫院整体的作用。三大殿统一坐落在工字形的三层汉白玉须弥座台基上，构成了极有分量的三殿纵列的殿组。它们位于宫院的后半部，由太和殿两侧的红墙和中左、中右两掖门，把宫院分隔成前后两进。前院以巨大的尺度、严整的格局、最高的规制，突出了太和殿主殿庭的至高无上气概。太和殿自身也采用了官式建筑体制最高、尺度最大的形制，把宫殿组群巍峨壮丽的气势，推到了最高峰。

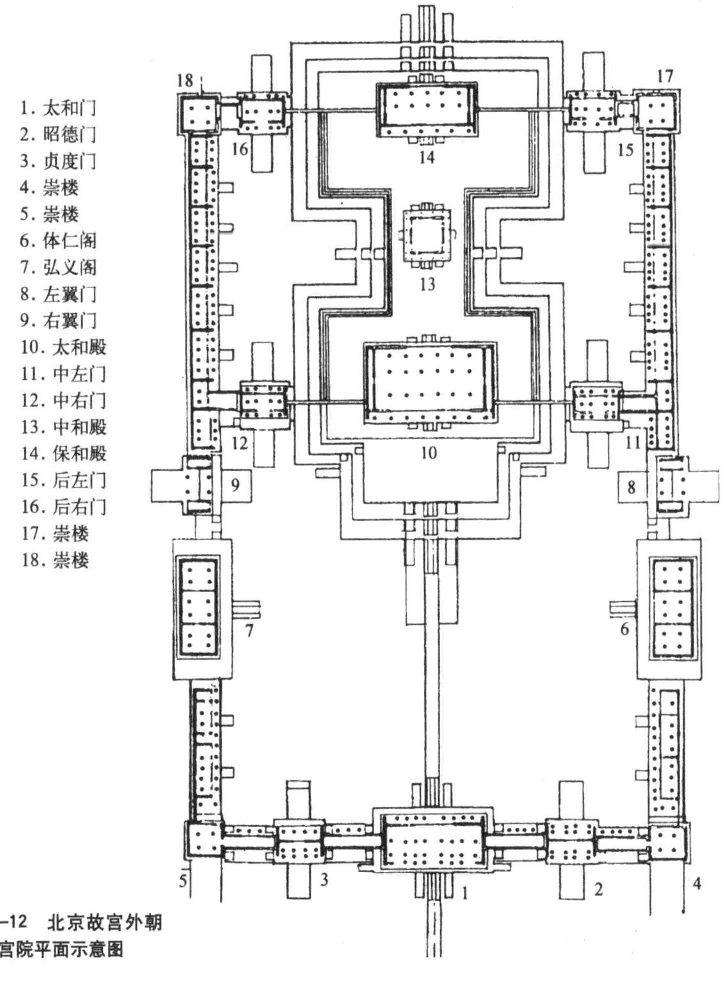

1. 太和门
2. 昭德门
3. 贞度门
4. 崇楼
5. 崇楼
6. 体仁阁
7. 弘义阁
8. 左翼门
9. 右翼门
10. 太和殿
11. 中左门
12. 中右门
13. 中和殿
14. 保和殿
15. 后左门
16. 后右门
17. 崇楼
18. 崇楼

图5–3–12　北京故宫外朝前三殿宫院平面示意图

穿过保和殿后，轴线进入乾清门门庭。乾清门是内廷的正门。这里组成了一个横阔的门庭空间，乾清门左右展开了八字琉璃影壁。这种八字影壁常见于大宅门面，已成为府第大宅的标志符号，用它来簇拥乾清门，有力地点染出寝宫的浓郁性格。

后三宫的布局重复了三大殿布局的基调，但尺度大为缩小。这里也构成一个纵深的宫院，也将乾清、交泰、坤宁二宫一殿坐落在宫院后半部的工字形台基上，组成三殿纵列的格局（图5-3-13）。宫院前半部同样设置布局严整、气势宏壮的内廷主庭，主建筑乾清宫自身也采用了九开间重檐庑殿顶的最高体制。这种前后两组宫院布局基调的一致，反映出此类大型庭院布局存在着相同的组织规则。这样的布局也有利于内廷对前朝的照应、衔接，如同乐曲中的主旋律的再现，有助于强化宫城建筑整体的和谐统一。但是，前三殿和后三宫的空间组合并非雷同性的重复，不仅在尺度上后者仅为前者的四分之一，而且在宫院内部的具体划分上有很大区别。后三宫宫院实际上分成了三进。乾清宫、坤宁宫的东西都各设一朵殿，朵殿前后各砌红墙，围成两两对称的四座小院。在第三进院中，坤宁门两侧虽无朵殿，也特地围出两座小院。这样，后三宫宫院总共分成三进院落和六个小院，形成大小九院的组合，呈现出大院套小院的格局。这里安排了十二座门。除轴线上的正门乾清门和后门坤宁门外，十座门都分布于东西两庑。乾清宫两庑设日精门、月华门，坤宁宫两庑设景和门、隆福门，这四座是三开间歇山顶的门座，其余六座是穿庑而设的小门，四座小门通向四个朵殿小院，两座小门通向第三进院。这十座东西庑的门，主要用于密切与东西六宫的联系。可以看出寝宫布局的整体有机和后三宫宫院在内廷中所起的枢纽作用。

坤宁门北面，轴线上设置了以钦安殿居中的御花园。这个位于主轴线上的特定园林，采取了园林的构成要素和宫殿的对称构成方式，组构了一组完全对称于主轴的宫内园。穿过这个御花园，以高耸的神武门结束了紫禁城的布局。但轴线并未仓促收停，而是以一座人工堆叠的景山和山上的亭组，作为宫城的后卫，构成宫城轴线有力的收结。在它的北面，还有地安门和钟、鼓楼的都城轴线在延伸，为紫禁城轴线续上了尾声。

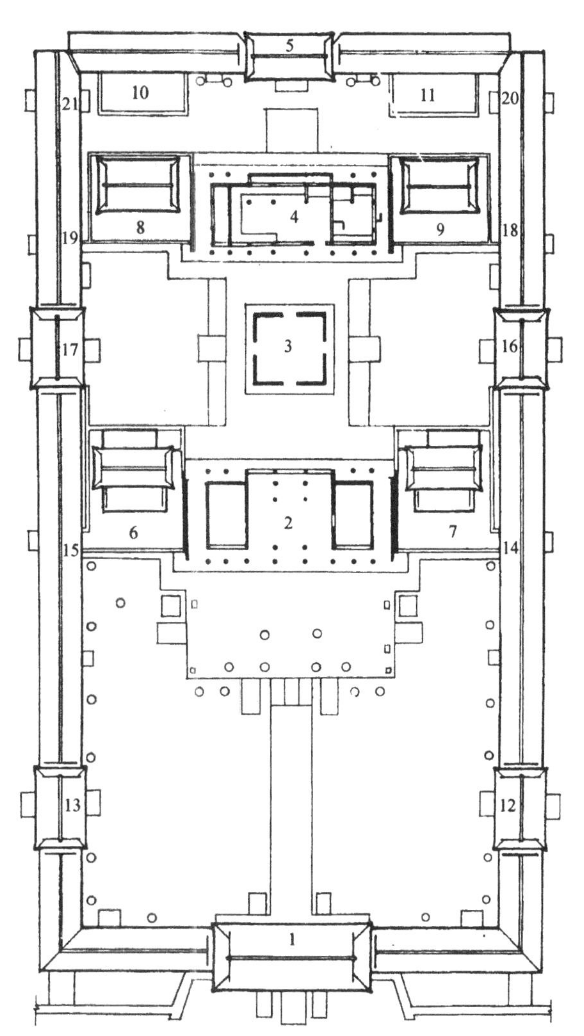

1. 乾清门　2. 乾清宫　3. 交泰殿　4. 坤宁宫　5. 坤宁门　6. 弘德殿小院　7. 昭仁殿小院　8. 西暖殿小院　9. 东暖殿小院　10. 坤宁门西小院　11. 坤宁门东小院　12. 日精门　13. 月华门　14. 龙光门　15. 凤彩门　16. 景和门　17. 隆福门　18. 承祥门　19. 增瑞门　20. 基化门　21. 端则门

图5-3-13　北京故宫内廷后三宫宫院平面示意图
引自许以林．紫禁城后三宫．紫禁城．1983（5）

①刘敦桢．中国古代建筑史．第2版．北京：中国建筑工业出版社，1984.296页

②中国建筑技术发展中心建筑历史研究所．北京古建筑．北京：文物出版社，1986.17页

③贺业钜．考工记营国制度研究．北京：中国建筑工业出版社，1985.2页

④茹竞华，彭华亮．中国古建筑大系·宫殿建筑．北京：中国建筑工业出版社，120页

（二）周密的伦理五行象征

整个紫禁城的规划布局、建筑体制以至殿堂门阁的命名，都是在封建礼制、伦理纲常、阴阳五行、风水八卦的制约下进行的。它们关系到宫城建筑是否符合礼的规范，是否遵循典章古制，是否充分表现天子至尊、皇权至上。如何把这些制约合理地、妥帖地体现于空间布局，不至于牵强、做作，而能与实用、审美有机地和谐统一，相得益彰，无疑是紫禁城规划的关键和难点。紫禁城在这一点上，构思是很周密的，设计是很得体的。

1．择中立宫 紫禁城充分体现了“择国之中而立宫”的“择中”意识。明代是在元大都的基础上营建北京城，延续着元大都采用的《考工记·匠人营国》的择中型规划，把宫城置于皇城之内，皇城置于都城之内。宫城的主轴线与都城的主轴线重合。这条主轴线由于地形的、风水的原因，没有落在都城东西向的几何中轴，但是偏心幅度不大，基本上处于“中”的位置。在南北方向，元代的皇城、宫城原本都处于元大都的南半部，明初改建北京城时，将元大都北城墙南移约六里，南城墙南移约一里，这样，明宫城在都城的位置已处于中心略偏南的位置。明嘉靖年间增筑北京外城后，轴线南延，宫城则处于都城中心略偏北的位置。这个情况表明，紫禁城无论从东西向来看，还是从南北向来看，都没有处在都城的几何中心。但是它的确大体是居中的。这意味着宫城的定位既坚持“择中”的原则，又不拘泥于绝对的几何中心，表现出伦理性与务实性的交融。

这种“择中”的原则，在紫禁城内部布局中也表现得很突出。如前三殿、后三宫等主要建筑都集中到居中的主轴线上，在主轴线上，又把宫城的主体——前三殿宫院置于核心部位；而在前三殿、后三宫的宫院中，主殿太和殿、乾清宫又分别处于宫院的核心。这种层层“居中为尊”的“择中”布局，体现着礼制规范要求和表现宏壮气势的建筑构图法则的统一，它们是奠定紫禁城布局格式的一个重要因素。

2．五门三朝 周朝天子有“五门”“三朝”，五门指皋门、库门、雉门、应门、路门，三朝指外朝、治朝、燕朝。历代的宫殿遵循周礼古制，“五门三朝”就成了宫城建筑布局的一项重要标志。北京紫禁城布局也以十分隆重的形式体现出这一点。

哪几道门是紫禁城的“五门”，专家们的诠释不大一致。刘敦桢主编的《中国古代建筑史》认为：“大清门到太和门间的五座门附会‘五门’的制度”[①]；建筑历史研究所编著的《北京古建筑》也持此说。[②]贺业钜在《考工记营国制度研究》一书中[③]，茹竞华、彭华亮在《中国古建筑大系·宫殿建筑》一书中，则认为，天安门相当皋门，端门相当库门，午门相当雉门，太和门相当应门，乾清门相当路门。[④]不论是哪种诠释，五门都是坐落在宫城主轴线上的重重门座。《易·系辞》：“重门击柝，以待暴客”。五门制度本身很可能是源于宫殿组群森严的戒卫而形成重重的门禁，转而凝固为礼的规范。这种纵深排列的重重门座，有效地增添了主轴线上的建筑分量和空间层次，强化了轴线的时空构成，对宫城主体建筑起到了重要的铺垫和烘托作用。

按《周礼》的规定，三朝有不同的功能。外朝主要用于行大典和公布法令，治朝主要用于日常朝会、理政，燕朝则是接见群臣、议事、燕饮和举行册命的场所。唐宋时期的宫殿，三朝都是独立成组的。如果明清紫禁城以外朝三大殿表征“三朝”的说法能够成立的话，则这里已经不存在“三朝”的功能区分，只是一种历史文脉的象征。这种不拘泥于生搬硬套古制的、代之以象征的做法，应该说是明智的。

3．前朝后寝 “前朝后寝”也是中国宫殿

布局的一项基本制度。它是宅第中的"前堂后室"布局模式在宫殿组群中的衍生。北京紫禁城明确地以乾清门为界，划分出乾清门以南的前朝区和乾清门以北的后廷区，完全吻合前朝后寝的布局模式。

历史上的寝宫是什么样的？《周礼·宫人》："掌王六寝之修"，表明王有六寝，包括路寝一和燕寝五。《周礼 · 内宰》："宪禁令于王之北宫"，郑玄注谓："北宫，后之六宫"。表明皇后有六宫，因它位于六寝之后，故称北宫。此外，《逸周书·本典》有"王在东宫"的记载,《左传》中诸侯燕寝有东宫、西宫的记载。《卜辞》提到东寝、西寝二词，西周铜器铭文也有东宫、西宫的名称。这些透露出寝宫有"六寝"、"六宫"、"东宫"、"西宫"的构成规制。紫禁城的后廷以东西六宫的布局，很典型地体现了这一点（图5-3-14）。东西六宫对称地分布在后三宫的两侧。各分为两行，隔以长街。每行各三宫。每宫都呈两进院，设前、后殿、东西配殿和琉璃正门。

4. 阴阳五行，仰法天象　紫禁城还在建筑的数量、方位、命名和用色上，尽可能附会阴阳五行的象征。如：前朝位于南部属阳，主殿三大殿采用奇数。后廷位于北部属阴，主殿原本只有乾清、坤宁两宫，用的是偶数。东西六宫之和为十二，也是偶数。作为皇子居所的东五所、西五所，用了奇数五，是寓意"五子登科,合在一起为十,也符合偶数（见图3-3-14)。阴阳象征还可以划分为阳中之阳、阳中之阴、阴中之阳、阴中之阴。三大殿中的太和殿，是主体中的主体，列为阳中之阳。太和门前两侧朝房各为24间，端门两侧朝房各为42间，均为偶数，可以算是阳中之阴。乾清宫作为皇帝的正殿，是后廷的主殿，采用九开间重檐庑殿顶的高体制，是为阴中之阳。阴中之阳虽然用了高体制，但较之阳中之阳的太和殿还是略逊

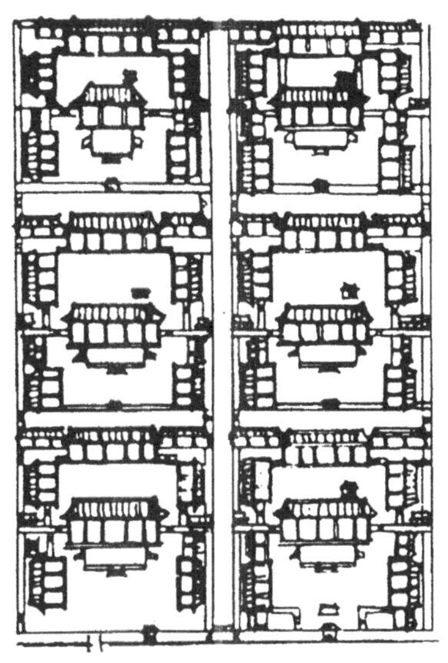

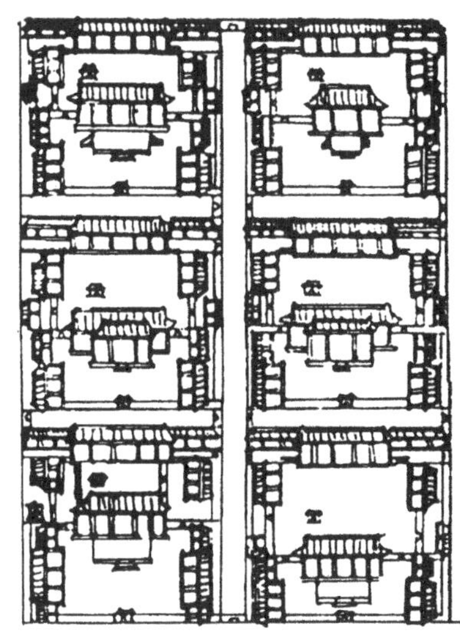

图5-3-14 《乾隆京城图》上所绘的北京宫殿东西六宫

一筹。后廷主轴上后来增建了交泰殿，主殿成了奇数的后三宫。这种情况也许可以解释为把后三宫当作阴中之阳来对待。东西五所用五，同样也可带有阴中求阳的寓意。至于东西六宫，自然是阴中之阴。不难看出，对这里的阴阳关系是梳理得很精心的。在五行中，木、火、土、金、水，与方位中的东、南、中、西、北，色彩中的青、赤、黄、白、黑，生化过程的生、长、化、收、藏和季节的春、夏、长夏、秋、冬，是相互对应的。建筑中主要利用这种对应关系，通过方位、色彩等来表征五行。据茹竞华、彭华亮分析，北京宫城在这方面是体现得很充分的。

> 前朝位南，从火属长，正适合做施政的场所；后寝在北，从水属藏，宜做寝居之地。凡属于文治方面的宫殿在东，从木，从春，如内阁大堂、传心殿、文渊阁，殿名也是文华殿、文楼等。属于武备方面的宫殿多在西，从金，从秋，殿名如武英殿、武楼等。军机处原为武职衙门，在乾清门西。
>
> 前朝皇帝的遗孀太后、太妃的生化过程属于收，从五行来说属于金，方位在西。……明清紫禁城内的慈宁

①茹竞华，彭华亮．中国古建筑大系·宫殿建筑．北京：中国建筑工业出版社，120页

②傅熹年．关于明代宫殿坛庙等大建筑群总体规划手法的初步探讨．见：建筑历史研究．北京：中国建筑工业出版社，1992

宫、寿安宫、寿康宫亦位于西侧。皇子年幼属五行之木，生化过程属于生，古代皇太子的宫称为东宫，明初建的文华殿原是太子的东宫，清乾隆年间建的皇子宫南三所，方位也在东。北属于五行中的水，由于木构造建筑易遭火灾，故于中轴线北部的宫后苑北端建钦安殿，内供奉水神玄武大帝。殿前正门名“天一门”，取“天一生水”之意。殿的白石台基北面中央一块栏板特做成双龙戏珠水纹，和其他栏板穿花龙纹不同。从相胜之论来说，水可以剋火，寓意避免火灾以取吉祥。①

不仅如此，皇帝自诩为天帝之子，宫寝自然要“仰法天象”。于是在后廷布局中，主殿后三宫取名乾清、交泰、坤宁。《易·序卦》：“乾，天也，故称乎父；坤，地也，故称乎母”。乾清宫是皇帝的寝宫，坤宁宫是皇后的寝宫，在这里象征着天地，包含着天清地宁、长治久安之意。《易·泰·象辞》：“泰，小往大来吉亨，则是天地交而物通也，上下交而其志同也。”中殿取名交泰，寓意天地交感，帝后和睦。有了居中的天地，再配上乾清宫东西庑的“日精”、“月华”两门象征日、月，东西六宫象征“十二辰”，东西五所象征“众星”，组构成了比拟紫微星垣的人间天宫。

值得注意的是，紫禁城所包容的伦理纲常、阴阳五行的寓意象征，虽然涉及总体布局、功能分区、殿座数量、殿屋定位以及建筑形制等诸多方面，对宫城的规划设计影响至大，但总的说来，这些象征内涵的体现是颇为得体的，并没有显得过分的做作。这里透露出古人对待建筑象征的原则，一是列为礼制规范、先王规制，纳入五行图式，涉及天人感应、吉凶祸福，是必须遵循、不可或缺的；二是如何体现这些象征，在方式方法上却是相当灵活，并不十分严格的。例如，“择中”并不拘泥于绝对的几何中心；“三朝”可以简化为三殿；区分阴阳，允许阴中有阳，阳中有阴；特别是采取“命名”的方式来表征涵义，给建筑象征带来了极大的方便。以乾清、坤宁象征天地，用不着调动建筑的手段，就轻而易举地解决了难题。表征日、月、星辰，正好需要许多组嫔妃住所，就因势利导地以东西六宫来表征，而日、月没有对应的合适宫殿要建，就以两座侧门命名“日精”、“月华”来顶替。按理说，每个星辰都是一座“小宫”，而以日、月之尊，仅仅是一座侧门，按说是不大妥当的。然而这都是可以通融的，可见其灵活性之大。正是这种灵活性保证了总体规划的现实合理性。尽管这种现实合理性难以达到完全的合理，如乾清宫作为皇帝正寝，并不合用，清代皇帝从雍正开始都改住养心殿。但总的说来，大体上是较为周密地吻合了实用、审美的需要。本段标题所说的“周密的伦理五行象征”，指的就是这种象征性与现实合理性尽可能取得统一的周密构思，而不是说紫禁城所体现的伦理五行象征是十分周全严密的。应该说，紫禁城建筑的伦理五行象征虽然很多、很集中，但并不很严格。正是这种不很严格的灵活性，体现着一种伦理性与务实理性相互交融的创作精神。

（三）严谨的平面模数关系

中国大型古建组群的空间布局，存在着一定的尺度比例关系，宫殿建筑在这方面表现得尤为严谨。傅熹年著有专文，对此作了精湛的论析。②这里扼要转引他的论述，考察一下北京宫城空间布局所展示的比例关系和模数关系。

傅熹年的分析提到以下几点：

（1）紫禁城外郭尺寸，东西735米，南北961米。紫禁城北墙外皮至北城墙内皮为2904米，紫禁城南墙外皮至南城墙内皮为1448.9米。北京城的东西宽以外皮计为6672米。除去

古代丈量不精确的误差略而不计，可以得出，紫禁城的南北长度为北京城长度的 1/5.5；东西宽度为北京城宽度的 1/9，另加一些堪舆或比附所需的数字尾数；占地面积为北京城的 1/49.5，近于 1/50。《周易 · 系辞上》有"大衍之数五十，其用四十有九"的说法，北京城与紫禁城之比，正是 49 与 1 之比，极可能是采用大衍之数的说法的结果。

(2) 紫禁城内的后两宫宫院（即后来的后三宫宫院），东西向以东西庑后墙皮计为 118 米，南北向以南北庑外墙外皮计为 218 米。这个长宽尺寸在宫城规划中具有明显的模数意义。前三殿宫院的面积，东西向以东西角库（即崇楼）的东西外墙皮计为 234 米，南北以南北角库的南北外墙外皮计为 348 米，其东西宽约为后两宫宫院宽的二倍。其南北长度如延长到乾清门前，即从太和门的前檐柱列中线到乾清门的前檐柱列中线，则为 437 米，也是后两宫宫院南北长度的二倍。这样，前三殿宫院加上乾清门门庭的占地面积恰好为后两宫宫院的四倍。东西六宫加上东西五所的占地面积也与后两宫宫院模数有关。其南北长度为 216 米，东西宽度各为 119 米，都与后两宫宫院尺度很接近。

(3) 后两宫宫院的尺寸模数还进一步用于皇城轴线上的其他空间布局。如午门至天安门之间的朝房两端山墙之距为 438.6 米，约为后两宫宫院长度的二倍，东西朝房之间的前檐柱距为 108.2 米，比后两宫宫院宽度差 10 米。从天安门至大明门（即清代的大清门）千步廊南端的距离也正好为后两宫宫院长度的三倍。天安门前东西三座门间的宽度为 356 米，略去误差不计，实际上也是后宫宫院宽度的三倍。而从景山北墙至大明门处皇城外郭南墙之距为 2828 米。为后两宫宫院南北长度的 12.97 倍，考虑到测量误差，可认为即 13 倍。这表明从大明门到景山的轴线总长度也是以后两宫宫院尺

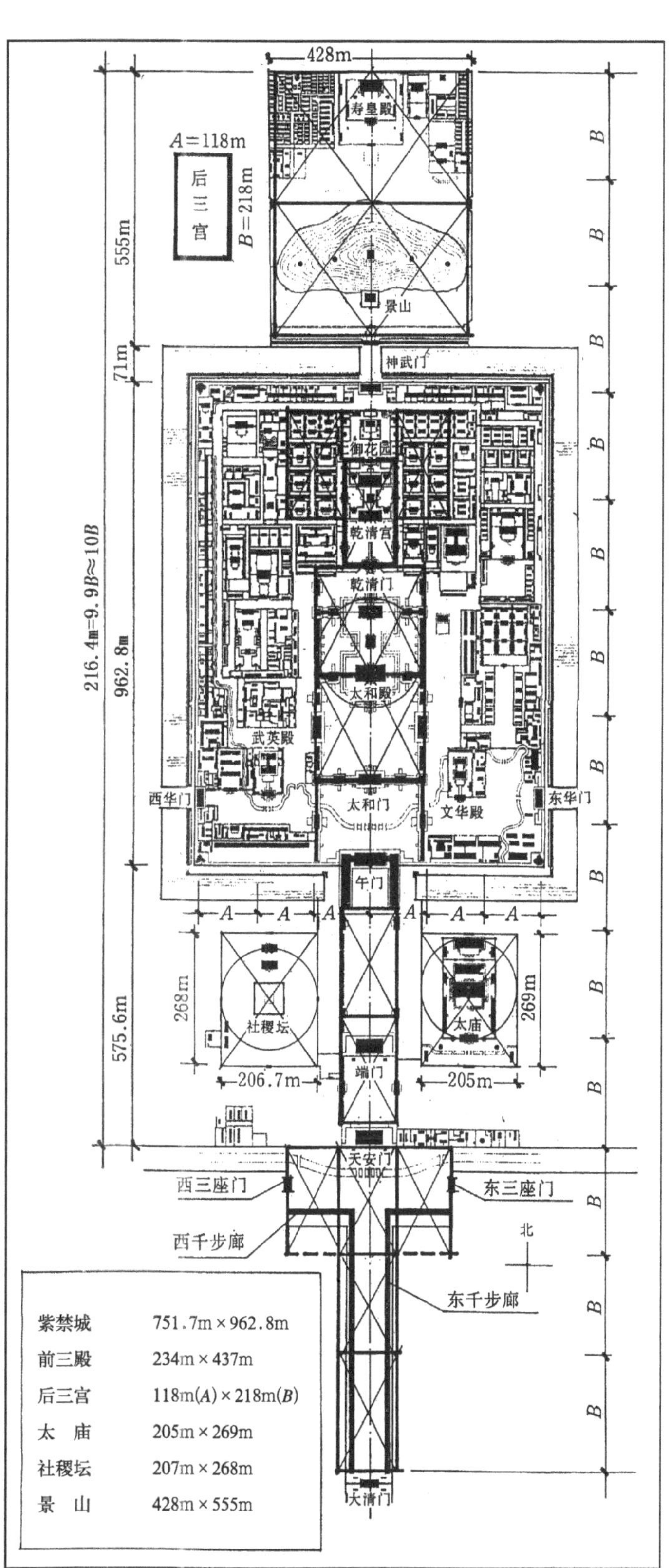

图 5-3-15 傅熹年所作北京紫禁城宫殿总平面尺度分析图

引自傅熹年．关于明代宫殿坛庙等大建筑群总体规划手法的初步探讨．见：建筑历史研究．北京：中国建筑工业出版社，1992

①周易正义·卷七系辞上.

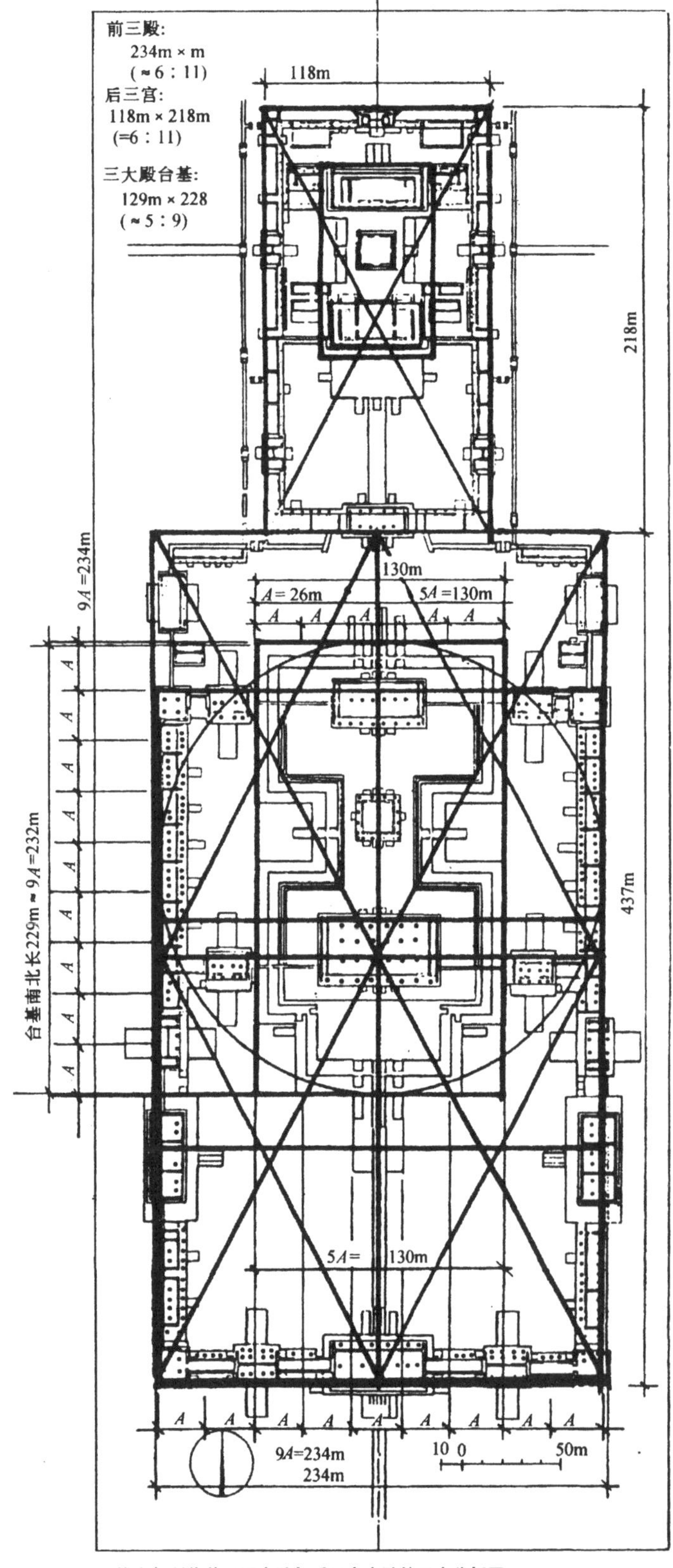

图 5-3-16 傅熹年所作前三殿宫院与后三宫宫院的尺度分析图

引自傅熹年．关于明代宫殿坛庙等大建筑群总体规划手法的初步探讨．见：建筑历史研究．北京：中国建筑工业出版社，1992

寸为模数的（图 5-3-15）。

（4）在后两宫宫院中，作为主殿的乾清宫，其几何中心恰好落在整个宫院对角线的交点上，表明设计时是有意把主殿置于全组建筑中心，在前面留出庑庭，压缩后面各殿的距离，以突出主殿。这种手法又见于北京太庙、智化寺、妙应寺、碧云寺和曲阜孔府前部，当是明代的通用手法。前三殿宫院的范围如延到乾清门前，作两对角线相交，则其交点也落在太和殿内，虽然比太和殿的几何中心向南偏移约 3.5 米，可视为误差略而不计。这一点可以证实在设计前三殿时，确是把乾清门以南部分都计入其范围，按当时通行的手法布局的（图 5-3-16）。

（5）前三殿、后两宫的工字形大台基的尺寸也很值得注意。前三殿台基（包括月台）南北之长 227.7 米，与前三殿宫院的总宽 234 米只差 6.3 米，可以认为是以前三殿宫院的总宽作为台基的南北之长。而台基东西之宽为 130 米，这个数字恰为台基总长和前三殿宫院总宽的 5/9。这样，台基的长宽比和宫院总宽与台基宽的比都是 9∶5。后两宫的工字形台基，如不计入月台，其长宽为 97m × 56m，也是 9∶5。《易·系辞上》“崇高莫大乎富贵”句疏云：“王者居九五富贵之位”。①显然，这两处台基采用 9 与 5 之比都是隐喻王者之居的意思。

以上的比例关系和模数运用，显示中国古代大型建筑组群特别是宫殿组群的空间布局是处理得很严谨的。组群的局部与整体之间，局部与局部之间，存在着尺度上的一定规则，而且还以某些数字比附某种寓意。但是在具体操作时有相当的灵活性，如后两宫宫院是以整个宫院为单元。而前三殿宫院则加上乾清门门庭算在一起作为单元。又如台基的九五之比，前三殿台基计入月台，而后两宫未计入月台。这种情况，正如傅熹年所指出的：

在古代的建筑规划、设计中，阴

阳五行、风水堪舆诸说并不居于支配地位，它主要是设计者标榜自己的设计或在业主前坚持自己方案的手段，……它是次要的，是附会上去的，以不违背基本使用功能和艺术表现为前提……①

（四）娴熟的空间处理手法

北京宫城的空间布局，不仅总体规划上很出色，具体到各个庭院内部的空间调度和建筑处理，也是推敲得很细致的，蕴含着独特的匠心和娴熟的手法。

下面抽取两例分析：

1. 太和殿殿庭　太和殿是举行最隆重庆典的场所，如皇帝登极、大婚、册立皇后、命将出师和元旦、冬至、万寿三大节，都在这里行礼庆贺。它是宫城建筑的主体，也是南北主轴的核心。在举行盛大典礼的时候，出场的文武官员和卤簿仪仗的人数可能多达万人。因此需要大面积的庭院空间以容纳盛大的仪典场面。使用功能的需要和突出皇权至尊的精神功能需要，决定了太和殿殿庭采用3万多平方米的巨大尺度。

这个巨大尺度的殿庭，前有五座门楼铺垫，后有内廷宫殿烘托，左右有文华、武英两殿簇拥。除了这些总体布局的最优地位和最佳环境外，太和殿自身和殿庭自身都作了一系列精心的调度：

一是主建筑太和殿采用了最高形制、最大尺度的最尊规格（图5-3-17）。平面面阔十一间，进深五间。九开间已是头等大殿，此殿11开间当然是超级的。通面阔60.01米，通进深33.33米，基座面积达2377平方米，都是明清木构中面积最大的。上覆最高等级的重檐庑殿顶，下承最高等级的3层汉白玉须弥座台基。斗栱为上檐九踩，下檐七踩；屋面用二样黄色琉璃瓦（清代未用过一样琉璃瓦，二样已是最高规格）；龙吻高达3.36米，仙人走兽多达11件；彩画为最高档的金龙和玺；所有这些都是最尊的体制，保证了主建筑自身的宏大威严和金碧辉煌的壮丽。

二是把太和殿定在合宜的位置，没有按惯例置于前三殿宫院的对角线中心，而是像前面提到的那样，把前三殿宫院和乾清门门庭加在一起作为单元，把太和殿安置在这个延伸后的大单元的对角线中心。这样就明显地拉长了太和门到太和殿的距离，扩大了主殿庭的深度，并将太和殿两侧的红墙和掖门，都安排在贴近殿身前檐的部位，使主殿退到殿庭北墙后部。这种布局使得殿庭平面接近于正方形，显得更为严整。同时由于主殿殿身的后退，也使得殿庭更为宽敞、完整。太和殿的这种定位方式较之主殿坐中的中殿式布置，或是主殿凸入院内的中庭式布置，

①傅熹年．关于明代宫殿坛庙等大建筑群总体规划手法的初步探讨．见：建筑历史研究．北京：中国建筑工业出版社，1992

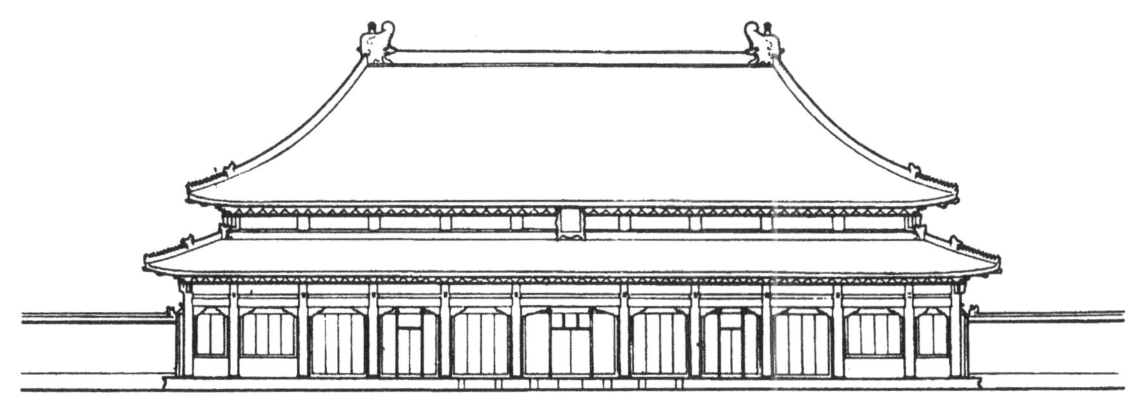

图5-3-17　北京故宫太和殿正立面图
引自梁思成．营造法式注释卷上．北京：中国建筑工业出版社，1983

在突出殿庭宏伟性上都更为优越。

三是恰当地安排了殿庭的辅助建筑。在太和门和太和殿两侧各设一对掖门，在东西两庑各设一对左右翼门和体仁、弘义两阁，在东南、西南两角各设一崇楼。这些辅助建筑的设置，把周边划分成较小的尺度，以突出太和殿的大尺度。体仁、弘义两阁虽是两层的楼房，但总的尺度比单层的太和殿还小得多，仍然起到以小衬大的作用。

四是因势利导地调度了3层带月台的须弥座台基，在殿庭构成中起到了多方面的重要作用（图5–3–18）：

（1）以三重台基标志最尊的等级，突出太和殿的最高体制。

（2）以8.13米的台基总高，大大提升三大殿的基底标高，使太和殿在主轴线上高高耸起，通高达到37.44米，保证了主轴高潮应有的建筑高度。

（3）触目的三层台基，边缘都绕以汉白玉的栏板、望柱和大小龙头，望柱达1453根，龙头为1142个①，以华美的雕栏玉阶增添了殿庭的富丽堂皇。这些龙头具有排泄雨水的实用功能，降雨时，龙头吐水，“大雨如白练，小雨如冰注，宛若千龙吐水，蔚为奇观”。②一个不得已而设置的排水设施，在这里转化成了一种奇特的景象。

（4）以3层凸出的月台，构成太和殿前方的“丹陛”。这个丹陛和台基本身，大大扩展了太和殿的整体体量。由于太和殿殿庭属超大型的空间，尽管太和殿已采用最大的尺度，作为巨大殿庭的主体建筑，仍感到不够相称。大尺度的3层台基和月台在这里大大增加了主殿的分量，成为协调主殿与殿庭尺度的不可缺少的“中介”。

（5）凸进在殿庭中的3层台基和丹陛，还

①②单士元．故宫札记．北京：紫禁城出版社，1990．228页

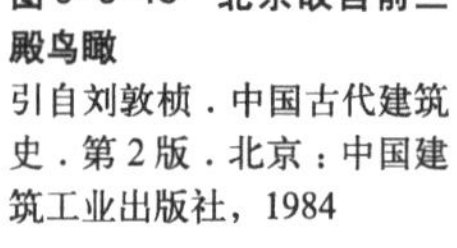
图5–3–18　北京故宫前三殿鸟瞰

引自刘敦桢．中国古代建筑史．第2版．北京：中国建筑工业出版社，1984

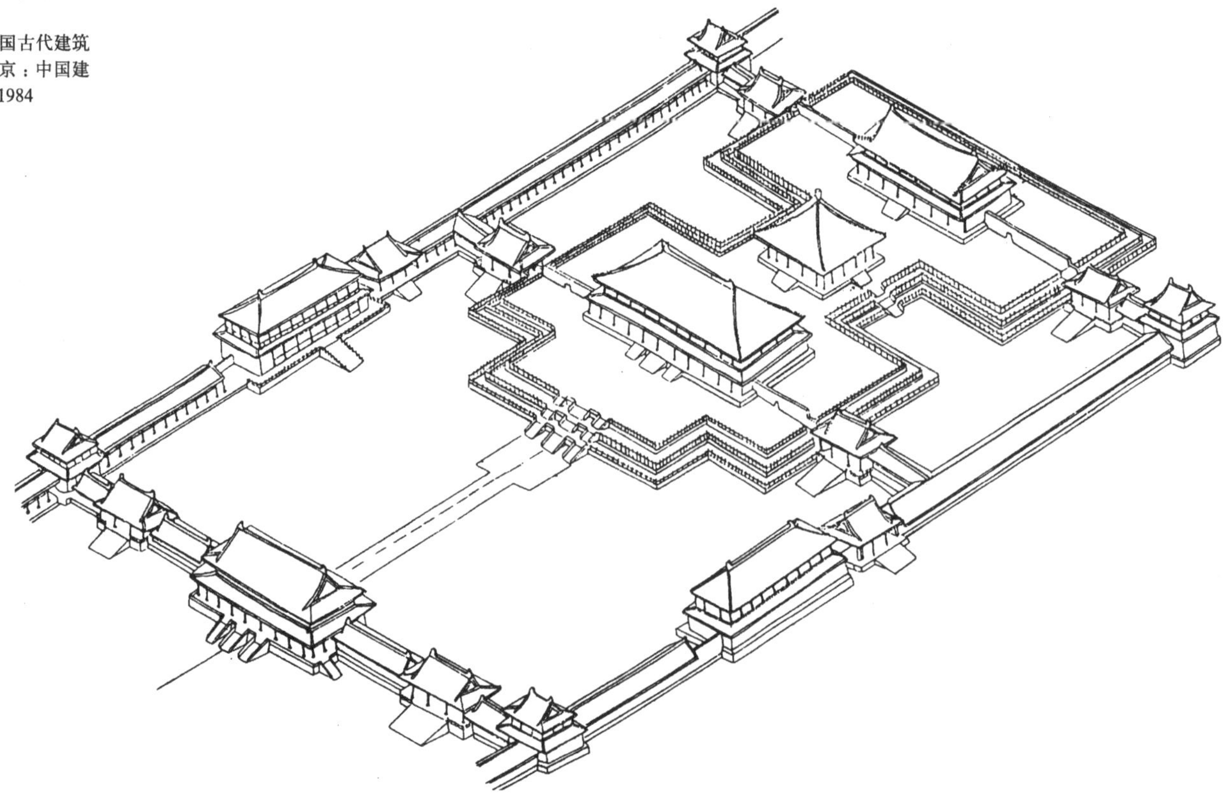

起到把主体建筑凸入殿庭的作用，使退到北院墙后部的主殿身不至于沦为单薄的二维立面，而转化为敦实的三维体量，既有助于强化主殿的壮观气势，也有助于避免殿庭的过于空荡。这个居中的丹陛还在殿庭中形成了一种"次空间"，成为殿庭内的一个"尊位"区，在典仪中只有高品级的人才能列位此区，有助于殿庭空间的进一步隆重化。

五是调度了一系列小品来标志皇权至尊，渲染神圣气氛。这里的上下露台，不仅排列着标志至尊的18个镏金铜鼎，而且陈列着象征治理国家权力的日晷、嘉量，寓意龟龄鹤算、江山永固的铜龟、铜鹤。每当大朝时，殿内的香炉和露台上的铜龟、铜鹤燃点起各种名贵香木，烟雾缭绕与钟鼓齐鸣交织在一起，更加浓郁了殿庭至高至尊的神圣境界。

可以说，太和殿殿庭的整个艺术境界不是某种单一措施的结果，它是综合了总体布局、环境烘托、空间层次、空间尺度、建筑规制、严谨构图、重彩装饰以至于小品点缀的综合效果，用现代的话说，是一种"系统质"的作用，是一组调度了众多乐器的建筑协奏曲。

2. 太和门门庭 太和门是三大殿宫院的正门。太和门门庭是进入紫禁城后的第一进院，也是主体建筑太和殿殿庭的前院，作为宫内的主门庭，所处地位十分重要。它应该显现出主门庭的宏大气概，但它夹在午门和太和殿两大高潮之间，从主轴空间序列的起伏节奏来说，应作降调处理。形象巍伟、体量高大的午门背立面紧逼在前，也给太和门的处理带来很大困难。如何做到既保持宫内主门庭的气概，又在空间序列组成中恰当降调；既在庭院中突出太和门的主角身份，不使午门背立面喧宾夺主，又能以恰当的分寸，完成对太和殿殿庭的过渡和铺垫。这是设计构思上的很大难题。

太和门门庭在这方面处理得十分得体（图5-3-19）：

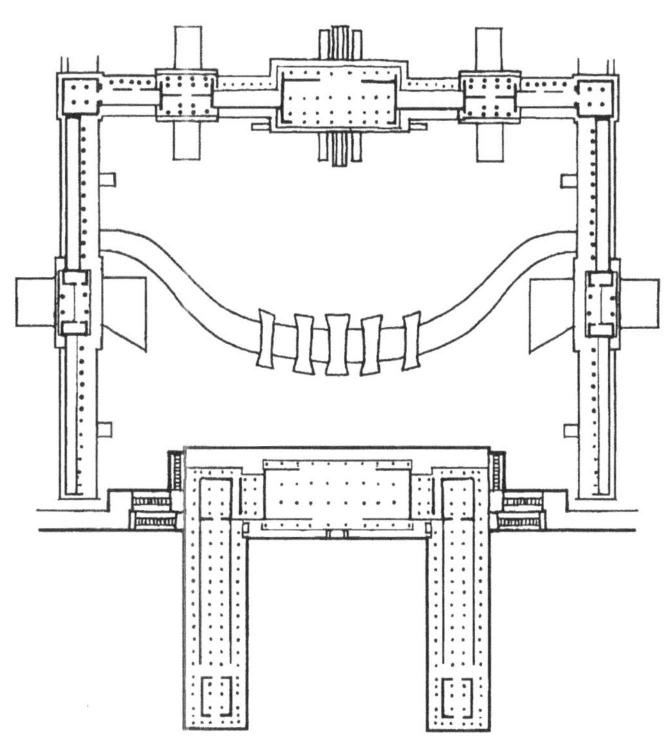

图 5-3-19 太和门庭院平面图

（1）确定了合宜的庭院空间尺度，按照前院与主院等宽的常规做法，采用了与三大殿宫院同样的宽度，院庭的东西净宽约200米，这个尺度有利于门庭与宫院的整体有机联结，对于容纳庞大的午门背立面也是适当的、必要的。庭院的南北净深约130米。这个深度也控制得恰到好处。因为太和门与午门需要尽可能拉开距离，以免被高大的午门背立面逼压；但是庭院又不能过深，以免与后面的主殿庭尺度近似，形状雷同。在这种双重约制下，采用比正方形略扁的院庭无疑是最合宜的。这样形成了约26000平方米的庭院空间，对于表现主门庭的宏大气势也是很合适的。

（2）太和门门殿建筑采用了屋宇门的最高体制，其他附属建筑都作低调处理。太和门面阔九间、进深四间，建筑面积达1300平方米。

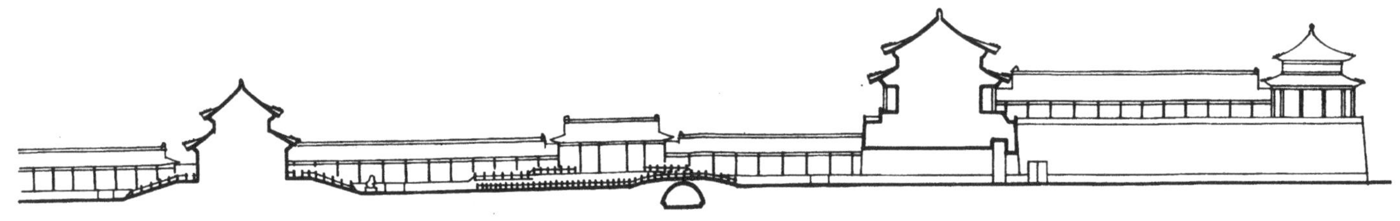

图 5-3-20 太和门庭院纵剖面示意图

上覆重檐歇山顶，下面坐落在高 3.44 米的汉白玉须弥座台基上。这种形制和尺度对于屋宇门来说都是最高的规格，恰当地显现出宫内第一门的宏大、端庄、凝重。门殿前檐敞开，三樘式的大门框槛立于后金柱部位，属于变体戟门型的做法。这种形式形成了宽阔敞亮的门厅空间，加强了门殿前檐的凹深度。

这里是前朝部分的一个交通枢纽，除正门太和门外，还安排了与太和门并列的昭德、贞度两座掖门，通往文华殿、武英殿的协和、熙和两座侧门，以及东西庑南端与城墙交接处的左右通道，形成门庭空间的四通八达。在这里，东西两侧的廊庑和门座的尺度都不大，除门座用歇山顶外，廊庑均为连檐通脊的硬山顶。它们的台基都用青砖台帮，明显地表现出低调处理的匠心。通过这种低调的附属建筑，一则反衬太和门的主角身份，二则降低整个门庭的基调，适应了空间序列起伏节奏的需要。低矮的廊庑与宽阔的院庭构成 1∶19 的高宽比，也使得庭院空间分外疏朗开阔，与午门门庭的威严封闭形成强烈对比（图 5-3-20）。

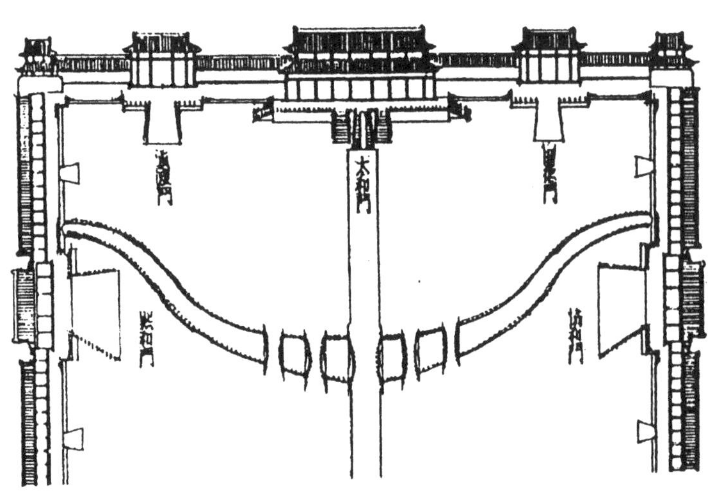

图 5-3-21 《乾隆京城图》上所绘的太和门庭院

门庭北面的廊庑，是前三殿宫院的南庑，它的前檐面朝宫院，对于太和门门庭来说，呈倒座廊庑。太和门左右如果仅仅是倒座廊庑的长列后檐墙，整体立面自然是过于单调、孤独。昭德、贞度两座掖门的设置，很好地解决了这个问题，不仅丰富了整体立面，而且以一主二从的门组，更加壮大了太和门的分量和气势。

（3）进一步调度内金水河、内金水桥，完善了门庭的空间组织（图 5-3-21）。太和门门庭尽管采取了上述一系列措施，仍然不够完善。古代匠师挥洒了神来之笔，让紫禁城的内金水河从门庭横穿而过，河身在院庭中组成弯弓形，弓凸部位布置在庭院的南半部，上跨五座内金水桥，河岸、桥身都镶着汉白玉雕石栏杆，十分触目、华丽。这组弓形的河道桥组，起到了多方面的作用：①它把统一的院庭空间划分成南北两片，使太和门前的场面宽舒、宏大，而午门背立面的场面紧迫、收敛，有效地缓解了午门背立面的威逼，张扬了太和门的气势；②它以横穿的河道，把太和门门庭分割得更为宽阔开朗，与午门的狭长深邃空间，形成更显著的对比；③门前横亘曲水是大型组群显赫门面的常用手法，内金水河以弓状环抱在太和门前，更加显赫了门殿和门庭的规格；④装点了河道桥组的门庭，明显地削弱了院庭的规整性、严肃性，避免与严整、肃穆的太和殿主殿庭重复，更加吻合门庭的铺垫分寸。

这种巧妙地利用内金水河和内金水桥，可以说是调度建筑中的配角完善了整体的空间组织，是令人叫绝的因势利导大手笔。内金水河在紫禁城中是一条用途很广的小河。《明宫史》说：

> 是河也，非谓鱼泳在藻，以恣游赏；又非故为曲折，以耗物料；盖恐有意外火灾，则此水赖焉。天启四年，六科廊灾；六年，武英殿西油漆作灾。皆得此水之济。而鼎建皇极等殿大工，凡泥灰等项，皆用此水。祖宗设立，良有深意。且宫后苑鱼池之水，慈宁宫鱼池之水，各立有水车房，用驴拽水车，由地琯以运输，咸赖此河云。[①]

这条内河，自西北角流入，按风水要求，需要从东南角巽方流出。让它从太和门前穿过，可谓顺理成章。对此河在门庭中的具体设计也处理得非常精心。弓形的河道不是等宽的，而是两端窄，中段宽。河上雄跨的五座单孔石桥，也不是等长等宽，以正中主桥最长最宽，左右宾桥依次减长减宽。桥上的汉白玉石雕栏杆也不是一样的，正中的主桥是皇帝通行的御路，白石栏杆采用龙云纹的望柱头，四座宾桥则用"二十四气"望柱头。这些细腻的推敲，把整个河桥组合体设计得十分妥帖，以一组建筑配角发挥了重大作用，使整个太和门门庭达到了完善的地步。

三、香道景观例析：乐山凌云寺

凌云寺在四川乐山凌云山，寺前有著名的乐山大佛，俗称大佛寺。凌云寺始建于唐武德年间（618—626年），元明两度毁于战乱，现存建筑为明、清重建，并经多次修葺，有山门、天王殿、大雄宝殿、藏经楼、东坡楼、竞秀亭等。寺院坐落在凌云九峰之一的栖鸾峰上。这里地处岷江、青衣江、大渡河的汇合处，绝壁临江，视野广阔，山上绿树重重，山下三江滔滔，远眺峨眉隐隐，环境景观至佳。乐山古属嘉州，历来有"天下山水之胜在蜀，蜀之山水在嘉，嘉之山水在凌云"之誉。

凌云寺不仅以山水胜，更以大佛著称。大佛为弥勒佛坐像，临江依崖而凿，始凿于唐开元元年（713年），完成于贞元十九年（803年），历时九十载，工程浩大。佛像通高71米，脚踏大江，头与山齐，人称"山是一尊佛，佛是一座山"，不仅是我国石造像之冠，也是世界石佛之最。

对于这样一组拥有极佳山水和大佛之最的寺院，当然需要对寺院的入口作一番精心的组织和引导。中国建筑组群历来注重门面经营，寺庙组群更是常把寺前的主要干道辟为香道，把香道作为寺庙建筑和寺庙园林的景观序幕。这种香道有短香道与长香道之分。凌云寺根据自身所处的地形条件，因势利导地开辟了一条引人入胜的长香道。这条长香道的选线有两种可能：可以从后山开辟，用平缓的道路；也可以从前山开辟，沿峭壁凿岩。推想当年筹划时，当是考虑到前山崖壁居高临江，不仅视野开阔，景象万千，而且出奇制胜，富有特色，因而舍易求难，采用了前山香道方案。

香道长达数百米，自下而上高差约70米。由于是沿崖辟道，没有多少回旋余地，古人在如此苛刻的窄道上，居然因势利导地布置了凌云山楼、观音洞、龙湫岩、龙潭、雨花台、弥勒殿、载酒亭等诸多景物、景点；利用崖壁雕凿了"回头是岸"、"阿弥陀佛"、"耳声目色"、"凌云直上"等摩崖石刻。整条山路时而坡道，时而磴道；时而飞下水帘溅入龙潭，时而滴水落入雨花台池。香道景物还通过命名蕴涵深意。"龙湫"岩洞取名源于唐代诗人岑参《登嘉州凌云寺》的"回风吹虎穴，片雨当龙湫"诗句。龙湫岩壁上刻的草书"龙"字、"虎"字，都取意于此诗。"雨花台"取义于《佛说阿弥陀经》中佛说法时，"天

①刘若愚．明宫史

雨曼陀罗花”，借指佛法的玄妙广大。雨花台现已不存，台址改建为载酒亭。苏东坡曾有诗云：“生不愿封万户侯，亦不愿识韩荆州，但愿身为汉嘉守，载酒时作凌云游”。这个载酒亭即出典于此。这些表明，这条香道不仅穿串于临江陡壁，可以近瞰三江，远眺峨眉，而且自身也包含着多变的景象和丰富的内涵；不仅点染出浓郁的佛国氛围，而且积淀着富有情趣的历史文脉，成为一条浓缩着自然景观与人文景观之路，起到了导引游人、酝酿情绪、组织游兴的铺垫作用。

特别值得称道的是，这条香道在长长的行进过程中，在十分苛刻的地形制约下，精心组织了富于变化的空间序列，演出一曲匠心独运的建筑时空协奏曲。我的研究生赵光辉在他的硕士学位论文《中国寺庙的园林环境》中，对这条香道的空间序列作了具体分析，下面主要引用他的论述（图 5–3–22）。[①]

这条香道的空间组织可以分为几个段落：

1. 从“凌云山楼”到“龙湫” 香道以“凌云山楼”为起点，这是一座两层的过街楼，耸立在通向前后山的两条山路的交会点上。过街楼底层空间封闭，刚刚登上义渡口，从广阔江天涌来的人流，在这里经历了空间的急速收聚，再分散到前后山道上。通往前山的门洞有意开得较大，把主要人流引向香道。穿过门洞，狭窄的石级两旁，悬崖和高墙形成半封闭空间，继续收敛游人的视线。到“龙湫”崖洞，完全

①这篇硕士学位论文已出版，请参见赵光辉．中国寺庙的园林环境．北京旅游出版社，1987.108 ~ 117 页

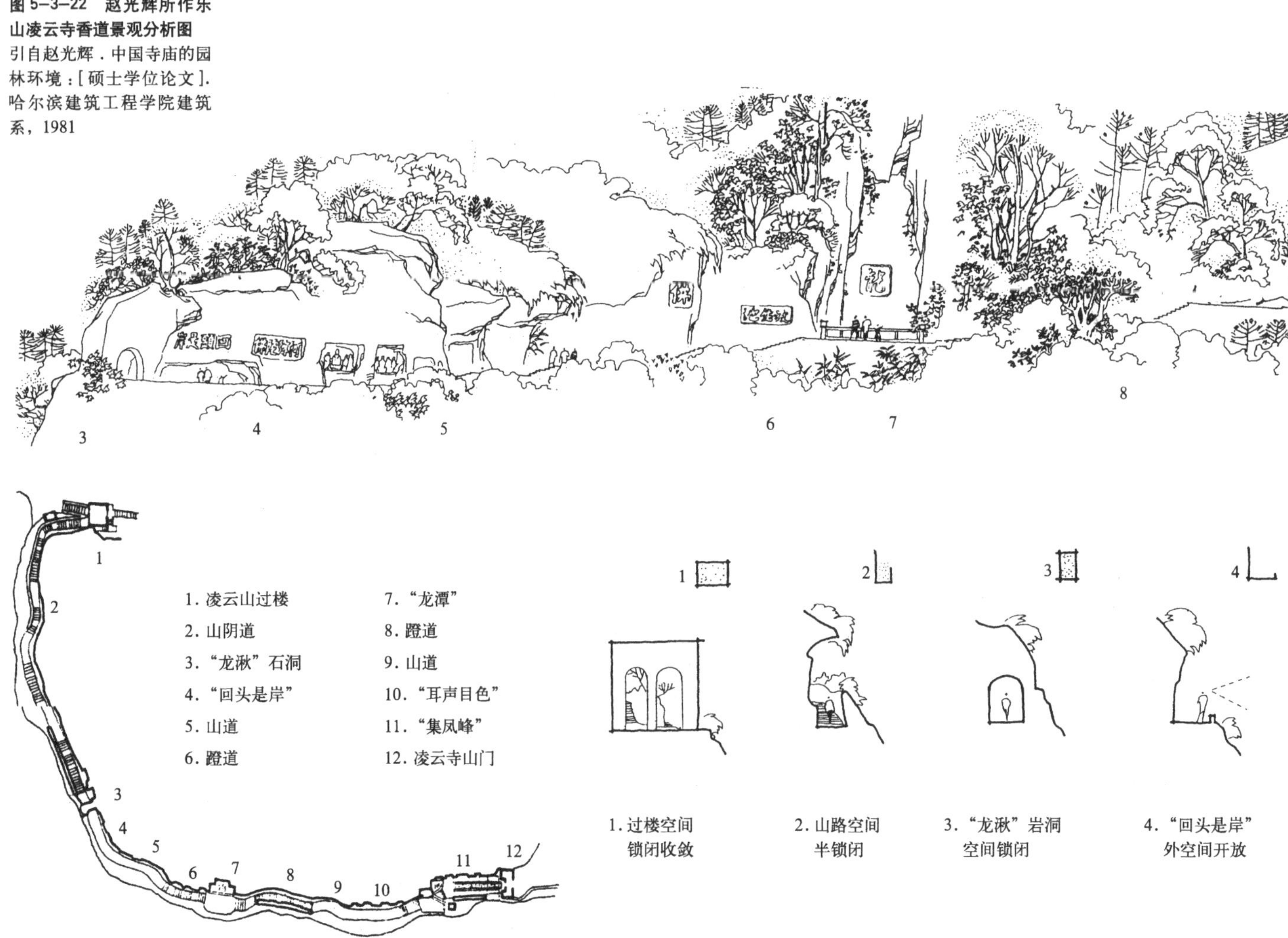

图 5–3–22 赵光辉所作乐山凌云寺香道景观分析图
引自赵光辉．中国寺庙的园林环境：[硕士学位论文]．哈尔滨建筑工程学院建筑系，1981

把视野锁闭在狭小的封闭空间中。这一段山路的空间意匠是在"收"字上做文章。

2. 从"龙湫"到"龙潭" 穿过锁闭的龙湫崖洞，前面空间豁然开朗，左侧是刻有"回头是岸"的崖壁，右侧完全敞开风景面。崖下浩浩江水，惊涛骇浪，从三江集聚处直冲而来。天幕下朦胧的峨眉群峰，映衬着对岸水云蒸蒸的嘉州古城，似一幅气势壮阔的山水画。空间从长时间的收敛锁闭到突然开放，大小、明暗和景色的突变，犹如轻吟淡唱后的金鼓轰鸣，给人印象分外强烈。

这种开放空间延续不长，香道上空伸出悬崖，空间转为半开放。再向前穿过一段林荫掩蔽的磴道，空间更为幽暗。行进中游人渐闻前方叮咚水声，颇能激发悬念。穿过这段幽暗磴道，空间陡然向左右拓展。左边是人工开凿的峡口，崖上飞下水帘，溅入小潭，水声清脆悦耳。右边是危崖绝壁，可以倚栏俯览江水回流、舟楫飞渡。这是又一个开放空间——龙潭。

3. 从"龙潭"到"雨花台" 过龙潭，道旁崖壁林木荫翳，空间又呈锁闭状态。随着游人移步，林木扶疏，绿荫摇曳，光影浮动，显得迷离恍惚。经历一段渐渐由暗到亮，江山景胜相应由隐渐显的过程，香道空间再次开放。这里的悬崖更高更危，下面是令人胆寒的滔滔江水，崖壁上凿刻"耳声目色"四个大字，点出了境界特色。上行少许，弥勒殿从崖上突出。山径在此构成殿前平台。由于地段窄促，平台

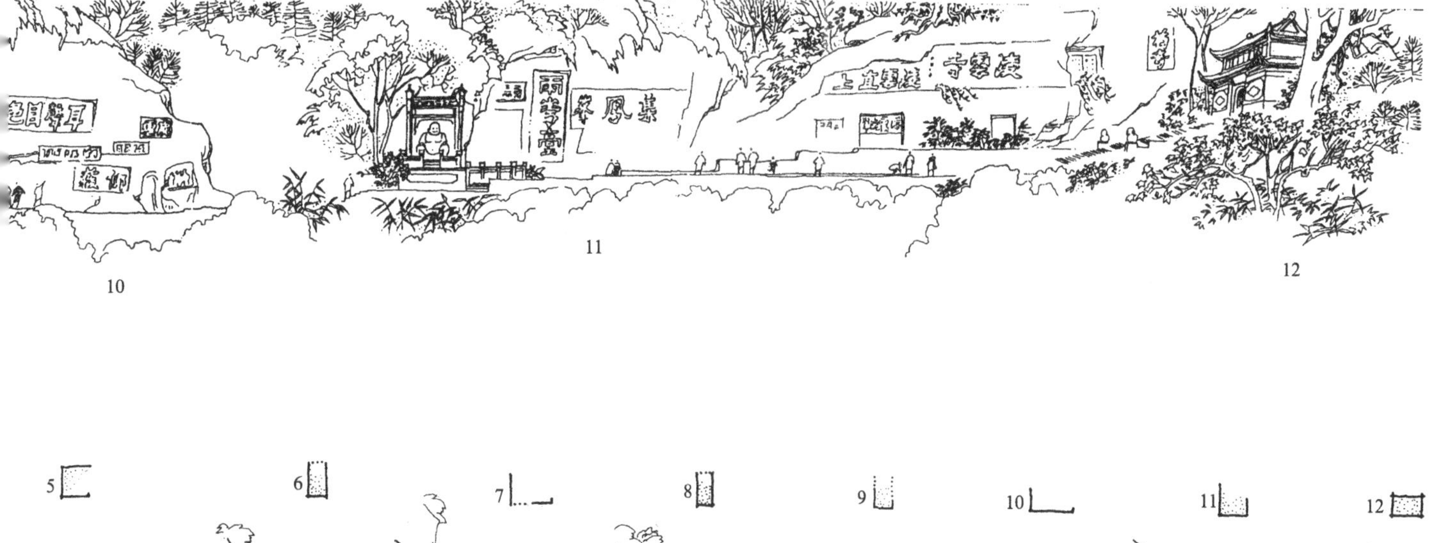

10　11　12

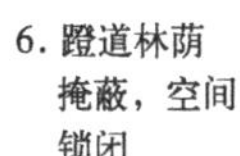

5. 山崖突出空间半开放

6. 蹬道林荫掩蔽，空间锁闭

7. "龙潭"处空间多向开放

8. 蹬道空间又形成锁闭

9. 林木渐疏，空间渐敞

10. "耳声目色"处空间再次开放

11. "集凤峰"处空间收束

12. 山门空间锁闭，香道结束

宽仅4米左右，弥勒殿有意控制得很小，整个殿身只是崖壁凿出的佛龛，正立面附加建筑门面，内供一尊高2米的五代石刻弥勒坐像，殿高仅3米，体量小巧，尺度宜人，视距良好，实际上成了点缀香道的宗教小品。殿的左侧，山道转折，殿旁墙后出现一块碍眼的角落。设计者因势利导，借此墙角筑一水池，集崖上滴水于池中，水花飞溅的崖壁刻“雨花台”三个大字，把香道上的一处“死眼”变成了“活眼”，碍眼的角落变成了悦目的景象。在斜对小池的台座上，建有纪念苏东坡的“载酒亭”，构成了香道上的一处良好的俯览江景的观赏点。

4.从“雨花台”到寺门 过雨花台，香道空间从“集凤峰”处又开始收束，外侧立起参差不齐的石壁，将游人的视线收聚。这里已进入寺门门前，寺门高高在上，门前的长列石级形成强烈的导向性。屏蔽香道的外侧，更加诱导人们把注意力集聚到寺门。寺门高两层，正中高悬“凌云禅院”四个大字的金匾，是集苏东坡的字。两旁对联曰:“大江东去,佛法西来”,以极简洁的语言准确地点出寺院的环境特征和佛国境界，显得十分庄严、极有气势。这里的暗红色山崖，烘衬着明亮的庙门，崖上刻满“凌云直上”等名家诗词、字句，雨花台的滴水似丝竹金声传来，门前空间集中，场景热闹，有声有色，香道序幕的景观达到了高潮。

可以说，整个凌云寺香道，充分抓住了崖壁地形特征和自然山水特色，加以人工剪裁，调度林木、崖壁、建筑、山洞、磴道、小潭、滴水、崖刻、佛雕等，组成了完整的景观序列和明暗、收放相间的空间节奏。赵光辉绘制了这条长香道的展示图，切了十二个断面。我们从这些断面的多样变化，不难领略到古代匠师因势利导地组织景观空间序列的缜密匠心。

第六章　建筑意境及其生成机制

第一节　建筑意象与建筑意境

意境是中国古典美学的一个重要范畴，在中国古典美学体系中占有重要的地位。意境说的前身是意象说，它的形成和发展经历了漫长的过程，思想源头可以一直追溯到老庄哲学。魏、晋、南北朝时期，意象说已经形成。到了唐代，从王昌龄、皎然、刘禹锡到司空图，随着"境"的概念的提出，标志着意境说的诞生。宋到明清，意境说走向成熟，在诗歌美学、书画美学等领域都占据十分突出的位置。可以说，意境这一美学概念贯穿唐以后的中国传统艺术发展的整个历史，渗透到几乎所有的艺术领域，成为中国美学中最具民族特色的艺术理论概念，并以它作为衡量艺术作品的最高层次的艺术标准。在造园实践和建筑实践中，意境的创造有着独特的体现，取得很突出的成就，是中国建筑美学的一份独特的遗产。

什么是意境？历来众说纷纭。近年来，意境成为文艺理论研究的一个热点，发表了很多文章，对意境的理论认识有所深化。普遍认为，意境离不开情景交融的审美意象，是由审美意象升华而成的。意境与意象有着紧密的内在联系，研究建筑意境问题，有必要从建筑意象的考察入手。

一、建筑意象

意象是意与象的统一。所谓"意"，指的是意向、意念、意愿、意趣等主体感受的"情意"；所谓"象"，有两种状态：一是物象，是客体的物（自然物或人为物）所展现的形象，是客观存在的物态化的东西；二是表象，是知觉感知事物所形成的映象，是存在于主体头脑中的观念性的东西。一切蕴含着"意"的物象或表象，都可称为"意象"。因此"意象"所包甚广，其中，具有审美品格的意象，称为"审美意象"。审美意象依照"象"的不同状态，也对应地分为两种：一种是物态化的、凝结在艺术作品中的审美意象；一种是观念性的、存在于创作者或接受者脑中的审美意象。前者就是我们通常所说的"艺术形象"，是审美情趣和物质性艺术符号的统一。后者是所谓的"内心图像"，在创作者那里，是创作构思过程中所形成的审美意象；在接受者那里，则是艺术鉴赏过程中所生成的审美意象。

这些审美意象，不论是物态化的艺术形象，还是非物态化的内心图像，都是形象与情趣的契合，都是情与景的统一，也就是黑格尔所说的："在艺术里，感性的东西是经过心灵化了，而心灵的东西也借感性化而显现出来了"。[①]清人王夫之曾一再强调：

> 情景虽有在心在物之分，而景生情，情生景，……巧藏其宅[②]；
>
> 情景名为二，而实不可离……巧者则有情中景，景中情[③]；
>
> 景者情之景，情者景之情。[④]

王夫之的这些说法，都是强调"情"和"景"的内在统一。

这种情景统一的审美意象，具有一系列值得注意的特点。这里根据柯汉琳的论述[⑤]，综合其他学者的分析，归纳出以下几点：

1. 形象性　审美意象均借助于"象"来表"意"，它不同于抽象的概念，无论是通过物质

① 黑格尔．美学，第1卷．北京：商务印书馆，1979.49页

②③王夫之．薑斋诗话卷一，卷二

④王夫之．唐诗评选卷四

⑤柯汉琳．论审美意象及其思维特征．西北师大学报(社科版)，1990（4）

①刘勰．文心雕龙·诠赋

②叶朗．中国美学史大纲．上海：上海人民出版社，1985.235页

③夏之放．论审美意象．文艺研究，1990（1）

材料显现出来的艺术形象，还是保留于头脑中的内心图像，都离不开“象”，一切意象都具有形象性的特征。

2. 主体性 由于主体的“意”的渗入，由于情景内在的交融，情中有景，景中有情，一切审美意象都必然渗透着主体这样那样的意念、意愿、意趣、意向。

3. 多义性 在“立象以尽意”中，“象”与其所表征或象征的“意”并非“一一对应”的关系，而是“一多对应”的关系。它具有“称名也小，取类也大”的特点，也就是具有以小喻大、以少总多、由此及彼、由近及远的特性。这是以象表意的丰富性、多面性。而人们感受审美意象，又存在着主体经验、主体情趣、主观联想、主观想像的多样性、多方向性。因此，审美意象具有显著的模糊性、多义性、宽泛性、不确定性，内涵上包孕广阔的容量，审美上蕴含浓厚的意味，具备着以有限来表达“无限”的潜能。

4. 直观性 审美意象在思维方式上，呈现出直观思维的方式，它不同于逻辑思维，不是以“概念”，而是以“象”作为思维主客体的联系中介。意象思维过程始终不脱离“象”，呈现出直观领悟的思维特色。

5. 情感性 审美意象是审美活动的产物，必然伴随着情感活动，即所谓“物以情观”[①]，主体在以情观物的同时，也将自己的感情移入对象，给对象涂上浓厚的感情色彩。因此，审美意象是主体审美情感的升华，是一种动人以情的感情形象。

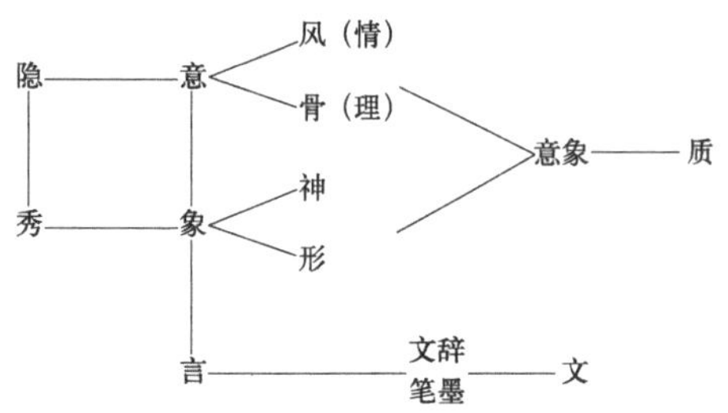

审美意象的这些特性，使它成为中国古典美学极为重要的基本范畴。叶朗在《中国美学史大纲》中，将魏、晋、南北朝美学家对审美意象的论述概括出一幅理论结构框图。[②]这幅框图所反映的意象范畴与其他范畴的关联网络，给我们留下了深刻的印象。我们从这个框图中可以看到，隐和秀是对应于意和象的。隐是对“意”的内涵情意的含蓄性、间接性、多义性、丰富性的要求，秀是对“象”的外在表现的鲜明性、具体性、生动性、单纯性的要求。风骨、形神这两对范畴也与意象有密切关联。风骨指的是“意”的情理内涵。“风”侧重于情感力量，突出“情”的感染力，偏于激情的、柔逸的品格；“骨”侧重于逻辑力量，突出“理”的说服力，偏于严明的、刚毅的品格。形神在这里指的是“象”的形体状貌和神态情状。但“神”不仅仅是“象”的外显“神态”，而且涉及“意”的内蕴“精神”，可以说是整个“意象”的“神”。

这些表明，审美意象这一美学概念，在中国古典美学理论体系中，称得上是关键的、基本的核心概念。在现代美学理论体系中，它也应该是基本的核心概念。夏之放在《论审美意象》中，主张用审美意象作为文艺学体系的“第一块基石”，把它看作文学艺术的“细胞”，以它作为文艺学学科的逻辑起点。[③]这个主张是很有见地的，这可以说是对审美意象的重要意义的充分揭示。

从美学角度来看，建筑同样存在着审美意象。尽管中国建筑历史文献没有采用过“建筑意象”这个字眼，但在建筑的创作实践中，在建筑的鉴赏品评中，实际上对建筑意象是十分关注、十分敏感的。《诗·小雅·斯干》的“如鸟斯革，如　斯飞”就是赞赏屋顶动人的建筑意象。杜牧在《阿房宫赋》中表述的“五步一楼，十步一阁，廊腰漫回、檐牙高啄，各抱地势，钩心斗角”，就是描绘阿房宫“盘盘焉、囷

困焉”的一连串建筑意象。计成在《园冶》中，更是大量描述了“山楼凭远”、“竹坞寻幽”、“轩楹高爽”、“窗户邻虚”、“奇亭巧榭”、“层阁重楼”等富有诗情画意的园林建筑意象。至于像李渔所说的：“幽斋磊石，……一花一石，位置得宜，主人神情已见乎此矣”[①]，可以说已经更接近于对建筑意象的表述了。

二、建筑意境

关于“意境”的阐释，许多人都确认意境与审美意象有紧密的内在联系，但两者究竟是什么关系，则众说不一。从近年发表的有关论著来看，大体上有以下几类说法：

1. 中介说 认为审美意象是创造意境的中介、元件、手段、寓宿、载体。陈良运说：“意象的创造仅作为意境创造的中介环节，而意境创造的完成是意象有机地组合所致”。他认为意象是“组构意境的元件”，是“创造境界的手段而不是目的”。[②]柯汉琳也认为：“没有审美意象，当然也就无所谓意境。审美意象是意境的寓宿或载体”。[③]

2. 象外说 认为意境结构不仅仅停留于意象的“情景交融”，而且要“以实生虚”，具备“象外之象”、“景外之景”。叶朗说：境生于象外，“可以看作是对于‘意境’这个范畴的最基本的规定。‘境’是对于在时间和空间上有限的‘象’的突破。……境是‘象’和‘象’外虚空的统一”。[④]赵铭善也认为：“必须从客观景物中升发出象外之‘境’（虚境），意境的创造才能最后完成，才能形成虚与实、形与神、有限与无限、个别与一般的辩证统一。”[⑤]

3. 上品说 认为意境不是一般的审美意象，而是达到“上品”水平的意象。张少康说“并不是凡有艺术形象，能做到情景交融，主观客观统一的作品就一定有意境”。他引王国维“词以境界为上，有境界方成高格”的说法，认为审美意象达到“上品”、“高格”才有意境。[⑥]

4. 深层说 认为意境的内在意蕴需达到深层结构，应具有广阔的艺术时空。寸悟说：“意境必须在意象的基础上有更深刻的内在意蕴，不只以具体可感的表层结构为终点，而要透过其表层结构达到深层结构，突破有限进入无限。”[⑦]杨铸也认为：“‘意境’存在于意象与意象的关系之中，是一种氛围，一种由意象特殊组合而创造的极为开阔、极为深远的浸透了无限情思的崭新艺术时空”。[⑧]

5. 哲理说 认为意境的内涵需要达到哲理性意蕴的高度。叶朗说：“所谓‘意境’，实际上就是超越具体的、有限的物象、事件、场景，进入无限的时间和空间，即所谓‘胸罗宇宙，思接千古’，从而对整个人生、历史、宇宙获得一种哲理性的感受和领悟，这种带有哲理性的人生感、历史感、宇宙感，就是‘意境’的意蕴。因此，‘意境’可以说是‘意象’中最富有形而上意味的一种类型”。[⑨]

上述五说，说法不一，各有不同的侧重角度，可以作为对“意境”阐释的互补性论述。综合“五说”，我们大体上可以概括出意境在构成上的结构特征和内涵上的意蕴特色。

在构成上，意境呈现下列结构特征：

（1）意境是以审美意象为载体，由审美意象元件有机组合而成的，它承继了审美意象的形象性、主体性、多义性、情感性等一系列先天的特性。

（2）审美意象的这种组合，类似于电影镜头的“蒙太奇”组接。前苏联电影大师爱森斯坦说：“两个蒙太奇镜头的对列不是二数之和。”因为“对列的结果在质上永远有别于各个单独的组成因素”，对列所产生的是“一种新的表象，新的概念，新的形象”。[⑩]这种“蒙太奇”组接，通过意象与意象的整合、剪辑，产生连贯、呼应、悬念、对比、暗示、联想等作用，经由“以

①李渔．闲情偶寄·居室部

②陈良运．意境．意象异同论．学术月刊，1987（8）

③柯汉琳．论审美意象及其思维特征．西北师大学报（社科版），1990（4）

④叶朗．现代美学体系．北京：北京大学出版社，1988.

⑤赵铭善．论意境的概念及其三个规定性．文艺理论与批评，1989（2）

⑥张少康．论意境的美学特征．北京大学学报，1983（4）

⑦寸悟．典型与意境的审美取向．宝鸡师范学报（哲社版），1990（3）

⑧杨铸．“意境”的界说．北京社会科学，1988（3）

⑨叶朗．现代美学体系．北京：北京大学出版社，1988

⑩爱森斯坦．蒙太奇在1938．电影艺术译丛，1962（1）

实生虚”，在组合体中产生大片的“虚白”，强化原有意象的比兴效能，派生出本身所没有的、远远大于它们相加之和的东西。

（3）这种远大于相加之和的“新的表象、新的概念、新的形象”，就是“象外之象”、“景外之景”。它是审美意象整合升华的产物，它与“象内之象”合构成“象”与“象外虚空”的统一，实境与虚境的统一，从而达到实与虚、形与神、有限与无限的辩证统一，使作品成为具有更多“空白”的召唤结构，具有含蓄无垠的“弦外之音”、“味外之旨”。

意境的这种结构特征，相应地带来了它的内涵意蕴的若干特色：

（1）意境的意蕴是深层的，它不停留于个别审美意象的局部的、浅显的、感性的深度，具有深邃的艺术底蕴。

（2）意境的意蕴是大容量的，突破有限进入无限，具有无可究尽的广阔艺术时空，为观赏者的遐思提供了辽阔的驰骋天地，可以触发活跃的浮想联翩。

（3）意境的意蕴常常上升到哲理的高度，往往引发具有高度哲理性的人生感、历史感、宇宙感，具有极为开阔、深远的领悟性。

马致远的《天净沙》小令——“枯藤老树昏鸦，小桥流水人家，古道西风瘦马。夕阳西下，断肠人在天涯。”——可以作为这种意境结构的典型例证。

这首情景交融、形神兼备的小令，是几组审美意象的组合。这里有“枯藤”、“老树”等实物景象，有“西风”、“夕阳”等虚物景象；有“古道”、“昏鸦”、“瘦马”等衰落景象，有“小桥”、“流水”、“人家”等动人景象；有深秋村野的萧索镜头，有天涯旅人的断肠心态。它们的整合，既强化了见诸文字的各组意象的比兴作用，也生成了文字之外的、留给人们用想像来补充的大片“虚白”，衍生出极度孤寂、冷漠的“象外之象”、“景外之景”，蕴含着离乡游子羁旅中极度愁苦、凄凉的“弦外之音”、“味外之旨”。这些“象内之象”的总和所展现的封建年代的天涯孤旅的无尽惆怅，触人情思，撼人心肺，给人以深沉的人生、历史的感悟，达到了很高的艺术境界。

建筑和诗不同。在意境的创造上，建筑有它不利的方面。建筑要满足复杂的实用功能，要适应一整套技术法则，要耗费巨大的人力物力，建筑意境的创造不得不受到功能、技术、经济的严格制约。但建筑也有创造意境的一系列有利因素：

（1）建筑自身是一种生活空间，是一种实存环境，它具有可观的体量，庞大的尺度，构成人的最密切、最亲近的生活环境。而意境恰好是一种“境界”。建筑的空间环境性与意境的“境”的特性具有先天的契合性。

（2）建筑艺术是表现性的艺术，建筑形象具有几何的抽象性、朦胧性。建筑空间、环境的艺术表现主要呈现为一定的气氛、情调、韵味。而意境恰好最适于表现特定境界的氛围。建筑在意境创造上具有氛围表现的契合性。

（3）建筑与自然山水、绿化有着紧密的联系，在建筑组群内部或庭院空间中，常常叠山理水，莳木栽花，引进自然景色。建筑还常常融化在大自然的山泉丘壑之间，成为特定风光的重要组成。建筑美与自然美的融合，使得建筑渗透着山水诗、山水画、山水散文的意趣，为建筑意境的创造准备了优越的条件。

（4）建筑服务于社会生活的各个领域，功能性质涉及政治性、文化性、宗教性、游乐性、纪念性等等，自身具有引发情思的人文内涵。建筑又是石头的史书，一些历史建筑，经历长久岁月的磋磨，常常形成历史故事、人文轶事的积淀，蕴含着许多纪念性、情感性的内涵。身历其境，触“屋”生情，很容易生发历史的、人生的感悟，为建筑意境的创造提供了充实的人文内蕴。

梁思成、林徽因早在1932年已经意识到建筑的这种表“意”效能。在他俩合写的《平郊建筑杂录》中，对“建筑意”问题作了十分生动的阐述。这段文字内涵很丰富，摘录如下：

北平四郊二三百年间建筑遗物极多，偶尔郊游，触目都是饶有趣味的古建。其中辽金元古物虽然也有，但是大部分还是明清的遗构；有的是喧赫的“名胜”，有的是消沉的“痕迹”；有的按期受成群的世界游历团的赞扬，有的只偶尔受诗人们的凭吊，或画家的欣赏。

这些美的存在，在建筑审美者的眼里，都能引起特异的感觉，在“诗意”和“画意”之外，还使他感到一种“建筑意”的愉快。这也许是个狂妄的说法——但是，什么叫做“建筑意”？我们很可以找出一个比较近理的含义或解释来。

顽石会不会点头，我们不敢有所争辩，那问题怕要牵涉到物理学家，但经过大匠之手艺，年代之磋磨，有一些石头的确是会蕴含生气的。天然的材料经人的聪明建造，再受时间的洗礼，成美术与历史地理之和，使它不能不引起赏鉴者一种特殊的性灵的融会，神志的感触，这话或者可以算是说得通。

无论哪一个巍峨的古城楼，或一角倾颓的殿基的灵魂里，无形中都在诉说，乃至于歌唱，时间上漫不可信的变迁；由温雅的儿女佳话，到流血成渠的杀戮。他们所给的“意”的确是“诗”与“画”的。但是建筑师要郑重郑重的声明，那里面还有超出这“诗”、“画”以外的“意”存在。眼睛在接触人的智力和生活所产生的一个结构，在光影可人中，和谐的轮廓，披着风露所赐与的层层生动的色彩；潜意识里更有“眼看他起高楼，眼看他楼塌了”凭吊与兴衰的感慨；偶然更发现一片，只要一片，极精致的雕纹，一位不知名匠师的手笔，请问那时锐感，即不叫他做“建筑意”，我们也得要临时给他制造个同样狂妄的名词，是不？①

梁思成、林徽因这里所说的“建筑意”，涉及以下几层意思：

(1)天然材料经过大匠之手艺，聪明的建造，就会蕴含生气。这就是凝聚在建筑客体中的“建筑意”。无论是巍峨的古城楼，或倾颓的殿基，“无形中都在诉说，乃至于歌唱”，用现在的话说，就是这些建筑都在与人对话。

(2)这些建筑，经历“年代的磋磨”、“时间的洗礼”，烙下历史兴衰、时代变迁的印记，它的“建筑意”内涵是会变化的。一些原始的建筑意可能淡漠了、磨失了，而增添了许些历史积淀的派生建筑意。

(3)这种建筑意，是超出“诗意”、“画意”以外的“意”。建筑不仅仅有诗情画意，而且有一系列蕴含人生哲理、时代精神、历史沧桑、伦理观念、民族意识等其他文化意蕴。

(4)在蕴含建筑意的客体结构中，可人的“光影”，“和谐的轮廓”，“披着风露所赐与的层层生动的色彩”，以及不知名匠师的“极精致的雕纹”等等，都参与起着作用。

(5)这种建筑意，必然在建筑审美者的眼里，引起特异的感觉，引起特殊的性灵的融合，神志的感触，并且激发起审美主体潜意识的“感慨”，这是“建筑意”在建筑观赏者心目中的生成、作用。

(6)建筑师“郑重郑重”的声明，这种建

① 原载1932年《中国营造学社汇刊》第三卷第四期。收入梁思成文集一．北京：中国建筑工业出版社，1982.343页

筑意是存在的。即使认为狂妄而不叫做“建筑意”，也要临时制造一个同样狂妄的名词。

显然，梁思成、林徽因在三十年代初郑重郑重推出的“建筑意”概念，实质上就是我们今天所说的“建筑意象”和“建筑意境”的统称。这里实际上提到了建筑意象和建筑意境的客体存在和主体感受，历史积淀和文化意蕴，生成机制和“对话”性能，可以说是六十年前对建筑意象和建筑意境认识上的一次重要的推进。历史正如梁、林两位先生所预见的那样，“建筑意”这个名词虽然没有广泛流行开来，却果真冒出了“同样狂妄”的名词——“建筑意象”和“建筑意境”。

“建筑意”作为“建筑意象”和“建筑意境”的统称，还给了我们一个重要的启迪。建筑意境和建筑意象虽然是两个不同的概念，建筑意境是由建筑意象整合升华而成的，但是它们之间的界限是不清晰的。因为“意象”和“意境”自身都是模糊概念，都不存在可供量化的标准。建筑中的“建筑意”现象，哪些停留于建筑意象，哪些升华为建筑意境，有时是难以明确区分的。我们既应该从概念上认识建筑意象与建筑意境的区别，认识意境的结构及其与意象的联系，也应该看到它们之间的模糊联系，在有些情况下，不必过于拘泥建筑意象与建筑意境的区分。

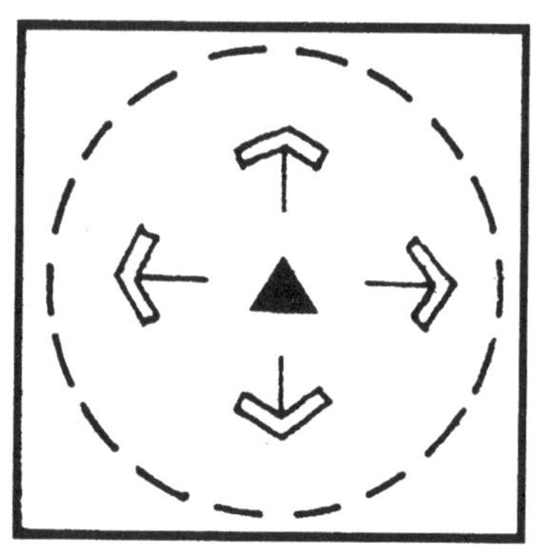
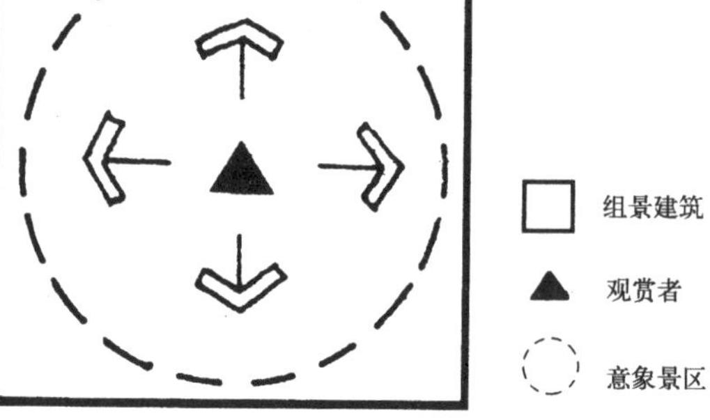

图 6-2-1　组景式构成示意

第二节　建筑意境的构景方式

中国建筑的意境表现是多姿多彩的，有的端庄伟壮，气势磅礴；有的开阔宏大，旷达飘逸；有的曲折幽深，宁静清恬；有的小巧玲珑，纤丽娟秀。一切意境都是生成的，是客体的意境结构，通过审美鉴赏，而生成主体的意境感受。意境结构涉及庞杂的构成要素，除了建筑自身的，从建筑组群、建筑院落、建筑单体、建筑室内到建筑部件等各层次要素外，还包括建筑外环境和建筑内环境的一系列构成要素，如天然山水、人工山水、绿化植被、道路桥梁、建筑小品、人文遗迹、自然气象、声味光影、家具陈设、匾联碑刻等等。这些极其庞杂的建筑要素和建筑外环境、内环境要素，呈现着千变万化的组合。我们可以依据建筑在景观建构上的作用，从建筑、景点和观赏主体三者的相互关系上，把千差万别的建筑意境概括为三种基本构成方式：一，组景式构成；二，点景式构成；三，观景式构成。下面，从这三种构景方式及其复合构成来考察传统建筑意境的构成形态。

一、组景式构成

所谓“组景式”构成，指的是在建筑意境结构中，建筑起着组织景观空间环境作用的组构方式。这种构成方式可以抽象为图 6-2-1 的模式，景观意象主要产生于建筑的组群内部、庭院内部或建筑室内，观赏主体处于建筑空间和其他构成要素所组构的意象环境之中。在这里，建筑成了意境空间的基本框架，其他构成要素也以建筑空间为依托，充当建筑空间的内涵。建筑外部景观则通过“借景”方式渗透到建筑内部，起到意境的烘托作用。

这种组景式的意境构成，在建筑中的分布面最广，不仅在园林、苑囿等景观建筑中出现，而且在住宅、宫殿、陵墓、礼制、宗教等建筑类型中都可能展现。它的境界可大可小，往往在一间小室或一方天井中，都能创造出一番特定的境界。郑板桥有一则题画，对此作了生动的描述：

> 十笏茅斋，一方天井，修竹数竿，石笋数尺，其地无多，其费亦无多也。而风中雨中有声，日中月中有影，诗中酒中有情，闲中闷中有伴。非唯我爱竹石，即竹石亦爱我也。彼千金万金造园亭，或游宦四方，终其身不能归享。而吾辈欲游名山大川，又一时不得即位，何如一室小景，有情有味，历久弥新乎。①

郑板桥所描述的这个天井，就是一处面积虽小而意韵浓郁的组景型境界。这个意境产生在建筑所界定的宁静空间中，通过数竿修竹、数尺石笋等实物意象，加上风声、雨声、日影、月影等虚物意象，组成了“有情有味”、情景交融的特定意境。

这类组景型的意境构成，在传统建筑中，特别是园林建筑达到很高的成就，有很多精彩的作品。北京北海画舫斋古柯庭可以说是这方面的一个典型实例，汪国瑜对这个庭院空间曾作过精辟、细致的论析。②这里参照汪先生的分析，来领略一下它的意境构成。

古柯庭是画舫斋东北角的一组小庭院（图6–2–2），面积很小，大约只有300平方米上下，作为皇家园林中的书屋庭院，可算是很狭小的。它以“千年古柯”为庭院景观主题，建筑构成要素很简单，只有一组两进的“古柯庭”正房和两幢“得性轩”、“绿意廊”配厢，通过廊、墙的联结，组成了宁静、亲切的闭合空间，取得了幽邃、静雅的浓郁意蕴（图6–2–3）。在这个组景式的意境构成中，建筑布局起到了关键作用。体量较大的古柯庭正房恰当地安置在

①郑板桥．题画·竹石

②汪国瑜．北海古柯庭庭院空间试析．见：建筑师，第4期．北京：中国建筑工业出版社，1980

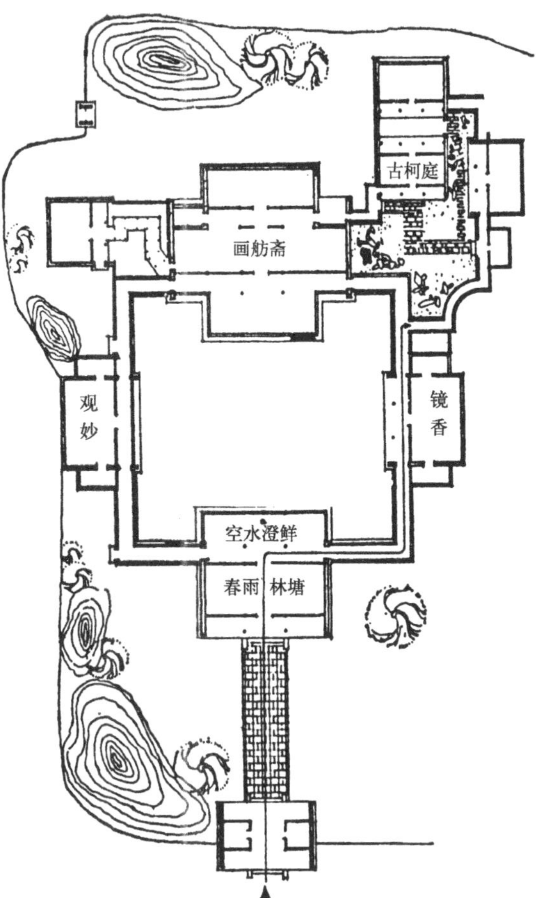

图6–2–2　北海古柯庭位置图
引自汪国瑜．北海古柯庭庭院空间试析．见：建筑师，第4期．北京：中国建筑工业出版社，1980

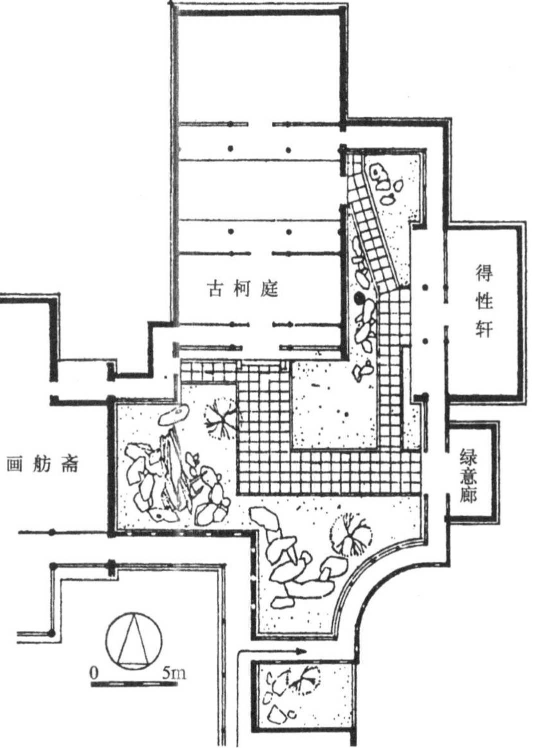

图6–2–3　古柯庭平面图
引自汪国瑜．北海古柯庭庭院空间试析．见：建筑师，第4期．北京：中国建筑工业出版社，1980

庭院北面偏西部位，得性轩、绿意廊并列在庭院东侧，三栋建筑都尽量退缩沿周边布置，作为主题的古柯槐树也偏处在院子西侧角落，为狭小的庭院空间争取到连绵成片的较开朗场面。庭院主入口设于院子最南端，由画舫斋水院的东侧廊转入。庭院四周的廊墙布置极富变化，东南角单面空廊呈内凸圆弧，西北角单面空廊呈内折角，西南角采用带景窗的内折粉墙，西北角的抄手空廊向北后退，组成庭院北部的深凹空间。整个庭院形成了三个连绵的相互穿插的，大小不同、形状各异、内涵有别的空间；南部入口处是以叠石为主，尺度小巧的活泼空间；中部是以古槐为主，草茵铺地，尺度较大的开朗空间；北部是以孤松、湖石为主的石径斜穿、尺度狭长的幽深空间。这种精心的布局，使得古柯庭空间自由错落，建筑有横有竖，屋檐有高有低，廊墙有曲有直，檐廊有进有退，院子有分有合，界面有虚有实，空间体量大小合宜，古槐主景安置得体，孤松、湖石点缀有致，意象构成极为丰富（图 6–2–4）。这些建筑意象的综合所形成的建筑格局和景观内涵，创造了一系列敏感的意境触发点：

1. 在古柯庭入口处安排了“别有洞天”的含蓄布局 人们在画舫斋回廊漫步，感受着水院的波光云影。突然在“镜香”北廊，门开路转，展现出一处深院。这里一边是宽舒、方正的整片水面，一边是幽雅曲折的玲珑小院，造就了一水一庭，一外一内，一整一曲的两种境界相互反衬的独特意蕴。

2. 在古柯庭圆弧形曲廊处，形成了独具匠心的动态观赏视线 人们沿入口短廊向东，随曲廊前进，半明半暗的带十锦灯窗的曲廊，自然地把人的视线引向亮面、引向中庭内的幽雅景致，使人的观赏方向频频向左，而曲廊的凸弧形又使人的前进方向频频向右，这种观赏视线与行进路线的微妙背向，自然使人流连顾盼，步移景异，产生一种若即若离、难舍难分的奇特境界。

图 6–2–4 汪国瑜笔下的古柯庭境界
引自汪国瑜．北海古柯庭庭院空间试析．见：建筑师，第 4 期．北京：中国建筑工业出版社，1980

老太龙钟的“千年古柯”

咫尺空间的弹丸胜境

古柯院庭的浓郁意蕴

3. 在古柯庭的绿意廊处，精心组织了古柯主题的主视点　这里，有意将得性轩的山墙伸出，截断东廊向北延伸的空间序列，逼使游人视线转而朝西面对古柯，同时将绿意廊正对古柯，构成院内一条唯一的，也是景深最长的观赏轴线，并将绿意廊檐部提高做成卷棚歇山顶，以强化轴线。这样，使得轴线另一端老态龙钟的“千年古柯”的意象更为突出。而在古柯周围，以画舫斋的侧立面作为背景，左挟玲珑的单面小折廊，右接粉壁灯窗花墙，底部叠以嶙峋山石。从绿意廊看过去，古柯的虬躯粗干，在背面大片实壁山墙和左右虚廊实墙的衬托下，冲破周边屋檐横线而直耸向上，古柯的苍劲巍峨意象得到了充分的展现。《日下旧闻考》曾记载说，当年绿意廊有一对楹联：“虽是境蹊略行转，果然松竹不寻常”，这副楹联可以说是对这一境界的生动写照。

4. 在古柯庭北部小院，创造了一处咫尺空间的弹丸胜境　这个宽仅 4 米的狭长小空间，界面围合十分得当。西侧为带月门的硬山山墙，东侧为得性轩檐廊，北部用抄手单面空廊，南面敞口，与中院融通。小院的内涵布置也恰到好处，地面以板石铺出斜径，通向月门，导向明确。在月门南侧植劲松一株，倚墙直立。斜径两侧，以湖石、花木点缀。这样，弹丸之地的狭小空间，形成了实的墙体与虚的月门，凸的墙身与凹的檐廊，圆的洞口与直的柱列，粉白墙面与青檐红柱，山形墙脊与横平檐部，三向围合与一面敞口等虚实、闭敞、高下、曲直、明暗、深浅的对比格局，不仅取得变化多姿的景象，也突破了窄狭空间的局促感，再加一孤松的挺拔高昂，叠石莳花的自然潇洒，每当朝阳临院，晒出满墙绿荫、一庭花影。这咫尺空间，寥寥数笔，造就的境界却是分外深邃的。

除以上几处外，古柯庭还有许多值得称道的处理特点，都对意境的构成起着积极作用。如对庭院的界面处理，朝东的界面，全部为实墙面，除南端一小段带景窗的墙面外，都是直接采用整片粉白的山墙实面。而朝西的界面，则一律为檐廊或单面空廊。这样，两相对照的一实一虚、一明一暗的界面，产生了极为强烈的对比效果。朝东的粉墙实体，迎着朝阳，明亮夺目，给庭院地面增加了光反射，冲淡了东廊投下的大片板滞的阴影，取得幽院生辉的意象；而朝西的虚凹柱廊，挡住了落日西斜，减少了夕阳西晒，既增添了空间层次，又造就浓荫生凉的意象。

我们透过古柯庭的空间调度和意象组织，可以大体上认识到小型庭院组景式意境构成的基本格局。在大型建筑组群中，组景式意境构成也有很大的用武之地。明清北京天坛可以说是这方面的一大杰作。

天坛作为祭天的场所，是封建时代等级规制极高的建筑。它的物质功能十分简单，只需要一组祭天用的“圜丘—皇穹宇”建筑，一组祈谷的“祈年殿”建筑，一组皇帝斋戒时居住的“斋宫”建筑和其他一些辅助建筑；而它的精神功能则要求极高，它需要充分表现“天”的崇高、神圣，透过对“天”的尊崇，强化“天命”观念，神化皇帝的“天子”身份。天坛的总体布局和建筑处理，出色地创造了这个高难度的、特定的“崇天”境界。在意境构成上，采取了以下几点组景措施：

1. 不使用过多的建筑和超级的建筑体量，而采用超大规模的占地和超级的绿化　天坛的建筑寥寥无几，祈年殿、圜丘、皇穹宇的体量都不很高大，没有超越物质功能的需要，专为精神功能添增额外的建筑。但是它的占地极大，外坛墙南北长 1650 米，东西宽 1725 米，占地面积约为紫禁城的三倍多。坛内建筑疏朗，满植翠柏。大片苍翠浓郁的柏林，塑造了天坛所需要的远隔尘世、宏大静谧的独特环境（图 6–2–5）。

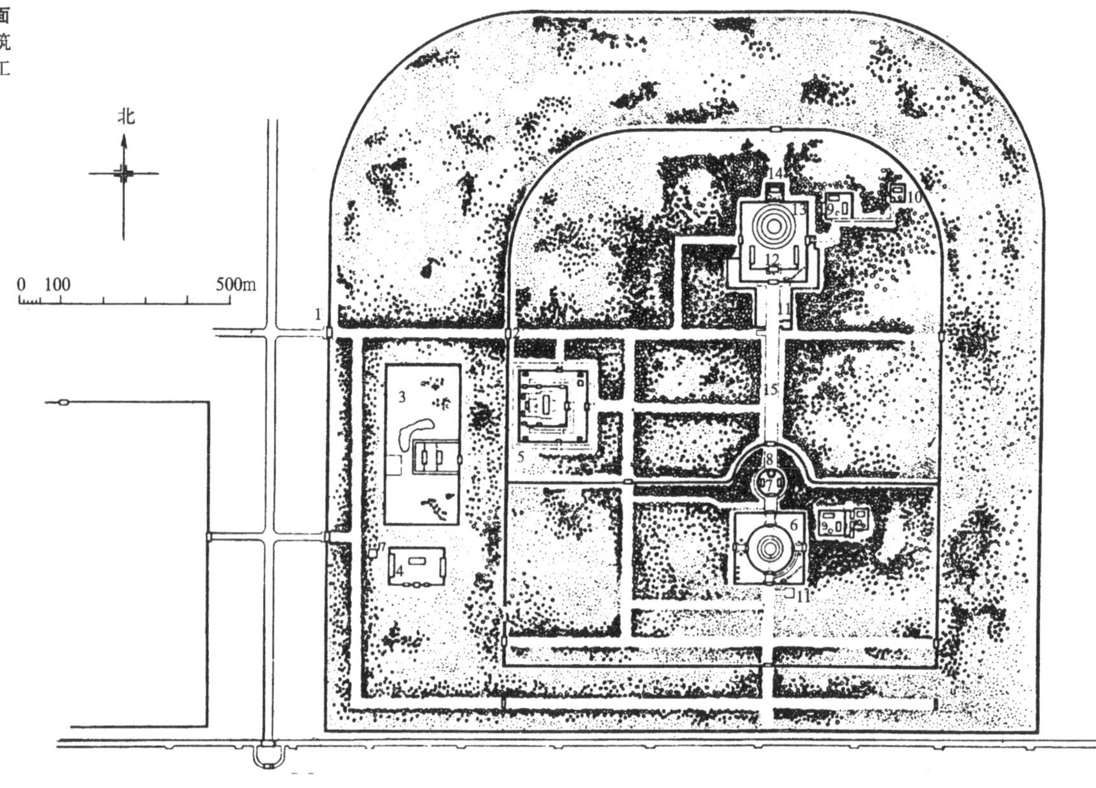

图 6–2–5 明清北京天坛总平面
引自刘敦桢．中国古代建筑史．第 2 版．北京：中国建筑工业出版社，1984

2. 以两组主体建筑——“圜丘—皇穹宇”组和“祈年殿”组构成主轴线 两组建筑相距甚远，通过一条高出地面的很长很宽的甬道——“丹陛桥”，把两组主体建筑组成有机的整体，大大增强了轴线的分量。这条主轴线原本处在天坛总图的正中，由于嘉靖三十二年北京扩建外城，天坛外坛墙随之向西、向南展拓，而没有对称地向东、向北展拓，致使现有天坛的主轴线呈现偏东的非对称状态。[①]展拓西坛墙后的天坛，更加拉长了主入口西门到主轴线的距离，使得进入天坛的人群穿越更长的茂密柏林，感受到了更加盛大、更为浓郁的肃穆静谧的气氛，为进入主体建筑境界作了充分的铺垫。

3. 在建筑形象的塑造上，突出了“以圆象天”等的象征手法 圜丘采用 3 层露天圆台，祈谷坛采用 3 层圆形台基，坛上的祈年殿采用圆形平面的三重檐攒尖顶，皇穹宇正殿和院墙也是圆形的（图 6–2–6）。这些建筑一反传统高等级建筑通用矩形平面的惯例，改用圆的体形，既表述了“象天”的语义，也创造了独特的个性。这种图形象征，以及天坛所重用的数量象征、方位象征、色彩象征等等，构成了天坛多层面的象征符号，为人们鉴赏“崇天”境界提供了触发联想的明确导向。

4. 为强化建筑的高崇、宏大形象，运用了虚扩的手法 祈年殿的殿身并不很大，由于顶上层叠着三重檐的攒尖顶，高度达到 38 米。以祈谷坛构成的祈年殿 3 层台基，高出庭院地面约 6 米，直径达到 90.9 米。这样宽大的台基和高崇的攒尖顶，大大扩展了祈年殿的整体体量，并形成层层收缩上举的向上动感，成功地表现出与天相接的崇高、神圣气势（图 6–2–7）。圜丘自身也只是不很大的 3 层露天圆台，上层直径 23.5 米，下层直径 54.7 米，为扩大它的形象，采用了一圈圆形的内壝墙和一圈方形的外壝墙。内壝墙直径 104.2 米，外壝墙边长

①傅熹年．关于明代宫殿坛庙等大建筑群总体规划手法的初步探讨．见：建筑历史研究．中国建筑工业出版社，1992.25 ~ 48 页

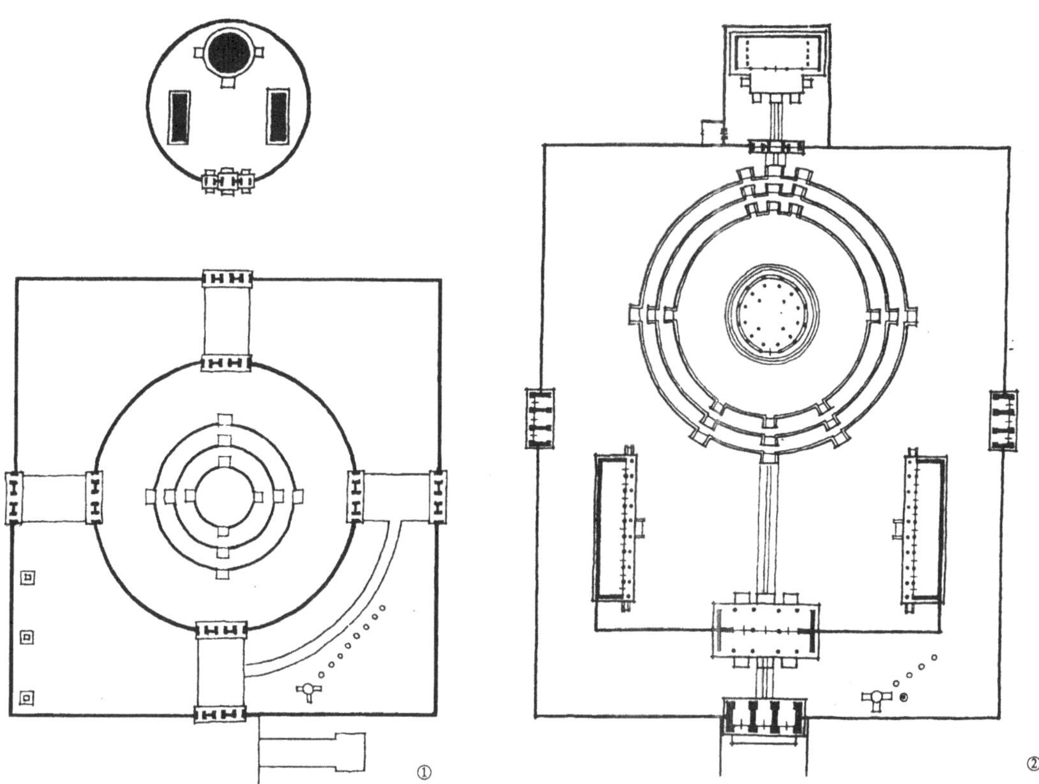

图 6-2-6　北京天坛的建筑母题：以圆象天
①圜丘与皇穹宇组群
②祈年殿组群

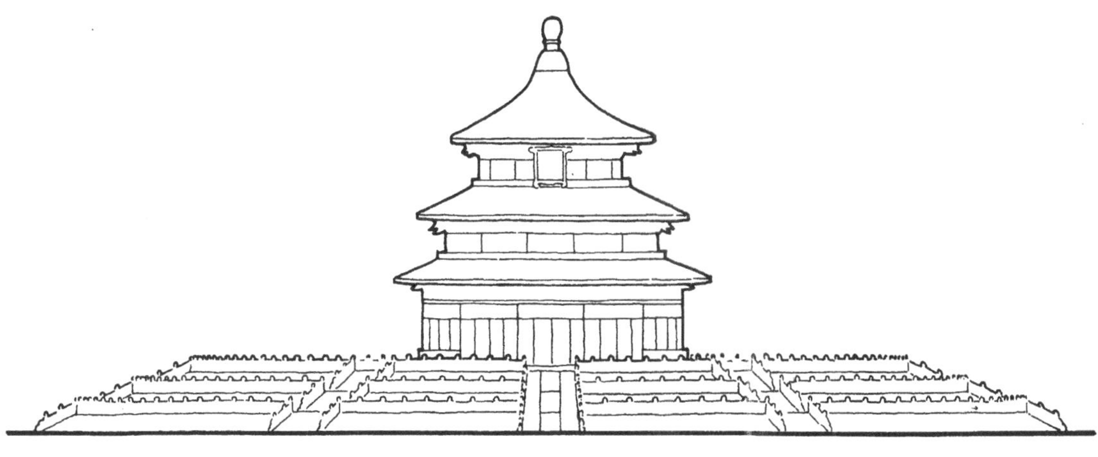

图 6-2-7　北京天坛祈年殿正立面图

176.6 米，墙身都很矮，仅高 1 米余。这样两重壝墙以少量的代价大大延展了圜丘的建筑分量，取得祭天场所应有的宏大、辽阔气势。

5. 在天坛主轴线上，精心组织了极为开阔的观天视野　在圜丘台面上，升高的视点和压低的壝墙，使覆盖这里的天穹显得分外辽阔、高崇。在祈年殿庭院里，三重檐攒尖顶的圆殿兀立在三重宽大台基上，周围的矮墙隐了下去，天穹同样显得特别广阔、高爽。难得的是，除了这两个突出的观天的"点"，天坛还提供了一条突出的观天的"线"。人们行进在长长的丹陛桥甬道上，两旁的柏林压得很低，看天的视野

①计成．园冶·卷一亭榭基

非常开阔，形成了持续感受高阔天穹的独特境界。这样，由圜丘、皇穹宇、祈年殿和丹陛桥组成的天坛主轴线仿佛整个儿飘浮在茂密古柏的绿海之上，不仅显现了宏大的天穹，而且造就了置身超尘世界的幻觉（图6-2-8）。

天坛的这种独特的意境创造，为我们展示了大型组群运用组景式意境构成的成功范例。我们从“古柯庭”小院落和天坛大组群的意境组构中，可以概略地认识到，组景式意境构成可用于总体的组群层次，也可用于局部的庭院层次、室内层次；可构成大境界，也可构成小境界；可组构“旷”的意象特色，也可组构“奥”的意象特色；可附加景观前导起到铺垫作用，也可调度借景手段发挥烘托作用，这种构成机制的优越性是很突出的。

二、点景式构成

点景式构成可以抽象为图6-2-9的模式，景物整体以自然景观为主，建筑主要起“点景”作用，观赏主体处在点景建筑之外，建筑意象融入自然山水意象之中，构成自然美与建筑美的有机结合。在这种构成方式中，点景建筑与自然景物之间形成“图”与“底”的关系。按照点景建筑的分布特点，通常呈现三种状态：

1.聚点型 点景建筑集聚成一组建筑或一栋建筑，配置在自然景物的关键部位。以自然景观为主体，点景建筑起点缀或点睛作用。在“图底”关系中，作为“图”的建筑所占分量较小。拙政园两山上的雪香云蔚亭和待霜亭，怡园中部假山上的螺髻亭，杭州西湖宝石山的保 塔，北京玉泉山的玉峰塔等，都属于这种形态。

2.“山包寺”型 点景建筑散布在山体、水际，隐约掩映于山林之中，以自然景观为主，建筑起点缀作用。在“图底”关系中，建筑所占比重也比较小，而且较为隐蔽，所谓“九华一千寺，撒在云雾中”，就是这种格局。《园冶》在谈到“花间隐榭，水际安亭”时说：

> 惟榭祗隐花间？亭胡拘水际？通泉竹里，按景山巅，或翠筠茂密之阿；苍松蟠郁之麓，或借濠濮之上，入想观鱼；倘支沧浪之中，非歌濯足。亭安有式，基立无凭。①

显然，这些散布在竹林、山窪、山麓、濠濮、沧浪之中的建筑，从意境构成来说，多属于散点型的构成形态。颐和园后山的建筑配置和前山轴线两侧的建筑配置，都属于这种形态。

图6-2-8 （左）圜丘坛面提供了极为开扩的观天视野 引自中国建筑科学研究院．中国古建筑．北京：中国建筑工业出版社，1983

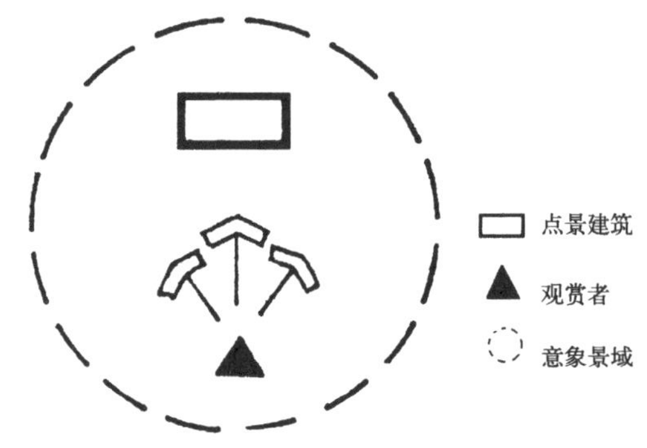

图6-2-9 （右）点景式构成示意

3.“寺包山”型 点景建筑数量较多，连绵成片，形成“寺包山”的格局，如镇江金山江天寺，依山铺建，以屋包山，楼阁亭台，参差错落，碧丹辉映，构成一片绚丽景象。颐和园前山主轴，由佛香阁、排云殿、智慧海等建筑组成的组群，也是这种形态。这种方式的“图底”关系，就山体主轴部分的中观景象来说，作为“图”的建筑比重已上升居于主导地位，这些建筑已不仅是点缀自然，而是大片地装点自然，但从整个山水的宏观全局来看，仍然是自然景物构成广阔的图底背景，建筑在这里起着另一层次的点景作用。

乾隆在《清漪园记》中写道：“既具湖山之胜概，能无亭台之点缀乎？”从上述点景的三种形态可以看出，在点景式意境构成中，湖山胜景加上建筑的点缀、点睛，大体上能起到四方面的作用：

1. 勾勒景物眉目 中国画论很注重在山水画面中点入建筑，有“水以山为面，以亭榭为眉目……故水得山而媚，得亭榭而明快”[①]的说法。郑绩指出：“凡一图之中，楼阁亭宇，乃山水之眉目也，当在开面处安置”。[②]造园和风景开发也是如此，点景建筑在这里起着以人工点染自然，使自然景观“眉清目秀”的勾勒作用。

2. 改善景物构图 天然山水难免有不尽人意之处，点景建筑的精心设置，以合宜的体量，得体的形象，与山水景色糅成一体，有助于扩大景物尺度，调整景物轮廓，弥补景物缺陷，丰富景物构成，突出景物重心，达到扬长避短，摒俗收佳，以人工手段精化自然景观的效果。

3. 组织景区网络 在广阔的自然境域中，把握住地形的制高点、转折点，风景的特异点、空白点，在关键部位安置适当的点景建筑，有助于组织景区的空间网络，增强景物的呼应关联，扩大景观的辐射面，扩展建筑意象的界域。

4. 突出景观主题 点景建筑的设置，给自然景物抹上了人文色彩，透过建筑的功能性质和文脉语义，点出风景特征和文化内涵，有助于明确景观的主题和意旨，常常能起到强化景观主旋律的作用。

正是由于点景建筑在意境构成中的诸多作用，点景式构成在私家园林、皇家园林、寺庙园林和风景点开发中，都得到广泛的运用。

在私家园林中，山上设亭，几乎成了造园的模式之一。如拙政园的雪香云蔚亭、待霜亭(北山亭)，留园的可亭、舒啸亭，怡园的螺髻亭等等。这些点景小亭，多经过悉心设计，集点缀山态、丰富景观、扩大山体、组织景网、建立对景、突出意象主题等多方面作用于一身，达到“精在体宜”的境地。拙政园的雪香云蔚亭和待霜亭分别建于湖中相邻的两山之上（图 6-2-10）。雪香云蔚亭为长方形平面，卷棚歇山顶，尺度略大；待霜亭为六边形平面，六角攒尖顶，尺度小巧。前者建筑于山顶，前出平台，形象敞显、突出；后者略向后山退缩，形象隐约、含蓄。这样，形成了两山点景建筑在尺度、形态、隐显上的多样变化。六角形的待霜亭，不强调景

① 郭熙．林泉高致·山水训

② 郑绩．梦幻居画学简明

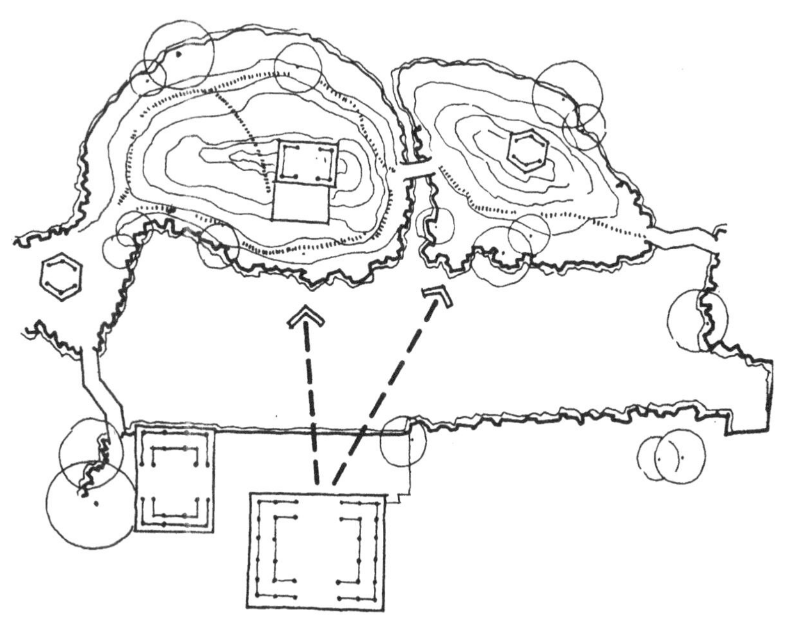

图 6-2-10 苏州拙政园的两座点景山亭：雪香云蔚亭和待霜亭

观方位。长方形的雪香云蔚亭，则以带平台的正立面，突出了面南的景观主视面：一方面隔水与园内的主体建筑远香堂遥遥相望，组成拙政园中部的主轴；另一方面透过枇杷园云墙上的“晚翠”圆洞门，与园内的嘉实亭相互对景，在全园景象网络的组织中起到了关键作用。

在北京紫禁城北面，景山五亭组成了独特的点景景观（图 6–2–11）。景山处于北京内城的中心地带，是紫禁城的后卫屏障，也是北京城中轴线的制高点，地位极为显要。它是明成祖建北京宫殿时，拆除元宫的瓦砾渣土推在元大内中宫延春阁旧址上，作为压镇前王朝“气数”的“镇山”。明代在山上曾建有六个亭子，清初毁去。现在山上的五个亭子是乾隆十六年（1751年）重建的。这个亭组以正中的万春亭为主体，当当正正地安置在内城的几何中心，也是全城的制高点。为强调它的独特地位，采用了山亭罕见的大尺度和山亭绝无仅有的三重檐黄琉璃瓦攒尖顶的特殊形制，创造了“山亭之最”的突出形象。但是，景山这一独特环境，仅靠“山亭之最”的万春亭来点缀显然还不够分量，又为它在左右对称地配置了四个辅亭，形成“一主四从”的隆重格局。这四个辅亭，靠里边的一对采用八角形重檐攒尖顶，靠外边的一对采用圆形重檐攒尖顶。主辅亭构成“四角三重檐攒尖—八角重檐攒尖—圆重檐攒尖”的递变系列，取得亭组形态的多样统一。一主四从的山亭，立体轮廓中高边低，平面排列成微凹弧形，圆心正好落在太和殿附近。五亭鼎立，端庄中有活变，凝重中有意趣，既强化了紫禁城北面屏障的护卫气势，也突出了都城中轴线制高点的隆重气概，又不失皇家园林的自身性格。这组点景建筑为都城轴线和宫城环境增添了浓郁的意蕴，是点景型意境构成的一大杰作。

在承德避暑山庄的山岳区，也有几座精彩的点景山亭——南山积雪、北枕双峰、锤峰落照、四面云山和古俱亭、放鹤亭等（图 6–2–12）。这些山亭安置在层峦起伏的峰顶山岭，构成了

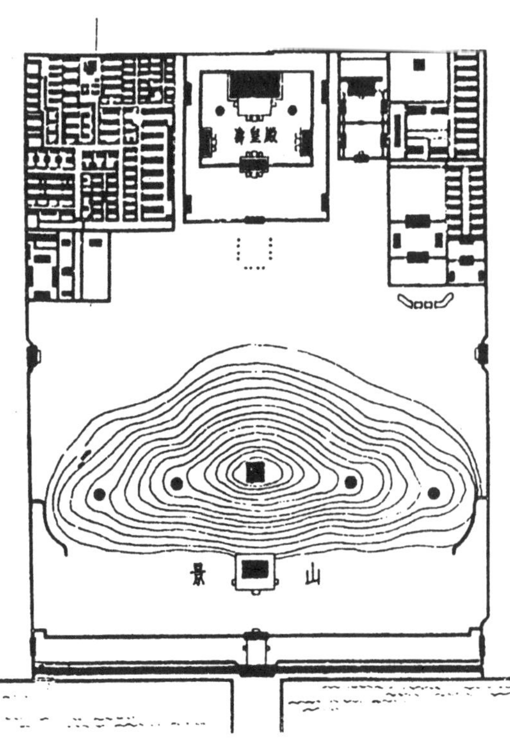

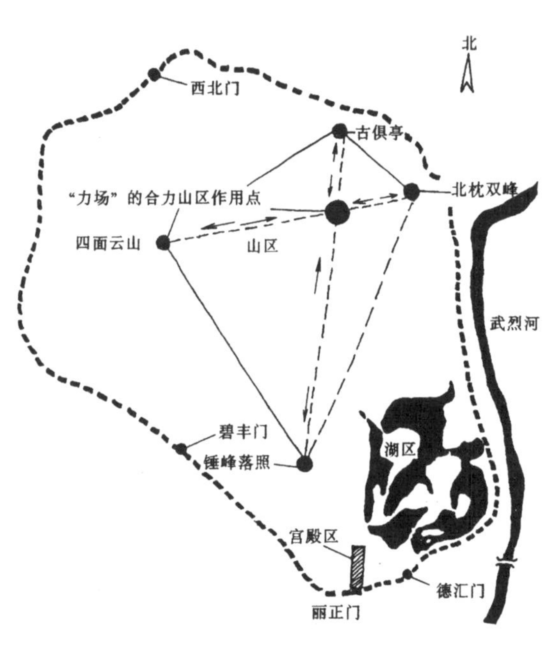

图 6–2–11 （左）北京景山总平面图
引自刘敦桢．中国古代建筑史．第 2 版．北京：中国建筑工业出版社，1984

图 6–2–12 （右）承德避暑山庄山岳区的一组点景山亭
引自马兵．中国传统建筑环境景观的类型与成景手法：[硕士学位论文]．哈尔滨：哈尔滨建筑大学建筑系，1994

山岳区的点景和湖泊区的远景。其中，南山积雪、北枕双峰和锤峰落照诸亭用以控制北、西北、西三面山区，四面云山亭用以控制梨树峪、西峪一带，古俱亭、放鹤亭用以控制北山、松云峡、水月庵一带，六亭彼此呼应，互为借景，并与周围景物构成对景。锤峰落照亭与武烈河东岸山巅上的磬锤峰遥遥相对，南山积雪亭则为德汇门入园对景，从湖区南侧均可遥望此亭。这些点景山亭为山庄周围环境组成了一个立体交叉的视线网络，扩展了山庄的建筑景域，完善了山庄的远借景网。这些点景建筑的形式都经过精心的推敲，如锤峰落照亭，平面虽是正方形，屋顶却没有按通例采用攒尖顶，而改用卷棚歇山顶，一则以横向构图顺应了平缓的山势；二则以向东的正立面，遥对着磬锤峰，强调“锤峰落照”的主题；三则以屋顶造型的变化，避免各亭形象的雷同，设计得很得体。这些点景山亭，在特定的位置，特定的时间，与特定的落照、积雪、云山等自然景象相配合，取得了深邃、独特的意境。

颐和园万寿山前山中部建筑则是装点型构成的突出实例。万寿山长约1000米，高约60米，前山面对广袤的昆明湖，山水总体格局良好，气势宏大。但前山坡度陡峭，山形呆板，从突出全园的构图中心和弥补山体欠缺的角度，都需要调度建筑来装点。经历清漪园时期和颐和园时期的创建、改建，形成了一组独特的寺包山型建筑群（图6–2–13）。

这组建筑群，中轴线上从南到北，安置了云辉玉宇牌楼、排云门、二宫门、排云殿、德辉殿、佛香阁、众香界、智慧海等建筑，它的前部是朝宫性质的建筑，后部是佛寺性质的建筑。在排云门前，长廊、牌楼、铜狮、松柏组成了园林化宫门广场的场面；在第一进院落，设置了水池、石桥，象征带金水河、金水桥的太和门庭院场面；在第二进院落，排云殿内安置了九龙宝座、围屏、鼎炉，殿前的宽阔月台陈设着铜龙、铜凤、铜鼎，俨然是“大内”太和殿庭院的缩影。佛香阁坐落在21米高的巨大石砌台座上，阁身三层四檐八角攒尖顶，体量庞大，高达40米，阁内各层供奉菩萨，外观体态壮硕，器宇轩昂。众香界为琉璃牌楼，智慧海为两层砖发券无梁殿，殿内供菩萨五尊，殿身外墙以黄绿两色琉璃花饰和琉璃小佛像饰面。这两处琉璃建筑，以敦实的体形材质和璀璨富丽的色彩，完美地体现了佛香阁的后护和万寿山制高点建筑的身份。轴线两侧，对称地布置了五方阁与转轮藏，撷香亭与敷华亭，清华轩与介寿堂，云松巢与写秋轩，鱼藻轩与对鸥舫等陪衬建筑。整个建筑组群，组成了重点突出，宾主分明，脉络清晰，烘云托月的装点格局，突出了雍容华贵的仙山琼阁景象，充分点染出皇家园林的韵味和气派。

这组庞大的景观建筑组群，设计手法上有三点很值得称道：

图6–2–13 颐和园前山景象：主轴的“寺包山”及其两侧的建筑退晕

摹自周维权．颐和园的排云殿佛香阁．见：建筑史论文集，第4辑．北京：清华大学出版社，1980

①参见周维权．颐和园的排云殿佛香阁．见：建筑史论文集，第4辑．北京：清华大学出版社，1980

1. 以硕大的佛香阁作为整个组群的主体建筑，十分得体 前面已经提到，它的前身是清漪园的延寿塔，在塔接近完工的时候，因塔身倾圮而奉旨拆塔改阁。在造型、体量、气势上都恰如其分地起到前山主体建筑应有的统率作用。

2. 山体剖面的竖向设计，颇为得当 佛香阁没有安置在山的顶部，而坐落在山腰托起的石砌台座上。山顶制高点设置众香界和智慧海作为佛香阁的后屏。这样，佛香阁在前后左右建筑簇拥下，高高拔起，凌驾一切，显得分外突出、显著。这种布局，也使得佛香阁的庞大形象不至于暴露在后山的视野，有助于保持后山“山包寺”的山林景色。

3. 前山建筑组织了主辅五条轴线，布局有机 除了排云殿、佛香阁的主轴线外，“两侧分别由五方阁与清华轩、转轮藏与介寿堂的对位而构成两条次要轴线”，再由“寄澜亭与云松巢，秋水亭与写秋轩的对位而构成两条辅助轴线”。左右次要轴线位置对称而建筑形象略有不同，左右辅助轴线距离对称而位置相错，这样前山整体形成中部“寺包山”与两侧“山包寺”的结合，形成了前山中轴两侧由近及远逐渐减少建筑物的密度和分量，逐渐削减左右均齐的格局，取得自中心向左右，从严整到自由、从浓密到疏朗的“退晕式”的建筑淡化，创造了十分得体的前山建筑境界。①

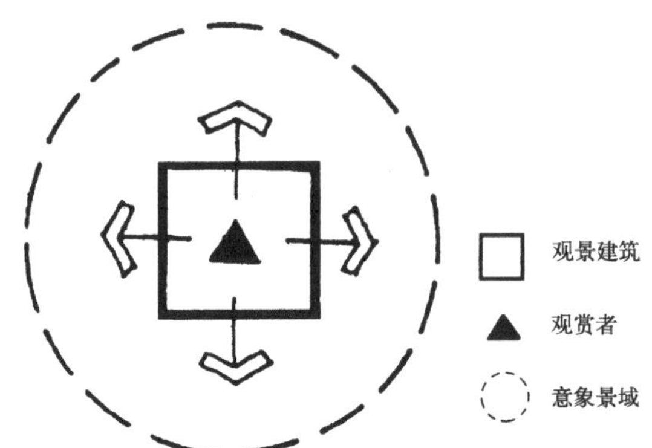

图6-2-14 观景式构成示意

关于点景式意境构成，传统建筑遗产还有两点值得注意：一是在创造良好的点景建筑的同时，十分注意安置恰当的、不同视距、不同视角的“观赏点”来观赏这些点景景观；二是绝大多数的点景建筑，自身往往也是良好的观赏点，它们实质上是“点景式”与“观景式”意境构成的复合形态。

三、观景式构成

观景式意境的构成模式如图6-2-14所示。观赏主体处于“观景建筑”空间之内，透过观景建筑的敞开面或门窗口，观览建筑外面的环境景观。景观意象主要由周围环境的自然景观、建筑景观和其他人文景观组成。观景建筑在这里起着“观赏点”的作用。

这是一种常见的建筑意境构成方式，历史上许多著名的诗文所涉及的建筑意境，多属这种构成方式。在《兰亭集序》中，王羲之先描述“兰亭”的周围环境：“此地有崇山峻岭，茂林修竹，又有清流激湍，映带左右。”然后叙述在兰亭中的观景兴致：“是日也，天朗气清，惠风和畅，仰观宇宙之大，俯察品类之盛，所以游目骋怀，足以极视听之娱，信可乐也”。这种境界显然是以兰亭为观赏点，观赏周围特定环境所激起的感兴。在《醉翁亭记》中，欧阳修同样先描述了醉翁亭的所在环境：“山行六七里，渐闻水声潺潺，而泻出于两峰之间者，酿泉也。峰回路转，有亭翼然，临于泉上者，醉翁亭也。”然后叙述在醉翁亭中所见的景观意象：“若夫日出而林霏开，云归而岩穴暝，晦明变化者，山间之朝暮也。野芳发而幽香，佳木秀而繁阴，风霜高洁，水落而石出者，山间之四时也。”欧阳修在醉翁亭所领略的境界，也是以醉翁亭为观赏点所感受的周围环境的“朝暮”“四时”变化的意蕴。在《岳阳楼记》中，范仲淹也是简短地描述了岳阳楼周围环境“衔远山，吞长江，浩浩汤汤（音 shāng，水流大而急）横无际涯，朝晖夕阴，气象万千”的“大观”气势，然后详述登楼览景的两种境界：

若夫霪雨霏霏，连月不开。阴风怒号，浊浪排空。日星隐曜，山岳潜形。商旅不行，樯倾楫摧。薄暮冥冥，虎啸猿啼。登斯楼也，则有去国怀乡，忧谗畏讥，满目萧然，感极而悲者矣。至若春和景明，波澜不惊，上下天光、一碧万顷。沙鸥翔集，锦鳞游泳。岸芷汀兰，郁郁青青。而或长烟一空，皓月千里。浮光耀金，静影沉璧，渔歌互答，此乐何极。登斯楼也，则有心旷神怡，宠辱皆忘，把酒临风，其喜洋洋者矣。

在这里，同一个岳阳楼，同一个观赏点，周围景观气象变异，所得的景观意象就迥然不同。上述三处著名建筑表明，“观景式”意境构成在建筑意境构成形态中，是一种很重要的形态，在中国诗人文士所描述的意境中，这种意境构成占了很突出的位置。

“观景式”构成的景观意象是由周围环境提供的，初看起来，作为观赏点的“观景建筑”自身，似乎在意境构成中没有起什么作用。如果周围环境完全是山河、星月、云雪等自然景象，更让人觉得这里的意境纯属自然风光境界，似乎不能纳入“建筑意境”的范畴，其实不然。在观景式构成中，充当观赏点的观景建筑，是起着重要作用的：

1. 提供良好的观赏场所 袁枚在描述峡江寺观瀑时，写了一段很值得注意的文字，他说：

凡人之情，其目悦，其体不适，势不能久留，天台之瀑，离寺百步，雁宕瀑旁无寺。他若匡庐，若罗浮，若青田之石门，瀑未尝不奇，而游者皆暴日中，踞危崖，不得从容以观，如倾盖交，虽欢易别。惟粤东峡，山高不过里许，……登山大半，飞瀑雷震，从空而下。瀑旁有室，即飞泉亭也。纵横丈余，八窗明净，闭窗瀑闻，开窗瀑至。人可坐，可卧，可箕踞，可偃仰，可放笔研，可瀹茗置饮。以人之逸，待水之劳，取九天银河，置几席间作玩。当时建此亭者其仙乎？僧澄波善弈，余命霞裳与之对枰。于是水声、棋声、松声、鸟声，参错并奏。顷之，又有曳杖声从云中来者，则老僧怀远抱诗集尺许，来索余序。于是吟咏之声又复大作，天籁人籁合同而化。不图观瀑之娱，一至于斯，亭之功大矣。[①]

这可以说是对于观景建筑的“场所效能”的淋漓尽致的阐述。苏辙在《黄州快哉亭记》中也有类似的描述。他说：

盖亭之所见，南北百里，东西一合，涛澜汹涌，风云开阖。昼则舟楫出没于其前，夜则鱼龙悲啸于其下，变化倏忽，动心骇目，不可久视，今乃得玩之几席之上，举目而足。西望武昌诸山，冈陵起伏，草木行列，烟消日出，渔夫樵父之舍，皆可指数，此其所以为快哉者也。

前人的这些论述表明，观景不仅仅需要好的景观，还需要好的观景场所。因为有了“可坐、可卧”的建筑空间，才能“久留”、“久视”，才能“以人以逸”，从容赏景，才能有舒坦的身心、悠然的心态，把奇观美景“置几席间作玩”。观景建筑的这个效能，也可以用“ 望—庇护”的理论来解释。纽拜在“对于风景的一种理解”一文中写道：

（阿普勒登）发挥了那种被称为“瞭望—庇护论”的理论，从一种生态学

①袁枚．小仓山房文集·卷二十九峡江寺飞泉亭记

的观点来说明风景的意义，其中人类扮演着猎人和猎物的双重角色。作为猎人，风景供给他有利地形以便寻找猎物；作为猎物，风景供给他以安全避难的处所。[①]

这里谈的虽然是处于狩猎状态下的原始人与环境的关系，对于文明时代的人来说，显然层次过低。但是，作为一种比拟，还能从中得到启迪。我们如果把“观景”视为“ 望”,那么，在观景过程中，就关联着“庇护”问题。低层次的安全庇护等生理需要和高层次的悠然心态等心理需要，仍然是观景审美活动所应具备的，使观赏行为得以舒畅进行的环境条件，这是作为观赏点的观景建筑的一大功能。

2. 提供适宜的观赏视点 中国画论十分重视观赏景观的视点。宋代郭熙明确指出对自然山水的审美应作多角度的观照。他说：

> 真山水之川谷，远望之以取其势，近看之以取其质。
>
> 山，近看如此，远数里看又如此，远数十里看又如此，每远每异，所谓山形步步移也。山，正面如此，侧面又如此，背面又如此，每看每异，所谓山形面面看也，如此，是一山而兼数十百山之形状，可得不悉乎？[②]

这个现象，苏轼用诗句作了高度概括，称之谓：“横看成岭侧成峰，远近高低各不同。”[③]

这种不同的视点、视距、视角对于景观效果的影响，郭熙进一步作了分析，提出了山水画的“三远”论：

> 自山下而仰山颠，谓之高远。自山前而窥山后，谓之深远。自近山而望远山，谓之平远。高远之色清明，深远之色重晦，平远之色有明有晦。高远之势突兀，深远之意重叠，平远之意冲融而缥缥缈缈。[④]

视点的选择，对于山水画如此重要，对于山水景游赏，也同样是至关重要的。不同的视点，会给景物带来不同的韵味。如“登高俯视”的视点，就具有强化景物整体效果的作用。因为登高才能远眺，才能洞照万象，直接目击广袤的大千世界。视点愈高，目击愈远，眼帘的景象就愈广阔，从而能对审美对象进行整体观照，综览纷繁的意象，感受阔大的境界。这就是李峤所说的“非历览无以寄杼轴之怀，非高远无以开沉郁之绪”。[⑤]因此，观景点的精心择定，观景建筑的妥帖安排，历来都视为景观建筑规划设计的重要环节，通过景观建筑提供特定的视点、视野、视高、视距、视角、视时、视速、视频等等，是景观意象组构中的一个重要制约因素。

3. 提供丰美的观赏景框 不少景观，是透过观景建筑的门洞、窗口或是檐柱、栏杆、楣子所组合的柱框来观览的。这些门洞、窗口、柱框就成了景观画面的“画框”。李渔住在杭州西子湖畔时，曾为自己构想了一种用于游舫的扇面形船窗，称之为“便面窗”（图 6–2–15）。他说：

> 是船之左右，止有二便面，便面之外，无他物矣。坐于其中，则两岸之湖光山色，寺观浮屠，云烟竹树，以及往来之樵夫牧竖，醉翁游女，连人带马，尽收便面之中，作我天然图画。[⑥]

他对于自己构想的这种便面窗很是欣赏，但有心无力，未能置船办成。李渔认为这种窗具有明显的框景作用。他说：

> 同一物也，同一事也，此窗未设以前，仅作事物观；一有此窗，则不烦指点，人人俱作画图观矣。[⑦]

张岱在记述杭州“火德祠”时，也谈到门窗框景的这种作用。他说通过门窗洞口，“凡

①纽拜．对于风景的一种理解．见：美学译文，第 2 辑．北京：中国社会科学出版社，1982

②④郭熙．林泉高致·山水训

③苏轼．题西林壁

⑤李峤．楚望赋

⑥⑦李渔．闲情偶寄·居室部

见湖者，皆为一幅图，小则斗方，长则单条，阔则横披，纵则手卷，移步换影，若遇韵人。”他认为这种透过小小的门窗洞所窥视的大自然，就是所谓“一粒粟中藏世界，半升铛里煮山川”。[①]显然，变“事物观”为“画图观”的框景作用，也是观景建筑在意境构成中的不可忽视的作用。

在诸多的观景式意境构成中，观景建筑的类别及其所处的地形、地段是千差万别的，或为亭、台、塔、楼，或为堂、馆、轩、榭；或立于山巅，嵌于山脊，或贴近水边，突入水中；或为俯视、仰视，或为远视、近视；它们的景观意象特色各异，所组构的意韵、意趣是十分丰富的。

承德避暑山庄的“青枫绿屿”是一组很有特色的、多视阈的观景建筑。它位于避暑山庄的山区北麓，夹于“南山积雪”和“北枕双峰”两亭所在的山峰之间，坐落在马鞍形的山脊上。这里山高气爽，视野开阔，东临绝壁，西有漫山枫林，景观视阈极佳。整组建筑呈不规则的院落布局，设有门殿“青枫绿屿”、正殿“风泉满清听”、转角房“吟红榭”、门前东配房“霞标”、后院“平台”和“罨画窗”等（图6-2-16）。这些建筑都成了精心设置的“观赏点”。在“青枫绿屿”殿，可以南望“南山积雪”亭。在“吟红榭”，可以西赏遍野的枫林红叶。在“风泉满清听”可以领略“青枫秀色皆入目、静坐小寮听涛声”的意趣。在紧临悬崖的“霞标”，三开间的室内空间，安排了东、南、西三向景观。北次间面西，主要观赏西侧山坳红叶；南次间通向抱厦式的小亭，可以饱览“三面送青”的景色；明间面东，可从后檐廊俯视岭下森林、寺塔、湖泊，可以远望层叠的山峦，每当夏季，旭日东升，还可以观赏满天红霞。在后院“平台”，特地建造了传统园林罕见的平顶建筑，形成全组建筑最高视点的观景台。这里可从假山

① 张岱．西湖梦寻·卷五 火德祠

图6-2-15　李渔构想的“便面窗”游船
引自李渔．闲情偶寄

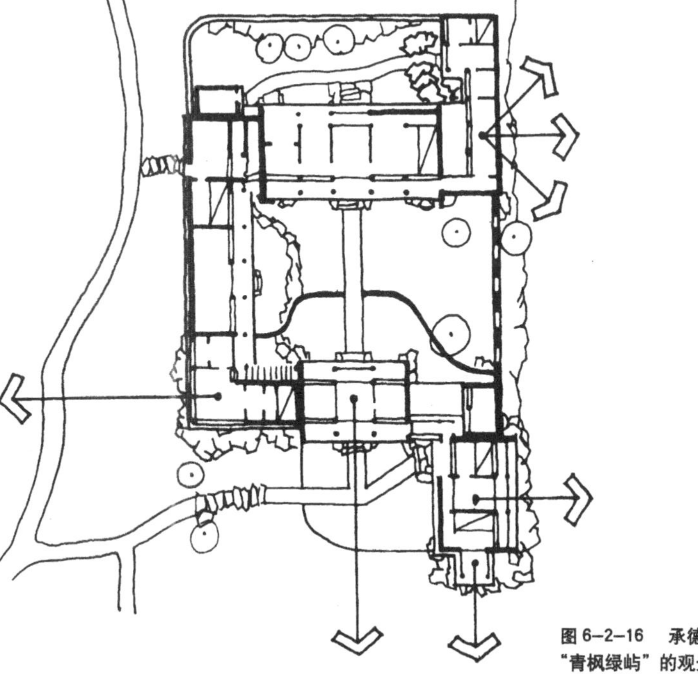

图6-2-16　承德避暑山庄“青枫绿屿”的观景安排

①王立平．承德避暑山庄“青枫绿屿”的建筑艺术及复建．建筑学报，1986（8）

②周维权．颐和园的前山前湖．见：建筑史论文集，第5辑．北京：清华大学出版社，1981

③李渔．闲情偶寄·居室部

磴道登台，白天可以极目远眺，山庄外面的磬锤峰、普乐寺、安远庙、溥仁寺，山庄内部的万树园、六合塔等，都尽收眼底；傍晚则可以“登高台以待明月”，可看到初照的明月，从磬锤峰后冉冉升起。而在平台下部，“曲室窈深，疏棂洞启”，透窗览景，又是一番境界。乾隆特为此题名“罨画窗”。综观这组观景建筑，“秋吟西域红叶，冬赞南山积雪，春赏万树草原，夏观锤峰晚照”[①]，是一处难得的全天候、多方位的观景点，难怪它在避暑山庄七十二景中，“青枫绿屿”列康熙三十六景之第二十一景，“罨画窗”列乾隆三十六景之第二十七景。以一组建筑占了二景这是很罕见的。

颐和园昆明湖畔的知春亭则是一处出色的三面环眺的低视点观景建筑。周维权对此作了精辟的分析。他指出，知春亭岛“堆筑在（东堤北端）岸线的凹入部位而又略为突出于湖面少许，因而变岸上的一面观赏为岛上的北、南、西三面眺望，而且面面得景俱佳。”[②]的确，从知春亭北望，可以近观玉澜堂、乐寿堂，侧看佛香阁、排云殿主轴建筑和前山整体；西望可以通视西堤一带，遥望玉泉山全景，并正对玉泉山主峰；转望西南向，可以近观南湖岛的岛、桥、亭组合，远看南部的浩瀚湖面。它们构成了一幅连续展开的风景长卷，既有雍容华贵的仙山琼阁景象，也有烟波浩渺的江南水乡风光；既有浓密的楼台殿宇的壮阔绮丽，也有自然的湖光山色的空灵神秀。这里不仅能饱览园内的广阔景域，而且通过借景，把玉泉山的全部优美山形和远处的西山峰峦背景都收摄到视野之内，并倒映在湖中，在一线西堤的铺垫下，形成层次分明、园内园外景观浑然一体的天然画图。作为观景建筑，知春亭可以说是非常得体合宜的。

前面提到，许多点景建筑自身往往也是良好的观赏点。同样的，许多观景建筑自身常常也是良好的景点。在多数情况下，观景建筑与点景建筑是“合二而一”的，它们既参与“观景式”的意境构成，也参与“点景式”的意境构成，是两种意境构成的复合形态。李渔在论述“便面窗”时，已谈到了这一点。他说：

> 此窗不但娱己，兼可娱人；不特以舟外无穷之景色摄入舟中，兼可以舟中所有之人物，并一切几席杯盘射出窗外，以备来往游人之玩赏。何也？以内视外，固是一幅便面山水；而从外视内，亦是一幅扇头人物。[③]

江南园林的山亭基本上都是这种复合形态，它们既是山体的重要点景，也是俯瞰园景的重要观赏点。北京的景山，作为内城的制高点，山上的亭组，在造就点景的隆重格局的同时，也成为观察北京轴线气势和宫城风貌的最佳视点。自万春亭南望，眼下是紫禁城的一片金黄色的屋顶海洋，从远处烟霭苍茫的永定门开始，经过正阳门、大清门、天安门、午门……层层的门阙宫殿重叠在这条轴线上，两旁对称地簇拥着殿阁廊庑，主次分明、高低错落、疏密有致，以太和殿为高峰，组成了气势磅礴的壮丽场面。从万春亭北望，透过地安门和鼓楼、钟楼，可以领略轴线的北端风姿。在亭子的东西两侧，也可以看到三海的湖光塔影和都城的街巷纵横，民屋的万瓦鳞差。景山的四个辅亭也同样具有良好的景观视点，它们分别命名为“富览”、“周赏”、“缉芳”、“观妙”，顾名思义，不难知晓它们的观景效能。

实际上，复合构成的意境形态，不仅限于“观景与点景”的复合，还存在着“观景与组景”，“点景与组景”的复合形态，也存在着“组景、点景、观景”三合一的复合形态。前面引述的峡江寺飞泉亭，袁枚提到“闭窗瀑闻，开窗瀑至”。开窗观瀑，是观景式的意象，闭窗闻瀑，是组景式的意象。袁枚说，人在亭中“水声、棋声、松声、鸟声，参错并奏”，再加上“吟咏之声复又大作，天籁人籁合同而化”，不难理解，这里的组景式意境也是很有意蕴的。不仅如此，这个“纵横丈余、八窗明净”立于瀑旁的飞泉亭，袁枚虽然没有描述它的点景景象，而实际上它也会起到良好的点景作用的。可以想见，这个飞泉亭的境界，即是一处“观景、点景、组景”的复合意境构成。颐和园前山主轴的建筑组群也是如此，它既是突出的点景建筑组群，极好的观景建筑组群，也是很有特色的组景建筑组群。

综上所述，建筑意境的构成方式，可以概括为“组景式”、“点景式”、“观景式”三种基本构成方式和“组景—点景”、“组景—观景”、“点景—观景”、“组景—点景—观景”四种复合构成方式。在实际建筑景物中，绝大多数都是以复合构成形态展现的。许多著名的或不著名的出色建筑都是这种种复合构成的意境形态所绽开的璀璨之花。

第三节　建筑意境的强因子：山水意象

上面叙述了建筑意境的构成形态，从中不难看出，构成建筑意境的意象，在景观性质上可以分为两大类：一类是人文景观意象，另一类是自然景观意象。人文景观当然以建筑自身为主体，包括殿阁楼台、厅堂亭榭、洞门漏窗等等，也包括曲径小桥、古碑断碣、几案屏风、器玩古董等室内外环境的其他人文景物。自然景观则包括青山绿水、茂林修竹、云雾烟霞、月色风声、鸟语花香等一系列自然景象。建筑意境的景观构成通常都是人文景观与自然景观的融合体，在不同的建筑类型和景观场合中，人文景观与自然景观的配合比是不同的。少数建筑，如处于宫殿型组群核心部位的北京故宫太和殿庭院，除了蓝天、绚日之外，几乎排除了一切自然景观要素，全然依赖端庄、凝重的人工构成物——建筑和陈设品来组构森严的宫阙境界。而绝大多数建筑总是不同程度地融入了山水花木等自然景象。值得注意的是，在古人写的建筑游记里，人们透过建筑所获得的意境感受中，山水自然景观意象往往占据着最突出的地位。郑板桥《题画》中所描述的庭院意境，涉及建筑自身的，只有“十笏茅斋，一方天井”八字。他的意境感受似乎主要来自“修竹数竿、石笋数尺”所带来的“风中雨中有声，日中月中有影，诗中酒中有情，闲中闷中有伴”的竹石意象。欧阳修写《醉翁亭记》，对亭子建筑自身，也只提到“峰回路转，有亭翼然，临于泉上者，醉翁亭也”寥寥数语，连亭子的基本形式是什么样的都看不出。他在醉翁亭所获得的意境感受主要是山水的朝暮、四时景致。欧阳修明确表明“醉翁之意不在酒，在乎山水之间也”。不过欧阳修接着又说：“山水之乐，得之心而寓之酒也”。就是说，意象虽不在酒，实际上也“寓之酒”。我们同样可以说，许多场合下的意境虽在乎山水之间，实际上也关联着建筑，醉翁亭在这个意境的生成中是起着观景、点景作用的。但是在古人的审美观照中，突出的却几乎全是山水意象。这种情况不是个别的，而是十分普遍。王羲之的《兰亭集序》、王勃的《滕王阁序》、范仲淹的《岳阳楼记》、苏辙的《黄州快哉亭记》等等都有这现象。这些“序”和“记”，展述了人们会于亭阁所感受的盛大意境，所生发的种种感慨。而触发意境的却都着重写山水意象，对建筑自身的景象全是一笔轻轻带过。这表明，无论是在观景式、点景式或组景式意境构成中，山水意象都是最活跃的因子。我们在探讨建筑意境的时候，自然要提出这样的疑问：为什么统称为“山水”的自然景象，会在建筑意境构成中充当重要的意象角色？这些山水意象在建筑意境生成中，究竟发挥着什么样的作用？它

①论语 · 子罕

②论语 · 雍也

③刘向 . 说苑 · 杂言

们在构成中国式意境特色中，体现了什么样的传统文化心理结构？

参照有关学者对自然美、山水诗、山水画审美意识和园林审美本质等的论述，可以认为，山水意象之所以具有突出的意境内蕴，成为建筑意境的强因子，主要有三方面的背景：

一、山水意象化的儒道基因

我国历史上形成了长期的农业性的泛自然崇拜。在第五章第一节中已经提到，由于中华农耕文明的发源地和随后扩展的农耕区，土地肥沃，雨量适中，气候温和，自然环境总的说来是宜农的。这使得我们的祖先对自然的崇拜，主要的不是畏惧，而是带有浓厚的感恩色彩。这种感恩型的自然崇拜，经过漫长的历史而积淀为民族的文化心理结构，在哲学上表现为“天人合一”的思想，把“天道”、“人道”视为一个“道”。在美学上则把自然山水景象视为“天道”的象征或表征，对自然美持亲和的态度，这在儒道两家的美学观中都有明显的反映。

孔子有两句大家熟知的、涉及美学的名言，一句是：

> 岁寒，然后知松柏之后凋也；[①]

另一句是：

> 知者乐水，仁者乐山；知者动，仁者静；知者乐，仁者寿。[②]

前一句表明孔子把自然物的某些特点和人的道德相联系；后一句表明孔子认为道德品质不同的人，对自然美的欣赏有所不同。为什么会有不同，孔子没有解释，联系到前一句，可以看出，孔子是把自然美与道德联系在一起，在他看来，自然山水之所以惹人喜爱，是因为它具有某种和人的精神品质相似的品性。孔子的这个看法就是自然美的“比德”说。“比德”说不是孔子首创的，《诗经》里已有不少对自然美的描写用的是以物比德的比兴手法。管仲、晏婴也有“以水比德”的言论。但孔子的这段话成了儒家遵循“比德”美学的标志，对后世影响很深。后人对“知者乐水，仁者乐山”的命题进行了许多解释，我们可以看一下刘向的解释：

> 夫智者何以乐水也？曰：泉源溃溃，不释昼夜，其似力者；循理而行，不遗小间，其似持平者；动而之下，其似有礼者；赴千仞之壑而不疑，其似勇者；障防而清，其似知命者；不清以入，鲜洁而出，其似善化者；众人取平，品类以正，万物得之则生，失之则死，其似有德者；淑淑渊渊，深不可测，其似圣者；通润天地之间，国家以成：是智者所以乐水也。
>
> 夫仁者何以乐山也？曰：夫山巃嵸㠑 ，万民之所观仰，草木生焉，众物立焉，飞禽萃焉，宝藏殖焉，奇夫息焉，育群物而不倦焉，四方并取而不限焉，出云风通气于天地之间，国家以成：是仁者所以乐山也。[③]

刘向的这种解释，把自然美的“比德”说发挥得很具体，看上去很细腻，实际上停留于简单的比附，显得很牵强。但是，儒家学派的自然美“比德”说是有深刻意义的。李泽厚、刘纲纪指出：

> 这种看来是比附的说法，在一种简单朴素的形式下向我们提示了有关自然美的一个极为重要的事实，那就是人所欣赏的自然，并不是同人无关的自然，而是同人的精神生活，人的内在情感要求密切联系在一起的自然。……这决不是出于古人的简单无知，而是人类对自然的审美意识的一个重大发展，对自然与人之间有某种内在的同形同构的对应关系的发

现。……这正是对自然美的意识产生的重要标志。[①]

显然，儒家的这种美学思想的影响是极为深远的，把自然的美与人的精神道德情操相联系，正是山水意象获得深邃意蕴的一大基因。

以庄子为代表的道家美学则提出“天乐”、“坐忘”、“心斋”、“天地有大美”等命题。庄子说：“与天和者，谓之天乐”[②]，“以虚静推于天地，通于万物，此之谓天乐”[③]。在庄子的心目中，“天乐”是与“天”同一，与宇宙合规律性的和谐一致。李泽厚说：

这种“天乐”并不是一般的感性快乐或理性愉悦，它实际上首先指的是一种对待人生的审美态度。[④]

庄子的这种审美态度和儒家不同。儒家美学强调的是“人和”，庄子美学强调的是“天和”。这个“天和”就是“与道冥同”，与“道”同一的“至乐”，所以“天乐”是一种最高境界。如何达到这种天乐的最高境界，庄子提出审美态度上的“坐忘”、“心斋”。

堕肢体，黜聪明，离形去知，同于大通，此谓坐忘[⑤]；

唯道集虚。虚也者，心斋也。[⑥]

“坐忘”说的是通过静坐修养，彻底忘掉周围世界和自己的心智、形体，使身心完全与“道”相通，是一种端坐而浑然忘掉物我的精神境界。“心斋”说的是“虚其心则至道集于怀”（郭象注），是一种摒除情欲，保持虚静的精神状态。这里强调的是一个“忘”字和一个“静”字。庄子说：

静则明，明则虚，虚则无，无则无为而无不为也。[⑦]

这就是说，不为一时之耳目之意所左右，截断意念，敞开观照，这样精神便自由了，心灵便充实了，“天地与我并坐，万物与我为一”（《庄子·齐物论》）的最高境界也就达到了。[⑧]

庄子所追求的这种“忘物我、同天一、超利害、无思虑”[⑨]的境界，用我们现在的话说，就是意味着人的情感的对象化和对象的情感化。这种审美境界就远远超越了儒家审美所强调的同形同构的对应关系，而是升华到物我两忘、主客同体的高度，从人与天地万物的同一中求得超越的精神自由境界。

庄子提出的“天地有大美”命题[⑩]，充分肯定和极力赞颂大自然的大美、壮美，突出大自然的无限时空的美。他强调自然高于人际，大巧高于工巧。他厌倦人世生活，经常“行于山中”，“钓于濮水”，“游于濠梁之上”。他说：

刻意尚行，离世异俗，此山谷之士，避世之人也。就薮泽，处闲旷，钓鱼闲处，无为而已矣，此江海避世之人闲暇者之所好也。[⑪]

他把避世的生活视为“与道冥同”的崇高理想的体现。

显然，庄子美学对后世的影响也是极其深远的。把自然美的欣赏提到至乐、天乐的审美境界，提到精神自由、心灵解放、无限时空、物我超越的最高境界，正是山水意象获得深邃意蕴的另一重大基因。

李泽厚指出：

人们经常重视和强调儒道的差异和冲突，低估了二者在对立中的互补和交融。[⑫]

我们应该看到，在对自然的审美观照中，儒家美学强调与德的联系，道家美学强调与道的同一；儒家的“比德”是“人际—伦常”的道德尺度，道家的“与道冥同”是“自然—心灵”的超越尺度，它们的审美意识是不同的。但是，这种差异性恰好构成了对立中的互补交融，成为山水意象化的两大基因。

二、山水意象的多元意蕴

多元意蕴是山水意象成为意境强因子的一

①李泽厚，刘纲纪．中国美学史，第1卷．北京：中国社会科学出版社，1984.147页

②③庄子·天道

④⑧⑨⑫李泽厚．庄子美学札记．见：深圳大学国学研究所．中国文化与中国哲学．北京：东方出版社，1986.90页

⑤庄子·大宗师

⑥庄子·人间世

⑦庄子·庚桑楚

⑩庄子·知北游

⑪庄子·外篇刻意

①晋书·张天锡传

②康熙说："至于玩芝兰则爱德行，睹松竹则思贞操，临清流则贵廉洁，览蔓草则贱贪秽，此亦古人因物而兴，不可不知"。钦定热河志·卷二十五行宫一

③参见王世仁．理性与浪漫的交织．中国建筑工业出版社，1987.135页

④⑤宗炳．画山水序．

个重要因素，这很大程度上是在儒道两家的山水审美意识的基因作用下生发的。千差万别的山水意蕴是如何产生的？从意象生成的角度来看，可以概括为两种基本生成途径：一种就是前面提到的儒家美学所遵循的"比德"说，另一种则是道家美学所引发的"畅神"说。

"比德"说在先秦之后仍一直延续着，表现出很强的生命力。它体现出注重审美的精神功利，注重审美的真、善、美结合的趋向，具有浓厚的理性主义色彩。所谓"玩芝兰则爱德行之臣，睹松竹则思贞操之贤，临清流则贵廉洁之行，览蔓草则贱贪秽之吏"[①]，几乎成了封建时代津津乐道的审美信条。直到清代的康熙皇帝，在建置避暑山庄时还在重复强调这句话。[②]这种根深蒂固的"比德"观念，对于山水风景的观赏和园林山水的创作都有很大影响，形成自然山水观赏和以山水为题材的艺术创作（包括山水诗、山水画和园林山水等）强调因物喻志，托物寄兴，感物兴怀的比兴传统。建筑意境，特别是园林意境中的山水花木的象征涵义受到高度关注，在山水意象中，象征意蕴占了很可观的比重。这些象征意蕴的内涵是多方面的，寓意十分丰富。有的仍延续着严格意义上的"比德"，主要表现在追求花木审美的比拟高洁，如欣赏松的岁寒后凋，梅的独傲霜雪，竹的虚心有节，兰的处幽谷而香清，荷的出淤泥而不染等等。更有的则拓宽为"德"之外的种种祥瑞象征，在皇家园林中常见的有寓意"海岛仙山"、"天下太平"、"江山一统"之类。沿袭秦汉辟池堆山象征传说中的东海神山的做法，历久不衰。隋炀帝的洛阳西苑，南宋吴兴的沈德和园，北京北海的琼华岛，圆明园的福海等，都采取了这种象征寓意的山水布局。圆明园的九洲景区是"宸宇一统、天下太平"的典型象征，九个岛屿环绕后湖布置，比附《禹贡》天下由九大洲组成的传说，南部正中最大的岛上，正殿取名"九洲清晏"，进一步清晰地点明了"太平时世，河清海晏"的象征主题。承德避暑山庄则以更大的手笔，展开了寓意"江山一统"的恢宏场面。整个山庄，以东南部嵌入模仿江浙名胜景点的湖区，象征东南水乡；以西北部大片峰峦起伏，沟壑纵横的山峦地带，象征西北高原；以湖区北面大面积的茫茫草原、郁郁丛林，搭上帐篷、蒙古包，象征蒙古草原；以蜿蜒起伏的宫墙表征万里长城，从而把域外多民族建筑形式的外八庙所处地段，象征边陲地带。如此等等，构成了"江山一统"，中央与外藩协和融洽的缩影。[③]可以说沿着"比德—象征"的途径，小自一花一木的品格寓意，大到一组景区，甚至全园整体布局的主题象征，山水意象积淀了十分丰富的"比兴"潜能。

"畅神"说形成于魏晋南北朝时期。在魏晋王朝频迭、战祸不已的动乱时世，经学式微，玄学兴起，文人士大夫纷纷皈依老庄。基于门阀世族庄园经济的分散性，士族阶级各自为政，也促使文人热衷于注重个体人格独立的老庄学说。这些，形成了隐世脱俗、超然自得、虚无放荡、论道说玄、崇尚自然、寄情山水的魏晋风度。从魏晋到南北朝，人们企望在自然空灵的世界里获得精神的解脱，把找寻人生慰藉的目光投向大自然，带来了对自然美认识的觉醒。南方地区政治、文化中心的开发，江南大好河山的锦绣风光也进一步吸引人们对自然美的关注。自然山水成为人的自觉的审美对象，这是对自然审美意识的一次飞跃。在这样的时代背景下，宗炳提出"山水以形媚道"，"山水质有而趣灵"[④]的论断，明确表述山水美是以具体的形象显现着"道"而使人愉悦。山水外在形貌虽是有限的"质有"，却蕴含着无限的"道"的"趣灵"。宗炳还进一步在庄子美学的基础上取得重大的突破，提出了"畅神"的命题。[⑤]把自然审美提到"畅神"高度，在当时不是个别的。王

微说："望秋云，神飞扬；临春风，思浩荡"。[①]刘勰说："登山则情满于山，观海则意溢于海"[②]，说的都是对自然审美的"畅神"意识。

"畅神"说的出现，意味着对自然的审美达到直接从自然景物的观赏中，获得"心怡神畅"的审美享受。这种审美意识已摆脱"比德"说的精神功利性，是对自然美自身审美价值的真正发现，这才真正进入自然美审美意识的高级阶段。这一点，中国比西方早了1500年，对于山水意蕴的敏感，中国人可以说是遥遥领先的。

对自然美的畅神意识，鲜明地体现在魏晋南北朝时期对绮山秀水的眷恋和陶醉：

> 顾长康从会稽还。人问山川之美，顾云："千岩竞秀，万壑争流，草木蒙笼其上，若云兴霞蔚。"[③]

> 王子敬云："从山阴道上行，山川自相映发，使人应接不暇，若秋冬之际，尤难忘怀。"[④]

> 此地有崇山峻岭，茂林修竹；又有清流急湍，映带左右。引以为流觞曲水，列坐其次，虽无丝竹管弦之盛，一觞一咏，亦足以畅叙幽情。[⑤]

不难看出，这种从大自然的生机天趣中，获得的很大、很浓，而且是十分高雅的美的享受，具有很突出的情感性内涵。不仅如此，在许多情况下，士大夫文人对自然山水的畅神感受还往往表现出形而上的哲理追求，他们常常透过有限的景观表象，去感受意象内蕴的无限的"道"，从中领悟宇宙、历史、人生的哲理。山水意象的这种情感性的浓郁化和哲理性的深邃化，显然大大增强了它生成意境的潜能。

随着历史的演进，自然审美的畅神意识又增添了"诗情画意"和"环境美"的新内蕴。山水诗在唐代已高度成熟。中唐前后，山水在绘画中也由原先的附庸地位而真正独立，到宋元，山水画、花鸟画都已达到成熟和高峰状态。山水诗、山水画的臻熟导致山水意象的诗情画意化，大大推动了建筑意境构成中，特别是园林意境构成中对山水意象诗情画意的抒情追求。王世仁在论述这一趋向时写道：

> 如果说辋川别业还是层层引人入胜，使人流连反顾的山水长卷，那么到了白居易的庐山草堂，则完全是一幅淡墨晕染的山居小景了。[⑥]

这种对"诗情画意"的追求，影响是深远的，它构成了中国传统园林意境的一大特色。苏州园林中的许多景点，《红楼梦》大观园中的许多景点，从命名到题对，很多都是从诗情画意上做文章的。

两宋时期，中国城市发展进入新的阶段，北宋汴京、南宋临安都呈现人文荟萃、商贾云集的熙熙攘攘的热闹景象。市民阶层的崛兴，都市生活的繁华，与夜市、酒楼、瓦舍等世俗生活相呼应，游山玩水也成为都人士女游乐生活的时尚。自然景致与人工造景相结合的环境美的开发成为一种潮流，一个显著的现象就是邑郊风景区的兴起。杭州的西湖，苏州的虎丘、天平山，扬州的瘦西湖、平山堂，南京的栖霞山、清凉山，武昌的鹦鹉洲，长沙的岳麓山，昆明的滇池，太原的晋祠，绍兴的鉴湖，济南的千佛山以及颍州的西湖，滁州的琅琊山，宣州的敬亭山，池州的齐山，芜湖的神山等等都陆续开发成城市近郊的公共游览胜地。这些邑郊风景区，既有奇山秀水，名花古树，也有亭台楼阁，仙祠古刹，融自然景观与人文景观于一炉，创造了令人神往的美的环境。

> 都人士女，两堤骈集，几于无置足之地；水面画楫，栉比如鱼鳞，亦无行舟之路。[⑦]

可见游人遍及市民阶层，人数众多，是一种具有公共性、群众性的环境美的游赏。

①王微．叙画

②刘勰．文心雕龙·神思

③④刘义庆．世说新语·言语

⑤王羲之．兰亭集序

⑥参见王世仁．理性与浪漫的交织．中国建筑工业出版社，1987.114页

⑦周密．武林旧事·卷三　西湖游幸

①参见王世仁．理性与浪漫的交织．中国建筑工业出版社，1987.128 页

②窦武．文士园林试论．见：建筑师，第 36 期．北京：中国建筑工业出版社，1989

③论语·泰伯

④孟子·尽心上

这种环境美的追求也同样体现在皇家园林和私家园林的营造中。特别是明中叶以后，在江南和北京南北并峙的造园高潮中，环境美的追求也达到高峰，并出现了总结造园实践的著作。如明末计成的《园冶》，文震亨的《长物志》，清初李渔的《闲情偶寄》等。正如王世仁所指出的：

> 《园冶》的写作宗旨，是在告诉人们如何能够创造出一个幽美清雅的生活环境。[①]

计成在书中，概述造园的一系列法则，如“虽由人作，宛自天开”、“巧于因借，精在体宜”，“得体合宜，未可拘率”，“宜亭斯亭，宜榭斯榭”，“处处邻虚，方方侧景”等，都贯穿着园林开发中对自然与人工和谐融洽的环境美的高度关注，体现出对“片山多致，寸石生情”，“多方景胜，咫尺山林”的佳境、幽境、妙境的创作规律的清醒把握。正是在这种环境美的成功创造中，园林山水的诗情画意的抒情性达到了充分的展现。

上面分别叙述了山水意象“比德”意识和“畅神”意识所拓展、积淀的多元意蕴，值得注意的是，这两种意识在具体的景点意象中，并不是分离的，而是交织在一起的。松、梅、竹、兰既有“比德”的意义，也有“畅神”的意味。种种祥瑞象征的山水布局，大多都以吻合“畅神”审美的需要为前提，它们多数都取得意象的语义信息和审美信息的统一。在这里，山水意象的畅神要求是基本的，比德要求则是在畅神基础上的语义的展延和增生。

三、隐逸生活与山水意象的高雅化

山水意象之所以成为建筑意境构成的强因子，还与中国士大夫文人理想的生活范式息息相关。这一点，窦武在《文士园林试论》一文中已作了透彻的论析。他说：

> 中国园林的艺术特色，是两千年来士这个阶层的价值观念、社会理想、道德规范，生活追求和审美趣味的结晶。要研究它，还得主要从自然美的发现和田园生活的意境两方面下手，而田园生活丰富的社会、思想内容是决定性的。“师法自然”，不但是在园林的形式上模仿自然的景观，更重要的是追求一种自然的生活。士主要是通过追求自然的生活才对自然的美有所会心的。园林是作为自然的生活的场所环境，才被要求自然的风格。[②]

士是中国古代劳心者的知识分子阶层，他们往往既是地主，又是官僚。他们代表时代文化的最高水平，也是社会道德理想的体现者。士的思想大多兼容儒道，普遍的信条是“天下有道则见，无道则隐”[③]，“达则兼济天下，穷则独善其身”[④]。当官场顺利，志满意得之时，则发扬儒家精神，以治国平天下为己任；当宦海失宠，心灰意冷之日，则皈依老庄，隐入山林，过隐逸生活，以山水、田园之乐慰藉心灵。从东汉末到魏晋南北朝，王朝不断更迭，政治无道，社会动荡，士大夫隐逸之风大盛。隐逸生活成为避世人士追求的生活方式，它的基本范式就是田园式的自然生活。这种自然生活可以东汉仲长统在《乐志论》里的描述作为标本。他说：

> 使居有良田广宅，背山临流，沟池环匝，竹木周布，场圃筑前，果园树后。舟车足以代步陟之难，使令足以息四体之役，养亲有兼珍之膳，妻孥无苦身之劳。良朋萃止，则陈酒肴以娱之；嘉时吉日，则烹羔豚以奉之。踟蹰畦苑，游戏平林。濯清水，追凉风，钓游鲤，弋高鸿，讽于舞雩之下，咏于高堂之上。安神闺房，思老氏之玄虚；呼吸精和，求至人之仿佛。与达

者教子论道讲书，俯仰二仪，错综人物，弹南风之雅操，发清商之妙曲，逍遥一世之上，睥睨天地之间，不受当时之责，永保性命之期，如是则可以凌霄汉，出宇宙之外矣，岂羡夫入帝王之门哉。[①]

这种田园生活，良好的自然山水是它的必然环境条件；山水花木的自然美景成了避世之士的精神避难所；欣赏山水花木成了归隐生活的心理调节过程；逸居乐道，寄情山水成了傲王侯，轻功名，超越政治权势，超越物欲的高尚道德表现；林泉之乐，竹石之好真正成了情趣盎然的高雅的美的享受。

这种田园生活中的山水意象所蕴含的道德价值、审美价值和心理调节价值，经过岁月的积淀，渐渐地转化，从原先特定的，与避世归隐相联系的独特价值，转化为高尚道德情操，高雅审美趣味，高洁潇洒心态的普遍性价值，逐渐升华为士大夫普遍向往的理想生活范式的重要组成，成为封建时代高层次精神生活和物质生活的重要内涵。当然，在这个价值转化过程中，山水景象也掺杂进显示荣华富贵，显示门第高雅，满足豪侈生活之类的派生价值。特定阶层的喜好，展延为社会的喜好，不仅避世之士追求它，不仅文人雅士追求它，出入帝王之门的达官贵人也钟情它。大观园就是在贾府处于最显赫的时期营造的。这的确是文士园会心自然美，追求自然风格的一大原因，也是私家园林普遍呈现文士园基本品格的主要原因。正是在这样的背景下，生活范式的追求，也起到了赋予园林山水意象蕴含崇高的道德情操，深沉的哲理意蕴，深邃的审美情趣的意境美的作用，使山水意象成为建筑意境构成中极为突出的强因子。不仅如此，我们还应该看到，作为生活范式追求的山水景象，从获得途径上，有两种方式：一种是把生活环境融进天然山水之中，另一种是在生活环境中创造人工山水。拿白居易来说，他就兼用了这两种方式。“庐山草堂”是他的前一种模式。他在庐山香炉峰和遗爱寺之间“其境胜绝”的地段，“面峰腋寺”，建了三间草堂。这里可以“仰观山，俯听泉，旁睨竹树云石，自辰及酉，应接不暇[②]，这当然是获取山水意象极为理想的方式。但是，这种条件必竟不是经常具备的。白居易“以冗员所羁，余累未尽”，居官不能常住草堂。平时的情况则是：“凡所止，虽一日、二日，辄覆篑土为台，聚拳石为山，环斗水为池，其嘉山水病癖如此”。[③]这就属于第二种模式。他描述自己的洛阳“履道里”宅园是：

十亩之宅，五亩之园，有水一池，有竹千竿，勿谓土狭，勿谓地偏，足以容睡，足以息肩。[④]

这种模式恰恰是居住在城市里的士大夫所不得不采用的主要方式。由于城市居住环境的局限，这种山水意象不得不趋向象征意味，“一拳石则苍山万仞，一勺水则碧流万顷”，导致建筑环境中的山水意象往往带有浓厚的写意的抒情性。“善悟者观庭中一树，便可想见千林；对盆里一拳，亦即度知五岳”[⑤]，也使得建筑环境中的山水意象的观赏，带有颇为浓厚的比兴色彩。这就给人工山水景象造就了“放大”机制，“片山多致，寸石生情”[⑥]，“一片瑟瑟石，数竿青青竹”[⑦]，这些一拳、一勺，片山、寸石，不仅“有情有味”，而且这种“情”、“味”，具有象征的比兴功能，潜藏着很大的意境能量。

以上从“儒道基因”、“多元意蕴”和“生活范式”三个角度考察了山水意象之所以成为建筑意境强因子的背景。由于这样的背景，山水意象成为建筑意境生成的活跃因素，是完全可以理解的。但是，山水意象的活跃，反过来也衬托出建筑意象在建筑意境生成中的不活跃。这是一种明显的“喧宾夺主”现象。这个现象

①后汉书·王充、王符、仲长统传

②③白居易．草堂记

④白居易．池上篇附诗

⑤汤贻汾．画筌析览

⑥计成．园冶·卷一相地

⑦白居易．北窗竹石

并不表明建筑意象生成建筑意境的潜能远低于山水意象生成建筑意境的潜能。这里透露出来的信息是，在中国古代，建筑文化尚未取得真正的“文化”地位。在士大夫文人心目中，建筑还属于匠技，不属“文化人”的创作领域，远没有进入像绘画这样的高层次的文化行列。这种情况必然限制了人们对建筑艺术的感受。因此，在当时人审美观照中，建筑美的魅力与山水美的魅力相比，难免相形见绌。这就造成了山水意象在建筑意境构成中频频充当主角的奇特现象。这种现象看似反常，而实际上是特定文化背景下的正常现象。

第四节　建筑意境客体的召唤结构

研究建筑意境遗产，最后应归结到认识中国建筑所反映的意境创作和意境鉴赏规律。这是一个难度很大的课题。究竟建筑意境在创作上、鉴赏上存在着什么样的规律性的现象呢？这需要围绕建筑意境的生成机制来考察。

建筑意境的生成，涉及到建筑意境的客体，也涉及到建筑鉴赏的主体；涉及到建筑创作环节，也涉及到建筑接受环节。这里，试以“接受美学”的理论和方法，从两方面对建筑意境的生成机制作一下初步的探索。本节主要从建筑创作环节，探讨意境客体如何通过自身的“召唤结构”的优化，形成富有意境蕴藏的景物；下一节则从建筑接受环节，探讨建筑景物如何添加适当的鉴赏指引，促进和提高建筑接受者对意境的鉴赏敏感和领悟深度。

本章第一节在讨论建筑意境的概念时，已经提到意境是由审美意象组构的，这种组构经历了“虚实相生”的过程。前人对这一点早有认识。清人郑绩在论画时曾经概括说：“生变之诀，虚虚实实，实实虚虚，八字尽矣。”[①]这也可以说是对意境结构的高度概括。“虚实相生”是生成意境的关键所在，也是我们解开意境生成奥秘的谜底。

什么是意境结构中的虚与实？接受美学提出的“召唤结构”概念有助于我们对这个问题的探索。何谓“召唤结构”？朱立元阐释说：

> 按照伊瑟尔的观点，文学作品中存在着意义空白和不确定性，各语义单位之间存在着连接的“空缺”，以及对读者习惯视界的否定会引起心理上的“空白”，所有这些组成文学作品的否定性结构，成为激发、诱导读者进行创造性填补和想像性连接的基本驱动力，这就是文学作品的召唤性的含义。[②]

这里提到的“意义空白”、“不确定性”、“连接空缺”、“心理空白”都属于“虚”。意境的生成，正是作品的这种召唤性，也就是景物客体召唤结构的“虚实相生”所发生的积极作用。

在中国古典美学中，“虚实”有多种含义。常用的有两个性质不同的“虚实”概念。一个概念，“实”指作品中直接可感的形象，“虚”指作品中所表现的情趣、气氛和由形象所引发的艺术想像、艺术联想。另一个概念，“实”指作品形象中的“实有”部分，“虚”指作品形象中的“空缺”部分。在意境的召唤结构中，这两个概念的“虚实”都存在。前一种“虚”是召唤结构的“象外之虚”，后一种“虚”是召唤结构的“象内之虚”。它们涉及两种性质不同的“虚实相生”。这两种“虚实相生”，在意境结构中交织成错综复杂的虚实关系，很容易引起混淆。这里，为便于阐述意境的生成机制，把意境结构中前一种虚实，称为“实境”与“虚境”；把意境结构中后一种虚实，称为“实景”与“虚景”。

下面分别展述：

①郑绩．梦幻居画学简明

②朱立元．接受美学．上海：上海人民出版社，1989

一、第一层次虚实——实境与虚境

关于意境中的"实境"与"虚境"的相生关系，宗白华有一段话讲得很明确，他说：

> 艺术家创造的形象是"实"，引起我们的想像是"虚"，由形象产生的意象境界就是虚实的结合。①

蒲震元对此也作了明确的阐述：

> 所谓意境，应该是指特定的艺术形象（实）和它所表现的艺术情趣、艺术气氛以及可能触发的丰富的艺术联想形象（虚）的总和②。

他们都认为意境整体就是实境"与"虚境"的统一。在这里，"实境"是景物整体直接可感的艺术形象；"虚境"则是形象所表现的艺术情趣、艺术气氛和形象所引发的艺术联想、艺术想像。实际上，不仅意境的景观整体存在着"实境"与"虚境"的相生，意境的景物要素也存在着这种"虚实"关系，这在景物意象层次表现得很明显。景物意象要素自身的"意"与"象"，"情"与"景"，"神"与"形"，都属于这种性质的虚实关系。这里的"意"、"情"、"神"，都是由"象"、"景"、"形"所表现、所引发的，都是"象外之虚"，是要素层次所呈现的"虚境"。

显而易见，实境作为"象内之象"，是特定的、自在的、可捉摸、可感触的，是可以凭感观觉察，直觉把握，不思而得的；而虚境，作为"象外之虚"，是不定的、虚幻的、难以捉摸、难以感触的，需要通过感悟和想像才能领略的。实境具有稳定性、直接性、可感性、确定性的品格；虚境具有流动性、间接性、多义性、不确定性的品格。蒲震元称实境为意境中的"稳定部分"，虚境为意境中的"神秘部分"。③他指出：

> 实以目视，虚以神通；实由直觉，虚以智见；实处就法，虚处藏神；实以形见，虚以思进。④

这是对实境与虚境的性质、特点的精当概括。

实境与虚境之间，存在着什么样的相生关系呢？南宋范　文在论述"情"与"景"的关系时说：

> 不以虚为虚，而以实为虚，化景物为情思，从首至尾，自然如行云流水，此其难也。⑤

清初画家笪重光在分析山水画意境创作中的虚实关系时说：

> 空本难图，实景清而空景现；神无可绘，真境逼而神境生。⑥

他们两人，一个说"情思"是由景物"化"出来的。一个说"神境"是由真境"逼"出来的，都认为在虚实相生中，基础在于"实"。

究竟这实境何以能"化"出、"逼"出虚境来呢？这是一个观赏者的"心"与景物客体的"境"的契合过程。王朝闻说：

> 看来诗和画一样，形象有确定的一面，也有不确定的一面，艺术欣赏从确定的一面见出不确定的一面，从而以自己的生活经验把它那不确定的一面确定之，这也是形式单纯内容丰富的艺术品，可能对审美主体引起永久的魅力的一种重要原因。⑦

苏联美学家列·斯托洛维奇也有类似的论述。他引用格鲁吉亚诗人西蒙·切柯瓦尼的诗句：

> 一切东西都有两重性：
> 一个对象既是它本身的样子，
> 又是使人想起的那种东西。

他认为：

> 对象的审美价值既取决于"它本身的样子"，又取决于它"使人想起的那种东西"。但是对象使人想起的那种东西，不仅取决于感知它的主体。必须指出，某种对象和人类社会之间在

①宗白华．美学散步．上海：上海人民出版社，1981.33页

②③④蒲震元．萧萧数叶，满堂风雨．文艺研究，1983（1）

⑤范　文．对床夜语卷二

⑥笪重光．画筌

⑦王朝闻．确定与不确定．文艺研究，1984（1）

社会历史实践过程中形成客观的联系和相互关系。对象就“使人想起”这些联系和相互关系。①

不难理解，“从确定的一面见出不确定的一面”，从对象“本身的样子”引发“使人想起的那种东西”，这就是以实“化”虚，以实“逼”虚的过程。这个过程，正是接受美学中所谓的“二级阅读”。接受美学创始人之一，汉斯·罗伯特·姚斯把文学阅读过程分为递进的三级：

初级阅读经验是审美感觉范围内的直接理解阶段，反思性阐释阶段则是在此之上的二级阅读阶段。②

第三级阅读最近乎历史——哲学解释学了，它涉及到从作品的时间和生成前提上对一部作品的阐释。③

姚斯认为，在二级阅读中，审美认识已从初级阅读的“直接理解”发展到“反思理解”，上升到“意义阐释”，引入阐释性的“对话”或“回答”逻辑。朱立元在他的《接受美学》专著中，进一步把二级阅读区分为两种形态：

第一种是与初级阅读同步的，几乎在不知不觉中同时发生的，那就是在视点游移和意象意境连接、总合过程中所发生的瞬间的回答。……第二种形态是在重新阅读和反复阅读中发生的细心体会的回答逻辑，是对作品深层内涵的发掘和发现，思考和阐释。④

朱立元并对初级、二级两级阅读过程作了如下的概括：

这个过程，从原有期待视界（前结构）出发，在与作品召唤结构的具体接触、碰撞中，通过语符——意象思维的作用，调动读者感情经验积累和想像力，对作品空白和不确定性进行“具体化”与重建，达到意象意境意义的初步感性总合；在此基础上，介入主体反思、设定具体的“问答逻辑”，通过辩证的“对话”深入作品的内层，理性地把握并阐释作品的底蕴，最终达到读者视界和作品视界的沟通与交融。⑤

意境的生成过程，实质上就是朱立元所揭示的这个阅读过程。在这里，建筑意境的景物客体是一种优化的召唤结构，它具有“象外之虚”的“意义空白”和“不确定性”。这个“意义空白”和“不确定性”就是召唤结构所提供的广阔的想像空间。它对艺术鉴赏的再创造想像具有诱发力，是“收摄和释放想像之精灵的神奇土地”，“是潜藏在作品可说性下面的不可说性的‘黑洞’”⑥；是“一个永远需要解答的谜，一个永远也解答不完的谜，一个众彩纷呈的谜。”⑦接受主体则通过一级、二级“阅读”，完成对虚境想像空间的“创造性填补”和“想像性连接”，从中获得最高的审美感受和深层感悟。

可以看出，在实境与虚境之间，实境作为“象内之象”，是有载体的、物化的物理性时空结构。而虚境，作为“象外之虚”，是无载体的、非物化的心理时空结构。因此，我们可以说，虚境的“意义空白”不是“结构性”的“空白”，而是一种“功能性”的“空白”。

对于建筑意境来说，这种“功能性”的“空白”所起到的诱发想像作用，大体上基于以下四方面的功能：

（一）“比兴”功能

突出艺术的“比兴”功能，是中国艺术的普遍传统。因物喻志，托物寄兴，感物兴怀是展开想像之翼的一种有效的、方便的方式。通过比喻、象征来拓展景物的想像空间，是中国建筑常用的表现手法。它通过直观生动的实境形象来比喻、暗示、寓托抽象、间接的虚境联想形象。这种实境与虚境之间的比兴关系的建立，通常是基于或明或晦的某种内在的“同形

①列·斯托洛维奇．审美价值的本质．凌继尧译．北京：中国社会科学出版社，1984.77页

②③H·R·姚斯．走向接受美学．见：接受美学与接受理论．沈阳：辽宁人民出版社，1987.178，183页

④⑤朱立元．接受美学．上海：上海人民出版社，1989

⑥鲁萌．方法·空白·中介．美术思潮，1985（2）

⑦王宝增．创作空白论．文艺研究，1990（1）

同构”的对应关系。这种“比兴”功能与上节谈到的儒家对自然美的“比德”审美意识是相对应的。这在建筑意境的山水花木意象中表现得很明显。传统园林景点常常以竹为主题，就带有浓厚的比兴色彩。郑板桥咏竹诗说：“未曾出土先有节，纵凌云处也虚心。”竹子的“有节”、“空心”的生态特点，文士诗人把它与人品的“气节”、“虚心”作了“异质同构”的关联，从而产生了“意义空白”，成了引发“君子”坚贞不屈之联想的“想像空间”。“可使食无肉，不可居无竹；无肉令人瘦，无竹令人俗。”[①]种竹几乎成了家居、造园不可缺少的内涵，成了主人高洁品格的理念性象征。

帝王苑囿中选用扇形平面的建筑也是基于比兴的功能。颐和园乐寿堂西北有一个“扬仁风”小庭园。园内建了一栋小小的扇面殿。殿前地面用汉白玉砌成扇骨形，整个建筑平面俨然是一把能开合的折扇。这个平面与“折扇”构成明显的“同构”联系。这个影射的“扇”就提供了“意义空白”，成为有诱发力的“想像空间”。通过“扬仁风”题名的揭示，人们自然会联想到“扇”与“风”的内在关联。熟悉典故的人还会联想到袁宏的历史故事：袁宏到外地做官，临行前，谢安赠他一把扇子。袁宏理解谢安的用意，表示“辄当奉扬仁风，慰彼黎庶”。[②]这样，扇面殿在这个特定的场合和特定的文化背景下，很自然地蕴涵了“扇披皇恩、体恤民心”的意蕴。北海琼华岛后山的“延南熏”，也是一栋扇面形的建筑。它的命名典故出于《孔子家语》：

> 昔者舜弹五弦之琴，造南风之歌，其歌曰，南风之熏兮，可以解吾民之愠兮，南风之时兮，可以阜吾之财兮。”[③]

这里也是通过影射的“扇”，提供想像空间，触发人们联想到“南风”，蕴涵帝王像舜那样关心黎民百姓的意蕴。

（二）“畅神”功能

如同“比兴”功能与“比德”审美意识的对应关系，“畅神”功能是与“畅神”审美意识相对应的。它意味着对自然美、形式美自身审美价值的追求，对大自然的生机天趣，对建筑艺术的气势、情趣、韵味的高层次的审美感受。

“春山烟云连绵人欣欣，夏山嘉木繁阴人坦坦，秋山明净摇落人肃肃，冬山昏霾翳塞人寂寂。”[④]山的一年四季不同的“畅神”面貌，给人引发不同的“画外意”。景物的这种“画外意”包含审美情趣、艺术韵味和“意义空白”、“不确定性”，具有很突出的诱发情感性内涵和哲理性意蕴的潜能。

计成在《园冶》中，用了大量的篇幅描绘大自然的山水、风月、花木的“畅神”之美。我们从“悠悠烟水，澹澹云山”，“溶溶月色，瑟瑟风声”，“片片飞花，丝丝眠柳”，“冉冉天香，悠悠桂子”等字句，可以想见景物“畅神”之美所造就的园林生趣盎然的境界。

金学智曾经对园林中“水”的审美性，作了精彩的分析。[⑤]他引用尤侗在《水哉轩记》中的一段话：

> 若夫当暑而澄，凝冰而冽，排沙驱尘，盖取诸洁；上浮天际，水隐灵居，窈冥恍惚，盖取诸虚；屑雨奔云，穿山越洞，铿訇有声，盖取诸动；潮回汐转，澜合沦分，光彩滉漾，盖取诸文。

他把水的美，概括为：洁净之美，虚涵之美，流动之美，文章之美。据他分析，水的洁净之美，不仅是湿润、降温、净化环境的物质性清洗功能，而且表现出洗涤性灵，清澄心性，陶冶性情，净化心灵的精神性清洗功能；水的虚涵之美，不仅表现在水质的澄澈、晶莹的透明之美，而且表现在倒影的亦真亦幻，似实还虚，上下天光，恍惚不定的虚灵之美；水的流动之美，不仅表现在插天扑地，源远流长的活泼流动之态，

①苏轼．于潜僧绿筠轩诗

②晋书·袁宏传

③孔子家语卷八

④郭熙．林泉高致·山水训

⑤金学智．中国园林美学．南京：江苏文艺出版社，1990.253～265页

①苏洵．仲兄字文甫说

②司马迁．史记·屈原贾生列传

③文震亨．长物志卷三

④汤贻汾．画筌析览

⑤李渔．闲情偶寄·居室部

⑥旧唐书·白居易传

而且表现在如同与人说话，为人奏乐的潺潺之声；水的文章之美，则集中体现在苏洵所描述的风水相遭，风吹水绉之际，水面“舒而如云，蹙而如鳞，疾而如驰，徐而如徊，……回者如轮，萦者如带，直者如燧，奔者如焰，跳者如鹭，投者如鲤”的“殊然异态。”[①]这些构成了水面千姿百态的文澜绣漪之美。

显然，水的洁净之美、虚涵之美、流动之美、文章之美，都属于“畅神”功能。它所表现的澄澈晶莹，亦真亦幻，恍惚不定的情趣、韵味，所引发的如云、如鳞、如轮、如带的丰富联想，都是充满诱发力的“想像空间”。在建筑意境构成中，不仅山水花木的意象具有突出的“畅神”功能，建筑自身也同样地凝聚着浓厚的“畅神”潜能。《园冶》中描述景观建筑，提到：“房廊蜒蜿、楼阁崔巍”，“轩楹高爽，窗户邻虚”，“山楼凭远，竹屋寻幽”，“南轩寄傲、北牖虚阴”等等，都是建筑美的“畅神”体现。

值得注意的是，“畅神”功能是景物审美的基本功能。景物的“比兴”功能的运用，通常都需要以“畅神”功能的良好照应作为前提。扇面殿的设计，并非仅仅着眼于“扬仁风”、“延南熏”的比兴意义，同时也基于“扇形”建筑流畅曲线交织出的婀娜体型的“畅神”之美。同样的道理，以竹为主题的景点在园林中的普遍存在，也不是仅仅基于竹的“有节”“虚心”的比兴意义，还由于竹的“冬青夏彩，玉润碧鲜”，竹的“风中雨中有声，日中月中有影”等等出色的“畅神”意韵。

（三）“放大”功能

艺术作品都具有“简约”的特征。“其称文小而其旨大，举类迩而见义远”[②]，本质上都具备”以小喻大”、“以少总多”的“放大”功能。这里的“少”，是具有确定性、指向性的实境；这里的“多”，是具有多义性、泛指性的虚境。“一峰则太华千寻，一勺则江湖万里”[③]，“善悟者观庭中一树，便可想见千林；对盆中一拳，亦即度知五岳。”[④]意境客体的“以少总多”，为接受者提供了艺术再创造的广阔天地。

李笠翁说：

> 幽斋磊石，原非得已，不能现身岩下与木石居，故以一卷代山，一勺代水，所谓无聊之极思也。[⑤]

在建筑意境构成中，局限于城市环境和有限的占地面积，造园不得不依赖人工的叠山理水。客观条件的限制，促使建筑意境开发中特别重视“放大”功能的发挥。再加上建筑活动自身是浩大的人力物力消耗，“放大”功能的强调，不仅具有重要的审美价值，而且还具有重要的经济价值。

为什么可以“一卷代山，一勺代水”呢？这可以用石峰的“放大”机制来说明。对此，白居易在《太湖石记》中，有一段精彩的阐述：

> 富哉石乎，厥状非一，有盘拗秀出如灵芝鲜云者，有端俨挺立如真人官吏者，有缜润削成如珪瓒者，有廉棱锐刿如剑戟者。又有如虬如凤，若跧若动，将翔将踊，如鬼如兽，若行若骤，将攫将斗。风烈雨晦之夕，洞穴开皑，若欲云歕雷，嶷嶷然有可望而畏之者；烟消影丽之旦，岩壑霭雾，若拂岚扑黛，蔼蔼然有可狎而玩之者。昏晓之交，名状不可，撮要而言，则三山五岳，百洞千壑，规缕簇缩，尽在其中。百仞一拳，千里一瞬，坐而得之，此所以为公适意之用也。[⑥]

白居易在这里淋漓尽致地揭示了人们观赏太湖石所引发的丰富联想。这种联想之所以引发，还在于太湖石自身的形质特点。计成说太湖石“性坚而润，有嵌空、穿眼、宛转、险怪势。一种色白，一种色青而黑，一种微黑青。其质文理纵横，笼络起隐，于石面遍多拗坎”。[1]用太湖石做石峰，以符合“漏、透、瘦、皱”为上品。这种石峰，玲珑剔透，瘦削刚劲，飞舞跌宕，具有突出的线条美、形体美、神态美。它实质上是一种天然的抽象雕塑，形体、轮廓、凹凸、纹理都是抽象的。正是这种抽象的形象，既像某物，又不像某物，介乎似与不似之间，产生了“意义空白”和“不确定性”，成为激发、诱引人们创造性填补的“想像空间”。如芝、如人、如珪、如戟、如虬、如凤、如鬼、如兽，这个想像空间是相当广阔的。再加上在不同时辰、不同气候的光影条件下，它还会呈现种种变幻。难怪它取得了“三山五岳、百洞千壑”尽在其中的高度浓聚性，成为“放大”潜能很强的景物，成为传统园林重要的意象构成。峰石的这种“放大”机制表明：景物召唤结构的“意义空白”和“不确定性”所提供的“想像空间”越广，“放大”的潜能就越高。而拓宽“意义空白”和“不确定性”的一个重要途径，就是强化景物的概括性、典型性。

郭熙说：

> 山，近看如此，远数里看又如此，远十数里看又如此，每远每异，所谓山形面面看也。如此，是一山而兼数十百山之形状，可得不悉乎？山，春夏看如此，秋冬看又如此，所谓四时之景不同也。山，朝看如此，暮看又如此，阴晴看又如此，所渭朝暮之变态不同也。如此，是一山而兼数十百山之意态，可得不究乎？[2]

园林叠山，如果叠一山而能满足“山形步步移”，“山形面面看”，能适应四时、朝暮之变态，这样的山，就是一山而兼“数十百山之形状”、“数十百山之意态”，就具有高度的概括性、典型性，也就具备广阔的想像空间，具备巨大的“放大”潜能。

金圣叹说：

> 不会用笔者一笔只作一笔用，会用笔者，一笔作百十来笔用。[3]

传统园林中，有的太湖石被堆砌成狮形之类的仿生形态。这就是“一笔只作一笔用”。因为它强化了与“狮”的联系，堵塞了“意义空白”和“不确定性”，这样就大大缩小了想像空间，降低了“放大”潜能。

(四)“联觉”功能

柳宗元在《钴鉧潭西小丘记》中，对小丘的游赏，写了这么一段话：

> 嘉木立，美竹露，奇石显。由其中以望，则山之高，云之浮，溪之流，鸟兽之遨游，举熙熙然回巧献技，以效兹丘之下。枕席而卧，则清泠之状与目谋，瀯瀯之声与耳谋，悠然而虚者与神谋，渊然而静者与心谋。[4]

这个小丘的自然景观，是一个有形、有色、有光、有影、有声、有味、有静、有动的熙熙然的世界。人们在这里枕席而卧，有“目谋”、有“耳谋”、有“神谋”、有“心谋”。这很生动地概括了风景鉴赏中的联觉现象。这里是视觉、听觉、触觉、嗅觉组构的全身心感觉的全面感受。风景鉴赏如此，建筑意境鉴赏也是如此。这是由于，建筑自身虽是空间形态，以视觉感受为主；但是建筑交织在自然环境之中，自然环境也渗透进建筑组群内部，因此，人们对于建筑的感受，就不仅仅是空间的视感，而是整个环境形、色、光、影、声、味的全面通感。这种通感在建筑意境生成中是很起作用的。

黑格尔在论音乐时曾经指出声音的独特审美特性，他说：

> 声音固然是一种表现和外在现象，但是它这种表现正因为它是外在现象而随生随灭。耳朵一听到它，它就消失了；所产生的印象就马上刻在心上了；声音的余韵只在灵魂最深处荡

①计成．园冶·卷三选石

②郭熙．林泉高致·山水训

③金圣叹．第六才子书王实甫西厢记一之二

④柳宗元．永州八记之三．钴鉧潭西小丘记

①黑格尔．美学，第三卷上册．北京：商务印书馆，1979

②袁中道．珂雪斋文集·卷六爽籁亭记

③钱钟书．旧文四篇·通感．转引自朱立元．接受美学．上海：上海人民出版社，1989.101页

④巴拉兹．电影美学．北京：中国电影出版社，1985.143～144页

⑤王籍．入若耶溪

⑥钱钟书．管锥篇，第1册．北京：中华书局，1979.138页

⑦吴玄．率道人素草·卷四骈语

⑧张潮．幽梦影

漾……①

建筑虽然不是音乐，但建筑景观中交织着自然环境的种种音响——风声、雨声、潺潺流水声、蝉噪鸟鸣声、莺歌燕语声。这些音响有力地渲染了建筑环境的“天籁”情趣，提供了极为丰富的“想像空间”。明代文人袁中道在《爽籁亭记》中有一段关于“泉声”的描述：

> 玉泉初如溅珠，注为修渠，至此忽有大石横峙，去地丈余，邮泉而下，忽落地作大声，闻数里。予来山中，常爱听之。泉畔有石，可敷蒲，至则趺坐终日。其初至也，气浮意嚣，耳与泉不深入，风柯谷鸟，犹得而乱之。及瞑而息焉，收吾视，返吾听，万缘俱却，嗒焉丧偶，而后泉之变态百出。初如哀松碎玉，已如鹍弦铁拔，已如疾雷震霆，摇荡川岳。故予神愈静，则泉愈喧也。泉之喧者，入吾耳，而注吾心，萧然泠然，浣濯肺腑，疏瀹尘垢，洒洒乎忘身世，而一死生。故泉愈喧、则吾神愈静也。②

泉声在这里“变态百出”，给袁中道产生了“如哀松碎玉”，“如鹍弦铁拔”，“如疾雷震霆”的种种联想。这样的泉声，入耳注心，“萧然泠然”，涤肺腑，洗心怀，以至于达到“忘身世，一死生”的地步。景观中声音所含的意蕴之大，由此可以想见。

不仅如此，人的不同感官之间，还存在着“听声类形”“观形类声”之类的转换机能。钱钟书指出：

> 在日常经验里，视觉、听觉、触觉、嗅觉往往可以彼此打通或交通，眼、耳、舌、鼻、身各个官能的领域可以不分界限。颜色似乎会有温度，声音似乎会有形象，冷暖似乎会有重量，气味似乎会有锋芒。③

巴拉兹也认为：

> 当我们能在一片很大的空间里听到很远的声音时，那就是极静的境界。……声音能赋予空间以具体的深度和广度④。

的确如此，“蝉噪林愈静，鸟鸣山更幽”⑤的现象就表明这一点。此时可说是“有声”胜“无声”，因为“寂静之幽深者，每以得声音衬托而得愈觉其深”。⑥

因此，以声音作为形象的衬托和伴奏的“视听统一体”，常常能取得动情的景观效果。明人吴玄曾经自撰一副对联：

> 看云看石看剑看花，间看韶光色色；
>
> 听雨听泉听琴听鸟，静听清籁声声。⑦

这可以说是一种很有情趣的意境构思。至于综合调动景物的形、色、光、影、声、味，当然更能充分发挥“联想”的审美功能。清人张潮曾经高度评价这种“综合联觉体”的境界魅力，他说：“山之光、水之声、月之色、花之香……，真足以摄招魂梦，颠倒情思”。⑧充分发挥景物的这种“联觉”功能，是优化景物召唤结构的一个重要途径。

二、第二层次虚实——实景与虚景

前面已经提到，实景是作品形象中的“实有”部分，虚景是作品形象中的“空缺”部分。这是不严密的粗略界定。按照这个界定，景物客体中的有形、有色、有声、有味的部分，都应该属于“有”的实景，景物客体中的无形、五色、无声、无味的“无”的部分，则属于虚景。这似乎很简单，实际上并非如此。客观事物存在着多种多样的虚实形态。俗话说：“眼见为实、耳听为虚”。正如黑格尔所分析的，声音是“随生随灭的”，“耳朵一听到它，它就消失

了”。[①]因而它具有“虚”的品格。“有声”，相对于“无声”，它是“实”；相对于“目睹”之物，它则属于“耳听”的“虚”。同样的道理，浮光、掠影、薄雾、清香，尽管它们都是有光、有影、有雾、有香，也同样带有“虚”的品格。因此，实景、虚景的概念是相对的、宽泛的、多义的，对于建筑景物来说，除了“有形为实，空缺为虚”，“眼见为实，耳听为虚”之外，还存在“显者为实，隐者为虚”，“露者为实，藏者为虚”，“近景为实，远景为虚”，“连续为实，中断为虚”，“清晰为实，缥渺为虚”，“质重为实，轻柔为虚”等等多种多样的景物虚实。

“虚景”和“虚境”一样，也是一种“空白”。中国各门类艺术都对这种“虚景”的“空白”十分重视。“论画者说：画之奇‘不在有形处，而在无形处’”（王显《东应论画》）。论书者说：‘计白以当黑，奇趣乃出’（包世臣《安吴论书》）。论诗者说：‘妙笔全在无字句处’（金圣叹《唱经堂杜诗解》）。论乐者说：‘此时无声胜有声’（白居易《琵琶行》）。”[②]清代书画家蒋和甚至说“大抵实处之妙，皆因虚处而生。”[③]

可以看出，作为虚景的“空缺”、“隐蔽”、“缥渺”、“中断”、“轻柔”与作为虚境的“情趣”、“气氛”、“联想”、“情意”、“神韵”，在性质上是截然不同的。虚境是召唤结构的“象外之虚”，前面已经分析过，它是无载体的、非物化的心理时空结构。而虚景是召唤结构的“象内之虚”，它是有载体的、物化的物理时空结构。因此，这种虚景的“空白”，不同于虚境的“功能性空白”，而是一种“结构性”的“空白”。

在建筑景观和风景景观中，这种“结构性空白”的虚景是千姿百态的。它既呈现在景物要素自身，也呈现在景物要素之间的组构方式上，形成要素层的“虚实”和布局层的“虚实”两大层次。

景物要素层的虚实有两种情况：一种情况是景物要素自身是虚的，如日光、月光、晨雾、晚霞、烟云、树影、花影、风声、雨声、水声、鸟语、虫鸣、花香等等，它们属于光、影、声、味，是轻柔的、缥缈的、动晃的、变幻的，需与其他实的景物要素组合，构成虚实关系；另一种情况则是景物要素自身是实的，但实中有虚，形成要素自身的虚实并存。如湖石之有嵌空、穿眼，叠山之有洞穴、沟壑；特别是建筑要素自身，存在着多层面的复杂的虚实关系。在组群层次，有实的建筑和虚的庭院空间；在单体建筑层次，有实的墙体、屋顶和虚的室内空间；在构件层次，有实的墙面、台基和虚的门窗、栏杆等等。

景物布局层的虚实，则是在景域单元或景域子单元的组构中，由景物要素在空间内的分布状态和结合方式所形成的。这里有景物的疏与密、远与近、隐与显、藏与露、断与续、透与围、凹与凸、明与暗、动与静等等布局上的虚实。

正是这种景物要素自身的虚实和景物布局所形成的虚实，交织成建筑和风景景观构成上错综复杂的虚实结构。究竟这种虚实结构，在建筑意境生成中，起着什么作用呢？

不难看出，实景、虚景与实境、虚境之间存在着如下的关联性：“象内之实”的实景与“象内之虚”的虚景的良好组合，构成优化的虚实结构，取得景物客体召唤结构优化的“象内之象”，为景物客体引发“象外之虚”提供了物质条件，有利于生成优化的虚境。反过来也可以说，基于建筑意境鉴赏的需要，要求景物具备生成“象外之虚”的优良性能，从而导致景物客体采用优化的虚实结构。在这里，虚景的“空白”对于虚境的“象外之虚”的生成，是至关重要的。王宝增认为：

> 欣赏者再创造的欲望之满足，再创造能力之发挥，再创造目的之实现，就

①黑格尔．美学，第三卷上册．北京：商务印书馆，1979

②邓新华．“品味”的艺术接受方式与传统文化．文艺研究，1991（4）

③蒋和．学画杂论

①王宝增．创作空白论．文艺研究，1990（1）

②柳宗元．永州龙兴寺东丘记

③冯纪忠．组景刍议．同济大学学报，1979（4）

④冯纪忠．风景开拓议．建筑学报，1984（8）

⑤王粲．登楼赋

⑥王勃．滕王阁序

⑦郭熙．林泉高致·山水训

在于这一片‘空白’的吸引与诱发。[①]

从建筑景物客体来看，这个结构性的“空白”，大体上是通过两个途径，发挥了功能性“空白”的作用。一是结构性“空白”起到了诱发想像的作用，景物的“空缺”、“隐蔽”、“漂渺”、“寥廓”、“幽邃”，都具有不确定性、朦胧性，成为召唤结构的“想像空间”，有着引人入胜，耐人寻味，诱发人们再创造想像的诱惑力；二是结构性“空白”起到了美化景物的畅神作用，景物客体通过良好的虚实组合，取得生趣盎然的情趣、气氛、意韵，令人游目骋怀，心旷神怡，从而引发人们产生情感性、哲理性的遐想。

下面，试从景域特征的“旷如”和“奥如”两个角度，对景物的虚实结构作一些具体分析。

“旷如”、“奥如”的景域特征，最早是柳宗元提出的。他在《永州龙兴寺东丘记》中写道：

> 游之适，大率有二，旷如也，奥如也，如斯而已。其地之凌阻峭，出幽郁，寥廓悠长，则于旷宜；抵近垤，伏灌莽，迥邃回合，则于奥宜。[②]

柳宗元对景域特征的这种概括，产生了很大影响，“旷如”、“奥如”几乎成了后来概括景域特色的基本概念。冯纪忠对于景分旷、奥，也给予极高评价，认为柳宗元此说“极为精辟概括”。[③]冯纪忠指出：

> 旷或奥可以说就是景域单元或子单元的基本特征，……奥者是凝聚的、向心的、向下的，而旷者是散发的、向外的、向上的。奥者静，贵在静中寓动，有期待、推测、向往。那么，旷者动，贵在动中有静，即所谓定感。[④]

显然，景域的这种旷、奥，是与景物结构的虚实分不开的。

“旷如”景域是一种寥廓悠长，虚旷高远，开敞疏朗，散发外向的景物空间。这种景域特征，突出的是一个“远”字。在虚实关系上，景域的“远”具有三方面的重要作用：

一是虚旷作用，可以取得景物的深远空间感。建安七子之一的王粲在《登楼赋》中写道：

> 凭轩槛以遥望兮，向北风而开襟。平原远而极目兮，蔽荆山之高岭。路逶迤而修迥兮，川既漾而济深……[⑤]

极目望远可以最大限度地拓展视域，虚化边界，形成物的无尽、无涯，感受无限的审美时空，这是开豁胸襟，取得壮阔境界的重要条件。

二是虚涵作用，可以取得景物的整体观照。由于视野远大，得以总览江山，俯仰天地，目击大千，洞照万象。如王勃在《滕王阁序》中所说：

> 穷睇眄于中天，极娱游于暇日。天高地迥，觉宇宙之无穷。兴尽悲来，识盈虚之有数。[⑥]

这种对事物的整体观照，使客观大千世界，尽入眼帘，王勃正是在“山原旷其盈视，川泽纡其骇瞩”的重重悉见中，才舒发出“落霞与孤鹜齐飞，秋水共长天一色”的审美感觉。

三是虚灵作用，可以取得景物的缥缈、苍茫。郭熙说：

> 真山水之川谷，远望之以取其势，近看之以取其质。……真山水之风雨，远望可得，而近者玩习，不能究错纵起止之势。真山水之阴晴，远望可尽，而近者拘狭，不能得明晦隐见之迹。[⑦]

徐复观对此作了精彩的阐发。他指出：

> 远是山水形质的延伸。此一延伸，是顺着一个人的视觉，不期然而然地转移到想像上面。由这一转移，而使山水的形质，直接通向虚无，由有限直接通向无限；人在视觉与想像的统一中，可以明确把握到从现实中超越上去的意境。……由远以见灵，这便

把不可见的东西，完成了统一。[①]

这种“由远以见灵”的机制，古人是深有感受的。明人祁彪佳在《寓山注》中，描述他家园中的“远阁”时，详细叙述了登阁远望，景物由远而显得“虚灵”的一连串生动景象。他写道：

> 然而态以远生，意以远韵，飞流夹巘，远则媚景争奇；霞蔚云蒸，远则孤标秀出；万家灯火，以远故尽入楼台；千叠溪山，以远故都归帘幕。若夫村烟乍起，渔火遥明，蓼汀唱“欸乃”之歌，柳浪听“睍睆”之语，此远中之所孕合也。纵观“瀛峤”，碧落苍茫；极目“胥江”，洪潮激射；乾坤直同一指，日月有似双丸，此远中之所变幻也。览古迹依然，禹碑鹄峙；叹霸图已矣，越殿乌啼；飞盖“西园”，空怆斜阳衰草；迴觞“兰渚”，尚存修竹茂林；此又远中之所吞吐，而一以魂消，一以壮怀者也。盖至此而江山风物，始备大观，觉一壑一丘，皆成小致矣。[②]

祁彪佳在这里为我们展现了一幅极为丰富的虚实交织的画面，不仅生动地描绘了“由远以见灵”的景象，而且也涉及到“远”所带来的深远视域和整体观照，感受到“远”所导致的“一以魂消，一以壮怀”的境界，可以说是对“远”的虚旷、虚涵、虚灵作用的全面注脚。

明确“远”的虚旷、虚涵、虚灵机制，我们就不难看出，古人为获取“远”的“旷如”景域，主要采取了以下三种常见的方式：

1. 高视点 “欲穷千里目，更上一层楼”。登高望远是古人获得“旷如”景域的最有效方式。刘勰说：“夫登高之旨，盖睹物兴情”。[③]苏东坡说：“赖有高楼以聚远，一时收拾与闲人”。[④]王勃的《滕王阁序》、范仲淹的《岳阳楼记》，描述的都是登高远眺的境界。不仅观景式的意境构成，惯用高视点来领略自然景观的壮美气概，即使是组景式的意境构成，也常常借助提高视点来开扩景域。在北京天坛组群中，圜丘、祈年殿都以3层重叠的台基来抬高坛面，作为祈年殿与皇穹宇之间联系通道的丹陛桥，也极力提升地面的标高。这样，使得天坛的整个主轴线，从茂密的柏林中高高浮起，大大提高了人的视点，获得了极为开阔的看天视野。人们在这里感受到辽阔无垠的万里晴空，既突出了“崇天”的主题，也有力地舒展了广阔的襟怀，强化了天坛所需要的宏伟、壮阔、崇高、静穆的境界。

2. 间隔化 宗白华在论述艺术中的“空灵”问题时，提出了“间隔化”的命题。他说：

> 美感的养成在于能空，对物象造成距离，使自己不沾不滞，物象得以孤立绝缘，自成境界：舞台的帘幕，图画的框廓，雕像的石座，建筑的台阶、栏杆，诗的节奏、韵脚，从窗户看山水，黑夜笼罩下的灯火街市，明月下的幽淡小景，都是在距离化、间隔化条件下诞生的美景。……风风雨雨也是造成间隔化的好条件，一片烟水迷离的景象是诗境，是画意。[⑤]

的确，间隔化可以取得拉大距离的“远”的感觉。对此，黑格尔曾经用“空气透视”的概念作了精到的解释。黑格尔说：

> 在现实世界里一切事物都由于空气而产生着色方面的差异。正是这种仿佛随距离渐远而渐蒸发掉的色调形成了空气透视，因为通过空气透视，所描绘的各对象部分地在它们的轮廓形态上，部分地在它们的明暗和着色上，受到了改变。人们通常以为凡是处在前景的离眼睛最近的东西就总是最明亮的，而处在背景的东西却总是较昏暗的，但是事实却正与此相反。

①徐复观．中国艺术精神．沈阳：春风文艺出版社，1987.302页

②祁彪佳．寓山注·远阁

③刘勰．文心雕龙·诠赋

④苏轼．单同年求德兴俞氏聚远楼诗三首

⑤宗白华．美学散步．上海：上海人民出版社，1981.33页

①黑格尔．美学，第三卷上册．北京：商务印书馆，1979

②李渔．李笠翁一家言全集·答问席诸子

③布颜图．学画心法问答

④计成．园冶·卷三借景

⑤计成．园冶·卷一兴造论

> 前景既是最昏暗的，又是最明亮的。这就是说，光与阴影的对比在近的地方显得最强烈，而轮廓也显得最明确；反之，对象离眼睛愈远，它们在形体上也就变得愈无颜色，愈不明确，因为光与阴影的对比就逐渐消失，直到整体消失在一种明亮的灰色里。……特别在自然风景画里空气透视最为重要，在一切描绘广阔空间的其他种类的绘画里也是如此。①

我们从黑格尔的这段论析，可以领会到，由于"空气透视"，近处的东西轮廓清晰，明暗对比强烈，色感较强；远处的东西轮廓模糊，明暗对比削弱，色彩趋向灰调。因而近景实，远景虚；近景显，远景隐。所谓景物的间隔化，实质上就是通过风风雨雨、晨雾晚霞、迷烟浓云、柳浪竹影之类的虚景要素的笼罩、萦绕、掩映，大大强化了"空气透视"的作用，使景物看上去如同拉大了距离一样的朦胧化、迷茫化、模糊化。

这种间隔化所造就的若隐若现、似有似无、惟恍惟忽的境界，是很有意义的。李渔说：

> 大约即不如离，近不如远，和盘托出，不若使人想像于无穷耳。②

布颜图在论绘画的隐显时也说：

> 一览意尽，于绘事何趣焉？……隐显叵测，而山水之意趣无穷矣。……一任重山叠翠，万壑千丘，总在峰峦环抱处，岩穴开阖处，林木交盘处，屋宇蚕丛处，路径迂回处，溪桥映带处，应留虚白地步，不可填塞，庶使烟光明灭，云影徘徊，森森穆穆，郁郁苍苍，望之无形，揆之有理，斯绘隐显之法也。③

间隔化在这里正是透过了虚景的"烟光明灭，云影徘徊"，取得了"森森穆穆、郁郁苍苍"的迷茫、朦胧，避免了景物的"和盘托出"，"一览意尽"，生成了"深邃莫测"、"隐显叵测"的无穷意趣，因而被视为旷如景域的一种重要的虚实构成方式。

3．远借景 计成在《园冶》中突出地强调了"借景"的作用，他说：

> 夫借景，林园之最要者也。如远借、邻借、仰借、俯借、应时而借。④
>
> 借者：园虽别内外，得景则无拘远近，晴峦耸秀，绀宇凌空；极目所至，俗则屏之，嘉则收之，不分町畽，尽为烟景，斯所谓"巧而得体"者也。⑤

计成在书中还多处列举了远借景的一系列旷如景象：如"高原极望，远岫环屏"；"山楼凭远，纵目皆然"；"轩楹高爽，窗户虚邻；纳千顷之汪洋，收四时之烂缦"；"萧寺可以卜邻，梵音到耳；远峰偏宜借景，秀色堪餐"等等。的确，远借景也是造就旷如景域的一种重要方式。它可以起到两方面的作用：当景点自身是旷如景域时，远借景可以起到扩展景域，增加景深，把旷如景观推向无边无际，取得更加寥旷、虚远的境界；当景点自身是奥如景域时，远借景可以突破封闭，放逸视线，疏朗环境，取得近奥远旷，内幽外朗的虚实相生境界。可以说远借景既是对外部环境的一种优化选择，也是对内部环境的一种疏旷处理，它与高视点、间隔化一起，造就了实中求虚、奥中取旷，从有限导向无限的旷如境界。

奥如景域是一种凝聚内向，狭仄幽静，屈曲隐蔽，深邃回合的景物空间。如果说旷如景域的特征，突出的是一个"远"字，那么，奥如景域的特征，突出的则是一个"深"字。"幽深"是奥如境界的意韵基调，在景物空间的虚实构成上具有"聚"、"隔"、"曲"、"隐"等特点。

"聚"主要表现在空间的内向、幽闭。前面提到的郑板桥在《题画·竹石》中所描述的那个小天井，就是一处很典型的“聚”空间。“十笏茅斋，一方天井”，一笏长约二尺六寸，十笏之斋面积当是很小的。在这个院墙围蔽的小天地里，“修竹数竿，石笋数尺”是实景、静景，“风中雨中有声，日中月中有影”是虚景、动景。这是一个虚实相生，静中有动的“有情有味”的境界。由于空间围聚，尺度狭小，视线收敛，自然形成近距离的静观。“远望之以取其势，近看之以取其质”[①]“取其质”意味着细致地观赏景物客体的姿态、色质、光影等细微的美。这种细腻的观照，并不要求实景要素的繁多，而主要在于景物虚实的良好交织。有了虚景的笼罩、掩映、交融、萦绕，有限的实景也会显现无穷的意趣。这个小天井的意境，不是孤立地来自数竿、数尺的竹石意象，而是来自竹石与日影、月影、风声、雨声等一连串意象的虚实组合。一组竹石，看上去似乎很单一，其实与声、影等虚景结合，就产生了“日出有清荫，月出有清影，风来有清声，雨来有清韵，露凝有清光，雪停有清趣”[②]的“蒙太奇”组接，随着时令、朝夕、气象的变化，会生发出许多变幻不定的细腻韵味。

“隔”是造就幽深景域的重要手段。《长物志》说：“凡入门处，必小委曲，忌太直”。[③]传统住宅和园林建筑的入口处，大都运用“隔”的手法，创造入口奥如的境界。北京四合院住宅，总是把大门偏向一侧，以照壁围合成收敛的过渡空间。苏州园林的入口处，也常以山石、粉墙、花窗屏蔽，如拙政园腰门内侧以黄石假山为屏，鹤园门厅内侧以粉墙花窗为屏，即使像残粒园那样的小园，在入园洞门处，也以峰石半露。实际上，这种“隔”的做法，不仅限于“入门处”，而是奥如景域的普遍构成方式。它能起到三方面的作用：一是增加景观层次。“庭院深深深几许？杨柳堆烟，帘幕无重数”。[④]照壁、屏风、檐廊、门窗、山石、花木，都能像“帘幕”似的起到障景、分景、隔景的作用。它可以避免景物的一览无余，造就庭院一层深一层，空间一环扣一环的格局，把景域单元的共时性观赏转化为历时性观赏，突出景域时空的深邃特色。二是形成抑扬对比。通过空间的隔蔽，取得景域子单元之间的大小、深浅、疏密、闭敞、明暗、虚实的对比，突出景域旷奥交替、相得益彰的效果。三是增添含蓄意蕴。景物的隔蔽带来空间的藏露，如古人所云：

> 善藏者未始不露，善露者未始不藏，藏得妙时，便使观者不知山前山后，山左山右，有多少地步，许多林木。[⑤]

掩掩露露的含蓄隔蔽，有助于增强景域的幽深感和激发探幽寻胜的诱导力。

“曲”与幽深更有密切的联系。古人早已指出：“境贵乎深，不曲不深也”[⑥]。传统园林为取得幽深境界，在“曲”字上大做文章，曲径、曲廊、曲岸、曲桥……，可说是极尽“曲”之能事。计成在《园冶》中也一再强调“曲”的意韵。他说开池须“曲折有情”；叠山应“蹊径盘且长”；小屋要“数椽委曲”；架屋要“蜿蜒于木末”，厅堂立基要“深奥曲折，通前达后”；对于廊，更是“宜曲宜长则胜”。他说：

> “古之曲廊，俱曲尺曲。今予所构曲廊，之字曲者，随形而弯，依势而曲，或蟠山腰，或穷水际，通花渡壑，蜿蜒无尽”。

他对这种“蹑山腰，落水面，任高低曲折，自然断续蜿蜒”的曲廊，评价很高，认为是“园林中不可少”的境界。[⑦]

“曲”在奥如景域构成中究竟起什么作用呢？《沧浪诗话》说：“语忌直，意忌浅，脉忌露”。[⑧]“曲”的第一个作用就是避免景物的直、浅、露。《洛阳名园记》说：

> 园圃之胜，不能相兼者六：务宏

①郭熙．林泉高致·山水训

②转自宗白华等．中国园林艺术概观．南京：江苏人民出版社，1987.247页

③文震亨．长物志卷一

④冯延巳．鹊踏枝

⑤唐志契．绘事微言·丘壑藏露

⑥恽格．南田画跋

⑦计成．园冶·卷一屋宇

⑧严羽．沧浪诗话

①李格非．洛阳名园记·湖园、富郑公园

②布颜图．学画心法问答

③唐志契．绘事微言·丘壑藏露

④张彦远．历代名画记·论画体工用拓写

⑤李日华．紫桃轩杂缀

⑥唐志契．绘事微言·丘壑藏露

⑦⑧刘敦桢．苏州古典园林．北京：中国建筑工业出版社，1979.14，17 页

⑨计成．园冶·卷一园说

⑩齐铉．试论形成苏州园林艺术风格与布局手法的几个问题．建筑史论文集，第1辑．北京：清华大学土建系建筑历史教研组，1964

⑪郑绩．梦幻居画学简明

⑫沈宗骞．芥舟学画编

> 大者少幽邃，人力胜者少苍古，多水泉者艰眺望。①

“曲”的第二个作用，就是有助于削弱“宏大”感和淡化“人力”感。透迤的假山，蜿蜒的水流，迂回的磴道，曲折的小桥，盘曲的池岸，随形而弯、依势而曲的游廊，既阻隔视线的通视，拉大游程的距离，增添景观的层次，造就景域的奥蓄，又缩小景物的笨大尺度，削弱人工的几何形迹，显得委婉、小巧、轻灵，富有天趣。这大概就是追求“宛自天开”的传统园林特别注重“曲有奥思”的缘由。

“隐”也是幽深景域的一个重要构成条件。前人论画，很注重“隐”的意蕴。布颜图说：“山水必得隐显之势，方见趣深”。②唐志契说：“能藏处多于露处，而趣味无尽矣”。③张彦远说：“夫画物，特忌形貌采章，历历具足，甚谨甚细，而外露巧密。所以不患不了，而患于了”。④画境如此，建筑意境也是如此。有藏露，有隐显，有“不了”才能围而不堵，隔而不断，聚中有透，景外有景；“目力虽穷而情脉不断”⑤，余韵不尽，莫测高深，达到“景愈藏，景界愈大”。⑥

传统园林对于景物的隐、藏，积累了十分丰富的处理手法。常见的有：①立衬景。“屋后山后用高树、竹林、楼阁等穿插其间作为背景，使房屋山林向上层层推远，可以造成景外有景的印象。⑦②开豁口。在四面环合的水域，开辟支流、水口，形成水流的蜿蜒无尽；在封闭的建筑庭院，设置洞门漏窗，窗外衬以芭蕉、竹石，形成空间的流连通透。③留凹穴。“在临水处架石为若干凹穴，使水面延伸于穴内，形同水口，望之幽邃深黝，有水源不尽之意”⑧。④辟边角。在墙边院角，利用游廊的曲折，划出一口口小院，疏点树石，取得空间的穿插、虚灵。⑤隐藤萝。如《园冶》所说：“围墙隐约于萝间”⑨，用藤萝、爬墙虎等蔓性攀缘植物覆盖墙面，使人工的硬界面转化为自然物的软界面，取得界面的隐蔽化。⑥刷粉墙。对于庭院空间，大片的院墙难免带来空间的堵塞、迫促，传统住宅和园林善于采用白色粉墙，使之成为庭院内部山石花木的背景。这种粉墙的效果，齐铉曾作过细腻的表述，他说：

> 这种素白的院墙延伸开去，为深沉的山石与苍郁的林木铺设下洁净无比的背景，在山石林木所交织的空隙中闪动着点点片片的空白，特别是在多雨的江南，迷濛的细雨中，粉墙的白色已经收敛住它的光芒，几乎溶化消失入银灰色的天空。这时整座园林犹如袒露在浩无边际的大地上，使院墙实体所构筑的空间边界一化而为飘渺的虚空。⑩

对于奥如景域的喜好，是中国园林的一大特色。意大利台地园和法国古典主义园林都没有明显的“奥如”追求。因此可以说，“聚”、“隔”、“曲”、“隐”等空间构成是中国园林颇具独特意蕴的景域构成。值得注意的是，中国传统园林善于在整体布局中，创造景域的旷奥交替，正如画论所说：

> 如一处聚密，必间一处放疎。⑪
>
> 将欲作结密郁塞，必先之以疏落点缀；将欲作平衍纡徐；必先之以峭拔陡绝；将欲虚灭，必先之以充实；将欲幽邃，必先之以显爽。⑫

这种密处有疏，疏处有密，虚中有实，实中有虚，既展现了景观的多样风采，又突出了景物的对比反衬，充分发挥了散整相间、虚实相生的构景机制。

第五节 建筑意境接受的鉴赏指引

接受美学把艺术鉴赏看成是一种认识活动，认为鉴赏过程很大程度上带有认识过程的特点。我们考察建筑意境的鉴赏环节，有必要涉及发生认识论对认识过程的分析。

发生认识论创始人—瑞士心理学家皮亚杰，对认识的发生过程提出了“S → AT → R”的著名公式。[①]式中：S是客体的刺激，T是主体的认识结构，A是同化作用，R是主体的反应。公式表明，认识活动不是单向的主体对客体刺激的消极接受或被动反应，而是主体已有的认识结构与客体刺激的交互作用。明确这一点，对于我们理解意境的鉴赏过程是很重要的。它说明，意境接受并非单纯取决于客体景物，不是对景物的消极、被动的反应；也不是单纯取决于观赏者，并非观赏主体纯自我意识的外射；意境的生成是来自景物客体与观赏主体之间的相互作用。不同的观赏者，具有不同的“认识结构（T）”。这个认识结构，接受美学称之为“前结构”或“审美经验的期待视界”，它受观赏者的世界观、文化视野、艺术修养和专门能力的制约。由于观赏者的“前结构（T）”不同，AT的同化效果自然不同，同样的景物（即客体刺激S），所生成的意境感受（即主体反应R）当然是很不相同的。因此，良好的意境感受，不仅需要景物具有良好的客体意境结构，而且需要接受者具有良好的主体“前结构”。而“前结构”是接受者自身既定的，表面看上去似乎他人对之是“无能为力”的，而实际上存在着他人施加影响的可能性。这就是添加“鉴赏指引”，即给接受者提供对所观赏景物的解释性、导引性的鉴赏指导，就能立竿见影地帮助接受者发现、理解景物的意境内蕴，显著提高接受者的鉴赏敏感和领悟深度。这个现象可用框图表示如下：

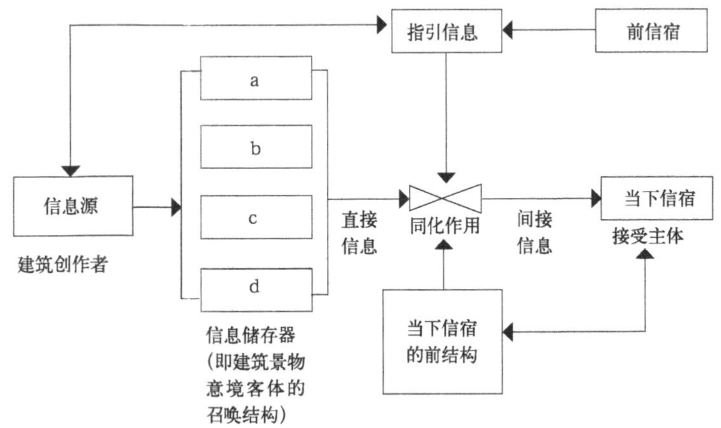

中国传统建筑在意境创造上，有一点极为可贵的独到之处，就是它不仅仅停留于意境客体召唤结构的创造，而且进一步介入了主体的接受环节，在“鉴赏指引”方面大做文章，大大拓宽了意境蕴涵的深广度和意境接受的深广度。

这种意境鉴赏指引，集中表现在“文学”手段的运用上。它的表现形态很多，有以诗文的形式，记述建筑和名胜的沿革典故、景观特色、游赏感兴；有以题名的形式，为建筑和山水景物命名点题，画龙点睛；有以题写对联的形式，状物、写景、抒情、喻志，指引联想，升华意蕴。它们都呈现出建筑与文学的联结、协同。

黑格尔认为建筑艺术是物质性最强的艺术，诗（文学）是精神性最强的艺术。因此，我们可以说，建筑与文学的结合，实质上意味着在物质性最强的建筑艺术中，搀和了精神性最强的艺术要素。

在黑格尔看来，建筑材料本身是“完全没有精神性，而是有重量的，只能按照重量规律来造型的物质。”[②]的确，建筑首先要满足物质功能的需要，又要依赖建筑材料来构筑，因此它的空间和体形，它的符号和形象，基本上是几何形态的，是抽象的、表现性的。这就使得建筑意境内蕴的多义性、朦胧性和不确定性显

① J·皮亚杰．皮亚杰学说．见：皮亚杰学说及其发展．长沙：湖南教育出版社，1983.24页

② 黑格尔．美学，第三卷上册．北京：商务印书馆，1979

① 黑格尔．美学第3卷下册．北京：商务印书馆．1979.5页

得更为突出，使得建筑意境在表现某种特定意义、特定意蕴时往往难以确切表述，也使得建筑意境的接受者，需要具备较高的文化素养和建筑理解力，才有可能领悟较深的蕴涵。这些给建筑意境的创造和接受都带来了很大的局限。而诗文是语言艺术，确如黑格尔所说，它不像建筑、雕塑那样不能摆脱空间物质材料，也不像音乐那样不能摆脱时间性的物质材料(声音)，它可以“更完满地展开一个事件的全貌，一系列事件的先后承续，心情活动，情绪和思想的转变以及一种动作情节的完整过程。”[①]建筑语言所遇到的表述困难，恰恰是文学语言所擅长的。传统建筑正是在这个节骨眼上，调度了文学语言来弥补建筑语言的欠缺，这一点应该说是睿智的、独特的、令人赞叹的。为便于阐述，下面把鉴赏指引区分为诗文指引、题名指引和题对指引三种类别，分别展述。

一、诗文指引

中国文学宝库中，有数量庞大的山水诗、山水赋、山水散文、游记，也有为数可观的描述建筑、园林的诗、赋和园记、楼记、堂记、亭记之类的散文、铭文。这些文学作品有不少是描写名山胜水的千姿百态，名园胜景的五光十色，记叙建筑景物的沿革典故，记录聚友畅游的逸情盛况，抒发游观的审美体味和触想感怀。它们实质上构成了特定建筑意境客体的文化环境，成为烘托建筑景物的文学性氛围。

我们先看一首登楼诗和一篇亭记：

王之涣的《登鹳雀楼》

白日依山尽，黄河入海流。
欲穷千里目，更上一层楼。

鹳雀楼的旧址在山西省永济县西南，沈括在《梦溪笔谈》中记载：“河中府鹳雀楼三层，前瞻中条，下瞰大河，唐人留诗者甚多。”王之涣这首五绝诗，首句写的是举目远眺，一轮夕阳依傍着连亘的中条山徐徐落下，第二句写的是低头俯瞰，滔滔黄河向东海奔流而去。仅仅十个字，就把高山、大海、落日、黄河巧妙地组合成一幅宏伟壮丽的画面。壮丽的景象激发诗人放眼远望、继续攀登的豪情，即景生意，发出了三、四句意味深长的、座右铭式的警句。

这首诗，没有正面描述鹳雀楼自身的形象，而是写的登楼眺望夕阳西下的山河景象，这是典型的“观景型”意境。在这里，“白日依山尽”是作者眼见的实景。“黄河入海流”是作者从看得见的黄河奔流，推想到它流入看不见的东海的情景，写的是由实生虚的意中景，是作者对景观“想像空间”的“创造性补充”，大大拓展了景物的深广度。“欲穷千里目，更上一层楼”则是作者以景抒情，以情纳理，把诗篇升华到哲理高度，推入了有景有情有理的完美艺术境界。短短二十字的五言绝句，给登鹳雀楼观景的后人以极其深刻的鉴赏启迪。

白居易的《冷泉亭记》 这是一篇很有代表性的“亭记”散文。篇幅不长，先全文录下：

东南山水，余杭郡为最。就郡言，灵隐寺为尤。由寺观，冷泉亭为甲。亭在山下，水中央，寺西南隅。高不倍寻，广不累丈；而撮奇得要，地搜胜概，物无遁形。春之日，吾爱其草熏熏，木欣欣，可以导和纳粹，畅人血气。夏之夜，吾爱其泉渟渟，风泠泠，可以蠲烦析醒，起人心情。山树为盖，岩石为屏，云从栋生，水与阶平。坐而玩之者，可濯足于床下；卧而狎之者，可垂钓于枕上。矧又潺湲洁澈，粹冷柔滑。若俗士、若道人，眼耳之尘，心舌之垢，不待盥涤，见辄除去。潜利阴益，可胜言哉？斯所以最余杭而甲灵隐也。杭自郡城抵四封，丛山复湖，易为形胜。先是，领郡者，有相里尹

造作虚白亭，有韩仆射皋作候仙亭，有裴庶子棠棣作观风亭。有卢给事元辅作见山亭，及右司郎中河南元萸最后作此亭。于是五亭相望，如指之列，可谓佳境殚矣，能事毕矣。后来者，虽有敏心巧目，无所加焉，故吾继之，述而不作。长庆三年，八月十三日记。

白居易在这篇亭记中，以诗化的文笔，对冷泉亭作了多角度的描述：

(1) 突出冷泉亭在东南山水中的独特地位。层层演述余杭为东南山水之最，灵隐为余杭之尤，冷泉亭为灵隐之甲。

(2) 概述冷泉亭的平凡面貌和优越环境。亭本身“高不倍寻，广不累丈”，平凡无奇。但所处环境极佳，白居易着力点出：一是“亭在山下、水中央”[①]，二是“撮奇得要，地搜胜概”；三是“山树为盖，岩石为屏，云从栋生，水与阶平”。

(3) 畅述冷泉亭的可观可游，这里可以“撮奇”“搜胜”，放眼饱览周围美景；可以观赏春日的“草熏熏、木欣欣”，可以感受夏夜的“泉渟渟、风泠泠”；可以坐玩濯足，可以卧狎垂钓。

(4) 抒发游览冷泉亭的悠然心态和除烦涤垢的深层感受。草木欣荣可以“导和”“畅人”，清泉冷风可以“蠲烦析醒”。这里的生机盎然境界和清凉洁澈境界都有说不尽的“潜利阴益”。

(5) 指出冷泉亭在杭州风景建筑整体构成中的作用，认为冷泉亭与虚白亭、候仙亭、观风亭、见山亭“五亭相望，如指之列，可谓佳境殚矣，能事毕矣”。

不难看出，像《登鹳雀楼》和《冷泉亭记》这样的诗文，对于后人的游览品赏，显然起到十分显著的鉴赏指引作用。这种指引作用主要体现在：

1. 扩大景物的知名度 明代画家董其昌说：

大都诗以山川为境，山川亦以诗为境。名山遇赋客，何异士遇知己。一入口题，情貌都尽，后之游者，不待按诸图经，询诸樵牧，望而可举其名矣。[②]

清代文人尤侗说：

夫人情莫不好山水，而山水亦自爱文章。文章借山水而发，山水得文章而传，交相须也。[③]

清代学者钱大昕在《网师园记》中也说：

然亭台树石之胜，必待名流宴赏，诗文唱酬以传。[④]

的确如此，历史上的许多建筑、园林、风景，正是通过诗文的吟传，而成为“名胜”的。特别是著名人物的名诗名文，更是扩大景物知名度最有效的传播媒介。滕王阁、岳阳楼、兰亭、醉翁亭的大噪名声，显然和王勃的《滕王阁序》、范仲淹的《岳阳楼记》、王羲之的《兰亭集序》、欧阳修的《醉翁亭记》的广为流传是分不开的。柳宗元在《邕州柳中丞作马退山茅草亭记》中，曾明确地指出这一点。他说：

夫美不自美，因人而彰。兰亭也，不遭右军，则清湍修竹芜没于空山矣。

他还进一步表白自己写这篇茅亭记的用意：

是亭也，僻介闽岭，佳境罕到，不书所作，使盛迹郁堙，是贻林涧之愧。故志也。[⑤]

说明为亭子扩大知名度是作者写亭记的自觉目的。

2. 传递景物的背景信息 这些记述建筑和山水景胜的文章，大都翔实地记载景物的历史沿革、轶事典故，为观赏者提供了景物清晰的历史背景信息和生动的文化背景信息。如苏舜钦在《沧浪亭记》中记述择地构亭的缘由；文征明在《王氏拙政园记》中讲述取名“拙政”的典故；钱大昕在《网师园记》中记载宋宗元创建网师园的经过和命名的用意；祁彪佳在《寓

①冷泉亭原在水中，现在的冷泉亭已改在水边

②董其昌．画禅室随笔·评诗

③尤侗．百城烟水·序

④钱大昕．网师园记

⑤柳宗元．邕州柳中丞作马退山茅亭记

山注》中说明建造“寓园”的缘起，并详细阐述园中四十余处建筑和景点命名的缘由等等。这些文章有效地丰富了观赏者对景物的背景认识，提高了观赏者对景物的欣赏兴趣。

3. 揭示景物的意境内涵 善于发现景物意蕴，开挖景物意蕴，阐释景物意蕴，可以说是吟诵建筑和风景的诗文的一大特色。我们从《登鹳雀楼》和《冷泉亭记》已能领略到这一点。许多著名的写景抒情诗文在这方面都有淋漓尽致的发挥。

在《滕王阁序》中，王勃从不同角度、不同侧面，畅写了登楼眺望的绝妙景色。这里有自下而上仰望的“层峦耸翠、上出重霄”，有自上而下俯瞰的“飞阁流丹、下临无地”，有岛屿萦回的山水环境，有桂殿兰宫的建筑组群。有放眼宏览的山峦、平原、江河、湖泊，有历历在目的城池、人家、渡头、画舫。作者更从秋日雨后的“虹销雨霁，彩彻云衢”，迸发出“落霞与孤鹜齐飞，秋水共长天一色”的千古警句，把滕王阁的绚丽迷人境界升华到极致。

在《醉翁亭记》中，欧阳修对醉翁亭境界的阐发，也给我们留下难以忘怀的印象。作者首先像运用电影镜头似的，由远及近地层层扫描醉翁亭的优越环境。在环滁诸山中，有“林壑尤美”的西南诸峰；在西南诸峰中，有“蔚然而深秀”的琅琊；在琅琊中，有“泻中两峰之间”的酿泉，最后“峰回路转”，才显出“临于泉上”的醉翁亭。

对于醉翁亭自身的建筑形貌，作者没有实写，只用“翼然临于泉上”六字虚写一笔。这里留下了大片的“空白”，这个在如此优越环境中的“翼然”的亭子，究竟是如何优美动人，留给读者自己发挥想像力去补充。作者着力抒发了他所感受的种种境界：描写了“日出而林霏开，云归而岩穴暝”的山间朝暮变化；“野芳发而幽香，佳木秀而繁阴，风霜高洁，水落而石出”的山间四时景色；“负者歌于涂，行者休于树”的滁人前呼后应、往来不绝的热闹场面；畅述了自己与众宾客在亭中觥筹交错的醉欢情景；最后归结到哲理意味的感兴：“人知从太守游而乐，而不知太守之乐其乐也。”展现出作者不沉郁于仕途的失意，以豁达的情怀充分领受山水之乐的超然心态。

显而易见，这类诗文实质上都意味着文人名士以旷达的审美情操，深邃的哲理认识，通过优美的、诗一般的语言，精炼地揭示了他们对景物境界的敏锐发现、细腻开挖和深刻阐释，这对于景物的意蕴来说，是一种深化，是通过高水平的接受者的品赏，使景物意蕴获得进一步的拓宽和升华；而对于后来的观赏者来说，则是一种普及化，是前人把自己的意境感受传达给后人，起到一种导游讲解的作用，有效地把难以领悟的深层意蕴普及给广大观赏者。

4. 增添景物的人文景观价值 这些著名人物品赏、咏颂景物的诗文，多数都通过碑刻、屏刻、崖刻等形式，珍重地展示于建筑和风景中。如绍兴兰亭，大书法家王羲之所写的《兰亭序》，有唐宋以来临摹的十余种帖石嵌在流觞亭西王右军祠的两侧廊墙。范仲淹的《岳阳楼记》，有乾隆时名书法家张照书写的木雕屏展于楼内。欧阳修的《醉翁亭记》作于北宋庆历六年（1046年），只过两年，就有了初刻碑石，但字划褊浅，难以远传，到元　六年（1091年），又请苏轼改书大字重刻，为醉翁亭添增了一件珍贵的历史文物。至于皇家园林更少不了皇帝题写的御碑。承德避暑山庄内，就有康熙和乾隆所立的御碑20多座，现在保存下来的还有11座。这些碑，有的为诗碑，有的为文碑。诗碑多是皇帝写景抒怀之作，文碑多是表述建筑的建造原因、经过以及有关事件。碑上文字多为汉文，也有满、汉、蒙、藏四文并用，书法端庄遒劲。碑身有的呈卧式，俗称卧碑，有的呈竖式，是常见的竖碑。这些碑的碑首、碑趺以及碑身周边，刻有龙、凤、鹿、鹤、花、草、树木以至各色人物，刻工精细。整个碑可以说是诗文、书法、工艺美术和建筑小品的艺术综合体。

在名山胜景，各种类别刻石更为繁多。号称“天下名山第一”的东岳泰山，“到处刻有古人的题字题诗，参差错落，少说不下一千块。”①其中有不少是摩崖题刻。刻于大观峰绝壁的唐玄宗李隆基撰书的《记泰山铭》，高13.3米，宽5.3米，全文整整1000字，蔚为壮观，成为泰山的重要古迹之一。闻名遐迩的福州鼓山，也有摩崖刻石约300处，其中包括宋刻、元刻、明刻、清刻以及近代和当代的新刻。有宋代蔡襄、李纲、赵汝愚、朱熹等人的手迹，也有当代诗人、书法家郭沫若的手笔。这些崖刻，有的是短短一句的题名记游，有的是洋洋百字的五言古诗。它们汇集篆、隶、真、草、楷各体，琳琅满目，相映成趣，为岗峦起伏的秀美山岩抹上了文化神采。

如果说“崖刻”把诗文嵌入了名山景点，那么“屏刻”和“夹纱字画”则把诗文镶入了殿堂室内。苏州狮子林燕誉堂，在鸳鸯厅隔扇的正中部位，把“贝氏重修狮子林记”刻在八扇屏门组成的屏壁上。大面积的屏刻，与燕誉堂的堂匾、楹联一起，大大浓郁了堂内环境的文化意蕴（图6–5–1）。在北京故宫的许多殿屋内，常常在精致的隔扇夹纱上，镶上小幅的诗文、绘画，称为“臣工字画”（图6–5–2）这也是诗文融入建筑装饰的一种很高雅的方式。

不难理解，这些碑刻、屏刻、崖刻体现着文学手段巧妙地穿插进建筑组群、建筑室内和名山胜景，意味着建筑、风景与诗文、书法的焊接，自然景观与人文景观的交织。这些品赏、记游的诗文，在起到意境鉴赏指引作用的同时，自身也成为人文景观的积淀，通过碑、碣、屏、壁、崖石等物化形式，转化为人文景点，既增添了景物的人文景观价值，也进一步优化了景物客体的意境结构。

①崔秀国．东岳泰山

图6–5–1　苏州狮子林燕誉堂室内综合运用楹联匾额和屏刻以强化室内空间的文化内蕴

引自中国建筑中心建筑历史研究所．中国江南古建筑装修装饰图典．北京：中国工人出版社，1994

图 6–5–2　隔扇夹纱上绘写诗文、字画，在宫廷装修中称为“臣工书画”，这是诗文融入建筑装饰的一种很高雅的方式。图为北京故宫中的两幅“臣工书画”

引自故宫博物院古建筑管理部．紫禁城宫殿建筑装饰·内檐装修图典．北京：紫禁城出版社，1995

二、题名指引

这里说的建筑“题名”，不是通常所说的建筑物的名称。一般建筑群或单体建筑都是有名称的。有的按建筑所处的部位取名，如四合院住宅中有正房、厢房、耳房、倒座等名称；有的按建筑的功能用途取名，如寺庙中有钟楼、鼓楼、藏经楼等名称；有的按建筑的形式特征取名，如住宅中的垂花门、工字厅，园林中的扇面殿、九曲桥等名称；有的按所供神像和所纪念的人物取名，如观音阁、文殊院、二王庙、武侯祠、杜甫草堂等名称；有的按建筑所在的地点取名，如金山寺、香山寺、栖霞寺、灵岩寺等名称。这种取名实质上只是基于建筑的某一特点所形成的品类名称或自然称呼，没有其他的深意。外国古代建筑的取名也是如此，这一点中外是一致的。但是，中国古典建筑除了以上这些取名方式外，还盛行另一种独特的、具有特定含义的“题名”。

所谓“题名”，有两种情况：一是给建筑物或景点命名，二是给建筑空间点题。如宫殿建筑命名为太和殿、乾清宫、皇极殿、乐寿堂；皇家园林建筑命名为佛香阁、排云殿、听鹂馆、写秋轩；私家园林建筑命名为远香堂、见山楼、待霜亭、与谁同坐轩；景区景点命名为平湖秋月、柳浪闻莺、锤峰落照、南山积雪等等。这些建筑和景点的命名，主要以匾额的方式悬挂于建筑物的外檐。重要的景区命名还可能隆重地以立碑建亭或树立牌楼的方式来展示。“点题”主要用于室内空间和建筑组群的门面空间。建筑物的室内空间，除书斋常取名外，通常不再命名，而以内檐匾额点题。如圆明园各殿堂内悬挂的“刚健中正”、“万象涵春”、“山辉川媚”、“无暑清凉”、“纳远秀”、“得自在”等匾。[①]建筑组群门面空间则把点题文字刻于牌楼、牌坊的楼匾、

①参看张仲葛．圆明园匾额节略．见：圆明园，第2集．北京：中国圆明园学会筹备委员会，1983

坊匾上，如曲阜孔庙的“金声玉振”、“太和元气”、“德侔天地”、“道冠古今”等牌匾。这类牌匾，用以强化门面的空间意蕴，可算是十分隆重的点题方式。

建筑和景点的这种命名和点题，从所表达的语义内涵来看，大体上有以下几类：

（一）隐喻一统，藻饰升平

如北京故宫前三殿，命名为“太和”、“中和”、“保和”。“太和”、“保和”出典于《易·乾·彖辞》：“保合大和乃利贞”。大与太通，太和、保和就是保持宇宙间的和谐、协调，使万事万物各得其利，用以隐喻皇权长治久安。“中和”出典于《礼记·中庸》：“中也者，天下之大本也；和也者，天下之达道也。致中和，天地位焉，万物育焉”。中和殿在太和殿与保和殿之间，借用此典，表示维系平稳的一统秩序。前三殿通过这样的命名，深化了宫殿主体建筑表征皇权一统天下的礼教意蕴和永固统治的政治内涵。北京故宫后三宫，命名为“乾清”、“交泰”、“坤宁”。《易·序卦》说：“乾，天也，故称乎父；坤，地也，故称乎母。”《老子·道德经》说：“天得一以清，地得一以宁”。帝后寝宫取名“乾清”，“坤宁”，是用以象征天地，包含着天清地宁的涵义。《易·泰·彖辞》说：“泰，小往大来吉亨，则是天地交而万物通也，上下交而其志同也。”交泰殿位于乾清宫与坤宁宫之间，借用此典命名，既表示天地的交感，也表征帝后的和睦。[①]值得注意的是，后三宫的东西两侧，隔巷并列着东西六宫，象征十二星辰：乾清宫庭院东西庑的两门，取名“日精”、“月华”，象征日、月。这样的布局，通过命名的点示，明确地展示了日、月、星、辰众星拱卫天地的图式，大大深化了后三宫的象征意蕴。其他如圆明园的景区命名为“九洲清晏”、“万方安和”等等，也都具有这样的点示和深化象征意蕴的作用。

（二）表征仙境，寓意祥瑞

早在秦汉时代，人工山水园已出现“海岛仙山”式的布局，以大池为中心，象征东海，池中堆土石为一岛或三岛，象征传说中的海上仙山——蓬莱、方丈、瀛洲。这种源于方士妄说的景物布局方式，由于具有象征仙境的吉祥涵义和良好的水域组景效果，获得了很强的生命力，隋洛阳西苑有“蓬莱”、“方丈”、“瀛洲”；唐大明宫后苑有“蓬莱山”，宋初汴京“违命侯苑”有“小蓬莱”，明清北京有北海“琼华岛”，圆明园福海有“蓬岛瑶台”，私家园林中，苏州拙政园、常州迎园等，也有名为“小蓬莱”、“小瀛洲”的景点。这类蓬莱仙岛式的景物和命名，成了传统园林塑造“人间仙境”意蕴的惯用模式。

一般殿堂建筑则主要靠命名来寓意吉祥。北京故宫的宁寿宫组群可说是这类命名的集中表现。这组建筑建于乾隆三十六年到四十一年（1771—1776年），是乾隆为自己在位六十年后归政而建的太上皇宫殿。这里的殿堂门楼取名皇极殿、宁寿宫、乐寿堂、庆寿堂、颐乐轩、景福宫、景祺阁、衍祺门、凝祺门、昌泽门、遂初堂、符望阁等等，都明显地含有表征福寿、寓意祥瑞、祝祷颐和、得遂初愿的用意。万寿山、颐和园的取名也是如此。山名万寿，是乾隆为皇太后祝寿而将瓮山改名的。园名颐和，是取慈禧太后“颐养冲和”之意。颐和园的建筑中，如仁寿殿、乐寿堂、颐乐殿的命名和“寿协仁符”、“万寿无疆”、“贵寿无极”等内檐匾额的点题，其用意都是通过这种命题，点明建筑的表征涵义，浓郁景物的祥瑞气息。民间建筑、文人宅舍也常有祝瑞志喜的命名，苏轼在《喜雨堂记》中提到了这一点，他说：

> 亭以雨名，志喜也。古者有喜，则以名物，示不忘也。[②]

显然，志喜式的建筑命名有效地起到了点示景物特定纪念意蕴的作用。

（三）修身勤政，规诫自勉

① 参见杨新．后三宫殿额．紫禁城，1983（5）

②苏轼．喜雨亭记

①王献臣．拙政园图咏跋

②苏舜钦．沧浪亭记

这类题名，有的用于建筑物的命名，如圆明园的勤政殿、无倦斋、慎德堂、澹怀堂，避暑山庄的澹泊敬诚殿等。澹泊敬诚殿建于康熙四十九年（1710 年），是避暑山庄的正宫主殿，取名源自诸葛亮“非澹泊无以明志，非宁静无以致远”的名句，乾隆阐释为“标言澹以泊，继日敬兮诚”。此殿在乾隆十九年（1754 年）全部用楠木改建，梁、柱、门、窗均保持楠木本色，不彩不绘，建筑格调更适合山庄特色，也与“澹泊”之名更为合拍。这种规诫性的题名更多地用于殿堂内部空间的点题，如圆明园各殿堂就有“勤政亲贤”、“刚健中正”、“养心寡欲”、“乐天知命”、“自强不息”、“恭俭惟德”、“清虚静泰”、“公正平和”、“澄心养素”、“彊勉学问”、“澡身浴德”、“居安莫忘武”、“一年无日不看书”等一大批规诫性的内檐匾额。北京故宫的这类匾额也很触目。乾清宫内悬挂有“正大光明”匾（图 6–5–3），交泰殿内悬挂有“无为”匾，养心殿前殿和后殿更是集中了“中正仁和”、“日监在兹”、“敬天法祖”、“勤政亲贤”、“自强不息”、“又日新”、“毋不敬”等许多匾额。封建帝王以这类匾额为座右铭，用意在于规诫自己修身勤政，标榜自己亲贤识礼、注重道德修养。从建筑意境的角度来看，这样的匾额，也起到了点示场所精神和点染空间气氛的作用。

图 6–5–3 北京故宫乾清宫内悬挂的“正大光明”匾

（四）寄意隐逸，比拟高洁

传统私家园林基本上是“文士园”，园主多是退隐后以园居自乐，园名和建筑景物取名常常寄寓隐逸。苏州的拙政园、沧浪亭、网师园都体现了这种意识。拙政园的取名出自潘岳《闲居赋》中所说：

> 庶浮云之志，筑室种树，逍遥自得，池沼足以渔钓，舂税足以代耕，灌园鬻蔬，以供朝夕之膳，牧羊酤酪，以竢伏腊之费，孝乎唯孝，友于兄弟，此亦拙者之为政也。

由于园主王献臣仕途不得志，自比潘岳，因而取“拙政”为园名。他自己表白：“吾仅以一郡倅老退林下，其为政殆有拙于岳者，园所以识也”。①沧浪亭的主人苏舜钦也是因罪被斥，旅居苏州，置园安身。园名出典于《孟子·离娄》：“有孺子歌曰：沧浪之水清兮，可以濯我缨；沧浪之水浊兮，可以濯我足”。明显地寄寓着园主“安于冲旷，不与众驱，……沃然有得，笑傲万古”②的超然心态。网师园的取名，据钱大昕的《网师园记》，可知园主宋宗元购地造园，是为归老之计，取名“网师”，有双重含意：一是与此园巷名“王思”谐音；二是以“网师”托“渔隐”之义。显然，像“拙政”、“沧浪”、“网师”这样渗透着浓厚隐逸意识的命名，明确传递了园主的造园心态和审美倾向，对于全园的景物格调和意境内蕴，自然起到了标示主题、概括基调的作用。

受儒家“比德”审美意识的影响，在园林景物组织中，也渗透着浓厚的比拟高洁的鉴赏意识。松、竹、梅、兰、荷、菊等花木都被赋予拟人品格，成为园林中最受青睐的观赏景物，许多景区、景点和景观建筑是以此立意命名的。圆明园四十景之一，占地最大的一组“园中园”，被命名为“濂溪乐处”。这里流水周环，满布荷花，“净绿粉红、清香不已”。乾隆盛赞它“左右前后皆君子”。[①]“君子”在这里指的是荷花。清代周敦颐在《爱莲说》中曾写道：

> 水陆草木之花，可爱者甚蕃。晋陶渊明独爱菊；自李唐来，世人盛爱牡丹；予独爱莲之出淤泥而不染，濯清涟而不妖，中通外直，不蔓不枝，香远益清，亭亭静植，可远观而不可亵玩焉，予谓菊，花之隐逸者也；牡丹，花之富贵者也；莲，花之君子者也。[②]

周敦颐自号“濂溪先生”，因而这个赏荷的景点得到了“濂溪乐处”的美称。这类以赏莲命名的景物很多。如避暑山庄康熙所题的三十六景中有“曲水荷香”、“香远益清”，乾隆所题的三十六景中有“观莲所”，拙政园有远香堂、荷风四面亭等等。

同样的情况，竹也常常被比德为君子。因此以赏竹为主题的景点比比皆是。扬州有“个园”（取“个”字为“竹”之半），杭州西湖西泠印社有“竹阁”，上海南翔古漪园有“竹枝山”，苏州拙政园有“竹涧”[③]，沧浪亭有“翠玲珑”，狮子林有“修竹阁”，网师园有“竹外一枝轩”，《红楼梦》大观园中也有“潇湘馆”。这种命名方式，显然起到托物寄兴，借景抒情的深化意蕴作用。

（五）标点境界，写仿名胜

南宋画院画师把杭州西湖“四时景色最奇者”概括为十景，取名苏堤春晓、曲院风荷、平湖秋月、断桥残雪、柳浪闻莺、花港观鱼、雷峰夕照、双峰插云、南屏晚钟、三潭印月。[④]这样的命名方式，只用短短四字，点出了特定的地点、特定的时间、特定的景象，以极其精粹的语言，揭示了富有诗意的境界，很自然地成了标点景物境界的一种常见的模式。许多著名景区的景点都采用了这种命名模式，如钱塘十景取名为：六桥烟柳、九里云松、灵石樵歌、孤山霁雪、北关夜市、葛岭朝暾、浙江秋涛、冷泉猿啸、两峰白云、西湖夜月；燕京八景取名为：居庸叠翠、玉泉垂虹、太液秋风、琼岛春阴、蓟门烟树、西山晴雪、卢沟晓月、金台夕照；天台八景取名为：华顶秀色、石梁飞瀑、铜壶滴漏、赤诚栖霞、琼台夜月、桃源春晓等等。避暑山庄康熙题名的三十六景中的“西岭晨霞、锤峰落照、南山积雪、石矶观鱼也属于这种命名模式。这样的题命，既是命名，也是点题，能够准确地把握景观特色、突出景观个性，善于把建筑、山川等实景意象与春晓、秋月、晨霞、晚钟、垂虹、落照等虚景意象交织在一起，升华成虚实相生、诗意盎然的境界，既对景物起到点睛作用，也对鉴赏起到指引作用。

这类著名的景点，在皇家园林“移天缩地在君怀”的规划思想支配下，常常成为景观创作构思立意参照的原型，形成模仿名胜的所谓“变体创作”。这些景点的命名，大多原封不动地被沿用。如杭州西湖十景的名称在圆明园中都一一再现，其中平湖秋月和曲院风荷，还进入圆明园四十景之列。长春园的狮子林、小有天，分别写仿苏州狮子林、杭州小有天，名称也照用。圆明园的四宜书屋，仿海宁陈氏隅园，乾隆二十七年巡幸海宁时，隅园赐名安澜园，四宜书屋随之也改名为安澜园。避暑山庄的湖泊区集中了一批仿江南名胜的变体创作。其中，澄湖东隅的小金山，仿照镇江金山胜景设计，陡峭的假山下设置了幽暗深邃的法海洞，很容易让人联想起水漫金山的故事。与水心榭隔湖相望的文园狮子林，仿苏州狮子林的意蕴，组成了包括十六个小景点的多姿多彩的江南式的园中园。位于青莲岛上的烟雨楼，仿嘉兴南湖烟雨楼，每逢澄湖飘雨，濛濛烟雾将烟雨楼淡化，形成水天一色的迷茫景象，的确很有南湖烟雨楼的韵味。显然，这类写仿名胜的变体创作，通过命名的点示，大大强化了景物所写仿的意蕴。

①见乾隆．御制圆明园图咏

②周敦颐．爱莲说

③据文征明《王氏拙政园记》，拙政园原有“竹涧”，在“瑶圃”西

④参见吴自牧．梦梁录·卷十二西湖

①洪迈．容斋随笔·亭榭立名

②张岱．琅环文集·与祁世倍

(六)“述旧”、“编新”，画龙点睛

在《红楼梦》第十七回“大观园试才题对额”中，贾宝玉对题对额提出了“编新不如述旧，刻古终胜雕今”的见解。的确，建筑景物的题名、题对，存在着“编新”和“述旧”两种方式，古人有偏重“述旧”的倾向。所谓“述旧”，就是结合景物特点，撷取人们熟悉的古人诗文名篇的字句来命名、题对，把景物升华到历史积淀的诗文境界，这是拓展和深化景物意蕴，点示和规范接受定向的一种很有效的方式。所谓“编新”，则是针对景物特色，用新编的诗意字句来命名、题对。这种编新，虽然起不到借引古人诗意的作用，只要编得妥帖、高妙，同样可以画龙点睛地深化意蕴，指引鉴赏。应该说“述旧”、“编新”自身并无高低之分，两者各有千秋，都可能题出非常精彩的对额。

在园林中，这种“述旧”、“编新”的题名主要用于点景抒情，我们从大观园中的“稻香村”、“怡红院”、“潇湘馆”、“蓼风轩”、“藕香榭”、“紫菱洲”、“荇叶渚”等的命名，和“杏帘在望”、“怡红快绿”、“蘅芷清香”、“旷性怡情”、“梨花春雨”、“桐剪秋风”等的点题，可以看出，点景抒情式的题名，在景观建筑题名中占据很大的比重，对景物意蕴的“点睛”作用也最为显著。

图6–5–4　悬挂着匾额、楹联的太和殿核心空间

引自张家骥．太和殿的空间艺术．见：建筑师，第2期．北京：中国建筑工业出版社，1980

拙政园西部扇面亭的命名可以说是点景抒情的题名杰作。这个池边小亭，背衬葱翠的小山，隔岸与贴水曲廊相对，是园内很普通的亭榭，很一般的幽静环境。由于取名为“与谁同坐轩”，注入了特定语义，大大深化了意蕴。这是“述旧”式的取名，引自苏轼《点绛唇·杭州》的词句：“与谁同坐，明月、清风、我”。它把游人的观赏带进苏轼的诗词境界，启迪人们在这里迎风待月，细腻地体味皓月当空、清风徐来的情景，感受静宓幽寂的境界，生发清冷孤傲的心态。谈及建筑题名时，宋人洪迈曾说：

> 立亭榭名最易蹈袭，既不可近俗，而务为奇涩亦非是。①

明人张岱也说：

> 造园亭之难，难于结构，更难于命名，盖命名俗则不佳，文又不妙。②

像与谁同坐轩这样的命名，述旧而不蹈袭，风趣而不近俗，含蓄而不奇涩，有丰富的潜台词，有发人遐想的空白和余韵，可以说是充分发挥了题名深化意蕴的潜能和指引鉴赏的作用。

上面归纳了六种内涵的题名，只是概略地梳理，并不全面。仅从这些方面，已不难看出中国传统建筑文化对于题名是极为重视的。重要的礼制建筑、景观建筑都通过命名和点题，使之成为“有标题”的作品，赋予了意识形态的内涵和接受定向的指引。这样的建筑，如同“有标题的音乐”一样，可以称为“有标题的建筑”。值得注意的是，这种题名，高高展示在建筑物的外檐或内檐的最触目部位（图6–5–4）。它把文字性的东西转化为建筑性的构件，取得了文学手段与建筑手段在艺术形象上的有机统一，并且融书法美、工艺美和建筑美于一身，在建筑形象上也起到重要的美化作用。

匾额在构造上分两大类，一类是用于木构建筑外檐和内檐的悬挂式木质匾额，另一类是用于砖石结构的墙体和墩台的镶嵌式石质匾额。宋《营造法式》称木质匾额为“牌”，列为“小木作”。“牌”有两式，一为“华带牌”，一为“风字牌”，均由牌首、牌带、牌舌、牌面组成（图6-5-5）。华带牌的形式端庄、华丽，流传很广，一直到明清，宫殿、庙宇、衙署的殿堂外檐匾额几乎都通用这种程式的形制。园林建筑的匾额，则采用较轻快的形式，特别是江南私家园林的亭额堂匾，形式小巧多姿，我们从李渔在《闲情偶寄 · 居室部》里所列举的“碑文额”、“手卷额”、“册页匾”、“虚白匾”、“石光匾”、“秋叶匾”等的多采面貌（图6-5-6），可以看出古人对匾额形式的重视，可以体会到古人力求匾额形式与园林素雅格调相协调的设计匠心。在某些特定的场合，如山野景点或田舍风光的题名，则突破匾额的形式，而代之以崖刻、石刻。《红楼梦》中的稻香村景点，就是将题名刻于“篱门外路旁的”一块石头上。作者写道：“此处若悬匾待题，则田舍家风一洗尽矣。立此一碣，又觉许多生色”。[①]

三、题对指引

对联的历史很久远，西蜀后主孟昶于公元964年写的“新年纳余庆，嘉节号长春”，一般认为是对联发展史上的第一副春联。名胜对联也在同一时期出现，现在所知的有五代僧契盈题吴越碧波亭联：“三千里外一条水，十二时中两度潮”和孟昶的兵部尚书王瑶为孟昶苑囿百花潭所题的“十字水中分岛屿，数重花外见楼台”联。经过宋、明两代的蓬勃发展，到乾隆、嘉庆、道光三朝，对联发展达到鼎盛阶段。名胜对联几乎成了宫殿、苑囿、园林、第宅、故居、寺庙、祠堂、会馆、书院、戏楼等建筑的必备品。全国名胜对联数量之多，当数以万计。

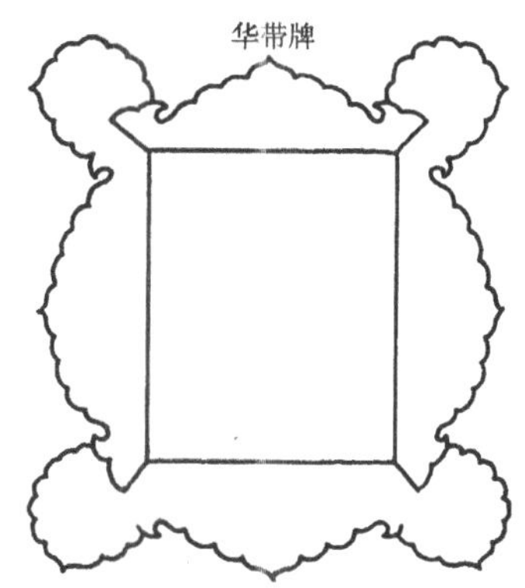

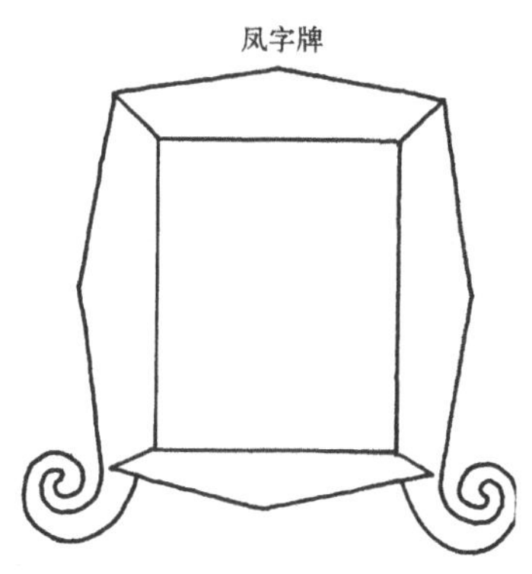

图6-5-5 宋《营造法式》所列的两种匾额

①曹雪芹．红楼梦第十七回

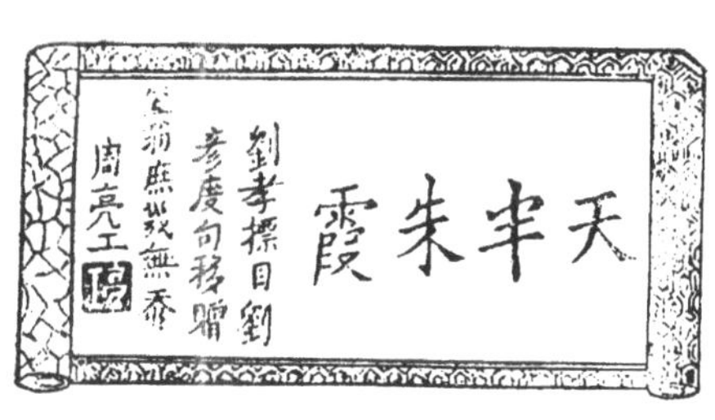

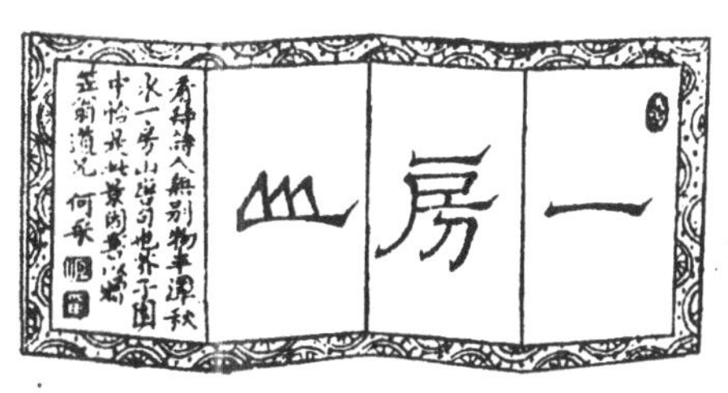

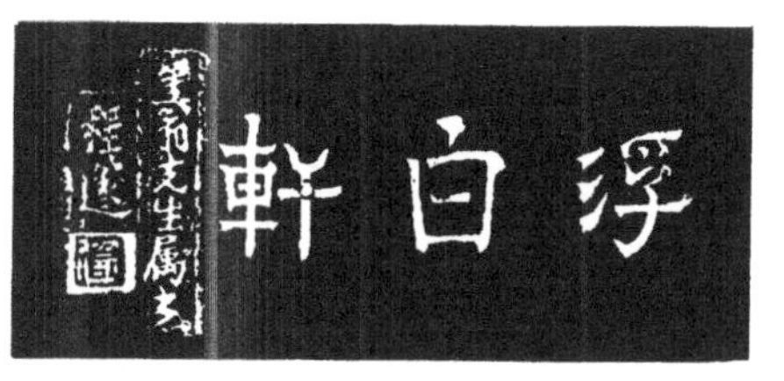

图6-5-6 李渔《闲情偶寄·居室部》中所列的几种园林用匾形式
引自李渔．闲情偶寄

仅《北京名胜楹联》一书，就收入一千一百余副。其中，北京故宫收入 308 副，北海收入 101 副，颐和园收入 105 副。[①]可以想见对联在传统建筑中备受重视的盛况。

对联是中国独特的文学艺术形式，它利用汉字一字一音一义的特点，组成上下联对称的形式。联的篇幅可长可短，十分灵活，短联多为四言、五言、六言、七言，长联则长达数十字以至百余字、数百字。如昆明大观楼长联达 180 字，成都望江楼长联达 212 字，灌县青城山长联达 394 字。对联的体例，有的是精练的诗词格调，是诗的高浓度凝聚；有的是通俗的散文格调，在流畅的语言中寄寓着深邃的理趣。对联的创作也有“述旧”、“编新”之分。述旧的对联多用“集句”的方式，从古人的诗句中摘取、配对。《扬州画舫录》记述扬州园林的对联，绝大多数都是集唐宋的诗句。这种集句式的对联，把现实的景物与前人所咏颂的诗句相联系，很容易激发观赏者进入诗的境界。编新的对联也很注重用典，通过历史“典故”的触媒，同样可以引发观赏者的历史遐想。对联自身还是书法、雕刻的荟萃，集文学美、书法美、雕刻美和工艺美于一身(图 6–5–7)。这些对联，在建筑上的展现，有三种基本方式：一是当门，二是抱柱，三是补壁。通过这三种方式，对联与门、柱、壁融合成一体，取得建筑化的载体，成为建筑装修的一个品类。其中抱柱式的对联，通称“楹联”，是三种方式中运用最为广泛的一种（图 6–5–8)。由于木构架建筑柱子很多，在外檐、内檐都有充足的柱子可供悬挂楹联，提供了展现楹联的充足场面。许多重要的名胜建筑，常常集众多楹联于一堂，它们常常是不同历史年代的著名历史人物或著名文人、书法家留下的吟颂、赏评，是建筑中的文化积淀的一种体现。

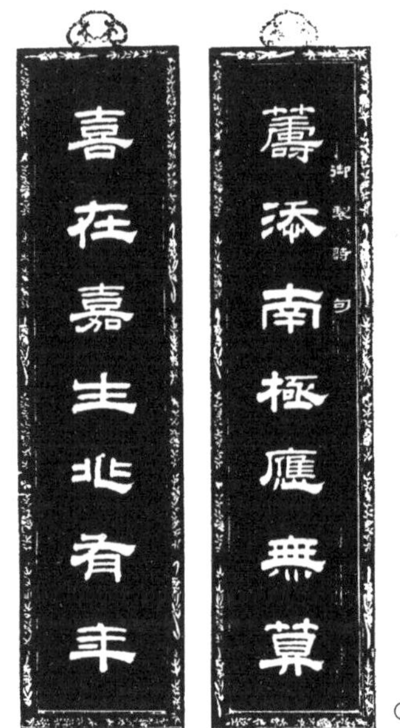

①

②

图 6–5–7　金字联和此君联
①北京故宫倦勤斋戏台黑漆地金字联
②《闲情偶寄 · 居室部》所列的“此君联”
引自故宫博物院古建筑管理部 . 紫禁城宫殿建筑装饰 · 内檐装修图典 . 北京：紫禁城出版社，1995

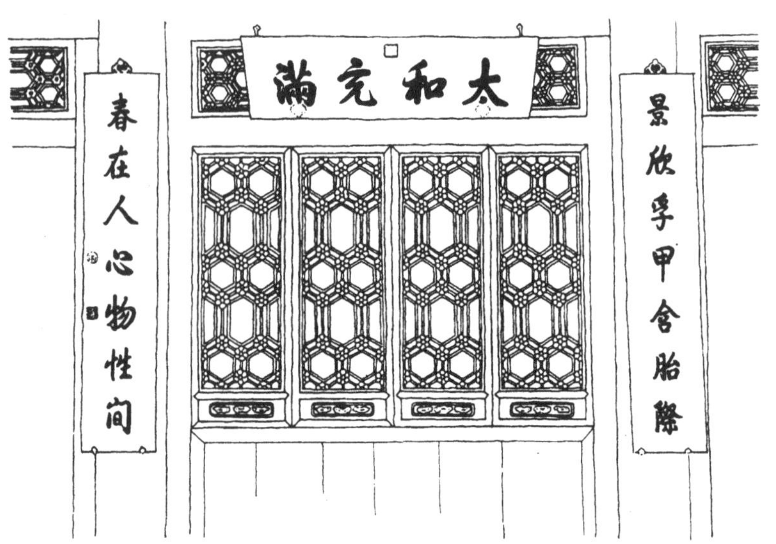

图 6–5–8　北京故宫颐和轩楠木浮雕云龙金地黑字匾联

清代书画家方薰在谈到画面“题跋”的作用时说：

> 画家有未必知画，不能画者每知画理，自古有之。故尝有画者之意，题者发之。
>
> 款题图画，始自苏、米，至元明而遂多。以题语位置画境者，画亦由题益妙。高情逸思，画之不足，题以发之，后世乃为滥觞。[②]

建筑中的题对，实质上很接近于画面上的题跋，可以视为“建筑的题跋”。方薰在这里讲

①参见顾平旦等 . 北京名胜楹联 . 北京：中国民间文学出版社，1985

②方薰 . 山静居画论

到画面题跋的两个作用：一是“画者之意，题者发之”。即画家自己没有意识到的意趣，由“题者”通过题跋给予阐发；二是“画之不足，题以发之”，即画面所未能充分表达的高情逸思，可以通过题跋进一步发挥，使之“益妙”。建筑中的题对也是如此。一方面可以通过对联阐发建筑匠师在作品中未曾意识到的意蕴；另一方面也可以通过对联阐发建筑作品所未能充分表达的高情逸思。在建筑中题写匾额对联，实质上是高水平的建筑鉴赏者参与建筑意境的发掘和阐发，正如《红楼梦》中贾政所说：

若大景致，若干亭榭，无字标题，任是花柳山水，也断不能生色。①

这是通过文学的、诗的配合，对建筑景物境界的点睛和升华，同时，也是对于广大建筑审美者的一种极为有效的、生动的鉴赏指引。

从大量的名胜对联来看，在深化意境和指引鉴赏方面，题对大体上起着以下几方面的作用：

（一）标点境界

许多名胜对联是用来标点境界、指点景观特色的。北京樱桃沟半山亭，摘取王维《终南别业》的诗句，以“行到水穷处；坐看云起时”为亭联，点出了石亭所处的环境意蕴。桂林叠彩山山腰有一处南北贯通的岩洞，称为风洞，一年四季岩风不断，夏天洞外炎热如火，洞内清爽如春。风洞有一副对联：“到清凉境；生欢喜心”，以简洁、朴实的语言，点示了特定景物的有情有景的境界。一些山林佛寺组群的山门或香道入口，也常常通过对联来强化景区起点的意蕴，增添引人探胜的兴致。如浙江永康方岩广慈寺的天门亭楼，用上“天生奇境开宗派；门设雄关护法王”的楹联，浙江普陀山短姑道头“同登彼岸”牌坊，用上“到这山来，未谒普门，当先净志；渡那海去，欲登彼岸，须早回头”的楹联，都十分妥帖地点示了景区起始的场所意识，展露出进入“佛国”的独特境界。一些景区的中心景点，更需要通过对联的“题跋”，充分显示境界的特异。如泰山南天门，位处十八盘天梯的顶端，这里有石刻门联：“门辟九霄，仰步三天胜迹；阶崇万级，俯临千嶂奇观”。对联说南天门打开了通往九重天的道路，仰首迈步就可以看到三天（青微天、禹余天、大赤天），即整个天上世界的胜迹；登上阶崇万级的南天门，低头俯视可以饱览千山万壑的壮伟奇观。衡山南天门，同样也有“门可通天，仰观碧落星辰近；路承绝顶，俯瞰翠微峦屿低”的名联，它们都对各自的南天门高耸云霄的雄奇境界作了极度的渲染。这类点示境界的对联，也常常用较多的字句，对景观环境作细腻的描写。南京鸡鸣寺豁蒙楼的对联：

遥对清凉山，近临北极阁，更看台城遗址，塔影横江，妙景入樽前，一幅画图传胜迹；

昔题凭墅处，今曰豁蒙楼，却喜玄武名湖，荷花满沼，好风来座右，数声钟磬答莲歌。

这副64字的对联，既点出鸡鸣寺附近的名胜，也描绘了动人的自然风光。这些，对于浓郁景物的环境意蕴都是很起作用的。

（二）升华诗韵

许多名胜对联都起到升华诗韵的作用。《老残游记》中提到的济南大明湖铁公祠大门名联：“四面荷花三面柳；一城山色半城湖”，就是对大明湖景观的生动概括和诗意升华。四川乐山凌云寺的大门，上悬“凌云禅院”巨大金匾，两旁挂“大江东去；佛法西来”对联，既描述了庙门临江的雄浑景象，又突出了佛法流传的庄严历史，言简意赅，气势磅礴，大大升华了凌云寺门面的环境意蕴。《扬州画舫录》中记述扬州杏轩的一副对联：“槛外山光，历春夏秋冬，万千变幻，总非凡境；窗中云影，任南北东西，

①曹雪芹．红楼梦第十七回

①李斗．扬州画舫录卷十三，卷六．扬州：江苏广陵古籍刻印社，1984.306 页

去来淡荡，洵是仙居。[①]人们即使不熟悉杏轩的建筑、景致，只要读到这副对联，也能领略到“山光”变幻，“云影”淡荡的仙居意韵。杭州著名景点韬光，在观海亭上有一副诗联：“楼观沧海日；门对浙江潮”。相传这两句是唐初宋之问游灵隐作诗时，骆宾王为他所作的续句。但实际上在灵隐寺看不到这样的景观，而登上韬光，却能饱览钱塘江入海的壮观场面，有“韬光观海”之说。因此把这两句诗用作观海亭的亭联是十分妥帖的。从灵隐到韬光沿途以幽取胜，至韬光观海，转化成豁然开朗的飘逸阔大境界。这副对联在升华超逸、壮阔的意韵上起到了点睛作用。

这类升华诗韵的对联，很善于捕捉景观环境中的山水意象、花木意象和风云意象，善于把青山、绿水、清风、明月、竹荫、花影、蝉噪、鸟鸣等自然美因子组构成虚实相生的意象串，以突出景观环境的诗情画意。苏州沧浪亭的著名亭联：“清风明月本无价，近水远山皆有情”，就属此类。沧浪亭是北宋苏舜钦因罪被废，旅居吴中，以四万钱购得弃地而建的。欧阳修在《沧浪亭》一诗中，有“清风明月本无价，可惜只卖四万钱”句。苏舜钦在《过苏州》诗中，有“绿杨白鹭俱自得，近水远山皆有情”句。清代文人梁章钜集两诗成此联，可以说是匹配得天衣无缝。这副对联，上联写清风明月的虚物景象，下联写近水远山的实物景象，把沧浪亭的建筑意象与环境的山水，风月意象融合在一起，既浓郁了沧浪亭的诗的境界，也深化了沧浪亭的文化积淀。这类对联的佳作很多，苏州拙政园“梧竹幽居”联：“爽借清风明借月；动观流水静观山”；杭州孤山“西湖天下景”亭联：“水水山山，处处明明秀秀；晴晴雨雨，时时好好奇奇”；杭州西湖“平湖秋月”堂联：“穿牖而来，夏日清风冬日日；卷帘相见，前山明月后山山”；颐和园南湖岛“鉴远堂”楹联：“一径竹荫云满地，半帘花影月笼纱”；颐和园玉澜堂东厢“霞芬室”楹联：“窗竹影摇书案上，山泉声入砚池中”等等，都为各自的景象升华了浓郁的诗的境界。

（三）诱发遐想

名胜对联具有诱发遐想的机制，它能提供大片的“意义空白”，引发广阔的想像空间，促使观赏者浮想联翩，拓展象外之象。

这类对联，有的采取提问式的诱发，如昆明西山三清阁联：“听鸟说甚？问花笑谁？”通过妙趣横生的提问，激活游人的想像力。杭州灵隐寺冷泉亭，位于飞来峰下，明代著名画家董其昌为之写了一副问联：“泉自几时冷起？峰从何处飞来？”这副妙联展开了耐人寻味的想像空间，引来不少答句式的对联。如俞樾联：“泉自有时冷起；峰从无处飞来”。左宗棠答联：“在山本清，泉自源头冷起；入世皆幻，峰从天外飞来”。这种问联和答联很能激发游人的兴致和思绪。

拓展广阔的艺术时空，是对联诱发遐想的关键所在。苏州留园石林小院有一副明代著名书法家陈洪绶写的对联：“曲径每过三益友；小庭长对四时花”。这副对联生动地点出小院的“曲径”、“小庭”特色，通过“三益友”、“四时花”引发对于岁寒三友和四时季相的时空感触。颐和园后山谐趣园的涵远堂，有一副对联：“西岭烟霞生袖底；东洲云海落樽前”。这副对联是用来阐释堂名的。涵远堂能“涵”多么“远”？对联说，西山的烟雾云霞好像就在手下生起，东海的海市蜃楼似乎就展现在酒杯面前。涵远堂实际上面临的是一片寂静的、相对封闭的水面，它的景域并不大，通过这副对联夸张的点示，大大拓展了“涵远”的时空。杭州西湖湖心亭有一副短联：“中央宛在；一半勾留”。短短八个字，蕴含着丰富的潜台词。上联脱自《诗经·秦风·蒹葭》：“溯游从之，宛在水中央”。下联出自白居易《春题湖上》诗：“未能抛得杭州去，

一半勾留是此湖”。人们赏读这副对联，联想到《诗经》和白居易的诗句，自然领会到湖心亭的独特境界：这里位处西湖“中央”，可环览湖区全景，是观赏令人陶醉、勾留忘返的湖景的最佳场所。这种含蓄的表述比直写湖心亭更能拓展景物的艺术时空，更能诱发无尽的幽思遐想。

（四）激励情怀

坛庙、祠堂、陵墓等纪念性建筑，很善于调度对联颂扬师表，纪念英烈，缅怀先哲，激励后人。这些对联成了渲染纪念性的崇高气氛和突出瞻仰性的场所精神的有力手段。北京成贤街孔庙大成殿，有一副乾隆作的对联：

气备四时，与天地鬼神日月合其德；

教垂万世，继尧舜禹汤文武作之师。

从道德和师表两个角度对孔子作了至高无上的颂扬。

邻近孔庙的国子监内，有一栋韩愈祠，清代文学家法式善写了副对联：

起八代衰，自昔文章尊北斗；

兴四门学，即今俎豆重东胶。

对韩愈的“文起八代之衰”和他的兴学教育思想，作了恰当的评价。

这类对联，大都洋溢着鲜明的爱憎情感，很能激人情怀，感人肺腑。如：北京西裱褙胡同的于谦祠联：

砥流中柱，独换朱明残祚；

庙容永奂，长赢史笔芳名。

北京府学胡同的文天祥祠联：

正气贯人寰，河岳日星垂万世；

明禋崇庙观，丹心碧血照千秋。

扬州广储门外梅花岭的史可法衣冠墓联：

数点梅花亡国泪；

二分明月故臣心。

杭州西湖岳飞墓联：

青山有幸埋忠骨，

白铁无辜铸佞臣。

这些对联，都能深深激励观赏者的敬仰情怀，从而深化了祠庙境界的纪念意蕴。

（五）引申哲理

名胜对联还具有引申哲理的重要作用，它有助于突破建筑景物的有限时空，指引观赏者生发人生的、历史的、宇宙的哲理感受和领悟。

杭州玉泉景点，泉水晶莹明净，有“湛湛玉泉色”的美称。这里建有“鱼乐园”，人们到此观泉赏鱼，景物自身并没有哲理性的内蕴。但是，一副“鱼乐人亦乐，泉清心共清”的对联为游人点示了“人鱼同乐，心泉共清”的情景交融的意蕴，指引游人领略忘却尘事的超脱境界。这副对联还涉及《庄子·秋水篇》的一个典故：

庄子与惠子游于濠梁之上。庄子曰：“鱼出游从容，是鱼之乐也。”惠子曰：“子非鱼，安知鱼之乐？”庄子曰：“子非我，安知我不知鱼之乐？”。

玉泉“鱼乐园”的题名和“鱼乐人亦乐”的题对，正是用的这一典故。这个题名和题对，都是把“鱼乐”升华到逍遥出世的境界，给一个玉泉观鱼的景点注入了人生哲理的意蕴。

玉泉景点的临池茶室，还有一副对联：“休羡巨鱼夺食，聊饮清泉洗心”。这副对联看上去只是即景描写玉泉的品茗观鱼，实际上也寄寓着人生哲理，表露了“悠然自我，与世无争”的超脱心态。值得注意的是，同是玉泉观鱼的景物，在前一副对联中，人们看到的是鱼的从容游乐，在后一副对联中，人们看到的是巨鱼夺食。这正是景物意象的多义性、模糊性所导致的境界意蕴的多样性、丰富性。

一些纪念性祠庙建筑，也常在缅怀先哲的对联中，渗透进哲理性的阐发。成都武侯祠有这样一副名联：

能攻心，则反侧自消，从古知兵非好战；

不审势，即宽严皆误，后来治蜀要深思。

这副对联为清末赵藩所撰。联语既赞扬了诸葛亮执法谨严，审时度势，实事求是，宽严结合的施政方针，也针砭了四川执政当局不审时势，主观武断，宽严皆误的弊政，导引观赏者透过纪念性的景物氛围，生发哲理性的庄重思索。

这类带有哲理性的对联，有时还通过俏皮的方式来表述。《扬州画舫录》提到郑板桥曾经为如皋土地庙撰写一副对联：

乡里鼓儿乡里打；

当坊土地当坊灵。[①]

这种打油诗式的对联，是在跟土地爷开玩笑中，捎带着讽刺乡里意识。这类风趣的哲理联在寺庙建筑中不少见。如北京潭柘寺的题弥勒联：

大肚能容，容天下难容之事；

开口便笑，笑世间可笑之人。

北京南苑观音庵的倒座观音联：

问大士缘何倒座？

恨世人不肯回头。

北京丰台海会寺的弥勒殿联：

终日解其颐，笑世事纷纭，曾无了局；

经年袒乃腹，看胸怀洒落，却是上乘。

这些戏谑式的对联，都能超越宗教意识，俏皮地抓住景象的某些特征，点示出德操精神和人生处世的哲理，冲淡了寺庙场所的宗教气氛，添增了进香随喜的理趣。

不难理解，名胜对联通过上面所说的标点境界、升华诗韵、诱发遐想、激励情怀、引申哲理等方面的作用，既参与了意境客体的构成，深化了意境客体的意蕴，又充当了接受主体的导游，发挥了指引鉴赏的功效。

诗文指引、题名指引、题对指引构成了文学手段介入建筑意境的三大途经，特别是匾额和楹联体现了文学意象与建筑意象的有机融合，对建筑意境的客体结构和主体鉴赏都起到重大作用，可以说是中国建筑的一份独特的美学遗产。

①李斗．扬州画舫录卷十三，卷六．扬州：江苏广陵古籍刻印社，1984.151页

余论：中国建筑的“硬”传统和“软”传统

中国建筑具有悠久的历史传统和独特的文化积淀，既有丰厚的传统财富，也有沉重的传统包袱。面对这样一份厚重的文化遗产，如何发挥其正面价值，消减其负面作用，是我们研究中国建筑美学不能回避的理论课题。对于这个课题的理论思索，我想可以从区分建筑的“硬”传统和“软”传统着手。

建筑传统是一个多向度、多层次的复合结构。所谓硬传统，指的是建筑传统的表层结构，是建筑传统的物态化存在，是凝结在建筑载体上，通过建筑载体体现出来的建筑遗产的具体形态和形式特征。如中国传统建筑的庭院式布局，木构架结构，大屋顶、须弥座、斗栱、彩画等等形式，都属于硬传统。它们都是具体实在的，有形有色的，看得见、摸得着的。它们是建筑遗产的“硬件”集合。所谓软传统，指的是建筑传统的深层结构，是建筑传统的非物态化存在，是飘离在建筑载体之外，隐藏在建筑传统形式的背后，透过建筑硬件遗产所反映的传统价值观念、生活方式、思维方式、行为方式、哲学意识、文化心态、审美情趣、建筑观念、建筑思想、创作方法、设计手法等等。它们是直观看不见、摸不着的东西，是建筑遗产的“软件”集合。

值得注意的是，对于建筑传统的这两大构成，历来更多的是关注硬传统，而忽视或无视软传统。在封建时代，对中国建筑传统，看重的是建筑形制。建筑的空间布局、方位、间架、尺度以至装饰、色彩等都被列为定制，都被视为“礼”的规范，它们体现着严格区分上下、尊卑、亲疏、贵贱、男女、长幼的礼教秩序。传统形制成了“先王之制”，只能“率由旧章”、“述而不作”。正是这种顽强因袭的建筑形制，强化了中国古代建筑硬传统的持久延续。在近代中国，基于“中体西用”、“中道西器”、“国粹主义”、“文化本位”等的文化观念和西方学院派的建筑教育、建筑思潮的影响，30 年代的中国建筑师纷纷提出“依据旧式，采取新法”①，“酌采古代建筑式样，融合西洋合理之方法与东方固有之色彩于一炉”②等主张，对中国建筑传统，主要着眼点落在“固有形式”的提取和承继上，把延续传统建筑的形式特征，作为体现、发扬中国精神和民族色彩的方式、途径，看到的也是硬传统。50 年代到 60 年代，把增强民族凝聚力、自信心，适应人民的“喜闻乐见”作为建筑艺术的政治目标和审美目标，仍然以传统建筑的形式特征来体现民族形式和民族风格，对待建筑传统，主视点还是盯在硬传统上。这种情况也反映到对中国建筑的理论研究上。1954 年梁思成先生在“中国建筑的特征”一文中，把中国建筑的基本特征概括为九点。③ 这九大特征指的是：

(1) 单体建筑由“下分”台基、“中分”屋身和“上分”屋顶构成；

(2)群体建筑形成庭院式布局,庭院成为“户外起居室”；

(3) 以木材结构作为主要结构方法，由木构架承重而墙体不承重；

(4) 运用斗栱支撑悬挑和减少梁柱交接的剪力；

(5) 通过举折、举架构成弯曲屋面；

(6) 采用大屋顶，突出屋顶的装饰性；

(7) 大胆使用颜色和彩画装饰；

(8) 构件交接部分大多袒露，构件出头大

①中国建筑编者专文．为中国建筑师进一言．中国建筑，1934，2（11、12 合期）

②杜彦耿．北行报告．建筑月刊，1934，2（6）

③参见梁思成文集四．北京：中国建筑工业出版社，1986.96 ~ 100 页

多进行艺术加工；

(9) 大量使用琉璃砖瓦和砖石木雕。

显然，这九大特征都是中国建筑外显的形式特征，都是属于硬传统。而实际上，中国建筑的丰厚遗产不仅仅呈现在表层的硬传统上，而是更深地蕴涵在软传统上。

建筑软传统具有一系列值得注意的特性：

一、多向度的内涵

在外显的建筑形象和形式特征的背后，蕴涵的软传统是多向度的、十分丰富的。这里试析两例：

(一) 大屋顶

本书第二章论及中国建筑的大屋顶。大屋顶自身属于硬传统，它所关联的软传统的内涵就涉及许多方面。

从创作精神来看，成熟期的大屋顶体现了在木构架体系条件下的实用功能、技术做法和审美形象的和谐统一。深远的出檐，凹曲的屋面，反宇的檐部，翘起的翼角，奇特的鸱吻，成列的走兽，原本都是基于屋顶功能的需要或构造的所需，是与功能、技术相协调的基础上的美化处理。屋顶形式展现着功能语义、技术语义、等级标志语义与宏大、挺拔、舒展、丰美的审美意味的高度和谐。真、善、美的交融闪烁着理性与浪漫交织的光辉，体现着中国建筑在情理结合中突出地以理性为主导的创作精神。而在封建社会末期，处于衰老期的木构架体系的大屋顶中，一些特定的做法和脊饰已失去实用功能和构造作用，转化为单纯的装饰件，转换成等级标志语义、历史文脉语义与装饰性韵味的结合体，蒙上浓厚的惰性保守色彩。大屋顶在创作思想上可以说既有传统文化的理性光彩，也有传统文化的惰性暗影。

从形态构成来看，官式建筑的大屋顶形成高度程式化的形制，定型为庑殿、歇山、悬山、硬山、攒尖五种基本型。这五种基本类型，如前所述具有许多值得注意的构成机制：①硬山、悬山、歇山、庑殿的前后庇母体都是相同的，它们的区别只在于端部形式的差异，呈现出屋顶系列的“同体变化”现象，展现出屋顶族系良好的整体感和“群化效果”；②作为母体的前后庇，在长度上具有灵活的伸缩机制，它可长可短，很好地适应了木构架建筑不同开间的变化，甚至可以极度延伸而成为廊、庑的屋顶；③攒尖顶可视为前后庇极度缩短的产物，四角攒尖顶实质上是庑殿两个端部直接结合而“挤掉”前后庇的特例；④这五种基本的屋顶类型，可以通过单向水平组合、双向水平组合、竖向重檐组合、竖向楼阁组合等等方式，形成多种多样的组合形态。大屋顶的这种形态构成和组合机制，蕴含着传统建筑处理程式化部件系列的丰富历史经验。

从组群空间构成来看，大屋顶的各种基本类型，都保持着前后对称和左右对称的形式，妥帖地适应了传统建筑庭院式组群空间布局的需要。五种基本类型的端部变换，进一步在空间面向上形成不同的特色。大屋顶的类型虽然不多，而在组群空间构成上却能满足各种面向的需要，表现出在庭院式组群布局中良好的调节机能和周到的适应性。

从性格构成来看，五种基本屋顶类型形成了屋顶的性格“序列”。硬山显得素朴、拘谨，悬山显得舒放、大方，歇山显得丰美、华丽，庑殿显得严肃、伟壮，攒尖显得高崇、向上、活跃、丰富。在这五种类型性格的基础上，再加上两种附加的调节因子，一是以卷棚式来调节硬山、悬山、歇山的轻快感，二是以重檐来增强歇山、庑殿、攒尖的雄伟感、高崇感。这样就形成了从朴素到豪华，从轻快到肃穆，从灵巧到宏伟，从平阔到高崇的屋顶性格序列，取得屋顶品种有限而性格品类齐全的灵活调节机制。当然，大屋顶的这种“性格”，体现的只是建筑的形制性格，而不是建筑的功能性格，更谈不上设计人的创作个性。可以说大屋顶在性格构成上，既表现出良好的形制性格的调节机制，又显现出以形制的类型性格吞噬功能个性、创作个性的特点。

大屋顶的软传统内涵还可以从别的视角进行考察，仅就以上所涉及的理性创作精神和历史惰性力，处理程式化的灵活机制和丰富的设计手法，屋顶形象与组群空间的相互制约规律，良好的形制性格和以类型性吞噬个性的现象等等，已可以看出蕴藏在硬传统表层形态背后的软传统内涵是十分丰富的。

（二）清式彩画

我们知道，清式彩画定型为和玺彩画、旋子彩画和苏式彩画三大类。梁思成先生在《清式营造则例》一书中，把和玺、旋子合称为殿式彩画。梁先生的这个归纳是很有意义的，殿式彩画和苏式彩画的确存在着不同特点，很值得作一下比较分析。

从表象上看，殿式彩画和苏式彩画有三个不同的特点：①殿式彩画采用的是程式化的象征画题，苏式彩画则以写实的画题为主，象征画题为辅；②殿式彩画尊重构件的结构逻辑，画面严格遵循平板枋、大额枋、垫板、小额枋之间的界限，绝不超越、交混，以保证构件组合的清晰性。苏式彩画则突破构件的结构逻辑，不拘泥于檩、垫、枋的构件界限，以大面积的“包袱”模糊了构件组合的形态；③殿式彩画严格运用平面图案，排除图案的立体感、透视感，力求保持构件载体表面的二维平面视感。苏式彩画却热衷于运用退晕和立体图案，画面呈现显著的立体感、透视感，不在乎构件载体表面产生凹凸的错觉。

两类彩画这种针锋相对的“差异”，形成大唱对台戏的奇特现象。在这个现象的背后，隐藏着很值得注意的深层内涵：

1. 它形象地透露出传统建筑的不同性格对细部装饰品格的内在制约 殿式彩画用于庄重的、富丽堂皇的场合，要求表现出规整、端庄、凝重的格调；苏式彩画用于轻松的、活泼欢快的场合，要求表现出变通、风趣、丰美的格调。两种彩画的不同特色，鲜明地体现着各自的建筑性格，展示出中国建筑通过程式化的细部装饰表现性格的独特机制。

2. 在创作方法上，它生动地体现出中国建筑在总的情理交织中呈现着或重理或偏情的不同倾向 殿式彩画贯穿着重理的创作意识，强调客观制约性，强调纯净的建筑语言。苏式彩画则带有浪漫的色彩，创作主体的作用上升，敢于突破客观的制约性。这是在建筑的微处理层次上反映出理性与浪漫的不同意蕴。

3. 它有力地展现出建筑创作中的“二律背反”现象 两类彩画的处理手法相悖，但都是可行的。彩画图案既可以遵循结构逻辑，也允许突破结构逻辑；既可以侧重客观制约性，也允许偏重主观能动性。它们在各自特定的场合都是合理的。它表明彩画的程式化处理中，体现了艺术创作不搞“一刀切”的精神。不以一种手法去否定、排斥另一种手法，而是兼容两种“背道而驰”的手法，促成艺术手法上的互补。

清式彩画还可以从其他角度来考察它的软传统内涵，例如从彩画的用色特点来认识传统建筑用色的独特规律，从画面构成程式来认识传统建筑图案装饰的调节机制，从彩画的图饰来认识传统建筑的符号机制等等，它所关联的软传统内涵也是十分丰富的。

二、多层次的构成

建筑软传统自身是一个多层次的结构，大体上可以说，在软传统的庞大构成中，传统设计手法属于较低层次，是低阶软传统；传统创作思想、创作方法属于中间层次，是中阶软传统；而建筑传统中所反映的价值观念、思维方式、生活方式、行为方式、哲学思想、审美意识、文化心理等等，则属于较高层次，是高阶软传统。

我们试以传统园林“留水口”的现象为例，分析一下蕴藏在它背后的软传统的层次构成。

私家园林在理水中，主体水面的边岸通常都不是封闭的，而是留出若干“水口”，看上去仿佛是向外延伸的支流，实际上只是隐蔽的短短水湾。它以十分简便的方式，突破了水面的封闭感，形成水体源流通畅、延绵不尽的错觉，扩大了水体的空间观感，增添了水体的天然情趣，在塑造园林意境上起了重要作用。

这些具体的“水口”形式，是看得见、摸得着的东西，是园林理水的硬件遗产。它背后的软传统结构可以区分为：

1. 低阶软传统——“不尽尽之”的设计手法 留水口的现象体现着传统园林擅长采用的“不尽尽之”的设计手法。刘熙载在《艺概》中说：

> 意不可尽，以不尽尽之。

邵梅臣在《画耕偶录》中说：

> 一望即了，画法所忌，山水家秘宝，止此“不了”两字。

传统园林追求富有天趣的诗情画意，借鉴了画论中的“不尽尽之”、“不了了之”的手法，在叠山理水和建筑空间处理上，采用了许多巧妙的以“不结束来结束”的做法。留水口就是一种典型的“不结束的结束”，“不闭合的闭合”，是“不尽尽之”设计手法的一种物态化表现。

2. 中阶软传统——“虽由人作，宛自天开”的创作思想 设计手法是与创作思想、创作方法相关联的。为什么私家园林热衷于采用“不尽尽之”的设计手法，是由于私家园林贯穿着“虽由人作，宛自天开”的创作思想。如果拿中国私家园林与法国古典主义园林相比较，可以看得很清楚。法国古典主义园林的特点是充分展现人工的气息，园林整体是几何式的、对称的布局，植坛方方正正，树木整整齐齐，水池呈现规则的几何图形，边岸砌方方整整的石块，道路更是笔直笔直的，呈现出人改造自然、驾驭自然的魄力和人工创造的美。而中国园林则力图不留人工斧迹，山、水、绿化从整体布局到自身形态都做得很自然，力求天然情趣的美。正是这种“虽由人作，宛自天开”的创作思想，促使私家园林在有限的空间中为争取空间扩大感，为浓郁自然天趣而选择和发展了“不尽尽之”的设计手法，从而在理水中形成了留水口的普遍形式。

3. 高阶软传统——“天人合一”、“无为”等价值观、哲学观、自然观、审美观的综合体现 建筑创作思想、创作方法不是孤立的，它必然受到价值观、哲学观、自然观、审美观等深层意识形态的制约。传统造园的创作思想明显地渗透着“天人合一”、“无为”等深层哲学思想和价值观念。肯定人与自然的统一性，强调顺应自然、纯任自然、不背离自然。在审美上追求“大巧若拙”的美，“虚静恬淡”的美，“自然天成”、没有人为造作痕迹的美。这是一种追求合目的性与合规律性和谐统一的美。反映在艺术创作中，则追求与自然融合为一的理想境界。显然，这是形成“虽由人作，宛自天开”造园思想的重要背景。由于私家园林毗邻于第宅，绝大多数都集中在建筑密集的城市人工环境中，这种追求自然天趣的造园欲望就更为必要，更加强烈。正是这种“天人合一”、自然“无为”的观念，衍生出尊重生态的环境意识，推动传统造园沿着与自然和谐融合的方向发展，形成了中国园林独特的造园特色。

我们从留水口涉及的造园软传统层次结构中，可以看出低阶软传统必然受中阶软传统的制约，中阶软传统又必然受高阶软传统的制约。这是一种规律性的现象。可以说在每一个硬传统的现象背后，都存在着这种层层制约的多阶软传统。

三、通用性的品格

如果说像大屋顶、须弥座、和玺彩画之类的硬遗产是具体的、实在的、具有独特性的品格，那么，像“不尽尽之”、“宛自天开”、“无为”等等软遗产，则是抽象的、概括的、带有通用性的品格。这是建筑软传统的一个重要特性。

当我们从“留水口”的现象中，概括出“不尽尽之”的设计手法时，我们对建筑遗产的认识，立即从“式”的感性认识上升为“法”的理性认识。一成为“法”，它就具有超出个别意义的通用性。就拿“不尽尽之”来说，作为一种设计手法，它就不仅仅用于理水中的“留水口”，而是可以广泛运用在传统园林的许多方面。例如，在叠山中，它表现为“留余脉”的做法，即在主山之外，适当叠造一些小山，设置一些叠石，与之呼应，形成山势延绵起伏不尽的深度。在观赏路线的设置中，它表现为“周而复始”的做法，私家园林的主要观赏路线，总是避免出现“尽端”，给人到此为止的感觉，而是形成闭合的环状网络，让人们感到处处通畅，穿流不尽。在园林边界的处理中，它表现为“化有为无”的做法，大多沿园子的界墙建造游廊，不直接显露边界；或是在边界处堆筑山体，把边界围墙隐蔽于山的背后，使游人觉察不到园的“止境”。在景点的开拓中，它表现为“远借景”的做法，巧妙地把园外的真山美景摄入园内的观赏镜头，从而突破园林的空间局限。在园林建筑的设计中，它表现为种种“空间流连”的做法，或敞开建筑的某些界面，使室内外空间流动、融合；或在墙面开敞窗、漏窗，使隔院风光，相互渗透，有效地拓宽建筑空间开放、舒朗的境界。“不尽尽之”的这种通用性，实际上还不仅适用于传统园林，也适用于一切在有限空间中需要取得空间扩大感的建筑场合。因此，它的适用域是相当大的，生命力是很强的。这类设计手法作为一种很有生命力的“方法”，实际上成为人类建筑文化的共同财富。在历时性上，它可以为不同时代的建筑师所借鉴；在共时性上，它可以为不同地区、不同国家、不同民族的建筑师所借鉴。软传统的层次越高，它的抽象程度、概括程度也越强，这种通用性就越显著。这种通用性使得有生命力的软传统可以超越时代、超越民族、地区、国家的界限，成为人类共同的建筑文化财富。这种通用性，也使得“法”的承继，思想、观念的承继未必呈现建筑传统特色的延续，未必具有建筑文脉延承的显效果。

四、兼有评比性与非评比性两种性质

文化可以分为评比性文化和非评比性文化两种类型。评比性文化是指有好坏、高下之分的优性文化和劣性文化，非评比性文化是指没有明显的优劣、高下之分的中性文化。[①]建筑软传统同样存在着这种现象。

历史悠久、体系独特的中国传统建筑，既积淀着积极、优良、健康、富有活力的优性软传统和消极、拙劣、不健康、不合时宜的劣性软传统，也积淀着大量没有明显的优劣之分的中性软传统。李泽厚在论述中国传统文化所体现的“实用理性”的基本精神时，指出：

> 中国实用理性的传统既阻止了思辨理性的发展，也排除了反理性主义的泛滥。它以儒家思想为基础构成了一种性格－思想模式，使中国民族获得和承续着一种清醒冷静而又温情脉脉的中庸心理：不狂暴，不玄想，贵领悟，轻逻辑，重经验，好历史，以

①参见李强．关于吸收外来文化的一点思考．光明日报，1986-08-20

①李泽厚．试谈中国的智慧．见：中国文化书院讲演录编委会．论中国传统文化北京：三联书店，1988.27页

> 服务于现实生活，保持现有的有机系统的和谐稳定为目标，珍视人际，讲求关系，反对冒险，轻视创新……。所有这些，给这个民族的科学、文化、观念形态、行为模式带来了许多优点和缺点。①

的确这种“实用理性”的基本精神深深地浸透在中国建筑的软传统中。中国传统建筑普遍讲求美与善的统一，民间建筑注重功能实效与审美观赏的统一；官式建筑追求礼制功能与艺术审美的统一。整个建筑体系善于把握功能空间与观赏空间，功能尺度与观赏尺度，功能序列与观赏序列的一致，很少出现超级尺度和紊乱组合。在构件运用上，中国建筑注意遵循内在的力学法则，建筑形象呈现出清晰的结构逻辑。建立起一套高度程式化的体系，以有限的定型构件组构定型的或不定型的单体建筑，以有限的定型单体建筑组构定型的或不定型的建筑组群，表现出良好的调节机制和协调机制。在建筑艺术上，中国建筑的主要着眼点不在于单体建筑的突出形象，而在于群体布局的空间意境，不是追求庞大高耸、神秘森严、粗犷开放的格调，而是创造平易近人、对称方正、灵活有序、内向含蓄的境界。一进进串联的院落，给空间的组合糅入时间的进程，突出了建筑美的时空特性。传统文化的“实用理性”精神及其清醒冷静、温情脉脉的中庸心理，强调的是“互补”的辩证法，而不是否定的辩证法，它的重点在于揭示对立项的补充、渗透，而不是排斥、冲突。在这种深层软传统的背景下，中国建筑从创作思想到设计手法都侧重于对立面的中和、互补，在理性为主导的创作精神中，交织着浪漫的意韵，追求理与情的统一，人工与天趣的统一，端庄与活变的统一，规格化与多样化的统一。这种“实用理性”精神，以保持大一统的和谐稳定为目标。维系宗法伦理道德的礼制等级秩序被视为神圣的行为规范。道器观念、本末观念成为中国封建时代的重要价值观念。“道”指的是封建秩序、礼义纲常，“器”指的是工艺、器物。以道为本，以器为末，重道轻器、重本抑末成为中国封建传统的文化方针。建筑文化既有功能性、技术性的“器”的问题，也有礼义性、意识性的“道”的问题。在重道轻器的价值观念支配下，传统建筑观念突出地表现出对于礼义纲常密切相关的建筑等级形制的极端重视。维护传统形制，贯彻“道不变”的原则，成为传统官式建筑活动的最高准则。这种建筑价值观带来了传统官式建筑活动中重名轻实、重义轻利、重祖制轻进取、重等级规范轻个性色彩等种种倾向。陈旧的形制枷锁着新功能空间和新技术手段的发展，规范划一的形制枷锁着建筑个性的展现。标示名分的礼制功能约束着探求实效的生活功能，展示名分的等级性吞噬着建筑的个性。中国传统建筑体系达到高度的成熟性，也呈现顽固的稳定性，具有风格的延续性、独特性，也呈现体系的排他性、封闭性，闪烁着光彩照人的智慧，也浸透着死气沉沉的惰性。

中国传统建筑的这些评比性的软传统，不是机械地拼合着，而是相互渗透地融合在同一体中。大屋顶硬传统的背后，既有优性软传统，也有劣性软传统。一些评比性的软传统，经过几番折射，也可能转化为背景隐晦的习俗性的民族喜好，成为中性的东西。例如传统建筑用色，民间建筑色调素雅，而宫殿、坛庙建筑则金碧辉煌，既有用色上拘于等级约束的不合理性，也有群体用色符合色彩构图的合理性，反映着礼制规范和形式美法则的统一。它的长期实践，形成中国人对特殊性建筑辉煌色和居住性建筑素雅色的民族喜好。这种喜好已无明显的优劣、高下之分，实际上转化成了非评比性的软传统。中国园林与法国园林在造园意识的深层思想背

景上，如前所述是有其不同的价值观、哲学观，但经过折射之后也已经变得相当隐晦，如果仅就不同的园林风格来说，则展现"天开"之美与展现"人作"之美,作为不同民族文化的风貌，已属于非评比性的中性文化。这类非评比性的中性文化，常常是民族分野的文化标志。保留这种与现代生活无碍的非评比性软传统，有助于维系民族的独特色彩，增添全球文化的丰富多彩。

明确建筑软传统的这些特性，我们可以进一步讨论建筑传统的继承问题。

既然建筑传统有硬、软之分，相应地，建筑传统的延续方式,自然也有"硬继承"和"软继承"之别。所谓"硬继承"，指的是建筑硬件遗产的继承，是建筑传统表层形态和形式特征的延承。所谓"软继承"，指的是建筑软件遗产的继承，是建筑传统深层文脉的延续。这两种继承是有关联的，但属于两种不同性质、不同机制的继承。它们之间有两点显著的区别：

1. 硬继承受到建筑载体生命力的密切制约，而软继承可以摆脱载体的牵制 建筑硬传统是凝结在建筑载体上的物态化的东西，建筑载体的生命力，自然制约着建筑硬件的生命力，因此硬继承的状态与载体生命力的状态密切相关。中国古代建筑、近代建筑都清晰地反映出这个现象。

中国古代木构架建筑体系是建立在以土木、砖木为主要材料，以木构架为主体结构，以离散的、小跨度空间、小体量建筑组成的集合型组群空间的载体上。在漫长的封建社会中，社会生产、社会生活迟迟没有提出新的空间需求，社会生产力迟迟没有突破旧的建筑技术体系，建筑载体的变革极为缓慢。传统文化的道器观念，进一步强化了这种状况，形成高度程式化的、长久持续的建筑形制。中国古代建筑之所以呈现超长期、超稳定的硬继承现象，就是由于载体的这种持久延续所带来的。在中国近代建筑活动中，建筑载体出现了两种状况：一种是近代民居和民间乡土建筑，仍然延续着传统的旧建筑体系，建筑载体并没有发生质的变化；另一种是近代新功能、新技术、新类型建筑所构成的新建筑体系，建筑载体呈现根本性的变化。载体的两种不同状况直接导致中国近代建筑硬继承的两种不同状态和不同后果。前者属于传统建筑体系在近代的延续。载体的悠久活力继续维系着硬件的悠久活力。在这种情况下，硬传统的延承同时也意味着相关软传统的延承。中国古代民居的一系列优良软传统，诸如因地制宜，因材致用，适应环境，融合生态，讲求实效，粗材细作等等特色，在近代建造的传统民居和其他乡土建筑中仍然得到继承。这种硬传统的延承是自然的，合乎逻辑的。后者则属于新旧体系之间的继承。旧载体的淘汰宣告了旧硬件活力的衰竭，在这种新体系建筑中生硬地进行硬继承，把新的功能空间束缚于旧的殿堂形式，在新的结构体系上套用旧式大屋顶等等，本身就有悖于实用功能、技术做法与造型形式的有机统一，有悖于传统建筑所蕴涵的合目的性、合规律性的理性精神。实际上继承的却是传统建筑重道轻器、述而不作的保守传统。这种情况正如唐代张彦远所说的，是"得其形似，而无其气韵；具其彩色，则失其笔法"①，是一种"买椟还珠"的蠢事。而软继承则不会受到载体的牵制。因为软传统自身是飘离于载体之外的，是上升为"手法"、"方法"、"思想"、"观念"的东西，不是专用于特定的载体，而是具有通用性的品格。只要能对上口径，用得得体合宜，就不会因载体的变异而格格不入。

2. 硬继承是具体的、显性的继承，而软继承是抽象的、隐性的继承 硬继承有多种形态，从中国近代风行的"中国固有形式"的建筑潮流来看，有完全模仿古建筑定型形制的"古典型"，有在新建筑体量上采用局部大屋顶的"折

①张彦远．历代名画记

①"以少总多"一语，出于刘勰．文心雕龙·物色

②李泽厚．美育与技术美学．天津社会科学，1987（4）

③参见张复合．建筑传统与现代建筑语言．世界建筑，1983（6）

中型"，有点缀中国式细部的"装饰型"。不论是哪种形态、方式，它都是对建筑传统形式表层特征的具体继承。这种传统硬件的仿用，或整体、或局部、或细部，所呈现的传统建筑形式特征或浓厚、或淡薄，从文脉的表征来说都是属于显性的。这是硬继承表征文脉所具有的"立竿见影"的效果。而软继承却属于抽象的继承。它不是仿用传统的"式"，而是借鉴传统的"法"。像明清北京天坛那样的古建筑群，从软传统的角度来审视，在规划布局上可以说是极为鲜明地贯穿着"以少总多"[①]的设计手法。天坛作为封建时代最高等级的祭祀建筑组群，占地是超大规模的，约为北京紫禁城的三倍多。而所用的建筑数量却是很少的，主要建筑只用了"祈年殿"、"圜丘－皇穹宇"和"斋宫"三组，这三组建筑的尺度也并不高大。天坛就以这些极有限的建筑手段，在坛墙围合的庞大地段中，满足了祭天礼仪的功能要求，提供了广阔的观天视野，造就了宏大、静穆、凝重、圣洁的崇天氛围，达到了很高的艺术境界。天坛所蕴涵的这个"以少总多"的设计手法是值得珍视的一种建筑文脉。中国古代的祭祀建筑、陵墓建筑，都存在着物质功能要求较简单而精神功能要求很高的不平衡性，尽力以物质功能所需的少量建筑来满足精神功能所要达到的高度精神效果，而不是超越物质功能的需要，专为精神功能添设"无用"的建筑单体，放大虚夸的建筑尺度，这就是"以少总多"设计手法的真谛。天坛组群是这种设计手法的最出色的杰作。这个软传统文脉，对于我们今天同样存在的物质功能要求简单而精神功能要求很高的建筑，如现代纪念性建筑、陵园建筑等，无疑具有重要的借鉴价值。但是，在现代纪念性建筑、陵园建筑中承继了这个软传统，却未必显现出传统建筑组群的布局特征和固有特色。南京中山陵就是如此。它的总体规划可以说是恰当地借鉴了"以少总多"的传统手法，以散立的、少量的建筑单体和不大的建筑尺度，通过长长的墓道、大片的绿化和宽大满铺的石阶，依山顺势组构了规模庞大的、宏伟静穆、崇高开朗的陵园景象。在这里，"以少总多"的传统手法，并没有带来传统布局的固有格式，软传统文脉的继承是隐性的而不是显性的。当然，中山陵是有浓郁的传统风貌的，那是因为它选用了石牌坊、陵门、碑亭等传统陵墓习用的建筑要素和传统形象，主体建筑祭堂也冠戴着蓝色琉璃瓦的歇山顶。它的文脉表征的显效果是由综合运用了硬继承而带来的。软继承的这种抽象的、隐性的继承机制，既有不落入固有格式的一面，也有难以显现文脉表征的另一面。

现在，对建筑软传统、软继承的重视和探索，已逐渐形成明显的趋势。李泽厚曾经在天津"城市环境美的创造"学术研讨会上发言说：

> 民族性不是某些固定的外在格式、手法、形象，而是一种内在的精神，假使我们了解了我们民族的基本精神，……又紧紧抓住现代性的工艺技术和社会生活特征，把这两者结合起来，就不用担心会丧失自己的民族性。[②]

他的这个主张，是明确地强调对待建筑传统，应该着眼于内在的软传统而不是外在的硬传统。日本著名建筑师黑川纪章在讨论中国现代建筑与传统结合的问题时，也曾明确指出，不能只把看得见的东西作为传统照搬到现代建筑中来，而要注意眼睛看不见的东西。[③]我国许多建筑师正在形成这样的共识。对待建筑传统，我国当代建筑创作实践正在涌现出在文脉延承上把主视点转移到软传统、软继承上的可贵探索，这有助于摆脱硬继承所导致的传统与现代格格不入的困境，有助于为传统与现代的融合找到良好的结合点，为创造具有高文化品位的中国现代建筑找到良好的萌发点。

后 记

想写一本研究中国建筑理论的书，已是许多年前的事，但是年复一年地总觉得专题积累不足而迟迟没有启动。直到1991年获得国家自然科学基金的立项，才真正开始构筑全书的框架，落实章节的写作。可以说，这本书是在基金的经费支持和定期交卷的计划约束下促成的。在这里谨向国家自然科学基金的资助致以深切的感谢。

从1978年开始，我结合研究生的教学工作，陆续铺开对于中国建筑形态构成和审美意匠的专题研究。在我指导的硕士生中，先后有赵光辉、刘大平、邹广天、许东亮、吴岩松、王莉慧、于亚峰、马兵、田健、刘晓光、莫畏等11人投入这项研究工作，撰写了这方面选题的11本硕士学位论文。这批学位论文为中国建筑美学的课题研究作了必要的准备和铺垫。本书第二章第四节关于屋顶单体形态、组合形态的论述，第三章第二节关于庭院基本类型的论述，第五章第三节关于乐山凌云寺香道的论述，是分别在许东亮、刘大平、赵光辉的学位论文的基础上提炼和概括的。应该说这本书的写作也有许多位研究生作出的贡献。

理论著作的出版是一件难事，本书完稿后也面临这样的困境。幸运的是，黑龙江科学技术出版社副社长曲家东先生给予了鼎力支持。他不仅积极地向中国建筑界的名家组稿，出版《当代中国名家建筑创作与表现》丛书，而且也十分重视建筑理论著作的出版。本书正是由于曲先生的关注才得以较快付梓。谨在此向曲家东先生表示由衷的感谢。

本书约有500幅插图。其中200余幅属于古建实物图、古建复原图和古建文献的原插图。这些插图是从有关著作和参考文献中引用的。所引用的图均分章注明出处。这里一并向引用图的原作者致以深谢。

写这本书，老伴李婉贞是主要合作者。全部文稿的誊写，200余幅自画的插图，全都出自老伴之手。为这本书，我们俩一起度过了忙碌的、难忘的日日夜夜，一起圆了这个梦。

书是出版了。但中国建筑美学是一个很大的题目，本书只搭构了一个不完全的框架，只展述了其中的主干部分。诸多问题还有待充实、深化、展拓。亟盼得到读者和专家的教正。

侯幼彬

1997.5.26

改 版 后 记

本书是1997年在黑龙江科技出版社出版的。时间过得很快，一晃13年过去了。

感谢教育部研究生工作办公室的遴选、推荐，本书列入了“研究生教学用书”。

感谢1997年度北方十省市科技图书评奖和1999年度全国优秀科技图书评奖给予本书的奖项。

感谢盛情评议本书的一篇篇书评，特别是陈志华先生在他的名著《北窗杂记》（第六十四篇）中，对本书所作的饱含深情的感人点评。

这次改版，作者对文字表述作了局部订正，插图作了少量变动。本书的改版得以在中国建筑工业出版社出版，谨向中国建筑工业出版社致谢，衷心感谢王莉慧、徐冉两位责任编辑的热忱关注和精心编辑。

侯幼彬

2009年5月